世界技能大赛水处理技术项目全国推荐教材

U0949970

自动化控制技术

Automation Control Technology

主　编：魏海翔　王　湛　谢　巍　叶　磊
吴伟林
主　审：禹建华　毕瑞峰　杨　帆　金　晶
熊赣金

北京工業大學出版社

图书在版编目（CIP）数据

自动化控制技术 / 魏海翔等主编 . —北京：北京工业大学出版社，2023. 7
世界技能大赛水处理技术项目全国推荐教材
ISBN 978-7-5639-8464-0

Ⅰ. ①自…　Ⅱ. ①魏…　Ⅲ. ①电气控制系统-教材 Ⅳ. ①TM921. 5

中国国家版本馆 CIP 数据核字（2023）第 083455 号

自动化控制技术

ZIDONGHUA KONGZHI JISHU

主　　编：魏海翔　王　湛　谢　巍　叶　磊　吴伟林
责任编辑：陈　娜
封面设计：国建传媒
出版发行：北京工业大学出版社
（北京市朝阳区平乐园 100 号　邮编：100124）
010-67391722（传真）bgdcbs@ sina. com
经销单位：全国各地新华书店
承印单位：三河市元兴印务有限公司
开　　本：787 毫米 ×1092 毫米　1/16
印　　张：32
字　　数：602 千字
版　　次：2023 年 7 月第 1 版
印　　次：2023 年 7 月第 1 次印刷
标准书号：978-7-5639-8464-0
定　　价：78. 00 元

编委会

孙健鹏　天津渤海职业技术学院
麻佳蕾　金华职业技术学院
郑　科　绍兴市中等专业学校
闫　磊　北京排水集团
高　波　上海环境学校
吕亚文　北京罗斯德尔过滤器有限公司

参编人员：

徐　巍　南京技师学院
胡妙漩　中山市技师学院
杨建平　山东化工技师学院
倪骏程　南京技师学院
司永祥　南京技师学院
李善钦　中山市技师学院
陶承亮　南京技师学院
季海群　南京技师学院
刘　艳　上海仪电科学仪器股份有限公司
南文瑄　兰州资源环境职业技术大学
蒋长宏　山东化工技师学院
李新法　新疆正通仁合企业管理有限公司
窦子璇　北京市工业技师学院
钱　莉　重庆市卫生高级技工学校
杜　欢　四川水利职业学院
赖武军　江西环境工程职业学院
陈建东　鹤壁市淇滨污水处理有限责任公司
杨立峰　绍兴柯桥水务集团有限公司
蔡锦韩　广东省粤东技师学院
尹翠琴　合肥供水集团有限公司
章文文　合肥供水集团有限公司
王梅香　北京首创生态环保集团

前 言

水资源是人类社会赖以生存发展的重要战略资源。我国是世界上排名第13的贫水国家，水资源极其匮乏，预计2030年缺水将达800多亿吨。目前，我国地表水使用率和地下水开采量趋于饱和状态，水资源污染情况严重，因此，城市污水资源化和工业废水回用是解决我国水资源短缺的重要路径。水处理技术有助于改善我国的水生态环境，是治理水污染的重要技术，为解决我国的缺水问题提供了有效措施，将在青山绿水美丽中国建设中持续发挥重要作用。

世界技能大赛被誉为“世界技能奥林匹克”，是最高层级的国际职业技能赛事，引领和代表着职业技能发展的世界先进水平。2018年，世界技能组织首次将水处理技术项目列入俄罗斯喀山第45届世界技能大赛比赛项目。中华人民共和国人力资源和社会保障部汤涛副部长视察重庆“一带一路”国际邀请赛水处理比赛场地时作出重要指示：“水处理技术关系国计民生，你们一定要在国际舞台展现我国选手的风采”。在人社部张立新司长、刘新昌调研员、袁芳副主任、翟涛处长、王静处长、牟军处长、张雷副处长、李克副处长等人的直接领导下，在北京市人社局徐仁忠副局长、王小兵处长、何燕调研员，北京市工业技师学院包英华院长、蔡夕忠副院长、李玲琪处长、刘影主任的支持和江苏省、河南省、江西省人社部门的大力协助下，水处理技术专家团队依靠国家水处理企业和相关专业院校多的优势，充分发挥北京市工业技师学院、南京技师学院和河南化工技师学院三个国家基地的作用和广大水处理技术项目教练的聪明才智，为我国参赛的选手制定了科学周密的培训方案，开展了多层次的综合训练和“走出去”“请进来”相结合的走训活动，为赢得世界大赛奠定了坚实基础。2019年8月22—27日在俄罗斯喀山举行的第45届世界技能大赛上，我国选手曾璐锋不负众望，首次参加世界技能大赛，出道即高峰，荣获首设水处理技术项目的金牌，表明我国水处理技术水平和人才培养能力已达世界先进水平，彰显了我国从世界制造大国迈向技术强国的创新能力。

世界水处理技术项目比赛，是考查参赛选手综合能力与技术水平的竞赛项目，要求参赛选手能够一个人管理整个污水/工业废水的工厂，完成规定的管理目标和工作任务，但在我国院校中并未开设水处理技术这个专业。因此，大家对水处理技术项目竞赛需要学习哪些课程、掌握哪些知识和技能、如何准备比赛等问题，还不是很清楚。尽管我国的水处理技术已经跃进世界先进行列，但与技术水平发达的国家相比，在技能人才培养理念、培养模式等方面，还有一定差距和不足，有待优化和完善。同时，我国技能人才总量、技能水平还无法满足建设智能制造强国的需求，在对接世界标准、提升技能人才培养质量、适应技术发展需要等方面还要继续努力赶超，而培养众多技能人才、构建综合素质高的专业技术队伍是当务之急。

人才是第一资源，国家科技创新力的根本源泉在于人，要把教育摆在更加重要位置，全面提高教育质量，注重培养学生创新意识和创新能力。为加强水处理技术专业人才队伍建设，提高其综合能力和水平，由世界技能大赛水处理技术项目中国专家组组长王湛教授组织牵头，凝聚全国各地职业院校、技师学院、水处理行业企业的专业团队和有关专家的技术力量，整合全国的优质宝贵资源，根据第 45 届、46 届世界技能大赛的技术标准和规范要求，本着“立足世赛前沿，致力打造精品”的原则，共同编写了“世界技能大赛水处理技术项目全国推荐教材”，其宗旨是传播世赛理念、对接世赛标准、普及水处理技术，将国际上最先进的科技理念、方法和方式高效快速融入专业学科建设和学生的日常教学活动中，以提高学生的综合素质，为保护中国的水环境、提升生态环境的治理效能、实现良性可持续性发展贡献智慧和力量。

该系列教材系首次编写，涵盖选手必须掌握的世界技能大赛的基本功内容，通过归纳总结，将世界技能大赛对选手要求的基础知识和基本操作要领转化为日常的教学内容，融知识性、技能性和应用性于一体，可以加速提高学生的培训质量、强化学生的综合技术能力。该系列教材分为《化学生物分析技术》《泵管阀》《污水处理工艺技术》和《自动化控制技术》四个分册。

《自动化控制技术》是“世界技能大赛水处理技术项目全国推荐教材”之四。本书由第 1 章电气控制技术、第 2 章电机与控制技术、第 3 章传感器技术、第 4 章 PLC 技术、第 5 章触摸屏技术、第 6 章过程控制技术、附录（水处理控制技术专业名词中英文对照表）组成。

全书由第 45 届、46 届世界技能大赛水处理技术项目中国专家组组长、北京工业大学王湛教授统编，华南理工大学谢巍教授和广西民族大学吴伟林副教授技术统筹，广东省职业技能服务指导中心叶磊主任对世界技能大赛成果转化统筹，中山市技师学院魏海翔教授整理修订；中山市技师学院禹建华和毕瑞峰、广东省职业技能服务指导中心杨帆、中山市人力资源和社会保障局金晶、广东省国防科技技师学院熊赣金主审。在编写过程，笔者借鉴参考同行的众多研究成果和科学文献，在此一并向各位同行表示衷心的感谢。限于种种原因，书中的遗漏和不足在所难免，敬请各位同行多提宝贵意见。

目　录

第 1 章　电气控制技术

电气控制技术（Electrical control technology）涵盖多领域，是实现工业自动化不可或缺的重要部分。随着智能与控制技术的发展，尤其是网络与计算机系统的迅速发展，以及新型控制方案的出现，电气控制系统从控制框架到理念均发生了根本性变化。本章从电路的基本构建出发，简单介绍电路运算中常用的基础物理量、电气控制系统中常用的低压电器元件及继电器控制线路图的设计和分析方法。

1.1　电路基础知识

1.1.1　电路

认真分析图 1. 1-1 所示电路（Electric circuit）实物图和电路原理图，说出电路的组成部分。其中，图 1. 1-1（a）称为电路实物图；图 1. 1-1（b）用电气符号描述电路连接情况，称为电路原理图，简称电路图。

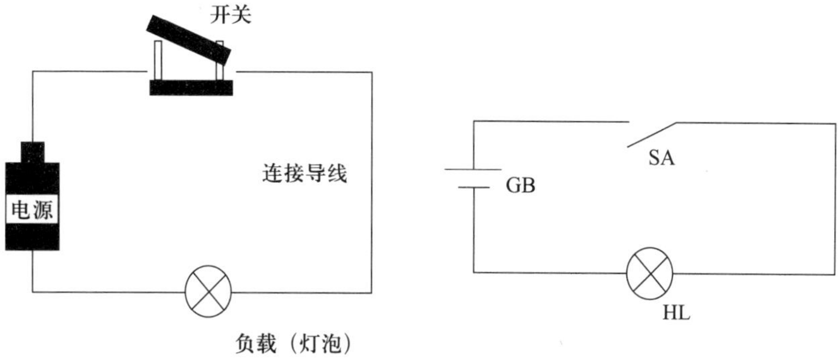

（a）电路实物图　　（b）电路原理图

图 1. 1-1　电路组成

图 1.1-1 中，合上操作开关 SA，电路导通，电流从电源的正极流向负极，回路中的灯泡因有电流流经而发光。通常把电流流通的路径称为电路。灯泡发光的过程实际上是把电源电池内部的化学能转换成光能的过程，灯泡作为负载将电池中通过导线传输来的电能转换成光能和热能消耗。在这个过程中实现了化学能、热能与光能的转化。当电源开关断开后，电路被切断，电路中无电流通过，灯泡失去电能而不再发光。

经过分析可得出，电路主要由以下四部分组成。

(一) 电源 (Power Supply)

它是电路中负载正常工作的动力源，没有它，电路就无法工作。常用的电源有干电池、蓄电池、交流电源等，它们在工作时都能实现能量的转换，从而输出能量。

(二) 负载 (Load)

负载也是组成电路必不可少的构件，没有负载就没有控制对象，通常也称负载为用电设备（Power equipment），比如灯泡（Light bulb）、电动机（Electric motor）、电水壶（Electric kettle）、电视机（Television）等，它们能将流经电路的电能转换成其他形式的能。

(三) 开关 (Switch)

用来控制电路通断的装置。

(四) 连接导线 (Wire)

用来传输和分配电能，没有它就无法构成电路。

综上所述，电流流通的路径称为电路。电能的传输是通过发电设备、变压器、输电线、变压器输送至用户的，如图 1.1-2 所示。

图 1.1-2　电能的传输示意图

1.1.2　电流和电压

(一) 电流

电源、开关、导线、用电设备构成了电路。下面介绍电流的基本概念以及电流计算公式、单位和方向等电工基础知识。

导体中的带电粒子有规则地运动就产生电流。习惯上将正电荷运动的方向规定为电流的实际方向。需要特别说明的是，在金属导体内部，导电的是带负电的粒子，它的实际运动方向恰好与正电荷的运动方向相反，如图 1.1-3 所示。

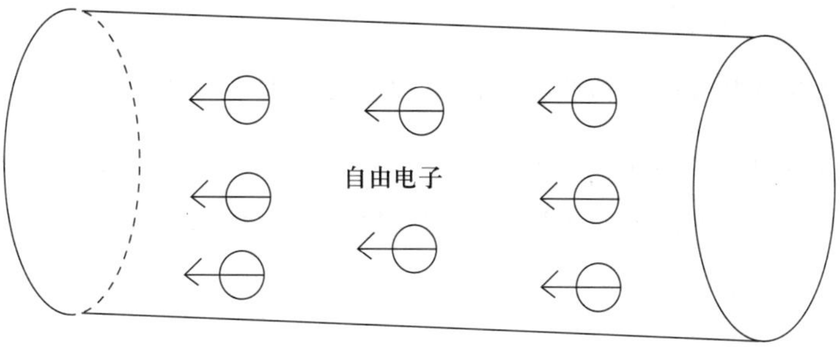

图 1.1-3　金属导体中的自由电子

若一个电流的幅值和方向都维持不变，叫作稳恒电流（Steady current），又叫作直流电流（Direct current），如图 1.1-4（a）所示，通常用 DC 表示。如果电流的幅值和方向都随时间变化而改变，则称为交流电流（Alternating current），简称交流，如图 1.1-4（b）所示，通常用 AC 表示。

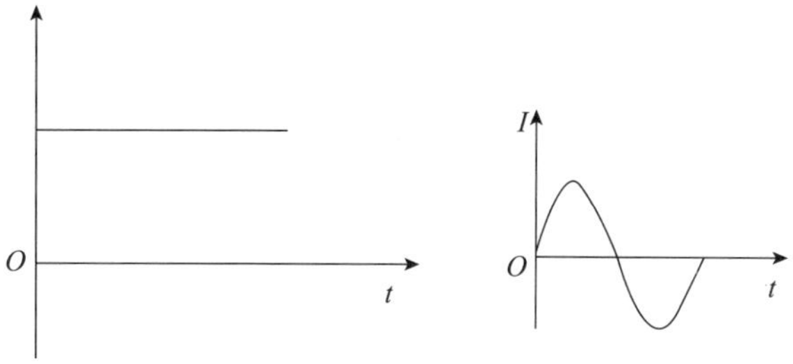

(a) 直流电流　　(b) 交流电流

图 1.1-4　直流电流与交流电流

把一段时间内穿过导线任何截面的总能量称为电流强度（Current intensity），又称电流。通常用大写字母“I”表示。假设这一段时间为 t，流过整个导线截面的总电荷量为 Q，则电流 I 大小为

$$I=\frac{Q}{t} \tag{1-1}$$

为了表彰法国物理学家安德烈-马里·安培在电气研究领域的杰出贡献，用其家族姓氏安培（Ampere）作为电流的单位，简称安，用符号 A 表示；电量单位的名称是库仑（Coulomb），简称库，用符号 C 表示。式中，I，Q，t 的单位分别为 A，C，s。此外，常用的电流单位还有毫安（mA）和微安（μA），它们之间可以用下式换算

$$1\ \text{mA}=10^{-3}\ \text{A}$$

$$1\ \mu\text{A}=10^{-6}\ \text{A}$$

电流的测量：

①电流表可以对电流进行检测，从而感知电流的大小与实际存在状况。应分别采用交、直流电流表检测交流电流与直流电流。

②检测电流时，必须把电流表串联在需要检测的回路上，如图 1.1-5 所示。

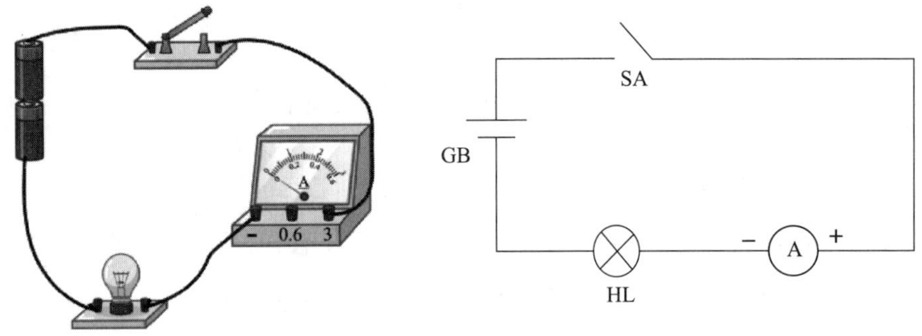

图 1.1-5　电流表的接法

③检测时，必须准确选定电流表的测量范围，因为各种电流表均有最大量程，若选择不对可能烧坏电流表。在实际测量时，被测电流大小的数值在选用测量仪器量程的 $\frac{1}{3}$ ~ $\frac{2}{3}$ 时，读数会比较准确；如果电流的大小不能预测，应选用较大量程的电流表，否则容易烧坏电流表，大量程不合适时，再逐渐减小电流表量程。

④直流电流表的极性接线柱上标明了“+”“-”记号（Marks），应和电路的极性相一致，不能接错，否则电流表指针反转，既影响正常测量，也易损坏电流表。

⑤电流表不允许不经过任何负载，直接接到电源的两极，否则将造成电源短路，烧坏电流表。

（二）电压（Voltage）

电压是表示电场力做功能力的物理量，为电工学基本物理量。通常，导体中的自由电子在没有施加外部电场的情形下，其运动是毫无规律的，因此没有接入外电场的导体不带电。当导线的两端施以外电场后，导线内的自由电子由于受到电场力的影响，在导线内有规律地移动，此时也就形成了电流。一般来说，电子在外电场影响下，将单个正电荷从位置 A 移动到位置 B，克服电场力所做的功，就叫作 A，B 两点的差电压，用符号“ U_{AB}”表示。要简单计算 U_{AB} 的大小，可将电荷 q 从导体上沿 A 运动至 B 处的电场力所做功 W_{AB} 与电荷量 q 相除即可。如下

$$U_{AB}=\frac{W_{AB}}{q} \tag{1-2}$$

电压的单位为伏特（Volt），用字母 V 表示，此外还有千伏（kV）、毫伏（mV），它们之间的换算关系如下

$$1\ \mathrm{kV} = 10^{3}\ \mathrm{V}$$

$$1\ \mathrm{mV} = 10^{-3}\ \mathrm{V}$$

在外电场的作用下，导体中的自由（正）电荷会从电位高的地方向电位低的地方移动，这种电荷的定向移动形成电流。导体两端的电压就是这种电位差（Potential difference）（电路两端的电位高低不同），它会使电荷定向移动并形成电流。电压越大，对电荷的定向移动作用就越大。

把带正电粒子在外电场作用下移动的方向称为电压方向。当在计算较复杂回路时，如对电压的真实方向无法确定，可预先确定电压的参照方向，假设的参照方向也可任意选择。当电压的真实方向与假设的参照方向相同时，电压为正值（Positive value），反之，则为负值（Negative value）。如果已知电流的方向，最好选择与电流方向一致的电压方向为关联参考方向。

如果电压的大小和方向都不随时间变化，则称为稳恒电压或恒定电压，简称直流电压（Direct current voltage），用大写字母 U 表示；如果电压的大小和方向都随时间变化，则称为交流电压（Alternating voltage）。

如果在电路中选定一个参考点（Reference point），则电路中某一点与参考点之间的电压即为该点的电位。电位的单位也是伏特。电位通常用 V 或 φ 表示。

在电路计算中，为了便于分析，常常以大地为参考点，电路符号为“⏚”，在电子电路中常将多个点汇集的公共点或金属外壳（Metal casing）作为参考点。高于参考点的电位取正，低于参考点的电位取负。但不管参考点如何选择，电池正负极之间的电位差都是不会变的。

电路中任意两点（a 点，b 点）之间的电位差等于这两点间的电压，即 $U_{ab} = U_a - U_b$，所以电压又称为电位差。

电源将正电荷从电源负极经电源内部移动到正极的能力称为电动势（Electromotive force），符号为 E，单位为 V。电源电动势在数值上等于电源没有接入电路时两极间的电压，电动势的方向规定为在电源内部由负极指向正极（如图 1.1-6 所示）。

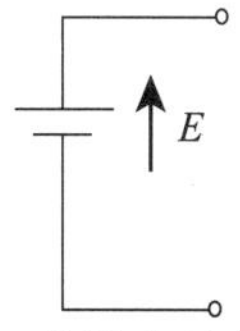

图 1.1-6　直流电动势的方向

一个完整的电路既有电动势也有端电压。电动势是电源电压，而端电压在数值上等于电源未接入电路时的电动势。但在电路接通时，因为电源内部有电阻的存在，内电阻会消耗能量，所以电路的端电压和电源电动势在数值上不相同。

电压的测量：

①对交、直流电压应分别使用交流电压表和直流电压表测量。

②测量时，电压表必须并联到被测量的电路中（如图 1. 1-7 所示）。

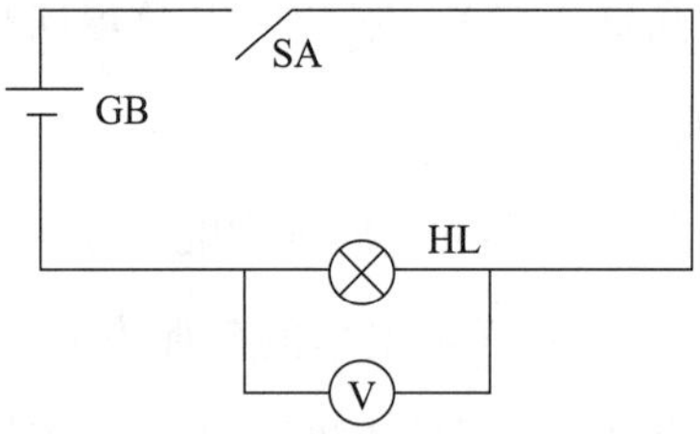

图 1. 1-7　用电压表测负载电压

③在测量时，应该正确选择电压表的量程，每个电压表都有量程，若是选择不对可能烧坏电压表。在选择量程时，一般被测电压的数值在电压表量程的$\frac{1}{3}$~$\frac{2}{3}$时，读数较为准确。因此在测量之前应先估计被测电压大小，以便选择适当量程的电压表。若无法估计，可先用最大量程挡测量，若指针不到 1/3 刻度，再改用较小挡去测量，直到测得正确数值为止。

④直流电压表的极性接线柱上标明了“+”“-”记号，应和电路的极性相一致，不能接错，否则电压表指针反转，既影响正常测量，也易损坏电压表。

1. 1. 3　电阻和电容

（一）电阻（Resistance）

1. 电阻的定义、单位及电阻率（Resistivity）

当电流流过导体时，由于做定向移动的电荷会和导体内的带电粒子发生碰撞，所以导体在通过电流的同时也对电流起着阻碍作用，这种对电流的阻碍作用称为电阻。这种阻碍作用通常能将电流的能量转化为热能。在各种电路中，经常需要用到具有一定电阻值的元件——电阻器（简称电阻）。导体（Conductor）的电阻用大写字母 R 表示。

导体的电阻是导体本身的一种性质，它的大小由导体的材料、长度和横截面面积决定，通常可用下式计算

$$R=\rho\frac{l}{S} \tag{1-3}$$

式中，ρ 为比例系数，由导体的材料和周围温度所决定，称为电阻率。它的国际单位制（SI）是欧姆·米（Ω·m）。常温下一般金属的电阻率与温度的关系为

$$\rho=\rho_0\ (1+\alpha t) \tag{1-4}$$

式中，ρ_0 为 0 ℃时的电阻率；α 为电阻的温度系数；t 的单位为℃。l，S 的单位分别为 m，m^2。电阻的单位名称为欧姆，简称欧，用 Ω 表示。常用的电阻单位还有千欧（kΩ）、兆欧（MΩ）。它们之间的换算关系为

$$1\ \text{M}\Omega=10^3\ \text{k}\Omega$$

$$1\ \text{k}\Omega=10^3\ \Omega$$

在电气原理图中通常用下面的符号表示电阻：

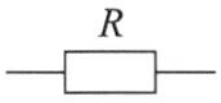

电阻率可以反映物体的导电性能。较容易导电的物体一般是电阻率低的材料，这种材料可以制成导体；不易导电的物体一般是电阻率高的材料，这种材料可以做成绝缘体（Insulator）；导电性能介于导体和绝缘体中间的材料叫作半导体（Semiconductor）。半导体和绝缘体的电阻率与温度关系不成线性规律，当温度升高时，它们的电阻率会急剧地降低。

（1）电阻与温度的关系

几乎所有物质的电阻率都会随环境温度的不同而改变。一般而言，金属的电阻率随周围温度的升高而上升；半导体和绝缘体的电阻率则随周围温度的升高而降低；而某些合金（Alloy），如镍铜合金的阻值则几乎不受环境温度变动的限制，因此可用来制成标准电阻。

利用某些材料对温度的高敏感性，可以制成热敏电阻。

（2）电阻的主要特性参数

①标称阻值（Nominal resistance）：电阻器上面所标示的阻值。

②允许误差（Allowable error）：电阻标称阻值和实际阻值之差。在电阻的制作过程中，由于材料、工艺、技术等因素影响，实际电阻值和标称阻值之间难免会出现误差，所以规定了一种允许偏差值，亦称为精度。

③额定功率（Rated power）：电阻器长期工作所允许耗散的最大功率。

④最高工作温度（Maximum operating temperature）：允许的最大连续工作温度。

⑤温度系数（Temperature coefficient）：温度每变化 1 ℃所引起的电阻值的变化量。

（3）电阻的测量

①准备测量电路中的电阻时应先切断电源，不可带电测量。

②首先估计被测电阻的大小，选择适当的量程挡。

③测量时双手不可碰到电阻引脚及表笔金属部分，以免接入人体电阻，引起测量误差。

④测量电路中某一个电阻时，应将电阻的一端断开。

（二）电容（Capacitance）

1. 电容器

电容器简称电容，是电路构成的基础元件之一，在电子产品和电气设备中应用广泛。两个彼此绝缘又靠得很近的导体就可组成电容器。这两个导体称为电容器的两个极板，中间的绝缘材料叫作电容器的介质层。如图 1.1-8 所示，纸介电容器（Paper capacitor），就是在两片铝箔中间插入纸介质并卷成圆柱形，再经过浸渍处理，用外壳封装或用环氧树脂灌封而成。

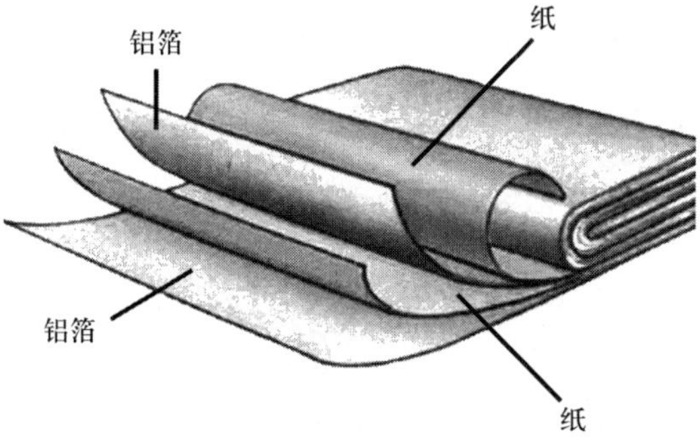

图 1.1-8　纸介电容器

电容器能够储存电量，这是它的一项功能。把电容器接入电路中，经过一段时间后即使把电源切断，两极间仍然会有残留电压（Residual voltage），也就是说电容器可以储存电量。在电容器两极板间储存电量的过程叫作充电。电容器充电后，两端有一定的电压。用一根金属导线把电容器的两极接通，极板上的带电粒子互相中和，电容器就不带电了。电容器储存的电量释放的过程，称为电容器的放电（Discharge）。

因为电容的两极板间是绝缘材料填充的，所以直流电不能经过电容，因此电容器具有隔直流（Isolated DC）作用。

2. 电容

将电容器接到电路中，它的两端极板就会储存电量，施加电压越大，电容器储存的电量就越多。对于每个电容器而言，其容量是一个常数，表示电容器储存电量的能力，可用电容器两端储存的电量与所加电压的比值来反映，也就是人们常说的电容，用符号 C 表示。它在数值上可用下式计算

$$C=\frac{Q}{U} \tag{1-5}$$

式中，Q 为电容器两极间储存的电荷总量，U 为两极所加电压。电容的单位为法拉，简称法，用字母 F 表示，常用的单位有微法（μF）、皮法（pF）。

3. 电容器的分类

电容器分为容量固定电容（Fixed capacitor）和容量可变电容（Variable capacitor）。常见的是容量固定的电容，最多见的是电解电容（Electrolytic capacitor）和芯片电容（Chip capacitor）。按电介质划分主要有有机介质电容（Organic capacitor）、无机介质电容（Inorganic capacitor）、电解电容等；从材料上可以分为聚乙烯电容（CBB capacitor）、涤纶电容（Polyester capacitor）、芯片电容、云母电容（Mica capacitor）、独石电容（Monolith capacitor）、电解电容、钽电容（Tantalum capacitor）等；按用途分有高频旁路电容（High frequency bypass capacitor）、低频旁路电容（Low frequency bypass capacitor）、滤波电容（Filter capacitor）、调谐电容（Tuning capacitor）、高频耦合电容（High frequency coupling capacitor）、低频耦合电容（Low frequency coupling capacitor）、小型电容（Miniature capacitor）等。

（1）独石电容器

独石电容器又称为多层陶瓷电容器，是若干片陶瓷薄膜坯上被覆以电极浆材料，叠合后一次烧结成一块不可分割的整体，外面再用树脂包封而成的小体积、大容量、高可靠和耐高温的新型电容器。高介电常数的低频独石电容器具有性能稳定、体积极小、Q 值高和容量误差较大等特点，常用于噪声旁路、滤波器、积分和振荡电路中。

（2）纸介电容器

纸介电容器一般是用两条铝箔作为电极，中间以厚度为 0.008～0.012 mm 的电容器纸隔开重叠卷绕而成。制造工艺简单，价格便宜，电容量较大。一般只用于低频电路，通常不能在高于 4 MHz 的频率上运用。油浸电容器的耐压比普通纸介电容器高，稳定性也好，适用于高压电路。

（3）薄膜电容器（Film capacitor）

结构与纸介电容器相似，但用聚酯、聚苯乙烯等低损耗塑材当介质，频率特性好，介电

损耗小，无法做成大容量，并且耐热能力差。常用于滤波器、积分、振荡、定时电路。

（4）瓷介电容器（Ceramic capacitor）

穿心式或支柱式结构瓷介电容器的一个电极就是安装螺丝，引线电感极小，频率特性好，介电损耗小，有温度补偿作用。它无法做成大容量，并且振动会引起容量变化，特别适用于高频旁路。

（5）铝电解电容器（Aluminum electrolytic capacitor）

铝电解电容器是用浸有糊状电解质的吸水纸夹在两条铝箔中间卷绕而成，薄的氧化膜当介质的电容器。因为氧化膜有单向导电性质，所以电解电容器具有极性，容量大，能耐受大的脉动电流，容量误差大，泄漏电流大。普通的铝电解电容器不适于在高频和低温下应用，不宜在 25 kHz 以上频率使用，常用于低频旁路、信号耦合、电源滤波等电路中。

（6）平行板电容器（Parallel plate capacitor）

平行板电容器是最常见的电容器。将图 1. 1-8 所示纸介电容器展开后也是平行板电容器，卷绕成圆柱形是为了尽可能增大两块极板的面积。

电容是电容器的固有属性，它只与电容器的极板正对面积、极板间距离以及极板间电介质的特性有关，而与外加电压的大小等外部条件无关。

设平行板电容器极板正对面积为 S，两极板间的距离为 d，极板间电介质常数为 ε，则平行板电容器的电容可按下式计算

$$C=\frac{\varepsilon S}{d} \tag{1-6}$$

式中，S，d 和 C 的单位分别是 m^2，m 和 F，介电常数 ε 的单位为 F/m。

真空中的介电常数（Dielectric constant）$\varepsilon_0 \approx 8.86\times10^{-12}$ F/m，某种介质的介电常数 ε 与 ε_0 之比，称为该介质的相对介电常数，用 ε_r 表示，气体的相对介电常数约为 1。

4. 电容器的主要特性参数

（1）误差（Error）

误差指实际电容量和标称电容量允许的最大偏差范围。一般分为 3 级，Ⅰ级为 ±5%，Ⅱ级为±10%，Ⅲ级为±20%。某些情况下还有 0 级，误差为±2%。精密电容器的允许误差较小，电解电容器的误差较大，会分别采用不同的误差等级。

（2）额定工作电压（Rated operating voltage）

额定工作电压为电容器在电路中能够长期、稳定、可靠工作所承受的最大直流电

压，又称耐压。对于结构、介质、容量相同的器件，耐压越高，体积越大。

（3）温度系数

温度系数指在一定温度范围内，温度每变化1 ℃电容量的相对变化值。温度系数越小越好。

（4）绝缘电阻（Insulation Resistance）

它用来表明电容的漏电大小。一般小容量的电容绝缘电阻大，为几百兆欧姆或几千兆欧姆。电解电容的绝缘电阻一般较小。相对而言，绝缘电阻越大越好，漏电也小。

（5）损耗（Loss）

在电场的作用下，电容器在单位时间内发热而消耗的能量称为损耗。这些损耗主要来自介质损耗和金属损耗。

（6）频率特性（Frequency characteristic）

频率特性指电容器的电参数随电场频率而变化的性质。在高频条件下工作的电容器，介电常数在高频时比低频时小，电容量也相应减小，损耗也随频率的升高而增加。另外，在高频工作时，电容器的分布参数，如极片电阻、引线和极片间的电阻、极片的自身电感、引线电感等，都会影响电容器的性能。所有这些，使得电容器的使用频率受到限制。不同品种的电容器，最高使用频率不同，小型云母电容器在250 MHz以内；圆片型瓷介电容器为300 MHz；圆管型瓷介电容器为200 MHz；圆盘型瓷介电容器可达3 000 MHz；小型纸介电容器为80 MHz；中型纸介电容器只有8 MHz。

5. 电容器的选用

（1）电容器的标称值（Nominal value）

大多数电容器的电容量都直接标在电容器的表面。瓷介电容器体积较小，往往只标数值不标单位。通常数值为几十、几百、几千时，单位均为pF。如：3 300表示3 300 pF，22表示22 pF，当数值小于1时，单位均为μF。如：0. 1表示0. 1 μF。

还有一些瓷介电容器用三位数字表示，前两位表示电容量的有效数字，最后一位表示有效数字后加多少个零，单位是pF。如：102表示1 000 pF，331表示330 pF。

（2）电容器额定工作电压

电容器额定工作电压指电容器在电路中能长期可靠工作而不被击穿的直流电压（又称耐压）。如果电容器是在交流电路中工作，应保证所加交流电压的最大值不超过电容器的额定工作电压。

6. 电容器的连接

（1）电容器串联

C_1，C_2，C_3 三个电容器串联在某一回路中（图 1.1-9），在回路两端加上直流电压 U，给电容器充电，各个电容器所带的电荷量应该相等，设所带电量为 Q，则各个电容器的电压分别为

$$U_1=\frac{Q}{C_1} \qquad U_2=\frac{Q}{C_2} \qquad U_3=\frac{Q}{C_3}$$

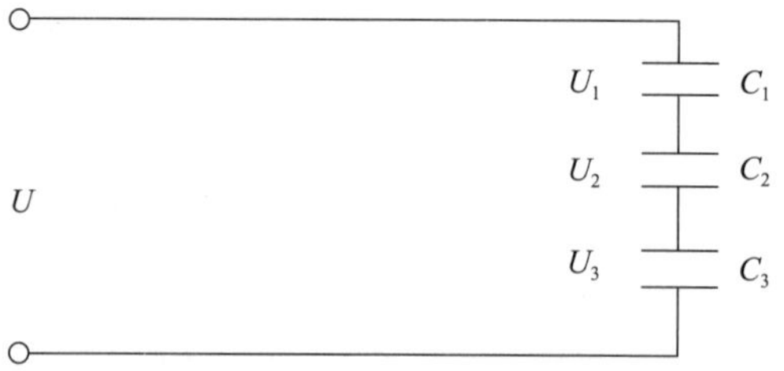

图 1.1-9　电容器的串联

总电压 U 等于各电容器上的电压之和，所以 $U=U_1+U_2+U_3=Q\left(\frac{1}{C_1}+\frac{1}{C_2}+\frac{1}{C_3}\right)$，设串联电容器的总电容为 C，因为 $U=\frac{Q}{C}$，所以 $\frac{1}{C}=\frac{1}{C_1}+\frac{1}{C_2}+\frac{1}{C_3}$，$C=\frac{1}{\frac{1}{C_1}+\frac{1}{C_2}+\frac{1}{C_3}}$，即串联电容器总电容的倒数等于各电容器的电容倒数之和。电容器串联后，相当于增大了两极板间的距离，所以总电容小于每个电容器的电容。

（2）电容器并联

当三个电容器并联在电路中（图 1.1-10），加上电压 U 后，每个电容器的电压都是 U，如果三个电容器所带电荷量分别为 Q_1，Q_2，Q_3，则 $Q_1=C_1U$，$Q_2=C_2U$，$Q_3=C_3U$，电容器储存的总电荷量等于各电容器所带电荷量之和，则

$$Q=Q_1+Q_2+Q_3=(C_1+C_2+C_3)U \tag{1-7}$$

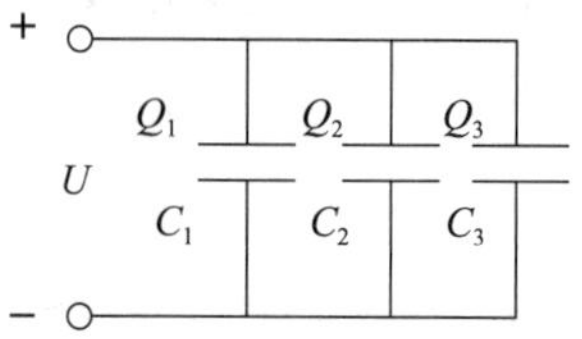

图 1.1-10　电容器的并联

设并联电容器的总电容为 C，因 $Q=CU$，所以 $C=C_1+C_2+C_3$，即并联电容器的总电容等于各电容器的电容之和，电容器并联后，相当于增大了两极板的面积，所以总电容大于每个电容器的电容。

1.1.4　电功和电功率

（一）电功

1. 电功的定义和单位

工人推着小车向前移动，这是人力做功，消耗的是体能，图 1.1-11 为人力做功；使用传送设备同样也能运送物料，这是电流做功，消耗的是电能，图 1.1-12 为测量电能的单相电能表。

图 1.1-11　人力做功

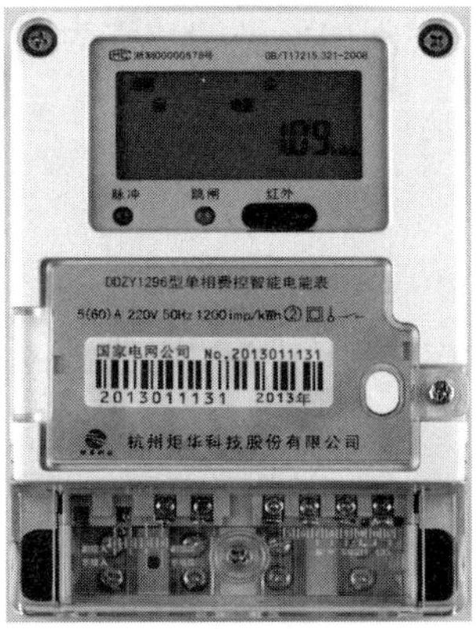

图 1.1-12　单相电能表

电流做功的过程，实质上就是电能转化为其他形式的能的过程。例如，电流通过电动机做功，电能转化为机械能；电流通过电磁炉做功，电能转化为热能；电流通过 LED 灯做功，电能转化为光能；电流通过电解液做功，电能转化为化学能等。

电流所做的功，通常称为电功（电能），用字母 W 表示。电流在一段电路上所做的功等于这段电路两端的电压（U）、电路中的电流（I）和通电时间（t）三者的乘积，即

$$W=UIt \tag{1-8}$$

式中，W，U，I 和 t 的单位分别是焦耳（J）、伏特（V）、安培（A）和秒（s）。

根据闭合电路欧姆定律知 $I=\dfrac{U}{R}$，可得 $U=IR$，代入上式可得

$$W=I^2Rt=\frac{U^2}{R}t \tag{1-9}$$

由上述两个等式可知，电流在某段电路上所做的功，跟这段电路两端的电压成正比，跟电路中的电流成正比，跟通电时间成正比。

2. 电功的测量

家庭电路一般用的是单相电路，常用单相电能表进行测量。电能的另一个常用单位是千瓦时，用符号 kW · h 表示，即通常所说的 1 度电，它和焦耳的换算关系为：

$$1\ \text{kW}\cdot\text{h}=3.6\times10^{6}\ \text{J}$$

（二）电功率

在同一时长内，电路通过不同的负载做功，做功的效率一般并不相同。例如，通过电力机车的电动机做的功，要比电风扇的电动机做的功大得多。为反映电流做功的快慢程度，常用电功率来体现。

电流在单位时间内所做的功称为电功率，用字母 P 表示，单位为瓦（W），可用下式计算电功率大小

$$P=\frac{W}{t}=UI \tag{1-10}$$

对于纯电阻电路，上式还可以写成

$$P=I^{2}R=\frac{U^{2}}{R} \tag{1-11}$$

常用的电功率单位还有 kW，它们之间的换算关系为

$$1\ \text{kW}=10^{3}\ \text{W}$$

电流流过导体时使导体发热的现象称为电流的热效应，即电流的热效应就是电能转换成热能的效应，电流与它流过导体时所产生的热量的关系可用下式计算

$$Q=I^{2}Rt \tag{1-12}$$

Q 的单位为 J，这种热也称焦耳热。

（三）额定功率

电流的热效应有不利的影响，如果发电机在工作时过热，不但耗费功率，同时会加快绝缘材料的衰退，严重时引起故障。所以，人们在设备上一定要做好防护，以减少因为电流的热效应而带来的损失。也因此，很多设备的外壳上都设有散热孔，有的电动机里还设有风机，就是为了加快散热。

电气设备安全运行工作中，所规定的最高电流、最高电压和最大输出功率，分别为它们的额定电流、额定电压和额定功率。通常电子元器件和装置的最大额定值标在外壳

明显部位，而电动机的最大额定值则一般标在外部的铭牌上。如图 1. 1-13 所示。

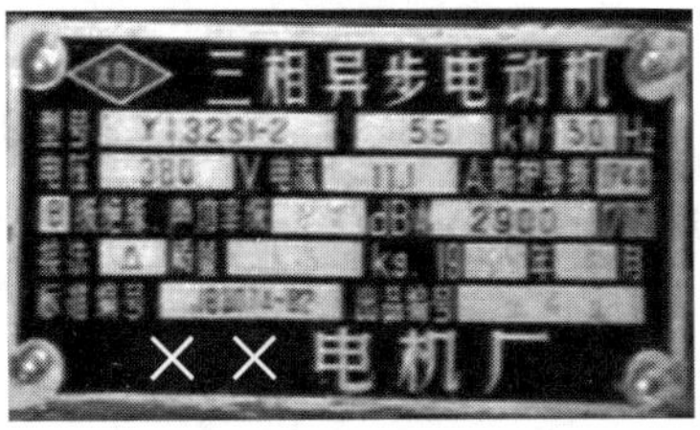

图 1. 1-13　电动机的铭牌

设备在额定功率下的运行状态称为额定负荷运行状态，又称为满载（Full load）；小于额定容量时的工作状态，叫作轻载（Light load）；大于额定容量时的正常工作状态，叫作过载或超负荷（Overload）。因为过载时很容易烧断用电器，所以一般不允许发生过载。

例题 1：图 1. 1-14 是一个电热毯示意电路图，R 是电热毯中的电阻丝，R_0 是电热毯与电阻丝串联的电阻。电热毯上标有“220 V 100 W”字样，S 是控制电热毯处于加热状态或保温状态的开关。

（1）判断 S 断开时，电热毯处于保温还是加热状态。

（2）若电热毯在保温状态，电路中的电流为 0. 5A，通电 60 分钟，试计算电热毯消耗的电能。

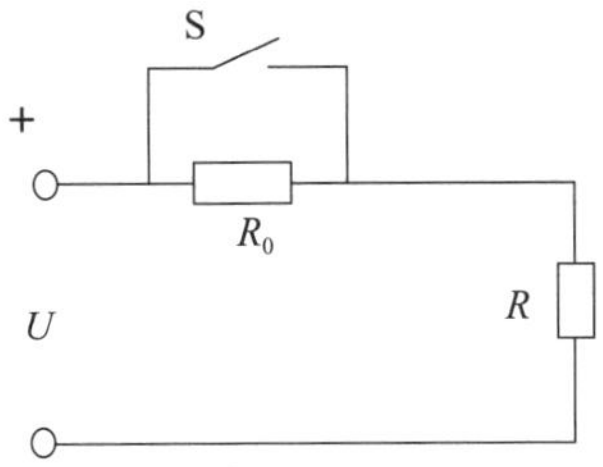

图 1. 1-14　例题 1 图

解：（1）根据图示，当 S 断开时，R 与 R_0 串联在电路中，R_0 分去一部分电压，因此电热毯处于保温状态。

（2）根据电功率公式：$P=UI=\dfrac{U^2}{R}$

得出电热毯电阻丝：$R=\dfrac{U^2}{P}=\dfrac{220^2}{100}=484$（Ω）

因串联电路中的电流相等，电热毯保温通电 60 分钟，电热毯消耗的电能为：

$W=I^2Rt=0.5^2\times484\times1\div1\,000=0.121$（kW · h）

答：电热毯消耗的电能为 0. 121 kW · h。

1.2　电路

1.2.1　直流电路（DC circuit）

（一）串联电路（Series circuit）

1. 串联电路特点

如图 1.2-1 所示，蜂鸣器（Buzzer）和小灯泡依次连接在电路中，当电路接通时，蜂鸣器会响起，同时小灯泡发光，当关闭电路时，蜂鸣器响声停止，同时小灯泡熄灭。若灯泡或蜂鸣器其中一个发生故障，另外一个也不能响起或者发光。这样把多个负载逐个顺序连接起来，就组成了串联电路。

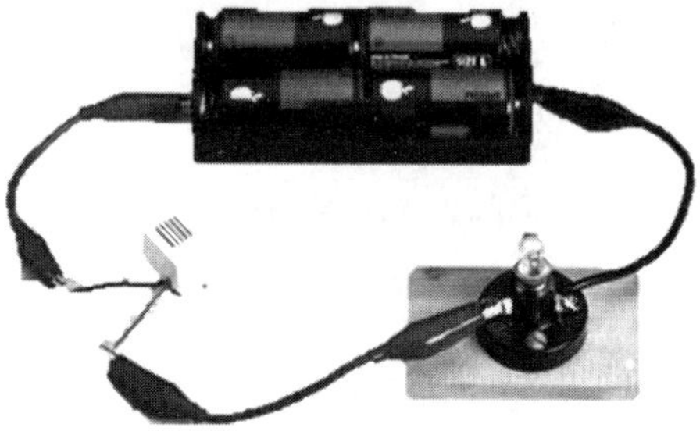

图 1.2-1　小灯泡和蜂鸣器组成的串联电路

图 1.2-2 是由三个电阻组成的串联电路。

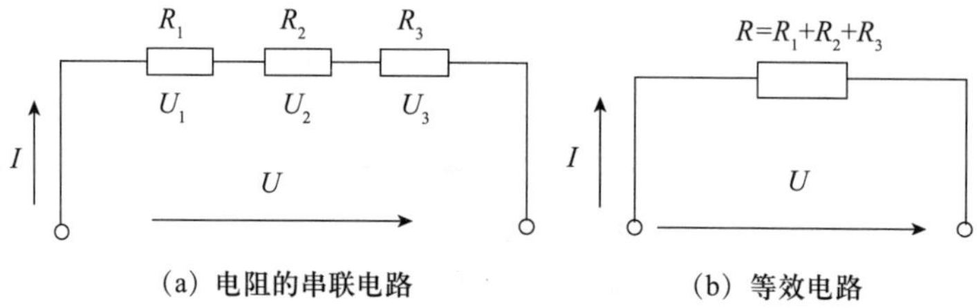

(a) 电阻的串联电路　　(b) 等效电路

图 1.2-2　电阻的串联

从图 1.2-1、图 1.2-2 可以看出串联电路只有唯一的支路，因此串联电路具有以下特点：

①电路中流过负载的电流都相等。

②电路两端的总电压等于各负载两端分电压之和，即

$$U=U_1+U_2+\cdots+U_n$$

③电路的等效电阻（总电阻，Equinalent resistance）等于电路中各电阻之和，即

$$R=R_1+R_2+\cdots+R_n$$

④电路中各个负载两端的电压与其阻值成正比，即

$$\frac{U}{R}=\frac{U_1}{R_1}=\cdots=\frac{U_n}{R_n}$$

从上式可以得出串联电路中，电阻越大，分到的电压越大，反之，电压越小。

2. 电阻串联电路的应用（见表 1-1）

表 1-1　电阻串联电路的应用

①在有限制的条件下获得大电阻	②调节电路中电流	③扩大电压表量程
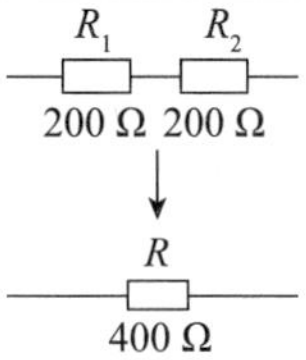	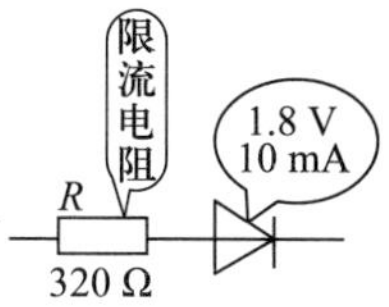	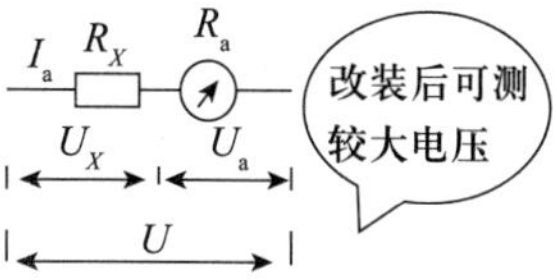

3. 电池的串联

当用电器需要获得大于单个电池的电动势时，可以将多个电池串联来获得更高的额定电压，称为串联电池组。现在市面上的一些电动玩具、手电筒通常采用串联电池组。

由 n 个电动势为 E、内阻为 R 的电池组成的电池组，总电动势为

$$E_{串}=nE$$

串联电池组的总内阻为

$$R_{串}=nR$$

电池组串联等效电路图如图 1.2-3 所示。

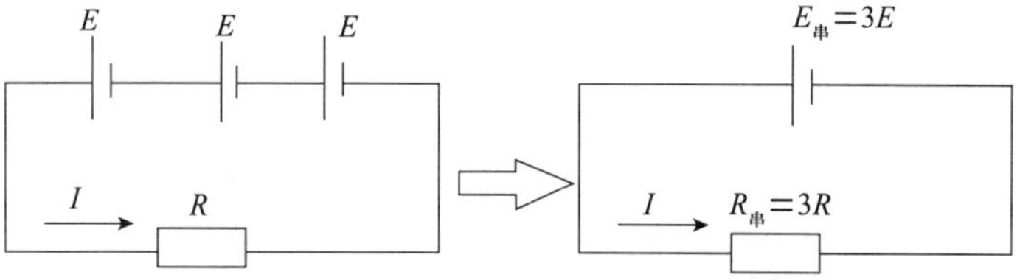

(a) 串联电池组　　(b) 等效电路

图 1.2-3　电池组的串联及其等效电路

（二）并联电路（Parallel circuit）

1. 并联电路的特点

如图 1.2-4 所示，两个直流电机并列连接在电路中，当一个电机出现故障时，另外一个电机仍能正常工作，彼此之间不会相互影响。像这样将多个负载并列地连接起来，由同一电压供电组成的电路称为并联电路。

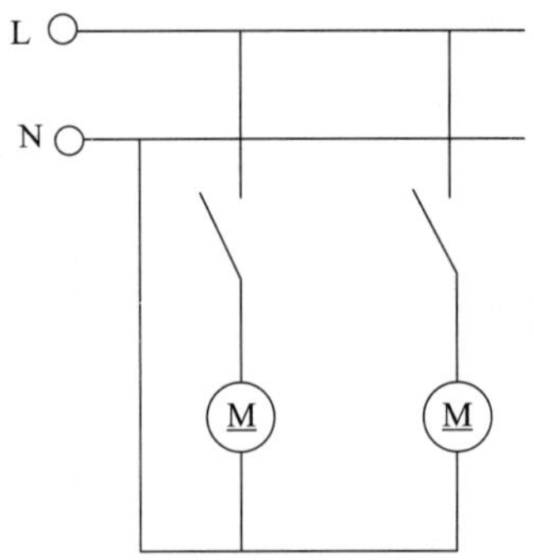

图 1.2-4　直流电机组成的并联电路

日常生活中，家庭里用到的照明灯、各个房间的插座采用的都是并联的方式，以提高电能的使用效率。

从图 1.2-5 电阻并联电路中，可以得到并联电路有以下特点：

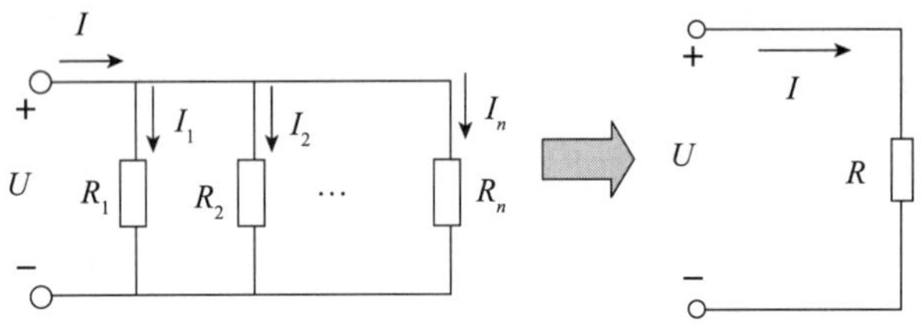

(a) 电阻的并联电路　　(b) 等效电路

图 1.2-5　电阻的并联

①电路中各电阻两端的电压相等且等于电路两端的电压 U。

②电路的总电流等于流过各电阻的电流之和，即 $I=I_1+I_2+\cdots+I_n$。

③电路的等效电阻（总电阻）的倒数等于各并联电阻的倒数之和，即

$$\frac{1}{R}=\frac{1}{R_1}+\frac{1}{R_2}+\cdots+\frac{1}{R_n}$$

如果是两个电阻相同的负载（R_1，R_2）相并联，则等效电阻 $R=\frac{1}{2}R$；如果是 n 个，则 $R=\frac{1}{n}R$；电阻并联越多，其等效电阻越小。

④并联电路中，电流的分配与电阻成反比；单相用电设备挂在三相四线制（三相五线制）系统中时，负荷的分配应尽量做到均匀（负荷平衡），以使各相电流大致相等。这样做的另一个优点是：主干零线发生断线时，可降低对用电设备的危害，否则，负荷小的单相用电设备可能因为电压过高而损坏。

两个电阻并联的等效电阻计算公式

$$R=\frac{R_1R_2}{R_1+R_2} \tag{1-13}$$

并联电路中，两条支路的分流公式

$$I_1=\frac{R_2}{R_1+R_2}I \quad （R_1\text{ 支路电流}）$$

$$I_2=\frac{R_1}{R_1+R_2}I \quad （R_2\text{ 支路电流}）$$

2. 并联电路的应用

并联电路的应用主要有三方面，见表 1-2 所述。

表 1-2　并联电路的应用

①凡是额定电压相同的负载都采用并联的工作方式，这样每个负载都是一个可独立控制的回路，任一负载的正常启动或关闭都不影响其他负载的使用	②用来获得较小阻值的电阻
	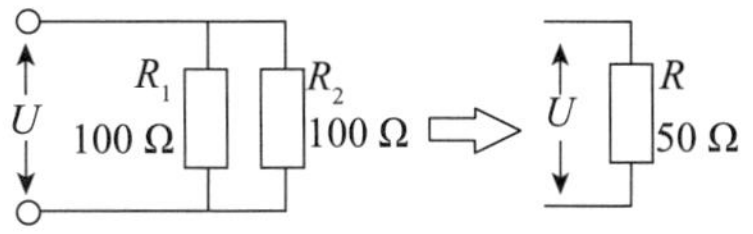
③用来扩大电流表的量程	—
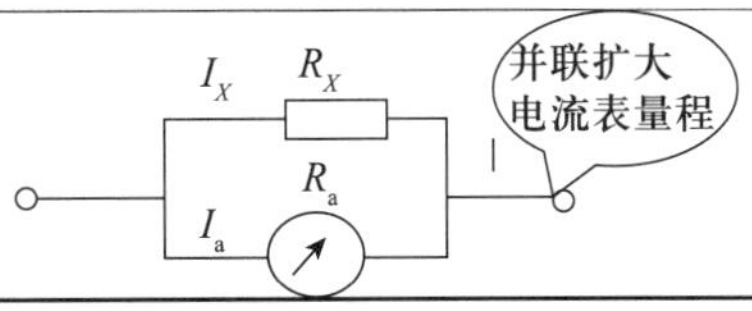	—

3. 电池的并联

在汽车电路中，为了获得较大的电流，通常采用相同电动势的电池并联的方式。需要注意的是，不同电动势的电池并联，在没有外电路的情况下很容易烧坏电池，因此一般不允许不同电动势的电池并联。

（三）欧姆定律（Ohm's law）

欧姆定律常用于直流电路计算，其内容为：在同一电路中，导体中的电流和导体两端的电压成正比，与导体的电阻成反比。如式（1-14）所示

$$I=\frac{U}{R} \tag{1-14}$$

式中，U，I 和 R 的单位分别是伏特（V）、安培（A）和欧姆（Ω）。在进行电路分析、计算时，需要对电压、电流的参考方向（Reference direction）做假定。计算时，必须知道电压、电流值的正负和参考方向的关系，当 $U>0$ 时，电压和电流方向一致；当 $U<0$ 时，电压和电流方向相反。

例题 2：利用欧姆定律求出图 1.2-6 电路中电阻 R 的阻值。

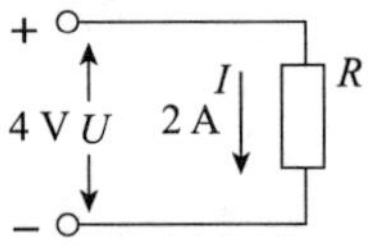

图 1.2-6　例题 2 图

解：图中电压和电流的参考方向一致，根据欧姆定律 $I=\frac{U}{R}$，可得 $R=\frac{U}{I}$，将数值代入式中，可得 $R=2\ \Omega$。

应用欧姆定律时，为防止在实际运算中发生错误，一般假设电压和电流参考方向相同，上述是部分电路欧姆定律（Ohm's law of partial circuit），一般应用于纯电阻电路。除此之外，还有闭合电路欧姆定律（Ohm's law of closed circuit），也称为全电路欧姆定律。全电路欧姆定律的含义是：闭合电路的电流和电源电动势成正比，与内外电路的电阻之和成反比。用式（1-15）表示

$$I=\frac{E}{R+r} \tag{1-15}$$

式中，E，I 和 R 的单位分别是伏特（V）、安培（A）和欧姆（Ω），r 为电源电动势的内阻（Internal resistance），单位为欧姆（Ω）。在理解闭合电路欧姆定律时，需要注意：

①用电压表接在电源两极间测得的电压是路端电压 $U_{外}$，不是内电路两端的电压 $U_{内}$，也不是电源电动势，所以 $U_{外}<E$。

②当电源没有接入电路时，因无电流通过内电路，所以 $U_{内}=0$，此时 $E=U_{外}$，即电源电动势等于电源没有接入电路时的路端电压。

③$E=I\ (R+r)$ 只适用于外电路为纯电阻的电路。

（四）混联电路（Hybrid circuit）

如图 1.2-7 所示，在电路中既有负载串联，又有负载并联的电路称为混联电路。

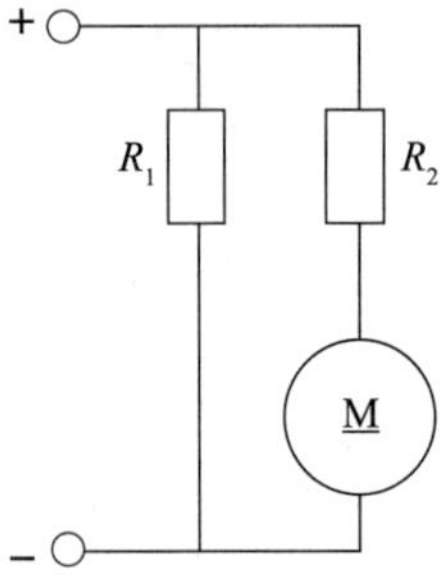

图 1.2-7　混联电路

混联电路的一般分析方法如下：

①求混联电路的等效电阻。先计算各串联支路和并联支路的等效电阻，再计算电路总的等效电阻。

②求混联电路的总电流。由电路的总的等效电阻和电路的端电压计算电路的总电流。

③求各部分的电压、电流和功率。根据部分电路欧姆定律，电阻的串、并联特点和电功率的计算公式分别求出电路各部分的电压、电流和功率。

例题 3：如图 1.2-8 所示，已知 $U=220\ \text{V}$，$R_1=R_2=220\ \Omega$，$R_3=110\ \Omega$，试求：①电路的等效电阻；②电路中的总电流 I；③电阻 R_3 两端的电压；④电阻 R_2 消耗的功率。

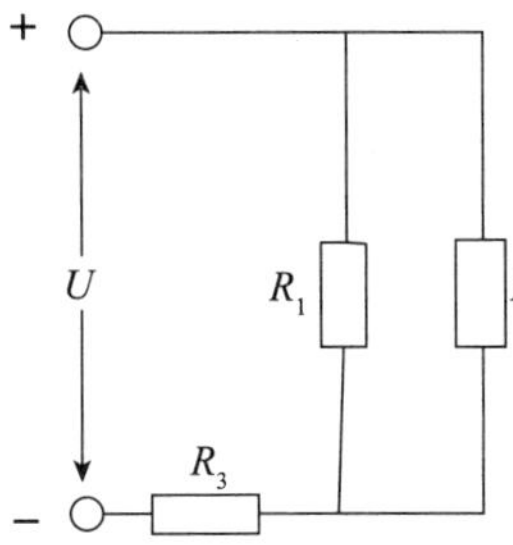

图 1.2-8　电阻混联电路

解：①电路的等效电阻

$$R=R_3+\frac{R_1R_2}{R_1+R_2}=110+\frac{220\times220}{220+220}=220\ (\Omega)$$

②电路中的总电流

$$I=\frac{U}{R}=\frac{220}{220}\ \text{A}=1\ (\text{A})$$

③R_3 两端的电压

$$U_3=IR_3=1\times110=110\ (\text{V})$$

④电阻 R_2 消耗的功率

$$P_2=\frac{U_2^2}{R_2}=\frac{(U-U_3)^2}{R_2}=\frac{(220-110)^2}{220}=55\ (\text{W})$$

1.2.2　单相交流电路（Single-phase AC circuit）

（一）交流电（AC）基础

前面对电流的介绍中，提到了直流电和交流电，在日常生活中，用到的干电池、蓄电池、锂电池都属于直流电；而日常家庭中使用的照明（Illumination）用电是交流电。直流电和交流电的根本区别在于：交流电的方向会随着时间的变化而变化。

家庭照明用电，若用示波器（Oscilloscope）进行观测，可以得到电压波形，在波形上电压的大小和方向按正弦规律变化，所以称为正弦交流电（Sinusoidal alternating current），如图 1.2-9（a）所示。实际应用中除了正弦交流电外，还有非正弦交流电，例如，锯齿波电压（Sawtooth voltage）［见图 1.2-9（b）］、方波电压（Square wave voltage）［见图 1.2-9（c）］等。非正弦交流电可以认为是正弦交流电叠加合成的结果，所以正弦交流电也是研究非正弦交流电的基础。本节主要介绍正弦交流电，研究正弦交流电的特性和计算。

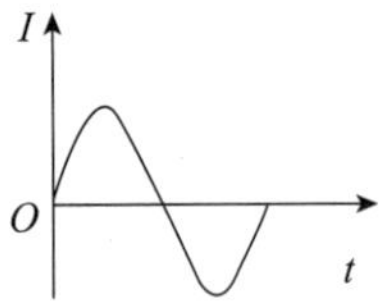

（a）正弦交流电

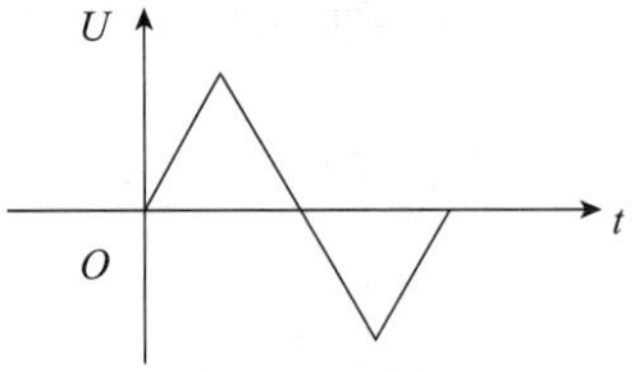

（b）锯齿波电压

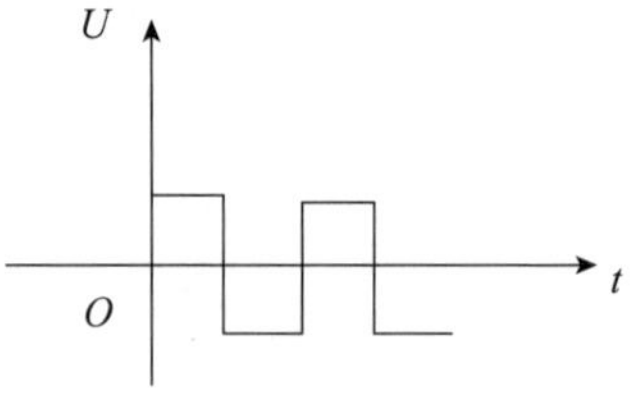

（c）方波电压

图 1.2-9　交流电各波形

1. 交流电的产生

电能（Electrical energy）是目前应用最广泛和最便利的能量。交流发电机（Alternator）主要用来发电产生电能。交流电可以由交流发电机产生，也可以由振荡器（Oscillator）产生，但振荡器一般不用于日常发电，而主要用于需要各种交流信号的实验供电。

根据电磁感应定律（Law of electromagnetic induction）$E=Blv$，产生稳定的感应电动势 E，必须要有持续的速度（Speed）v，如果是平动，那么必须有持续的位移（Displacement），即要有很长的导轨（Guide rail），这对电厂的规模要求较高，也增加了投建成本。除了匀速运动（Uniform motion）外，还有一种圆周运动（Circular motion）。图 1.2-10 是交流发电机原理图。

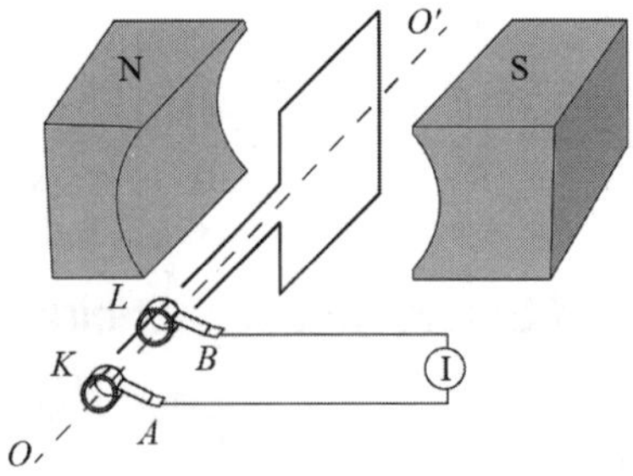

图 1.2-10　交流发电机原理图

当线圈在磁场中以角速度（Angular velocity）ω 顺时针匀速转动时，由于线圈切割磁感线（Magnetic induction line），线圈将产生感应电动势。当线圈平面（Coil plane）垂直于磁感线时，各边都不切割，没有感应电动势，称此平面为中性面（Neutral surface）。将磁极间的磁场看作匀强磁场（Uniform magnetic field），设磁感应强度为 B，磁场中线切割磁感线的一边长度为 l，平面从中性面开始转动，经过时间 t，线圈转过的角度为 ωt，这时，其单侧线圈切割磁感线的线速度（Linear velocity）v 与磁感线的夹角（Angle of inclusion）也为 ωt，所产生的感应电动势 $e=Blv\sin\omega t$。所以整个线圈所产生的感应电动势为

$$e=2Blv\sin\omega t \tag{1-16}$$

$2Blv$ 为感应电动势的最大值（Maximum），设为 E_m，则

$$e=E_m\sin\omega t \tag{1-17}$$

式（1-17）为线圈感应电动势的瞬时值（Instantaneous value）表达式，也叫作解析式（Analytic formula），因观察到波形按数学正弦规律在变化，也称为正弦交流电。在平面线圈旋转过程中，线圈产生的感应电动势和角度的关系曲线如图 1.2-11 所示。

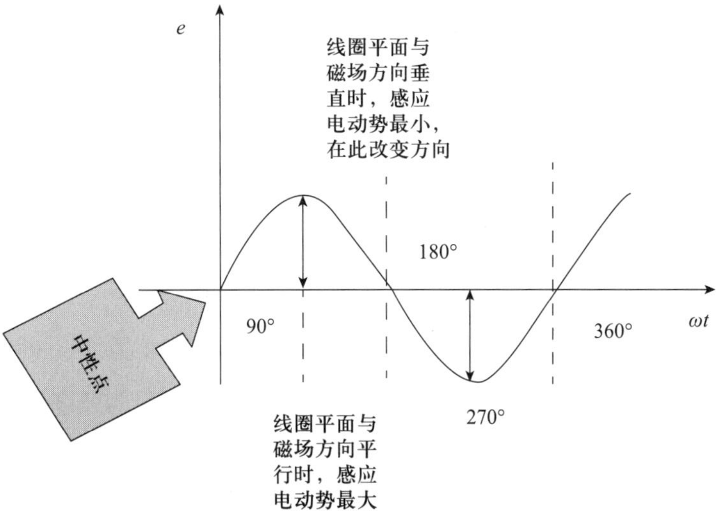

图 1.2-11　正弦交流电的产生

2. 正弦交流电的周期（Period）、频率（Frequency）和角频率（Angular frequency）

根据正弦交流电的解析式，正弦交流电波形如图 1.2-12 所示。

根据正弦曲线的变化规律，可以得出：

（1）周期

交流电每重复变化一次所需的时间，称为交流电的周期，用符号 T 表示，单位是 s。

如图 1. 2-12 所示，交流电的周期为 0. 02 s。

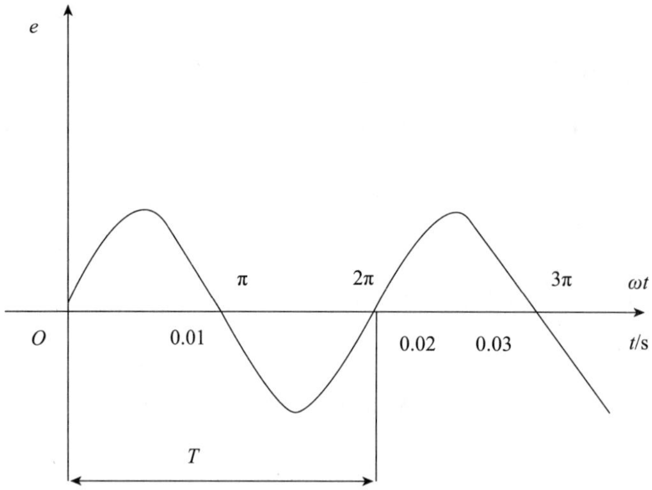

图 1. 2-12　正弦交流电波形

（2）频率

交流电在 1 s 内重复变化的次数称为频率，用符号 f 表示，单位名称为赫兹（Hz）。赫兹是描述交流电变化快慢的物理量，它们之间的关系如式（1-18）所示。

$$T=\frac{1}{f} \tag{1-18}$$

我国照明和动力用电频率一般为 50 Hz，习惯称为工频交流电（Power frequency alternating current）。少数国家采用 60 Hz 的频率。

（3）角频率

正弦交流电的变化也可以用角度计算，其变化一周为 2π 弧度（360°），正弦交流电每秒变化的角度称为角频率，用符号 ω 表示。角频率的单位为弧度每秒，用 rad/s 表示。角频率与周期、频率的关系如式（1-19）所示：

$$\omega=\frac{2\pi}{T}=2\pi f \tag{1-19}$$

3. 正弦交流电的最大值、有效值（Effective value）和平均值（Mean value）

（1）最大值

正弦交流电在一个周期所能达到的最大瞬时值称为正弦交流电的最大值，也称峰值、幅值。最大值用大写字母加下标 m 表示，如 E_m、U_m、I_m。

（2）有效值

交流电的大小是随时间变化的，所以在研究交流电的功率时，采用最大值不够方便，通常用有效值来表示。使交流电和直流电在同样阻值的电阻上，若在相同的时间内产生的热量（Heat）相等，就把这一直流电的大小称为相应交流电的有效值（见图 1.2-13）。有效值用大写字母 E（有效电动势），U（有效电压），I（有效电流）表示。电工仪表测出的交流电数值即通常所说的交流电数值都是指有效值。正弦交流电的有效值和最大值之间的关系如下：

$$有效值=\frac{1}{\sqrt{2}}\times最大值\approx 0.707\times最大值$$

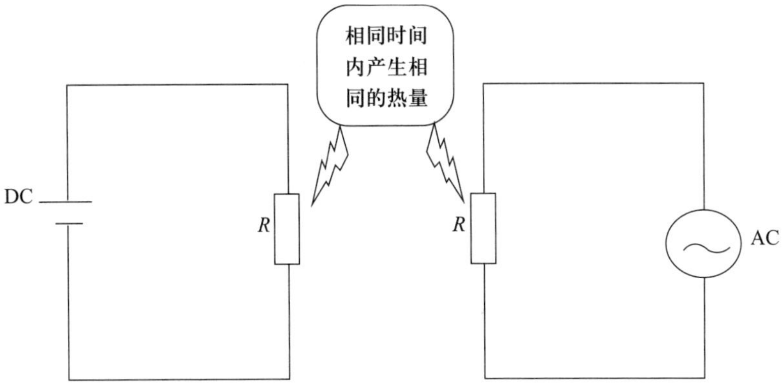

图 1.2-13　交流电的有效值

（3）平均值

在实际使用中也会用到平均值，由于正弦交流电取一个周期时平均值为零，所以取半个周期的平均值为正弦交流电的平均值。正弦电动势、电压和电流的平均值分别用符号 E_p，U_p，I_p 表示。平均值与最大值之间的关系为

$$E_p=\frac{2}{\pi}E_m;\quad U_p=\frac{2}{\pi}U_m;\quad I_p=\frac{2}{\pi}I_m$$

有效值与平均值之间的关系是

$$E=\frac{\pi}{2\sqrt{2}}E_p\approx 1.1E_p;\quad U=\frac{\pi}{2\sqrt{2}}U_p\approx 1.1U_p;\quad I=\frac{\pi}{2\sqrt{2}}I_p\approx 1.1I_p$$

4. 正弦交流电的相位与相位差

（1）相位（Phase）

正弦交流电的瞬时值解析式 $e=E_m\sin(\omega t+\varphi_0)$ 中，$\omega t+\varphi_0$ 表示任意时刻线圈平面与中性面所成的角度，这个角度称为相位角，也称相位或相角，它反映了交流电变化的进程。式中 φ_0 为正弦量在 $t=0$ 时的相位，称为初相位（Initial phase），也称初相（Primary phase）或初相角。

交流电的初相可以为正，也可以为负。若 $t=0$ 时正弦量的瞬时值为正，则初相为正，

见图 1.2−14（a）；若 $t=0$ 时正弦量的瞬时值为负，则初相为负，见图 1.2−14（b）。

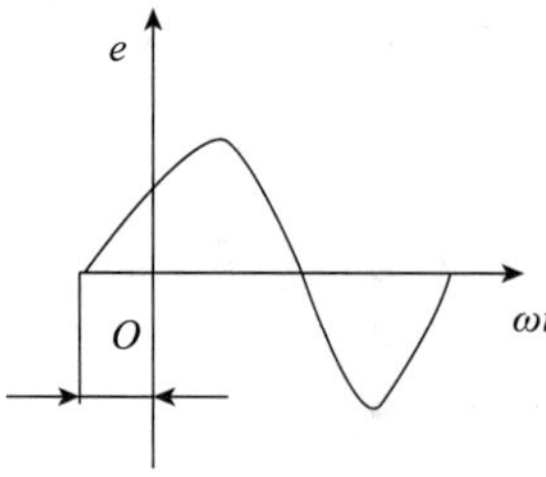

（a）初相为正

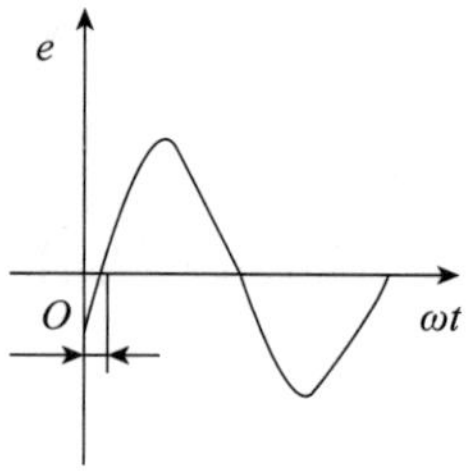

（b）初相为负

图 1.2−14　正弦交流电的相位

初相通常用不大于 180°的角来表示。若初相角大于 180°，则应换算成相应的补角。例如，$e=100\sin(\omega t+270^\circ)$ V，应标记为 $e=100\sin(\omega t-90^\circ)$ V。

（2）相位差（Phase difference）

两个同频率交流电的相位之差称为相位差，用符号 φ 表示，即

$$\varphi=(\omega t+\varphi_1)-(\omega t+\varphi_2)=\varphi_1-\varphi_2 \tag{1-20}$$

在频率相同的情况下，两个交流电的相位相减，得到的差值就是初相差。在波形图中，一个交流电的峰值或零值比另一个交流电提前出现，如图 1.2−15（a）中 e_1 和 e_2，$\varphi=\varphi_1-\varphi_2>0$，则 e_1 超前 e_2，亦称 e_2 滞后 e_1。若两个交流电同时出现零值或最大值，那么它们的初相相等，相位相同，也叫作同相图，如图 1.2−15（b）所示。反之，若一个交流电处在正向峰值时，另一个在负向波谷，则它们的初相位相差 180°，那么它们互为反相，如图 1.2−15（c）所示。若两个正弦交流电相位差 $\varphi=90^\circ$，就叫作正交，如图 1.2−15（d）所示。

综上所述，正弦交流电的最大值反映了正弦交流电的变化范围，角频率反映了正弦交流电的变化快慢，初相位反映了正弦交流电的起始状态，它们是表征正弦交流电的三个重要物理量。知道了这三个量就可以确定唯一一个交流电，写出其瞬时值表达式，因此常把最大值、角频率、初相位称为正弦交流电的三要素。

1.2.3　正弦交流电的相量图（Phasor diagram）

在实际中若要对交流电进行运算，无论是运动波形图还是瞬时值表达式，都很不方便。因此，引入正弦交流电的相量图表示法。

相量图如何表示正弦交流电呢？现以正弦交流电瞬时值表达式 $e=E_m\sin(\omega t+\varphi_0)$ 为例来说明。如图 1.2−16 所示，在直角坐标系中，作一矢量 OA，其长度为正弦电动势 e 的最大值 E_m，它的起始位置与 x 轴正方向的夹角等于初相 φ_0，并以正弦电动势的角

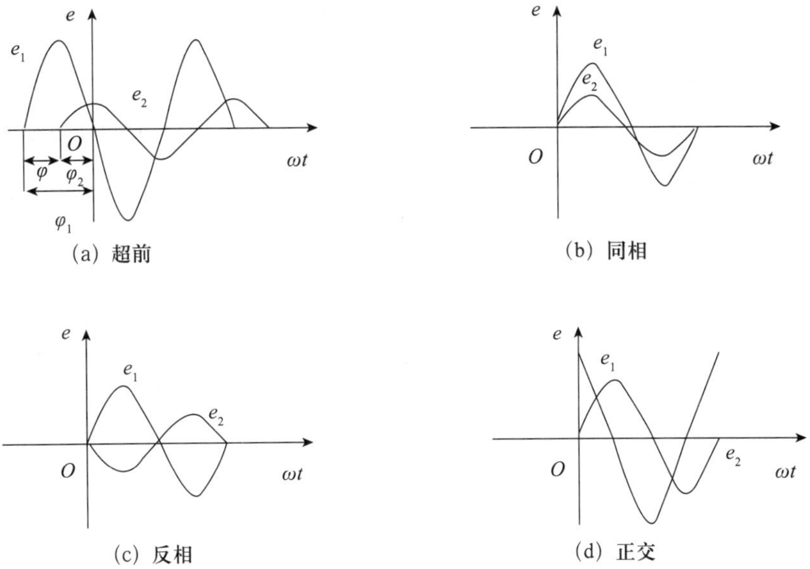

图 1.2-15　正弦交流电的相位关系

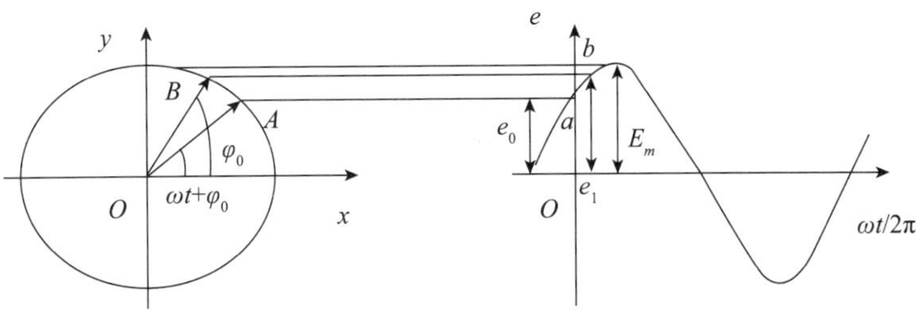

图 1.2-16　正弦交流电相位图与波形图的对应关系

频率 ω 为角速度逆时针匀速旋转，则在任一瞬间，旋转矢量与 x 轴的夹角即为正弦电动势的相位（$\omega t+\varphi_0$），它在 y 轴的投影 Oa 即为该正弦电动势的瞬时值。

当 $t=0$ 时，旋转矢量（Rotation vector）在 y 轴的投影为e_0，对应图 1. 2-16 中 a 点；当 $t=t_1$ 时，矢量与 x 轴的夹角为 $\omega t+\varphi_0$，此时，旋转矢量在 y 轴的投影为 e_1，对应波形图上的 b 点，矢量旋转一周正好与该正弦交流电的波形对应。因此，旋转矢量（相位图）完全能反映正弦交流电的变化规律。

为了与一般的空间矢量相区别，把表示正弦交流电的这一矢量称为相量。正弦交流电的相量用“$\dot{E}_m$、$\dot{U}_m$、$\dot{I}_m$”表示。实际应用更多的是有效值相量，即将有向线段 OA 的长度定为正弦量的有效值，相应符号为 $\dot{E}$、$\dot{U}$、$\dot{I}$。

应用相量图时应注意以下几点：

①同一相量图中，各正弦交流电的频率应相同。

②同一相量图中，相同单位的相量应按相同比例画出。

③一般取直角坐标轴（Coordinate axis）的水平（Level）正方向为参考方向，逆时针（Counterclockwise）转动的角度为正，反之为负。

④用相量表示正弦交流电后，它们的加、减运算可按相量（Phasor）计算法则进行计算。

⑤一个正弦量的相量图、波形图（Waveform diagram）、解析式是正弦量的几种不同的表示方法，它们有一一对应的关系，但在数学上并不相等。

1.2.4 纯电阻电路（Pure resistance circuit）

交流电路中，若只需要考虑电阻对电流的阻碍作用，这种电路称为纯电阻电路，如日常照明灯、电暖器等的电路都可以近似地看成纯电阻电路，如图 1.2-17（a）所示。在这些电路中，当外电压一定时，影响电流大小的主要因素是电阻 R。

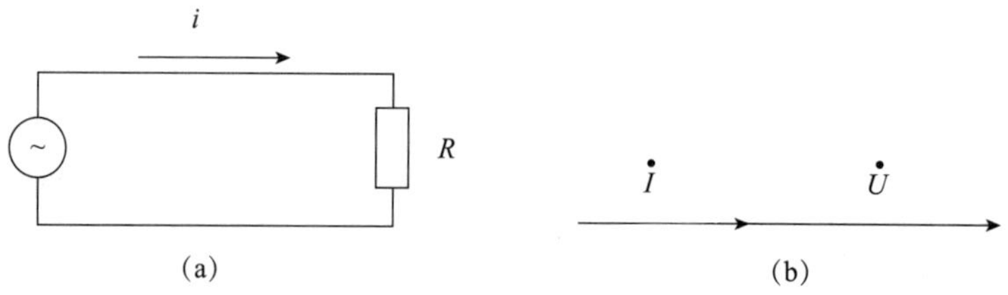

图 1.2-17　纯电阻电路图

1. 电压与电流的相位关系

设加在电阻两端的电压为

$$u=U_m\sin\omega t$$

实验证明，在任一瞬间通过电阻的电流 i 仍可用欧姆定律计算，即

$$i=\frac{u}{R}=\frac{U_m\sin\omega t}{R} \tag{1-21}$$

因作用在电阻上的电压为交流电，根据欧姆定律可知，电阻上的电流也是一个频率相同的交流电，并且电阻上的电压和电流的相位相同，如图 1.2-17（b）所示。

2. 电流与电压的数量关系

由式（1-21）可知，通过电阻的最大电流为

$$I_m=\frac{U_m}{R} \tag{1-22}$$

若将上式两边同除以$\sqrt{2}$，则得

$$I=\frac{U}{R} \tag{1-23}$$

从式（1-23）可看出，在纯电阻电路中，电流与电压的瞬时值、最大值、有效值都符合欧姆定律。

3. 功率

在电路任意时刻，电阻中通过的瞬时电流与同一时刻两端的瞬时电压的乘积就是该时刻的瞬时功率，用 P_R 表示，即

$$P_R=ui=\frac{U_m{}^2}{R}(\sin\omega t)^2 \tag{1-24}$$

瞬时功率的曲线如图 1.2-18 所示。由于电流和电压同相，所以 P 在任一瞬间的数值都大于或等于零，这说明电阻总是在消耗功率，因此，电阻是一种耗能元件。

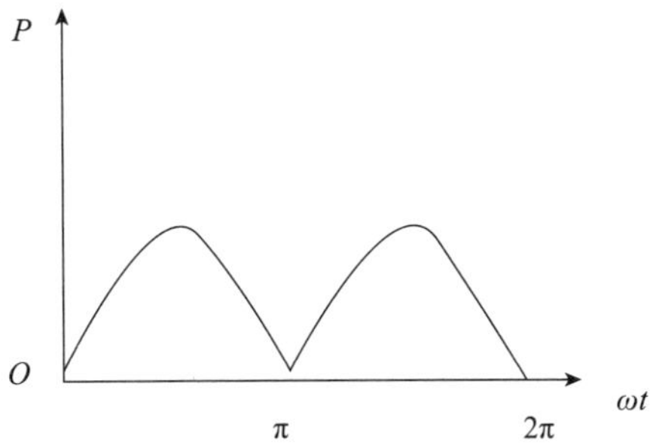

图 1.2-18　纯电阻电路瞬时功率曲线

由于瞬时功率时刻变动，不便计算，通常用电阻在交流电一个周期内消耗的功率的平均值来表示功率的大小，叫作平均功率。平均功率又称有功功率，用 P 表示，单位也是 W。电压和电流用有效值表示时，平均功率 P 的计算与直流电路相同，即

$$P=UI=I^2R=\frac{U^2}{R} \tag{1-25}$$

1.2.5　纯电感电路（Pure inductance circuit）

（一）电感对交流电的阻碍作用（The impediment to AC）

电感对交流电的阻碍作用，可以通过实验来说明，如图 1.2-19 所示，LED_1 和 LED_2 是两只相同的灯泡，电感线圈 L 的直流电阻等于 R。按图接好电路，先将两个电路接通 24 V 直流电源，可以观察到两只灯泡亮度相同，再将电路接入 24 V 交流电源，

观察到 LED_2 先变暗，然后才和 LED_1 一样亮，这表明电感线圈对直流电和交流电的阻碍作用不同。对于直流电，起阻碍作用的只是线圈电阻，对于交流电，除了线圈电阻外，电感也起阻碍作用。电感对交流电的阻碍作用称为感抗（Inductive reactance），用 X_L 表示，感抗的单位是 Ω。

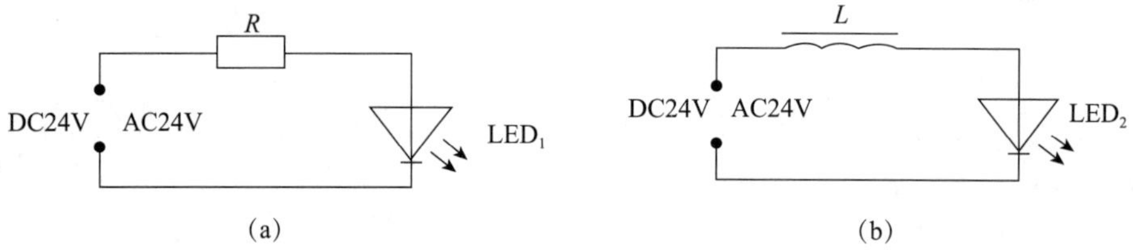

图 1.2-19　电感对交流电的阻碍作用

在实验时，通过以下两个步骤继续观察实验现象：

①把铁芯从线圈中取出（线圈的自感系数减小），灯泡就发亮；重新把铁芯插入线圈（自感系数增大），灯泡变暗。由此可见，线圈的自感系数（Coefficient of self induction）越大，感抗就越大。

②保持电源电压大小不变，改变频率，发现频率越高，灯光越暗，可见交流电的频率越高，线圈的感抗也越大。感抗的计算公式为

$$X_L = 2\pi fL = \omega L \tag{1-26}$$

由式（1-26）可知感抗的通低频、阻高频特性，因此电感也被称为低通元件（Low-pass element）。

（二）电流与电压的关系（The relationship between current and voltage）

由电阻很小的电感线圈组成的交流电路，可以近似地看作纯电感电路，如图 1.2-20（a）所示。

在纯电感电路中，电流与电压成正比，与感抗成反比，纯电感电路欧姆定律表达式为

$$I = \frac{U}{X_L} \tag{1-27}$$

设电流 i 为参考正弦量，电压 u 的瞬时值表达式为

$$u = L\frac{\Delta i}{\Delta t} \tag{1-28}$$

电压和电流的波形图如图 1.2-20（b）所示。由图可见，在 i 由零增加的瞬间，电

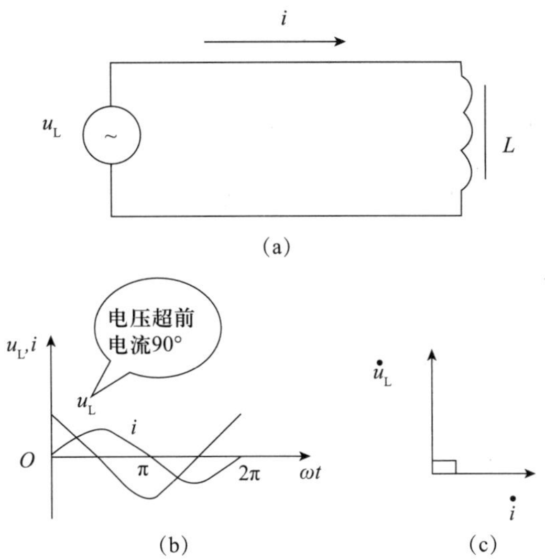

图 1.2-20　纯电感电路

流变化率$\frac{\Delta i}{\Delta t}$最大，电压 u 的值也最大，随着电流的增加，电流变化率逐渐减小，电压 u 的值也逐渐减小；当 i 达到最大值时，电流变化率$\frac{\Delta i}{\Delta t}$为零。其余可类推。结果表明，电压比电流超前 90°，即电流比电压滞后 90°。电压和电流的相量图如图 1. 2-20（c）所示。

（三）功率（Power）

将图 1. 2-20（b）中 u 和 i 同一瞬间的瞬时值相乘，就可得到纯电感电路的瞬时功率（Instantaneous power）。瞬时功率在一个周期内，有正有负。瞬时功率为正，说明电感从电源吸收能量转换为磁场能储存起来；瞬时功率为负，说明电感将磁场能转换为电能返还给电源。

瞬时功率在一个周期内吸收与释放的能量相等，也就是电感线圈不消耗能量，电感是一种储能元件。不同的线圈转换能量的能力不同，通常用瞬时功率的最大值来反映电感转换能量的能力，称为无功功率（Reactive power），用 Q_L 表示，单位是乏（Weariness），符号为 Var。其计算公式为

$$Q_L = IU_L = I^2X_L = \frac{U_L^{\ 2}}{X_L} \tag{1-29}$$

电感元件有阻碍电路变化的作用，且自身不消耗能量，在电工电子技术中被广泛应用，如日光灯的镇流器、风扇调速等。由于绕制线圈的导线总会有电阻，所以很难制成纯电感元件，只有在电阻很小时可忽略不计，视为纯电感电路。

1.2.6 纯电容电路（Pure capacitance circuit）

（一）电容对交流电的阻碍作用

将图 1.2-19（b）电路中的电感换成电容，如图 1.2-21 所示。先接通 24 V 直流电源，灯泡 LED_1 正常发光，灯泡 LED_2 瞬间微亮，随即熄灭，说明直流电不能通过电容器。再改接 24 V 交流电源，两只灯泡都亮，但 LED_1 比 LED_2 亮得多，这说明交流电能通过电容器，同时电容器对交流电有阻碍作用。电容对交流电的阻碍作用称为容抗（Capacitive reactance），用 X_C 表示，容抗的单位是 Ω。

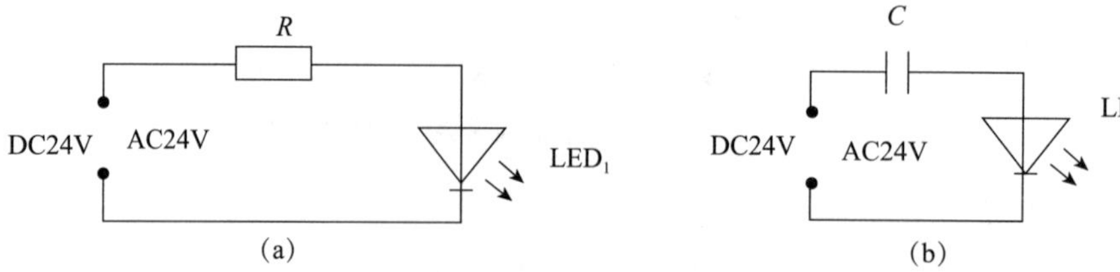

图 1.2-21　纯电容电路

在实验时，通过以下两个步骤继续观察实验现象：

①换用更大容量的电容器，发现电容量越大，灯泡越亮。可见电容器的电容越大，容抗越小。

②保持电源电压大小不变，改变频率，发现频率越高，灯泡越亮，可见交流电的频率越高，电容器的容抗越小。容抗的计算公式为

$$X_C=\frac{1}{\omega C}=\frac{1}{2\pi fC} \tag{1-30}$$

从电容的容抗与频率的关系，可得出电容隔直流、通交流、阻低频、通高频的特性，因此电容也被称为高通元件。

（二）电流与电压的关系

接在交流电源中的电容器，如果忽略电阻的影响，此电路近似于纯电容电路，如图 1.2-22（a）所示，同样适用欧姆定律，即

$$I=\frac{U}{X_C} \tag{1-31}$$

式（1-31）即为纯电容电路欧姆定律的表达式。

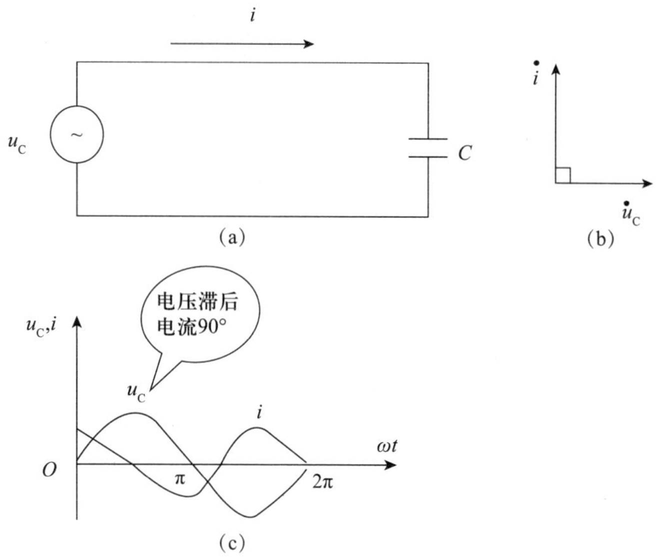

图 1.2-22　纯电容电路

设电压 u_C 为参考正弦量，电流 i 的瞬时值表达式为

$$i=C\frac{\Delta u_C}{\Delta t} \tag{1-32}$$

纯电容电路中电压与电流的相量图和波形图如图 1.2-22（b）、1.2-22（c）所示，对照波形图可见，在 u_C 从零增加的瞬间，电压变化率$\frac{\Delta u_C}{\Delta t}$最大，电流 i 的值也最大，随着电压的增加，电压变化率逐渐减小。当 u_C 达到最大值时，电压变化率$\frac{\Delta u_C}{\Delta t}$为零，电流 i 也变为零。其余可类推。

（三）功率

将图 1.2-22（c）中的 u 和 i 的波形同一瞬间数值逐点相乘，便得到瞬时功率。从波形图中可以看到电压与电流的乘积有正有负，也就是电容器的瞬时功率有正有负。为正时，电容器储存电能，为负时，电容器放电，因此电容器是一种储能元件，本身不消耗能量。纯电容电路的无功功率可用下式计算

$$Q_C=UI=I^2X_C=\frac{U^2}{X_C} \tag{1-33}$$

1.2.7 三相交流电路（Three-phase AC circuit）

（一）三相交流电源（Three-phase AC power supply）

日常生活中使用的单相交流电，电厂是如何输送到用户的呢？三相交流电就是交流电源的一种供电方式。

（二）三相交流电动势的产生（Generation of three-phase AC electromotive force）

三相交流电动势是由三相交流发电机（Dynamo）产生的。图 1.2-23 为三相交流发电机的示意图。它主要由定子（Stator）、转子（Rotor）及底座（Base plate）组成。转子是电磁铁（Electromagnet），其磁极（Magnetic pole）表面的磁场（Magnetic field）按正弦规律分布。定子铁芯中嵌放三个尺寸、匝数和绕法完全相同的线圈绕组，这三个绕组在空间上间隔 120°，每组绕组的首端用 U_1、V_1、W_1 表示，尾端用 U_2、V_2、W_2 表示，分别称为 U、V、W 三相，如图 1.2-24 所示。

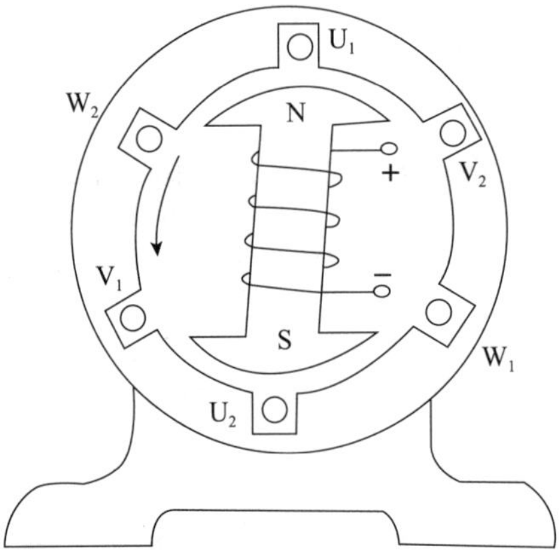

图 1.2-23 三相交流发电机示意图

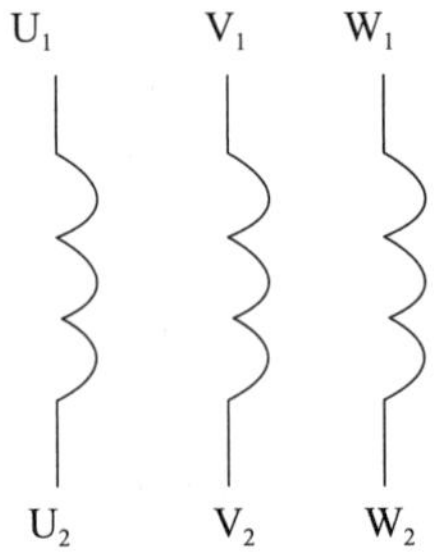

图 1.2-24 三相交流发电机的绕组

当发电机的转子在外力作用下以角速度 ω 做逆时针匀速（Uniform velocity）运动时，三个定子绕组顺序切割磁感线，根据电磁感应原理可知，将产生三个对称（Symmetry）的交流电动势，其解析式为

$$\begin{cases} e_u = E_m \sin(\omega t + 0°)\,\text{V} \\ e_v = E_m \sin(\omega t - 120°)\,\text{V} \\ e_w = E_m \sin(\omega t + 120°)\,\text{V} \end{cases}$$

e_u、e_v、e_w 的波形图和相量图如图 1.2-25 所示。

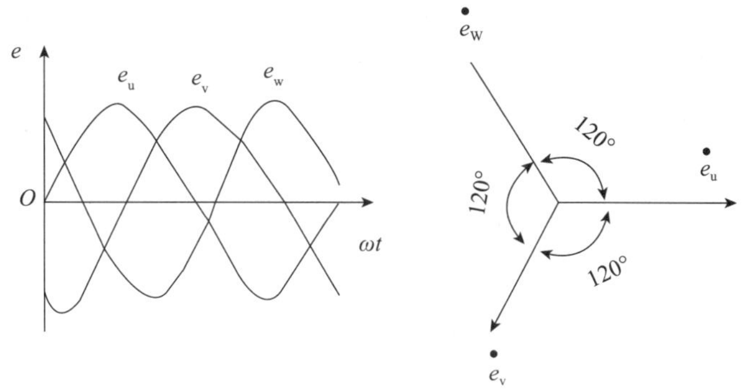

(a) 波形图　　(b) 相量图

图 1.2-25　三相对称电动势的波形图和相量图

因三个定子绕组顺序切割磁力线，它们到达最大值的时序不同，常把三个交流电动势达到最大值或零的先后次序叫作三相交流电的相序（Phase sequence）。按照 U→ V→ W→U 的相序循环称为正序（Positive sequence）；按照 U → W → V → U 的相序循环称为负序（Negative sequence）。

(三) 三相四线制 (Three-phase four-wire system)

如图 1.2-26 所示，三相交流发电机的各个线圈绕组各接一个负载，就得到三个独立电路，但需要六根导线，增加了输送成本，降低了输电效率。目前普遍采用三相四线制供电，如图 1.2-27（a）所示。三相四线制供电把发电机三组绕组的尾端连接在一起，组成公共端点，用“N”表示。从公共端点拉出一根线叫作中性线，也称为中线（Medium line）。通常把中线接地，并把接地的中性点（Neutral point）称为零点（Zero point），引出的线称为零线（Zero line），一般用蓝色标记。从三组绕组的首端引出的输电线叫作端线或相线，也就是常说的火线（Fire line），用 U，V，W 标记。三根线通常用黄、绿、红三种颜色标识。为方便输电线路表示，常简化发电机线圈连接方式，只画四根输电线，如图 1.2-27（b）所示。

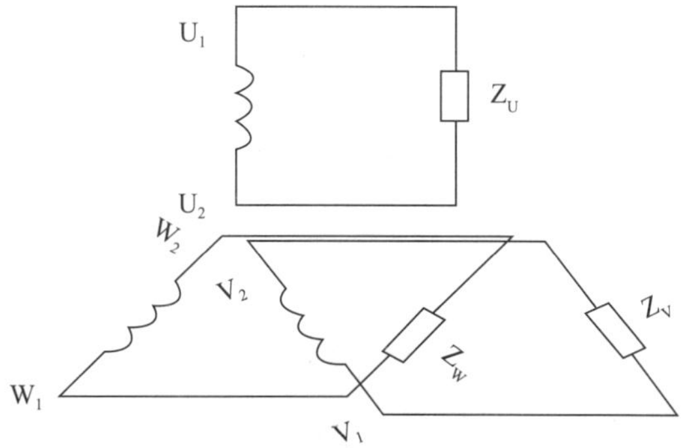

图 1.2-26　三相六线制电路

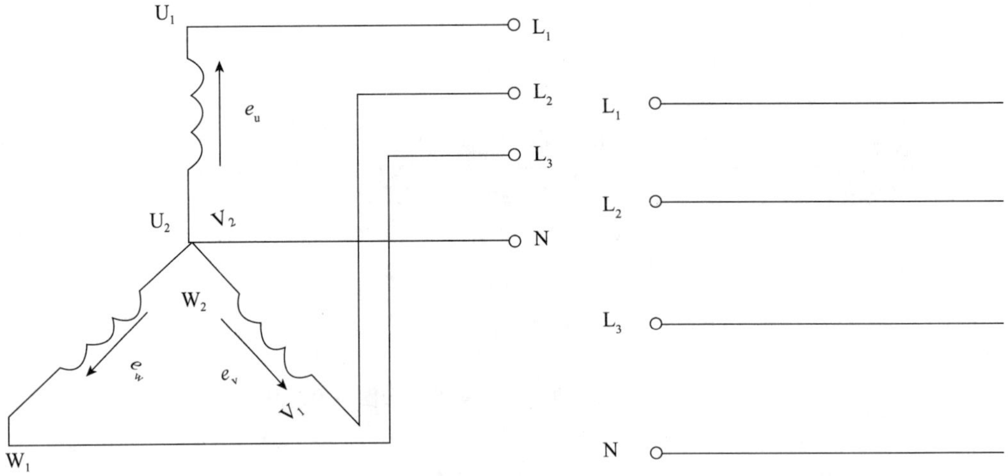

（a）三相四线制供电　　（b）三相四线制简化图

图 1.2-27　三相四线制电路

三相四线制中，端线与端线之间的电压称为线电压（Line voltage），分别用 $\dot{U}_{uv}$、$\dot{U}_{vw}$、$\dot{U}_{wu}$ 表示；端线与中线之间的电压称为相电压（Phase voltage），分别用 U_u、U_v、U_w 表示。

$\dot{U}_u$、$\dot{U}_v$、$\dot{U}_w$ 的相量图如图 1.2-28 所示，可得线电压与相电压之间的关系为

$$\dot{U}_{uv}=\dot{U}_u-\dot{U}_v \qquad \dot{U}_{vw}=\dot{U}_v-\dot{U}_w \qquad \dot{U}_{wu}=\dot{U}_w-\dot{U}_u$$

因 $\dot{U}_{uv}=\dot{U}_u-\dot{U}_v=\dot{U}_u+(-\dot{U}_v)$，在图中作出 $-\dot{U}_v$，利用矢量（Vector）运算方法可求出三个线电压，它们也是对称三相电压，其有效值为

$$U_{线}=\sqrt{3}\,U_{相} \tag{1-34}$$

从图 1.2-28 中可看出，线电压总是超前于对应的相电压 30°。

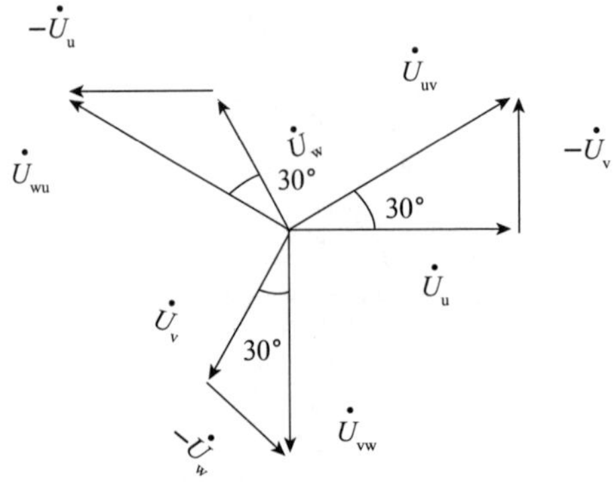

图 1.2-28　三相四线制线电压与相电压相量图

（四）三相五线制供电（Three-phase five-wire system power supply）

我国使用的电器大部分是 220 V 电压，即端线和中线间的电压可满足要求。为保证用电器外表不带电，通常还再接入一根专用的保护接地线，直接接到零线干线上。目前，许多新建建筑在配电布线时，已有保护接地，确保用电设备外表带电时能及时释放电量，接线方式如图 1.2-29 所示，这种方式能起到良好的保护作用。

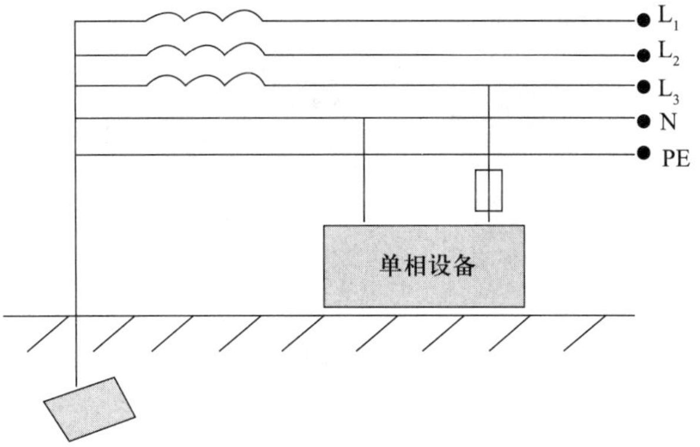

图 1.2-29　三相五线制供电

1.3　电气控制常用低压电器

1.3.1　低压配电器（Low voltage distributor）

电器（Electrical appliance）是一种能根据外部的信号和要求，手动或自动断开或接通电路，实现对电路或非电对象的切换、保护、控制和调节的元器件和设备。

电器与电气的区别：电气是一个抽象概念，包括范围较广，功能强大；电器是具体的、简单的能实现功能的元器件。

工作在交流额定电压 1 200 V 以下、频率为 50 Hz 或者直流额定电压 1 500 V 以下的电器称为低压电器；反之则称为高压电器。

低压电器的种类繁多，分类方法也很多，常见的分类如下：

按用途和所控制对象分
- 低压配电器：低压开关、低压熔断器等
- 低压控制器：接触器、继电器等

按动作方式分
- 自动切换电器：继电器、接触器等
- 非自动切换电器：按钮、低压开关等

按执行机构分
- 有触点电器：接触器、继电器等
- 无触点电器：接近开关等

图 1.3-1 是几种常见的低压电器。

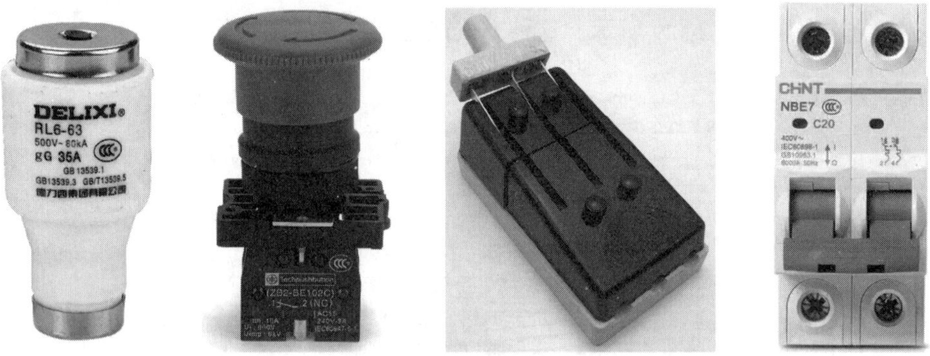

图 1.3-1　常见低压电器

1. 低压断路器（Low voltage circuit breaker）

（1）作用

低压断路器又叫自动空气开关或自动空气断路器，它不仅可以接通（Put it through）和分断（Break off）正常负载电流、电动机工作电流和过载电流，而且可以接通和分断短路电流，具有过载、过电流、短路、断相、漏电等保护作用。主要用于在不频繁操作的低压配电线路或开关控制柜（箱）中作为电源开关使用。

（2）分类

按结构形式可分为万能框架式、塑壳式和模块式等。图 1.3-2 是常见低压断路器和居民楼或办公楼常见的开关箱。

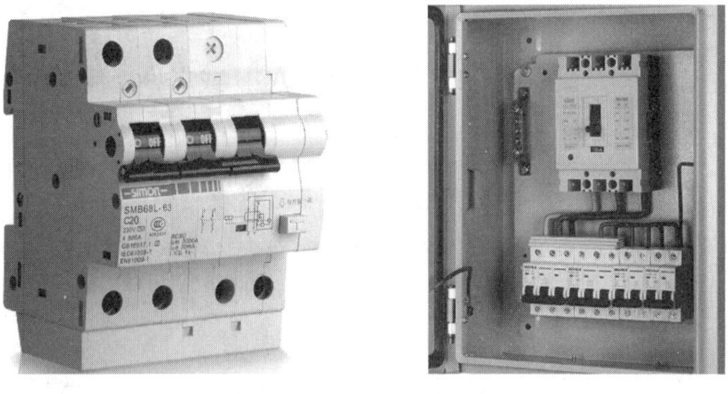

图 1.3-2　常见低压断路器和开关箱

（3）结构符号及原理

低压断路器主要由触头系统、灭弧装置、操作机构、热脱扣器、电磁脱扣器及绝缘外壳等组成。如图 1.3-3 所示。

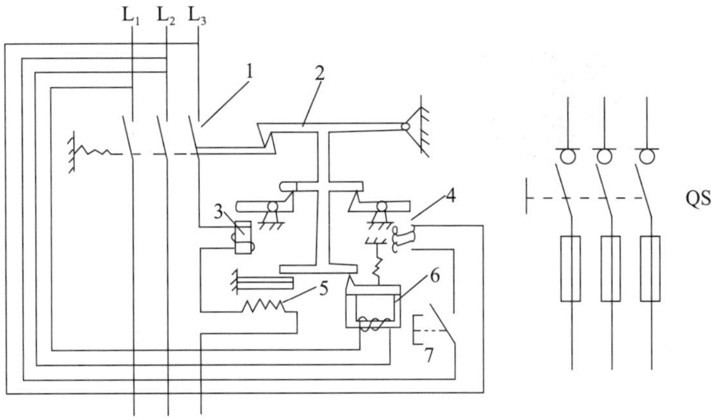

1—主触头；2—自由脱扣器；3—过流脱扣器；4—分励脱扣器；5—热脱扣器；
6—欠压脱扣器；7—控制按钮

图 1.3-3　低压断路器的结构及符号

（4）触点系统（Contact system）和灭弧装置

用于接通和分断主电路，为了加强灭弧能力，在主触点处装有灭弧装置。脱扣器是断路器的感测元件，当电路出现故障时，脱扣器收到信号后，经脱扣机构动作，使触点分断。脱扣机构和操作机构是断路器的机械传动部件，当脱扣结构接收到信号后由断路器切断电路。

（5）原理

过流时，过流脱扣器将脱钩顶开，断开电源；欠压时，欠压脱扣器将脱钩顶开，断开电源。

2. 组合开关（Combination switch）

（1）作用

组合开关又叫作转换开关，常用在继电器控制电路中，用来接入电源或是控制小容量电机的正转、反转等。

（2）类型

组合开关有单极（Monopole）、双极（Bipolar）和多极（Multipole）之分。

（3）结构

它由动触片、静触片、转轴、手柄、凸轮、绝缘杆等部件组成。当转动手柄时，每层的动触片随转轴一起转动，使动触片分别和静触片保持接通和分断。为了使组合开关在分断电流时迅速熄弧，开关的转轴上装有弹簧，能使开关快速闭合和分断。

图 1. 3-4 是组合开关的外形图及其电气、文字符号。

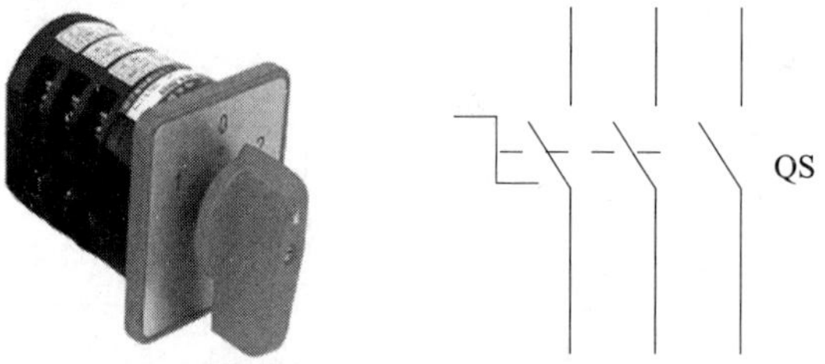

图 1. 3-4　组合开关外形图及其电气、文字符号

3. 低压熔断器（Low-voltage fuse）

（1）作用

熔断器简称保险丝，用于短路保护，使用时应串接于被保护电路中。正常情况下，熔断器相当于一段导线；当发生短路故障时，熔体迅速熔断并切断电路，从而起到保护线路和电气设备的作用。

（2）特点

熔断器主要由熔体、支座、外壳三部分组成，熔体是控制熔断特性的关键元素。熔断器具有结构简单、体小量轻、价格便宜、动作可靠、使用维护方便的特点。

（3）分类

常用的熔断器有瓷插式熔断器，螺旋式熔断器，有填料、无填料封闭管式熔断器等。

（4）熔断器型号及其含义（见图 1. 3-5）

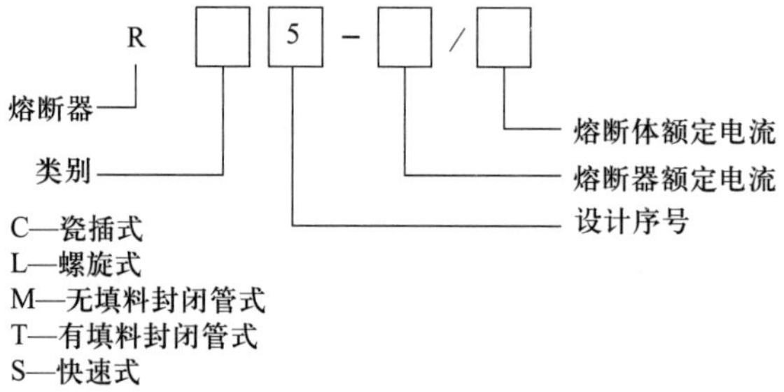

图 1. 3-5　熔断器型号及其含义

螺旋式熔断器的外形及符号如图 1. 3-6 所示。

有填料封闭管式熔断器的外形如图 1. 3-7 所示。

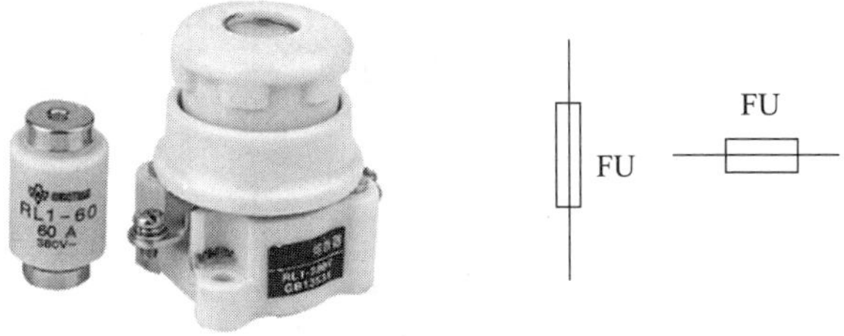

图 1.3-6　螺旋式熔断器的外形及符号

图 1.3-7　有填料封闭管式熔断器的外形

1.3.2　低压控制电器（Low voltage control appliance）

（一）主令电器（Master appliance）

常用的主令电器有按钮、行程开关、接触器、继电器等，它们是继电器控制电路的有效组成部分，按照电气图连接在一起可实现一定功能。

1. 按钮（Button）

按钮是一种用人体的某一部分（手或手掌）施加压力操作并且具有弹簧储能复位的控制开关。一般情况下，按钮允许通过的电流不超过 5 A，主要用于短时接通或断开小电流电路的电器控制，如操纵接触器、继电器或电气联锁电路，以实现对各种运动的控制。

（1）按钮的外形结构、原理与文字符号

按钮主要由按钮帽、复位弹簧、常闭静触头、常开静触头、桥式动触头、支柱连杆和外壳构成，如图 1.3-8 所示。

（2）按钮的型号及含义（见图 1.3-9）

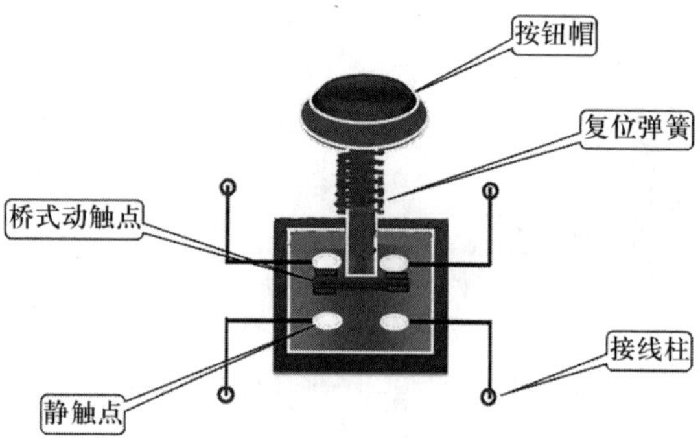

图 1.3-8　按钮结构示意图

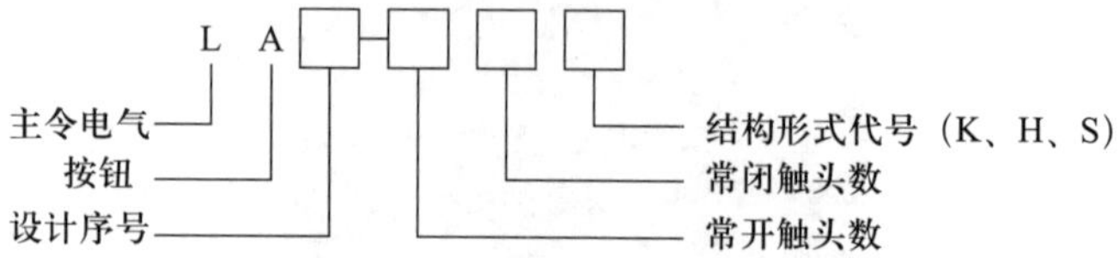

图 1.3-9　按钮的型号及含义

结构形式代号的含义：

K—开启式，适合用于嵌在操作面板上；

H—保护式，带保护外壳，可防止内部零件受机械损伤或人偶然触及带电部分；

S—防水式，具有密封外壳，可防止雨水（或潮湿气体）侵入；

F—防腐式，能防止腐蚀性气体进入；

J—紧急式，带有红色大蘑菇钮头（凸出一定的高度）；

X—旋钮式，用旋钮旋转进行操作；

Y—钥匙操作式，用钥匙插入进行操作，可防止误操作（或供专人操作）；

D—光标按钮，按钮内装有信号灯（兼作信号指示）。

（3）按钮的符号、动作顺序及颜色含义

按钮的文字和电气符号如图 1.3-10 所示，按钮有常开按钮、常闭按钮、复合按钮。复合按钮在动作时，常闭触头断开，常开触头闭合。在生产生活中，启动按钮通常用绿色来标识，停止用红色标识，其他一般用黑色标识。

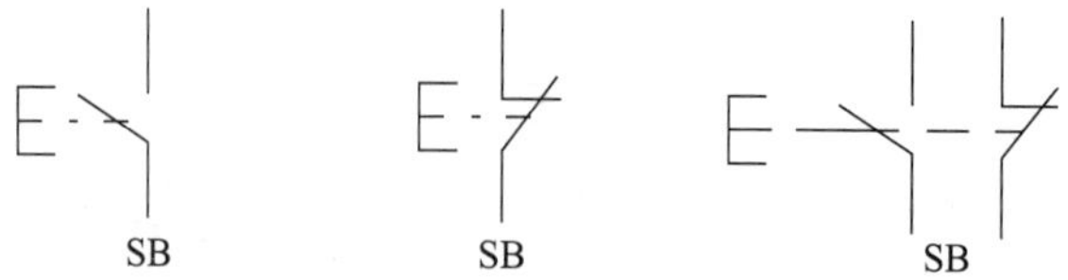

（a）常开按钮　　（b）常闭按钮　　（c）复合按钮

图 1.3-10　按钮的符号

2. 行程开关（Trip switch）

行程开关是一种用来控制某些机械部件的运动行程和位置或限位保护的自动控制电器，主要用作电路的限位保护、行程控制、自动切换等。

（1）行程开关的外形

如图 1. 3-11 所示，结构与按钮类似，但其动作要有机械撞击，由操作机构、触点系统和外壳等部分组成。

图 1. 3-11　行程开关的外形

（2）行程开关的原理

行程开关一般固定在机床运动平台上，在平台上装有挡铁（Block iron），当平台运动时，平台上的挡铁撞击行程开关曲柄弯曲，行程开关触点动作，常闭按钮断开，常开按钮闭合，从而接通或分断电路，达到控制电路通断的目的。

（3）行程开关的符号（见图 1. 3-12）

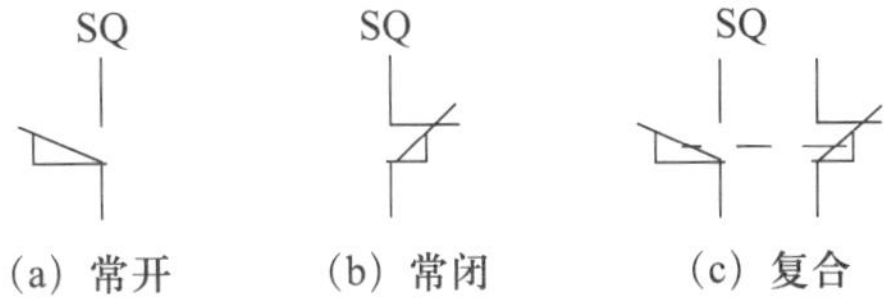

图 1. 3-12　行程开关符号

行程开关结构简单、成本低，触点的分合速度取决于撞块移动速度。触头类型有一常开一常闭、一常开两常闭、两常开一常闭、两常开两常闭等形式。

3. 接触器（Contactor）

接触器是一种利用电磁线圈吸力，接通或分断电源电路或控制电路的低压电器，在电路控制中主要起到失压、欠压保护作用，适用于频繁操作、远距离控制强电电路。主要的控制对象是电动机或其他负载。其优点在于，不但可进行远程程序控制和欠压释放保护作用，而且具备控制能力强、操作可靠、运行效率高等特性。按照接触器工作电源性质分类，可分为直流接触器和交流接触器。

交流接触器的品种很多，目前常见的是由我国自行设计制造的 CJY 0、CJY 10 和 CJY 20 等产品，此外还有采用国内外先进材料制造的 B 系列、3TB 系列等。其他的各类新型接触器，如真空接触器，固体接触器等在继电控制电路中也已逐渐得到普及和使用。

（1）交流接触器（AC contactor）的结构

交流接触器主要由电磁系统、触头系统、灭弧装置及辅助部件等组成。CJY 10-20 型交流接触器的外形结构如图 1. 3-13 所示。

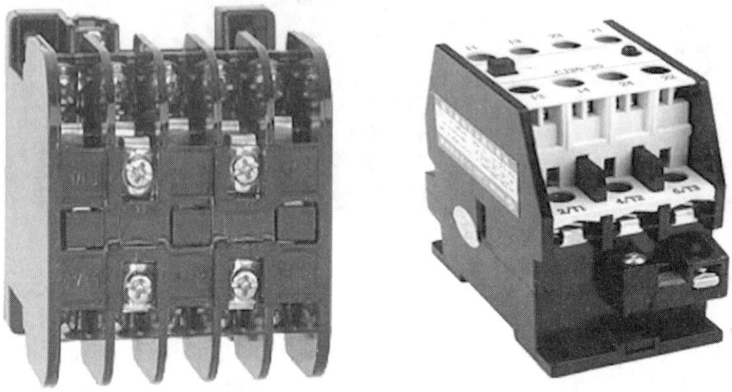

图 1. 3-13　交流接触器的外形结构

交流接触器的型号含义如图 1. 3-14 所示。

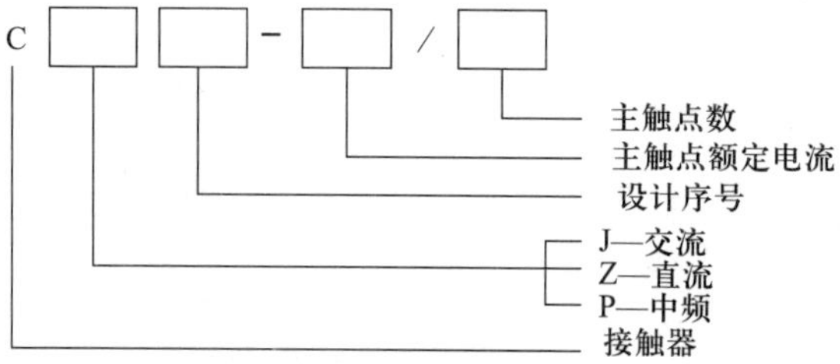

图 1. 3-14　交流接触器的型号含义

①电磁系统（Electromagnetic system）：交流接触器的电磁系统主要由线圈（Coil），铁芯（静铁芯）和衔铁（动铁芯）三部分组成。

②触点系统（Contact System）：交流接触器的触头按接触情况可分为点接触式、线接触式和面接触式三种。主触头用以通断电流较大的主电路，通常由三对接触面较大的常开触头组成。

辅助触头用以通断电流较小的控制电路，一般由两对常开和两对常闭触头组成。

③灭弧装置：灭弧装置是围绕着机械式开关的弧触头，用以限制电弧并帮助电弧熄灭的装置。当交流接触器在断开大负荷主电路以及高电压主电路时，动、断触头中间会产生强烈的火花（火花是触头间空气在强电场作用下产生的放电现象）。电弧的产生，会烧伤触头降低触头使用寿命，也会将电路的断开时间拉长，甚至引起弧光短路或引发火灾。

④辅助部件：交流接触器的辅助部件有反作用弹簧、缓冲弹簧、触头压力弹簧、传动机构及底座、接线柱等。

（2）交流接触器的符号

通常用 KM 来标示交流接触器，根据其电磁系统和触头系统的组成，交流接触器的线圈和触头的电气和文字符号如图 1.3-15 所示。

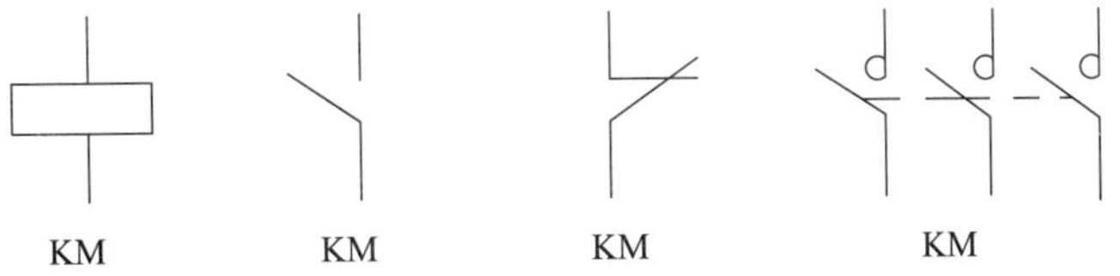

（a）线圈　（b）常开触头　（c）常闭触头　（d）主触头

图 1.3-15　交流接触器的电气和文字符号

（3）交流接触器的工作原理

当接触器的线圈通电后，线圈中流过的电流产生磁场，使铁芯产生足够大的吸力，克服反作用弹簧的反作用力，将动衔铁吸合，通过传动机构带动三对主触头和辅助常开触头闭合，辅助常闭触头断开。当接触器线圈断电或电压显著下降时，由于电磁吸力消失或过小，衔铁在反作用弹簧力的作用下复位，带动各触头恢复到原始状态。

常用的 CJY 0、CJY 10 等系列的交流接触器在 0.85~1.05 倍的额定电压下，能够保证可靠的吸合。如果电压过高，线圈电流会显著增大。但是，如果电压过低，电磁吸力不足，衔铁吸合不上，则造成线圈电流达到额定电流的十几倍，因此，电压过高或过低都会造成线圈因过热而烧毁。

4. 继电器（Relay）

继电器也称电驿，是一种电子控制器件，它具有控制系统（又称输入回路）和被控制系统（又称输出回路），通常应用于自动控制电路中。它实际上是用较小的电流去控制较大电流的一种“自动开关”，故在电路中起着自动调节、安全保护、转换电路等作用。继电器应用广泛，种类繁多，图 1.3-16 是几种常见的继电器。

(a) 时间继电器

(b) 空气阻尼式时间继电器

(c) 中间继电器

(d) 热继电器

图 1.3-16 几种常见的继电器

(1) 热继电器 (Thermal relay)

在电力拖动控制系统中，热继电器是对电动机在长时间连续运行过程中过载及断相 (Broken phase) 起保护作用的电器。

热继电器由双金属片、热元件、动作机构、触头系统、整定调整装置和手动复位装置组成。

热继电器的工作原理：电动机工作运行时，电动机绕组电流流过与之串接的热元件，利用电流通过元件所产生的热效应实现电动机的过载保护。

热继电器的型号含义及电气符号如图 1.3-17 所示。

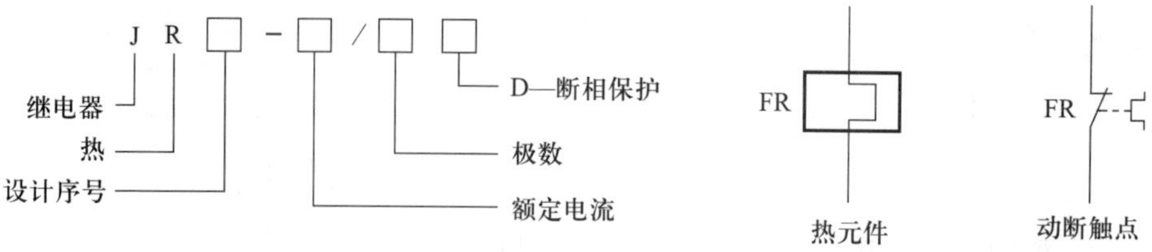

图 1.3-17 热继电器的型号含义及电气符号

（2）时间继电器（Time relay）

从继电器的线圈通电产生电磁吸力到该继电器的延时触点动作或输出电路通断改变有一定时间延迟，该延迟时间可准确控制的继电器称为时间继电器。常见的时间继电器类型主要有电磁式、电动式、晶体管式、空气阻尼式等。

电磁式定时继电器的构造简单，价格相对低廉，但尺寸和重量都很大，且可调节的延迟时间较短，但可以进行直流停电延迟；电动式定时继电器的延时准确度高，延时可调控制区域很宽但构造繁杂，且价格昂贵。

空气阻尼式时间继电器的主要特点：构造简单、使用年限长、成本低廉、可调时间范围广、电压和频率波动不会影响其稳定性，因此适用于交、直电路中。根据空气阻尼式时间继电器线圈的安装位置，可将继电器分为通电延时和断电延时两种。但断电延时型继电器因旋转方向后气囊朝外，易受周围环境温度、粉尘等干扰，因此精度会有所下降。

综上所述，如果从优点、缺点、价格等方面综合考量，目前应用最多的是空气阻尼式继电器（具体还要根据电路的要求来选用），就是将气囊内的气体利用微孔节流的原理达到延时控制的目的。按照触头延时的性质，时间继电器可分成接通延时动作型和断电延时动作型两类。

时间继电器的型号及含义如图 1.3-18 所示。

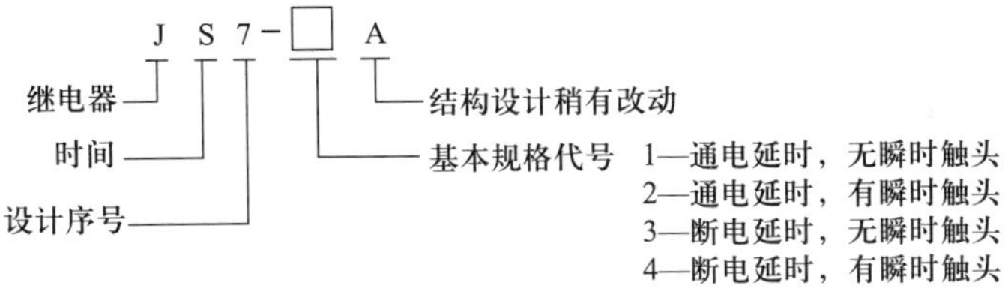

图 1.3-18　时间继电器的型号及含义

时间继电器的组成如下。

JS7-A 系列时间继电器主要由电磁系统、触头系统、空气室、传动机构、基座等部分组成。

电磁系统由线圈、铁芯和衔铁组成。

触头系统包括两对瞬时触头（一常开、一常闭）和两对延时触头（一常开、一常闭），瞬时触头和延时触头分别是两个微动开关的触头。

空气室为一空腔，由活塞、橡皮膜（可随空气的增减而移动，顶部的调节螺钉可调节延时时间）等组成。

传动机构由推杆、活塞杆、杠杆及各种类型的弹簧等组成。

基座用金属板制成，用以固定电磁装置和气室。

通电延时型时间继电器（On-line delay time relay）的工作原理

当线圈通电后，铁芯产生吸力，衔铁克服反力弹簧（Spring）的阻力与铁芯吸合，带动推板立即动作，压合微动开关，使其常闭触头（Normally closed contact）瞬时断开，常开触头（Normally open contact）瞬时闭合。同时活塞杆在塔形弹簧的作用下向上移动，带动与活塞相连的橡皮膜向上运动，运动的速度受进气孔进气速度的限制。这时橡皮膜下面形成空气较稀薄的空间，与橡皮膜上面的空气形成压力差，对活塞的移动产生阻尼作用。活塞杆（Piston rod）带动杠杆缓慢地移动。经过一段时间，活塞才能完成全部行程而压动微动开关，使其常闭触头断开，常开触头闭合。由于线圈通电到触头动作需延时一段时间，因此微动开关的两对触头分别称为延时闭合、瞬时断开的常开触头和延时断开、瞬时闭合的常闭触头，如图 1.3-19 所示。这种时间继电器延时的长短取决于进气的快慢，旋动调节螺钉可调节进气孔的大小，即可达到调节延时长短的目的。

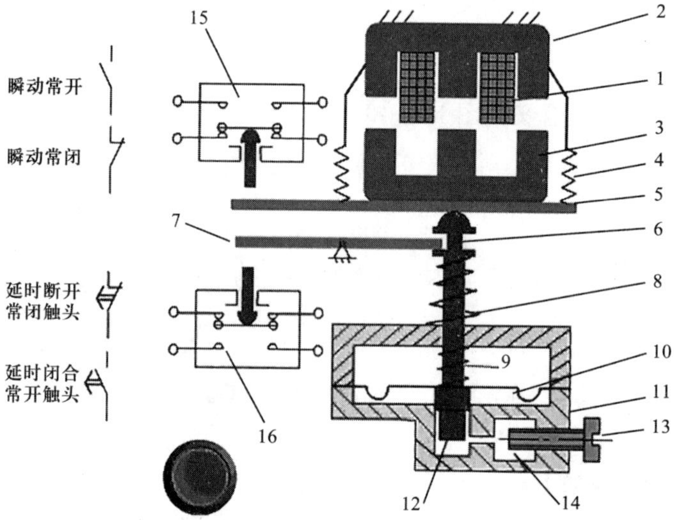

1—线圈；2—铁芯；3—衔铁；4—反力弹簧；5—推板；6—活塞杆；7—杠杆；8—塔形弹簧；9—弱弹簧；10—橡皮膜；11—空气室壁；12—活塞；13—调节螺杆；14—进气孔；15、16—微动开关

图 1.3-19　通电延时型时间继电器

JS7-A 系列时间继电器的延时范围有 0.4～60 s 和 0.4～180 s 两种。

当线圈断电时，衔铁在反力弹簧的作用下，通过活塞杆将活塞推向下端，这时橡皮膜下方空间的空气通过橡皮膜、弱弹簧和活塞局部所形成的单向阀迅速从橡皮膜上方的气室缝隙中排掉，使微动开关和各对触头均瞬时复位。

断电延时型时间继电器工作原理

JS7-A 系列断电延时型和通电延时型时间继电器的组成元件是通用的。如果将通电延时型时间继电器的电磁机构翻转 180°安装后，即成为断电延时型时间继电器。其工作原理如下：

当线圈失电后，铁芯的吸力消失，衔铁释放，带动推板位移，瞬时微动开关动作，使其常开触头闭合，常闭触头断开，同时活塞杆在塔形弹簧的拉力作用下带动与活塞相连的橡皮膜向下运动，其运动的速度受进气孔进气速度的限制，对活塞的移动产生阻尼作用（Damping action）。活塞杆带动杠杆缓慢地移动，经过一段时间后，活塞才完成全部行程而带动延时微动开关动作，使其常开触头断开，常闭触头闭合。由于从线圈失电到触头动作需延时一段时间，因此，延时微动开关的两对触头分别被称为延时断开、瞬时闭合常闭触头和延时闭合、瞬时断开常开触头。这种时间继电器延时的长短取决于进气的快慢，旋动调节螺钉可调节进气孔的大小，即可达到调节延时长短的目的。

时间继电器的选用

根据系统的延时范围（Delay range）和精度（Precision）选择时间继电器的类型和系列：对要求不高的场合，一般可选择价格较低的 JS7-A 系列空气阻尼式时间继电器，反之，可选用晶体管（Transistor）式（精度高）时间继电器。

根据控制线路的要求选择时间继电器的延时方式（通电延时或断电延时），同时还要考虑线路对瞬时动作触头的要求。

根据控制线路的电压选择时间继电器吸引线圈的电压。

（3）中间继电器（Intermediate relay）

中间继电器的作用是将一个输入信号（Input signal）变成多个输出信号（Output signal）或将信号放大（增大触头容量）的继电器。其实质是电压继电器，但它的触头数量较多（可达 8 对），触头容量较大（5~10 A）、动作灵敏。当其他继电器的触头对数或触点容量不够时，可借助中间继电器来扩充它们，起到中间转换的作用。常见中间继电器实物图如图 1.3-20 所示。

中间继电器符号如图 1.3-21 所示。

中间继电器与接触器一样都是靠线圈得电产生电磁吸力，从而使触点动作，这里不再赘述。

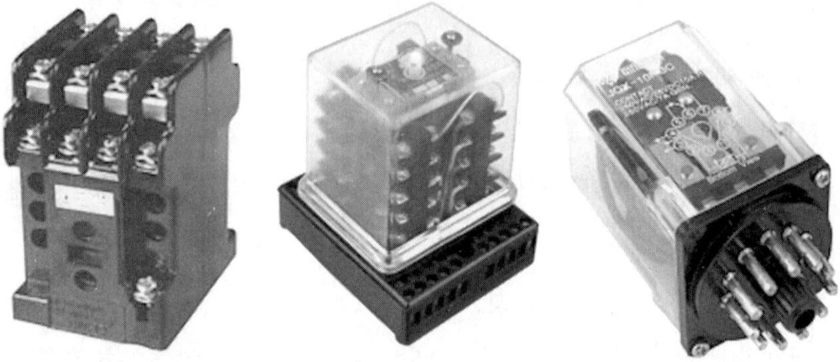

图 1.3-20　常见中间继电器

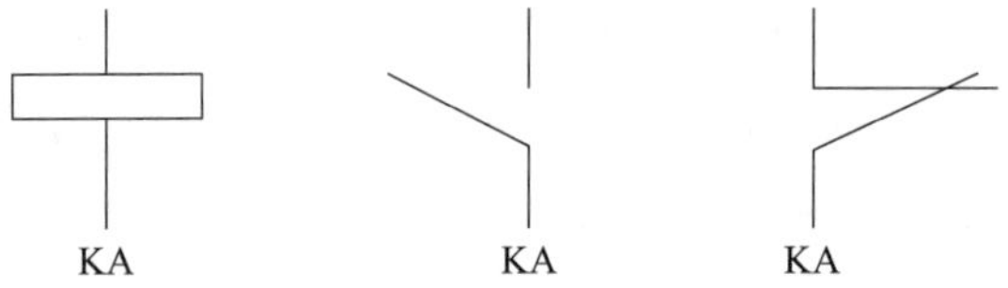

（a）中间继电器线圈　　（b）常开触点　　（c）常闭触点

图 1.3-21　中间继电器符号

中间继电器与接触器的区别：

①接触器用来接通和分断大功率的负载电路，中间继电器用来切换小功率的负载电路（电机辅助电路）。

②中间继电器的电磁系统和触点系统在结构上比较小巧，触点对数较多，无主辅触点之分，各触点允许通过的电流相等。

1.4　识读电气图

1.4.1　电气图的分类

电气图是根据国家电气制图标准，结合电气行业标准，使用电气图形符号和文字符号以及规定的画法绘制而成的技术图样，是表现电气系统的构成、作用、工作原理等，并为安装、维修提供必要工艺依据的工程图样。电气图主要有电气系统图、电气平面图、元件布置图、电气接线图或接线表、控制原理图、设备元件表、端子功能图、电控柜外形尺寸图等。

（一）电气系统图（Electrical system diagram）

电气系统图是用电气符号或带注释的框，概略表示系统或分系统的基本组成、相互关系及其主要特征的一种简图，如图 1.4-1 所示。

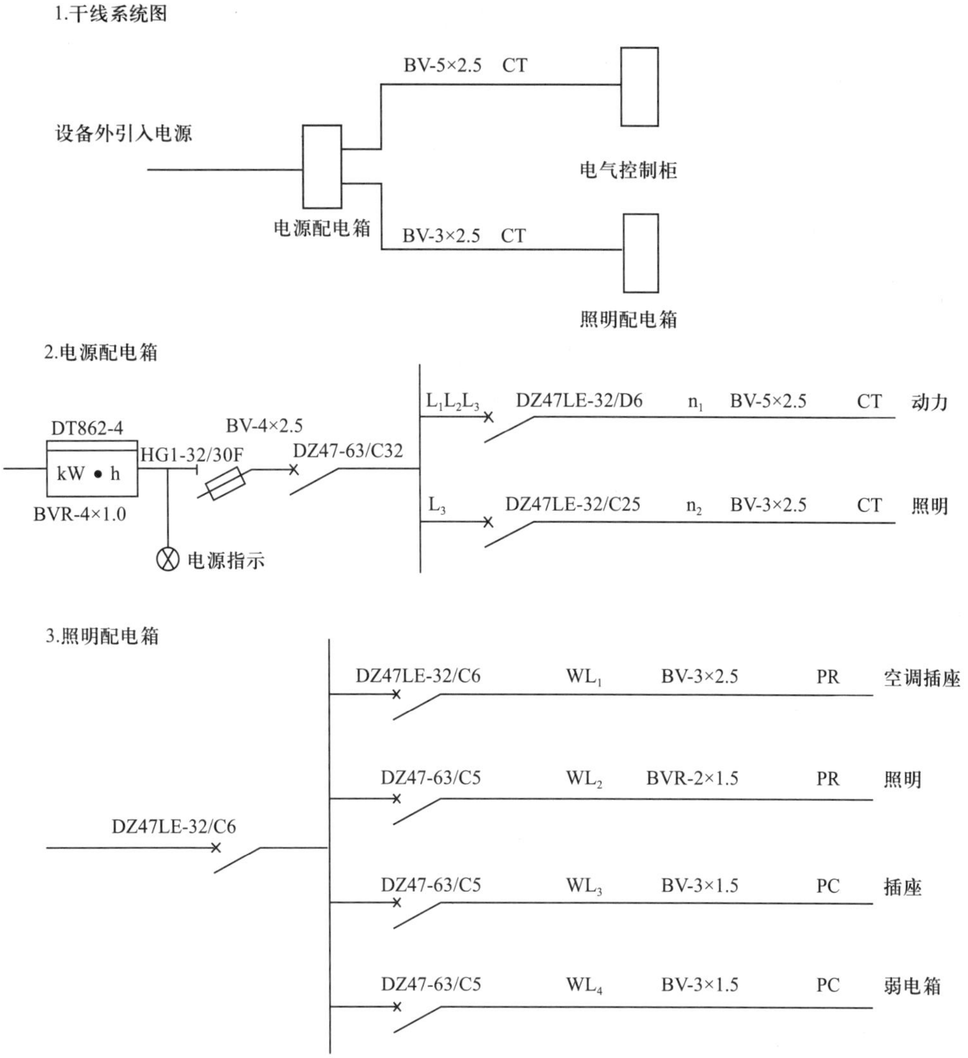

图 1.4-1 电气系统图

（二）电气平面图（Electrical plan diagram）

电气平面图是以现场平面为依据，表示设备、装置、线盒及管线的安装位置、线路走向、敷设方式等平面布置，而不反映具体信息的简图。如图 1.4-2、1.4-3 所示，图样与实际尺寸有一定的缩放比例关系，是提供安装的主要依据。

图中采用一些字母来表示线路、线管、电器的安装方式，有以下几种常见方式。

1. 电气平面图中常用线路敷设方式

SR：沿钢线槽敷设；BE：沿屋架或跨屋架敷设；CLE：沿柱或跨柱敷设；WE：沿墙面敷设；CE：沿天棚面或顶棚面敷设；ACE：在能进入人的吊顶内敷设；BC：暗敷

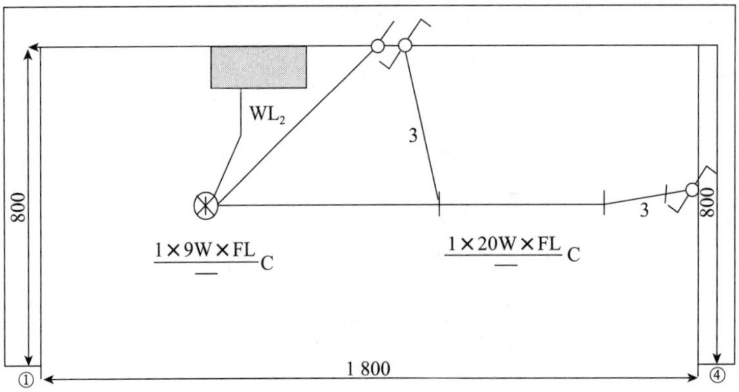

图 1.4-2 照明平面图

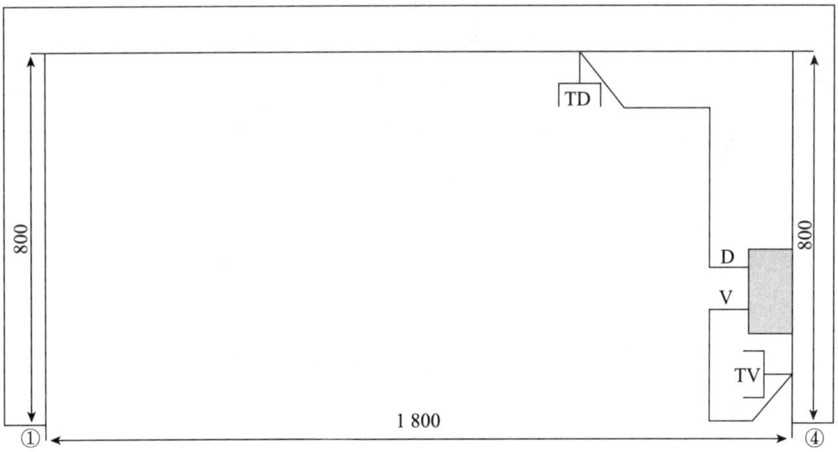

图 1.4-3 弱电平面图

设在梁内；CLC：暗敷设在柱内；WC：暗敷设在墙内；CC：暗敷设在顶棚内；ACC：暗敷设在不能进入的顶棚内；FC：暗敷设在地面内；SCE：吊顶内敷设，要穿金属管；SC：穿焊接钢管敷设；MT：穿电线管敷设；PC：穿硬塑料管敷设；FPC：穿阻燃半硬聚氯乙烯管敷设；CT：电缆桥架敷设；MR：金属线槽敷设；PR：塑料线槽敷设；M：用钢索敷设；KPC：穿聚氯乙烯塑料波纹电线管敷设；CP：穿金属软管敷设；DB：直接埋设；TC：电缆沟敷设。

2. 导线穿管表示

SC：焊接钢管；MT：电线管；PC-PVC；塑料硬管；FPC：阻燃塑料硬管；CT：桥架；MR：金属线槽；M：钢索；CP：金属软管；PR：塑料线槽；RC：镀锌钢管。

3. 灯具安装方式的表示

CS：链吊；DS：管吊；W：墙壁安装；C：吸顶；R：嵌入；S：支架；CL：柱上。

4. 电力电缆的型号及品种

（1）35 kV 及以下电力电缆型号及产品表示方法

①用汉语拼音第一个字母的大写表示绝缘种类、导体材料、内护层材料和结构特点。如用 Z 代表纸；L 代表铝；Q 代表铅；F 代表分相；ZR 代表阻燃；NH 代表耐火。

②用数字表示外护层构成，有两位数字。无数字代表无铠装层，无外被层。第一位数字表示铠装，第二位数字表示外被，如粗钢丝铠装纤维外被表示为 41。

③电缆型号按电缆结构的排列一般依次为：绝缘材料，导体材料，内护层，外护层。

④电缆产品用型号、额定电压和规格表示，方法是在型号后再加上说明额定电压、芯数和标称截面积的阿拉伯数字。如 VV42-103×50 表示铜芯、聚氯乙烯绝缘、粗钢线铠装、聚氯乙烯护套、额定电压 10 kV、3 芯、标称截面积 50 mm^2 的电力电缆。

（2）电力电缆型号各部分的代号及其含义

①绝缘种类：V 代表聚氯乙烯；X 代表橡胶；Y 代表聚乙烯；YJ 代表交联聚乙烯；Z 代表纸。

②导体材料：L 代表铝；T（省略）代表铜。

③内护层：V 代表聚氯乙烯护套；Y 代表聚乙烯护套；L 代表铝护套；Q 代表铅护套；H 代表橡胶护套；F 代表氯丁橡胶护套。

④特征：D 代表不滴流；F 代表分相；CY 代表充油；P 代表贫油干绝缘；P 代表屏蔽；Z 代表直流。

⑤控制层：0 代表无；2 代表双钢带；3 代表细钢丝；4 代表粗钢丝。

⑥外被层：0 代表无；1 代表纤维外被；2 代表聚氯乙烯护套；3 代表聚乙烯护套。

⑦阻燃电缆在代号前加 ZR；耐火电缆在代号前加 NH。

（3）充油电缆型号及产品表示方法

充油电缆型号由产品系列代号和电缆结构各部分代号组成。自容式充油电缆产品系列代号为 CY。外护套结构从里到外用加强层、铠装层、外被层的代号组合表示。绝缘种类、导体材料、内护层代号及各代号的排列次序以及产品的表示方法与 35 kV 及以下电力电缆相同。如 CYZQ102220/1×4 表示铜芯、纸绝缘、铅护套、铜带径向加强、无铠装、聚氯乙烯护套、额定电压 220 kV、单芯、标称截面积 400 mm^2 的自容式充油电缆。

（4）充油电缆外护层代号含义

①加强层：1 代表铜带径向加强；2 代表不锈钢带径向加强；3 代表钢带径向加强；4 代表不锈钢带径向、窄不锈钢带纵向加强。

②铠装层：0 代表无铠装；2 代表钢带铠装；4 代表粗钢丝铠装。

③外被层：1 代表纤维层；2 代表聚氯乙烯护套；3 代表聚乙烯护套。

（三）元件布置图（Component layout diagram）

元件布置图是说明元件的布置与在具体位置安装的一个电子图样，如图 1.4-4 所示。主要涉及电气控制箱和场地的布置，包括电气控制箱内元器件的布置，元器件的间距和放置方式、放置方法和位置等。在设计电极片布置时除要遵守国家标准和行业标准，还要注意整洁、美观，并把同类的外形尺寸和功能相近的电器布置在一起，以方便生产、使用和配线。在器件布置图上，一般标明各电极片的大小、安装孔距以及进出线路的方法。

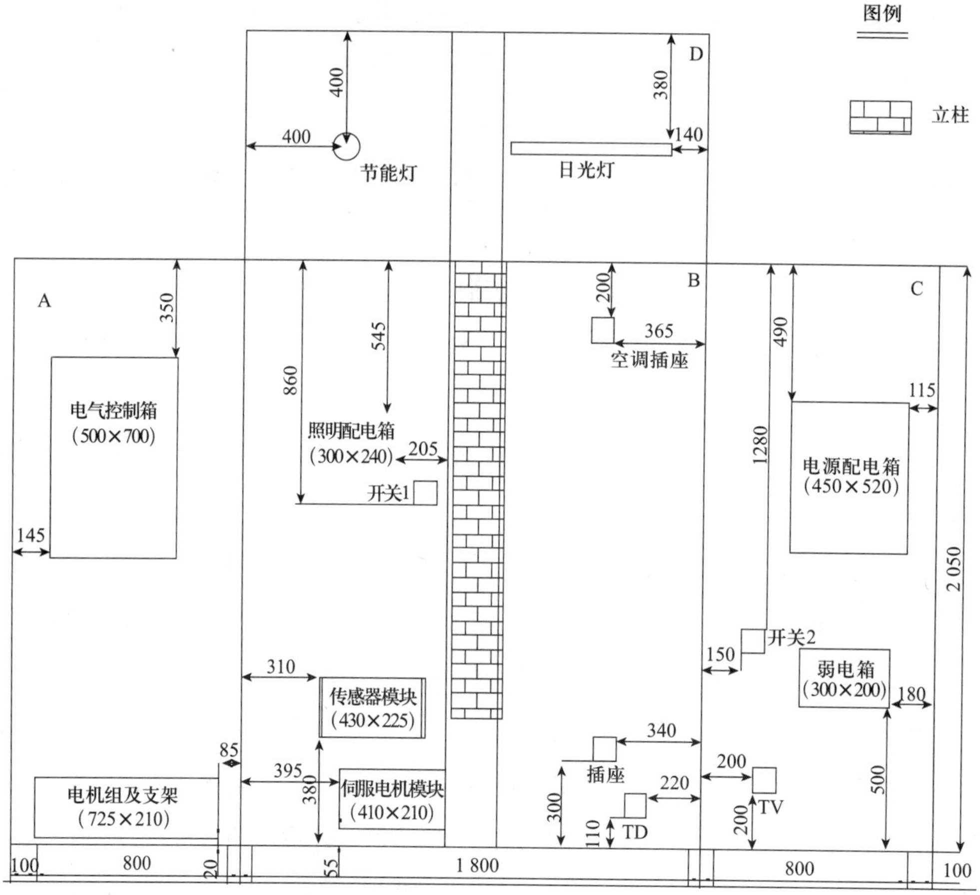

图 1.4-4　元件布置图

（四）电气接线图（Electrical wiring diagram）或接线表（Wiring table）

接线图或接线表是表示成套装置、设备或装置的连接关系，用以进行接线和检查的一种简图或表格，如图 1.4-5 所示。具体应用于以下几种情况：

①单元接线图或单元接线表：成套装置或设备中一个结构单元内的连接关系的接线

图或接线表。

②互连接线图或互连接线表：成套装置或设备的不同单元之间连接关系的一种接线图或接线表。

③端子接线图或端子接线表：成套装置或设备的端子，以及接在端子上的外部接线的一种接线图或接线表。

④电费配置图或电费配置表：提供电缆两端位置，必要时还包括电费功能、特性和路径等信息的一种接线图或接线表。

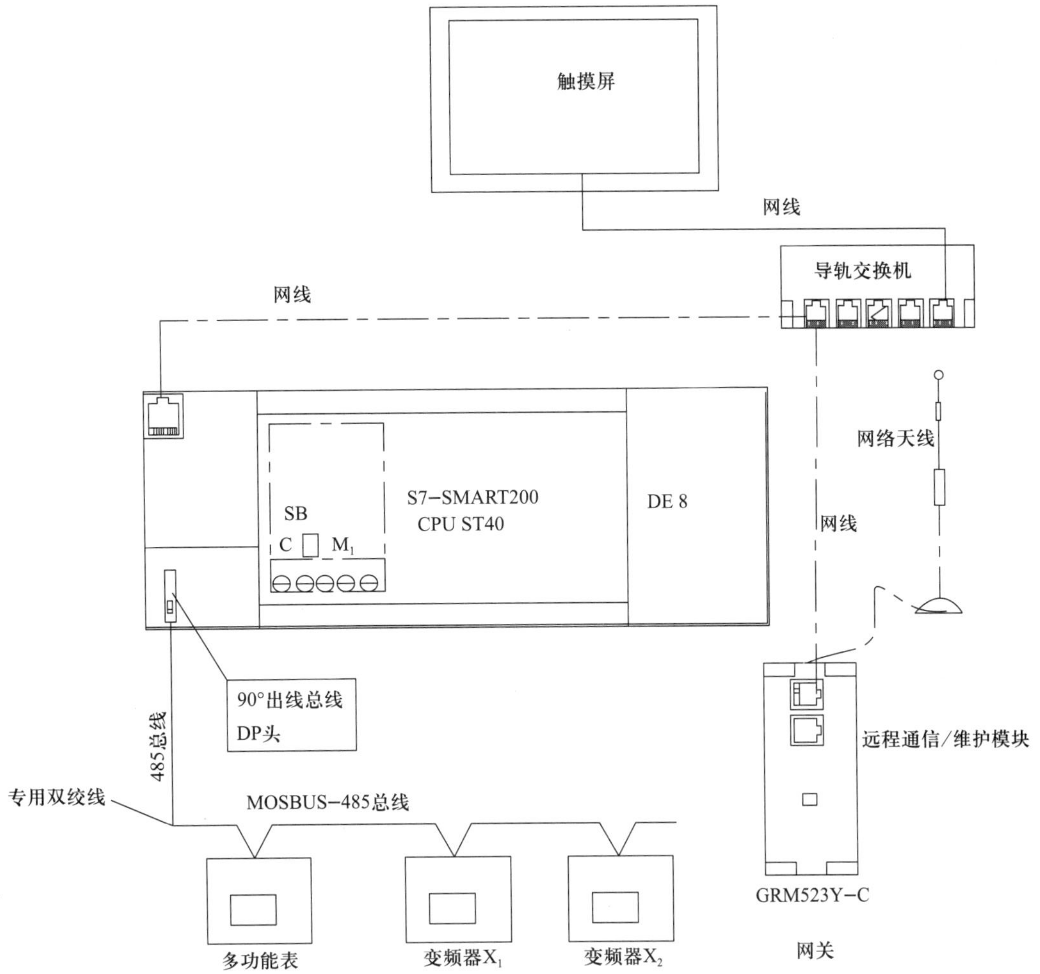

图 1.4-5　电气接线图

（五）控制原理图（Principle control diagram）

控制原理图是用图形符号按工作顺序排列，详细表示电路、设备或成套装置的全部组成和连接关系，而不考虑实际位置的一种简图，如图 1.4-6 所示。目的是便于理解电路的工作原理、分析和计算电路特性。常见电气元件图形符号如表 1-3 所示。

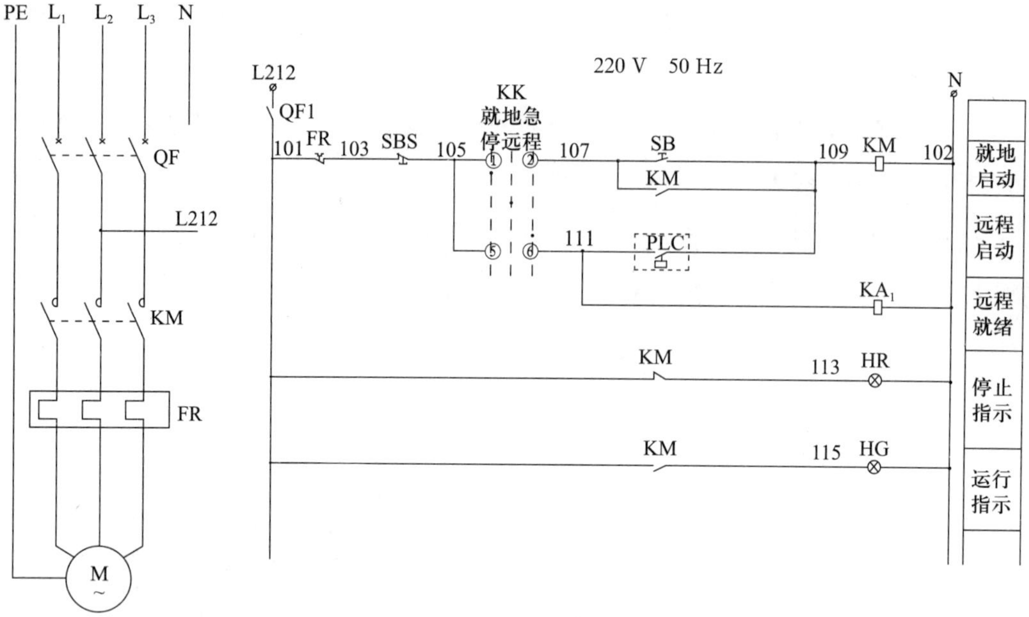

图 1. 4-6 控制原理图

表 1-3 常见电气元件图形符号

类别	名称	图形符号	文字符号	类别	名称	图形符号	文字符号
开关	单极控制开关	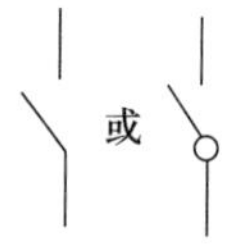	SA	位置开关	常开触头		SQ
	手动开关一般符号	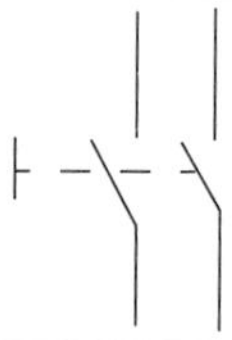	SA		常闭触头		SQ
	三极控制开关	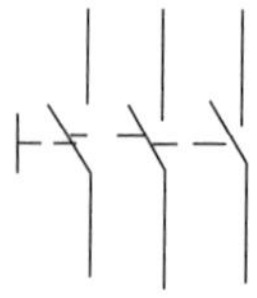	QS		复合触头		SQ
	三极隔离开关	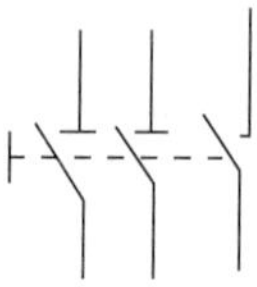	QS	按钮	常开按钮		SB

续表

类别	名称	图形符号	文字符号	类别	名称	图形符号	文字符号
开关	三极负荷开关	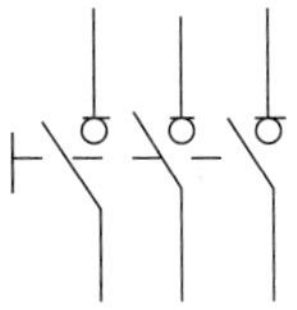	QS	按钮	常闭按钮	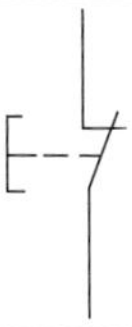	SB
	组合旋钮开关	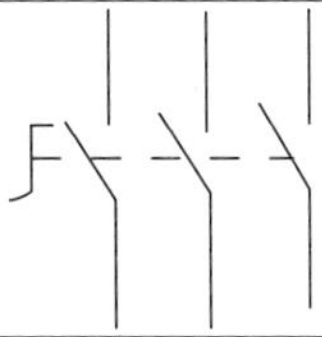	QS		复合按钮		SB
	低压断路器	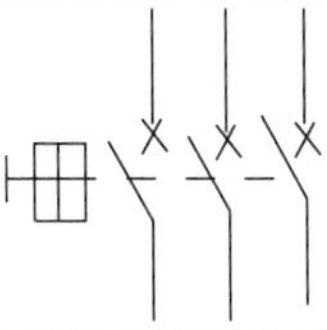	QF		急停按钮		SB
	控制器或操作开关	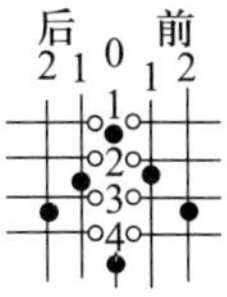	SA		钥匙操作式按钮		SB
接触器	线圈操作器件	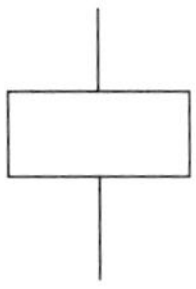	KM	热继电器	热元件	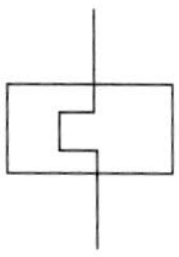	FR
	常开主触头	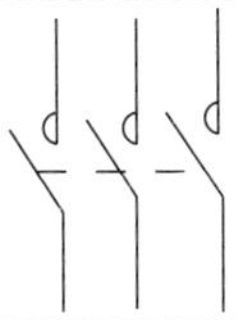	KM		常闭触头		FR
	常开辅助触头		KM	中间继电器	线圈	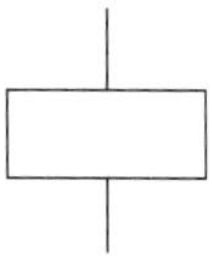	KA
	常闭辅助触头		KM		常开触头		KA
时间继电器	通电延时（缓吸）线圈	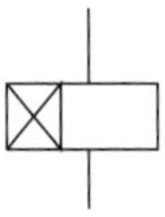	KT		常闭触头		KA

续表

类别	名称	图形符号	文字符号	类别	名称	图形符号	文字符号
时间继电器	断电延时（缓放）线圈	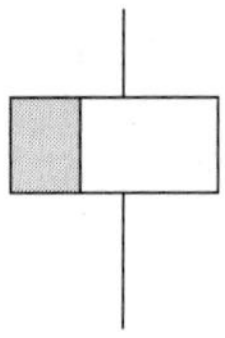	KT	电流继电器	过电流线圈	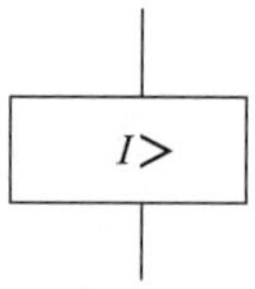	KA
	瞬时闭合的常开触头		KT		欠电流线圈	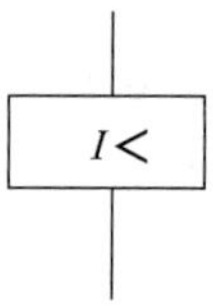	KA
	瞬时断开的常闭触头		KT		常开触头		KA
	延时闭合的常开触头	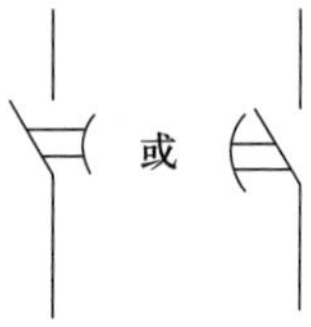	KT		常闭触头		KA
	延时断开的常闭触头	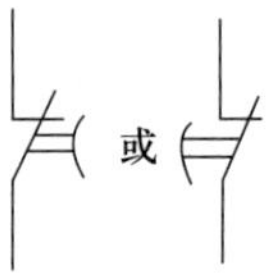	KT	电压继电器	过电压线圈	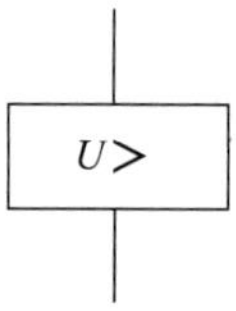	KV
	延时闭合的常闭触头	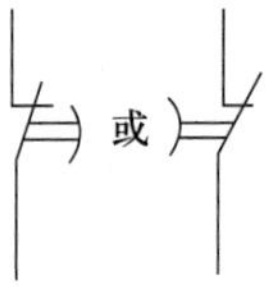	KT		欠电压线圈	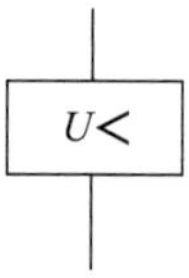	KV
	延时断开的常开触头	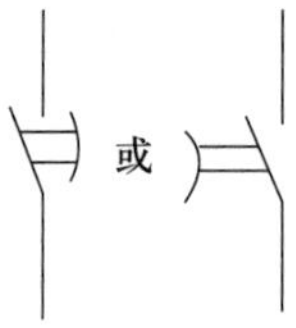	KT		常开触头		KV
电磁操作器	电磁铁的一般符号	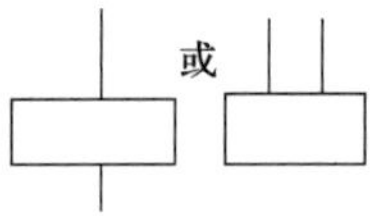	YA		常闭触头		KV

续表

类别	名称	图形符号	文字符号	类别	名称	图形符号	文字符号
电磁操作器	电磁吸盘	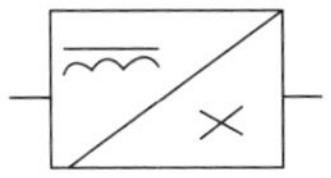	YH	电动机	三相笼型异步电动机	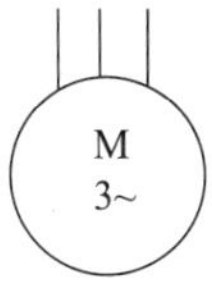	M
	电磁离合器	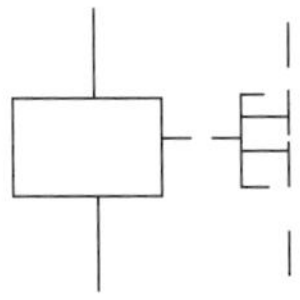	YC		三相绕线转子异步电动机	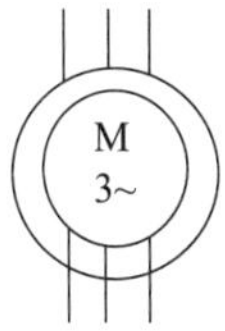	M
	电磁制动器	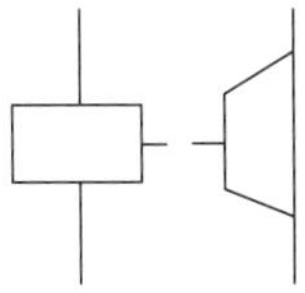	YB		他励直流电动机	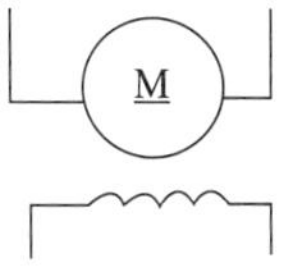	M
	电磁阀	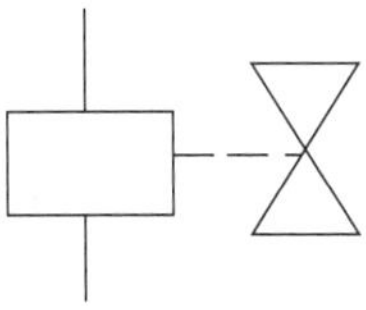	YV		并励直流电动机	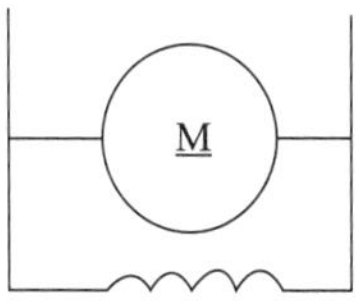	M
非电量控制的继电器	速度继电器常开触头	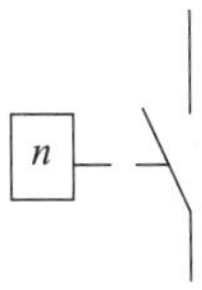	KS		串励直流电动机	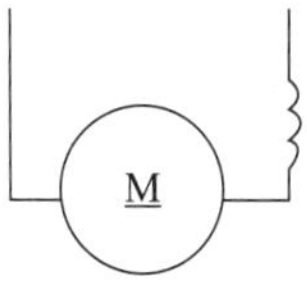	M
	压力继电器常开触头	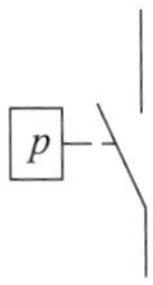	KP	熔断器	熔断器		FU
发电机	发电机	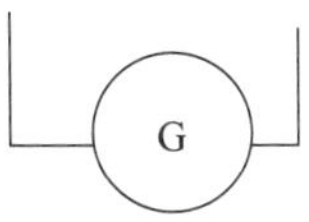	G	变压器	单相变压器	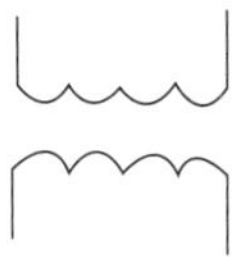	TC
	直流测速发电机	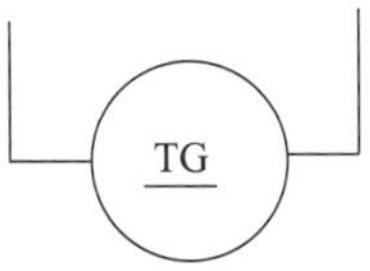	TG		三相变压器	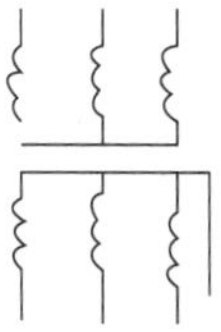	TM

续表

类别	名称	图形符号	文字符号	类别	名称	图形符号	文字符号
灯	信号灯（指示灯）		HY（黄色） HG（绿色） HR（红色） HB（蓝色） HW（白色）	互感器	电压互感器	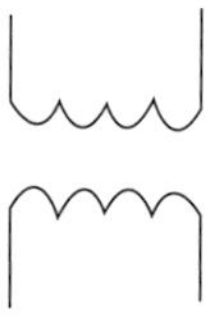	TV
	照明灯		EL		电流互感器	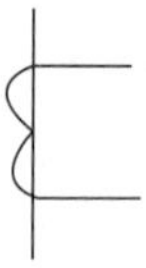	TA
接插器	插头和插座	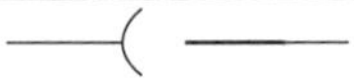 或 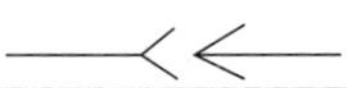	X 插头 XP 插座 XS	电抗器	电抗器		L

（六）电控柜（Electric control cabinet）外形尺寸图（Outline and dimensional drawing）

电控柜外形尺寸图用于表达控制柜的外形尺寸、控制柜门的开孔情况以及控制柜门元器件的安装情况，如图 1.4-7 所示。

1.4.2 设计电气控制线路图（Design electrical control circuit diagram）

（一）电气图用图形符号（Graphical symbols for electrical diagrams）

1. 图形符号的含义

图形符号用于图样或其他文件以表示一个设备或概念的图形、标记或字符。它是通过书写、绘制、印刷或其他方法产生的可视图形，是一种以简明易懂的方式传递信息，表示一个实物或概念，并可提供有关条件、相关性及动作信息的工业语言。

2. 图形符号的组成

图形符号由一般符号、符号要素、限定符号、方框符号等组成。

（1）一般符号：表示一类产品或此类产品特性的通常很简单的符号。

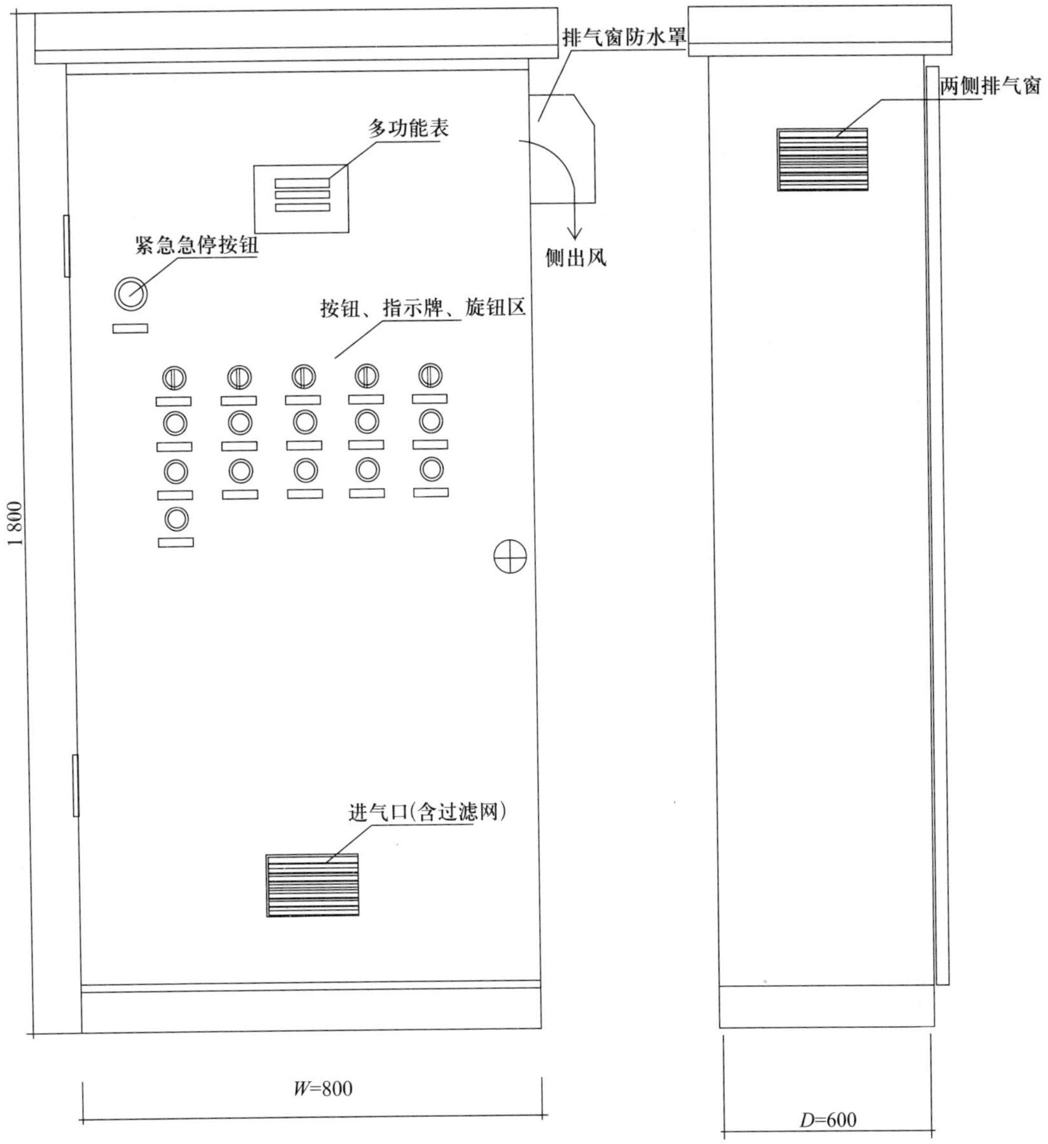

图 1.4-7　电控柜外形尺寸图

（2）符号要素：具有确定意义的简单图形，必须同其他图形组合以构成一个设备或概念的完整符号。

（3）限定符号：用以提供附加信息的加在其他符号上的符号。它一般不能单独使用，但一般符号有时也可用作限定符号。

限定符号的类型：

①电流和电压的种类：交、直流电，交流电中频率的范围，直流电正、负极，中性线等。

②可变性：可变性分为内在的和非内在的。

内在的可变性指可变量决定于器件自身的性质，如压敏电阻的阻值随电压而变化。非内在的可变性指可变量由外部器件控制，如滑线电阻器的阻值是借外部手段来调节的。

③力和运动的方向：用实心箭头表示力和运动的方向。

④流动方向：用开口箭头表示能量、信号的流动方向。

⑤特性量的动作相关性：设备、元件与速写值或正常值等相比较的动作特性，通常的限定符号是>、<、=、≈等。

⑥材料的类型：可用化学元素符号或图形作为限定符号。

⑦效应或相关性：热效应、电磁效应、磁致伸缩效应、磁场效应、延时和延迟性等。分别采用不同的附加符号加在元器件一般符号上，表示被加符号的功能和特性。限定符号的应用使得图形符号更具有多样性。

（4）方框符号：表示元件、设备等的组合及其功能，既不给出元件、设备的细节，也不考虑所有连接的一种简单图形符号。

3. 图形符号的分类

①导线和连接器件：各种导线、接线端子和导线的连接、连接器件、电缆附件等。

②无源元件：包括电阻器、电容器、电感器等。

③半导体管和电子管：包括二极管、三极管、晶闸管、电子管、辐射探测器等。

④电能的发生和转换：包括绕组、发电机、电动机、变压器、变流器等。

⑤开关、控制和保护装置：包括触点（触头）、开关、开关装置、控制装置、电动机启动器、继电器、熔断器、间隙、避雷器等。

⑥测量仪表、灯和信号器件：包括指示计算和记录仪表、热电偶、遥测装置、电钟、传感器、灯、喇叭和电铃等。

⑦电信交换和外围设备：包括交换系统、选择器和数据处理设备、传真机、换能器、记录和播放设备等。

⑧电信传输：包括通信电路、天线、无线电台及各种电信传输设备。

⑨电力、照明和电信布置：包括发电站、变电站、网络、音响和电视的电缆配电系统、开关、插座引出线、电灯引出线、安装符号等。适用于电力、照明和电信系统和平面图。

⑩二进制逻辑单元：包括组合和时序单元，运算器单元，延时单元，双稳、单稳和

非稳单元，位移寄存器，计数器和储存器等。

⑪模拟单元：包括函数器、坐标转换器、电子开关等。

4. 常用图形符号应用的说明

①所有的图形符号，均应按无电压、无外力作用的正常状态示出。

②某些设备元件有多个图形符号，有优选形、其他形、形式1、形式2等。选用符号遵循的原则：尽可能采用优选形；在满足需要的前提下，尽量采用最简单的形式；在同一图号的图中使用同一种形式。

③符号的大小和图线的宽度一般不影响符号的含义，有些情况下，为了强调某些方面或者为了便于补充信息，或者为了区别不同的用途，允许采用不同大小的符号和不同宽度的图线。

④为了保持图面的清晰，避免导线弯折或交叉，在不致引起误解的情况下，可以将符号旋转或成镜像放置，但此时图形符号的文字标注和指示方向不得倒置。

⑤图形符号一般都画有引线，但在绝大多数情况下引线位置仅用作示例，在不改变符号含义的原则下，引线可取不同的方向。如引线符号的位置影响到符号的含义，则不能随意改变，否则引起歧义。

⑥在《电气简图用图形符号》中比较完整地列出了符号要素、限定符号和其他常用符号，但组合符号是有限的。若某些特定装置或概念的图形符号在标准中未列出，允许通过已规定的一般符号、限定符号和符号要素适当组合，派生出新的符号。

⑦符号绘制：电气简图用图形符号是按网格绘制出来的，但网格未随符号示出。

（二）电气设备用图形符号（Graphical symbols for electrical equipment）

（1）电气设备用图形符号是完全区别于电气简图用图形符号的另一类符号。

（2）电气设备用图形符号的用途：识别、限定、说明、命令、警告、指示。

（3）设备用图形符号须按一定比例绘制，含义明确，图形简单、清晰，易于理解，易于辨认和识别。

（三）电气技术中的文字符号（Text symbols in electrical technology）

（1）电气技术中的文字符号包括基本文字符号和辅助文字符号。基本文字符号包括单字母符号和双字母符号。

①单字母符号：用拉丁字母把所有设备、装置和元电子器件划分为23大类，每大类都用一种专用单数字标志表示。

②双字母符号：以代表相同类别的单字母和另一字母组合而成，其组成方式以单字

母标志在先、另一字母在后的顺序排列。

（2）辅助文字符号：描述设备、系统和元器件及其线路的基本特性、状态和性质，一般由英文单词的最前面一两个字母组成。

（四）电气技术中的项目代号（Project code in electrical technology）

（1）项目代号：用以识别图、表图、表格中和设备上的项目种类，并提供项目的层次关系、实际位置等信息的一种特定的代码。

（2）通常项目代号可以将不同的图或其他技术文件上的项目（软件）与实际设备中的该项目（硬件）一一对应和联系起来。

（3）项目代号由拉丁字母、阿拉伯数字、特定的前缀符号，按照一定规则组合而成。一个完整的项目代号含有四个代号段：

高层代号段，其前缀符号为“=”；

种类代号段，其前缀符号为“-”；

位置代号段，其前缀符号为“+”；

端子代号段，其前缀符号为“：”。

（4）种类代号：用以识别项目种类的代号。有以下三种表示方法。

①由字母代码和数字组成。

如：-K2 是种类代号段的前缀符号+项目种类的字母代码+同一项目种类的序号。

如：-K2M 是种类代号段的前缀符号+项目种类的字母代码+同一项目种类的序号+项目的功能字母代码。

②用顺序数字（1，2，3…）表示图中的各个项目，同时将这些顺序数字和它所代表的项目排列于图中或另外的说明中，如-1，-2，-3…

③对不同种类的项目采用不同组别的数字编号。如对电流继电器用 11，12，13…

如用分开表示法表示继电器，可在数字后加“.”。

（5）高层代号是指系统或设备中任何较高层次（对给予代号的项目而言）项目的代号。如 S2 系统中的开关 Q3，表示为=S2-Q3，其中=S2 为高层代号。

（6）位置代号指项目在组件、设备、系统或建筑物中的实际位置的代号。位置代号由自行规定的拉丁字母或数字组成。在使用位置代号时，就给出表示该项目位置的示意图。如+204+A+4 可写为+204A4，意思为 A 列柜装在 204 室第 4 机柜。

（7）端子代号通常不与前三段组合在一起，只与种类代号组合。可采用数字或大写字母表示，如 S4A：A 表示控制开关 S4 的 A 号端子；XT7：7 表示端子板 XT 的 7 号端子。

（8）项目代号的应用：

“=”表示高层代号段，“-”表示种类代号段，“+”表示位置代号段。

其中高层代号段对于种类代号段来说是功能隶属关系，位置代号段对于种类代号段来说是位置信息。

如=A1-K1+C8S1M4表示A1装置中的继电器K1，位置在C8区间S1列控制柜M4柜中；=A1P2-Q4K2+C1S3M6表示A1装置P2系统中的Q4开关中的继电器K2，位置在C1区间S3列操作柜M6柜中。

（五）电气图的一般规则（General rules for electrical diagrams）

（1）电气图面的构成：边框线、图框线、标题栏、会签栏。

（2）幅面及尺寸：幅面是指边框线围成的图纸大小，不同的尺寸对应不同的幅面大小。

①幅面尺寸分五类：A0—A4见表1-4。

A0—A2号图纸一般不得加长。

A3、A4号图纸可根据需要沿短边加长。

表1-4　幅面尺寸及代号

幅面尺寸及代号					
幅面代号	A0	A1	A2	A3	A4
宽×长/mm	841×1189	594×841	420×594	297×420	210×297
留装订边宽/mm	10			5	
不留装订边宽/mm	20		10		
装订侧边宽/mm	25				

②选择幅面尺寸的基本前提：保证幅面布局紧凑、清晰和使用方便。

③幅面选择考虑因素：所设计对象的规模和复杂程度；由简图种类所确定的资料的详细程度；尽量选用较小幅面；便于图纸的装订和管理；复印和缩微的要求；计算机辅助设计的要求。

（3）标题栏是用以确定图样名称、图号、张次、更改和有关人员签名等内容的栏目，相当于图样的“铭牌”，如表1-5所示。

表 1-5 标题栏

建设单位		图纸名称	项目编号		审定		项目负责人	
项目名称			设计阶段		审核		专业负责人	
主项目名称			专业		校对		版次	
子项目名称			图纸编号		设计		日期	

标题栏的位置一般在图纸的右下方或下方，标题栏中的文字方向为看图方向，会签栏是供各相关专业的设计人员会审图样时签名和标注日期用的。

（4）图样编号由图号和检索号两部分组成。

（5）图幅的区分：在图的边框处，竖边方向用大写拉丁字母，横边方向用阿拉伯数字，编号的顺序从标题栏相对的左上角开始，分区数就是偶数。区的代号为字母+数字。

如在相同图号第 21 张 A5 区内，标记为 21/A5；

图号为 3375 的单张图 F4 区内，标记为图 3375/F4；

图号为 5279 的第 27 张图 G3 区内，标记为图 5279/27/G3；

在=S3 系统单张图 C5 区内，标记为=S3/C5；

在=SP 系统第 37 张图 E6 区内，标记为=SP37/E6。

（六）图线、字体及其他（Graph lines，fonts and others）

1. 图线

粗实线、细实线、波浪线、双折线、虚线、细点画线、粗点画线、双点画线，代号依次为 A，B，C，D，F，G，J，K。

2. 字体

字体通常采用对应标准要求的字体。

3. 箭头和指引线

开口箭头：用于电气能量、电气信号的传递方向（能量流、信息流流向）。

实心箭头：用于可变性、力或运动方向，以及指引线方向。

指引线：指示注释的对象，应为细实线。

指引线末端加注标记：指向轮廓线内，用黑点；指向轮廓线上，用实心箭头；指向电气连接线上，加一短画线。

4. 围框

当需要在图上显示出图的某一部分，如功能单元、结构单元、项目组时，可用点画线围框表示。如图上含有安装在别处而功能与本图相关的部分，可加双点画线。

5. 比例

图面上图形尺寸与实物尺寸的比值叫作比例。通常采用的缩小比例有：1∶10、1∶20、1∶50、1∶100、1∶200、1∶500。

6. 尺寸

尺寸由尺寸线、尺寸界线、尺寸起止箭头（或45°短画线）、尺寸数字四个要素组成。

（1）尺寸注法的基本规则

①物件的真实大小应以图样上的尺寸数字为依据，与图形大小及绘图的准确度无关。

②图样中的尺寸数字，如没有明确说明，一律以mm为单位。

③图样中所标注的尺寸，为该图样所示机件的最后完工尺寸。

④物件的每一个尺寸，一般只标注一次，并应标注在反映该结构最清晰的图形上。

（2）尺寸注法

①线性尺寸（长度、宽度、厚度）的尺寸数字一般注写在尺寸线的上方，也可注写在尺寸线的中断处。

②角度数字一律写成水平方向，注写在尺寸线的中断处，也可采用引出注写的方式。

③在没有足够的位置画箭头或注写数字时也可移出标注。

④一些特定尺寸必须标注符号，如直径符号Φ、半径符号R、球符号S、球直径符号SΦ、球半径符号SR，厚度符号δ、参考尺寸用（ ）表示。正方形符号用□。

7. 安装标高

绝对标高：海拔以青岛市外黄海平面作为零点而确定的高度尺寸。

相对标高：选定某一参考面或参考点为零点而确定的高度尺寸。

电气位置图均采用相对标高，一般采用室外某一平面、某一层楼平面作为零点计算高度。这个标高称为安装标高或敷设标高。

8. 方位

电力照明和电信布置图等图纸按上北下南、左西右东表示电气设备或构筑物的位置和朝向，但在许多情况下需用方位标记表示其朝向。

风向频率标记：表示设备安装地区一年四季风向情况。在电气布置图上往往标有风向频率标记。它根据此地区多年统计的各个方向吹风次数的平均百分数，按一定比例绘制而成。

9. 建筑物定位轴线

承重墙、柱、梁等主要承重构件的位置所画的轴线为定位轴线。

定位轴线编号的基本原则：在水平方向，从左至右用阿拉伯数字编号；垂直方向，用拉丁字母由下向上编号；数字和字母用点画线引出。

（七）简图的布局方法（Layout method of sketch map）

1. 机械制图与简图布局方法上的区别

机械制图必须严格按机件的位置进行布局，而简图的布局则可根据具体情况灵活进行。

2. 图线的布置

表示导线、信号通路、连接线等的图线一般应为直线，即横平竖直，尽可能减少交叉和弯折。

①水平布置：将设备和元件按行布置，连接线一般呈水平布置。

②垂直布置：将设备或元件按列排列，连接线成垂直布置。

③交叉布置：将相应的元件连接成对称的布局。

3. 电路或元件的布局

（1）功能布局法

功能布局法是简图中元件符号的布置只考虑便于看出它们所表示的元件功能关系，而不考虑实际位置。在此布局中，表示对象划分为若干功能组，按照因果关系从左到右或从上到下布置；每个功能组的元件应集中布置在一起，并尽可能按工作顺序排列。大部分电气图为功能图。布局时遵守的原则如下：

①布局顺序应是从左到右或从上到下。

②如果信息流或能量流从右到左或从下到上，应在连接线上画开口箭头。开口箭头不应与其他符号邻近。

③在闭合电路中，前向通路上的信息流方向应该是从左到右或从上到下。反馈通路的方向则相反。

④图的引入、引出线最好画在图纸边框附近。

（2）位置布局法

位置布局法指简图中元件符号的布置对应于该元件实际位置的布局方法。此布局可以看出元件的相对位置和导线的走向。

（八）电气元件的表示法（Representation of electrical components）

1. 集中表示法

集中表示法是将设备或成套装置中一个项目各组成部分的图形符号在简图上绘制在一起的方法。

适用范围和特点：简单的图，各组成部分用机械连接线（虚线）互相连接，连接线必须为直线。

2. 半集中表示法

为了使设备和装置的电路布局清晰、易于识别，将一个项目中某部分的图形符号在简图上分开布置，并用机械连接符号表示它们之间关系的方法叫作半集中表示法。机械连接线可以弯折、分支和交叉。

3. 分开表示法

为了使设备和装置的电路布局清晰、易于识别，把一个项目中某些图形符号在简图上分开布置，并仅用项目代号表示它们之间关系的方法叫作分开表示法。采用分开表示法的图与采用集中表示法或半集中表示法的图给出的信息量要等量。

4. 项目代号的标注方法

①采用集中和半集中表示法绘制的元件，项目代号只在符号旁标注一次，并与机械连接线对齐。

②采用分开表示法绘制的元件，项目代号应在项目每一部分的符号旁标注。

③项目代号的标注位置应尽量靠近图形符号的上方，尤其是项目代号的第 3 段（种类代号）应靠近符号的中心。

④当电路水平布置时，项目代号标在符号的上方；当电路垂直布置时，项目代号标注在符号的左方。项目代号应水平书写，从上到下或从左到右。

⑤项目代号中的端子代号应标在端子或端子位置的旁边。

⑥对于画有围框的功能单元和结构单元，项目代号应标注在围框的上方或左方。

⑦大多数情况下，项目代号中的高层代号可以标注在标题栏内或图纸的上方简化符号旁项目代号的标注。

（九）电气元件触点位置、工作状态和技术数据的表示方法（Representation of electrical contactors position，working status and technical data）

1. 触点分类

一类为靠电磁力或人工操作的触点（接触器、电磁继电器、开关、按钮等）；另一类为非电和非人工操作的触点（非电量继电器、行程开关等的触点）。

2. 触点表示

①接触器、电磁继电器、开关、按钮等项目的触点符号，在同一电路中，在加电和受力后，动作方向应取向一致，当触点具有保持、闭锁和延时功能的情况下更应如此。

②对非电和非人工操作的触点，必须在其触点符号附近标明运行方式。用图形、操作器件符号及注释、标记和表格表示。

3. 元件工作状态的表示方法

元件、器件和设备的可动部分通常应表示在非激励或不工作的状态或位置。

①继电器和接触器在非激励的状态。

②断路器、负荷开关和隔离开关在断开位置。

③带零位的手动控制开关在零位位置，不带零位的手动控制开关在图中规定的位置。

④机械操作开关的工作状态与工作位置的对应关系，一般应表示在触点符号的附近，或另附说明。

事故、备用、报警等开关应表示在设备正常使用的位置，多重开闭器件的各组成部分必须表示在相互一致的位置上，而不管电路的工作状态。

4. 元件技术数据的标注方法

电气元器件的技术数据一般标在图形符号近旁。当连接线水平布置时，尽可能标在图形符号的下方，垂直布置时，则标在项目代号的下方；还可以标在方框符号或简化外形符号内。

5. 注释和标志的表示方法

①注释的两种表示方法：直接放在所要说明的对象附近和放在图中的其他位置。

②如设备面板上有信息标志时，应在有关元件的图形符号旁加上同样的标志。

（十）元件接线端子（Connection terminal）的表示方法

1. 端子

在电气元件中，用以连接外部导线的导电元件即为端子。

端子分类：固定端子和可拆卸端子。

固定端子图形符号：0 或 · 。

可拆卸端子图形符号：Φ。

2. 以字母数字符号标示接线端子的原则和方法

（1）单个元件的两个端点用连续的两个数字表示。单个元件的中间各端子用自然递增数序的数字表示。

（2）相同元件组。

①在数字前冠以字母，如标示三相交流系统的字母 U_1、V_1、W_1 等。

②若不需要区别，可用数字 1. 1、2. 1、3. 1 标示。

③同类元件组用相同字母标示时，可在字母前冠以数字来区别。

3. 端子代号的标注方法

①电阻器、继电器、模拟和数字硬件的端子代号应标在图形符号的轮廓外面。零件的功能和注解标注在符号轮廓线内。

②对用于现场连接、试验和故障查找的连接器件的每一连接点都应标注端子代号。

③在画有围框的功能单元或结构单元中，端子代号必须标注在围框内，以免被误解。

（十一）连接线的表示方法（Representation of connecting lines）

1. 图线的粗细

电源主电路、一次电路、主信号通路等采用粗线，与之相关的其余部分用细线。

2. 连接线的分组

母线、总线、配电线束、多芯电线电缆等可视为平行连接线。对于多条平行连接线，应按功能分组，不能按功能分组的，可以任意分组，每组不多于三条，组间距大于线间距。

3. 连接线标记

标记一般置于连接线上方，也可置于连接线的中断处，必要时，还可在连接线上标出信号特性的信息。

4. 导线连接点的表示方法

①“T”形连接点可加实心圆点“·”。

②“+”形连接点可加实心圆点“·”。

③交叉但不连接的两条连接线，在交叉处不能加实心圆点，并应避免在交叉处改变方向，也应避免穿过其他连接线的连接点。

（十二）导线的识别标记及其标注方法（Notation of wire and its labeling method）

1. 导线（线束）的识别标记

导线或线束标记应标在导线或线束两端，必要时标在全长的可见部位（或标在图线上）。

2. 主标记

主标记是只标记导线或线束的特征，而不考虑电气功能的标记系统。主标记包括从属标记、独立标记和组合标记三种。

（1）从属标记

从属标记是以导线所连接的端子的标记或线束所连接的设备的标记为依据的导线或线束的标记系统。从属标记分从属本端标记、从属远端标记、从属两端标记三种。

①从属本端标记：导线或线束终端的标记与其所连接的端子或设备部件的标记系统。

②从属远端标记：导线或线束终端的标记与远端所连接的端子或设备的部件相同的标记系统。

③从属两端标记：导线或线束每一端都标出与本端连接的端子标记、与远端连接的端子标记或两端设备部件的标记系统。

（2）独立标记

独立标记是与导线所连接的端子的标记或线束所连接的设备的标记无关的导线或线束的标记系统。与导线两端的端子标记无关，此种标记方式只用于采用连续线方式表示的电气接线图中。

（3）组合标记

从属标记和独立标记一起使用的标记系统为组合标记。

3. 补充标记

它一般用作主标记的补充，并且以每一导线或线束的电气功能为依据。补充标记通常用字母或特定符号表示，为避免混淆，补充标记和主标记应用符号分开。

1.5 电气控制系统的设计

1.5.1 电气控制系统（Electrical control system）的分析

电气控制系统由若干电器元件组合，用于实现对被控对象的控制，保证被控对象安全、可靠地运行。电气控制系统的常见功能有：测量和监视、保护、自动控制。主要由三部分组成：输入部分、逻辑控制部分和输出执行部分。通常从以下几方面分析电气控制系统。

（一）从工艺流程（Technological process）分析

电气设备工艺流程是指电气设备在生产过程中，将各种原材料、半成品按一定的要求和顺序进行自动或半自动加工，最终成为成品的方法与过程。所以，结合工艺流程去分析电气控制系统，会提高准确性和时效性。

（二）从主要功能（Main function）分析

为了保证一次设备运行的稳定性，需要控制线路或二次回路（简称“控制线路”）为之服务，常见的控制线路主要有以下功能。

1. 测量功能

在电气控制系统中，控制器只接收电信号（电压信号、电流信号、脉冲信号等），这就需要用户使用一些传感检测元器件对被测量对象进行物理量的转换，然后把转换后的电信号传输给控制器实现自动控制。

2. 监视功能

肉眼看不见线路中是否带电，有时候用户需要明确一台设备是否带电，这就需要添加各种指示信号，如指示灯和蜂鸣器等，对一次设备进行电气监视。

3. 保护功能

电气设备在运行过程中会突发各种故障，导致线路中的电压（或电流）超过设备允许工作的最高值，这就需要在控制系统中加一些检测故障信号并对电气设备进行自动调整的保护设备。

4. 自动控制功能

随着控制技术的快速发展，如在供配电行业中，自动控制已经取代了手动操作高电压和大电流开关设备的分、合闸，特别是在设备出现故障时，需要自动切断开关电路。这时需要有一套自动控制的电气设备，对供电系统进行自动控制。

（三）从系统组成（System composition）分析

常见的控制线路的基本回路由以下几部分组成。

1. 电源供电回路

供电回路是所有电气控制系统必须具备的，按电源的性质分，有交流电源和直流电源两种。常见的交流电源有 220 V 交流电源，常见的直流电源有 9 V、12 V 和 24 V 直流电源，其中 24 V 直流电源使用较多。

2. 保护回路

保护回路的作用是对电气设备和线路进行保护，常见的类型有短路保护、过载保护、欠压或失压保护等，其中短路保护由熔断器实现，过载保护由热继电器实现，欠压或失压保护由接触器本身实现。

3. 信号回路

能快速反应或显示设备工作状态信息的回路，如使用不同颜色的信号灯，不同声音的蜂鸣器等。

4. 自动运行与手动运行回路

一般情况下，电气控制系统具有自动运行的功能。但是，在设备安装、调试或者处理故障的过程中，通常使用手动运行功能。这个时候就需要电气控制系统具备自动运行与手动运行切换的功能，通常使用组合开关或转换开关实现自动与手动功能的转换。

5. 制动停车回路

有时候需要切断电路的供电电源，或者按下停止按钮时，运行部件能快速地停下来，这个时候就需要加入制动环节。按制动方式分类有机械制动和电气制动两种，机械制动通过电磁抱闸实现，电气制动的方法较多，常见的有能耗制动、反接制动和再生发电制动等。

6. 自锁及互锁回路

启动按钮按下又松开后，系统保持通电，电气设备能继续工作的方式叫自锁。实现自锁的方法是在启动按钮旁边并联被控接触器的常开触头。在电气控制功能中，用户经常看见一个接触器得电的时候，另一个接触器不能得电，这种电气控制方式叫互锁。如三相异步电动机正反转控制线路中，电动机正转的 KM1 和电动机反转的 KM2 是绝对不能同时得电的，否则将会造成电源短路的重大事故。实现互锁的方法是在每个接触器的线圈支路上串联另外一个接触器的常开辅助触头。

（四）从系统图（System diagram）分析

电气控制系统图是电气线路安装、调试、维护与维修的理论依据，主要包括电气原理图、电器元件布置图、电气安装接线图、电气参数设置列表等。其中，电气原理图用以指导电气设备的安装、控制参数调试及设备维修工作。电气控制系统图的分析方法如下：

1. 先分析机械，后分析电气

先分析机械，就是先分析生产机械的基本结构、运行情况、工艺要求和控制方法，以便对生产机械的结构及其运行特性有总体了解。后分析电气，就是在了解机械特性的基础上，明确对电气设备的控制要求，为分析电气系统做好前期准备。

2. 先分析主电路，后分析辅助电路

先分析主电路，就是先从主回路开始读图。首先，要明确系统中有多少种负载，每种负载有多少台，每一台负载的作用是什么，然后结合加工工艺去分析。比如，某台电动机是直流电动机还是交流电动机，是直接启动还是降压启动，在运行过程中是否需要调速，是否需要正反转控制，停车时是否采用制动，采用什么制动方式等。然后，分析是由哪些辅助电路完成以上控制功能，这些辅助电路都由哪些元器件组成，这些元器件的工作逻辑关系是怎么样的。

3. 先化整为零，再集零为整

一般情况下，设计电气控制系统的时候，会有一个审核的环节，主要是审核方案的可行性、可靠性、安全性及经济性等。这个审核环节常采用先化整为零，再集零为整的步骤。化整为零就是对照控制功能及各项指标，分析每一局部电路怎么实现控制要求，以及各局部电路之间的关系。集零为整就是从全局的角度分析整个控制系统，常作为分析及审核电气控制系统的最后一个环节。

1.5.2 电气控制系统的设计

想设计出性能可靠、功能齐全的电气控制系统，除了要掌握扎实的电气控制理论知识外，还要有丰富的生产现场经验，把理论知识和现场经验结合应用到设计中。本节主要和大家分享常见电气控制系统的设计目的、基本原则、基本内容及设计方法和步骤。

（一）电气控制系统的设计目的（Design purpose of electrical control system）

电气控制系统的设计应包含两个基本内容：一是原理设计，即满足生产机械和工艺的各种控制要求；二是工艺设计，即满足电气控制装置本身的制造、使用和维修的需要。原理设计决定着生产机械设备的合理性与先进性，工艺设计决定电气控制系统是否具有生产可行性、经济性、美观性、使用维修便捷性等特点，所以电气控制系统的设计要全面考虑这两个方面的内容。在熟练掌握典型环节控制电路、具有对一般电气控制电路分析能力之后，设计者应能举一反三，对受控生产机械进行电气控制系统的设计提供一套完整的技术资料。

（二）电气控制系统设计的基本原则（Basic principles of electrical control system design）

市面上生产机械种类繁多，其电气控制方案各异，但电气控制系统设计的基本原则和方法基本相同。

①最大限度地满足生产机械和生产工艺对电气控制系统的要求，电气控制系统设计的依据主要来源于生产机械和生产工艺的要求。

②设计方案要合理，在满足控制要求的前提下，设计方案应力求简单、经济、便于操作和维修，不要盲目追求高指标和高自动化。

③机械设计与电气设计相互配合。许多生产机械采用机电结合控制的方式来实现控制要求，因此要从工艺要求、制造成本、结构复杂性、使用维护方便等方面协调处理好机械和电气的关系。

④确保控制系统安全、可靠地工作。

（三）电气控制系统设计的基本内容（Basic content of electrical control system design）

电气控制系统设计的基本内容是根据控制要求设计、编制出设备制造和使用维修过程中所必需的图纸、资料等。图纸包括电气原理图、电气系统的组件划分图、元器件布置图、安装接线图、电气箱图、控制面板图、电器元件安装底板图和非标准件加工图等，另外还要编制外购件目录、单台材料消耗清单、设备说明书等文字资料。

电气控制系统设计的内容主要包括原理设计与工艺设计两部分，以电力拖动控制设备为例，设计内容如下：

1. 原理设计内容

电气控制系统原理设计的主要内容包括：

①拟订电气设计任务书。

②确定电力拖动方案，选择电动机。

③设计电气控制原理图，计算主要技术参数。

④选择电器元件，制定元器件明细表。

⑤编写设计说明书。

电气原理图是整个设计的中心环节，它为工艺设计和制定其他技术资料提供依据。

2. 工艺设计内容

工艺设计主要是为了便于组织电气控制系统的制造，从而实现原理设计提出的各项技术指标，并为设备的调试、维护与使用提供相关的图纸资料。工艺设计的主要内容有：

①设计电气总布置图、总安装图与总接线图。

②设计组件布置图、安装图和接线图。

③设计电气箱、操作台及非标准元件。

④列出元件清单。

⑤编写使用维护说明书。

（四）电气控制系统设计的一般步骤（General steps of electrical control system design）

1. 拟订设计任务书

设计任务书是整个电气控制系统的设计依据，又是设备竣工验收的依据。设计任务的拟定一般由技术领导部门、设备使用部门和任务设计部门等共同完成。电气控制系统的设计任务书中，主要包括以下内容：

①设备名称、用途、基本结构、动作要求及工艺过程介绍。

②电力拖动的方式及控制要求等。

③电器元件的自锁、互锁及各种保护要求。

④自动化程度、稳定性及抗干扰要求。

⑤操作台、照明、信号指示、报警方式等要求。

⑥设备验收标准。

⑦其他要求。

2. 确定电力拖动方案

电力拖动方案选择是电气控制系统设计的主要内容之一，也是以后各部分设计内容的基础和先决条件。

电力拖动方案是指根据零件加工精度、加工效率要求、生产机械的结构、运动部件的数量、运动要求、负载性质、调速要求以及投资额等条件确定电动机的类型、数量、传动方式以及拟订电动机启动、运行、调速、转向、制动等控制要求。

电力拖动方案的确定要从以下方面考虑：

（1）拖动方式的选择

电力拖动方式包括独立拖动和集中拖动。电气传动的趋势是多电动机拖动，这不仅能缩短机械传动链，提高传动效率，而且能简化总体结构，便于实现自动化。具体选择时，可根据工艺与结构决定电动机的数量。

（2）调速方案的选择

大型、重型设备的主运动和进给运动，应尽可能采用无级调速，有利于简化机械结构、降低成本；为保证加工精度，精密机械设备也应采用无级调速；对于一般中小型设备，在没有特殊要求时，可选用经济、简单、可靠的三相笼型异步电动机。

（3）电动机调速性质要与负载特性适应

对于恒功率负载和恒转矩负载，在选择电动机调速方案时，要使电动机的调速特性与生产机械的负载特性相适应，这样可以使电动机得到充分、合理的应用。

3. 拖动电动机的选择

电动机的选择主要考虑电动机的类型、结构形式、容量、额定电压与额定转速。

电动机选择的基本原则：

①根据生产机械调速的要求选择电动机的种类。

②工作过程中电动机容量要得到充分利用。

③根据工作环境选择电动机的结构形式。

应该强调，在满足设计要求情况下优先考虑采用结构简单、价格便宜、使用和维护方便的三相交流异步电动机。

正确选择电动机容量是电动机选择中的关键问题。电动机容量计算有两种方法，一种是分析计算法，另一种是统计类比法。分析计算法是按照机械功率估计电动机的工作情况，预选一台电动机，然后按照电动机实际负载情况作出负载图，根据负载图校验温升情况，确定预选电动机是否合适，不合适时再重新选择，直到电动机合适为止。在比较简单、无特殊要求、生产数量又不多的电力拖动系统中，电动机容量的选择往往采用统计类比法，或者根据经验采用工程估算的方法来选用，通常选择较大的容量，预留一定的裕量。

4. 选择控制方式

控制方式要实现拖动方案的控制要求。随着现代电气技术的迅速发展，生产机械电力拖动的控制方式从传统的继电接触器控制向 PLC 控制、CNC 控制、计算机网络控制等方面发展，控制方式越来越多。控制方式的选择应在经济、安全的前提下，最大限度地满足工艺要求。

5. 设计电气控制原理图，并合理选用元器件，编制元器件明细表

6. 设计电气设备的各种施工图纸

7. 编写设计说明书和使用说明书

1.5.3 常用电气控制系统

前面的章节介绍了电路基础知识、常用低压电器、识读电气控制系统图等。根据控制对象、控制方式、控制器的不同，电气控制系统的种类繁多。在这一节，大家一起认识常见三相异步电动机继电控制线路（以下简称“继电控制线路”），常见的继电控制线路有：点动控制线路、单向连续运行控制线路、双重联锁正反转控制线路、顺序启动控制线路、Y-Δ 降压启动控制线路。

（一）点动控制线路（Jog control circuit）

点动控制的意思是按下启动按钮，电动机运行，释放启动按钮，电动机停止的控制方式，是用按钮、接触器来控制电动机运行的最简单的控制线路。点动控制线路如图 1.5-1 所示。

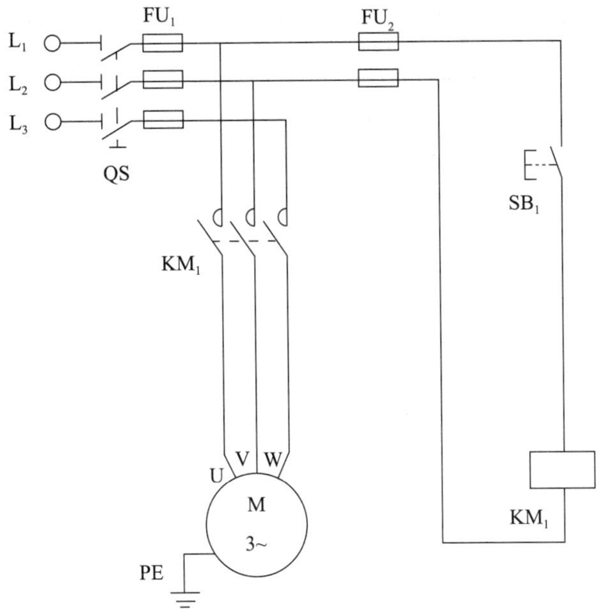

图 1.5-1　点动控制线路图

点动控制只适用于短时运行，主要用于实现生产设备的微动调节、定位、检修等。该电路的工作过程如图 1.5-2 所示。

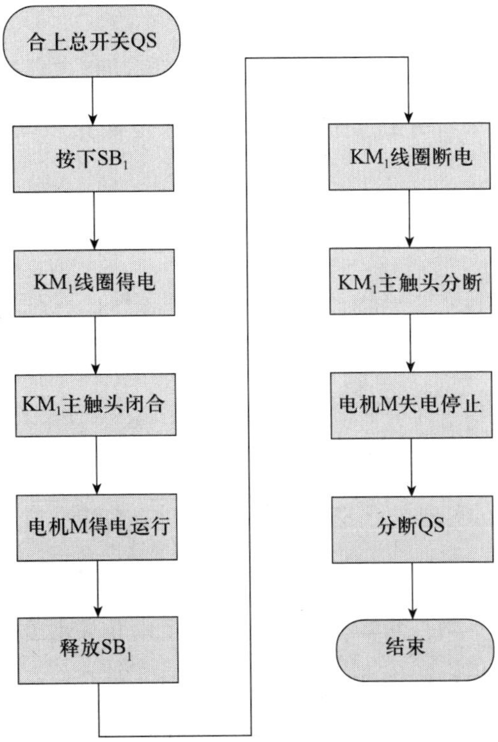

图 1.5-2　点动控制线路工作过程

（二）单向连续运行控制线路（One-way continuous operation control circuit）

在点动控制线路中，想要电动机连续运行，就得持续按住启动按钮，在现实生产中显然是不合适的，单向连续运行控制线路能很好地解决这个问题。单向连续运行控制线路如图 1.5-3 所示。

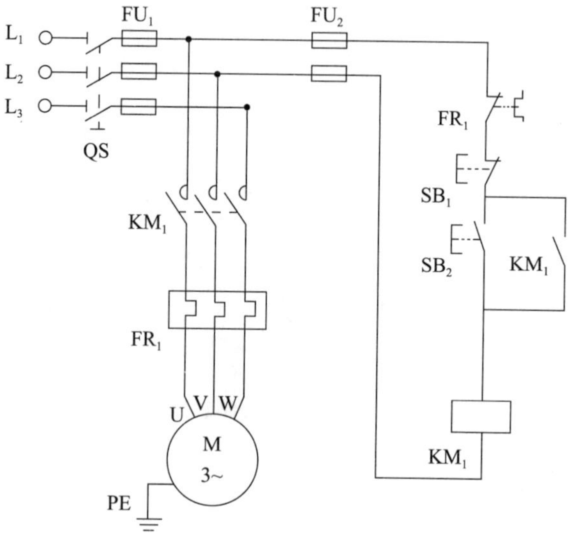

图 1.5-3　单向连续运行控制线路图

单向连续运行控制的意思是按下启动按钮后，电动机启动运行，释放启动按钮后，电动机持续运行，直到按下停止按钮，电动机才失电停止。该电路的具体工作过程如图 1.5-4 所示。

（三）双重联锁正反转控制线路（Double interlocking forward/reverse control circuit）

联锁的意思是一个器件得电后，另一个器件不能得电，避免造成短路之类的事故，也有人称这种现象为互锁。用一个器件的常闭辅助触头与另一个器件的线圈串联实现联锁。

如图 1.5-5 所示，实现联锁有两种方法，第一种是按钮联锁：在 KM_1 线圈上串联 SB_3 的常闭按钮，实现按下 SB_2，KM_1 得电时，切断 KM_2 线圈支路；同样，在 KM_2 线圈上串联 SB_2 的常闭按钮，实现按下 SB_3，KM_2 得电时，切断 KM_1 线圈支路。

第二种是接触器联锁：在 KM_1 线圈上串联 KM_2 的常闭辅助触头，实现在 KM_1 得电的同时，切断 KM_2 线圈支路；同样，在 KM_2 线圈上串联 KM_1 的常闭辅助触头，实现在 KM_2 得电的同时，切断 KM_1 线圈支路。

为了最大限度保证电路安全，以上两种方法同时使用的现象叫作双重联锁。该电路的具体工作过程如图 1.5-6 所示。

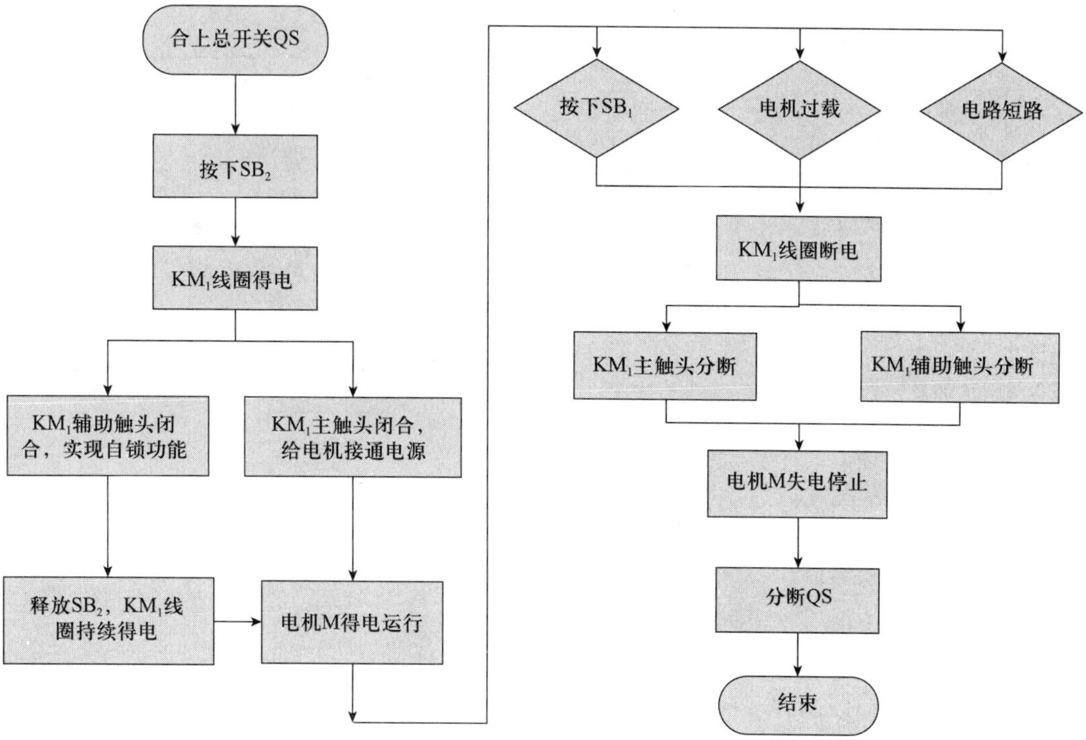

图 1.5-4　单向连续运行控制线路工作过程

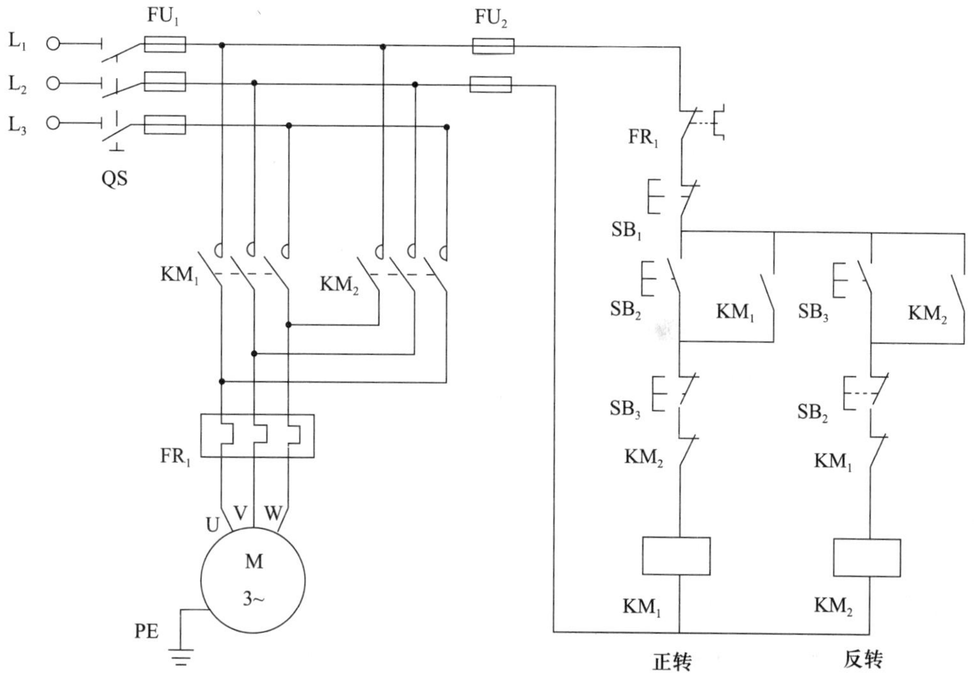

图 1.5-5　双重联锁正反转控制线路图

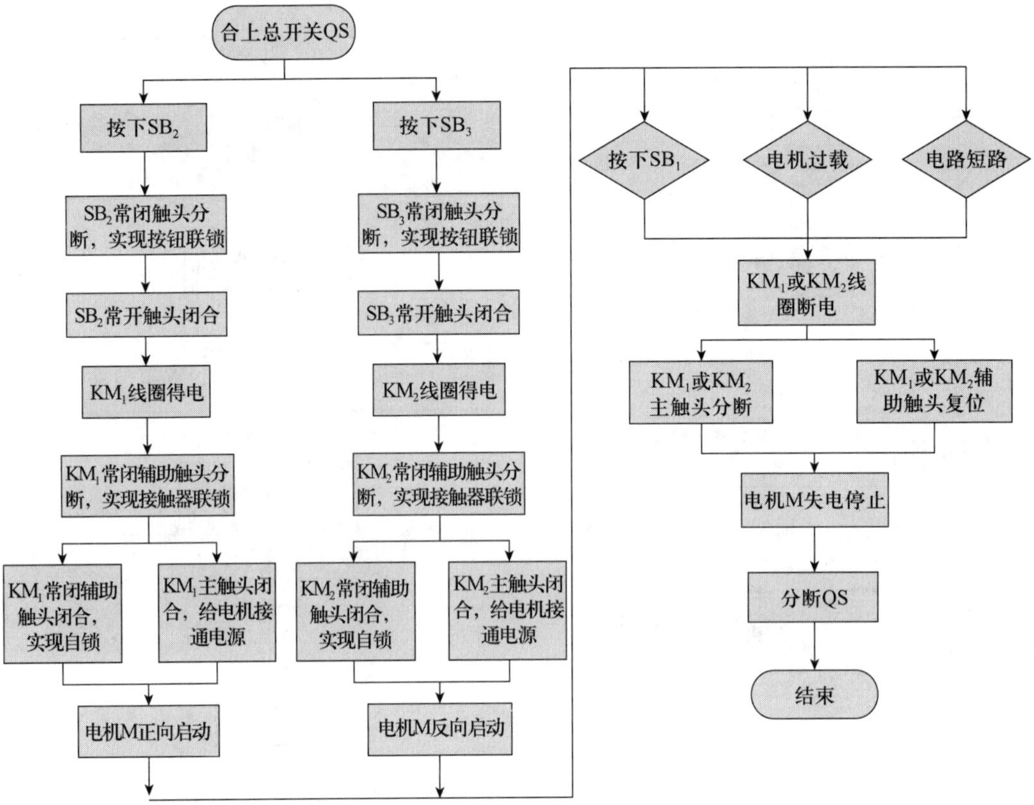

图 1.5-6　双重联锁正反转控制线路工作过程

（四）顺序启动控制线路（Sequence control circuit）

顺序控制是指多台电动机按照一定的顺序启动或者停止的控制方式。顺序启动控制线路如图 1.5-7 所示，经常应用在多级传送带控制系统上，按物料的传送方向，从后向前逐一启动，这种控制方式的好处是避免传送带前面启动，后面还没启动，造成物料在中间堆积的事故。该电路的具体工作过程如图 1.5-8 所示。

（五）Y-Δ 降压启动控制线路（Y-Δ step-down control circuit）

三相异步电动机在启动时，启动电流很大，最高可达到额定电流的 7 倍，这么大的启动电流，除了会加快电动机的绝缘老化，还会造成电网电压的波动，影响其他设备的正常工作。对此，为了限制大容量且频繁起停的电动机的启动电流，必须采取降压启动。所谓降压启动，就是在电动机启动时降低加在电动机定子绕组上的电压，当电动机转起来以后，再将加在定子绕组上的电压恢复到额定值。在继电控制线路中，常见降压启动方法有：转子串电阻降压启动、串电抗降压启动、Y/Δ 降压启动、延边三角降压启动及自耦变压器降压启动。Y/Δ 降压启动线路的结构简单，易于维护，成本低，性能

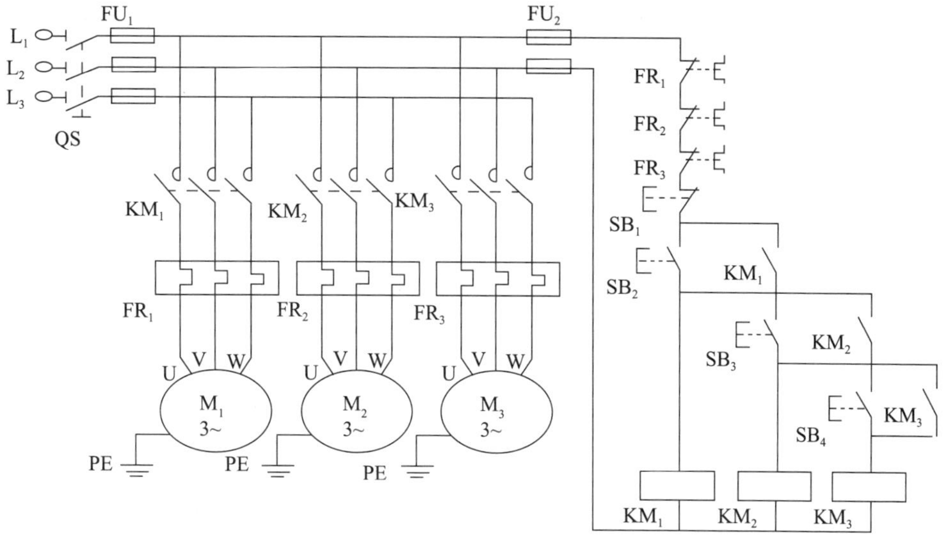

图 1.5-7 顺序启动控制线路图

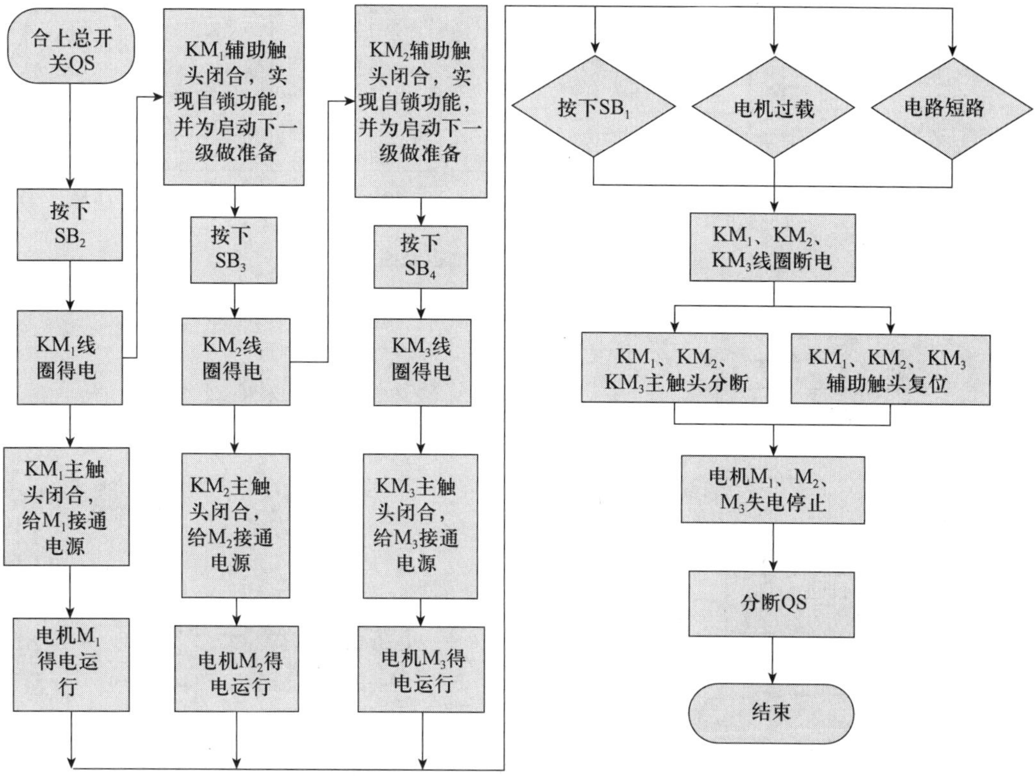

图 1.5-8 顺序启动控制线路工作过程

好，所以使用得比较多。Y-Δ 降压启动控制线路如图 1.5-9 所示。

在电动机启动时采用星形接法，当电动机启动成功后再快速将电动机改接成三角形接法，具体工作过程如图 1.5-10 所示。因电动机启动电流与电源电压成正比，启动电流只有全电启动电流的1/3，启动力矩也只有全电压启动力矩的1/3，所以，降压启动只适用于轻载启动的设备。

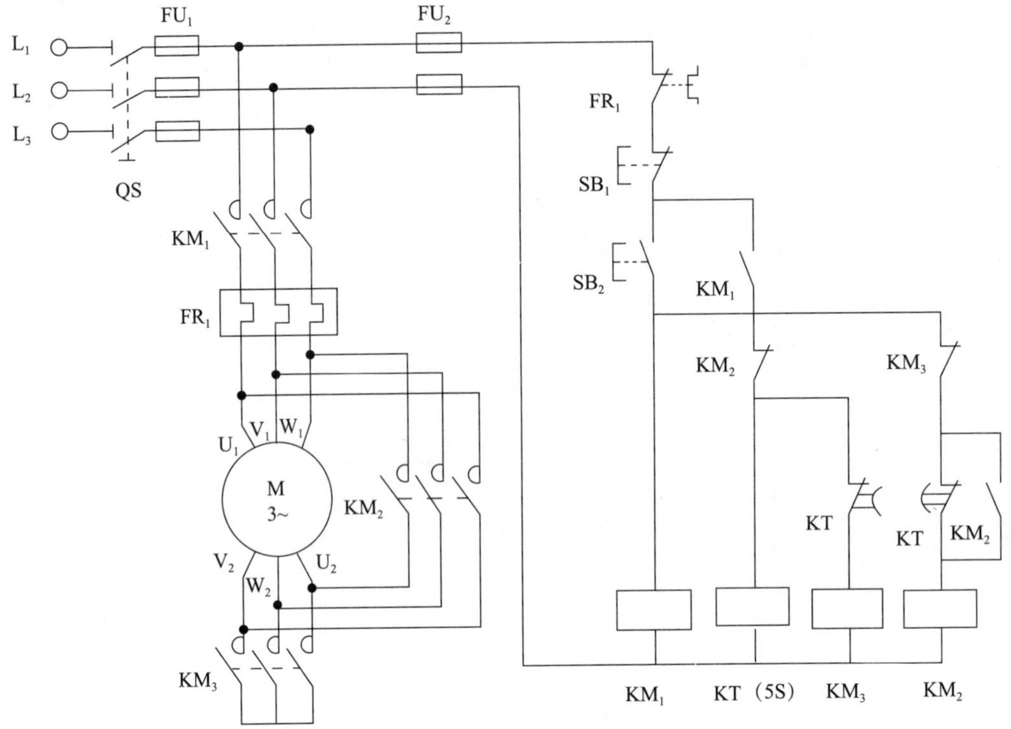

图 1.5-9　Y-Δ 降压启动控制线路图

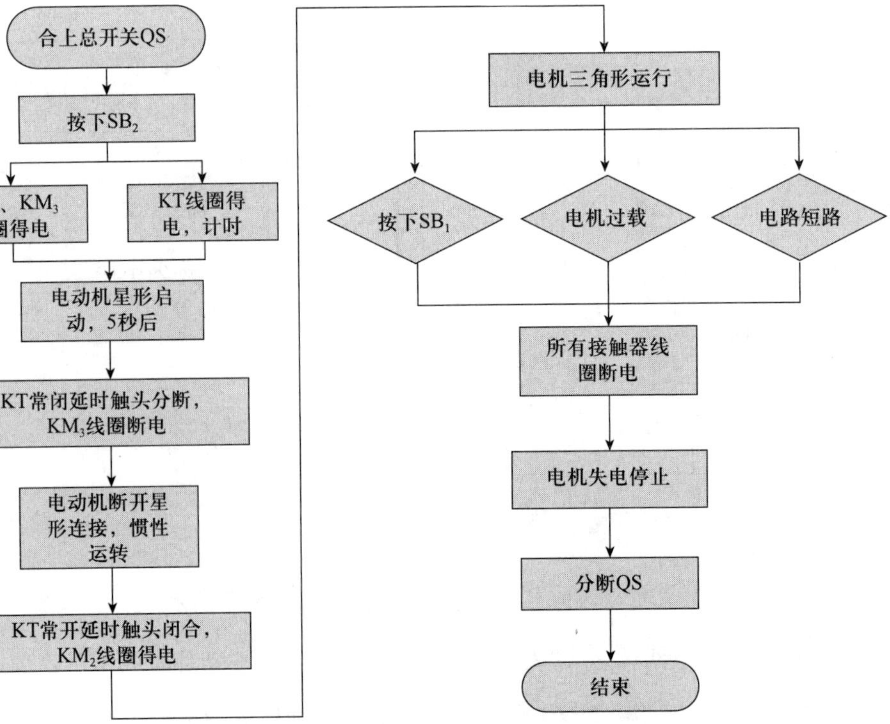

图 1.5-10　Y-Δ 降压启动控制线路工作过程

小　结

本章主要介绍了电路的基本要素、直流电路和交流电路的基本特性、常用低压电器、识读电气系统图及设计电气系统图的基本方法。学习本章内容后应了解掌握以下内容。

（1）了解电路的组成要素和常用的基本物理量，如电压、电位、电流、电阻、功率，掌握他们的定义、符号和计算。

（2）掌握直流电路的基本计算，欧姆定律的应用；掌握单相交流电的三要素和简单计算；掌握三相交流电的产生，三相四线制供电、火线、零线的概念等。

（3）掌握常用低压配电器和控制电气的类型、符号和工作原理，并能正确选用和配置低压电器。

（4）能说出电气图的种类，以及每一类电气图的作用，并且能正确阅读各种电气图。

（5）能够根据资料分析电气系统的工作过程，并结合电气系统图分析设备故障。掌握常见继电控制系统的分析，并能够设计较复杂的继电控制系统。

习　题

1-1　电路通常由________、________、________和导线组成。

1-2　电流的形成由____________________________形成。

1-3　直流电用符号________表示，交流电用符号________表示。

1-4　通常把电流流过导体时对电流的________________称为电阻。

1-5　在进行电流测量时，应把电流表的________接电源正极，________接电源负极，电流表应________在电路中。

1-6　在串联电路中，各负载的________相等，在并联电路中各负载两端的________相等。

1-7　正弦交流电的三要素为________、________、________。

1-8　三个交流电动势达到最大值的先后顺序称为________________。

1-9　元件布置图是描述器件的________和________的一种电气图样，它包括在电气控制柜和现场的分布。

1-10　图形符号由________、________、________等组成。

1-11　电气图的一般规则中，选择幅面尺寸的基本前提：保证幅面布局________、________和________。

1-12　电压和电位的主要区别是什么？如果电路中某两点的电位都很高，能否说明这两点之间的电压也很高，为什么？

1-13　什么是低压电器？

1-14　简述交流接触器的工作原理。

1-15　请你介绍电气图都包括哪些图表。

1-16　请你介绍电气原理图的作用。

1-17　常见的控制线路的基本回路由哪几部分组成？

1-18　电气控制系统中为什么采用联锁，常见的联锁方式有哪些？

1-19　在题图 1-19 所示电路中，以 O 为参考点，$U_A=8$ V，$U_B=6$ V，$U_C=-5$ V，试计算 U_{AB}，U_{AC}，U_{BC}，U_{CA}。

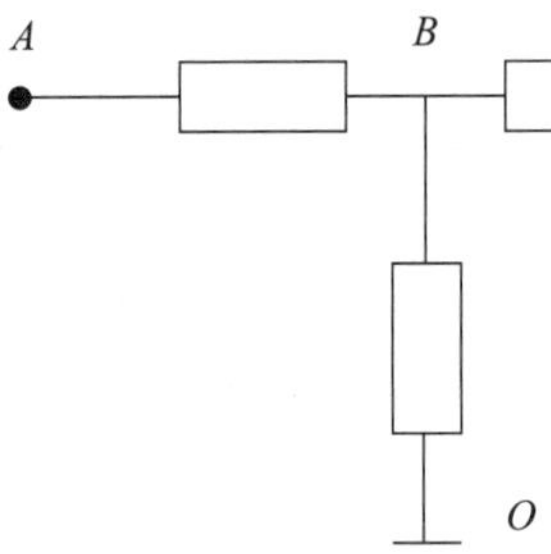

题图 1-19

1-20　额定值为 220 V/100 W 的灯泡和 220 V/25 W 的灯泡，哪只灯泡中的灯丝电阻较大？哪只灯泡中的灯丝较粗？

1-21　在题图 1-21 中，已知 $E=220$ V，$R_1=25\ \Omega$，$R_2=55\ \Omega$，$R_3=30\ \Omega$。求：(1) 开关 S 打开时电路中的电流及各电阻上的电压；(2) 开关 S 合上后，各电阻上的电压是增大还是减小，写出计算过程。

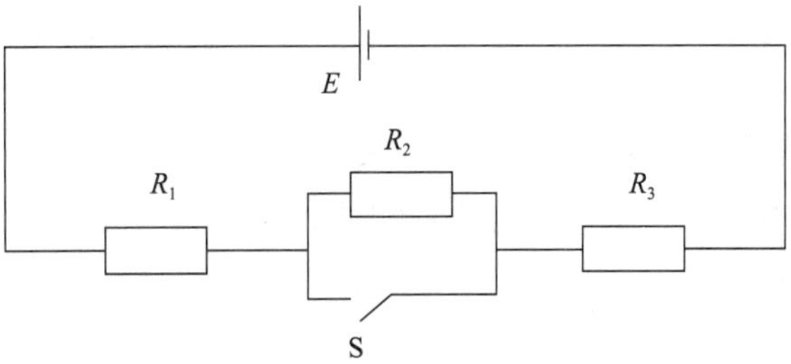

题图 1-21

1-22　已知某正弦交流电压有效值为 100 V，频率为 50 Hz，初相为-30°，可得该正弦交流电压的解析式为 $u=$ ____________________ V。

1-23　已知 $u=220\sqrt{2}\sin(314t+30°)$ V，试求其有效值、角频率、频率、周期及初相位，并绘制出波形图。

参考文献

[1] 劳动和社会保障部教材办公室组织．电工基础［M］．北京：中国劳动社会保障出版社，2017.

[2] 刘祖其．电气控制与可编程序控制器应用技术［M］．北京：机械工业出版社，2009.

[3] 魏明．建筑供配电与照明［M］．重庆：重庆大学出版社，2011.

[4] 李小琴．工程制图与 CAD［M］．北京：机械工业出版社，2017.

第 2 章　电机与控制技术

电机与控制技术一般是指对电机的启动、加速、运转、减速及停止进行的控制技术。随着工业自动化技术的快速发展，自动化行业里比较基础的技术有伺服电机及其伺服控制技术、直流电动机及其调速控制技术、三相异步电动机及其变频控制技术等，近年来，伺服电机及其伺服控制技术有了革命性的发展，交流驱动技术日趋成熟且商品化产品日益普及。在可预见的未来，伺服电机技术将更广泛地应用于各种工业自动化行业。本章从各种电机控制的基本原理出发，详细介绍各种电机的控制技术，阐述电机控制技术的发展状况和未来发展趋势。

2.1　三相异步电动机及其变频控制技术

2.1.1　三相异步电动机（Three-phase asynchronous motor）的结构与工作原理

（一）电机（electric machinery）的定义

实现电能（Electricity）与机械能（Mechanical energy）相互转换（Mutual conversion）的电控设备（Electrical equipment）总称为电机，电机是利用电磁感应（Electromagnetic induction）原理实现电能与机械能的相互转换的。把机械能转换成电能的设备称为发电机，而把电能转换成机械能的设备称为电动机。

（二）三相异步电动机的运用

生产上主要用的是交流电动机，特别是三相异步电动机，因为它具有结构简单、坚固耐用、运行可靠、价格低廉、维护方便等优点。它被广泛地用来驱动各种金属切削机床、起重机、锻压机、传送带、铸造机械、功率不大的通风机及水泵等。

（三）三相异步电动机的构造与原理（Structure and principle）

1. 三相异步电动机的构造

三相异步电动机的两个基本组成部分为定子（固定部分）和转子（旋转部分）。此外还有端盖、风扇等附属部分，如图 2.1-1 所示。

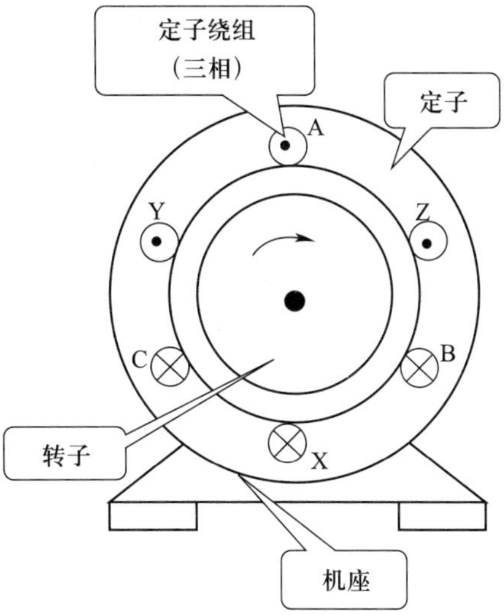

图 2.1-1　三相异步电动机的结构示意图

（1）定子

三相异步电动机的定子由三部分组成，如表 2-1 所示。

表 2-1　定子组成

定子	定子铁芯	由厚度为 0.5 mm、相互绝缘的硅钢片叠成，硅钢片内圆上有均匀分布的槽，其作用是嵌放定子三相绕组 AX、BY、CZ
	定子绕组	三组用漆包线绕制好的、对称地嵌入定子铁芯槽内的相同的线圈。这三相绕组可接成星形或三角形
	机座	机座用铸铁或铸钢制成，其作用是固定铁芯和绕组

（2）转子

三相异步电动机的转子由三部分组成，如表 2-2 所示。

表 2-2　转子组成

转子	转子铁芯	由厚度为 0.5 mm、相互绝缘的硅钢片叠成，硅钢片外圆上有均匀分布的槽，其作用是嵌放转子三相绕组
	转子绕组	转子绕组有两种形式： 鼠笼式——鼠笼式异步电动机； 绕线式——绕线式异步电动机
	转轴	转轴上加机械负载

鼠笼式异步电动机结构简洁、售价便宜，安全可靠、使用方便，成为目前在工业生产应用上最普遍的一类电动机。

为了保证转子能够自由运转，定子与转子之间需要保证有适当的间距，中小型电动机的该间距为 0. 2~1. 0 mm。

2. 三相异步电动机的转动原理（Rotation principle）

（1）基本原理

为了说明三相异步电动机的工作原理，做如下演示实验，如图 2. 1-2 所示。

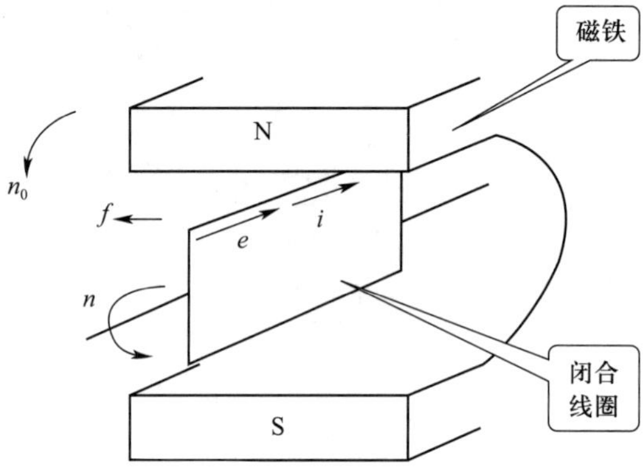

图 2. 1-2　三相异步电动机工作原理

①演示实验：在装有手柄的蹄形磁铁的两极间放置一个闭合导体，当转动手柄带动蹄形磁铁旋转时，发现导体也跟着旋转；若改变磁铁的转向，则导体的转向也跟着改变。

②现象解释：当磁铁转动时，磁铁与闭合的导体发生相对运动，鼠笼式导体切割磁感线而在其内部产生感应电动势（Induced electromotive force）和感应电流（Induced current）。感应电流又使导体受到一个电磁力的作用，于是导体就沿磁铁的旋转方向转动起来，这就是异步电动机的基本原理。转子转动的方向和磁极旋转的方向一致。

③结论：欲使异步电动机旋转，必须有旋转的磁场和闭合的转子绕组。

（2）旋转磁场

①产生。

图 2. 1-3 表示最简单的三相定子绕组（Three-phase stator winding）AX、BY、CZ，它们在空间按互差 120°的规律对称排列，并接成星形与三相电源 U、V、W 相连。三相定子绕组便通过三相对称电流（Three-phase symmetric current）：随着电流在定子绕组中通过，三相定子绕组中就会产生旋转磁场（Rotating magnetic field）（见图 2. 1-4）。

当 $\omega t=0°$ 时，$i_A=0$，AX 绕组中无电流；i_B 为负，BY 绕组中的电流从 Y 流入、B 流

出；i_C 为正，CZ 绕组中的电流从 C 流入、Z 流出；由右手螺旋定则可知，合成磁场的方向如图 2.1-4（b）所示。

$$\begin{cases} i_U = I_m \sin \omega t \\ i_V = I_m \sin (\omega t - 120^\circ) \\ i_W = I_m \sin (\omega t + 120^\circ) \end{cases}$$

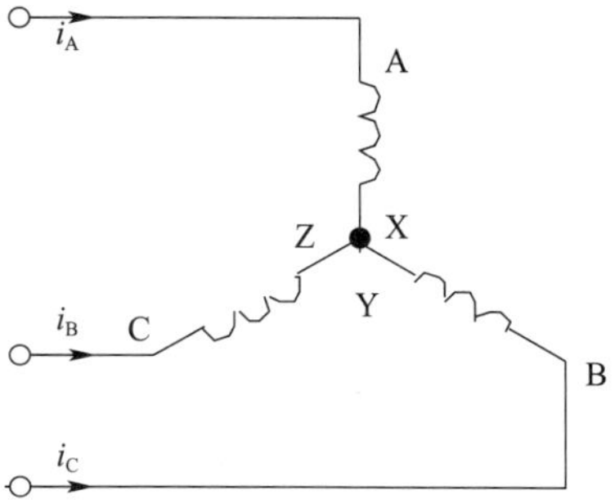

图 2.1-3　三相异步电动机定子接线

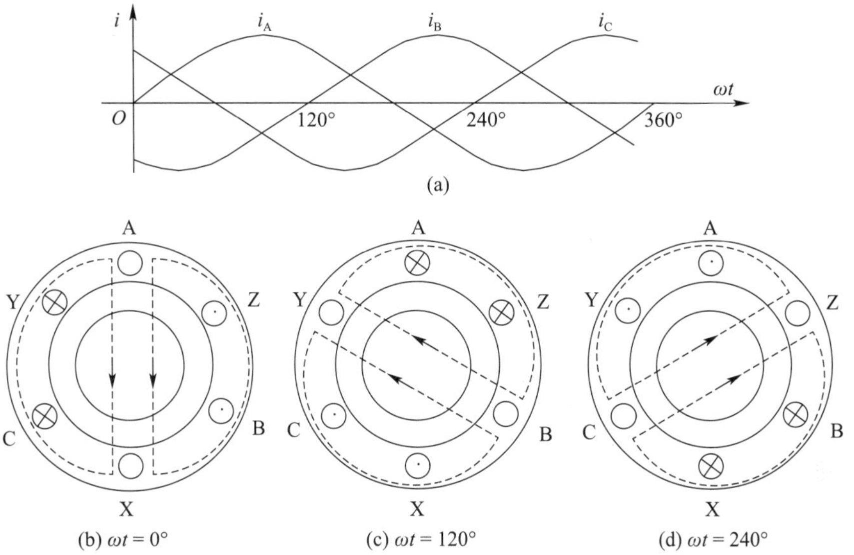

图 2.1-4　旋转磁场的形成

当 $\omega t = 120^\circ$ 时，$i_B = 0$，BY 绕组中无电流；i_A 为正，AX 绕组中的电流从 A 流入、X 流出；i_C 为负，CZ 绕组中的电流从 Z 流入、C 流出；由右手螺旋定则可知，合成磁场的方向如图 2.1-4（c）所示。

当 $\omega t = 240^\circ$ 时，$i_C = 0$，CZ 绕组中无电流；i_A 为负，AX 绕组中的电流从 X 流入、A 流出；i_B 为正，BY 绕组中的电流从 B 流入、Y 流出；由右手螺旋定则可知，合成磁场的方向如图 2.1-4（d）所示。

由此可见，当定子绕组中的电流变化一个周期时，合成磁场也按电流的相序方向在空间旋转一周。随着定子绕组中的三相电流连续做周期性变化，产生的合成磁场也连续旋转，故称为旋转磁场。

②旋转磁场的方向。

旋转磁场的方向是根据三相绕组中的电流相序决定的，因此若想调整旋转磁场的方向，只需要调整通入定子绕组的电流相序，即把三根电源线中的任意两根对调，这时，转子的旋转方向也会随之改变。

（3）三相异步电动机的极数（Pole number）与转速（Speed）

①极数（磁极对数 p）。

三相异步电动机的极数就是旋转磁场的极数。旋转磁场的极数和三相绕组的排列形式相关。

如果每相绕组只有一个线圈，绕组的始端之间相差 120°空间角时，产生的旋转磁场具有一对极，即 $p=1$；如果每相绕组有两个线圈串联，绕组的始端之间相差 60°空间角时，产生的旋转磁场具有两对极，即 $p=2$；同理，如果旋转磁场要有三对极，即 $p=3$，那每相绕组都需要有均匀布置在空间的串联的三个线圈，绕组的始端之间相差 40°（$=120°/p$）空间角。极数 p 与绕组始端之间的空间角 q 的关系如下：$q=120°/p$。

②转速 n。

三相异步电动机旋转磁场的转速 n_0 与电动机磁极对数 p 有关，它们的关系是

$$n_0=\frac{60f_1}{p} \tag{2-1}$$

由式（2-1）可知，旋转磁场的转速 n_0 由电流频率 f_1 和磁场的极数 p 确定。对于某一种异步电动机来说，f_1 和 p 一般是固定的，所以磁场转速 n_0 是个常量。

在我国，工频 $f_1=50$ Hz，所以相对于不同极数 p 的旋转磁场转速 n_0 如表 2-3 所示。

表 2-3　不同极数对应的旋转磁场转速 n_0

p	1	2	3	4	5	6
n_0	3 000	1 500	1 000	750	600	500

③转差率（Transfer rate）。

电动机转子转动方向与磁场旋转的方向相同，但是转子的转速 n 不可能达到与旋转磁场的转速 n_0 相同，否则转子与旋转磁场之间就没有相对运动，因而磁力线就不能切割转子导体，转子电动势、转子电流以及转矩也就不能产生，也就是说旋转磁场与转子间具有一定的速度差异，所以人们又将这种电动机称为异步电动机，又由于这种电动机的运转机理是建立在电磁传感器基础上的，因此也简称为感应电动机。

旋转磁场的转速 n_0 常称为同步转速。

转差率 s 是用来表示转子转速 n 与磁场转速 n_0 相差程度的物理量（Physical quantity）。即

$$s=\frac{n_0-n}{n_0}\times 100\%=\frac{\Delta n}{n_0}\times 100\% \tag{2-2}$$

转差率是异步电动机的一个重要的物理量。

当旋转磁场以同步转速 n_0 开始旋转时，转子因机械惯性尚未转动，转子的瞬间转速 $n=0$，这时转差率 $s=1$。转子转动起来之后，$n>0$，（n_0-n）差值减小，电动机的转差率 $s<1$。如果转轴上的阻转矩加大，则转子转速 n 降低，即异步程度加大，从而产生足够大的感受电动势和电流，以及足够大的电磁转矩，这时的转差率 s 增大，反之，s 减小。异步电动机运行时，转速与同步转速一般很接近，转差率很小。在额定工作状态（Rated working state）下为 0.015~0.06。

根据式（2-2）可以得到电动机的转速常用公式

$$n=(1-s)n_0 \tag{2-3}$$

例题 1：有一台三相异步电动机，额定转速 $n=975$ r/min，电源频率 $f=50$ Hz，求电动机的极数和额定负载时的转差率 s。

解：由于电动机的额定转速接近而略小于同步转速，而同步转速对应于不同的极数有一系列固定的数值。显然，与 975 r/min 最相近的同步转速 $n_0=1\,000$ r/min，与此相应的磁极对数 $p=3$。因此，额定负载时的转差率为

$$s=\frac{n_0-n}{n_0}\times 100\%=\frac{1\,000-975}{1\,000}\times 100\%=2.5\% \tag{2-4}$$

（4）三相异步电动机的定子电路（Stator circuit）与转子电路（Rotor circuit）

三相异步电动机中的电磁关系与变压器类似，定子绕组相当于变压器的原绕组（Primary winding），转子绕组（Rotor winding）（一般是短接的）相当于副绕组（Secondary winding）。给定子绕组接上三相电源电压，则定子中就有三相电流（Three-phase current）通过，此三相电流产生旋转磁场，其磁力线通过定子和转子铁芯而闭合，这个磁场在转子和定子的每相绕组中都有感应电动势。

总结：

①三相异步电动机的两个基本组成部分为定子（固定部分）和转子（旋转部分）。

②要让异步电动机旋转，就需要同时有旋转的磁场和闭合的转子绕组，另外旋转的磁场和闭合的转子绕组的转速要有所不同，即“异步”二字的意义。

③三相电源流过在空间互差一定角度、按一定规律排列的三相绕组时，会产生旋转磁场。

④旋转磁场的方向是由三相绕组中电源的相序决定的。

⑤三相异步电动机旋转磁场的转速 n_0 与电动机磁极对数 p 有关，它们的关系是

$$n_0=\frac{60f_1}{p}$$

⑥转差率 s 是用来表示转子转速 n 与磁场转速 n_0 相差程度的物理量。即

$$s=\frac{n_0-n}{n_0}\times100\%=\frac{\Delta n}{n_0}\times100\%$$

转差率是异步电动机的一个重要的物理量，异步电动机运行时，转速与同步转速一般很接近，转差率很小。在额定工作状态下为 0.015～0.06。

⑦三相异步电动机中的电磁关系与变压器（Transformer）类似，定子绕组相当于变压器的原绕组，转子绕组（一般是短接的）相当于副绕组。

2.1.2 三相异步电动机的转矩特性与机械特性

1. 电磁转矩（Electromagnetic torque）（简称“转矩”）

旋转磁场的每极磁通 Φ 与转子电流 I_2 相互作用而产生的扭矩，就是异步电动机的转矩 T。电磁转矩的大小与转子绕组中的电流 I_2 大小和旋转磁场的强弱密切相关。

经理论证明，它们的关系是

$$T=K_T\Phi I_2\cos\varphi_2 \tag{2-5}$$

式中，T 为电磁转矩，K_T 为与电机结构有关的常数，Φ 为旋转磁场每极的磁通量（Magnetic flux），I_2 为转子绕组电流的有效值，φ_2 为转子电流滞后于转子电势（Rotor potential）的相位角。若考虑电源电压及电机的一些其他参数，则与电磁转矩的关系为

$$T=K_T'\frac{sR_2U_1^2}{R_2^2+(sX_{20})^2} \tag{2-6}$$

式中，K_T' 为常数，s 为转差率，U_1 为定子绕组的相电压，R_2 为转子每相绕组的电阻，X_{20} 为转子静止时每相绕组的感抗。

由式（2-6）可知，转矩 T 还与定子每相电压 U_1 的平方成正比，所以电源电压变动对转矩的影响很大。此外，转矩 T 还受转子电阻 R_2 的影响。

2. 机械特性曲线（Mechanical characteristic curve）

在一定的电源电压 U_1 和转子电阻 R_2 下，电动机的转矩 T 与转差率 n 之间的关系曲线 $T=f(s)$ 或转速与转矩的关系曲线 $n=f(T)$，称为电动机的机械特性曲线。如图 2.1-5 所示。

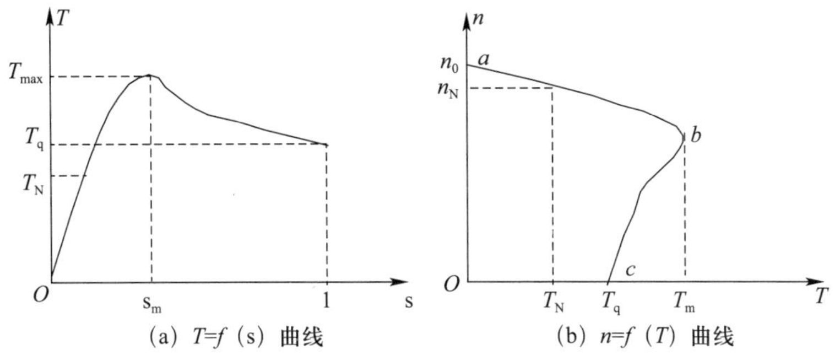

图 2.1-5　三相异步电动机的机械特性曲线

在机械特性曲线上要讨论三个转矩：

（1）额定转矩（Rated torque）T_N

额定转矩 T_N 是异步电动机带额定负载时，转轴上的输出转矩（Output torque）。

$$T_N = 9\,550\frac{P_2}{n} \tag{2-7}$$

式中，P_2 是电动机轴上输出的机械功率（Mechanical power），单位是 W；n 的单位是 r/min，T_N 的单位是 N·m。

当忽略电动机本身机械摩擦转矩（Mechanical friction torque）T_0 时，阻转矩近似为负载转矩（Load torque）T_L，电动机做等速旋转运动时，电磁转矩 T 与阻转矩 T_L 相等，即 $T=T_L$。额定负载时，则有 $T_N=T_L$。

（2）最大转矩（Maximum torque）T_m

T_m 又称为临界转矩（Critical torque），是电动机可能产生的最大电磁转矩。它反映了电动机的过载能力。

最大转矩的转差率为 s_m，此时的 s_m 称为临界转差率，见图 2.1-5（a）。最大转矩 T_m 与额定转矩 T_N 之比称为电动机的过载系数 λ，即

$$\lambda = T_m/T_N \tag{2-8}$$

一般三相异步电动机的过载系数为 1.8~2.2。

在选用电动机时，必须考虑可能出现的最大负载转矩，根据所选电动机的过载系数

算出电动机的最大转矩，它必须大于最大负载转矩。

（3）启动转矩（Starting torque）T_{st}

T_{st} 是指电动机启动初始瞬间的转矩，即 $n=0$，$s=1$ 时的转矩。

为确保电动机能够带额定负载启动，必须满足 $T_{st}>T_N$，一般的三相异步电动机有 $T_{st}/T_N=1\sim2.2$。

总结：

①电磁转矩 T 的大小与转子绕组中的电流 I 及旋转磁场的强弱有关。

$$T=K_T\Phi I_2\cos\varphi_2$$

转矩 T 还与定子每相电压 U_1 的平方成正比，所以电源电压变动对转矩的影响很大。此外，转矩 T 还受转子电阻 R_2 的影响。

②在一定的电源电压 U_1 和转子电阻 R_2 下，电动机的转矩 T 与转差率 s 之间的关系曲线 $T=f(s)$ 或转速与转矩的关系曲线 $n=f(T)$，称为电动机的机械特性曲线。

③三个转矩：

a. 额定转矩 T_N。

额定转矩 T_N 是异步电动机带额定负载时，转轴上的输出转矩。

$$T_N=9\,550\frac{P_2}{n}$$

b. 最大转矩 T_m。

T_m 又称为临界转矩，是电动机可能产生的最大电磁转矩。它反映了电动机的过载能力。

c. 启动转矩 T_{st}。

T_{st} 是指电动机启动初始瞬间的转矩，即 $n=0$，$s=1$ 时的转矩。

2.1.3 变频器的原理

（一）三相异步电动机的变频原理（Frequency conversion principle）

由电机拖动原理可知，三相异步电动机的转速表达式为

$$n=\frac{60f(1-s)}{p}=n_0(1-s) \tag{2-9}$$

式中，f 为异步电动机定子绕组上交流电源的频率（Hz）；p 为异步电动机的磁极对数；s 为异步电动机的转差率；n 为异步电动机的转速（r/min）。

由式（2-9）可知，当转差率 s 变化不大时，异步电动机的转速 n 基本上与电源频率 f 成正比。连续调节异步电动机定子绕组的电源频率，就可以平滑地调节电动机的转速，这就是变频调速的基本工作原理。

表面看来，只要改变定子绕组的电源频率就可以调节转速大小了，但是事实上只改变并不能正常调速，而且可能导致电动机运行性能的恶化。其原因分析如下：

由电机学原理可知，三相异步电动机定子绕组的反电动势 E_1 的表达式为

$$E_1 = 4.44 K_{N_1} N_1 f_1 \Phi_m \tag{2-10}$$

式中，E_1 为气隙磁通在定子每相中感应电动势的有效值（V）；N_1 为每相定子绕组的匝数；K_{N_1} 为与绕组结构有关的常数；Φ_m 为电动机每极气隙磁通。

由于 4.44，N_1，K_{N_1} 均为常数，所以定子绕组的反电动势可用下式表示

$$E_1 \propto f_1 \Phi_m \tag{2-11}$$

根据三相异步电动机的等效电路可知，$E_1 = U_1 + \Delta U$，当 E_1 和 f_1 的值较大时，定子的漏阻抗相对比较小，漏阻抗压降 ΔU 可以忽略不计，即可认为电动机的定子电压 $U_1 \approx E_1$，因此

$$U_1 \approx E_1 \propto f_1 \Phi_m \tag{2-12}$$

若电动机的定子电压 U_1 维持恒定，则 E_1 也基本保持不变，由式（2-12）可知，当定子绕组的交流电源频率 f_1 由基频向下调节时，将会引起主磁通 Φ_m 的增加。由于额定工作时电动机的磁通已经接近饱和，Φ_m 继续增大，将会使电动机磁路过分饱和，从而导致过大的励磁电流，严重时会因绕组过热而损坏电动机；而从基频向上调节时，主磁通 Φ_m 将减少，铁芯利用不充分，同样的转子电流下，电磁转矩 T 下降，电动机的负载能力下降，电动机的容量也得不到充分利用。因此，为了使电动机能保持较好的运行性能，在调节 f_1 的同时，必须保持每极磁通量 Φ_m 不变。对于直流电动机，励磁系统是独立的，只要对电枢反应的补偿合适，保持 Φ_m 不变是很容易做到的。在交流异步电动机中，磁通是定子和转子磁势合成产生的。

1. 基频以下恒磁通（Constant flux）（恒转矩）变频调速

通过上面的分析可知，为维持电动机输出转矩不变，希望在调节频率的同时能够维持主磁通 Φ_m 不变（恒磁通控制方式）。当在额定频率以下调频时，为了保证 Φ_m 不变，可得

$$\frac{E_1}{f_1} = 常数 \tag{2-13}$$

也就是说在频率下调时也同步下调反电动势 E_1，但是由于异步电动机定子绕组中的感应电动势 E_1 无法直接检测和控制，根据 $U_1 \approx E_1$，可以通过控制 U_1 达到控制 E_1 的目的，即

$$\frac{U_1}{f_1}=\text{常数} \tag{2-14}$$

通过以上分析可知：在额定频率以下调频时，调频的同时也要调压。将这种调速方法称为变压变频（Variable voltage variable frequency，VVVF）调速控制，也称为恒压频比控制方式。

在基频（Reference frequency）以下调速时，保持 U_1/f_1 = 常数调节，如果电动机在不同转速下具有相同的额定电流，则电动机能在温升允许的条件下长期运行，保持主磁通 Φ_m 恒定，则电磁转矩 T 恒定，电动机带动负载的能力不变，转速差基本不变，电动机的输出转矩不变，属于恒转矩调速。

2. 基频以上恒功率（Constant power）（恒电压）变频调速

当定子绕组的交流电源频率 f_1 由基频向上调节时，若按照"U_1/f_1 = 常数"的规律控制，电压也必须由额定值向上增大，但由于电动机受到额定电压的限制不能再升高，只能保持不变，因此，当 f_1 上调时，由式（2-12）可知，由于 U_1 不能增加，必然使主磁通 Φ_m 与频率 f_1 成反比降低，相当于直流电动机弱磁升速的情况；由电机学原理可知，Φ_m 的下降将引起电磁转矩 T 的下降。频率越高，主磁通 Φ_m 下降得越多，由于 Φ_m 与电流或转矩成正比，因此，电磁转矩 T 也变小。需要注意的是，这时的电磁转矩 T 仍应比负载转矩大，否则会出现电动机的堵转。在这种控制方式下，转速越高，转矩越低，但是转速与转矩的乘积（输出功率）基本不变。所以，基频以上调速属于弱磁恒功率调速。

3. 变频调速特性（Frequency conversion speed regulation characteristics）

把基频以下和基频以上两种情况结合起来，如果电动机在不同转速下都具有额定电流，则电动机都能在温升允许的条件下长期运行，这时转矩基本上随磁通变化；按照电力拖动原理，在基频以下，属于恒转矩调速的性质，适合带恒转矩负载；而在基频以上，属于弱磁恒功率调速性质，适合带恒功率负载。

2.1.4 变频器的基本结构及主要技术参数

变频器是把电压、频率固定的交流电变成电压、频率可调的交流电的变换器。它与

外界的联系基本上分为主电路（Main circuit）、控制电路（Control circuit）两部分，如图 2. 1-6 所示。

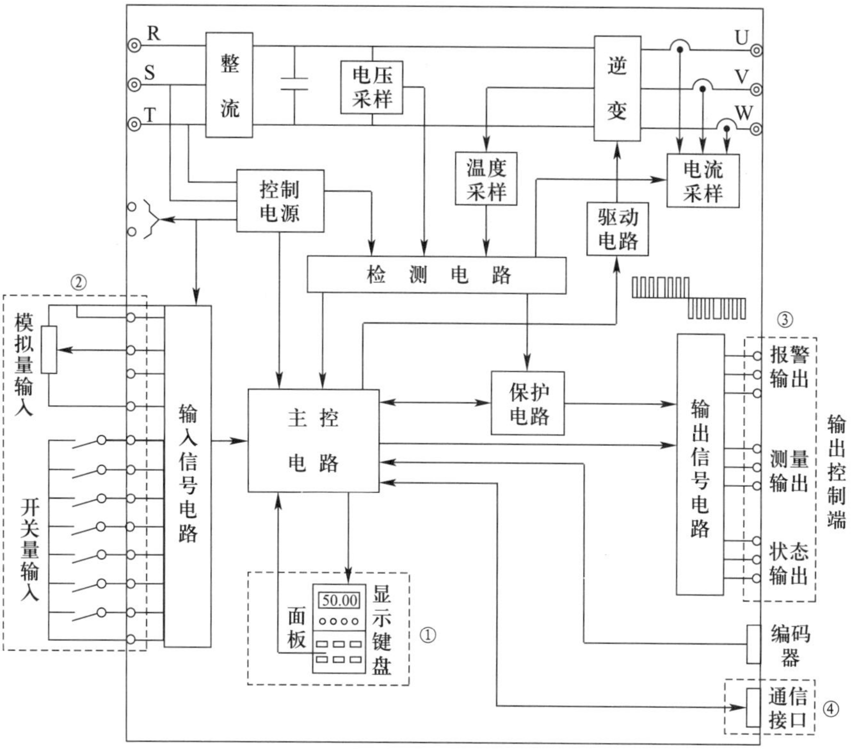

①—显示单元；②—输入单元；③—输出单元；④—通信接口单元

图 2. 1-6　变频器的基本原理框图

1. 主电路

交-直-交变频器的主电路如图 2. 1-7 所示，由整流电路、能耗电路和逆变电路组成。

（1）整流电路（Rectifier circuit）

①整流管（Rectifier）$VD_1 \sim VD_6$。

在图 2. 1-7 中，二极管 $VD_1 \sim VD_6$ 组成三相整流桥，将电源的三相交流电全波整流成直流电。如电源的线电压为 U_L，则三相全波整流后平均直流电压 U_D 的大小是 $U_D = 1.35\ U_L$，我国三相电源的线电压为 380 V，故全波整流后的平均电压是 $U_D = 1.35 \times 380\ V = 513\ V$。

②滤波电容器 C_F。

图 2. 1-7 中的滤波电容器 C_F 有两个功能：一是滤平全波整流后的电压纹波；二是当负载变化时，使直流电压保持平稳。由于受到电解电容的电容量和耐压能力的限制，

滤波电路通常由若干个电容器并联成一组，又由两个电容器组串联而成，如图 2.1-7 中的 C_{F1} 和 C_{F2}。

③限流电阻器（Current limiting resistor）R_L 和开关 S_L。

变频器刚合上电源的瞬间，滤波电容器 C_F 的充电电流是很大的。过大的冲击电流可能使三相整流桥的二极管损坏；同时，也使电源电压瞬间下降。

为了减小冲击电流，在变频器刚接通电源后的一段时间里，电路内串入限流电阻 R_L，其作用是将电容器 C_F 的充电电流限制在允许范围以内。开关 S_L 的功能是：当 C_F 充电到一定程度时，令 S_L 接通，将 R_L 短路。许多新系列的变频器里，S_L 已由晶闸管代替。

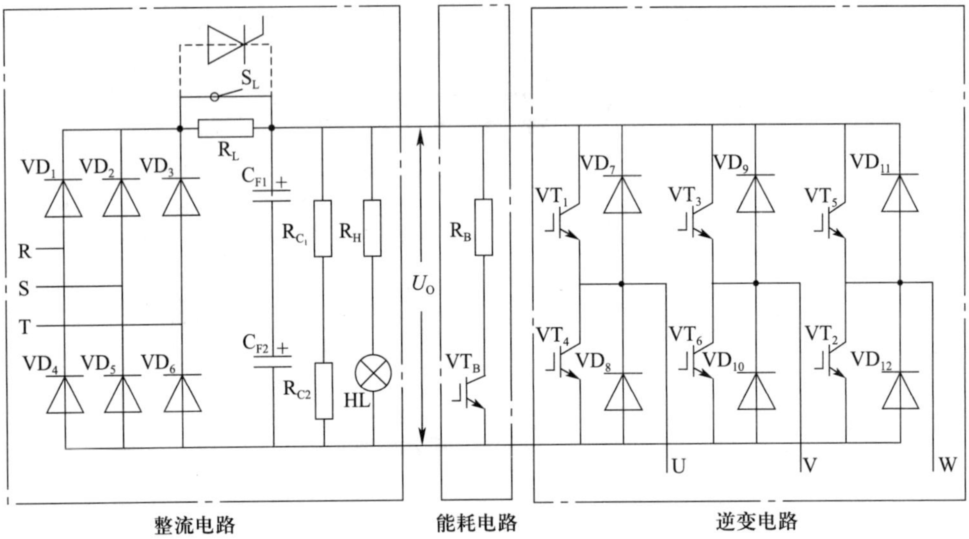

图 2.1-7　交-直-交变频器的主电路

④电源指示 HL。

HL 除说明电源能否开通之外，还有一项非常关键的作用，就是在变频器断开电源后，提示滤波电容器 C_F 上的电荷有没有消耗完。因为 C_F 的容量很大，而断开电源则需要在逆变电路停止运行的情况下完成，而且由于 C_F 没有快速释放电能的回路，其能量释放时间通常高达几分钟。另外因为 C_F 上的电压比较高，如果不释放完，会造成人身安全事故。所以在维护变频器前，需要等 HL 全部熄灭后才能触及变频器内的导电区域。

（2）能耗电路（Energy consumption circuit）

电动机在工作频率下降过程中，将处于再生制动状态，拖动系统的动能要反馈到直流电路中，使直流电压 U_D 不断上升，甚至可能达到危险的地步。因此，必须将再生到直流电路的能量消耗掉，使 U_D 保持在允许范围内。

图 2.1-7 中的制动电阻 R_B 就是用来消耗这部分能量的。

制动单元 VT_B 由电力晶体管（GTR）或绝缘栅双极晶体管（IGBT）及其驱动电路构成。其功能是为放电电流 I_B 流经 R_B 提供通路。

（3）逆变电路（Inverter circuit）

①逆变管 $VT_1 \sim VT_6$。

逆变管 $VT_1 \sim VT_6$ 组成逆变桥，把 $VD_1 \sim VD_6$ 整流所得的直流电再“逆变”成频率可调的交流电。这是变频器实现变频的具体执行环节，因而是变频器的核心部分。

当前常用的逆变管有 IGBT、GTR、门极关断晶闸管（GTO）以及金属-氧化物半导体场效应晶体管（MOSFET）等。在中小型变频器中最常采用的是 IGBT。

②续流二极管 $VD_7 \sim VD_{12}$。其主要功能有：

首先，电动机的绕组是电感性的，其电流带有无功分量，$VD_7 \sim VD_{12}$ 是这些无功电流返回直流电源的通道。

其次，当频率下降、电动机处于再生制动阶段时，再生电流将通过 $VD_7 \sim VD_{12}$ 整流后再传递到直流电路。

最后，在 $VT_1 \sim VT_6$ 进行逆变的基本运行状态下，同一个桥臂的两个逆变管处于不停地交替导通和截止的状态。在这交替导通与截止的换相过程中，不时地需要经过由 $VD_7 \sim VD_{12}$ 组成的通路。

2. 控制电路

变频器的控制电路主要以 16 位、32 位单片机为控制核心，从而实现全数字化控制。它具有设定和显示运行参数、信号检测、系统保护、计算与控制、驱动逆变管等作用。

（1）驱动电路（Drive circuit）

驱动电路主要包括脉宽调制（PWM）信号分配电路、输出信号电路等。主要作用是产生符合系统控制要求的驱动信号，驱动控制单元受单片机的中央处理单元（CPU）的控制。驱动电路一般有以下几种方式：分立插脚式元件组成的驱动电路、光耦驱动电路、厚膜驱动电路、专用集成块驱动电路等。

（2）主控电路（Main control circuit）

变频器控制的核心部分由单片机构成的中央处理单元组成，包括控制程序、控制方式等。外部的控制信号、内部的检测信号、用户的参数设定等送到 CPU，经 CPU 处理后，对变频器进行相关的控制。

（3）保护及报警单元（Protection and alarm unit）

变频器通常都有故障自诊断功能和自我保护功能。当变频器出现故障或输入、输出信号异常时，由中央处理单元控制驱动控制单元，改变驱动信号，使变频器停止工作，实现自我保护功能。

（4）参数设置和监测单元（Parameter setting and monitoring unit）

该单元主要由操作面板组成，包括液晶显示屏和键盘。用于对变频器的参数设定和监视变频器当前的工作状态，并显示故障代码。

（5）控制电源（Control power supply）

控制电源为控制电路提供直流电源。其内部电源具有电压稳定性好、抗干扰能力强等优点，并与主电路有很好的电气隔离。

（6）外部端子（External terminal）

外部端子包括主电路端子（R、S、T、U、V、W）和控制电路端子。其中控制电路端子又分为输入控制端以及输出控制端。输入控制端既可以接受模拟量输入信号，又可以接受开关量输入信号。输出端子有用于报警输出的端子、指示变频器运行状态的端子以及用于指示各种输出数据的测量端子。通信接口用于变频器和其他控制设备的通信。

2.1.5 变频系统典型应用举例

（一）在真空鼓风机（Vacuum blower）上的应用

如果利用微压差信号驱动变频器减速运行，年平均只需 60% 的电能运行，实现了节能。如图 2.1-8 所示。

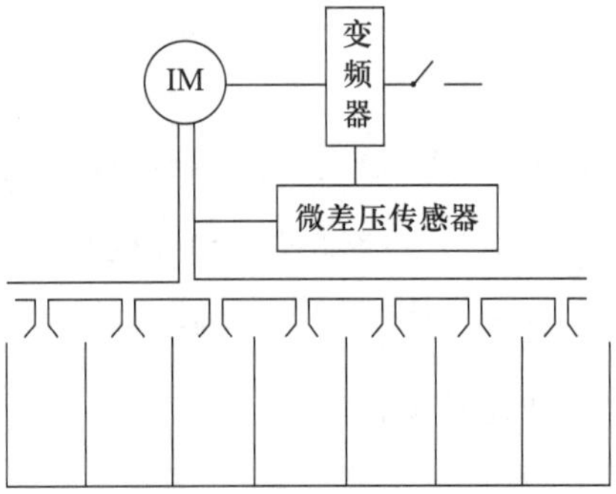

图 2.1-8　变频系统应用举例 1

（二）在中央空调送风机（Blower of central air-conditioning）上的应用

用压力传感器（DC4-20MA）保持管道内风压，平均只要 50% 的电能运行，实现了节能的效果。如图 2.1-9 所示。

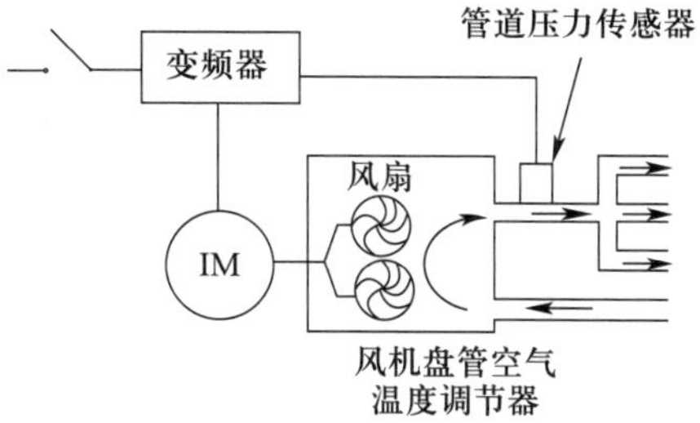

图 2.1-9　变频系统应用举例 2

（三）在冷却塔（Cooling tower）上的应用

利用湿度传感器调整变频器，使风机调整，平均只需 40% 的电能运转，实现节能。如图 2.1-10 所示。

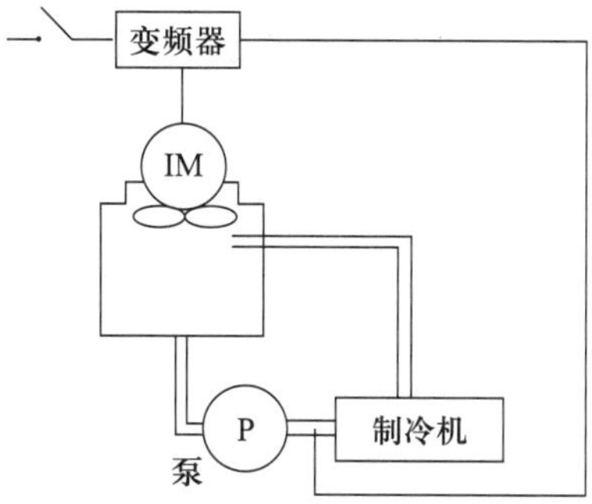

图 2.1-10　变频系统应用举例 3

（四）在给水泵（Water supply pump）上的应用

在泵的输出管道上安装压力传感器，调节变频器，使泵只需平均 85% 的电能运转，实现了节能。如图 2.1-11 所示。

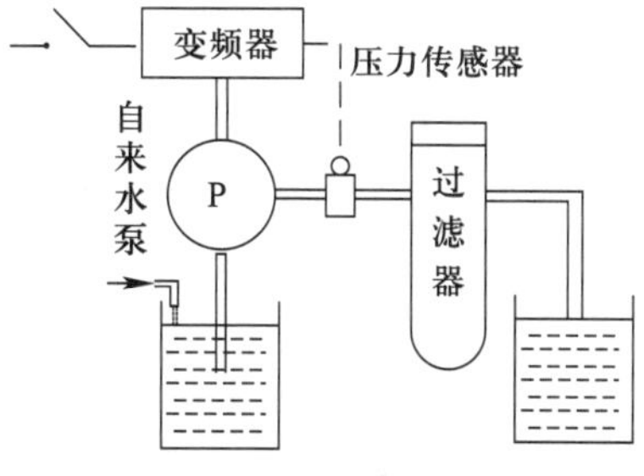

图 2.1-11　变频系统应用举例 4

(五) 在干燥机 (Dryer) 送风机上的应用

变频系统可用于检测室内湿度，对变频器的风机进行均衡调节，能使产品质量稳定，如图 2. 1-12 所示。

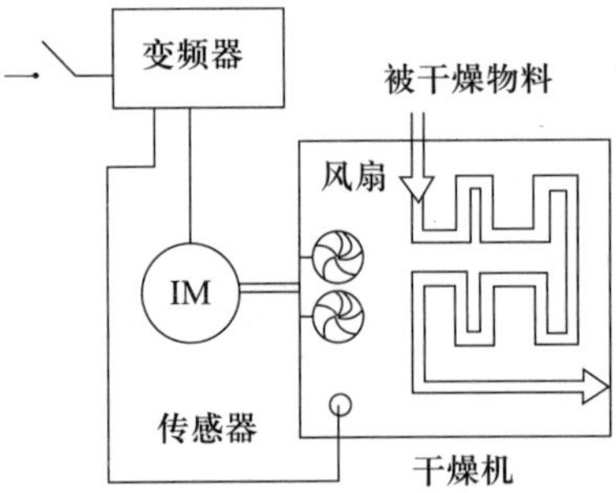

图 2. 1-12　变频系统应用举例 5

(六) 在农业 (Agriculture) 和畜牧业 (Animal husbandry) 上的应用

为了有效进行室湿调节和换气，使用了多个风扇，综合变频器控制应用，可获得最佳的培养饲养环境。如图 2. 1-13 所示。

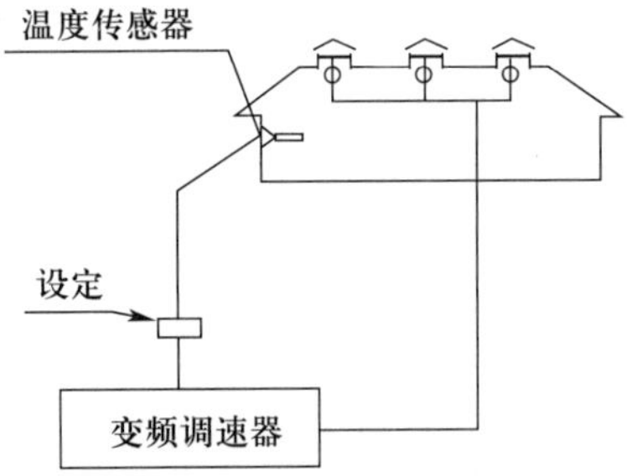

图 2. 1-13　变频系统应用举例 6

(七) 在工业清洗机 (Industrial cleaning machine) 上的应用

使用变频器可根据洗涤的材料、数量改变洗净机的正反转速度，脱水时调到高速，方便控制，实现了全自动。如图 2. 1-14 所示。

(八) 在食品工业 (Food industry) 上的应用

使用变频器可控制加工时间等参数，使质量最佳，生产效率最高。如图 2. 1-15 所示。

(九) 在制面机 (Noodle making machine) 上的应用

使用变频器可根据碾压辊的碾压量方便地调节转速，实现全自动，使产品质量提高。如图 2. 1-16 所示。

(十) 在搅拌机 (Blender) 上的应用

使用变频器可根据材料去调节转速，使产品质量提高。如图 2. 1-17 所示。

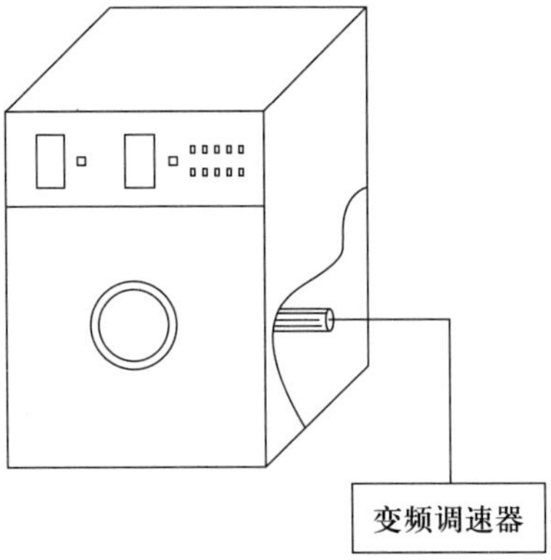

图 2.1-14　变频系统应用举例 7

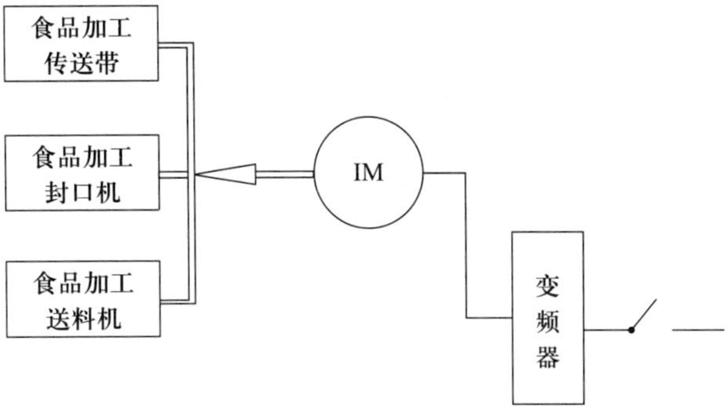

图 2.1-15　变频系统应用举例 8

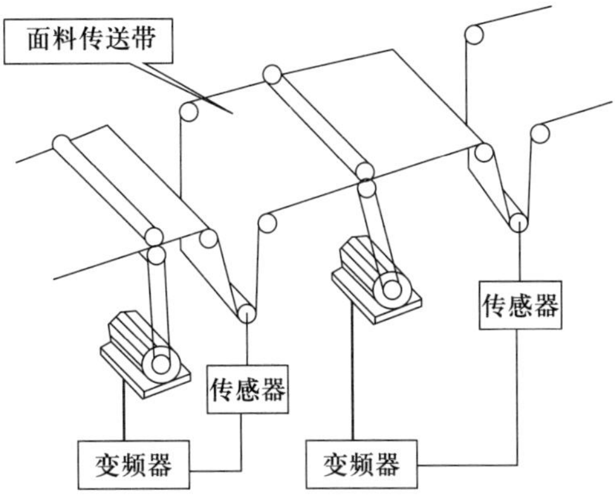

图 2.1-16　变频系统应用举例 9

（十一）在干燥热处理机（Drying heat treatment unit）上的应用

为使室内湿度均匀，用变频器控制多个风扇，使风速不均匀性减少，可获得高性能的产品。如图 2.1-18 所示。

（十二）在纤维工业机器（Fiber industrial machinery）上的应用

对各种物料的纺梭速度，通过变频器控制，可以大大提高产品质量。如图 2.1-19 所示。

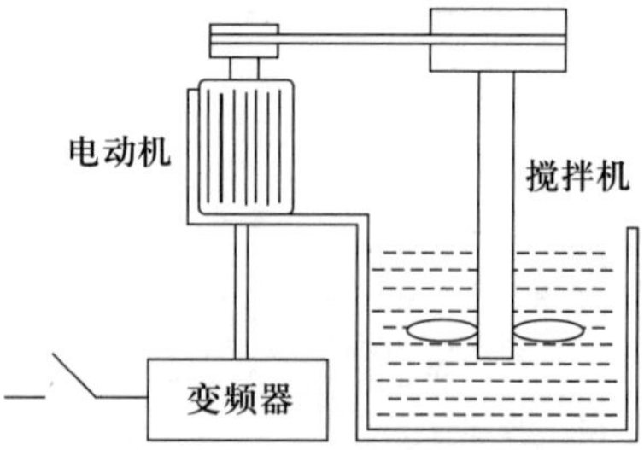

图 2.1-17　变频系统应用举例 10

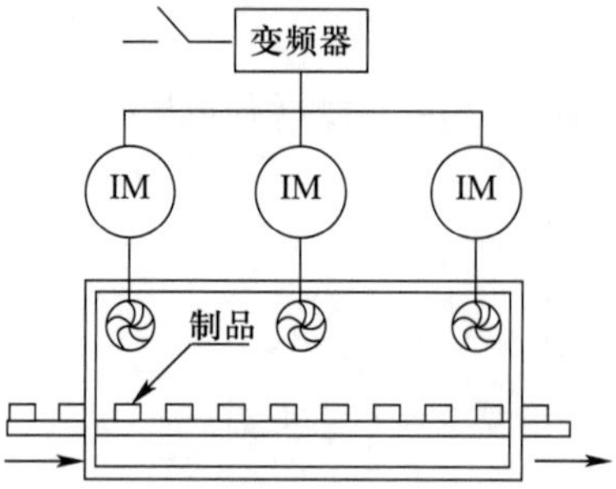

图 2.1-18　变频系统应用举例 11

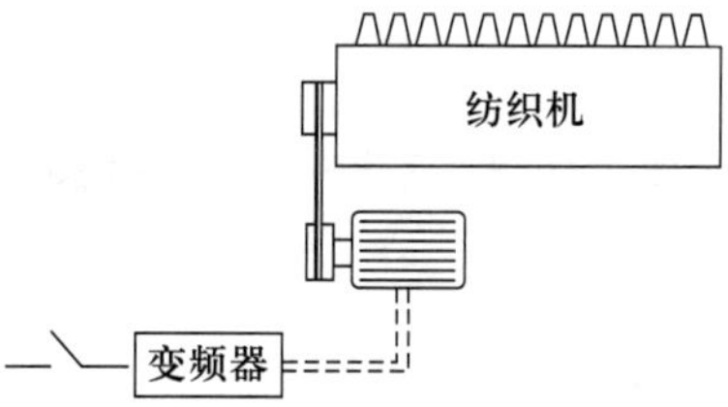

图 2.1-19　变频系统应用举例 12

（十三）在洗净、脱水机（Dehydrator）上的应用

改变速度的同时可利用变频器实现软启动、缓停止等，提高了安全性。如图 2.1-20 所示。

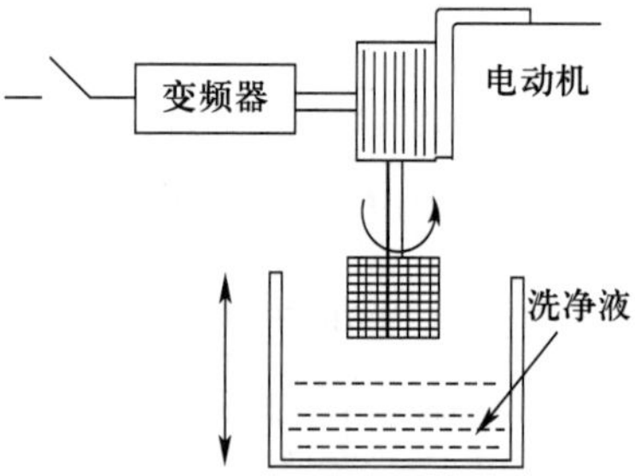

图 2.1-20　变频系统应用举例 13

（十四）在料斗（Hopper）上的应用

在原料供给、与传送带速度的配合上使用变频器可达到高精度的配合。如图 2. 1-21 所示。

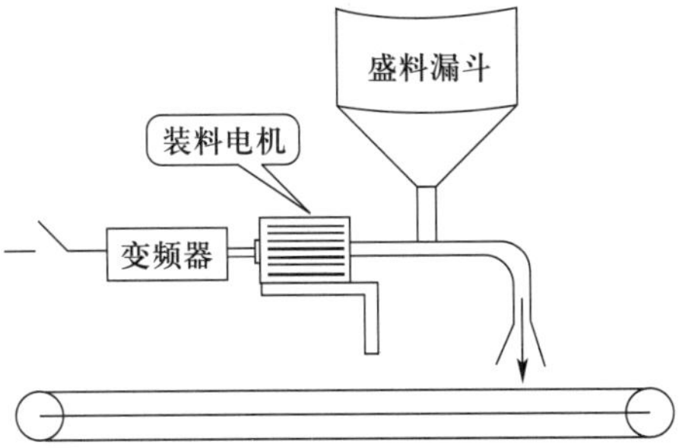

图 2. 1-21 变频系统应用举例 14

（十五）在卷料机（Coiler）上的应用

可根据卷料张紧情况方便地调节各电机的转速，实现卷料过程全自动化，提高产品质量。如图 2. 1-22 所示。

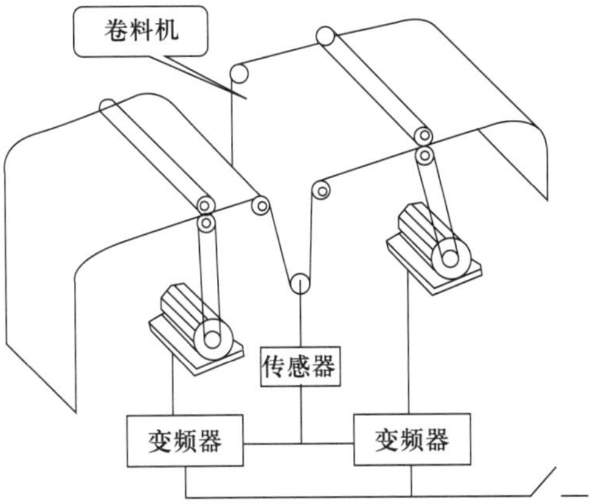

图 2. 1-22 变频系统应用举例 15

（十六）风机（Blower）、水泵类流量调节

使用变频器后避免了阀门（风机）等阻力器造成的能耗，可实现最大幅度节能。使用调节器后可实现流量稳定输出，易实现流量自动控制。如图 2. 1-23 所示。

（十七）在恒压供水中的应用（Application of constant pressure water supply）

变频器通过采集压力变送器、PID 调节器的反馈信号控制电机的速度，使水泵的输出压力恒定，达到恒压供水的目的。如图 2. 1-24 所示。

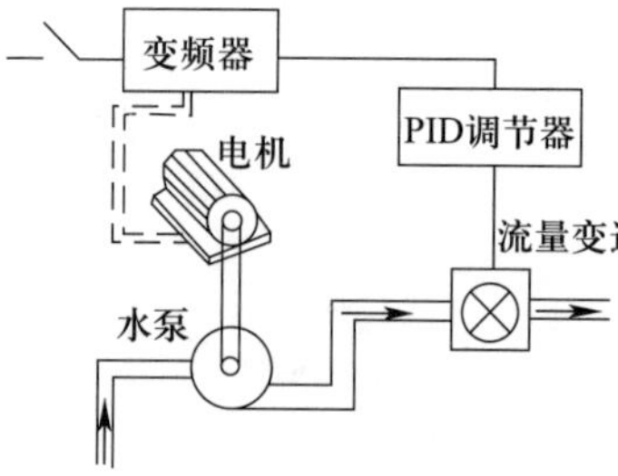

图 2. 1-23　变频系统应用举例 16

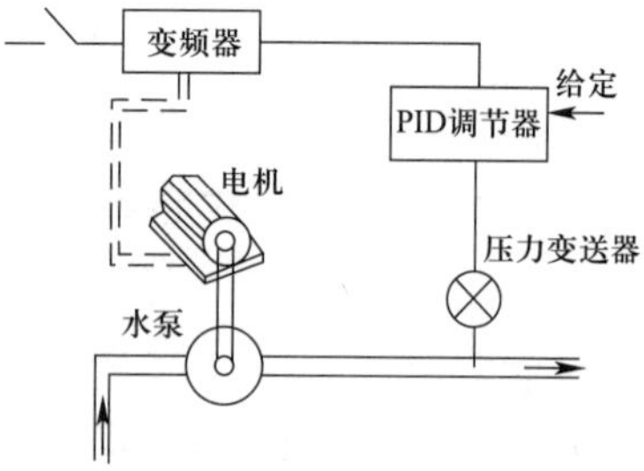

图 2. 1-24　变频系统应用举例 17

（十八）在带式输送机（Belt conveyor）上的应用

通过位置传感器传送信号给变频器，变频器控制电机转速，实现无级调速。如图 2. 1-25 所示。

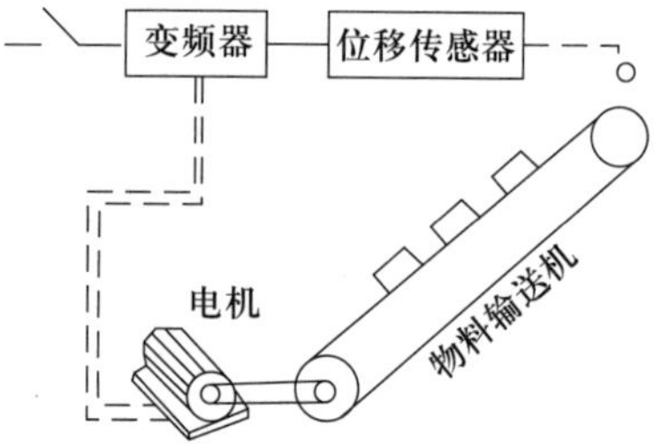

图 2. 1-25　变频系统应用举例 18

（十九）在粉料输送（Powder conveying）中的应用

搅拌机电机的电流检测信号输送到变频器，变频器根据电流检测信号和给定值分析计算后，控制输送器电机的速度，大大提高了效率，可实现无人化操作，提高了系统稳定性。如图 2. 1-26 所示。

（二十）在板材轧制辊调速（Plate rolling roll speed regulation）上的应用

一台变频器控制多台电机，实现同步运行，使转速调节方便，实现同相位，启停平稳，可以大幅度提高钢板轧机的产品质量和工作效率。如图 2. 1-27 所示。

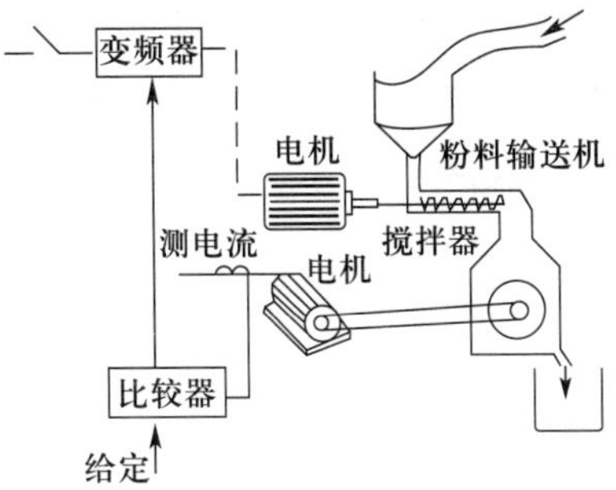

图 2.1-26　变频系统应用举例 19

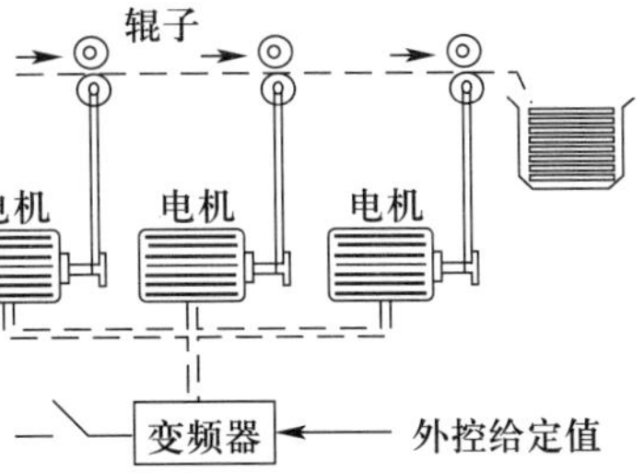

图 2.1-27　变频系统应用举例 20

(二十一) 在印染机 (Printing and dyeing machine) 同步控制中的应用

通过滑辊得到的同步信号调节变频器，使印染过程中每一步的布料张紧度相同，实现同步。同频运行使印染精度提高，实现了自动调整，可以解决人工调节的问题。如图 2.1-28 所示。

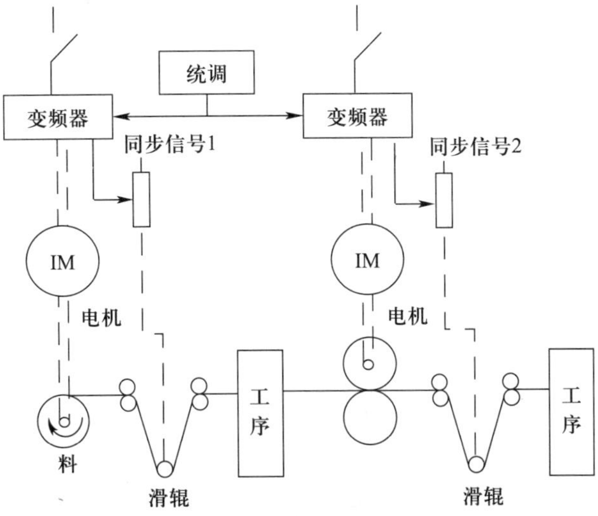

图 2.1-28　变频系统应用举例 21

（二十二）在中央空调冷却塔（Central air conditioning cooling tower）中的应用

冷却塔电机根据冷却水温度变速运行，使冷却水温度平衡；空调的舒适性提高；噪声小；设备寿命延长。如图 2. 1-29 所示。

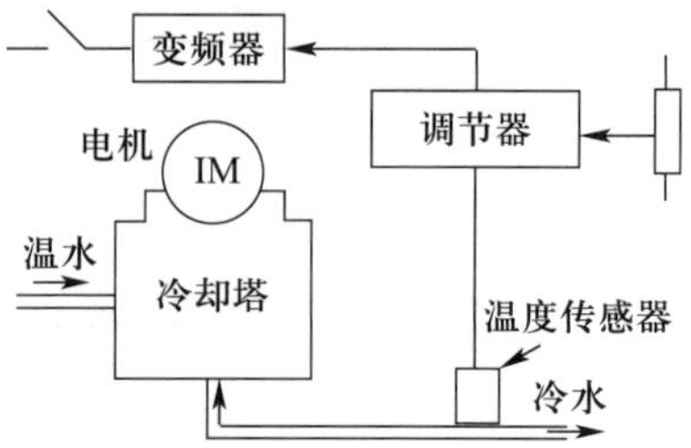

图 2. 1-29　变频系统应用举例 22

（二十三）在中央通风系统（Central ventilation system）自控中的应用

通过温度传感器反映室内外环境温度，并应用变频器控制室内风扇，使室内外环境温度均保持在常规值，具有通风恒温、安全、省电、低噪声污染的特点。如图 2. 1-30 所示。

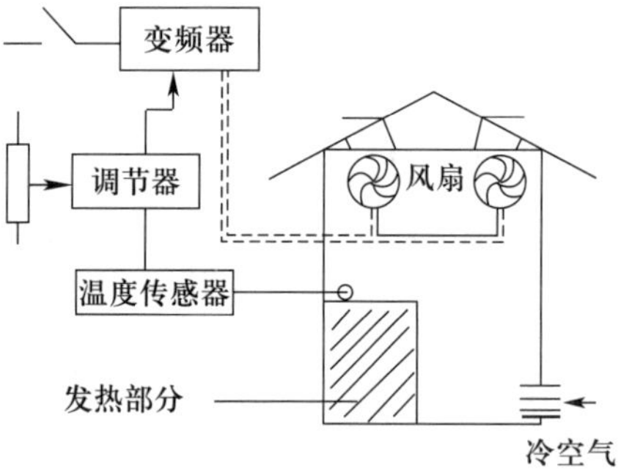

图 2. 1-30　变频系统应用举例 23

（二十四）在机床主轴调速（Speed regulation of machine tool spindle）中的应用

对于需要主轴调速的机床来说，用变频器即可实现无级调速，速度可超过由工频控制的速度，这种调速适合在低速扭矩不大的机床使用；而对于低速转矩较大的机床，必须使用机械变速才能调节扭矩。无级调速具有稳定、精确、安装简便的优点。如图 2. 1-31 所示。

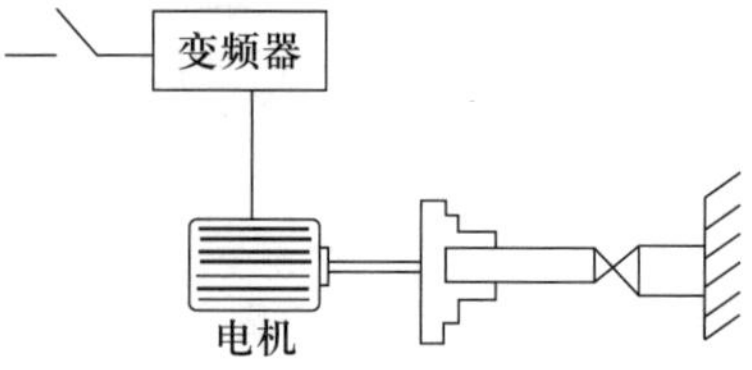

图 2. 1-31　变频系统应用举例 24

（二十五）在电梯（Elevator）上的应用

现在，都是使用变频器来控制电梯电机的工作，使电梯达到运行平稳、速度快的目的，提高了人们搭乘电梯的舒适感和安全性。如图 2. 1-32 所示。

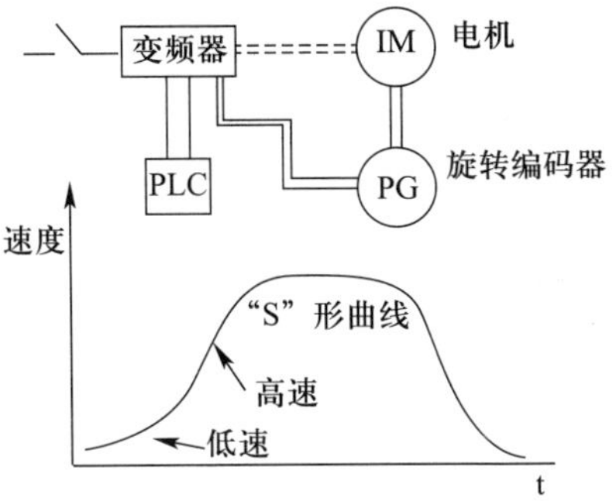

图 2. 1-32　变频系统应用举例 25

（二十六）在塑料挤出机（Plastic extruder）上应用

塑料挤压时，在出口会产生压力，传感器把挤出压力传递给气体调节器，调节器将压力信号转换为电信号输入变频器，由变频器控制电机调节挤出机主轴电机的工作速度，从而使挤压力保持平衡，提高产品质量。该系统具有自动调整、挤出力恒定、工作简单、生产效率较高的特点。如图 2. 1-33 所示。

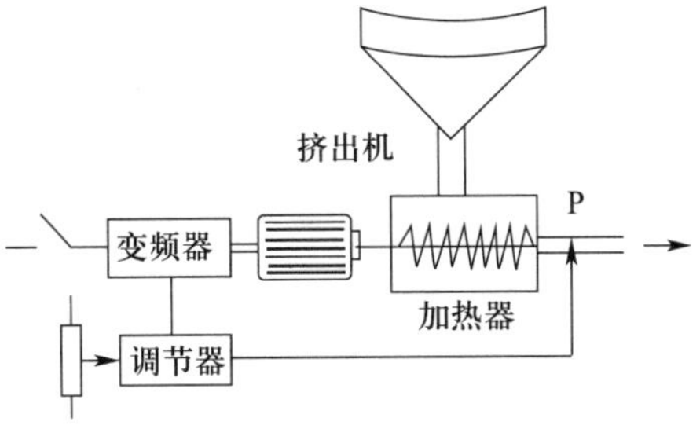

图 2. 1-33　变频系统应用举例 26

（二十七）在活套式拉丝机（Looper wire drawing machine）上的应用

基本原理与张力控制类似，每级活套通过控制该级变频器达到控制电机速度的目的，从而做到每级拉丝的速度均相等，实现连续性工作，大大提高了产品的合格率，不用再人工调节。如图 2. 1-34 所示。

（二十八）在注塑机（Injection molding machine）上的应用

在注塑成型一个循环的“合膜、升压、注射、测量、保压、升膜”各工序中，油压泵的转速不断变化，用变频器可使其加工稳定，质量得以保证，实现自动化。如图 2. 1-35 所示。

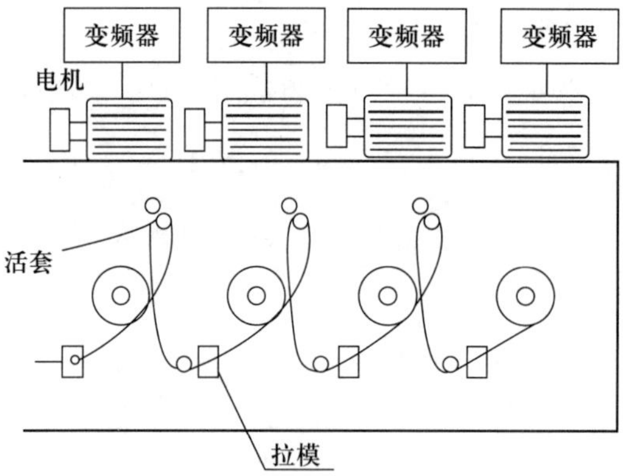

图 2.1-34　变频系统应用举例 27

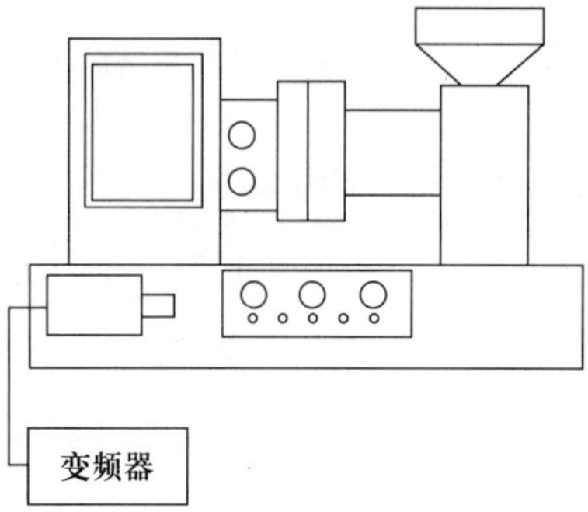

图 2.1-35　变频系统应用举例 28

（二十九）在切料机（Cutting machine）上的应用

使用变频器可以改变传送带的速度，使切料机能根据食品的种类、用途改变切料长度，提高了工作效率和切断精确度。如图 2.1-36 所示。

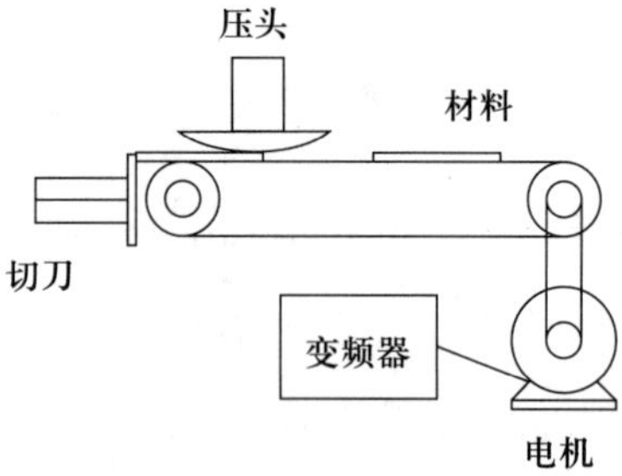

图 2.1-36　变频系统应用举例 29

（三十）在医疗器械（Medical apparatus and instruments）线上的应用

用于 X 射线机升降、移动、定位，使其运行平稳、噪声小，适合医院环境。如图 2.1-37 所示。

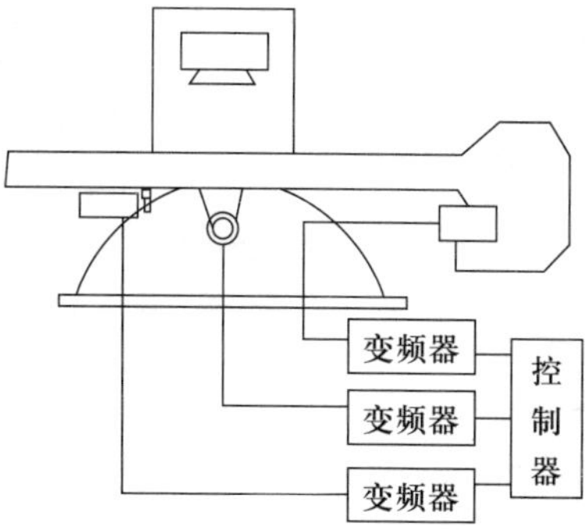

图 2.1-37　变频系统应用举例 30

2.2　直流电动机及其调速控制技术

2.2.1　直流电动机（DC motor）的基本原理与结构

直流电动机的一般结构示意图如图 2.2-1 所示，一般由定子（静止部件）、转子（转动部件）和转子支撑地端盖等几部分构成。定子一般由机座和固定在机座内圆表面的主磁极两部分组成。主磁极的主要功能是产生磁场，机座不仅支撑电动机，也是组成主磁回路的一部分。如图 2.2-1 所示，直流电动机有两个主磁极，每个主磁极上绕有励磁绕组。大多数直流电动机由直流电通过励磁绕组产生磁场来建立主磁场，而对于部分较小功率的直流电动机来说，也会采用永磁铁作为直流电动机的主磁极，这类使用永磁体的电动机称为永磁直流电动机（Permanent magnet DC motor）。由硅钢片叠成的圆柱体放在直流电动机的两个主磁极内表面中间，这个圆柱体称为电枢铁芯（Armature core）。在电枢铁芯与磁极之间有间隙，称为气隙（Air gap）。电枢铁芯表面的槽内嵌入的每个线圈的首末端分别连接到两片相邻且相互绝缘的圆弧形铜片上，这种铜片称为换向片。一个线圈的末端与下一个线圈的首端连接在同一块换向片上，从而使这两个线圈连接在一起。因此，各线圈通过换向片连接起来，构成电枢绕组（Armature winding）。各换向片安装在电枢铁芯的一端且与电枢铁芯绝缘，这种由换向片构成的部件称为换向器（Commutator）。电枢绕组通过电刷与换向器滑动接触，与外电路相连，从而完成直流电动机与外部电路间的电能传送。直流电动机工作时，利用电枢绕组通过切割气隙磁场形成感应电动势，从而完成能量转换。

根据国家标准，直流电动机的额定数据有：

①额定电压 U_N（V），即在正负电刷间测得的电枢电压。

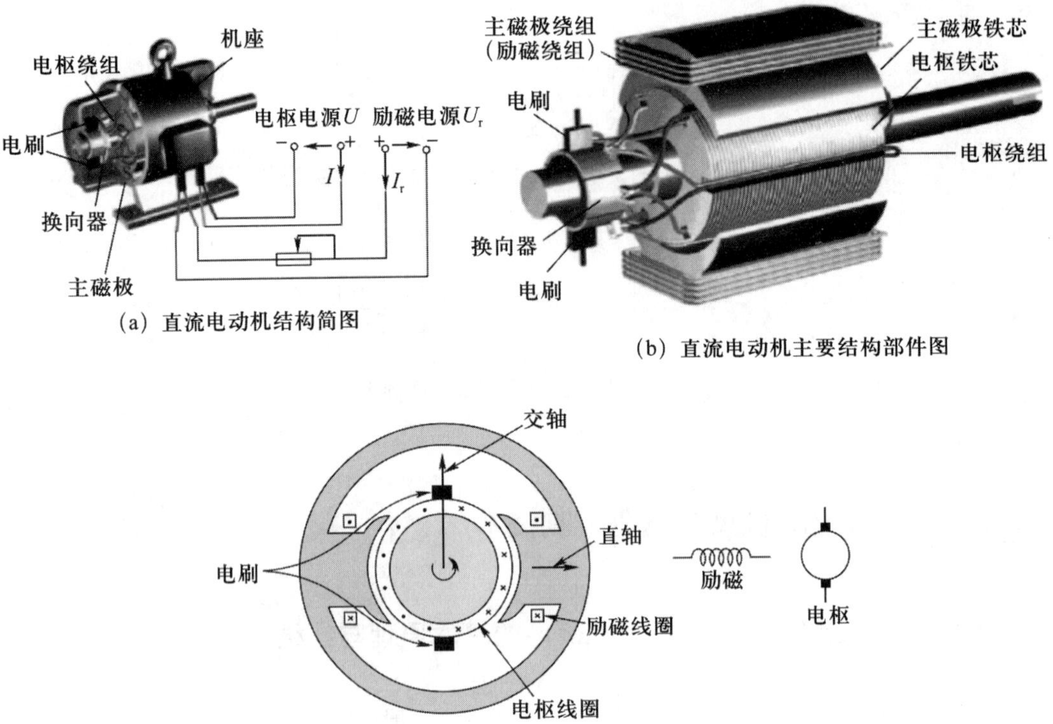

（a）直流电动机结构简图

（b）直流电动机主要结构部件图

（c）剖面示意图及元件

图 2.2-1　直流电动机的一般结构示意图

②额定电流 I_N（A），即流过电枢回路的总电流。

③额定转速 n_N（r/min），即输出额定功率时电动机轴的转速。

④额定容量（功率）P_N（kW）对电动机来说，额定功率是电动机转轴上输出的机械功率：$P_N = U_N I_N \eta_N$。

⑤励磁方式和额定励磁电流 I_f（A）。

⑥电动机的效率 η_N。如果输入功率为 P_1，则电机效率 η_N 的计算公式为 $\eta_N = P_N / P_1$。

直流电动机运行时，如果各个物理量都是额定值，这种运行状态称为额定运行（Rated operation）状态。电动机的铭牌上标出的上述物理量的值都是额定值。

2.2.2　直流电动机的运行原理（Principle of operation）与工作特性（Work characteristics）

按照电动机的模型来对电动机的电流、磁场和受力情况进行分析。外部电源的电流经电刷 A、B，若让电刷（Electric brush）A 接电源正极，电流由电刷 A 流入，由电刷 B 流出，如图 2.2-2 所示，此时 N 极下的导体电流方向由电刷 A 端流入电动机，S 极下的导体电流方向则是由电动机流出到电刷 B 端。电流的方向总是与磁通方向垂直，根据左手定则判断得到电刷 A 及电刷 B 端的导体受到电磁力的方向。由图可以看出导体在不同的位置获得的力矩方向永远都是逆时针方向。电磁力的大小为

$$f = IBl \tag{2-15}$$

显然，当该电动机电刷 A 接电源正极、电刷 B 接电源负极时，这台电动机可以带动负载逆时针旋转。相反，也可以通过分析得知：当该电动机电刷 A 接电源负极、电刷 B 接电源正极时，这台电动机可以带动负载顺时针旋转。这台电动机可以把电能转换为机械能。

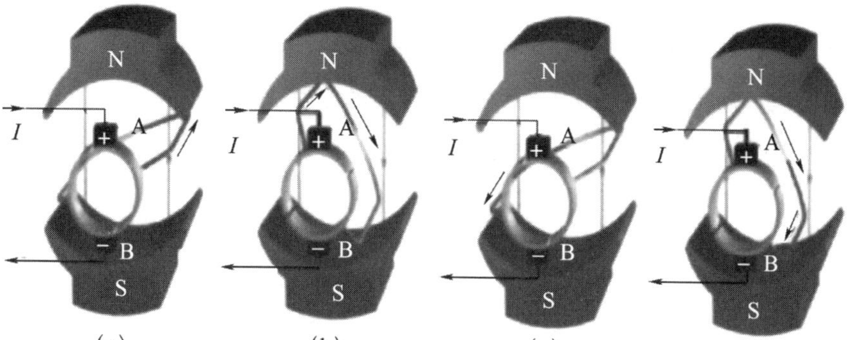

图 2. 2-2　直流电动机电磁转矩的产生

（一）直流电机的励磁方式（Excitation method）

按照电机的励磁方式，直流电机可以分为他励和自励两类。

他励（External excitation）直流电机是指励磁电流由电机电源以外的其他电源提供，与电枢电路进行没有电的连接，电动回路和励磁回路是相互独立的。如图 2. 2-3（a）所示。由于他励直流电机的电动回路独立于励磁回路，电机参数关系简单易控，在直流电机调速系统中常选用他励磁直流电动机。

自励（Internal excitation）是指发电机励磁绕组所需的励磁电流由电机本身的电枢供给，通常作为发电机运行。按照不同的励磁绕组和电枢的连接方式，自励发电机可以分为串励直流电机、并励直流电机和复励直流电机，如图 2. 2-3（b）~（d）所示。

（二）直流电动机与拖动负载（Drag load）

本节的核心是讲述电动机如何拖动机械负载运转，除讲述电动机的工作原理外，还将介绍电动机与负载间的关系，了解上述问题之后再讨论电动机的各种运行状态。本节介绍的负载和电动机关系不仅适用于直流电动机系统，对采用交流电的交流电动机系统也同样适用。

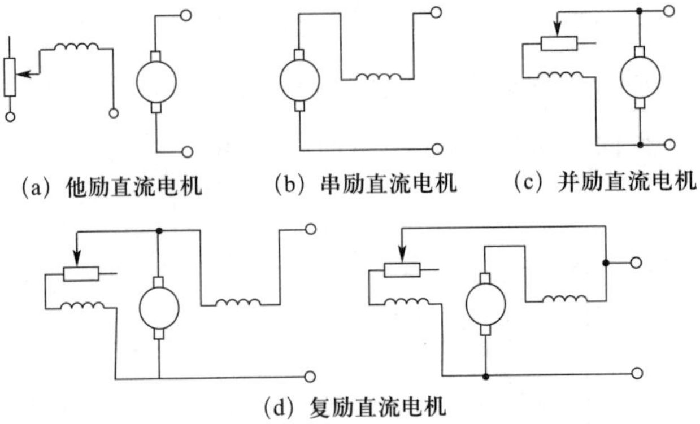

图 2.2-3　直流电机的励磁方式

电力拖动系统（Electric drive system）一般是由电动机、传动机构、工作机构、控制设备和电源组成，如图 2.2-4 所示。转矩和转速分别关联了电动机与负载之间的力矩和速度参数，可以通过这两个物理量探究电动机与负载的关系。

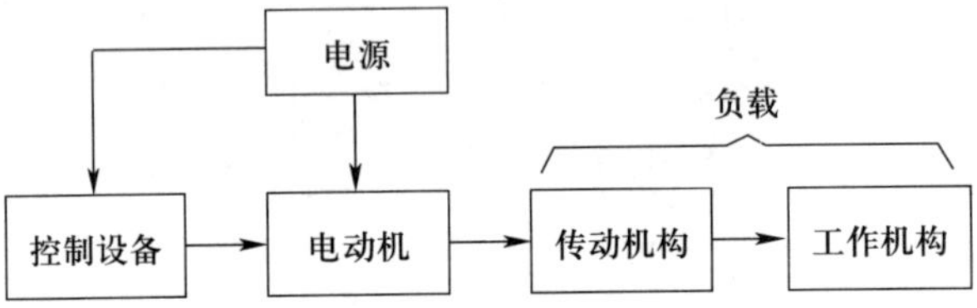

图 2.2-4　电力拖动系统的组成

1. 单轴电力拖动系统的运动方程

图 2.2-5 为最简单的单轴电力拖动系统，接下来将以它为例进行说明。如图 2.2-5 所示的拖动系统的电机转轴没有经过任何转换机构直接与负载相连，这种系统称为单轴电力拖动系统。电动机与负载同轴、同转速。

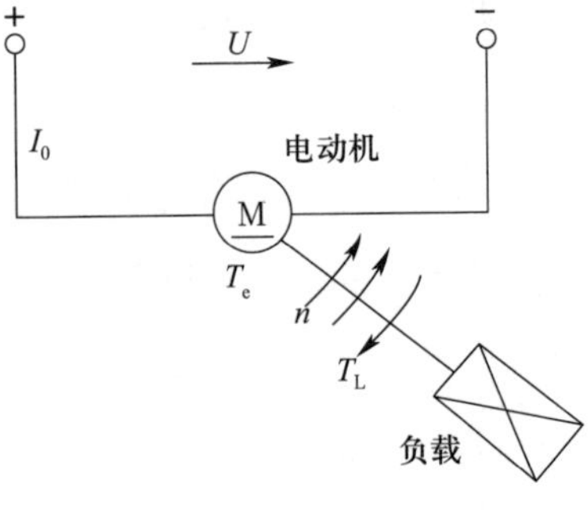

图 2.2-5　单轴电力拖动

图 2.2-5 中标示的物理量主要有：n 为电动机转速，T_e 为电动机电磁转矩，T_L 为电动机负载转矩，其中包含了空载转矩 T_0。

转子旋转时，空气阻力、轴承摩擦等会引起损耗，即使电动机不拖动负载，仅仅空载运行，以上的损耗也是存在的。由于各种原因引起的电动机空载运行所存在的损耗称为空载损耗（No-load loss）。

当电动机负载运行时，空载损耗依然存在，因此电动机的输出转矩 T_{out} 就比电磁转矩小，相差一个空载转矩 T_0。不管电动机往哪个方向旋转，空载转矩永远都与电动机运动方向相反，阻止电动机旋转，为反抗性恒转矩负载。图 2. 2-2 中标注了各量默认的正方向，按图推荐的方向规定正方向，则转速、电磁转矩和负载转矩都为正值，那么电磁转矩是拖动性质的转矩，负载转矩是制动性质的转矩。

单轴电力拖动系统中电磁转矩、负载转矩与转速变化的关系用运动方程式（或称机械方程）来描述，方程式为

$$T_e - T_L = J\frac{d\Omega}{dt} \tag{2-16}$$

在实际工程计算中，经常用转速 n 代替角速度 Ω 来表示系统转动速度，用飞轮惯量（或称飞轮矩）GD^2 代替转动惯量 J 来表示系统的机械惯性。换算方法如下

$$\Omega = \frac{2\pi n}{60} \tag{2-17}$$

$$J = m\rho^2 = \frac{GD^2}{4g} \tag{2-18}$$

式中，m 为系统转动部分的质量，单位为 kg；G 为系统转动部分的重力，单位为 N；ρ 为系统转动部分的转动惯性半径，单位为 m；D 为系统转动部分的转动惯性直径，单位为 m；g 为重力加速度，取 $g = 9.80\ m/s^2$。把上边两式代入运动方程，化简后得

$$T_e - T_L = \frac{GD^2}{375}\frac{dn}{dt} \tag{2-19}$$

式中，GD^2 为转动部分的飞轮矩（The flywheel moment），是一个物理量。

$T_e - T_L$ 为动转矩（Regulated torque），值的正负直接反映了系统的加速度情况。$T_e - T_L = 0$ 时，系统处于恒转速运行的稳态；$T_e - T_L > 0$ 时，系统处于加速运动的过渡过程；$T_e - T_L < 0$ 时，系统处于减速运动的过渡过程。

在实际应用中，电力拖动系统多数是多轴系统，电动机通过多轴的传动机构与负载相连。通常会对多轴系统进行简化计算，把负载转矩与系统传动机构轮矩折算到电动机轴上，变多轴系统为单轴系统（Single-axis system）。

生产机械工作机构的负载转矩与转速之间的关系，称为负载的转矩特性（Torque

characteristics of load)。

(1) 恒转矩负载 (Constant-torque load) 的转矩特性

①反抗性恒转矩负载 (Resistant constant-torque load)。

它的特点是工作机构转矩的绝对值大小是恒定不变的，转矩的性质是阻碍运动的制动性 (Brake) 转矩，转矩的方向永远都和转动方法相反。转速 n 与转矩 T_L 有如下关系

$$\begin{cases} n>0\text{ 时}, T_L>0 \\ n<0\text{ 时}, T_L<0 \end{cases}$$

其中，$|T_L|$ = 常数。

转速方向发生变化，T_L 的方向也将会变化，但 T_L 的绝对值不发生变化。

反抗性恒转矩负载的转矩特性如图 2.2-6 (a) 所示，负载转矩位于第Ⅰ、Ⅲ象限内。常见的反抗性恒转矩负载有：皮带运输机、轧钢机、机床的刀架平移和行走机构等由摩擦力产生转矩的机械。

考虑传动机构自身损耗的转矩 ΔT，折算到电动机轴上的负载转矩特性如图 2.2-6 (b) 所示。折算后依旧是反抗性恒转矩负载。

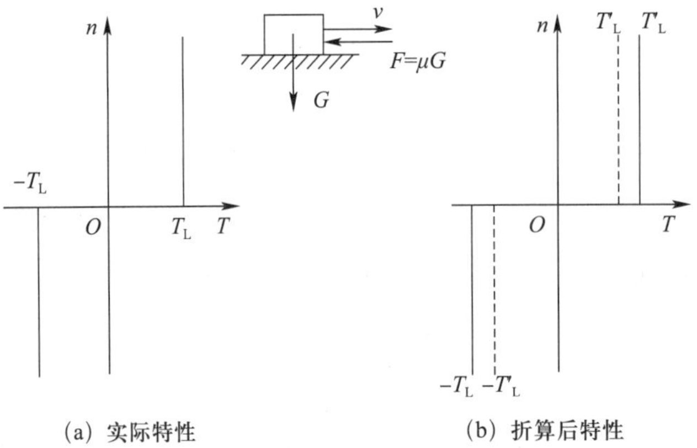

图 2.2-6　反抗性恒转矩负载的转矩特性

②位能性恒转矩 (Potential energy constant-torque) 负载。

它的特点是工作机构的转矩绝对值大小是恒定的，而且负载转矩的方向也不变。

$$\begin{cases} \text{当 } n>0\text{ 时}, T_L>0 & \text{阻碍运动的制动性转矩} \\ \text{当 } n<0\text{ 时}, T_L>0 & \text{帮助运动的拖动性转矩} \end{cases}$$

位能性恒转矩负载的转矩特性如图 2.2-7 (a) 所示，负载转矩位于第Ⅰ、Ⅳ象限

内。例如用于提升下放重物的起重机就属于位能性恒转矩负载。考虑传动机构转矩损耗，折算到电动机轴上的负载转矩特性如图 2. 2-7（b）所示。

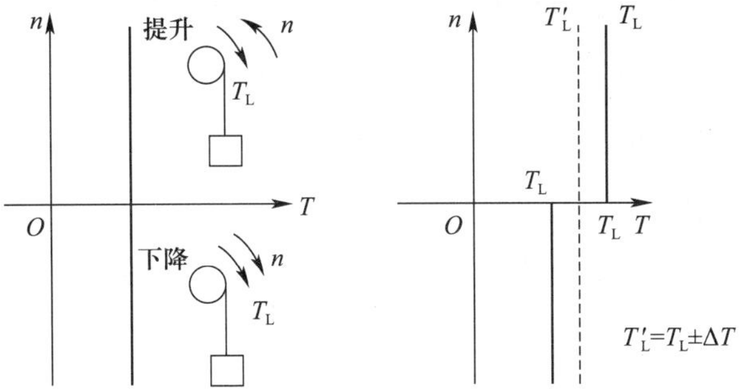

（a）实际特性　　（b）折算后特性

图 2. 2-7　位能性恒转矩负载的转矩特性

（2）泵类负载的转矩特性

水泵、油泵（oil pump）、通风机（ventilator）和螺旋桨（propeller）等，其转矩的大小与转速的平方成正比，即 $T_L \propto n^2$。泵类负载的转矩特性如图 2. 2-8 所示。

（3）恒功率负载（Constant-power load）的转矩特性

部分机械由于自身的输出功率一定，在高速旋转和低速旋转时输出转矩呈反方向变化。例如：汽车的发动机输出功率一定，当爬坡时需要大的输出转矩把汽车往上推，发动机将会低速运行，而在平路则可以高速行驶。轧钢机轧制钢板，工件小，转矩小，转速高，工件大需要大转矩，则转速低。机床的精加工需要较小的进刀量（高速低转矩），机床的粗加工需要较大的进刀量（低速高转矩）。

工程上称上述负载为恒功率负载。即

$$P = T_L \Omega = T_L \frac{2\pi n}{60} = \text{常数} \tag{2-20}$$

恒功率负载的转矩特性如图 2. 2-9 所示。

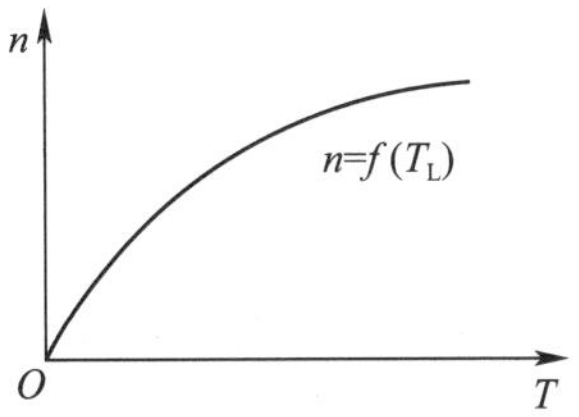

图 2. 2-8　泵类负载的转矩特性

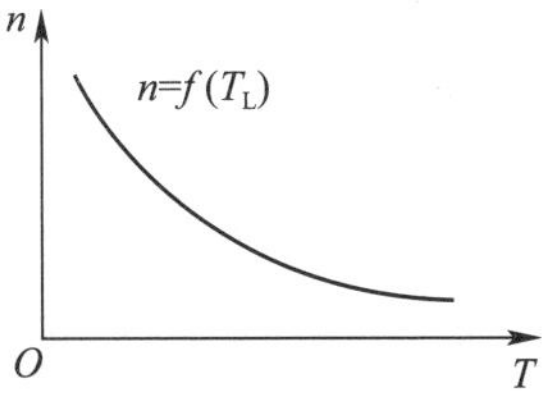

图 2. 2-9　恒功率负载的转矩特性

实际的系统往往会有多种类型的负载同时存在，一般是以某类型负载为主加几种其他类型的负载。例如起重机的拖动系统，其运行时系统本身中的轴承由摩擦产生摩擦转矩，起重对象会产生负载转矩，前者的数值远小于后者。大部分的泵类负载、恒转矩负载都有类似情况。一般在进行分析时，都是考虑系统的主要负载，并且把负载转矩特性作为已知量。

（三）他励直流电动机的稳态方程和机械特性

1. 他励直流电动机的稳态方程

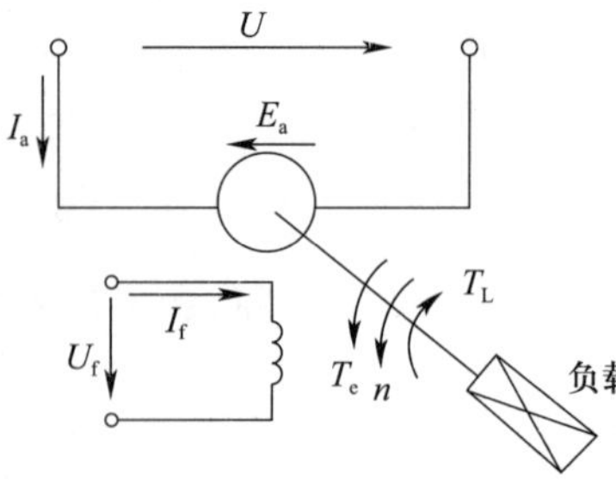

图 2.2-10　直流电动机各个物理量的正方向

图 2.2-10 标出了直流电动机各量的正方向。电枢电流 I_a 由电源供给，T_2 为轴上输出的转矩，电动机空载转矩 T_0 与轴上转矩 T_2 加在一起为负载转矩 T_L。直流电动机的稳态方程汇总于表 2-4。

表 2-4　直流电动机的稳态方程

机电能量变换	$E_a = C_E\Phi n$ $T_e = C_T\Phi I_a$
励磁和主磁通	$I_f = U_f/R_f$ $\Phi = f(I_f, I_a)$
电枢回路电平衡	$U = E_a + I_aR_a$
机械系统转矩平衡	$T_e = T_2 + T_0 = T_L$

电动机运行的目的是拖动负载运行。直流电动机稳态运行时，负载转矩 T_L 是已知量，当电机的参数确定后，稳态运行时各物理量的大小和方向都取决于负载。稳态运行时，电磁转矩一定与负载转矩大小相同、方向相反，即 $T_e=T_L$。由于 T_L 已知，T_e 也就确定；而 $T_e=C_T\Phi I_a$，在每极磁通 Φ 为常数的前提下，电枢电流 I_a 也由负载转矩 T_L 决定；I_a 由电源供给，电压 U、电枢回路电阻 R_a 是确定的，电枢电动势 $E_a=U-I_aR_a$ 也就确定了；而 $E_a=C_E\Phi_N n$，由此电机转速 n 也就确定了。也就是说，负载确定后，电机的电枢电流及转速等就都相应地确定了。

2. 他励直流电动机的机械特性

（1）机械特性的一般表达式

他励直流电动机机械特性是指电动机加上一定的电压 U 和一定的励磁电流 I_f 时，电磁转矩与转速之间的关系，即 $n=f\ (T_e)$。为了推导机械特性的一般公式，在电枢回路中串入另一电阻 R。把 $I_a=\dfrac{T_e}{C_T\Phi}$代入转速表达式，得

$$n=\frac{U-I_a\ (R_a+R)}{C_E\Phi}=\frac{U}{C_E\Phi}-\frac{R_a+R}{C_EC_T\Phi^2}T_e=n_0-\beta T_e \tag{2-21}$$

式中，$T_e=\dfrac{U}{C_E\Phi}$称为理想空载转矩；$\beta=\dfrac{R_a+R}{C_EC_T\Phi^2}$是机械特性的斜率。式（2-21）为他励直流电动机机械特性的一般表达式。

（2）固有机械特性

当电枢两端加额定电压、气隙每极磁通量为额定值、电枢回路不串电阻时，即 $U=U_N$，$\Phi=\Phi_N$，$R=0$ 时的机械特性，称为固有机械特性。其表达式为

$$n=\frac{U_N}{C_E\Phi_N}-\frac{R_a}{C_EC_T\Phi_N^2}T_e \tag{2-22}$$

固有机械特性曲线如图 2. 2-11 所示。他励直流电动机固有机械特性具有以下几个特点：

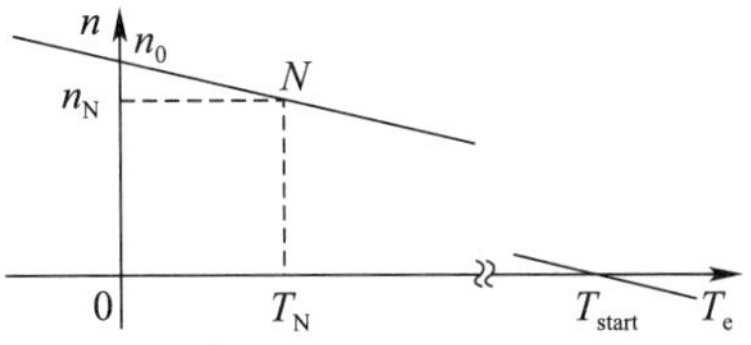

图 2. 2-11　他励直流电动机的固有机械特性曲线图

①随电磁转矩 T_e 增大、转速 n 降低，其曲线特性是一条下斜直线。

②当 $T_e=0$ 时，$n=n_0=\dfrac{U_N}{C_E\Phi_N}$为理想空载转速。

③斜率$\beta=n=\dfrac{R_a}{C_EC_T\Phi_N^2}$，其值很小，特性较平，习惯上称为硬特性（Hard feature），转矩变化时，转速变化较小。斜率β大时的特性则称为软特性（Soft feature）。

④当 $T_e=T_N$ 为额定值时，$n=n_N$，转速降 $\Delta n=n_0-n_N=\beta T_N$，为额定转速降。一般地说，$n_N$ 约为 $0.95n_0$，而 Δn_N 约为 $0.05n_0$，这是硬特性的数量体现。

⑤$n=0$，即电动机启动时，$E_a=C_E\Phi_N n=0$，此时电枢电流 $I_a=\frac{U_N}{R_a}=I_{start}$ 称为启动电流；电磁转矩 $T_e=C_T\Phi_N I_{start}=T_{start}$，称为启动转矩。由于电枢电阻 R_a 很小，I_{start} 和 T_{start} 都比额定值大很多。若 $\Delta n_N=0.05\ n_0$，则启动电流 $I_{start}=20I_N$，启动转矩 $T_{start}=20T_N$。这样大的启动电流和启动转矩会烧坏换向器。

以上分析的是特性在第Ⅰ象限的情况，在第Ⅰ象限中，$0<T_e<T_{start}$，$n_0>n>0$，$U_N>E_a>0$ 电机为电动状态。

⑥当电磁转矩大于启动转矩，即 $T_e>T_{start}$ 时，$I_a>I_{start}$，$n<0$，电动机机械特性在第Ⅳ象限，为堵转状态。此时电机内的电流偏大，容易引起电机发热烧毁，一般要避免电机长时间处于堵转状态。

⑦$T_e>0$，$n>n_0$，这种情况是电磁转矩实际方向和转速相反了，由电动性变为制动转矩（Braking torque）。机械特性在第Ⅱ象限，电机处于发电机运行状态。处于回馈制动情况下的电动机便是运行在此状态。

他励直流电动机固有机械特性是一条跨越了第Ⅰ、Ⅱ、Ⅳ象限的斜直线，具有较硬的机械特性。固有机械特性是电动机电磁转矩 T_e 和转速 n 之间的函数关系，是电动机的自身特性。电动机的具体运行状态还和负载有关，不同的负载将落在机械特性曲线的不同位置，电动机则表现出不同的运行状态。在明确了电动机的固有机械特性后，即使改变了电动机的其他参数导致电动机的特性发生变化，也很容易导出电动机的人为机械特性。

（3）人为机械特性

改变他励直流电动机电压、励磁电流、电枢回路电阻大小等参数后，得到新的机械特性称为人为机械特性。主要有电枢回路串电阻、改变电枢电压和减小气隙磁通量三种情况的人为机械特性。

①电枢回路串电阻。

电枢加额定电压 U_N，每极磁通为额定值 Φ_N，电枢回路串入电阻 R 后，机械特性表达式为

$$n=\frac{U_N}{C_E\Phi_N}-\frac{R_a+R}{C_E C_T\Phi_N^2}T_e \qquad (2-23)$$

电枢串入不同电阻值时的人为机械特性如图 2.2-12（a）所示。

理想空载转速 $n_0=\frac{U_N}{C_E\Phi_N}$与固有机械特性的 n_0 相同，斜率 $\beta=\frac{R_a+R}{C_E C_T\Phi_N^2}$与电枢回路电

阻有关，串入的阻值越大，特性越倾斜。电枢回路串入电阻的人为机械特性是一组放射性直线，都过理想空载点。

②改变电枢电压。

保持每极磁通为额定值不变，电枢回路不串电阻，只改变电枢电压时，机械特性表达式为

$$n=\frac{U}{C_E\Phi_N}-\frac{R_a}{C_EC_T\Phi_N^2}T_e \tag{2-24}$$

显然，电压 U 变化，理想空载转速 $n_0=\frac{U_N}{C_E\Phi_N}$ 随之变化并与其成正比关系。但斜率都与固有机械特性斜率相同，因此各条特性彼此平行。改变电压 U 的人为机械特性是一组平行直线，如图 2. 2-12（b）所示。

③减小气隙磁通量。

电枢电压为额定值不变，电枢回路不串电阻，仅改变每极磁通量的人为机械特性表达式为

$$n=\frac{U}{C_E\Phi_N}-\frac{R_a}{C_EC_T\Phi^2}T_e \tag{2-25}$$

显然理想空载转速 n_0 与 Φ 成反比，Φ 越小，n_0 越高；而斜率 β 与 Φ^2 成反比，Φ 越低，特性越倾斜。改变每极磁通量的人为机械特性是既不平行也不呈放射性的一组直线。如图 2. 2-12（c）所示。

减小气隙每极磁通量的方法是通过减小励磁电流来实现的。前面讲过，电机磁路接近于饱和，增大每极磁通量是难以做到的，都是减小磁通量。

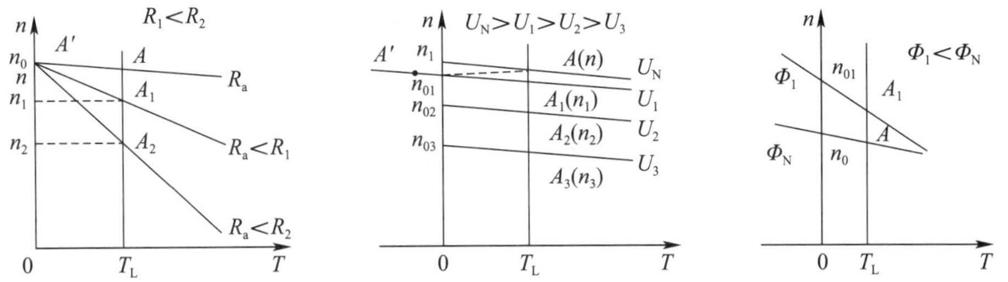

（a）电枢回路串电阻调速　（b）降低电源电压调速　（c）减小气隙磁通量调速

图 2. 2-12　他励直流电动机的调速

（4）根据铭牌估算机械特性

在设计电力拖动系统时，首先应知道所选择电动机的机械特性。但是电动机的产品

目录或铭牌中都没有直接给出机械特性的数据。于是就要利用产品目录或者铭牌中给出的数据估算出电动机的固有机械特性，有了固有机械特性，其他各种人为机械特性也就了解了。

他励直流电动机的固有机械特性是一条斜直线。如果事先知道这条直线上的两点，例如，空载点（n_0，0）和额定工作点（n_N，T_N），通过这两点连成的直线就是固有机械特性曲线。

上述两个特殊点中，额定转速 n_N 能在产品目录或者电动机的铭牌数据中找到，而理想空载转速 n_0，额定转矩 T_N 未知。

已知理想空载转速为 $n_0=\dfrac{U_N}{C_E\Phi_N}$，其中 $C_E\Phi_N$ 是对应于额定运行状态的数值，可用下式计算

$$C_E\Phi_N=\frac{E_{aN}}{n_N}=\frac{U_N-I_NR_a}{n_N} \tag{2-26}$$

从式（2-26）可看出，如果能知道额定电枢电动势 E_{aN}，或者知道电枢回路电阻 R_a，便可算出 $C_E\Phi_N$，从而计算出理想空载转速 n_0，有以下两种计算方法：

①根据经验估算额定电枢电动势 E_{aN}。

$$E_{aN}=(0.93\sim0.97)U_N \tag{2-27}$$

一般中等容量电动机取 0.95 左右。

②实测电枢回路电阻 R_a。

由于电刷与换向器表面接触电阻是非线性的，电枢电流很小时，表现的电阻值很大，不反映实际情况。因此不能用万用表直接测正、负电刷之间的电阻。一般用降压法测量，即在电枢回路中通入接近额定值的电流，用低量程电压表测量正、负电刷间的压降，再除以电枢电流即为电枢回路总电阻。实测时，励磁绕组要开路，并卡住电枢使其不旋转。为了提高精度，在测量的过程中可以让电枢转动几个位置进行测量，然后取其平均值。

关于额定转矩 $T_{e,N}$ 可以按下式计算

$$T_{e,N}=C_T\Phi_NI_N=9.55C_E\Phi_NI_N \tag{2-28}$$

在坐标纸上标出（n_0，0），（n_N，T_N）两点，过此两点连成直线，即为该直流电动机的固有机械特性曲线。

（5）他励直流电动机的运行特性

从使用的角度，要关心改变电机的转速（调速）的方法以及相对应的电机输入、

输出的转矩或功率的特性。

本节将定性分析包括启动在内的他激直流电动机的调速方法、相对应的转矩特性以及各种运行状态。分析中如果不做特别说明，则以恒转矩型负载为例。同时，不考虑电机电枢回路的动态，对于由飞轮矩引起的速度变化只做定性分析，即动转矩（T_e-T_L）不为零时，转速不发生突变，但将从原有稳态变化到 $T_e=T_L$ 的稳态。

1）他励直流电动机的启动

就原理而言，他励直流电动机的启动只是调速的一个特例。为了便于理解，以下分别叙述启动和调速。

直流电动机接入电源后，转速从零达到稳态转速的过程称为启动过程。对电动机启动的基本要求是：启动转矩要大，启动电流要小，启动设备要简单、经济、可靠。

若对静止的他励直流电动机加额定电压 U_N、电枢回路不串电阻即直接启动，此时 $n=0$，$E_a=0$，启动电流 I_{start} 和启动转矩 T_{start} 分别为

$$\begin{cases} I_{start}=U_N/R_a>>I_N \\ T_{start}=C_T\Phi_N I_{start}>>T_N \end{cases} \tag{2-29}$$

由于电流太大，电动机不能正常换向，并且还会急剧发热；另外转矩太大，还会造成所拖机械的撞击，这些都是不允许的。因此除了微型直流电动机由于其 R_a 大，可以直接启动外，一般直流电动机都不允许直接启动。直流电动机常用的启动方法有两种，下面分别叙述。

①电枢回路串电阻启动。

如果电枢回路串电阻 R，启动电流被限制为 $I_{start}=U_N/(R_a+R)$，若负载 T_L 已知，根据对启动转矩的要求，可确定所串入电阻 R 的大小。有时为了保持启动过程中电磁转矩持续较大以及电枢电流持续较小，可以逐段切除启动电阻，启动轨迹如图 2.2-13（a）所示。启动完成后，启动电阻全部被切除、电机稳定运行在固有特性的 A 点。

②降电压启动。

采用可调电压源降低电压到 U。负载 T_L 已知时，可以确定电压 U 的大小。有时为了保证启动过程中电磁转矩一直较大以及电枢电流一直较小，可以逐渐升高电压 U，直至最后升到 U_N，这样的启动轨迹如图 2.2-13（b）所示。

2）他励直流电动机的调速

电动机用来带动工业生产设备的运动，一般需要根据生产工艺要求，对电机转速进行

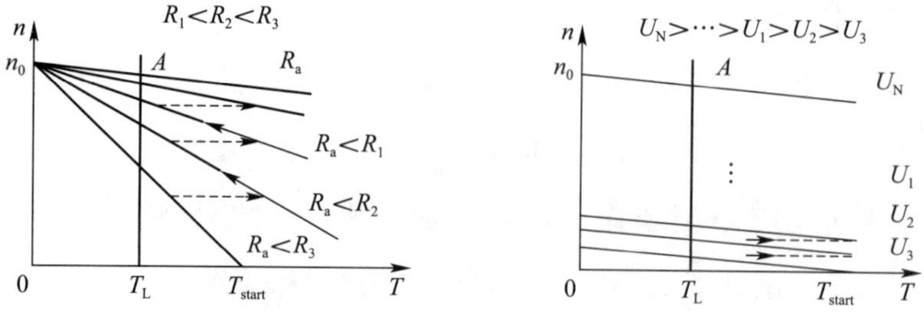

(a) 电枢回路串电阻启动　　(b) 降电压启动

图 2.2-13　他励直流电动机的启动

调节，而且要求转速调节的范围广、精确、运行过程平稳，还要求调节方式简便、实用。

他励直流电动机的稳态转速是由稳定工作点（T_L，n）决定的，其中 $T_L = T_e$。工作点改变了，电动机的转速也就改变了。如果负载一定，其转矩特性就是一定的。但是他励直流电动机的机械特性可以人为地改变。通过人为改变电机机械特性而使其与负载特性的交点随之变动，可以达到调速的目的。人为改变机械特性的方法有：变电枢电压（Variable armature voltage）、变励磁电流弱磁（Variable excitation current weakens the field）和在电枢回路中串联电阻（A series resistance in an armature loop）。以下详细讨论这三种方法的特点。

①降低电源电压调速（Voltage control）。

保持他励直流电动机磁通为额定值不变，电枢回路不串电阻，降低电枢的电源电压为不同值时，电动机拖动负载运行于不同的转速上，如图 2.2-14（a）所示。该图中所示的负载为恒转矩负载。当电源电压为额定值 U_N 时，工作点为 A，转速为 n；电压降到 U_1 后，工作点为 A_1，转速为 n_1；电压为 U_2 时，工作点为 A_2，转速为 n_2。

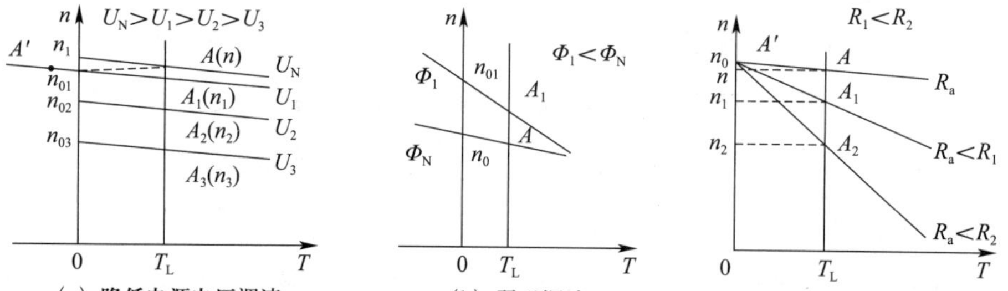

(a) 降低电源电压调速　　(b) 弱磁调速　　(c) 电枢回路串电阻调速

图 2.2-14　他励直流电动机的调速

该方法的特点为：

a. 电源电压越低，转速越低，调速方向也是从基速（Base speed）向下调。

b. 电动机机械特性的硬度不变。这样，比起电枢回路串电阻调速使机械特性变软这一点，降低电源电压可以使电动机在低速范围运行时，转速随负载变化而变化的幅度较小，转速稳定性要好得多。

c. 当电源电压连续变化时，转速可随之连续变化，这种调速称为无级调速。与串电阻时的有级调速相比，这种调速要平滑得多，并且还可以得到任意多级的转速。因此降压调速的方法在直流电力拖动系统中被广泛采用。

②弱磁调速（Field weakening control）。

控制励磁电流可以改变磁通，因而也会改变速度。一般可以通过调节励磁电压以实现对磁通的无极调节，还可在励磁回路中串电阻调节励磁电流。下面讨论弱磁调速的特点。当负载转矩较小时，保持他励直流电动机电源电压恒定，电枢回路（Electric pivot loop）也不串电阻，当他励直流电动机的磁通 Φ 变小时，电动机理想空载转速就会提高。图 2. 2-14（b）所示的曲线为他励电动机带恒转矩负载时弱磁调速的机械特性。很明显，负载转矩越小，磁通减少得越多，转速提高得越大。

当然，这种方式也有缺点。如果磁通减少得太大，有可能使得电动机转速过高。这样就得到一个启示：直流电动机在工作过程中，励磁回路千万不可断开，也就是说绝不能失磁。一旦失磁，由于剩磁的作用，电动机的转速将急剧升高，很可能造成大的故障，甚至发生事故。

③电枢串电阻调速（Armature resistance control）。

他励直流电动机拖动负载运行时，保持电源电压及磁通为额定值不变，在电枢回路中串入不同的电阻时，电动机运行于不同的转速，如图 2. 2-14（c）所示。该图中负载是恒转矩负载。比如串电阻前的工作点为 A，转速为 n，电枢中串入电阻 R_1 后，工作点就变成了 A_1，转速降为 n_1。电枢中串入的电阻若加大为 R_2，工作点变成 A_2，转速则进一步下降为 n_2。显然，串入电枢回路的电阻值越大，电动机的转速越低。由此该方法有以下特点：

a. 一般来说，电动机固有机械特性上的转速称为基速，如果采用串电阻方式的话，调速只能是从基速往低调。

b. 采用串电阻调速时，由于这些调速电阻上会有很大的电流，因此将产生许多功率损耗，转速越低，损耗就越大。

c. 由于 I_a 较大，调速电阻的容量也较大、较笨重，不易做到阻值连续调节，因而导致电动机转速也不能连续调节（有级调速）。

d. 机械特性过理想空载（Ideal no-load）点的 n_0，并且串入的电阻越大，机械特性越软。这样在低速运行时，即使负载在不大的范围内变动，也会引起转速发生较大的变化，也就是说转速的稳定性较差。

尽管电枢串电阻调速方法所需设备简单，但由于上述功率损耗大、低速不稳定、不能连续调速等缺点，只应用于调速性能要求不高的中、小容量电机上。

2.2.3 直流调速系统用的可控直流电源

本节讲述闭环的、改变直流电动机电枢电压的直流调速系统，着重讨论基本的闭环控制系统的构成、特性及其分析与设计方法。

（一）可控直流电源（Controllable DC power supply）及其数学模型

变压调速是直流调速系统的主要方法，调节电枢供电电压时需要有专门的可控直流电源。目前，常用的可控直流电源有静止式可控整流器（Static controllable rectifier）和直流斩波器（DC chopper）或脉宽调制变换器（Pulse width modulation converter）。下面分别对这两种可控直流电源以及由它供电的直流调速系统做一介绍。

1. 晶闸管可控整流电源

图 2.2-15 是晶闸管电动机调速系统（简称 VM 系统，又称静止的 Ward-Leonard 系统）的原理图。图中，右侧的二极管整流器用于给励磁绕组供电，VT 是晶闸管可控整流器（Thyristor converter）。调节触发装置 GT 的控制电压 U_{ct} 可改变触发脉冲的相位，从而改变整流电压 U_d 以实现平滑调速。此外，当该系统的电动机轻载时，电流不连续。由此引起了电动机外特性的非线性等问题。为使得电流尽可能连续，一般需要在电枢回路中增加电抗器 L。

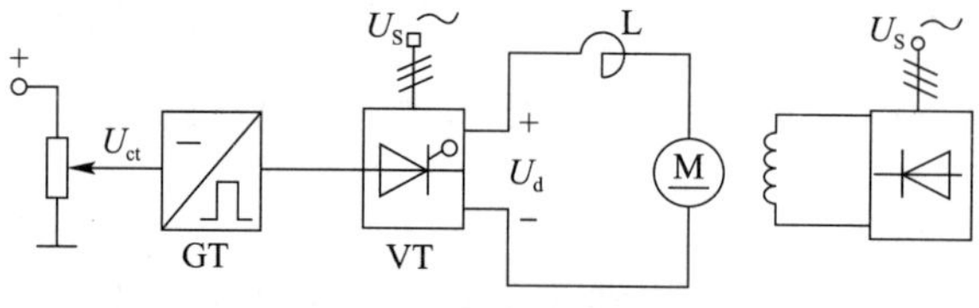

图 2.2-15 晶闸管可控整流电源供电的电动机调速系统

2. 直流脉宽调制（Pulse width modulation，PWM）电源

在直流脉宽调制电源电动机系统的原理图中，VT 用开关符号表示任何一种电力电子开关器件，VD 表示续流二极管。当 VT 导通时，直流电源电压 U_S 加到电动机上。当 VT 断开时，直流电源与电动机脱开，电动机电枢经 VD 续流，两端电压接近于零。如

此反复，得到的电枢端电压波形 $u=f(t)$，好像是电源电压 U_S 在 t_{on} 时间内被接上，又在 $t_{on}\sim T$ 时间内被斩断，所以也称斩波器（Chopper）。这样，电动机得到的平均电压为

$$U_d = t_{on} U_S / T \tag{2-30}$$

式中，T 为功率器件的开关周期（单位：s）；t_{on} 为开通时间。令 $\rho=\frac{t_{on}}{T}=t_{on}f$，为控制电压占空比，$f=1/T$ 为开关频率。

该电源的开关器件由于采用自关断器件如 MOSFET、IGBT，使得开关频率可达几 kHz 甚至几十 kHz，于是大大提高了可控电源的响应速度（晶闸管整流器是毫秒级）。

直流脉宽调制电路的形式很多，一般分为不可逆 PWM 变换器和可逆 PWM 变换器。对于可逆 PWM 变换器，主要有图 2.2-16 所示的两种典型结构。

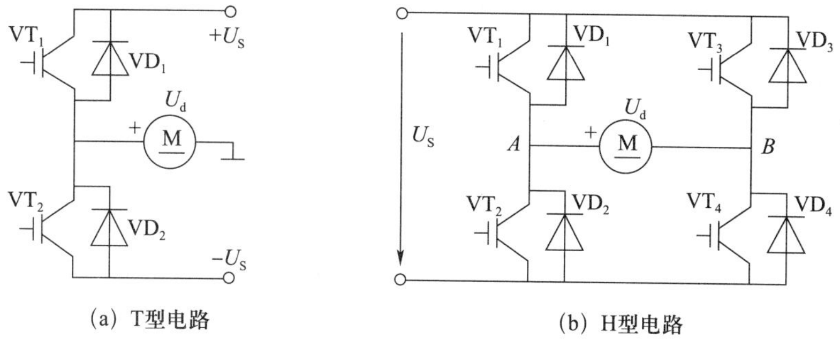

图 2.2-16　两种直流脉宽调制电路

图 2.2-16（a）按照 T 型电路设计，优点明显，元件少，线路简单，特别适合于额定电压较低的电动机。但从图上可以看出，该电路需要一组正负对称电源，电路中的开关器件也必须承受两倍以上的电源电压。

图 2.2-16（b）称为 H 型电路，其常用的控制方法称为可逆双极性控制方法。控制原则是：VT_1 和 VT_4 同时通断，并且 VT_2 和 VT_3 同时通断。VT_1（VT_4）与 VT_2（VT_3）的动作相反，从而使电动机 M 的电枢两端承受电压 $+U_S$ 或 $-U_S$。改变两组开关器件导通的时间，也就改变了电压脉冲的宽度，从而改变电动机电枢两端电压的平均值。

上述的晶闸管可控整流电源和直流脉宽调制电源中的电力电子器件对过电压、过电流和过高的电压变化率 du/dt 和电流变化率 di/dt 都十分敏感，任一指标超过允许值都可能在很短的时间内损坏器件。因此必须有可靠的保护电路和符合要求的散热条件，而且在选择器件时还应留有适当的余量。现代的电力电子器件已发展为模块化器件，例如晶闸管模块中不但有触发单元和功率单元，也有保护电路，使用方便、可靠。

（二）可控直流电源的数学模型

本小节只讨论常用的晶闸管整流装置和直流脉宽调制电源的数学模型。

1. 晶闸管可控整流装置的传递函数

一般将晶闸管整流装置和触发电路当作一个环节处理。这一环节的输入量是触发电路的控制电压 U_{ct}，输出量是理想空载整流电压 U_{d0}。如果在一定范围内将非线性特性线性化，可以把它们之间的放大系数 K_S 视作常数，晶闸管触发和整流装置可以看成是一个具有纯滞后的放大环节，其传递函数为

$$\frac{U_{d0}(s)}{U_{ct}(s)}=K_s e^{-T_S s} \tag{2-31}$$

式中，T_S 为晶闸管触发和整理装置的失控时间，单位为 s。

对不同的晶闸管整流电流，最大失控时间 T_{max} 及平均失控时间 T_S 如表 2-3 所示。

表 2-3　不同的晶闸管整流电路的失控时间

整流电路形式	单相半波	单相桥式/单相全波	三相全波	三相桥式/六相半波
最大失控时间 T_{max}/s	0.02	0.01	0.006 7	0.003 3
平均失控时间 T_S/s	0.01	0.05	0.003 3	0.001 67

为了分析和设计的方便，当系统的截止频率满足

$$\omega_c \leqslant \frac{1}{3T_S} \tag{2-32}$$

时，可以将晶闸管触发和整流装置的传递函数近似成一阶惯性环节，即

$$\frac{U_{d0}(s)}{U_{ct}(s)}=K_s e^{-T_S s} \approx \frac{K_s}{T_S s+1} \tag{2-33}$$

2. PWM 变换器（脉宽调制器）的传递函数

当电动机的供电电源采用直流 PWM 变换器（脉宽调制器）时，也可以得到完全相似的系统传递函数。根据 PWM 变换器的工作原理，当控制电压 U_{ct} 改变时，PWM 变换器的输出电压要到下一个开关周期才能改变。因此，PWM 变换器也可以看作是一个具有纯滞后的放大环节，它的最大滞后时间不超过一个开关周期 T_{SW}。由于脉宽调制器的开关周期通常要比晶闸管整流装置的失控时间小得多，因此，像晶闸管触发和整流装置传递函数的近似处理一样，当系统的截止频率满足式（2-32）时，PWM 变换器的传递函数也可以近似成一个一阶惯性环节。即

$$W_{PWM}(s)=\frac{U_{d0}(s)}{U_{ct}(s)}=\frac{K_s}{T_S s+1} \tag{2-34}$$

式中，U_{d0} 为 PWM 变换器输出的空载平均电压；U_{ct} 为脉宽调制器的控制电压；K_{PWM} 为脉宽调制器和 PWM 变换器的放大系数；PWM 变换器的平均滞后时间 T_S 为 $T_S = T_{SW}/2$，单位为 s。

（三）开环调速系统（Open loop speed control system）

直流电机的开环调速系统常采用调压调速的方式。V-M 系统或 PWM 系统通过改变触发或驱动电路的控制电压来改变功率变换电路的输出平均电压，达到调节电动机转速的目的，它们都属于开环控制的调速系统，称为开环调速系统。在开环调速系统中，控制电压与输出转速之间只有顺向作用而无反向联系，即控制是单方向进行的，输出转速并不影响控制电压，控制电压直接由给定电压产生。

开环调速系统结构简单，能实现一定范围内的无级调速，经常用在一些对静差率要求不高的场合。但是，在实际中许多需要无级调速的生产机械常常对静差率提出较严格的要求，不允许有很大的静差率。

2.2.4　转速负反馈单闭环直流调速系统

由于开环调速系统不能适应诸多场合，根据自动控制原理，可以采用带有负反馈的闭环系统，如图 2.2-17 所示。在闭环系统中，系统的输出量通过某些传感器反馈到输入端，与输入量进行比较得出偏差值。根据这些偏差值通过控制器（调节器）产生控制作用，能起到纠正偏差的效果。

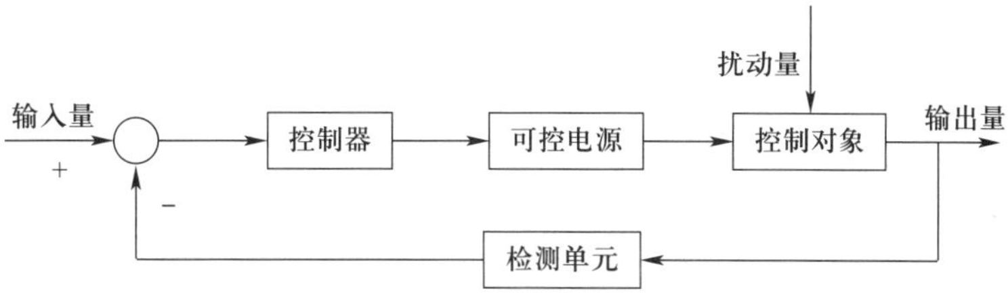

图 2.2-17　闭环系统

（一）转速负反馈单闭环调速系统（Single closed loop speed control system）的组成及静特性

就调速系统而言，输出量是转速，通常引入转速负反馈构成闭环调速系统。在电动机轴上安装一个速度传感器（例如测速发电机 TG），引出与输出量转速成正比的负反馈电压 U_n 与转速给定电压 U_n^* 进行比较，得到偏差电压 ΔU_n，经过控制器 A，产生控制电压 U_{ct} 去控制电动机的转速，这就组成了反馈控制的闭环调速系统。图 2.2-18 为采用可控直流电源（UCR）供电的闭环调速系统，因为只有一个转速反馈环，所以称为单闭环调速系统。由图 2. 2-18 可知，该系统由电压给定、控制器、可控直流电源、直流电动机和测速发电机等部分组成。

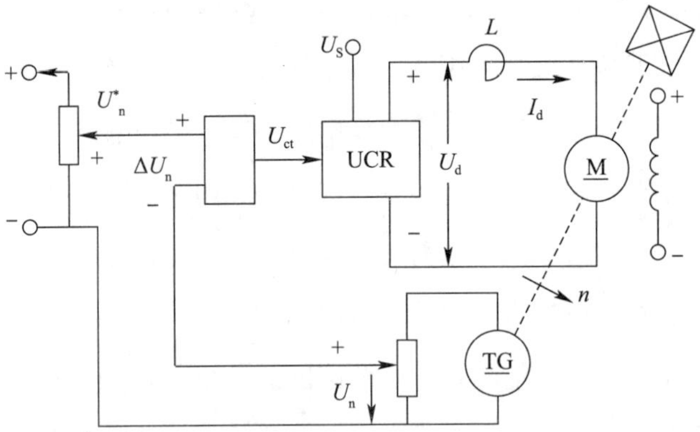

图 2. 2-18　转速负反馈单闭环调速系统的构成

下面分析这种负反馈模型的特性，为了解决一般问题，先做如下假设：

①忽略各种非线性因素，各环节的输入/输出关系都是线性的。

②由可控直流电源供电的直流电机的电枢电流是连续的（不连续时一般使得机械特性变为非线性）。

③忽略提供 U_n 的直流电源的负载效应。

④电机磁通 Φ 为常数 Φ_N。

图 2. 2-18 单闭环调速系统中各环节的静态关系为：

电压比较环节：　$\Delta U_n = U_n^* - U_n$

控制器（设为比例调节器）：　$U_{ct} = K_p \Delta U_n$

可控直流电源：　$U_{d0} = K_s U_{ct}$

电机的开环机械特性：　$n = \dfrac{K_{d0} - I_d R}{C_e}$

测速发电机：　$U_n = \alpha n$

上述式子中，K_p 为控制器的比例系数；K_s 为可控直流电源的等效电压放大倍数；U_{d0} 为可控直流电源的空载输出电压；R 为电机电枢回路总电阻，即电源内阻、电抗器内阻和电机电枢电阻之和；α 为转速反馈系数，单位为 V · min/r；其余各量见图 2. 2-18。

根据上述各环节的静态关系可以画出系统的静态结构图，如图 2. 2-19 所示。图中各方块中的符号代表该环节的放大系数。

由图 2. 2-19 可以推导出转速负反馈单闭环调速系统的静特性方程式如下

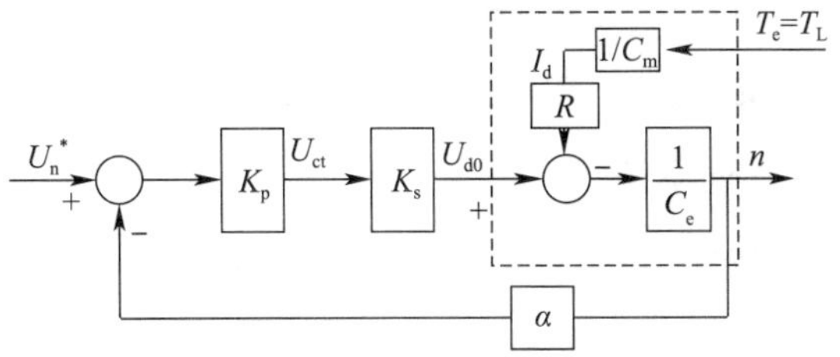

图 2.2-19　转速负反馈单闭环调速系统静态结构图

$$n=\frac{K_pK_sU_n^*}{C_e(1+K)}-\frac{RI_d}{C_e(1+K)} \tag{2-35}$$

式中，$K=K_pK_s\alpha/C_e$ 为闭环系统的开环放大系数。

闭环调速系统的静特性表示闭环系统电动机转速与控制电压 U_n^*、负载电流（或转矩）的稳态关系。它在形式上与开环机械特性相似，但本质上却有很大不同，因此称为“静特性”，以示区别。需要说明的是，在静态时由于下式

$$T_L=T_e=C_mI_d=C_T\Phi_NI_d \tag{2-36}$$

成立，所以图 2.2-19 中的 I_d 可以看作一个与负载转矩等效的输入量。

（二）开环系统机械特性与闭环系统静特性的比较

比较开环系统机械特性和闭环系统静特性，可以看出闭环控制的优越性。

①闭环系统静特性与开环系统机械特性相比，其硬度大大提高。在相同负载下闭环系统的转速降落 Δn_{cl} 比开环系统 Δn_{op} 要小得多，即闭环系统的特性要硬得多。

②当理想空载转速相同，即 $n_{op}=n_{cl}$ 时，闭环系统的静差率要小得多。

③当要求的静差率（Static rate）一定时，闭环系统的调速范围可以大大提高。

④当给定电压相同时，闭环系统的理想空载转速大大降低。

综合以上四条特点，总结如下：闭环系统结构复杂，要加装检测装置和电压放大器。但其优势也很明显，在相同的静态稳定要求下，闭环控制调速范围更大、更稳定。

（三）转速负反馈单闭环调速系统的基本特征

转速负反馈单闭环调速系统是一种基本的反馈控制系统，它具有以下基本特征，也就是反馈控制的基本规律。

1. 具有比例放大器的单闭环调速系统是有静差的

从前面对静特性的分析中可以看出，闭环系统的开环放大系数 K 值对系统的稳态性能影响很大。K 值越大，稳态速降越小，静特性就越硬，在一定静差率要求下的调速范

围越宽。但是，当放大器只是比例放大器（K_p 为常数）时，稳态速降 Δn_{cl} 只能减少而不可能消除。因此，这样的调速系统属于有静差调速系统（Static differential speed regulation system），简称有差调速系统。

2. 闭环系统具有较强的抗干扰性能（Disturbance resistance）

反馈控制闭环系统具有很好的抗干扰性能，对于作用在被负反馈所包围的前向通道上的一切扰动都能有效地抑制，如图 2. 2-20 所示。图中除了负载扰动用代表电流 I_d 的箭头表示外，还有其他使得传递系数变化的扰动作用。所有这些扰动由于处于闭环系统前向通道上，都会受到反馈控制的抑制。这一性质是闭环自动控制系统最突出的特征之一。

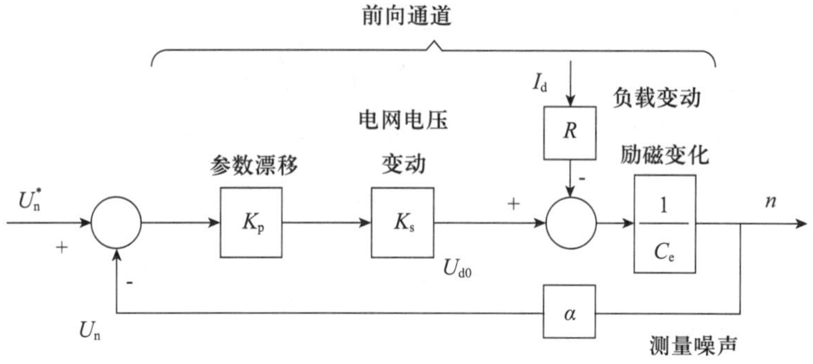

图 2. 2-20　闭环调速系统的给定和扰动

3. 闭环系统对电压给定信号和检测装置中的扰动无能为力

反馈控制系统中存在许多扰动，有的是电压供给侧不稳定带来的，有的是在控制过程中造成的，这些都会进行反馈。但对于电源电压自身的波动很难通过闭环反馈准确地控制。也就是说，电源的稳定性对系统自身的稳定性影响很大。

此外，各种传感器等检测装置的精度也会对闭环系统的稳定性造成影响，如果传感器自身线性关系不稳定，就很难设计出精准的控制系统。

（四）转速负反馈单闭环调速系统的限流保护

对于电压源供电的系统，如果有超过系统允许的电流（称为过电流）不仅对电动机不利，对于过电流能力低的可控电源中的电力电子器件来说更是不允许的。因此必须有过电流的保护措施。采用转速负反馈的单闭环调速系统［不管是比例控制（Proportional control）还是比例积分控制（Proportional integral control）］，在以下两种情况下容易发生过电流：

当突然加给定电压 U_n^* 时，由于机械惯性（Mechanical inertia），电动机不会立即转起来，转速反馈电压 U_n 仍为零。因此加在调节器输入端的偏差电压 $\Delta U_n = U_n^*$，差不多是稳态工作值的（1+K）倍。这时由于可控直流电源的惯性很小，输出电压迅速达到最大值 U_{dmax}，这对电动机来说相当于全电压启动，于是有大的冲击电流产生。

另外，有些生产机械的电动机在运行中可能会突然被加上一个很大的负载，例如挖土机、轧钢机的推床、压下装置等。由于闭环系统的静特性很硬，若无限制电动机电流的措施，电流会大大超过允许值。这时需要将转速尽快降下来（称为堵转）。

由此，要求电压源供电的系统对于过电流有使得系统不必发生“跳闸”而运行在“安全工作区”的工作特性。反之，对于电流源供电的系统，对于过电压也有类似特性。如果依靠过电流继电器或快速熔断器进行过保护，一过载就跳闸或烧断熔断器，将无法保证系统的正常工作。为了解决自动限制电流的问题，系统中必须设有自动限制电枢电流的环节。根据反馈控制的基本概念，要维持某个物理量基本不变，只要引入该物理量的负反馈就可以了。所以，引入电流负反馈能够保持电流不变，使它不超过允许值。但是，电流负反馈的引入会使系统的静态特性（Static characteristic）变得很软。电流负反馈（Current negative feedback）的限流作用只应在启动和堵转时存在，在正常运行时必须去掉，使电流能自由地随着负载增减。这种当电流大到一定程度时才起作用的电流负反馈称为电流截止负反馈。

（五）带电流截止负反馈的单闭环转速负反馈调速系统

为了实现电流截止负反馈，必须在系统中引入电流负反馈截止环节。电流负反馈截止环节的具体线路有不同形式，但是无论哪种形式，其基本思想都是将电流反馈信号转换成电压信号，然后去和一个比较电压 U_{com} 进行比较。有多种获取电流负反馈信号的方法，最简单的是在电动机电枢回路中串入一个小阻值的电阻 R_s，I_dR_s 是正比于电流的电压信号，用它去和比较电压 U_{com} 进行比较。当 $I_dR_s>U_{com}$ 时，电流负反馈信号 U_i 起作用，当 $I_dR_s \leqslant U_{com}$，电流负反馈信号被截止。比较电压 U_{com} 可以利用独立的电源，在反馈电压 I_dR_s 和比较电压 U_{com} 之间串接一个二极管 VD 组成电流负反馈截止环节，如图 2. 2-21（a）所示；也可以利用稳压管（Voltage regulator tube）VST 的击穿电压 U_{br} 作为比较电压，组成电流负反馈截止环节，如图 2. 2-21（b）所示。后者线路更为简单。

电流截止负反馈环节的输入/输出特性是一个非线性环节（两段线性环节），如图 2. 2-22 所示。将它画在方框中，再和系统的其他部分连接起来，便得到带电流截止负反馈的转速负反馈单闭环调速系统的静态结构图，如图 2. 2-23（a）所示。

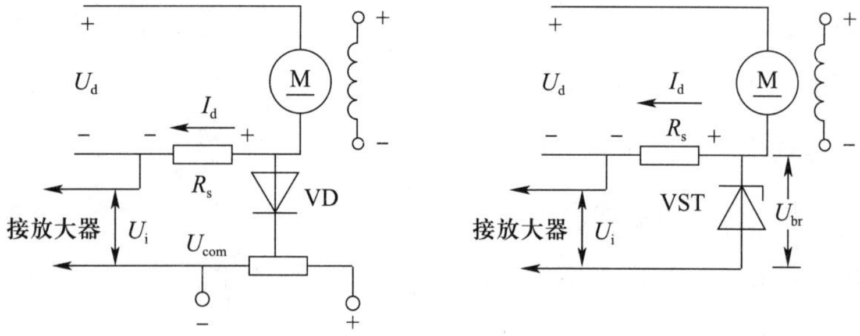

(a) (b)

图 2.2-21　电流负反馈截止环节

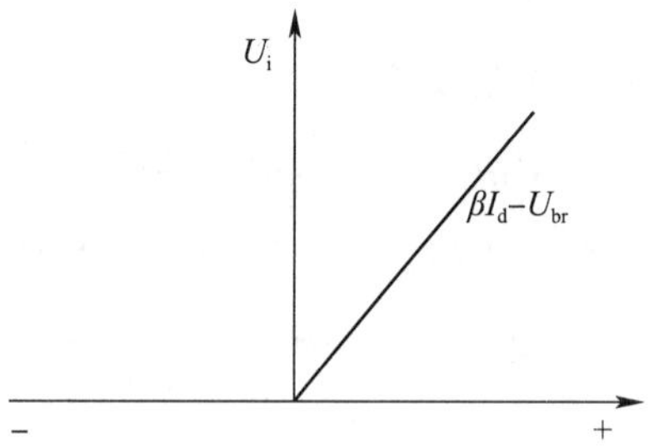

图 2.2-22　电流截止负反馈环节的输入/输出特性

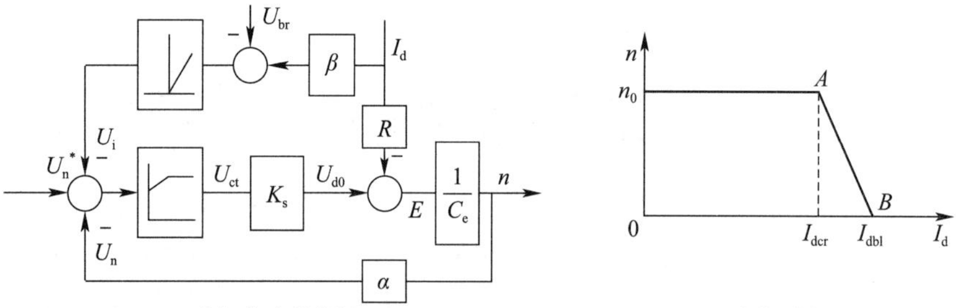

(a) 静态结构图　　(b) 静特征

图 2.2-23　带电流截止负反馈的转速负反馈单闭环调速系统的静态结构图和静特性

由图 2.2-23（b）可知，在 $I_d \leqslant I_{dcr}$ 时，系统的转速是无静差的，静特性是平直的（图中的 n_0-A 段）；当 $I_d > I_{dcr}$ 时，$A-B$ 段的静态特性则很陡，静态速降很大。这种两段式的特性常被称为下垂特性或挖土机特性，因为挖土机在运行中如果遇到坚硬的石块而过载时，电动机会堵转（停下但电流不为零），这时的电流称为堵转电流 I_{dbl}。

参数 I_{dbl}，I_{dcr} 的取值方法为：I_{dbl} 应小于电动机的允许最大电流 $I_{d,max}$，一般取 $I_{d,max}=(1.5\sim2.5)I_N$。另外，从正常运行特性 n_0-A 这一段看，希望有足够的运行范围，截止电流 I_{dcr} 应大于电动机的额定电流，例如取 $I_{dcr} \geqslant (1.1\sim1.2)I_N$。

2.2.5　转速、电流双闭环调速系统

（一）双闭环调速系统（Double closed loop speed control system）的组成及其静特性

1. 问题的提出

在许多应用场合，为了充分发挥生产机械的效能（Efficiency），提高生产率，速度控制系统经常处于启动（Start）、制动、反转（Reverse）以及突加负载等过渡过程中。所以要求速度控制系统有较好的动态性能（Dynamic performance）。

对高性能动、静态的速度控制系统的要求是具有快速跟随特性（起制动）、较好的抗干扰特性和高可靠性（可瞬态过载但不过电流）。以下对照前一节的电流截止负反馈调速系统讨论为什么要引入转速、电流双闭环调速系统。

（1）采用 PI 调节器（PI regulator）具有电流截止负反馈的速度单闭环系统存在的问题

采用 PI 调节器具有电流截止负反馈的速度单闭环系统没有转矩控制环（Torque control ring），电流负反馈仅用于过电流保护，在正常运行时不起作用，并且系统的转速反馈信号和电流反馈信号加到同一个调节器的输入端，该结构存在以下问题：

①动态特性差。需要大的电磁转矩时（例如电机启动时），由于控制器力图使 $\Delta U_n = U_n^* - U_n - U_i = 0$，反而会将电枢电流降下来，使电动机转矩随之减小，因此加速过程必然加长。

②系统校正难。电流反馈和转速反馈信号是两种不同的信号，当它们同时作用于一个调节器时，调节器中的参数无法准确校正好电流环和速度环。

（2）核心：设计转矩控制环以获得高性能的转速动态响应（The dynamic response）

他励直流电动机在励磁磁通 Φ 为常量条件下的模型如图 2.2-24 所示。

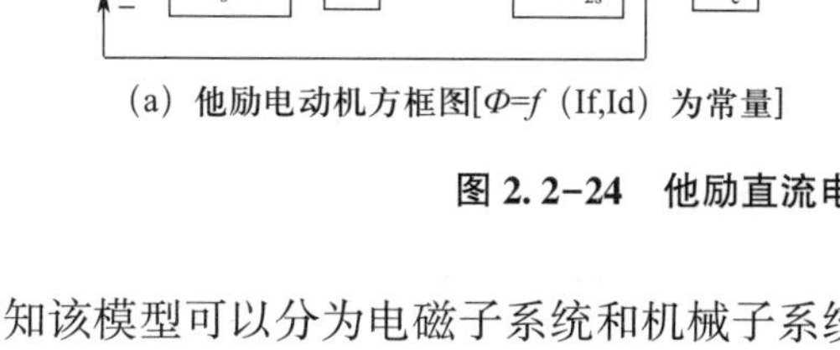

（a）他励电动机方框图[Φ=f（If,Id）为常量]

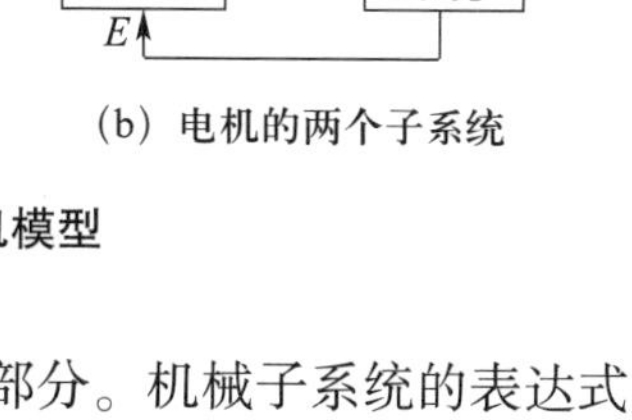

（b）电机的两个子系统

图 2.2-24　他励直流电动机模型

可知该模型可以分为电磁子系统和机械子系统两部分。机械子系统的表达式为

$$I_d - I_{dL} = \frac{T_m C_e}{R} \frac{dn}{dt} \tag{2-37}$$

式（2-37）中的负载电流 I_{dL}（负载转矩 T_L）是不易被测到的扰动量（Disturbance quantity）。由式（2-37）可知，如果要调节转速，最为有效的办法是调节电枢电流，也就是调节电磁转矩。所以要获得转速的高性能动态响应，首先要做好电磁转矩（电枢电流）的控制，即需要构造转矩控制环，也就是电流环。

（3）结构：采用两级串联校正以使系统完成不同的控制目标

为了达到“通过调节电磁转矩来调节转速”的目的，必须在速度闭环的基础上增设电流（转矩）闭环。采用两级串联校正的方法，将图 2. 2-25（a）的控制器结构改为图 2. 2-25（b）所示结构。这里速度调节器（Adjustable speed regulator，ASR）的输出就是为了消除速度误差所需要的电磁转矩指令。然后设置电流调节器（Adjustable current regulator，ACR）构成电流闭环跟随电流指令。这样，两个闭环及其各自的调节器就可以分别完成上述不同的控制目标。

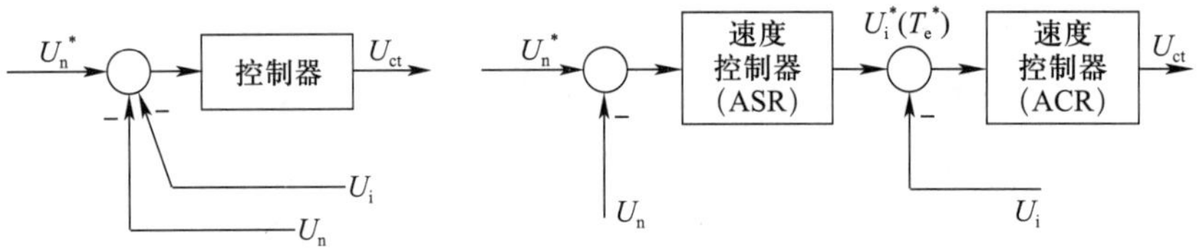

（a）用一个控制器控制两个变量　　（b）用两个调节器（串联校正）分别控制两个变量

图 2. 2-25　两级串联校正

（二）转速、电流双闭环调速系统的组成

图 2. 2-26 为转速、电流双闭环调速系统的原理图。为了实现转速和电流两种负反馈分别起作用，在系统中设置了两个调节器 ASR 和 ACR，分别调节转速和电流，二者之间实行串联连接。把转速调节器（Speed regulator）ASR 的输出作为电流调节器 ACR 的输入，用电流调节器的输出去控制可控电压源（Controlled voltage source）。从闭环结构上看，电流调节环在里面，是内环；转速调节环在外面，是外环。

为了获得良好的静态、动态性能，双闭环调速系统的两个调节器通常都采用 PI 调节器。

（三）转速、电流双闭环调速系统的静特性

根据图 2. 2-26 的原理图，可以很容易地画出双闭环调速系统的静态结构图，如图 2. 2-27（a）所示。其中，虚框部分为电机模型，PI 调节器用带限幅的输出特性表示。

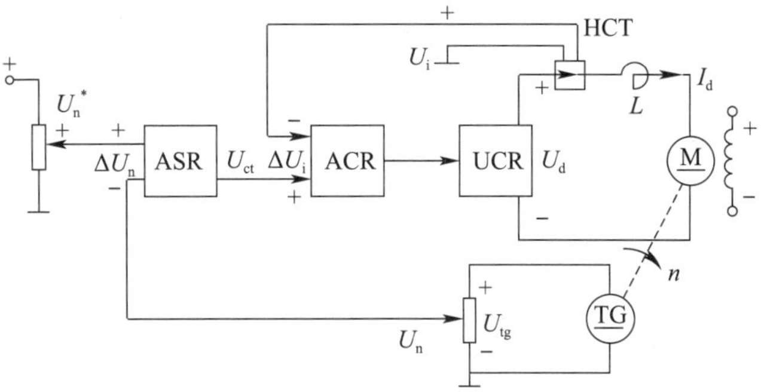

图 2.2-26 转速、电流双闭环调速系统

这种 PI 调节器在工作中一般存在饱和（Saturated）和不饱和两种状况。饱和时输出达到限幅值（Limiting value）；不饱和时输出未达到限幅值，这样的稳态特征是分析双闭环调速系统的关键。当调节器饱和时，输出为恒值，输入量的变化不再影响输出，除非输入信号反向使调节器退出饱和。因此，当调节器饱和后，输入和输出之间的联系被暂时隔断，相当于使该调节器所在的闭环成为开环。当调节器不饱和时，PI 调节器的积分作用使输入偏差电压 ΔU 在稳态时总是等于零。

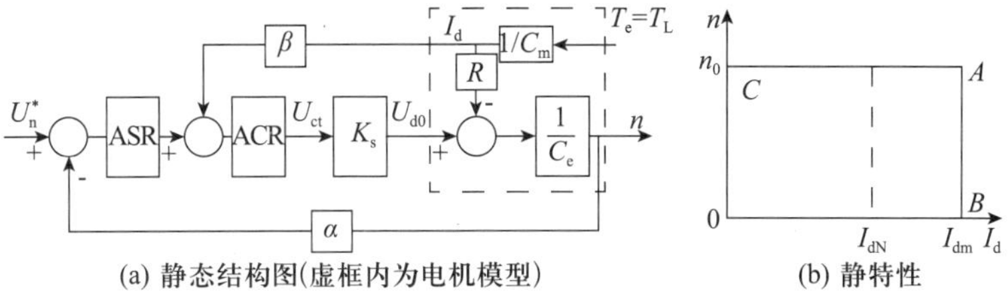

(a) 静态结构图(虚框内为电机模型)　　(b) 静特性

图 2.2-27 双闭环调速系统静态结构图及静特性

双闭环调速系统在正常运行时，电流调节器是不会达到饱和状态的，对于静特性来说，只有转速调节器存在饱和与不饱和两种情况。

在正常负载情况下，转速调节器不饱和，电流调节器也不饱和，稳态时，依靠调节器的调节作用，它们的输入偏差电压都是零。因此系统具有绝对硬的静态特性（无静差），即

$$n=\frac{U_n^*}{\alpha}=n_0 \tag{2-38}$$

从而得到图 2.2-27（b）静特性的 n_0-A 段。由于转速调节器不饱和，$U_i^*<U_{im}^*$，所以 $I_d<I_{dm}$。这表明，n_0-A 段静特性从理想空载状态（$I_d=0$）一直延续到电流最大值，而 I_{dm} 一般都大于电动机的额定电流 I_N。这是系统静特性的正常运行段，是一条水平特性。

当电动机的负载电流上升时，转速调节器的输出 U_i^* 也将上升，当 I_d 上升到某数值

（I_{dm}）时，转速调节器输出达到限幅值 U_{im}^*，转速环失去调节作用，呈开环状态，速度的变化对系统不再产生影响。此时只剩下电流环起作用，双闭环调速系统由转速无静差系统变成一个电流无静差的单闭环恒流调节系统（Single closed loop constant current regulation system）。稳态时

$$I_{dm}=\frac{U_{im}^*}{\beta} \tag{2-39}$$

式中，I_{dm} 是 U_{im}^* 所对应的电枢电流最大值，由设计者根据电动机的容许过载能力和拖动系统允许的最大加速度选定。这时的静特性为图 2.2-27（b）中的 A-B 段，呈现很陡的下垂特性。

由以上分析可知，双闭环调速系统的静特性在负载电流 $I_d<I_{dm}$ 时表现为转速无静差，这时 ASR 起主要调节作用。当负载电流达到 I_{dm} 之后，ASR 饱和，ACR 起主要调节作用，系统表现为电流无静差，实现了过电流的自动保护。这就是采用了两个 PI 调节器分别形成内、外两个闭环的效果，这样的静特性显然比带电流截止负反馈的转速负反馈单闭环调速系统的静特性要强得多。

双闭环调速系统的参数计算与无静差系统的稳态计算相似，即根据调节器的给定与反馈值计算有关系数。例如

$$\alpha=U_{nm}^*/n_{max}；\ \beta=U_{im}^*/I_{dm} \tag{2-40}$$

（四）双闭环调速系统的启动和抗干扰性能

图 2.2-28 绘出了双闭环调速系统的动态结构图。图中，W_{ASR} 和 W_{ACR} 分别表示转速调节器和电流调节器的传递函数；虚框内为电机和串入电枢回路电感部分的模型。此处把可控电源简化为纯滞后模型表示。

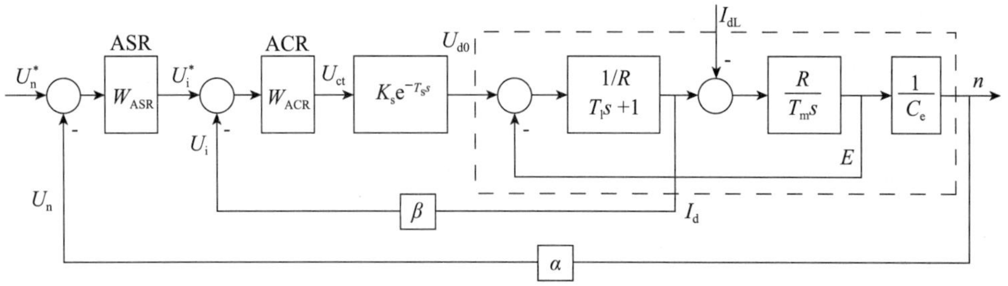

图 2.2-28　双闭环调速系统的动态结构体（虚框内为电机模型）

1. 启动过程

由静止状态启动时，系统中各物理量的过渡过程如图 2.2-29 所示，由于在启动过

程中转速调节器 ASR 经历了不饱和、饱和、退饱和三个阶段，整个启动的过渡过程也就分为三个阶段，在图中分别标以Ⅰ、Ⅱ和Ⅲ。

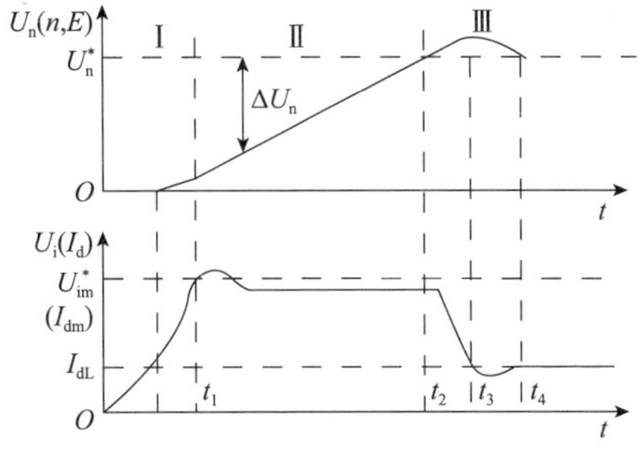

图 2.2-29　双闭环调速系统的速度阶跃响应和电流过渡过程

第Ⅰ阶段：电流上升阶段，对应图 2.2-29 中的时间 $0\sim t_1$。突加给定电压 U_n^* 后，通过两个调节器的控制作用，U_i^*，U_{ct}，U_{d0} 和 I_d 都上升，当 $I_d>I_{dL}$ 后，电动机开始转动。由于电动机机电惯性的作用，转速 n 增长较慢，转速调节器 ASR 输出很快达到限幅值 U_{im}^* 并一直处于限幅值 U_{im}^*，这相当于速度环处于开环状态，ASR 对系统的作用只是对电流调节环发出最大电流指令。

在 ASR 输出限幅值 U_{im}^* 的作用下，ACR 的输出 U_{ct} 也有一跃变。U_{ct} 的突升，使可控电源的输出电压 U_{d0} 也突增至一定值，强迫电枢平均电流 I_d 迅速上升。当 $I_d\approx I_{dm}$ 时，$U_i\approx U_{im}^*$，电流反馈电压与给定电压相平衡，双闭环调速系统启动过渡过程中电流调节器 ACR 的作用使 I_d 不再迅速增长，标志着这一阶段的结束。在这一阶段中，ASR 由不饱和很快达到饱和，ACR 一般应该不饱和，以保证电流环的调节作用。

第Ⅱ阶段：恒流升速阶段，对应图 2.2-29 中的时间 $t_1\sim t_2$。这是启动过程的主要阶段，从电流上升到最大值 I_{dm} 开始，到转速升到给定值 n（静特性上的 n_0）为止。在这个阶段中，由于 ASR 的输入偏差 $\Delta U_n=U_n^*-U_n$ 一直为正，因此输出一直是饱和的，转速环相当于开环，系统只剩下电流环单闭环工作，表现为在恒值电流给定 U_{im}^* 作用下的电流调节系统，ACR 的调节作用使电枢电流 I_d 基本上保持恒定（电流 I_d 可能超调，也可能不超调，取决于电流调节器的结构和参数），若负载转矩恒定，则电动机的加速度恒定，转速和电动势都按线性规律增长。

第Ⅲ阶段：转速调节阶段。对应图 2.2-29 中的 $t_2\sim t_4$。这个阶段从电动机转速上升到给定值时开始。此时转速调节器的给定电压 U_n^* 与反馈电压 U_n 相平衡，输入偏差电

压 ΔU_n 为零。由于控制器中积分的作用，电机在加速过程中产生转速超调，转速超调以后，$U_n>U_n^*$，ASR 输入端的偏差电压 ΔU_n 改变极性（Polarity）（原来为正，现在变负），使输出电压幅值被迫迅速下降而退出饱和状态。此后 ASR 和 ACR 处于不饱和状态，PI 控制器将调节输出直到状态变量转速 n 和电流 I_d 稳定。如果调节器的参数整定不当，还会有振荡（Oscillation）。

在最后的转速调节阶段，ASR 和 ACR 都不饱和，同时起调节作用。由于转速调节在外环，ASR 处于主导地位，电流调节在内环，ACR 的作用是力图使 I_d 尽快地跟随 ASR 的输出量 U_i^*，或者说，ACR 处于从属地位，电流内环是一个电流随动系统。

综上所述，串级结构的双闭环调速系统，在突加给定电压 U_n^* 时的启动过程有以下特点。

（1）饱和非线性控制（Saturated nonlinear control）

随着转速调节器 ASR 的饱和与不饱和，调速系统处于完全不同的运行状态。当 ASR 饱和时，转速环开环，系统表现为恒值电流调节的单闭环系统；当 ASR 不饱和时，转速环闭环，系统是一个无静差调速系统，电流内环则表现为电流随动系统。

（2）准时间最优控制（Quasi-time optimal control）

启动过程中主要阶段是第Ⅱ阶段，即恒流升速阶段，其特征是保持电流为允许的最大值，以便充分发挥电动机的过载能力，使启动过程尽可能快。这样，系统在最大电流受限制的约束条件下，可以实现“最短时间控制”，或称“时间最优控制”。

（3）转速超调（Speed overshoot）

由于采用了饱和非线性控制，启动过程进入第Ⅲ阶段即转速调节阶段后，必须使 ASR 退出饱和才能真正发挥线性调节的作用。根据具有限幅输出的 PI 调节器的响应特性，只有使转速超调，ASR 的输入偏差电压 ΔU_n 改变极性，才能使 ASR 退出饱和。因此，采用 PI 调节器的双闭环调速系统转速的动态响应一定有超调。

（五）抗干扰性能的定性分析（Qualitative analysis of disturbance immunity）

图 2.2-30 为采用转速、电流双闭环调速系统加上负载扰动和电源电压扰动的动态结构图，其中虚线框内为电机模型。根据此图，对该系统的抗负载扰动和抗电源电压扰动性能进行分析。

1. 抗负载扰动

负载扰动作用在电流调节环之外。虽然负载扰动引起的反电势的波动会引起电流环

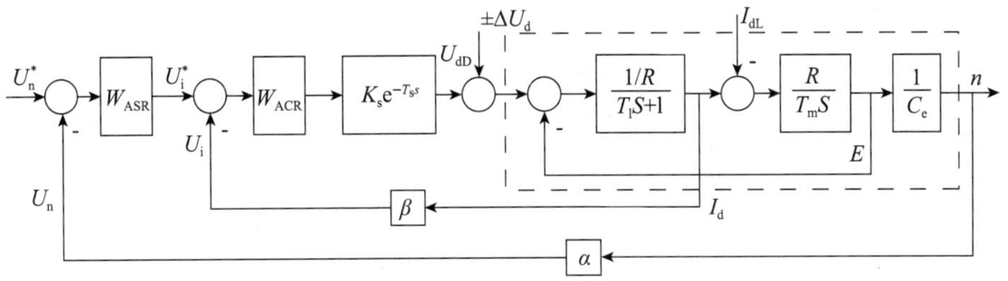

图 2.2-30　加上负载扰动和电源电压扰动的结构图

输出的变化，但是如果假定转速环对负载扰动反应较慢，则 U_i^* 尚未来得及变化就有下面过程发生，所以电流环对负载扰动没有直接的抑制作用，负载扰动主要靠转速调节器解决。

2. 抗电网电压的波动

在单闭环调速系统中，电网电压扰动和负载扰动都作用在被负反馈包围的前向通道上，两种扰动都要等到转速出现变化后系统才能有调节作用，但电网电压扰动离被调量转速的位置较负载扰动远，它的变化要先影响到电枢电流，再经过机电惯性才能反映到转速上来，等到转速反馈产生调节作用，时间已经比较迟了，因此系统抑制电压扰动的性能较差。

采用转速、电流双闭环调速系统后，由于电网电压扰动被包围在电流环里面，当电网电压波动时，可以通过电流反馈得到及时调节，不必等到它影响到转速后，再由转速调节器做出反应。因此，在该系统中，由电网电压扰动所引起的动态速度（Dynamic speed）变化要比在单闭环调速系统中小得多。

（六）双闭环调速系统动态参数工程设计方法

转速、电流双闭环调速系统是一种多环系统（Multi-loop system），设计多环控制系统的一般方法是：从内环开始，逐步向外扩大，一环一环地进行设计。因此，对于双闭环调速系统，应先从电流环开始，首先确定电流调节器的结构和参数，然后把整个电流环当转速环内的一个环节，和其他环节一起作为转速环的控制对象，再来确定转速调节器的结构和参数。

1. 双闭环调速系统的动态结构图

考虑到信号在实际传输过程中往往都增加了滤波（Filter）环节，此处把滤波环节（包括电流滤波、转速滤波和两个给定滤波环节）增加到前面讲到的采用转速、电流双闭环调速系统的动态结构图中，增加滤波后的采用转速、电流双闭环调速系统的动态结构图如图 2. 2-31 所示。

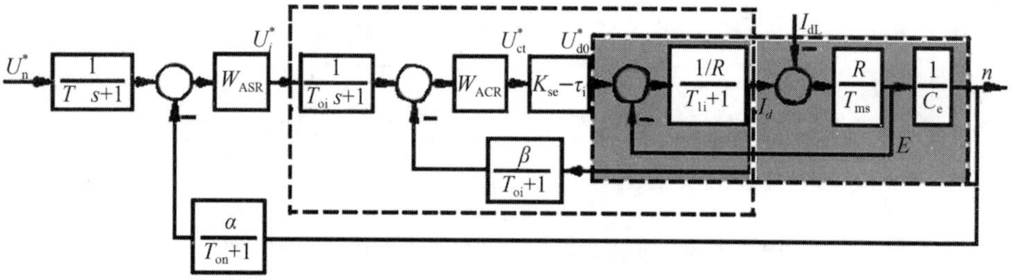

图 2. 2-31　增加滤波后的采用转速、电流双闭环调速系统的动态结构图

在实际电路中，来自电流检测单元的反馈信号中常含有交流分量（AC component），需要加低通滤波（Low pass filter），T_{oi} 为电流滤波时间常数，其大小按需要选定。滤波环节可以滤除电流反馈信号中的交流分量，但同时使反馈信号延滞。为了平衡这一延滞作用，在给定信号通道中也加入一个时间常数与之相同的惯性环节，称为“给定滤波”环节。其意义是：让给定信号和反馈信号经过相同的延滞，使二者在时间上得到恰当的配合，从而带来设计上的方便。速度环中含有对电动机测速的转速反馈信号，其中含有一定的换向纹波（Reversing ripple），也需要经过滤波，T_{on} 为转速滤波时间常数。给定通道也需要引入与转速滤波时间常数一致的改定滤波环节。

2. 电流调节器的设计

如图 2. 2-31 所示双闭环结构的电流环为内环，首先为电流环设计调节器。图 2. 2-31 中右侧虚线框是电流环的动态结构图，可以看到电流环内存在电动机反电动势产生的交叉反馈，它代表转速环输出量对电流环的影响。由于转速环尚未设计，要考虑它的影响是比较困难的。但是，在实际系统中，电动机反电动势和机电时间常数 T_m 有关，机电时间常数 T_m 比电枢回路的电磁时间常数 T_l 大得多，即 $T_m>>T_l$，因此电流调节的过程比转速的变化快得多，也就是电动机反电动势对电流环来说是个缓慢变化的过程。在电流调节器快速调节过程中，可以认为反电动势 E 基本不变，即 $\Delta E\approx0$。这样，在设计电流环时可以暂时不考虑反电动势变化的影响，将作用于电流环的电动势反馈作用断开，从而解除了交叉反馈。

由于 T_s 和 T_{oi} 一般都比 T_i 小得多，因此，可以把滤波环节及整流装置延时环节近似看成一个小惯性环节。

$$T_{\Sigma i}=T_s+T_{oi} \tag{2-41}$$

再根据结构图等效交换原则，对电流环结构进行化简后得到电流环简化后的动态结构框图，如图 2. 2-32 所示。

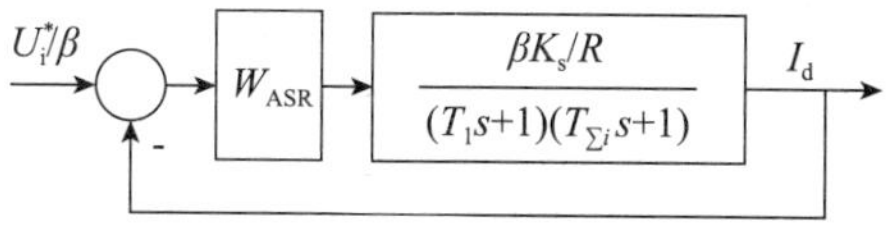

图 2. 2-32　电流环简化后的动态结构框图

3. 电流调节器结构和参数的选择

从稳态要求上看，希望电流环做到无定向（Astatic）以获得理想的堵转特性；从动态要求来看，电流环的一项重要作用就是跟随电流给定、超调量越小越好。可以把电流环校正成典型Ⅰ型系统。电流环的另一个重要作用是对电网电压波动进行及时调节，所以从提高抗干扰性能的观点出发又希望把电流环校正成典型Ⅱ型系统。当电流环控制对象的两个时间常数之比 $T_s/T_{\Sigma i}>>10$ 时，典型Ⅰ型系统的恢复时间还是可以接受的，因此，一般情况下多按典型Ⅰ型系统来选择电流调节器，下面就讨论这种情况。

由图 2. 2-32 可知，电流环的控制对象是两个惯性环节，为了把电流环校正成典型Ⅰ型系统，显然应该采用 PI 调节器，其传递函数为

$$W_{ACR}(S)=\frac{K_i\ (\tau_i s+1)}{\tau_i s} \tag{2-42}$$

式中，K_i 为电流调节器的比例放大系数；τ_i 为电流调节器的领先时间常数。

PI 调节器的比例放大系数 K_i 的选择取决于系统的动态性能指标。通常希望超调量小，如果要求 $\sigma\leqslant5\%$。则选择 PI 调节器参数为

$$\tau_i=T_l \tag{2-43}$$

$$K_i=\frac{T_i R}{2K_s\beta T_{\Sigma i}} \tag{2-44}$$

如果实际系统要求不同的动态跟随性能指标，PI 调节器参数应当进行相应的改变。

4. 转速调节器的设计

（1）电流环的等效闭环传递函数

上面曾经提到，在设计转速调节器时，可把已经设计好的电流环当转速环内的一个环节，和其他环节一起构成转速环的控制对象。经过等效计算发现，电流环控制对象经闭环控制后，可以近似地等效成一阶惯性环节。

$$\frac{I_d\ (s)}{U_i^*\ (s)}\approx\frac{1/\beta}{2T_{\Sigma i}+1} \tag{2-45}$$

（2）转速环的动态结构图

用电流环的等效闭环传递函数代替系统中的电流闭环，则双闭环系统的动态等效框图可以简化为图 2. 2-33。

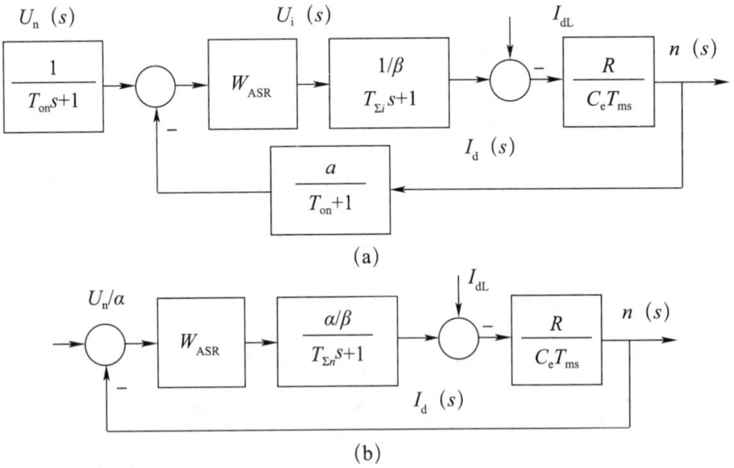

图 2. 2-33　转速环动态结构图及近似处理

根据结构图的等效运算原则，把滤波环节及电流环闭环延时环节近似看成一个小惯性环节 $T_{\Sigma n}=T_{on}+2T_{\Sigma i}$，则转速环（Speed ring）的动态结构图可简化成图 2. 2-33 的形式。

5. 转速调节器结构和参数的选择

由图 2. 2-33（b）可以看出，转速环控制对象的传递函数中包含一个积分环节和一个惯性环节，而积分环节在负载扰动作用点之后。转速环的主要扰动为负载扰动，如果允许调速系统在负载扰动下有静差，则转速调节器 ASR 只采用比例调节器（Proportional regulator），按典型Ⅰ型系统选择参数就可以了。如果要实现转速无静差，则必须在扰动作用点之前设置一个积分环节，就应该按典型Ⅱ型系统设计转速调节器 ASR 了。而且，从动态抗干扰性能（Dynamic disturbance resistance）来看，典型Ⅱ型系统也能达到更好的指标要求。

为了把转速环校正成典型Ⅱ型系统，转速调节也应该采用 PI 调节器，其传递函数为

$$W_{ASR}(s)=\frac{K_n(\tau_n s+1)}{\tau_n s} \tag{2-46}$$

式中，K_n 为转速调节器的比例放大系数；τ_n 为转速调节器的领先时间常数。则选择 PI 调节器参数为

$$\tau_n \doteq hT_{\Sigma n} \tag{2-47}$$

$$K_n = \frac{\beta C_e T_m}{\sqrt{h} \alpha R T_{\Sigma n}} \tag{2-48}$$

至于中频宽（Intermediate frequency width）h 选多大，应由系统对动态性能的要求来决定。如无特殊要求，一般选 $h=5$。

2.3 伺服电机及其伺服控制技术

伺服电机（Servo motor）是指在伺服系统中控制机械元件运转的发动机，可以把输入的电压信号转化为电动机轴上的角位移或角速度输出以驱动控制对象。伺服电机分为直流伺服电机和交流伺服电机两大类。其主要特点是，当信号电压为零时无自转现象，转速随着转矩的增加而匀速下降。伺服电机可使控制速度、位置精度非常准确，因此目前的伺服电机控制系统中，伺服电机为核心硬件。

作为数控系统关键组成模块之一，从广义上讲，伺服电机控制技术采用计算机系统进行控制，通过相关算法进行软件操作。伺服控制技术具有稳定性强、操作精确、参数稳定的优势，相比于其他控制技术，制作成 ASIC 电路更加容易。

伺服电机控制技术主要分为直流伺服控制技术和交流伺服控制技术。

目前，直流伺服控制技术是一项发展比较成熟的技术，使用范围也较为广泛。而交流伺服控制技术克服了直流伺服控制技术的一些缺点，并且可以应用在大功率环境，也可以应用于高速运动。可以预见，交流伺服控制技术不久会得到广泛使用，甚至在很多场合可以取代直流伺服电机控制技术。

随着国内电机行业不断发展，电机控制技术也愈发完善。在伺服电机控制技术中有多种算法机制，每种算法都有其独特的优势与不足，进而促进伺服控制系统从单向调节到可逆调节的演化过程。

2.3.1 直流伺服电机（DC servo motor）

直流伺服电机有传统型和低惯量型两大类。直流伺服电机按励磁方式可分为永磁式（Permanent magnet）和电磁式（Electromagnetic）两种。传统式直流伺服电机的结构形式和普通直流电机基本相同，按励磁方式可分为永磁式和电磁式两种。常用的低惯量直流伺服电机有盘形电枢直流伺服电机（Disc armature DC servo motor）、空心杯形电枢永磁式直流伺服电机（Permanent magnet DC servo motor with hollow cup armature）、无槽电枢直流伺服电机（Slotless armature DC servo motor）。

（一）直流伺服电机的基本工作原理

传统直流伺服电机的基本工作原理与普通直流电动机完全相同，仍然基于电磁感应定律和电磁力定律（Law of electromagnetic force）这两个基本定律。当电枢两端接通直流电源时，电枢绕组中就有电枢电流 I_a 流过，电枢电流 I_a 与气隙磁场（Air gap magnetic field）（每极磁通 Φ）相互作用，产生电磁转矩 T_e，电机就可以带动负载旋转，改变电机的输入参数（电枢电压、每极磁通等），其输出参数（如位置、速度、加速度或转矩等）就会随之变化，这就是直流伺服电机的工作原理。

（二）直流伺服电机的结构特点

传统型直流伺服电机的结构形式和普通直流电动机基本相同，也是由定子、转子两大部分组成，按励磁方式可分为永磁式和电磁式两种。体积和容量都很小，无换向极，转子细长，便于控制。

（1）电磁式直流伺服电机（Electromagnetic DC servo motor）

电磁式直流伺服电机的定子铁芯通常由硅钢片冲制叠压而成，磁极和磁轭整体相连，如图 2. 3-1（a）所示，在磁极铁芯上套有励磁绕组。转子铁芯与小型直流电机的转子铁芯相同，由硅钢片冲制叠压而成，在转子冲片的外圆周上开有均匀分布的齿槽，如图 2. 3-1（b）所示，在转子槽中放置电枢绕组，并经换向器、电刷引出。电枢绕组和励磁绕组分别由两个独立电源供电，属于他励式。其主磁场由励磁绕组中通入励磁电流产生。

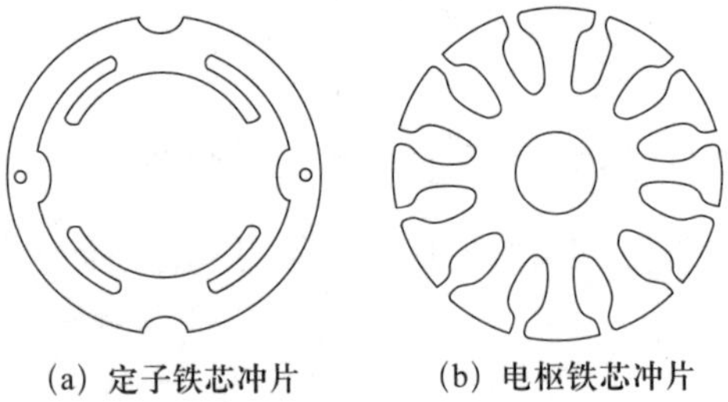

(a) 定子铁芯冲片　　(b) 电枢铁芯冲片

图 2. 3-1　电磁式直流伺服电机的铁芯冲片

（2）永磁式直流伺服电机（Permanent magnet DC servo motor）

常用永磁式直流伺服电机的结构如图 2. 3-2 所示。永磁式直流伺服电机与电磁式直流伺服电机的电枢基本相同，它们的不同之处在于，永磁式伺服电机的主磁极由永磁体构成。由于取消了主磁极铁芯和励磁绕组，不仅提高了电机的效率，而且使电机的体积明显减小。随着永磁材料的不断进步，永磁式直流伺服电机的体积也在不断减小。

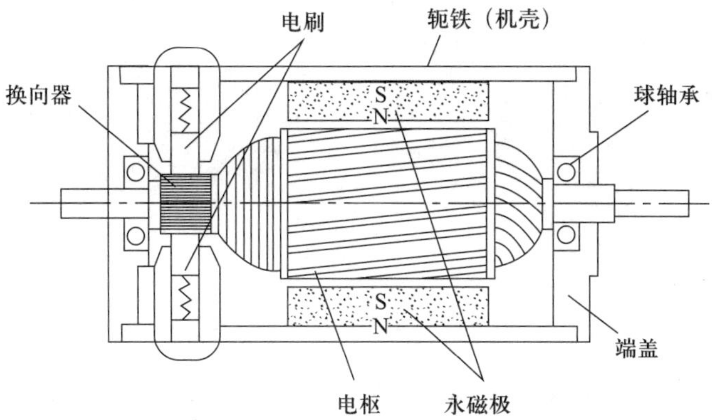

图 2.3-2　永磁式直流伺服电机的结构

永磁式直流伺服电机采用的永磁材料主要有铝镍钴（Aluminum nickel cobalt）、铁氧体（Ferrite）和稀土永磁（Rare earth permanent magnet）等。不同永磁材料的磁特性差异很大，因此采用不同永磁材料时，永磁式直流伺服电机的磁极结构也各不相同。

铝镍钴永磁材料的特点是剩磁较大而矫顽力很小，为了避免电机磁极永久性去磁，铝镍钴永磁体的磁化方向长度较长。

铁氧体永磁材料的特点与铝镍钴永磁材料的特点正好相反，其剩磁较小而矫顽力较大。为了电机的磁负荷，需要尽可能增大永磁体的有效截面。

钕铁硼永磁材料具有优良的磁性能，其剩磁感应强度可达铁氧体永磁材料的 3 倍，矫顽力可达铝镍钴永磁材料的 10 倍以上。与其他两种永磁材料的电机相比，钕铁硼永磁直流伺服电机的体积更小，性能也更优良。

以上是具有传统结构的直流伺服电机。现代伺服控制系统对快速响应性的要求越来越高，尽可能减小伺服电机的转动惯量，以便减小电机的机电时间常数，提高伺服控制系统的快速响应能力，已经成为伺服电机的一个重要技术要求。为此，多种类型的低惯量型直流伺服电机应运而生。

（3）盘形电枢直流伺服电机

盘形电枢直流伺服电机如图 2.3-3 所示。它的定子由磁钢（永久磁铁）和前、后磁轭（磁轭由软磁材料构成）组成，磁钢可在圆盘的一侧放置，也可以在两侧同时放置，磁钢产生轴向磁场，它的极数比较多，一般制成 6 极、8 极或 10 极。电机的气隙就位于圆盘的两边，圆盘上有电枢绕组，可分为印制绕组（Printed winding）和绕线式绕组（Wound winding）两种形式。

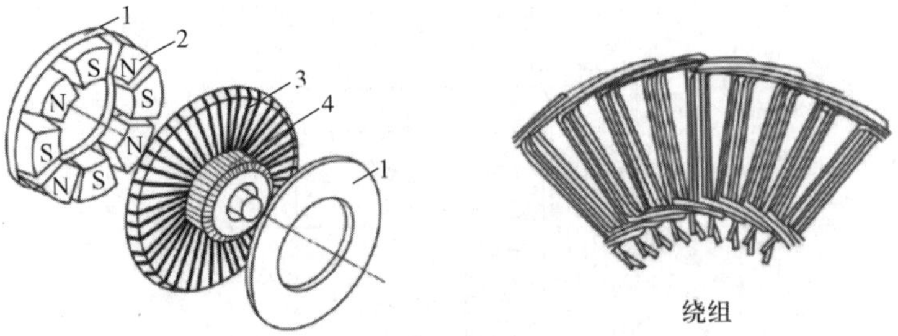

1—磁轭；2—磁钢；3—电枢绕组；4—换向器

图 2. 3-3　盘形电枢直流伺服电机结构图

印制绕组直流伺服电机性能特点如下：

①电机结构简单，制造成本低。

②启动转矩大：由于电枢绕组全部在气隙中，散热良好，其绕组电流密度比普通直流伺服电机高 10 倍以上，因此允许的启动电流大，启动转矩也大。

③力矩波动很小，低速运行稳定，调速范围广而平滑，能在 1∶20 的速比范围内可靠平稳运行。主要是由于这种电机没有齿数效应以及电枢元件数、换向片数很多。

④电枢转动惯量小，反应快，属于中等低惯量伺服电机。

⑤印制绕组直流伺服电机由于气隙大、主磁极漏磁大、磁动势利用率不高，因而效率不高。

⑥电枢直径大，限制了机电时间常数进一步降低。

（4）空心杯形电枢永磁式直流伺服电机

空心杯形电枢永磁式直流伺服电机如图 2. 3-4 所示。它有一个外定子（Outer stator）和一个内定子（Inner stator），通常外定子是由两个半圆形（瓦片形）的永久磁铁组成，也可以是通常的电磁式结构；而内定子则由圆柱形的软磁材料做成，仅作为磁路的一部分，以减小磁路的磁阻。

也可采用与此相反的形式，内定子为永磁体，而外定子采用软磁材料，这时定子为磁路的一部分。这种结构形式称为内磁场式，与上面介绍的外磁场式在原理上相同。

空心杯形电枢上的电枢绕组可采用印制绕组，也可以先绕成单个成型线圈，然后将它们沿圆周的轴向方向排列成空心杯形，再用环氧树脂热固化成型。空心杯形电枢直接装在转轴上，在内、外定子间的气隙中旋转。电枢绕组接到换向器上，由电刷引出。

空心杯形转子直流伺服电机性能特点如下：

①低惯量（Low inertia）。由于转子无铁芯，且薄壁细长，转动惯量极低。

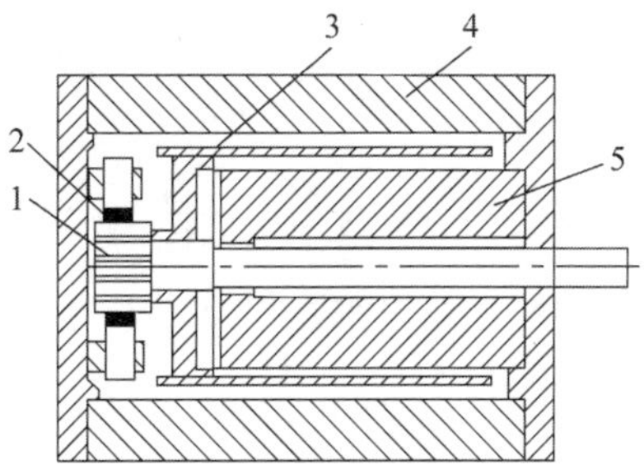

1—换向器；2—电刷；3—空心杯形电枢；4—外定子；5—内定子

图 2.3-4　空心杯形电枢永磁式直流伺服电机结构简图

②灵敏度高。因转子绕组散热条件好，并且永久磁钢体积大，可提高气隙的磁通密度，所以力矩大。因而转矩与转动惯量（Moment of inertia）之比很大，时间常数（Time constant）很小，灵敏度高，快速性好。

③力矩波动（Torque fluctuation）小，低速转动平稳，噪声很小。由于绕组在气隙中分布均匀，不存在齿槽效应，因此力矩传递均匀，波动小，故运行时噪声小，低速运转平稳。

④换向性能好，寿命长。由于杯形转子无铁芯，换向元件电感很小，几乎不产生火花，换向性能好，因此大大提高了电机的寿命。由于换向火花很小，可大大减少对无线电的干扰。

⑤损耗小，效率高。因转子中无磁滞和涡流造成的铁芯损耗，所以效率较高。

（5）无槽电枢直流伺服电机

无槽电枢直流伺服电机如图 2.3-5 所示。它的电枢铁芯上并不开槽，即电枢铁芯是光滑、无槽的圆柱体。电枢的制造是将电枢绕组直接排列在光滑的电枢铁芯表面，再用环氧树脂固化成型，并把它与电枢铁芯粘成一个整体，其气隙尺寸比较大，比普通的直流伺服电机大 10 倍以上。其定子磁极可以用永久磁铁做成，也可采用电磁式结构。

图 2.3-5　无槽电枢直流伺服电机结构示意图

由于无槽电枢直流伺服电机在磁路上不存在齿部磁通密度饱和（Saturation of magnetic flux density of tooth）的问题，因此可以大大提高电机的气隙磁通密度（Air gap flux density）并减小电枢的外径。所以无槽电枢直流伺服电机具有启动转矩较大、反应较快、启动灵敏度较高、转速平稳、低速运行均匀、换向性能良好等优点，主要用于要求快速动作、功率较大的系统，例如，数控机床和雷达天线驱动等方面。无槽电枢直流伺服电机的转动惯量和电枢绕组电感（Armature winding inductance）比较大，因而动态性能不如盘形电枢直流伺服电机和空心杯形电枢永磁式直流伺服电机。

（三）伺服电机运行特性

伺服电机的运行特性包括机械特性（Mechanical properties）和调节特性（Regulation characteristics）。为了简化分析，可做如下假设：电机磁路不饱和；电刷位于几何中性线。因此可以略去负载时电枢反应对主磁场的影响，认为电机的每极气隙磁通 Φ 将保持恒定。

1. 机械特性

直流伺服电机的机械特性是指当电源电压 U 为常量、气隙每极磁通量 Φ 为常量时，电机的转速 n 和电磁转矩 T_e 之间的关系曲线，即 $n=f(T_e)$。在直流伺服电机的诸多特性中，机械特性是最重要的特性。它是选用直流伺服电机的依据。

直流伺服电机的机械特性方程与直流电机的机械特性方程基本相同，即

$$n=\frac{U_a}{C_e\Phi}-\frac{T_{em}R_a}{C_eC_m\Phi^2}=n_0-kT_{em} \tag{2-49}$$

式中，$n_0=\dfrac{U_a}{C_e\Phi}$ 为理想空载转速（Ideal no load speed）；$k=\dfrac{R_a}{C_eC_m\Phi^2}$，称为机械特性直线的斜率（Slope）。

n_0、T_k、k 的物理意义：

理想空载转速 n_0：n_0 是电磁转矩 $T_e=0$ 时的转速，由于电机空载时 $T_e=T_0$，电机的空载转速低于理想空载转速。

堵转转矩 T_k：T_k 是转速 $n=0$ 时的电磁转矩。

机械特性直线的斜率 k：斜率 k 前面的负号表示直线是下倾的。斜率 k 的大小直接表示了电机电磁转矩变化所引起的转速变化程度。斜率 k 大，转矩变化时转速变化大，机械特性软。反之，斜率 k 小，机械特性就硬。

2. 电枢电压对机械特性的影响

改变电枢电压 U_a，电机的机械特性就会发生变化。由机械特性方程可知，电机的

理想空载转速 n_0 与电枢电压 U_a 成正比，但是斜率 k 则与电枢电压无关，保持不变。所以，对应于不同的电枢电压，可以得到一组相互平行的机械特性曲线，如图 2.3-6 所示。随电枢电压的降低，机械特性曲线平行地向原点移动，但是机械特性曲线的斜率不变，即机械特性的硬度不变，这是电枢控制的优点之一。

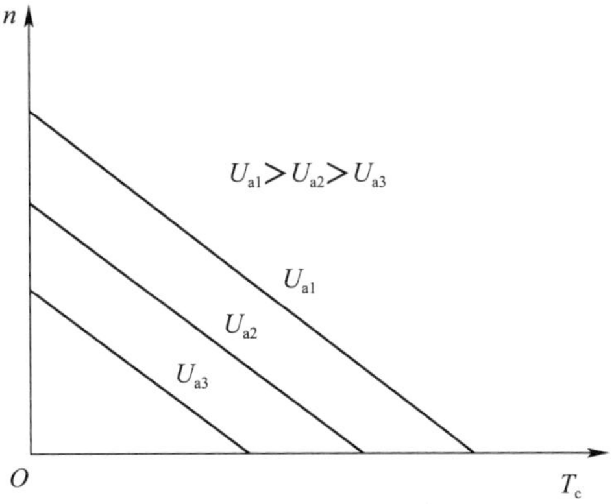

图 2.3-6 不同控制电压时的机械特性

3. 调节特性

直流伺服电机调节特性表示在一定的励磁条件（Excitation conditions）下，负载转矩 T_L 恒定时，稳态转速（Steady state speed）n 与电枢控制电压 U_a 之间的关系，即

$$n=f(U_a) \tag{2-50}$$

当负载转矩保持不变时，电机轴上的总阻转矩 $T_s=T_L+T_0$（式中，T_0 为电机的空载转矩）也不变，因此电机稳态运行时，其电磁转矩 $T_e=T_s$ 为常数。

由机械特性方程可得电机的转速 n 与控制电压 U_a 的关系为

$$n=\frac{U}{C_e\Phi}-\frac{R_a}{C_eC_T\Phi^2}\cdot T_{em} \tag{2-51}$$

对应的直流伺服电机的调节特性如图 2.3-7 所示，它们也是一组平行的直线。直线的斜率为

$$k_1=\frac{1}{C_e\Phi} \tag{2-52}$$

它与负载的大小无关，仅由直流伺服电机的参数决定。

由图 2.3-7 可知，这些调节特性曲线与横轴的交点，就表示在一定负载转矩下电机的始动电压。若负载转矩一定时，电机的控制电压大于相对应的始动电压，它便能转动起来并达到某一转速；反之，控制电压小于相对应的始动电压，则电机的最大电磁转矩

仍小于负载转矩，电机就不能启动。所以，调节特性曲线的横坐标从零到始动电压的这一范围称为在一定负载转矩下伺服电机的失灵区。显然，失灵区的大小是与负载转矩成正比的。

由以上分析可知，电枢控制时直流伺服电机的机械特性和调节特性都是一组平行的直线。这是直流伺服电机很可贵的特点，也是交流伺服电机所不及的。但是上述结论是在假设电机的磁路为不饱和及忽略电枢反应的前提下得到的，实际的直流伺服电机的特性曲线只是一组接近直线的曲线。

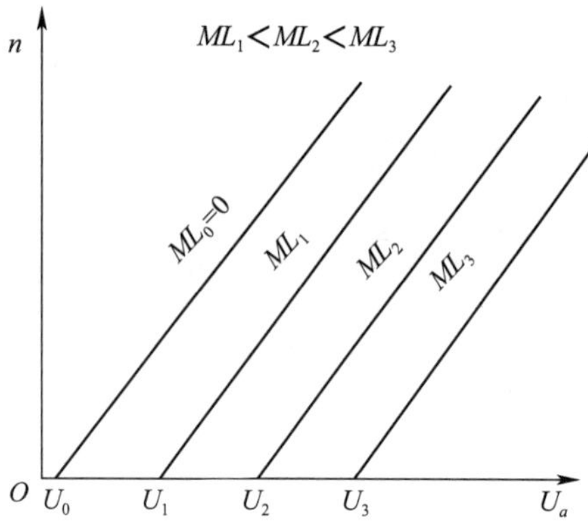

图 2.3-7　直流伺服电机的调节特性

2.3.2　交流伺服电机（AC servo motor）

交流伺服电机按结构和工作原理的不同，可分为交流异步伺服电机（AC asynchronous servo motor）和交流同步伺服电机（AC synchronous servo motor）。交流异步伺服电机又分为两相交流异步伺服电机（Two-phase AC asynchronous servo motor）和三相交流异步伺服电机（Three-phase AC asynchronous servo motor），其中两相交流异步伺服电机又分为笼型转子两相伺服电机（Cage rotor two-phase servo motor）和空心杯形转子两相伺服电机（Two-phase servo motor with hollow cup rotor）等。同步伺服电机（Synchronous servo motor）则分为永磁式同步电机（Permanent magnet synchronous motor）、磁阻式同步电机（Reluctance synchronous motor）和磁滞式同步电机（Hysteresis synchronous motor）等。

（一）交流伺服电机工作原理

交流伺服电机在没有控制电压时，气隙中只有励磁绕组（Excitation winding）产生的脉动磁场（Pulsating magnetic field），转子上因没有启动转矩而静止不动。当有控制电压且控制绕组电流（Control winding current）和励磁绕组电流（Excitation winding current）不同相时，则在气隙中产生一个旋转磁场并产生电磁转矩，使转子沿旋转磁场的方向旋转。但是对伺服电机的要求不仅是在控制电压作用下能启动，而且在电压消失后电机应能立即停转。如果伺服电机控制电压消失后像一般单相异步电机（Single-phase asynchronous motor）那样继续转动，则出现失控现象，这种因失控而自行旋转的现象为自转。

为消除交流伺服电机的自转现象，必须加大转子电阻（Rotor resistance），这是因为当控制电压消失后，伺服电机处于单相运行状态（Single-phase operation status），若转子电阻很大，使临界转差率（Critical slip）$s_m>1$，则正负序旋转磁场（Positive and negative sequence rotating magnetic field）与转子作用产生两个转矩特性曲线（Torque characteristic curve）以及合成转矩特性曲线（Synthetic torque characteristic curve）合成转矩（Combined torque）的方向与电机旋转方向（Motor rotation direction）相反，是一个制动转矩（Braking torque），这就保证了当控制电压消失后转子仍转动时，电机将被迅速制动而停下。转子电阻加大后，不仅可以消除自转，还具有扩大调速范围、改善调节特性、提高反应速度等优点。

交流伺服电机的工作原理与分相式单相异步电机（Split phase single-phase asynchronous motor）虽然相似，但前者的转子电阻比后者大得多，所以伺服电机与单相异步电机相比，有三个显著特点：启动转矩大、运行范围较广、无自转现象。

交流伺服电机的输出功率（Output power）一般是 0.1~100 W。当电源频率（Power frequency）为 50 Hz 时，电压有 36 V、110 V、220 V、380 V；当电源频率为 400 Hz 时，电压有 20 V、26 V、36 V、115 V 等多种。

交流伺服电机运行平稳、噪声小。但控制特性是非线性（Nonlinearity）的，并且由于转子电阻大、损耗大、效率低，因此与同容量直流伺服电机相比，其体积大、重量大，所以只适用于 0.5~100 W 的小功率控制系统。

（二）交流伺服电机基本结构

交流伺服电机主要由定子和转子构成，其结构图如图 2.3-8 所示。

交流伺服电机在定子上装有两个位置互差 90°的绕组，一个是励磁绕组 R_f，它始终接在交流电压 U_f 上；另一个是控制绕组 L，连接控制信号电压 U_c。所以交流伺服电机又称两个伺服电机。

交流伺服电机的转子通常做成鼠笼式（Squirrel cage），但为了使伺服电机具有较宽的调速范围、线性的机械特性、无自转现象和快速响应的性能，与普通电机相比，它应具有转子电阻大和转动惯量小（Small moment of inertia）这两个特点。目前应用较多的转子结构有两种形式：一种是采用高电阻率（High resistivity）的导电材料做成的鼠笼转子（Squirrel-cage rotor），为了减小转子的转动惯量，转子做得细长；另一种是采用铝合金制成的空心杯形转子（Hollow cup rotor），杯壁很薄，仅 0.2～0.3 mm，为了减小磁路的磁阻，要在空心杯形转子内放置固定的内定子。空心杯形转子的转动惯量很小，反应迅速，而且运转平稳，因此被广泛采用。

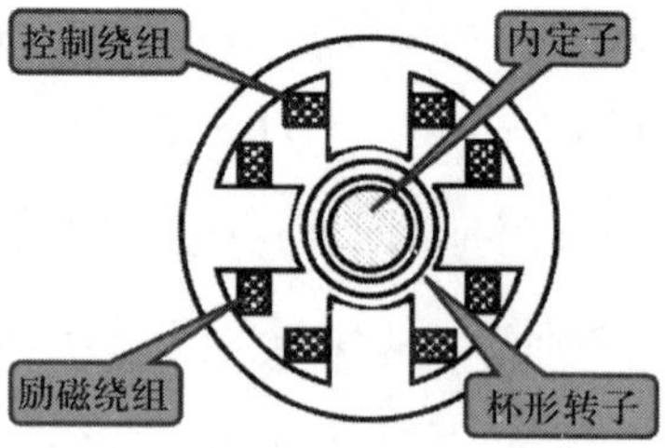

图 2.3-8　交流伺服电机结构图

1. 高电阻率导条的笼型转子

笼型转子交流异步伺服电机的结构如图 2.3-9 所示。励磁绕组和控制绕组均为分布绕组；转子结构与普通异步电机的笼型转子一样，但是，为了减小转子的转动惯量，需做成细长转子。笼型导条（Cage guide bar）和端环采用高电阻率的导电材料（如黄铜、青铜等）制造，也可采用铸铝转子，其导电材料为高电阻率的铝合金材料。

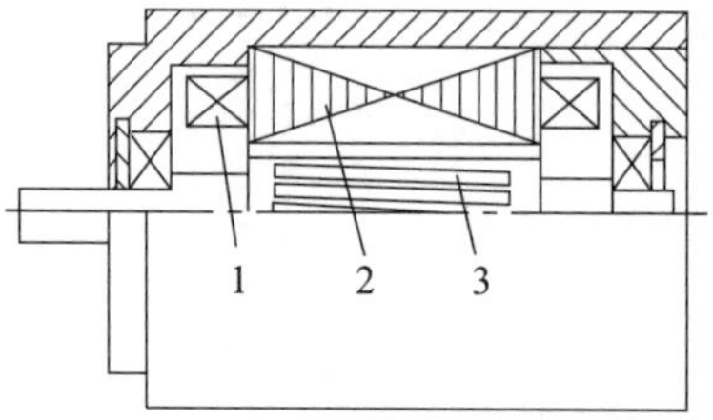

1—定子绕组；2—定子铁芯；3—笼型转子

图 2.3-9　笼型转子交流异步伺服电机结构示意图

2. 非磁性空心杯形转子

非磁性空心杯形转子两相交流异步伺服电机（Two-phase AC asynchronous servo motor with non magnetic hollow cup rotor）由外定子、内定子和杯形转子（Cup rotor）等构成，其结构如图 2.3-10 所示。它的外定子用硅钢片冲制叠压而成，两相绕组（Two-phase winding）嵌于内圆均匀分布的槽中，两相绕组在空间相距 90°电角度（Electric angle）。

内定子也用硅钢片冲制叠压而成，一般不嵌放绕组，而仅作为磁路的一部分，以减小主磁通磁路（Main flux circuit）的磁阻（Reluctance）。内定子铁芯（Inner stator core）的中心处开有内孔，转轴从内孔中穿过。空心杯形转子由非磁性导电金属材料（Non magnetic conductive metal material）（一般为铝合金）加工成杯形，置于内、外定子铁芯（Outer stator core）之间的气隙中，并靠其底盘和转轴固定，随转轴在内、外定子之间自由转动。

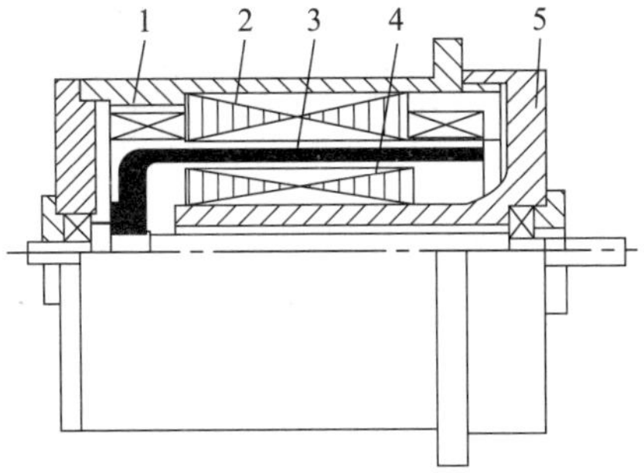

1—机壳；2—外定子；3—杯形转子；4—内定子铁芯；5—端盖

图 2.3-10　非磁性空心杯形转子异步伺服电机结构示意图

（三）两相异步伺服电机的控制方式

两相异步伺服电机运行时，励磁绕组接至电压值恒定的励磁电源（Excitation power supply），而控制绕组（Control winding）所加的控制电压 U_c 是变化的，一般来说得到的是椭圆形旋转磁场（Elliptical rotating magnetic field），由此产生电磁转矩，驱动电机旋转，若改变控制电压的大小或改变它相对于励磁电压的相位差，就能改变旋转磁场的椭圆度，从而改变电磁转矩。

当负载转矩一定时，通过改变控制绕组电压的大小或相位，可以控制伺服电机的启动、停止及运行转速。因此，两相异步伺服电机的控制方法有以下几种。

①幅值控制（Amplitude control）：保持励磁电压的幅值和相位不变，通过调节控制电压的大小来改变电机的转速，而控制电压 U_c。

②相位控制（Phase control）：采用相位控制时，控制绕组与励磁绕组的电压大小均保持额定值不变，通过调节控制电压的相位，即改变控制电压与励磁电压之间的相位角 β，实现对电机的控制。

③幅值-相位控制（Amplitude phase control）[又称电容控制（Capacitance control）]：幅值-相位控制是将励磁绕组串联电容 C_a 以后，接到交流电源 U_1 上，而控制绕组电压

U_c 的相位始终与 U_1 相同。

采用幅值-相位控制时，励磁绕组电压 $U_f=U_1-U_{ca}$。当调节控制绕组电压的幅值改变电机的转速时，由于转子绕组的耦合作用（Coupling effect），励磁绕组中的电流 I_f 也会发生变化，使励磁绕组的电压 U_f 及串联电容上的电压 U_{ca} 也随之改变，因此控制绕组电压 U_c 和励磁绕组电压 U_f 的大小及它们之间的相位角 β 也都随之改变。所以，这种控制方式称为幅值-相位控制，或称为电容控制。

以上三种控制方式的实质都是利用改变不对称两相电压中正序和负序分量的比例，来改变电机中正序和负序旋转磁场的相对大小，从而改变它们产生的合成电磁转矩，以达到改变转速的目的。

（四）两相交流伺服电机的静态特性

两相交流伺服电机的静态特性（又称稳态特性）与直流伺服电机一样，主要是指它的机械特性和调节特性，随着控制方式的不同，其静态特性也有所不同。

严格来说，两相交流伺服电机的这些特性均为非线性，分析起来较复杂。为了对这种电机的静态特性有个基本的了解，需要对电机做一些适当简化，忽略某些次要的因素。通常把这种简化后的电机称为“理想电机”（Ideal motor）。下面先以幅值控制时的“理想电机”为例进行分析，然后再对两相交流伺服电机在各种控制方式下的静态特性进行对比研究。由前面的分析可知，两相交流伺服电机运行时的气隙磁场基本上是一个椭圆形磁场，其椭圆度随控制电压的变化而变化。根据电机学原理，椭圆形磁动势（Elliptical magnetomotive force）可以分解成两个幅值不等、转向相反的圆形旋转磁动势。与电机转向相同的称为正向（正序）旋转磁动势，产生正向旋转磁场；反之称为反向（负序）旋转磁动势，产生反向旋转磁场。正向旋转磁场与反向旋转磁场合起来，就是椭圆形旋转磁场。正向旋转磁场将产生正向电磁转矩 T_1，这是一个驱动性质的电磁转矩，使电机工作在电动机状态；反向旋转磁场则产生反向电磁转矩 T_2，这是一个制动性质的电磁转矩。显然，伺服电机的电磁转矩（合成电磁转矩）T_e 应为上述两个转矩之差，即

$$T_e=T_1-T_2 \tag{2-53}$$

1. 有效信号系数以及获得圆形旋转磁场（Effective signal coefficient and obtaining circular rotating magnetic field）的条件

幅值控制时，励磁绕组直接接在电压为 U_1 的交流电源上，即 $U_f=U_1$，控制绕组电压 U_c 在相位上滞后 U_1 90°电角度，而 U_c 的大小是可调的，若取电源电压 U_1 为电压基

值，则控制电压 U_c 的标幺值称为电压的信号系数，常用 α 表示，有

$$\alpha=\frac{U_c}{U_1} \tag{2-54}$$

而将控制电压 U_c 与归算到控制绕组的电源电压 U_1' 之比 α_e 称为幅值控制时的有效信号系数，即

$$\alpha_e=\frac{U_e}{U_1'}=\frac{U_e}{k_{cf}U_1}=\frac{\alpha}{k_{cf}} \tag{2-55}$$

式中，k_{cf} 为控制绕组与励磁绕组的有效匝数比。

由电机学中两相电机获得圆形旋转磁场的条件可知，幅值控制时，两相交流伺服电机获得圆形旋转磁场的条件是有效信号系数等于 1，此时控制电压

$$U_c=U_1'=k_{cf}U_1 \tag{2-56}$$

2. 机械特性

两相交流伺服电机的机械特性是指在控制电压或相位差的正弦函数值（Sine function value）保持不变的情况下，电机的转速随电磁转矩变化的特性，一般用标幺值表示，即 U_c = 常量或 $\sin_\beta$ = 常量时，$n^*=\int(T_{em}^*)$ 的关系。理想情况下（忽略漏阻抗中的次要成分、励磁电流的影响等），采用幅值控制时，两相交流伺服电机机械特性的标幺值方程如下

$$n^*=\frac{2\alpha_e}{1+\alpha_e^2}-\frac{2}{1+\alpha_e^2}T_e^* \tag{2-57}$$

式中，n^* 为转速标幺值［以同步转速 n_1（r/min）为基值］；$T_e{}^*$ 为电磁转矩标幺值［以圆形旋转磁场时的堵转转矩 T_{k0}（N·m）为基值］；α_e 为有效信号系数。由式（2-57）可以看出，两相伺服电机理想空载（$T_e{}^*=0$）时，其理想空载转速的标幺值为

$$n_0^*=\frac{2\alpha_e}{1+\alpha_e^2} \tag{2-58}$$

可见，只有 $\alpha_e=1$ 时，电机的理想空载转速才能达到同步转速，使 $n_0{}^*=1$，否则，理想空载转速总是小于同步转速，即总有 $n_0{}^*<1$。α_e 越小，旋转磁场中的负序磁场越强，电机的理想空载转速就越低。由两相交流伺服电机机械特性的标幺值方程还可以看出，两相伺服电机堵转（$n^*=0$）时的堵转转矩标幺值等于有效信号系数，即 $T_k{}^*=\alpha_e$。

（1）幅值控制时的机械特性

采用幅值控制时，两相伺服电机的机械特性呈现非线性，与理想电机的特性曲线相比，定转转矩（Locked rotor torque）点是重合的，两种特性曲线也较为接近。

只有当有效信号系数 $\alpha_e=1$ 时，电机的理想空载转速才等于同步转速，而 $\alpha_e \neq 1$ 时，电机的理想空载转速均低于同步转速。这是因为只有当 $\alpha_e=1$ 时，电机中产生的才是圆形旋转磁场。当 $\alpha_e \neq 1$ 时则为椭圆形旋转磁场，此时由于反向旋转磁场的存在，会产生一个制动转矩 T_2，因此，转子转速不能达到同步转速 n_1，理想空载转速 n_0 只能小于同步转速 n_1。当某转速下正向转矩 T_1 与反向转矩 T_2 正好相等时，合成电磁转矩 $T_e=T_1-T_2=0$，这一转速即为该 α_e 下的理想空载转速。有效信号系数 α_e 越小，磁场椭圆度越大，反向转矩越大，理想空载转速越低。

（2）相位控制时的机械特性

采用相位控制时，相位差角 β 为 90°时的机械特性与幅值控制时有效信号系数等于 1 时的机械特性完全相同，这是因为两条曲线均是在圆形旋转磁场条件下获得的。但总体上来说，用相位控制时的特性要比幅值控制时差些，这也是这种控制方式应用很少的原因之一。

（3）幅值-相位控制时的机械特性

采用幅值控制和相位控制时，若 $\alpha_e=1$ 或 $\sin\beta=1$，伺服电机在不同转速下均可获得圆形旋转磁场。但是，采用幅值-相位控制时，则只能使伺服电机在某一转速下获得圆形旋转磁场，即使有效信号系数保持不变，随着转速的变化，磁场也将变成椭圆形旋转磁场。两相伺服电机采用幅值-相位控制时，为了使伺服电机启动时能有尽可能大的转矩，提高系统动态性能，应使电机在启动时获得圆形旋转磁场。因此，即使有效信号系数不等于 1 时，伺服电机转动后也为椭圆形旋转磁场，使其理想空载转速总是低于同步转速。与其他两种控制方式相比，该方式电机的励磁绕组端电压常常因电容器的存在而升高，使电机的转矩标幺值较大，且采用这种控制方式时电机机械特性的线性度较差。

3. 调节特性

两相交流伺服电机的调节特性是指在电磁转矩不变的情况下，电机的转速随控制电压幅值或相位差的正弦函数值而变化的特性，一般也用标幺值表示，即 $T_e^*=$ 常值时，$n^*=f(\alpha)$ 或 $n^*=f(\sin\beta)$ 的关系。

两相交流伺服电机调节特性方程式的导出相当烦琐，因此，各种控制方式下的调节特性一般都是利用机械特性曲线，用作图法间接获得的，即在某一转矩下，由机械特性曲线上找出转速和相对应的有效信号系数，并绘制成曲线。各种控制方式下的调节特性如图 2. 3-11 所示。

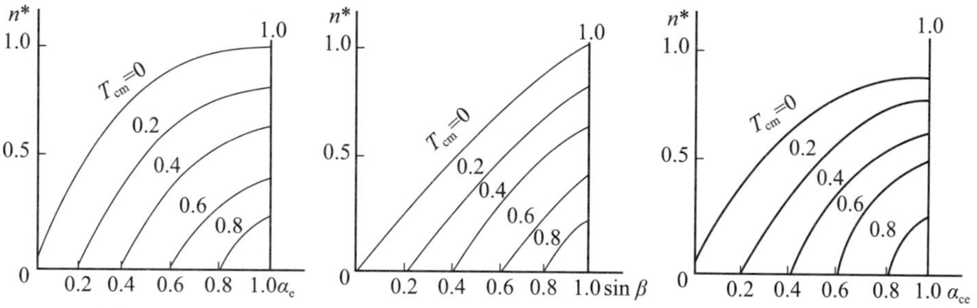

(a) 幅值控制　(b) 相位控制　(c) 幅值-相位控制

图 2. 3-11　两相伺服电机的调节特性

由图 2. 3-11 可见，两相交流伺服电机的调节特性都不是线性的，仅在转速标幺值较小和有效信号系数不大的范围内才接近线性关系。相比之下，相位控制时的线性度较好，而其他两种控制方式都存在较大的非线性。

为了获得线性的调节特性，伺服电机应工作在较小的相对转速范围内，即工作在 n^* 较小的范围内，这可通过提高伺服电机的工作频率来实现。例如，伺服电机的调速范围是 0~2 400 r/min，若电源频率为 50 Hz，同步转速 n_s = 3 000 r/min，转速标幺值 n 的调节范围为 0~0. 8；若电源频率为 400 Hz，同步转速 n_s = 24 000 r/min，转速标幺值 n^* 的调节范围为 0~0. 1，这样伺服电机便可工作在调节特性的线性部分。

4. 输出特性

两相伺服电机的输出特性是指在控制电压或相位差的正弦函数值保持不变的情况下，电机的输出功率随转速变化的特性，一般用标幺值表示，即 U_c = 常值或 $\sin\beta$ = 常值时，$P_2^* = f(n^*)$ 的关系。输出功率等于转矩乘角速度，即输出功率与转速和转矩的乘积成正比。图 2. 3-12 中表示了三种不同控制方式下，两相伺服电机的输出特性曲线。

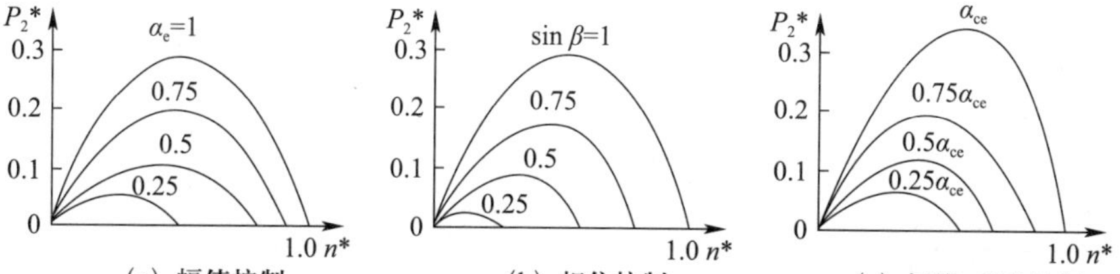

(a) 幅值控制　(b) 相位控制　(c) 幅值-相位控制

图 2. 3-12　不同控制方式下，两相伺服电机的输出特性曲线

从图 2. 3-12 所示的三种不同控制方式下电机的输出特性曲线可以看出，在相应的信号系数时，幅值-相位控制时最大输出功率值较大，而相位控制时较小。这是因为在机械特性曲线中，当信号系数和转速相同时，幅值相位控制时产生的转矩最大，而相位控制时较小，虽然幅值-相位控制时电机的机械特性线性度较差，但是，它有较大的输出功率，又不需要附加复杂的移相设备就能在单相电源上获得控制电压和励磁电压的分相，所以在实际应用中是常见的一种控制方式。

2. 3. 3 伺服系统的构成和分类

“伺服系统”是指执行机构按照控制信号的要求而动作，即控制信号到来之前，被控对象是静止不动的；接收到控制信号后，被控对象则按要求动作；控制信号消失之后，被控对象应自行停止。它由检测部分、误差放大部分、执行部分及被控对象组成。它的主要任务是按照控制命令要求，对信号进行变换、调控和功率放大等处理，使驱动装置输出的转矩、速度及位置都能得到灵活方便的控制。

伺服系统按照伺服驱动机的不同可分为电气式（Electrical-pneumatic type）、液压式（Hydraulic type）和气动式（Pneumatic）三种；按照功能的不同可分为计量伺服和功率伺服系统，模拟伺服和功率伺服系统，位置伺服（Position servo）、速度伺服（Speed servo）、加速度伺服（Acceleration servo）系统等。

电气伺服系统根据电气信号可分为直流伺服系统和交流伺服系统两大类，交流伺服系统又有感应电机伺服系统和永磁同步电机伺服系统两种。

（一）交流伺服系统的构成

交流伺服系统如图 2. 3-13 所示，通常由交流伺服电机，功率变换器，速度、位置、电流传感器及位置、速度、电流控制器构成。

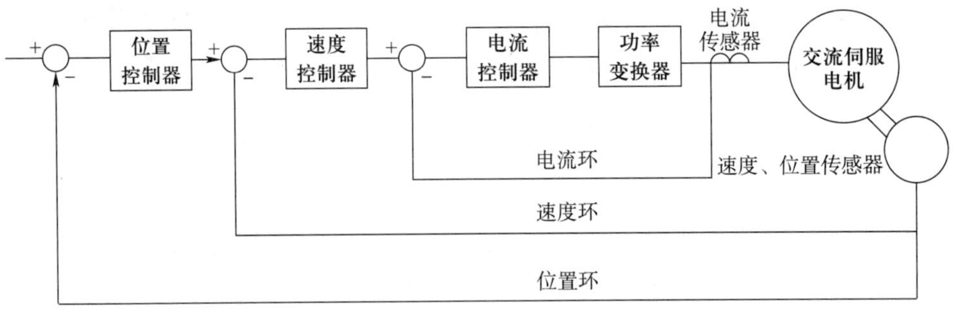

图 2. 3-13 交流伺服系统

交流伺服系统具有电流反馈（Current feedback）、速度反馈（Speed feedback）和位置反馈（Position feedback）的三闭环结构形式，其中电流环和速度环为内环（局部环），位置环为外环（主环）。

电流环的作用是使电机绕组电流实时、准确地跟踪电流指令信号，限制电枢电流在动态过程中不超过最大值，使系统具有足够大的加速转矩，提高系统的快速性；速度环的作用是增强系统抗负载扰动的能力，抑制速度波动，实现稳态无静差；位置环的作用是保证系统静态精度（Static accuracy）和动态跟踪（Dynamic tracking）的性能，其直接关系到交流伺服系统的稳定性和能否高性能运行，是设计的关键所在。

当传感器检测的是输出轴的速度、位置时，系统称为半闭环系统；当检测的是负载的速度、位置时，称为闭环系统；当同时检测输出轴和负载的速度、位置时，称为多重反馈闭环系统（Multiple feedback closed loop system ）。

1. 交流伺服电机

交流伺服电机的电机本体为三相永磁同步电机或三相笼型感应电机，其功率变换器采用三相电压型 PWM 逆变器。在数十瓦的小容量交流伺服系统中，有的采用电压控制两相高阻值笼型感应电机作为执行元件，这种系统称为两相交流伺服系统。

采用三相永磁同步电机的交流伺服系统，相当于把直流电机的电刷和换向器置换成由功率半导体器件构成的开关，因此很多时候称为无刷直流伺服电机；有时交流伺服电机单指采用了三相笼型感应电机的伺服电机，当把两者一同称为交流伺服电机时，通常称前者为同步型交流伺服电机，后者为感应型交流伺服电机。

（1）同步型交流伺服电机（无刷直流伺服电机）

交流伺服电机中最为普及的是同步型交流伺服电机，其励磁磁场由转子上的永磁体（Permanent magnet）产生，通过控制三相电枢电流，使其合成电流矢量（Current vector）与励磁磁场（Excitation magnetic field）正交而产生转矩。由于只需控制电枢电流就可以控制转矩，因此比感应型交流伺服电机控制简单。而且利用永磁体产生励磁磁场，特别是数千瓦的小容量同步型交流伺服电机，比感应型效率更高。

为了减小转子的转动惯量、提高电机的效率和功率因数（Power factor），同步型交流伺服电机的励磁一般采用磁性能好的稀土永磁体。由于永磁体存在去磁问题，如果电枢电流过大，就可能产生不可逆去磁，电机的转矩就不能正常输出，因此必须限制最大电枢电流。

在伺服系统中，有时要求在出现异常时进行制动，由于同步型交流伺服电机的转子上有永磁体，故用接触器和电阻把电枢绕组短路，就可以实现制动。

（2）感应型交流伺服电机

近年来，随着电力电子技术、微处理器技术与磁场定向控制技术的快速发展，感应电机可以达到与他励直流电机相同的转矩控制特性，再加上感应电机本身价格低廉、结构坚固及维护简单，因此感应电机逐渐在高精密速度及位置控制系统中得到越来越广泛的应用。

感应电机的定子电流包含相当于直流电机的励磁电流与电枢电流两个成分，在矢量控制（Vector control）理论，即把这两个成分分解成正交矢量进行控制的新型控制理论出现之后，感应电机作为伺服电机才开始实用化。

感应型交流伺服电机的转矩控制比同步型复杂，但是电机本身具有很多优点，作为伺服电机，主要应用于较大容量的伺服系统中。

感应型交流伺服电机在空载状态也需要励磁电流，这点与同步型不同。异常时需要机械制动或由预先准备好的直流电源进行直流制动。

2. 功率变换器（Power converter）

交流伺服系统功率变换器的主要功能是根据控制电路的指令，将电源单元提供的直流电能转变为伺服电机电枢绕组中的三相交流电流，以产生所需要的电磁转矩。功率变换器主要包括控制电路、驱动电路、功率变换主电路等。

功率变换主电路主要由整流电路、滤波电路和逆变电路三部分组成。为了保证逆变电路的功率开关器件能够安全、可靠地工作，对于高压、大功率的交流伺服系统，有时需要有抑制电压、电流尖峰的“缓冲电路"。另外，对于频繁运行于快速正反转状态的伺服系统，还需要有消耗多余再生能量的“制动电路”。控制电路主要由运算电路、PWM生成电路、检测信号处理电路、输入/输出电路、保护电路等构成，其主要作用是完成对功率变换主电路的控制和实现各种保护功能等。

3. 传感器

在伺服系统中，需要对伺服电机的绕组电流、转子速度（Rotor speed）、位置进行检测，以构成电流环（Current loop）、速度环（Speed loop）和位置环（Position ring），因此需要相应的传感器及其信号变换电路。

电流检测通常采用电阻隔离检测或霍尔电流传感器。直流伺服电机只需一个电流环，而交流伺服电机（两相交流伺服电机除外）则需要两个或三个电流环。其构成方法也有两种：一种是交流电流直接闭环；另一种是把三相交流变换为旋转正交双轴上的矢量之后再闭环，这就需要另加一个接口电路，对电流传感器的输出信号进行坐标变换。

速度检测可采用无刷测速发电机、增量式光电编码器、磁编码器或无刷旋转变压器。位置检测通常采用绝对式光电编码器或无刷旋转变压器，也可采用增量式光电编码器。由于无刷旋转变压器具有既能进行转速检测又能进行绝对位置检测的优点，且抗机械冲击性能好，可在恶劣环境下工作，因此在交流伺服系统中的应用日趋广泛。

4. 控制器（Controller）

在交流电机伺服系统中，控制器的设计直接影响着伺服电机的运行状态，从而在很大程度上决定了整个系统的性能。

交流电机伺服系统通常有两类，一类是速度伺服系统；另一类为位置伺服系统。前者的伺服控制器主要包括电流（转矩）控制器和速度控制器，后者还要增加位置控制器。其中电流（转矩）控制器是最关键的环节，因为无论是速度控制还是位置控制，最终都将转化为对电机的电流（转矩）控制。电流环的响应速度要远远大于速度环和位置环。为了保证电机定子电流响应的快速性，电流控制器的运行不应太复杂，这就要求设计方案必须恰当，使其能有效地发挥作用。对于速度和位置控制，由于其时间常数较大，因此可借助计算机技术实现许多较复杂的基于现代控制理论的控制策略，从而提高伺服系统的性能。

（1）电流控制器

电流环由电流控制器和逆变器组成，其作用是使电机绕组电流实时、准确地跟踪电流指令信号。为了能够快速、精确地控制伺服电机的电磁转矩，在交流伺服系统中，需要分别对永磁同步电机（或感应电机）的 d、q 轴（或 M、T 轴）电流进行控制。q 轴（或 T 轴）电流指令来自速度环的输出；d 轴（或 M 轴）电流指令直接给定，或者由磁链控制器给出。将电机的三相反馈电流进行 3/2 旋转变换，得到 d、q 轴（或 M、T 轴）的反馈电流。d、q 轴（或 M、T 轴）的给定电流和反馈电流的差值，通过电流控制器得到给定电压，再根据 PWM 算法产生 PWM 信号。

（2）速度控制器

速度环的作用是保证电机的转速与速度指令值一致，消除负载转矩扰动等因素对电机转速的影响。速度指令与反馈的电机实际转速相比较，其差值通过速度控制器直接产生 q 轴（或 T 轴）指令电流，并进一步与 d 轴（或 M 轴）电流指令共同作用，控制电机加速、减速或匀速旋转，使电机的实际转速与指令值保持一致。速度控制器通常采用的是 PI 控制方式，对于动态响应、速度恢复能力要求特别高的系统，可以考虑采用变结构（滑模）控制方式或自适应控制方式等。

（3）位置控制器

位置环的作用是产生电机的速度指令并使电机准确定位和跟踪，通过比较设定的目标位置与电机的实际位置，利用其偏差通过位置控制器来产生电机的速度指令。若电机启动后在大偏差区域，它将产生最大速度指令，使电机加速运行后以最大速度恒速运行；若在小偏差区域，将产生逐次递减的速度指令，使电机减速运行直至最终定位。为避免超调，位置环的控制器通常设计为单纯的比例（P）调节器。为了系统能实现准确的等速跟踪，位置环还应设置前馈环节。

（二）交流伺服系统的分类

1. 按伺服系统控制信号的处理方法分类

（1）模拟控制方式

模拟控制交流伺服系统的显著标志是其调节器及各主要功能单元由模拟电子器件构成，偏差的运算及伺服电机的位置信号、速度信号均用模拟信号来控制。系统中的输入指令信号（Input command signal）、输出控制信号（Output control signal）及转速和电流检测信号都是连续变化的模拟量，因此控制作用是连续施加于伺服电机上的。

（2）数字控制方式

数字控制交流伺服系统的明显标志是其调节器由数字电子器件构成，目前普遍采用的是微处理器（Microprocessor）、数字信号处理器（Digital signal processor，DSP）及专用集成电路（Application specific integrated ciruit，ASIC）芯片。系统中的模拟信号需经过离散化转换后，以数字量（Digital quantity）的形式参与控制。

（3）数字-模拟混合控制方式

目前永磁交流伺服系统产品中常用的是数字模拟混合式控制方式，即伺服系统的内环调节器（Inner ring regulator）（如电流调节器）采用模拟控制，外环调节器（Outer ring regulator）（如速度调节器和位置调节器）采用数字控制。

数字模拟混合式控制兼有数字控制的高精度、高柔性和模拟控制的快速性、低成本的优点，成为现有技术条件下满足机电一体化产品发展对高性能伺服驱动系统需求的一种较理想的伺服控制方式，在数控机床和工业机器人等机电一体化装置中得到了较为广泛的应用。

（4）软件伺服控制方式

位置与速度反馈环的运算处理全部由微处理器进行处理的伺服控制称为软件伺服

控制。

伺服控制时，脉冲编码器、测速发电机检测到的电机转角和速度信号输入微处理器内，微处理器中的运算程序对上述信号按照采样周期进行运算处理后发出伺服电机的驱动信号，对系统实施伺服控制。这种伺服控制方法不但硬件结构简单，而且软件可以灵活地对伺服系统进行各种补偿。但是，因为微处理器的运算程序直接插入伺服系统中，所以若采样周期过长，对伺服系统的特性就有影响，不但使控制性能变差，还使得伺服系统变得不稳定。这就要求微处理器具有高速运算和高速处理的能力。

2. 按伺服系统的控制方式分类

（1）开环伺服系统

开环伺服系统没有速度及位置测量元件，伺服驱动元件为步进电机或电液脉冲马达。控制系统发出的指令脉冲，经驱动电路放大后，送给步进电机或电液脉冲马达，使其转动相应的步距角度，再经传动机构，最终转换成控制对象的移动。由此可以看出，控制对象的移动量与控制系统发出的脉冲数量成正比。

由于这种控制方式对传动机构或控制对象的运动情况不进行检测与反馈，输出量与输入量之间只有前向作用，没有反向联系，故称为开环伺服系统。

显然开环伺服系统的定位精度完全依赖于步进电机或电液脉冲马达的步距精度及传动机构的精度。与闭环伺服系统相比，由于开环伺服系统没有采取位移检测和误差校正的措施，对某些类型的数控机床而言，特别是大型精密数控机床，往往不能满足定位精度的要求。此外，系统中使用的步进电机、电液脉冲马达等部件还存在温升高、噪声大、效率低、加减速性能差，在低频段有共振区（Resonance region）、容易失步（Out of step）等缺点。尽管如此，由于这种伺服系统结构简单，容易掌握，调试、维修方便，造价低，所以在数控机床的发展中仍占有一定的地位。

（2）闭环伺服系统

在闭环伺服系统中，速度、位移测量元件不断地检测控制对象的运动状态。当控制系统发出指令后，伺服电机转动，速度信号通过速度测量元件反馈到速度控制电路，被控对象的实际位移量通过位置测量元件反馈给位置比较电路，并与控制系统命令的位移量相比较，把两者的差值放大，命令伺服电机带动控制对象做附加移动，如此反复，直到测量值与指令值的差值为零。

闭环伺服系统的输出量不仅受输入量（指令）的控制，还受反馈信号的控制。输出量与输入量之间既有前向作用，又有反向联系，所以称为闭环控制或反馈控制。由于系统是利用输出量与输入量之间的差值进行控制的，故又称为负反馈控制。

从理论上讲，闭环伺服系统的定位精度取决于测量元件的精度，但这并不意味着可降低对传动机构的精度要求。传动副间隙等非线性因素也会造成系统调试困难，严重时还会使系统的性能下降，甚至引起振荡。

（3）半闭环伺服系统

半闭环伺服系统不对控制对象的实际位置进行检测，而是用安装在伺服电机轴端上的速度、角位移（Angular displacement）测量元件测量伺服电机的转动，间接地测量控制对象的位移，角位移测量元件测出的位移量反馈回来，与输入指令比较，利用差值校正伺服电机的转动位置。因此，半闭环伺服系统的实际控制量是伺服电机的转动（角位移）。由于传动机构不在控制回路中，故这部分的精度完全由传动机构的传动精度来保证。

显然，半闭环伺服系统的定位精度介于闭环伺服系统和开环伺服系统之间。其优点：由于惯性较大的控制对象在控制回路之外，故系统稳定性较好，调试较容易，角位移测量元件比线位移测量元件简单，价格低廉。

（三）伺服系统性能的基本要求

（1）精度高。伺服系统的精度是指输出量能复现输入量的精确程度。

（2）稳定性好。稳定是指系统在给定输入或外界干扰的作用下，能在短暂的调节过程后，达到新的或者恢复到原来的平衡状态。

（3）快速响应。响应速度是伺服系统动态品质的重要指标，它反映了系统的跟踪精度。

（4）调速范围宽。调速范围是指生产机械要求电机能提供的最高转速和最低转速之比。

（5）低速大转矩。在伺服控制系统中，通常要求在低速时为恒转矩控制，电机能够提供较大的输出转矩；在高速时为恒功率控制，具有足够大的输出功率。

（6）能够频繁地启动、制动以及正反转切换。

2.3.4 伺服系统的应用

（一）现代伺服控制技术及其系统特征

（1）全控型电力电子器件组成的 PWM 技术在伺服功率驱动中得到了广泛应用。

（2）微处理机特别是 DSP（数字信号处理器）在伺服系统中的普遍应用，使得现代控制理论逐渐实现工程实用化。

（3）各种伺服控制元件向着集成化、数字化、功能化、模块化、智能化以及用计算机控制的方向发展。

（4）伺服系统的可靠性设计及其自诊断技术伴随着系统功能以及复杂化程度的升级，引起了人们的普遍重视。

伺服系统的发展和电力相关应用的发展息息相关。一方面，伺服系统控制技术的发展满足了生产的需求，尤其是军事需求；另一方面，控制器件、执行机构和功率驱动装置的发展促进了伺服系统的控制技术的发展。伺服系统最初用于国防军工，如火炮的控制，船舰、飞机的自动驾驶，导弹发射等，后来逐渐推广到国民经济的许多领域，如自动机床、无线跟踪控制等。

（二）伺服系统的应用

1. 数控机床

近年来，伺服电机控制技术正朝着交流化、数字化、智能化三个方向发展。作为数控机床的执行机构，伺服系统将电力电子器件的控制、驱动及保护等集为一体，并随着数字脉宽调制技术、特种电机材料技术、微电子技术及现代控制技术的进步，经历了从步进到直流，进而到交流的发展历程。

数控机床系统组成如图 2. 3-14，它的主要特点有：

（1）精度高

数控机床不可能像传统机床那样用手动操作来调整和补偿各种误差，因此它要求很高的定位精度和重复定位精度。

（2）快速响应特性好

快速响应是伺服系统动态品质的标志之一。它要求伺服系统跟随指令信号，不仅跟随误差小，而且响应要快，稳定性要好。在系统给定输入后，能在短暂的调节之后达到新的平衡或是在受到外界干扰作用后能迅速恢复到原来的平衡状态。

（3）调速范围大

由于工件材料、刀具以及加工要求不同，要保证数控机床在任何情况下都能得到最佳的切削条件，伺服系统就必须有足够的调速范围，既能满足高速加工要求，又能满足低速进给要求。调速范围一般大于 1∶10 000。而且在低速切削时，还要求有较大、稳定的转矩输出。

（4）系统可靠性要好

数控机床的使用率要求很高，常常是 24 小时连续工作不能停机，因而要求其系统可靠性好。

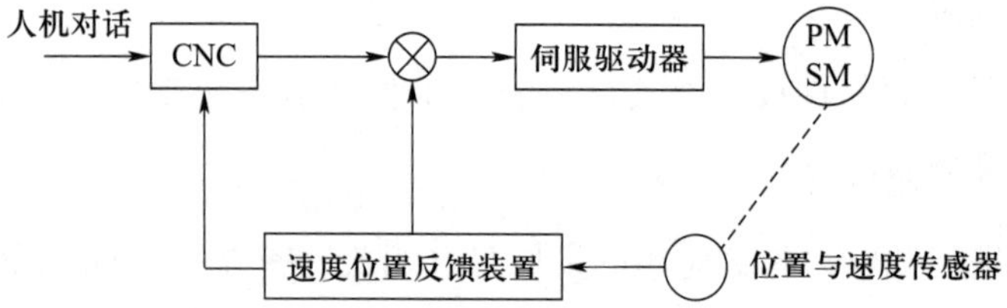

图 2.3-14　数控机床伺服系统的组成

2. 工业机器人

工业机器人控制系统组成框图如图 2.3-15，其特点有：驱动器具有足够的输出力矩和功率，能够满足各种工程的要求；能够灵活、方便地接受控制器的控制指令，实现转矩、位置和速度的控制；能够进行频繁地起、制动和反转切换等重复运行；具有良好的稳定性，并能对控制指令实行快速响应；运动部件的惯量应尽可能小些；要求整体装置体积小、重量轻。

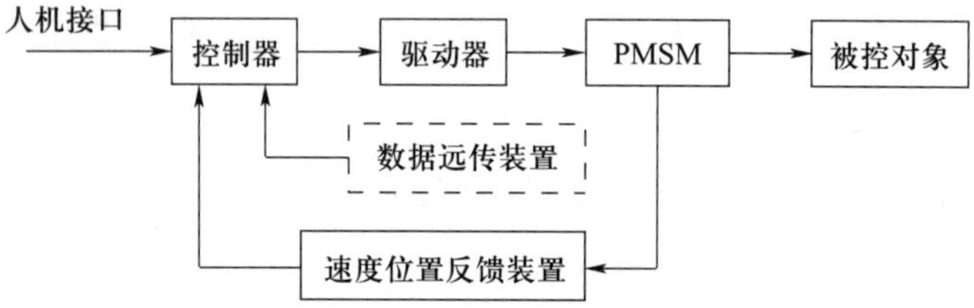

图 2.3-15　工业机器人控制系统的构成

3. 新型电梯驱动系统

电梯驱动永磁同步电动机伺服系统的特点：

（1）舒适性好

采用永磁同步电动机交流伺服系统驱动可解决传统电梯驱动系统固有的缺陷。一般其调速比可达到 1∶5 000，最高转速可达到 3 000 r/min，回转定位精度可达 1/10 000 转。因此，采用永磁同步电动机交流伺服系统驱动的电梯相比采用传统驱动方式的电梯，拥有更宽广的调速范围、更快的响应速度以及更精确的平层精度，能够基本达到“S”形曲线加减速功能，电梯的舒适感也得到大幅提高。

（2）安全性高

在交流伺服系统中，由于永磁同步电动机的结构特点，除必须控制三相电枢绕组外，还须具有检测转子磁极位置的电路、速度（位置）检测电路、电流检测电路等。这就使得采用永磁同步电动机交流伺服系统驱动的电梯在采用行程开关保护的基础上，增加速度环、位置环、电流环等多环节保护，即使在通信总线指令发错的最坏情况下，通过多环节保护依然能够确保电梯不发生事故，大大提高了电梯的安全性与稳定性。

（3）节能性优越

永磁同步电动机由定子和转子两大部分组成。转子上装有特殊形状的永磁体，用来产生恒定磁场。转子上的永磁材料可以采用铁氧体或稀土永磁材料。高性能且价格适宜的永磁材料为提高电动机的伺服性能和实用化提供了条件。由于转子上没有励磁绕组，由永磁体产生磁场，因而无须引入励磁电流，电动机内部的发热只取决于电枢电流。在电动机的定子铁芯上绕有三相电枢绕组，接在可控制的变频电源上。

（4）性价比高

与传统驱动的电梯电动机相比，永磁同步电动机体积小，在机房中占用的有效面积也比普通电动机要小。另外，永磁同步电动机结构简单，无须很高的维护成本。通过在转子上装特殊形状的永磁体产生恒定磁场，在日常使用过程中不会产生油封漏油、联轴器磨损等问题，不需要更换油封、轴承等易损件，使得采用永磁同步电动机交流伺服系统驱动的电梯比采用传统驱动方式的电梯拥有更高的性价比。

无齿轮传动电梯驱动系统的总体结构框图如图 2.3-16 所示。本系统采用 PMSM，体积小、重量轻、高效节能，且具有多级结构、低速大转矩，可方便地实现大范围平滑无级调速，可省去齿轮减速器，通过微型化的牵引机来直接驱动轿厢。该驱动系统能实现可靠、平稳和精确的平层的安全运行，使人们乘坐舒适、方便快捷。

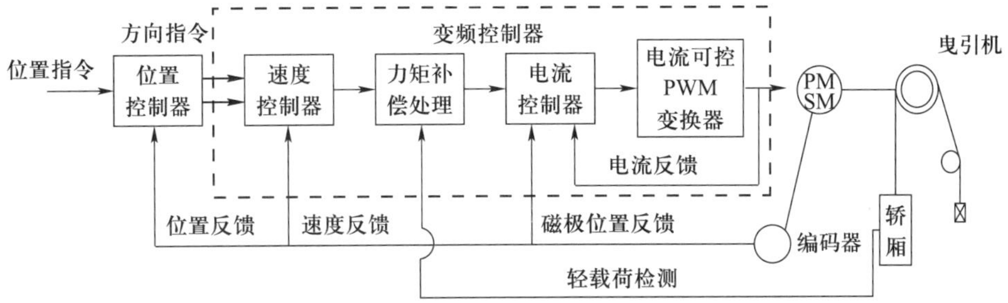

图 2.3-16　无齿轮传动电梯驱动系统的总体结构框图

4. 雷达天线驱动系统

雷达是一种利用无线电波来探测目标的设备。它可以自行发射无线电波，也可以接收目标的应答信号。在搜索到目标并且接收到来自目标的无线电波后，雷达的任务就是自动地跟踪搜索到的目标。搜索目标和自动跟踪目标就是借助于驱动雷达天线的雷达伺服系统来实现的。

所谓自动跟踪目标，就是不管目标以什么样的速度、加速度和轨迹运动，雷达天线的轴线始终能精确地对准目标。雷达接收机接收到目标的回波信号后，从中检测出方位、俯仰的差支路信号，送到伺服系统驱动天线跟随目标。那么，雷达在搜索目标时，首先由操作人员推动操纵杆给出目标位置，或由光学设备给出位置信号，或由雷达计算机给出目标位置，有了目标位置，信号再与驱动系统检测出的雷达的天线位置信号进行比较，形成位置误差信号，经过放大处理后，拖动雷达天线运动，使雷达天线的轴线自动跟踪目标并对准目标。

根据输入信号的特点，雷达天线驱动系统可分为定值调节系统、程序控制系统和随动系统。输入量不断变化，其规律事先无法准确知道，这种系统通常称为雷达随动系统，也是一种伺服系统。从其工作原理可以看出，雷达伺服系统是整个雷达装置的重要组成部分，它对于发现目标、跟踪目标、精确测量目标的位置等均起着重要作用，直接影响到雷达装置的性能。

该系统应用于军事、航天、卫星和气象等部门，要求其能精确地跟踪目标设定的方位角和俯仰角，并且具有较强的抗扰动能力。如用在警戒入侵天空的警戒雷达系统、导弹发射引导头的雷达系统等要求准确度、精确度都十分高的场合。其系统原理框图如图 2. 3-17 所示。

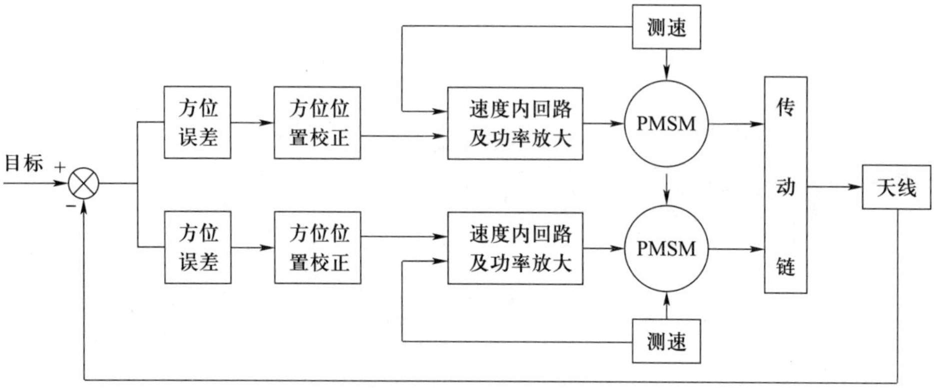

图 2. 3-17　雷达天线驱动系统的原理框图

5. 视觉伺服系统

最早基于视觉的机器人系统，采用的是静态形式。即先由视觉系统采集图像并进行相应处理，然后通过计算估计目标的位置来控制机器人运动。这种操作精度直接与视觉传感器、机械手及控制器的性能有关，这使得机器人很难跟踪运动物体。到 20 世纪 80 年代，计算机及图像处理硬件得到发展，使得视觉信息可用于连续反馈，于是人们提出了基于视觉的伺服控制形式。这种方式可以克服模型（包括机器人、视觉系统、环境）中存在的不确定性，提高视觉定位或跟踪的精度。通常人们按照误差信号的不同将视觉伺服控制系统分为三类：基于位置的视觉伺服系统、基于图像的视觉伺服系统以及由上述两种方法组合而成的混合视觉系统。

（1）基于位置的视觉伺服系统

基于位置的估计方法，视觉伺服误差定义在三维（笛卡尔）空间，视觉或特征信息用来估计机械手末端与目标的相对位置，参见图 2. 3-18。

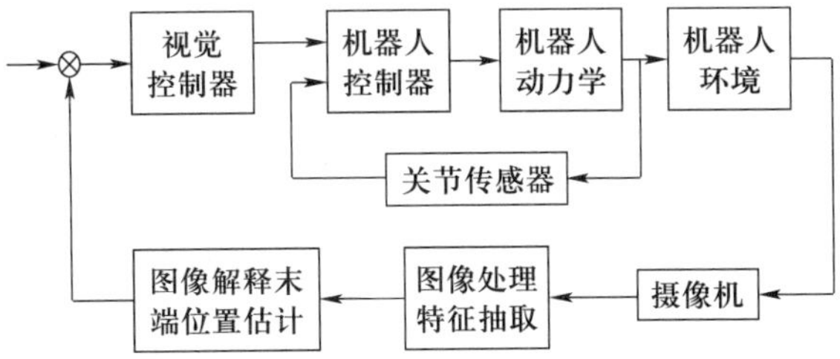

图 2. 3-18　基于位置的视觉伺服系统

（2）基于图像的视觉伺服系统

基于图像的视觉伺服系统，其伺服误差直接定义在图像特征空间。即摄像机观察到的特征信息直接用于反馈，不需要对三维姿态进行估计。该方案的结构框图如图 2. 3-19 所示。

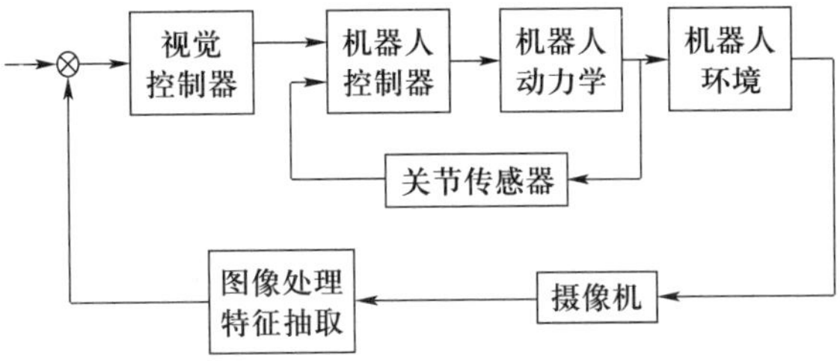

图 2. 3-19　基于图像的视觉伺服系统

在基于位置的视觉伺服系统中，误差信号在笛卡尔坐标系中给出。由于使用简单的比例控制即可以使该系统稳定，因此此类系统的控制问题实质上转变成根据图像估计出目标相对位置的问题。在基于图像的视觉伺服系统中，误差信号由图像特征参数直接定义，主要涉及两个方面的问题：①图像的特征选择和提取；②控制系统的分析和综合。同基于位置的视觉伺服系统不同，在基于图像的视觉伺服系统中，图像特征的选择将直接决定控制率和最终系统的稳定性以及鲁棒性等性能，因而所选择的特征往往因系统而异，目的是使整个系统便于分析和设计。

小 结

本章主要介绍了三相异步电动机的结构与工作原理，三相异步电动机的转矩特性与机械特性，变频器的原理、基本结构及主要技术参数，直流电动机与交流电动机的运行原理、结构和工作特性，伺服系统的构成、分类和应用等。学习本章内容后应了解、掌握以下知识和能力。

（1）了解定子、转子的作用与基本组成。了解换向极-电刷的作用。了解电枢铁芯的材料及其作用。熟悉电机铭牌及其作用。了解直流电动机的分类。

（2）了解电动机的机械特性曲线。掌握直流电动机的启动、调速、制动的方法及过程。

（3）掌握三相异步电动机的基本工作原理、结构、分类。掌握转差率 s 的概念。了解定子绕组的基本知识，了解定子绕组的分类，熟悉三相异步电动机额定值。掌握改变转子旋转的方向的方法。了解三相异步电动机的功率与转矩关系。

（4）了解三相异步电动机的机械特性曲线及其特点。掌握三相异步电动机的启动方法、反转方法、制动方法。知道三相异步电动机的启动中存在的问题。

（5）理解交、直流伺服电机的工作原理。掌握交流伺服电机如何消除“自转”。了解交、直流伺服电机的控制方式。

（6）会阅读分析较复杂的如正、反转控制电路和 γ-△启动、能耗制动、反接制动等控制电路。会设计较简单的控制电路。

（7）掌握绘制电容分相式单相异步电动机的原理图，并说明如何改变转向。掌握伺服电机、测速发电机、步进等控制电机的基本特性与控制方法，根据需要正确选用控制电机。

习 题

2-1 直流伺服电机有________和________型两大类。直流伺服电机按励磁方式可分为________和________两种。

2-2 交流伺服电机主要由________和________构成。

2-3　伺服系统按照伺服驱动机的不同可分为________、________和________、三种。

2-4　各种伺服控制元件向着________、________、________、________、________、________和________以及用计算机控制的方向发展。

2-5　________与________的电工设备总称为电动机。

2-6　________转换成________的设备称为电动机。

2-7　三相异步电动机的两个基本组成部分为________和________。

2-8　变频器与外界的联系基本上分为________、________两个部分。

2-9　交-直-交变频器的主电路，由________、________和________组成。

2-10　变频器控制的核心部分是由________构成的中央处理单元组成，包括控制程序、控制方式等。

2-11　改变他励直流电动机电压、________、________等参数后，得到新的机械特性，称为人为机械特性。

2-12　交流电动机具有________、________、________、________、________等优点。

2-13　交流电动机被广泛地用来驱动各种________、________、________、传送带、铸造机械、功率不大的通风机及水泵等。

2-14　鼠笼式电动机有什么优点？

2-15　在伺服系统中，加减速电路的作用是什么？试述用硬件电路或软件程序实现加减速电路的基本原理。

2-16　如何正确选择伺服电机？

2-17　伺服电机同一个地方每次都走不到位是什么问题？

2-18　某龙门刨床工作台拖动采用 V-M 直流调速系统，其中直流电动机为 20 kW，220 V，305 A，1000 r/min，$R=0.18\ \Omega$，要求 D-20，$S\leqslant 5\%$。开环调速系统能否满足要求？

2-19　在转速、电流双闭环直流调速系统中，调节器 ASR、ACR 均采用 PI 调节器。当 ASR 输出达到 $U_{im}^{*}=8$ V 时，主电路电流达到最大电流 80 A。当负载电流由 40 A 增加到 70 A 时，问：1. U_{i}^{*} 应如何变化？2. U_{c} 应如何变化？3. U_{c} 值由哪些条件决定？

参考文献

[1] 李光友. 控制电机 [M]. 北京：机械工业出版社，2009.

[2] 杨渝钦. 控制电机 [M]. 北京：机械工业出版社，2010.

[3] 杜增辉. 图解步进电机和伺服电机的应用与维修 [M]. 北京：化学工业出版社，2015.

[4] 王飞. 机器视觉技术发展及其工业应用 [J]. 电子技术与软件工程，2018 (16)：246.

[5] 朱瑞. 机器视觉及其应用（系列讲座）第五讲：机器视觉的典型应用 [J]. 应用光学，2007 (04)：525-528.

[6] 莫会成，闵琳. 现代高性能永磁交流伺服系统综述：传感装置与技术篇 [J]. 电工技术学报，2015，30 (06)：10-21.

第3章 传感器技术

传感器是将被测量量有规则地转换成一定输出信号的器件或装置。通常被测量量是非电物理量，输出信号一般为电量。随着科学技术的不断发展，传感技术作为一种与现代科学密切相关的新兴学科得到迅速的发展，并且在自动监测、无损探测、航空航天、医疗等方面被广泛地应用，对交叉学科的发展起到了较好的促进作用。本章从传感器技术基础出发，介绍各个传感器的原理和应用。

3.1 传感器的技术基础

考虑到传感器的检测信号种类多，为便于进行放大（Amplification）、反馈（Feedback）、滤波、微分（Differentiation）、存储（Storage）、远距离操作等，通常选择电信号作为传感器的输出信号。因此，传感器又可以定义为：将被测量量转换为电信号的一类元（器）件。有时也称为变换器、换能器、探测器等。

3.1.1 传感器的分类

（一）按被测量量分类

按被测量量分类，可分为力学量（Mechanical quantity）、光学量（Optical quantity）、磁学量（Magnetic quantity）、几何学量（Geometric quantity）、运动学量（Kinematic quantity）、流速（Flow rate）与流量、液面（Iiquid level）、热学量（Thermal quantity）、化学量（Chemical quantity）、生物量传感器（Biological quantity transducer）等。这种分类方法简单易懂，但是缺点是传感器的种类繁多，把原理互不相同的同一用途的传感器归为一类，不利于区分和掌握传感器的原理与性能。

（二）按工作原理（Working principle）分类

按照工作原理分类，可分为电阻式（Resistive type）、电容式（Capacitive type）、电感式（Inductive type）、光电式（Photoelectric type）、光栅式（Grating type）、热电式（Thermoelectric type）、压电式（Piezoelectric type）、红外（Infra-red）、光纤（Optical fiber）、超声波（Ultrasonic）、激光传感器（Laser sensor）等。这种分类有利于研究、设计传感器，有利于对传感器的工作原理进行阐述。

（三）按敏感材料（Sensitive material）不同分类

按敏感材料不同分为半导体传感器（Semiconductor sensor）、陶瓷传感器（Ceramic sensor）、石英传感器（Quartz sensor）、光导纤维传感器（Optical fiber push sensor）、金属传感器（Metal sensor）、有机材料传感器（Organic material sensor）、高分子材料传感器（Polymer material sensor）等。

（四）按传感器输出（Sensor output）量的性质分类

按照传感器输出量的性质分为模拟传感器（Analog sensor）和数字传感器（Digital sensor）。其中数字传感器便于与计算机联用，且抗干扰性较强，例如，脉冲盘式角度数字传感器（Pulse disc type angle digital sensor）、光栅传感器（Grating sensor）等。传感器数字化是今后传感器的发展趋势。

（五）按应用场合不同分类

按应用场合不同分为工业用、农用、军用、医用、科研用、环保用和家电用传感器等。若按具体使用场合，还可分为汽车用、船舰用、飞机用、宇宙飞船用、防灾用传感器等。

（六）根据使用目的分类

根据使用目的的不同，又可分为计测用、监视用、位移用、诊断用、控制用和分析用传感器等。

（七）按能量的传递（Energy transfer）方式分类

按能量的传递方式分为有源传感器（Active sensor）和无源传感器（Passive sensor）。对于电流信号而言，若设备有独立的工作电源线（Working power cord），那它提供的信号输出（比如4~20 mA）为有源信号；若设备本身无独立工作电源，它提供的信号为无源信号。通常输出为模拟信号（Analog signal）的传感器都是有源传感器；输出为开关量的三线制仪表、四线制仪表为有源传感器，二线制仪表大部分为无源传感器。

3.1.2　传感器的特性和技术指标

传感器的特性包括静态特性和动态特性（Dynamic characteristics）。当输入量为常量或者变化极其缓慢时，传感器的特性表现为静态特性；当输入量随着时间的变化而快速变化时，传感器的特性表现为动态特性。为了降低或者消除传感器在控制系统中的误差，使输出信号随着输入信号按照一定的规律准确转化，传感器的上述两种特性尤为重要。

（一）传感器的静态特性

理想情况下，传感器的输出量 y 与输入量 x 之间应为线性关系，可表示为

$$y=ax \tag{3-1}$$

式中，a 为线性静态关系的斜率。

实际中，传感器的输出量 y 与输入量 x 之间的关系都是非线性的，一般可用一个多项式表示为

$$y=a_0+a_1x_1+a_2x_2+\cdots+a_nx_n \tag{3-2}$$

式中，a_0，a_1，a_2，…，a_n 为系数。

1. 线性度（Linearity）

线性度是传感器输入量 x 与输出量 y 之间的关系曲线偏离直线的程度，又称为非线性误差。线性度可表示为

$$E=\pm\frac{\Delta_{\max}}{y_{fs}}\times 100\% \tag{3-3}$$

式中，$\Delta_{\max}$ 为实际曲线与拟合直线之间的最大偏差；y_{fs} 为输出满量程值。

传感器的静态模型所呈现的非线性程度是不一样的，可用图 3.1-1 表示。

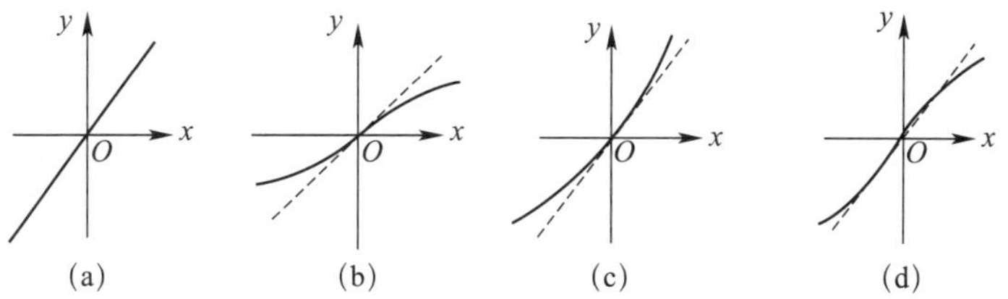

图 3.1-1　传感器的线性度表示

图 3.1-1（a）为理想线性特性，几乎每一种传感器都不具备如此特性，即都存在非线性。因此在使用非线性传感器时，必须对传感器输出特性进行线性处理。常用的方法有

理论直线法、端点线法、割线法、切线法、最小二乘法和计算程序法等。

2. 灵敏度（Sensitivity）

传感器的灵敏度 K 是指达到稳定工作状态时，输出变化量 Δy 与引起此变化的输入变化量 Δx 之比，即

$$K=\frac{\Delta y}{\Delta x} \tag{3-4}$$

灵敏度反映了传感器对被测参数变化的灵敏程度，其数值越大，电路处理就越简单。线性传感器的灵敏度是其静态特性的斜率；非线性传感器的灵敏度是其静态特性曲线某点处的切线的斜率，它随输入量的变化而不断变化。

3. 重复性（Repetitiveness）

重复性是传感器将输入量按同一方向做全量程、多次测试时，所得特性曲线不一致性的程度，多次测量的曲线越重合，其重复性越好，误差越小。传感器输出特性的重复性主要由传感器机械部分的磨损、间隙、松动、部件的内摩擦、积尘以及辅助电路名化和漂移（Drift）等原因产生。

不重复性一般采用极限误差表示：

$$E_z=\pm\frac{\Delta_{\max}}{y_{\mathrm{fs}}}\times100\% \tag{3-5}$$

式中，$\Delta_{\max}$ 为输出最大不重复误差；y_{fs} 为输出满量程值。

不重复性误差一般属于随机误差，按极限误差公式计算不太合理。不重复性误差可以通过校准测得。根据随机误差的性质，校准数据的离散程度随校准次数不同而不同，其最大偏差值也不一样。因此不重复性误差 E_z 可按下式计算：

$$E_z=\pm\frac{(2\sim3)\delta}{y_{\mathrm{fs}}}\times100\% \tag{3-6}$$

式中，δ 为标准偏差。

如果误差服从高斯分布，标准偏差可以按贝塞尔公式计算。

$$\delta=\sqrt{\frac{\sum_{i=1}^{n}(y_i-\bar{y})^2}{n-1}} \tag{3-7}$$

式中，y_i 为某次测量值；$\bar{y}$ 为各次测量值的平均值；n 为测量次数。

4. 迟滞（Hysteresis）现象

迟滞特性能表明传感器在正向（输入量增大）行程和反向（输入量减小）行程期

间，输出-输入特性曲线不重合的程度，如图 3.1-2 所示。在行程环中，同一输入量 x_i 对应上下行程的输出量 y_i、y_d 的差值称为滞环误差，这就是所谓的迟滞现象。

在整个测量范围内产生的最大滞环误差用 Δm 表示，它与满量程输出值 y_{fs} 的比值称为最大滞环误差 E_{max}，即

$$E_{max}=\frac{\Delta m}{y_{fs}}\times 100\% \tag{3-8}$$

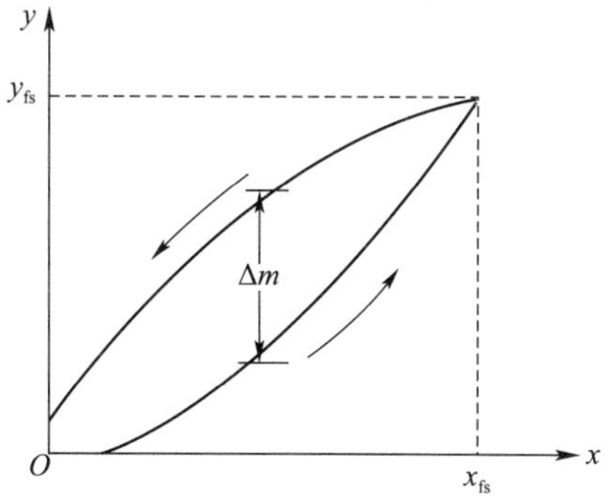

图 3.1-2 迟滞现象

5. 分辨率（Resolution ratio）

传感器的分辨率是在规定测量范围内所能检测输入量（Detection input）的最小变化量 Δx_{max}，有时也用该值相对满量程输入值的百分数 $\frac{\Delta x_{max}}{x_{fs}}\times 100\%$ 表示。

6. 稳定性（Stability）

稳定性有短期稳定性（Short-term stability）和长期稳定性（Long-term stability）之分。对于传感器常用长期稳定性描述其稳定性。传感器的稳定性是指在室温条件下，经过相当长的时间间隔，如一天、一个月或一年后，传感器的输出与起始标定时的输出之间的差异。因此，通常又用其不稳定度来表征传感器输出的稳定程度（Degree of stability）。

7. 漂移

传感器的漂移是指在外界的干扰下，输出量发生与输入量无关的、不需要的变化。漂移包括零点漂移（Zero drift）和灵敏度漂移（Sensitivity drift）等。

零点漂移或灵敏度漂移又可分为时间漂移和温度漂移（Temperature drift）。时间漂移是指在规定的条件下，零点或灵敏度随时间的缓慢变化。温度漂移是指因环境温度变化而引起的零点或灵敏度的漂移。

8. 测量范围和量程（Measuring range）

（1）测量范围

传感器的测量范围是指其所能测量到的最小输入量与最大输入量的范围（$x_{min} \sim x_{max}$）。

（2）量程

传感器的量程是其测量范围的上限值与下限值的代数差（$x_{max}-x_{min}$）。

（二）传感器的动态特性

1. 传感器的动态特性和误差概念

传感器的动态特性是传感器在测量中非常重要的问题，它是传感器对输入激励的输出响应特性。一个动态特性好的传感器，随时间变化的输出曲线能同时再现输入随时间变化的曲线，即输出、输入具有相同类型的时间函数（Time function）。在动态的输入信号情况下，输出信号一般来说不会与输入信号具有完全相同的时间函数，这种输出与输入间的差异就是所谓的动态误差（Dynamic error）。

由此可知，有良好静态特性的传感器，未必有良好的动态特性。这是由于在动态的输入信号下，要达到较好的动态特性，不仅要求传感器可以精确地测量信号的幅值（Amplitude），而且需要能测量出信号变化的波形，即要求传感器能迅速准确地响应信号幅值变化和无失真地再现被测信号随时间变化的波形（Waveform）。

影响动态特性的“固有因素”，任何传感器都会涉及，不过表现形式和作用程度不同而已。研究传感器的动态特性主要是为了从测量误差角度分析产生动态误差的原因并提出改善措施。具体研究时，一般从时域或频域两方面采用瞬态响应法（Transient response method）和频率响应法（Frequency response method）来处理。

由于激励传感器信号的时间函数是多种多样的，在时域内研究传感器的响应特性，只能通过对几种特殊的输入时间函数，如阶跃函数（Step function）、脉冲函数（Impulse function）和斜坡函数（Ramp function ）等来研究其响应特性。在频域内，一般利用正弦函数研究传感器的频率响应特性。为了便于比较或动态标定，常用的输入信号为阶跃信号和正弦信号，对应的方法为阶跃响应法和频率响应法。

2. 阶跃响应特性

给传感器输入一个单位阶跃函数信号

$$u(t)=\begin{cases}0 & t\leqslant 0\\ 1 & t>0\end{cases} \tag{3-9}$$

其输出特性称为阶跃响应特性，如图 3.1-3 所示。衡量阶跃响应特征的几项指标如下：

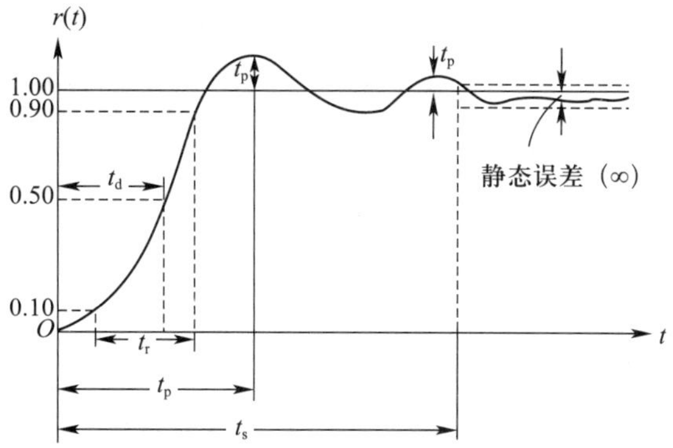

图 3.1-3　传感器阶跃响应特性

①最大超调量（Maximum overshoot）δ_p：响应曲线偏离阶跃曲线的最大值，常用百分数表示，能说明传感器的相对稳定性。

②延迟时间 t_d：阶跃响应达到稳态值 50% 所需要的时间。

③上升时间 t_r：响应曲线从稳态值的 10% 上升到 90% 所需要的时间。

④峰值时间 t_p：响应曲线上升到第一个峰值所需要的时间。

⑤响应时间 t_s：响应曲线逐渐趋于稳定，到与稳态值之差不超过±(2%～5%）所需要的时间，也称过渡过程时间。

对于一个传感器而言，并非每一个指标均需要提出，往往只需要提出几个特征明显的指标就可以了。

3. 频率响应特性（Frequency response characteristics）

传感器对正弦输入（Sinusoidal input）信号的响应特性称为频率响应特性。对传感器动态特性的理论研究通常是先建立传感器的数学模型，通过拉氏变换求出传递函数的表达式，再根据输入条件得到相应的频率特性。即

$$H(j\omega)=\frac{1}{\tau(j\omega)+1} \tag{3-10}$$

式中，τ 为时间函数（s）。

$$H(j\omega)=\frac{1}{1-\tau\left(\frac{\omega}{\omega_n}\right)^2+2j\frac{\omega}{\omega_n}} \tag{3-11}$$

式中，ω_n 为传感器的固有频率（rad/s）；τ 为阻尼系数（s-1）。

衡量传感器频率响应特性的几项指标如下：

①频带（Frequency band）：传感器的增益保持在一定频率范围内，这一频率范围称为传感器的频带或通频带，对应有上截止频率和下截止频率。

②时间函数：可用时间函数 τ 来表征传感器自由度一阶系统的动态特性。时间函数 τ 越小，频带越宽。

③固有频率（Natural frequency）：传感器单自由度二阶系统的固有频率可用来表征其动态特性。

对于传感器单自由度一阶系统，减小时间函数 τ 可改善传感器的频率特性。对于传感器单自由度二阶系统，为了减小动态误差和扩大频率响应范围，一般需要提高传感器的固有频率 ω_n，而固有频率 ω_n 与传感器运动部件的质量 m 和弹性敏感元件（Elastic sensing element）的刚度 C 有关，即

$$\omega_n = \sqrt{\frac{C}{m}} \tag{3-12}$$

可见，增大弹性敏感元件的刚度 C 和减小传感器运动部件的质量 m，可以提高固有频率 ω_n。但是弹性敏感元件的刚度增加，会使传感器灵敏度（Sensor sensitivity）降低，所以在实际应用中，应综合各种因素确定传感器的各个特征参数。

3.2 常用传感器的原理及应用

3.2.1 电阻传感器（Resistance sensor）的原理及应用

电阻传感器是将被测的非电参量的变化转换为电阻量的变化的传感器，即通过测量电阻值的变化达到测量被测非电量的目的。常用的电阻式传感器有电阻应变式（Resistance strain type）、电位器式（Potentiometer type）、热敏效应式（Heat sensitive effect type）等类型，本节主要介绍电阻应变式传感器。电阻传感器可以用来测量力、压力、位移、应变、加速度、温度等非电量参数。

电阻应变式传感器的工作原理为电阻应变效应，主要由电阻应变片和弹性敏感元件组成，其中弹性敏感元件用于感受被测量的变化，比如力、压力、位移等，而电阻应变片贴于弹性敏感元件上，与弹性敏感元件产生相同的应力应变。将应变片粘贴在弹性敏感元件上，当弹性敏感元件感受到外力、位移、加速度等参数的变化时，会产生相应的形变，即应变，这个应变也会被粘贴在弹性敏感元件上的应变片感受到并将其转换为对

应电阻值的变化。

（一）金属电阻应变片（Metal resistance strain gauge）

1. 工作原理

金属电阻应变片的工作原理是电阻应变效应，即当金属丝在外力的作用下发生机械形变时，其电阻值也将会随之发生变化，这种现象称为金属电阻应变效应（Metal resistance strain effect）。

假设金属导体的电阻为 R，则有

$$R=\rho \frac{l}{S} \tag{3-13}$$

式中，ρ 为金属导线的电阻率，单位为 $\Omega \cdot m$；l 为金属丝的长度，单位为 m；S 为金属丝的横截面面积，$S=\pi r^2$，单位为 m^2；r 为圆形截面的金属丝半径，单位为 m。

当金属电阻丝受到均匀的应力作用时，如图 3.2-1 所示，一段横截面为圆形的金属丝，其半径为 r，长度为 l，当其两端受到均匀的拉力 F 时，在弹性范围内，其长度伸长，横截面面积减小，长度伸长量为 dl，半径减小量为 dr，由此可知其长度、横截面（Cross section）、电阻率等将发生变化，这些变化将引起电阻值的变化，对式（3-13）进行全微分得到

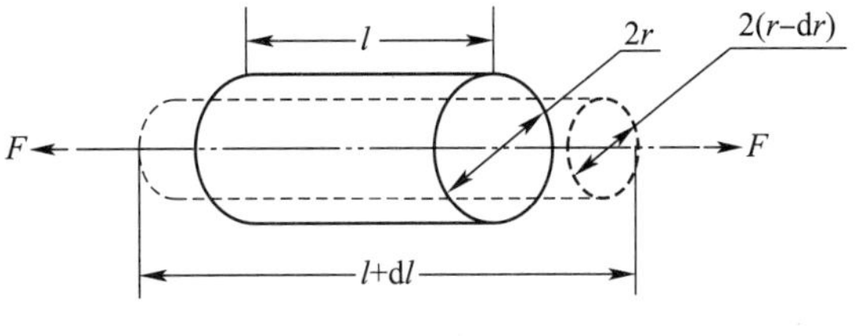

图 3.2-1　金属电阻丝的应变效应

$$dR = d\left(\frac{\rho l}{S}\right) = \frac{l}{S}d\rho + \frac{\rho}{S}dl - \frac{\rho l}{S^2}dS \tag{3-14}$$

两边同时除以 R 得

$$\frac{dR}{R} = \frac{d\rho}{\rho} + \frac{dl}{l} - \frac{dS}{S} \tag{3-15}$$

将 $S=\pi r^2$ 代入式（3-15）得

$$\frac{dR}{R} = \frac{d\rho}{\rho} + \frac{dl}{l} - 2\frac{dr}{r} \tag{3-16}$$

式中，$\frac{dl}{l}$为金属电阻丝所受的轴向应变，用 ε 表示，常用的单位为 $\mu\varepsilon$，$1\mu\varepsilon = 1\times$

10^{-6} mm/mm，由材料力学可知，在弹性范围内，当金属丝受到拉伸力时，金属丝的轴向会伸长，纵向（径向）会缩短，令径向应变$\frac{dr}{r}$为 ε'，且有轴向应变和径向应变的关系为 $\varepsilon'=-\mu\varepsilon$，式中 μ 为金属材料的泊松系数。将此关系代入式（3–16）得到：

$$\frac{dR}{R}=\frac{d\rho}{\rho}+\varepsilon(1+2\mu)=\varepsilon\left[\frac{d\rho/\rho}{dl/l}+(1+2\mu)\right]=k_0\varepsilon \tag{3-17}$$

式（3–17）为金属电阻“应变效应”的表达式，k_0 μ 为金属电阻的灵敏度系数，从式（3–17）中可以看出金属电阻的灵敏度系数由两部分组成，即 $1+2\mu$ 和 $\frac{d\rho/\rho}{dl/l}$。前者 $1+2\mu$ 是由金属电阻丝的几何尺寸变化引起的，为形变效应部分；后者 $\frac{d\rho/\rho}{dl/l}$ 是金属电阻丝的电阻率随应变的改变而变化的，称为“压阻效应”（Piezoresistive effect），对大多数金属电阻丝而言，其数值为常数，通常很小，比前者 $1+2\mu$ 小得多，一般可以忽略。对半导体而言，k_0 值主要是由 $\frac{d\rho/\rho}{dl/l}$ 即金属电阻丝的电阻率的相对变化决定的。上式表明，材料电阻的变化是应力引起形状的变化和电阻率的相对变化的综合结果。

2. 基本结构及测量原理

金属电阻应变片的种类很多，但是其基本结构大致相同，先以金属丝绕式电阻应变片的结构为例加以说明，其结构示意图如图 3. 2–2 所示。

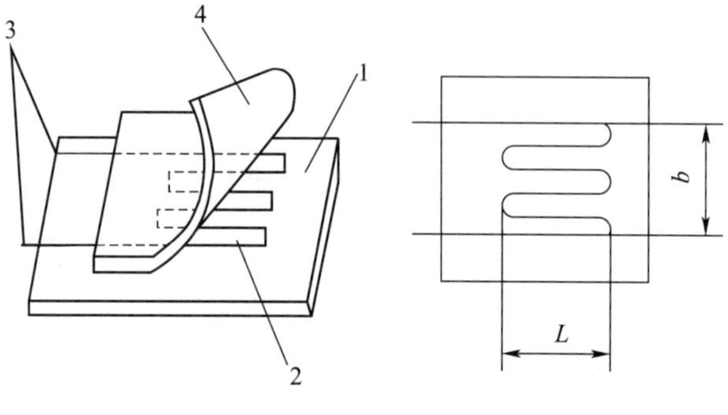

1—基底；2—敏感栅；3—引线；4—覆盖层

图 3. 2–2　金属丝绕式电阻应变片基本结构

它由覆盖层 4、敏感栅（Sensitive grid）2、基底 1 及引线 3 四部分组成。敏感栅由直径为 0. 025 mm 左右的合金电阻丝绕成，形如栅栏，也可由金属箔制成金属箔式应变片（Metal foil strain gage），它是转换元件，将应力应变转换为电阻值的变化。敏感栅用黏合剂粘贴在绝缘基底 1 上，金属电阻丝的两端焊接有引线 3，敏感栅上面粘贴有保护的覆盖层4。L 为应变片的基长，b 为基宽，$L\times b$ 为应变片的使用面积。应变片的规格用使用面积和电阻值表示，例如（3×10）mm^2，110 Ω。

金属丝绕式电阻应变片使用时粘贴在传感器的弹性元件（Elastic element）或试件上，弹性元件感受外力的作用，产生微小的机械变形即应变，通过基底（Basal）把应变传递到敏感栅上，应变片的敏感栅也随之发生相同的应变，导致其电阻值发生变化，再通过测量转换电路转换为相应的电压或电流的变化进行输出。基底同时起绝缘作用，覆盖层起绝缘保护（Insulation protection）作用，焊接于敏感栅两端的引线连接到测量导线上。

根据公式可以得到被测对象的应变值 ε，而根据材料力学中应力应变关系：

$$\sigma = E\varepsilon \tag{3-18}$$

式中，σ 为被测弹性元件或试件所受的应力；E 为材料的弹性模量（Elastic modulus）。所以由式（3-18）可知，金属丝绕式电阻应变片可以用来测量应力值 σ。通过弹性敏感元件，将位移、力、力矩、压力、加速度等非电物理量转化为应变或应力，因此可以用金属丝绕式电阻应变片来测量上述这些量，从而做成各种应变式传感器。

金属电阻应变片得到广泛应用，是由于其具有以下几种优点：

①测量应变的灵敏度和精度高（High precision），性能稳定可靠，可以测量 1～2 $\mu\varepsilon$，误差小于1%。

②应变片尺寸小、重量轻、结构简单、使用方便、响应速度快。测量时对被测件的工作状态和应力分布影响小，既可以用于静态测量（Static measurement），也可以用于动态测量（Dynamic measurement）。

③测量范围大，既可以测量弹性变形，也可以测量塑性变形。变形范围为1%～20%。

④适应性强，可在高温、高低温、高压、水下、强磁场以及核辐射（Radiation）等恶劣环境下使用。

⑤便于多点测量、远距离测量和遥测等。

3. 应变片的黏合剂和粘贴技术（Paste technology）

应变片是用黏合剂粘贴到被测试件上的，黏合剂（Binder）形成的胶层必须可靠地将弹性元件或试件上产生的变形传递到应变片的敏感栅上去，所以黏合剂与粘贴技术对测量结果有直接的影响。

（1）黏合剂（Adhesive）

选择黏合剂必须适合应变片材料和被测试件材料及环境，例如工作温度、湿度、化学腐蚀（Chemical etching）等。对黏合剂要求为：

①有一定的黏结强度；

②能准确传递应力应变，有足够的剪切弹性模量；

③蠕变（Creep）、机械滞后（Mechanical-hysteresis）小；

④有充分的稳定性能；

⑤耐湿、耐油、耐老化、耐疲劳等。

常用的黏合剂类型有硝化纤维素（Nitrocellulose）黏合剂、氰基丙烯酸酯（Cyano-acrylate）黏合剂、有机硅（Organosilicon）黏合剂等。

（2）粘贴工艺

粘贴工艺是一项技术性很强的工作，只有采用正确的粘贴工艺，才会有良好的测试结果。粘贴工艺包括：

①应变片的检查和阻值检查（Resistance check）。

②试件表面处理。为了使应变片牢固地粘贴在试件表面上，必须将要贴片处的表面部分打磨，使之平整光洁，清除掉油污、氧化层（Oxide layer）、锈斑等。

③定位画线。

④粘贴应变片并压合，使黏合剂的厚度减小。

⑤黏合剂固化处理。

⑥引线的焊接处固定及防护与屏蔽（Shielding）。

经固化和稳定处理后，应对应变片进行电阻测量和绝缘性测量。

（二）半导体应变片（Semiconductor strain gauge）

半导体应变片是用半导体材料，采用与金属丝绕式电阻应变片相同的方法制成的。这种应变片常用硅、锗等材料做成单根状的敏感栅，其使用与金属应变片相同，其结构如图 3.2-3 所示。

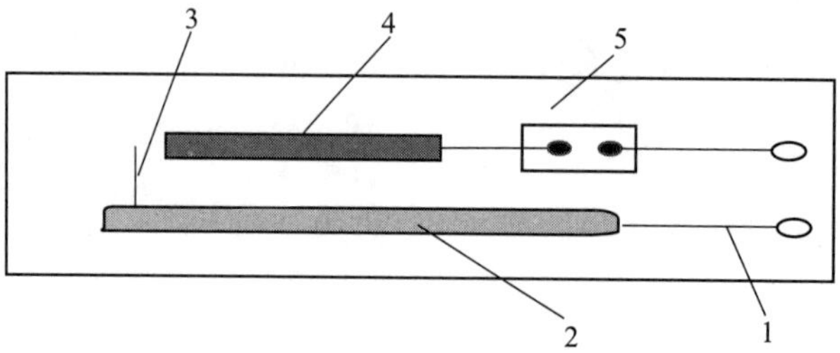

1—外引线；2—引线连接片；3—内引线；4—半导体敏感条；5—基片

图 3.2-3　半导体应变片

半导体应变片的工作原理是基于半导体材料的压阻效应。压阻效应是指当半导体材料的某一轴向受外力作用时，其电阻率 ρ 发生变化的现象。

半导体应变片受轴向力作用时，其电阻相对变化为：

$$\frac{\Delta R}{R}=\frac{\Delta\rho}{\rho}+(1+2\mu)\varepsilon_x \tag{3-19}$$

$\frac{\Delta\rho}{\rho}$为半导体应变片的电阻率相对变化，其值与半导体敏感条在轴向所受的应变力之比为一常数，即

$$\frac{\Delta\rho}{\rho}=\pi_l\rho=\pi_l E_e\varepsilon_x \tag{3-20}$$

式中，π_l 为半导体材料沿某晶向的压阻系数，如半导体硅材料：

$$\pi_l=(40-80)\times10^{11}\ \mathrm{N/m^2} \tag{3-21}$$

E_e 为半导体材料的弹性模量，如半导体硅材料的 $E_e=1.67\times10^{11}\ \mathrm{N/m^2}$。

将式（3-20）代入式（3-19）可得：

$$\frac{\Delta R}{R}=(1+2\mu+\pi_l E_e)\varepsilon_x \tag{3-22}$$

式（3-22）中的 $1+2\mu$ 是由半导体材料几何尺寸的变化而引起的；而 $\pi_l E_e$ 项是由压阻效应引起的，随电阻率而变化。实验证明 $\pi_l E_e$ 比 $1+2\mu$ 大近百倍，所以 $1+2\mu$ 可以忽略不计，因此半导体应变片的灵敏度系数（应变片安装于试件表面，在其轴向方向上有单向的应力作用，应变片阻值的相对变化与试件表面上安装应变片区域的轴向应变之比）为

$$K_s=\frac{\frac{\Delta R}{R}}{\varepsilon_x}=\pi_l E_e \tag{3-23}$$

半导体电阻材料有结晶的硅和锗，掺入杂质形成 P 型和 N 型半导体。其压阻效应是在外力作用下，原子点阵（Atomic lattice）排列发生变化，导致载流子迁移率及浓度发生变化而形成的。因半导体（如单晶硅）是各向异性材料，因此它的压阻系数不仅与掺杂物浓度（Doping concentration）、温度和材料类型有关，还与晶向有关。

半导体应变片的突出优点是灵敏度系数（Sensitivity coefficient）很大，可测微小应变，体积小，横向效应和机械滞后也小。它的缺点主要有温度系数大；分散性大；测量较大应变时非线性比较严重，因而必须采取补偿措施；灵敏度系数因受拉伸或压缩而变等。

（三）电阻式传感器的测量转换电路

因被测量引起的机械应变一般都很小，要把微小应变引起的微小电阻值的变化测量出来，一般在0.5 Ω以下，同时，要把电阻的相对变化$\Delta R/R$转换为电压或电流的变化就需要专门的测量电路，通常采用桥式电路（A bridge circuit）实现微小阻值变化的转换。

1. 直流电桥（DC bridge）

（1）直流电桥的平衡条件

直流电桥的基本形式如图3.2-4（a）所示，R_1，R_2，R_3，R_4称为电桥的桥臂，R_L为其负载（可以是测量仪表内阻或者其他负载）。

放大器（Amplifier）的输入阻抗很高，比电桥输出电阻大很多，可以把电桥输出端看成开路，如图3.2-4（b）所示，$R_L \to \infty$时，电桥的输出电压U_o应为

$$U_o = E\left(\frac{R_1}{R_1+R_2} - \frac{R_3}{R_3+R_4}\right) = E\left[\frac{R_1R_4 - R_2R_3}{(R_1+R_2)(R_3+R_4)}\right] \tag{3-24}$$

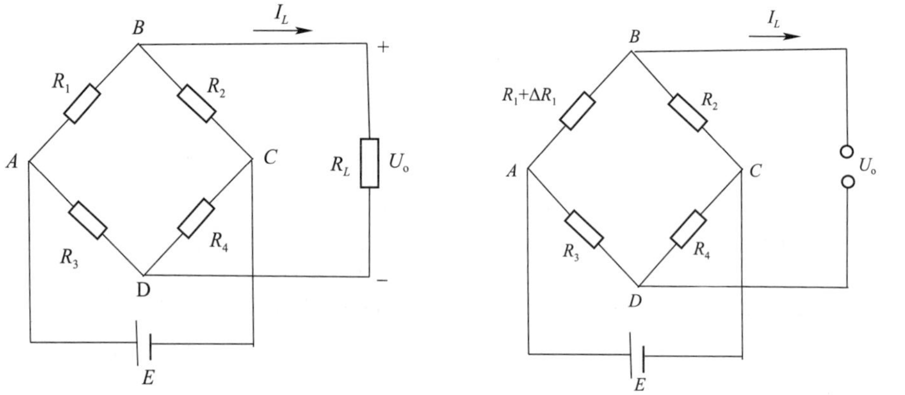

（a）直流电桥一　（b）直流电桥二

图3.2-4　直流电桥的基本形式

当电桥平衡时，$U_o=0$，由式可得

$$R_1R_4 = R_2R_3 \tag{3-25}$$

或

$$\frac{R_1}{R_2} = \frac{R_3}{R_4} \tag{3-26}$$

上式称为电桥平衡条件（Bridge balance condition）。平衡电桥就是桥路中相邻两臂阻值之比应相等。桥路相邻两臂阻值之比相等，方可使流过负载电阻的电流为零。

（2）电桥电压灵敏度（Bridge voltage sensitivity）

在实际使用直流电桥时，如果把第一桥臂中的固定电阻 R_1 换成电阻应变片，那么测量时由应力应变的微小变化将引起电阻值的微小变化，电桥则输出微小的不平衡电压。因为输出的电压量为微小量，所以一般需要加入放大器放大。由于放大器的输入阻抗可以比桥路的输出电阻高（High output resistance）得多，所以此时电桥仍视为开路情况。假设应变片的电阻变化量为ΔR_1，其他桥臂固定不变，则电桥输出电压 $U_o \neq 0$，将 R_1 变成 $R_1+\Delta R_1$ 代入式（3-24），并将式（3-25）中 $R_1R_4=R_2R_3$ 代入式（3-24）可得：

$$U_o=E\left(\frac{R_1+\Delta R_1}{R_1+\Delta R_1+R_2}-\frac{R_3}{R_3+R_4}\right)=E\left[\frac{\Delta R_1 R_4}{(R_1+\Delta R_1+R_2)(R_3+R_4)}\right]$$

$$=E\left[\frac{\left(\frac{\Delta R_1}{R_1}\right)\left(\frac{R_4}{R_3}\right)}{\left(1+\frac{\Delta R_1}{R_1}+\frac{R_2}{R_1}\right)\ \left(1+\frac{R_4}{R_3}\right)}\right] \tag{3-27}$$

式 3-27 的化简用到了分子分母同除以 R_1R_3 这一方法。

设桥臂比 $n=\frac{R_2}{R_1}=\frac{R_4}{R_3}$，由于 $\Delta R_1<<R_1$，上式中$\frac{\Delta R_1}{R_1}$可忽略，并考虑到起始平衡条件 $\frac{R_1}{R_2}=\frac{R_3}{R_4}$，由式（3-27）可以得到

$$U_o{}'\approx E\frac{n}{(1+n)^2}\cdot\frac{\Delta R_1}{R_1} \tag{3-28}$$

电桥的灵敏度定义为

$$S_u=\frac{U_o}{\frac{\Delta R_1}{R_1}}=E\frac{n}{(1+n)^2} \tag{3-29}$$

电桥电压的灵敏度正比于电桥供电电压（供桥电压），供桥电压越高，电桥的灵敏度越高，但是供桥电压受应变片所容许输出功率大小的影响，故一般对供桥压力也应适当选择。由于电桥电压灵敏度是桥臂电阻（Bridge arm resistance）比 n 的函数，所以应该合理地选取桥臂电流比 n 的数值，以保证电桥有较高的通过电流敏感度（Current sensitivity）。现在来研究，当供桥电压 E 给定时，电流 n 应取何值，电桥电压的精度才高。

$$\frac{\partial S_u}{\partial n}=0 \tag{3-30}$$

要求 S_u 的最大值，由此得

$$\frac{\partial S_u}{\partial n}=E\cdot\frac{\partial\left[\frac{1+n-1}{(1+n)^2}\right]}{\partial n}=E\cdot\frac{\partial\left[\frac{1}{1+n}+\frac{-1}{(1+n)^2}\right]}{\partial n}=E\frac{1-n^2}{(1+n)^4}=0 \tag{3-31}$$

得到当 $n=1$ 时，S_u 为最大，也就是说，在供桥电压确定后，当 $R_1=R_2$，$R_3=R_4$ 时，电桥的电压灵敏度最高。此时，式（3-27）、（3-28）、（3-29）分别化简为：

$$U_o=\frac{1}{4}E\frac{\Delta R_1}{R_1}\cdot\frac{1}{1+\frac{1}{2}\frac{\Delta R_1}{R_1}} \tag{3-32}$$

$$U_o'\approx\frac{1}{4}E\frac{\Delta R_1}{R_1} \tag{3-33}$$

$$S_u=\frac{1}{4}E \tag{3-34}$$

从上式可知，当电源电压 E 和电阻的相对变化$\frac{\Delta R_1}{R_1}$一定时，电桥的输出电压及其灵敏度也是定值，且与各桥臂的阻值大小无关。

（3）非线性误差（Nonlinear error）及其补偿方法

在上述分析方法中，可以假设应变片的参数改变极小，而且可省略不计，这是一个很理想的情形，是近似的计算结果，而现实情形下则不然，因为分母中的 $\Delta R_1/R_1$ 不可忽视，此时式中的输出电压 U_o 与 $\Delta R_1/R_1$ 的相关关系是非线性的，因此实际的非线性特性曲线和理想的线性曲线（Linear curve）的偏差就叫作绝对值非线性误差。

式（3-33）求出的输出电压是由式（3-32）略去分母中的$\frac{\Delta R_1}{R_1}$项（假设 $\Delta R_1<<R_1$）而得出的近似值。实际值计算为：

$$U_o=E\left[\frac{\left(\frac{\Delta R_1}{R_1}\right)\left(\frac{R_4}{R_3}\right)}{\left(1+\frac{\Delta R_1}{R_1}+\frac{R_2}{R_1}\right)\ (1+\frac{R_4}{R_3})}\right]=E\left[\frac{\frac{\Delta R_1}{R_1}n}{\left(1+\frac{\Delta R_1}{R_1}+n\right)\ (1+n)}\right] \tag{3-35}$$

近似值 U_0'为

$$U_o'=E\left(\frac{\frac{\Delta R_1}{R_1}n}{(1+n)(1+n)}\right) \tag{3-36}$$

非线性误差为

$$r_L=\frac{U_o-U_o'}{U_o}=\frac{\frac{\Delta R_1}{R_1}}{1+\frac{\Delta R_1}{R_1}+n} \tag{3-37}$$

对于对称电桥，$n=1$ 时，

$$r_L=\frac{U_o-U_o'}{U_o}=\frac{\frac{\Delta R_1}{2R_1}}{1+\frac{\Delta R_1}{2R_1}} \tag{3-38}$$

将$1/[1+\Delta R_1/(2R_1)]$按幂级数展开代入式 3-38，再略去高阶量，可得

$$r_L=\frac{\Delta R_1}{2R_1} \tag{3-39}$$

可见，非线性误差 r_L 与 $\Delta R_1/R$ 成正比。对于金属电阻应变片，因为 ΔR_1 非常小，故电桥非线性误差（Bridge nonlinear error）可以忽略，对于半导体应变片，因为灵敏度比金属丝式（Metal wire）大得多，受应变时 ΔR 很大，故非线性误差不可忽略。

为了减小非线性误差，常采用的措施如下。

①采用差动电桥。

如图 3.2-5 所示，在试件上安装两个工作应变片，一片受拉，电阻增加，一片受压，电阻减小，应变符号相反，测试时将应变片接入电桥的相邻桥臂上，称为半桥差动电路（Half-bridge differential circuit）。该电桥输出电压 U_o 为

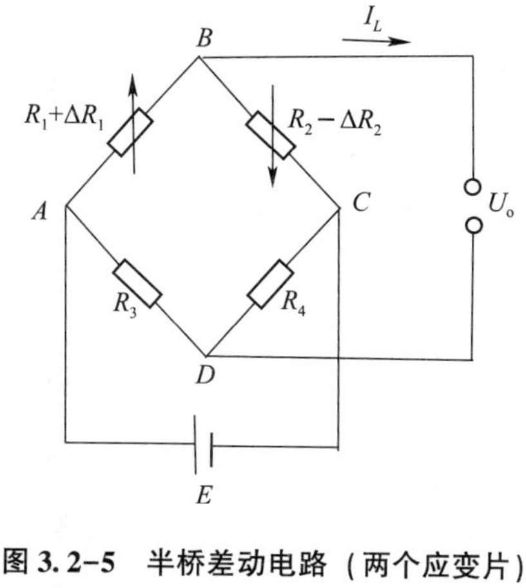

图 3.2-5　半桥差动电路（两个应变片）

$$U_o=E\left(\frac{R_1+\Delta R_1}{R_1+\Delta R_1+R_2-\Delta R_2}-\frac{R_3}{R_3+R_4}\right) \tag{3-40}$$

若 $\Delta R_1=\Delta R_2=\Delta R$，$R_1=R_2=R_3=R_4=R$，$R_3=R_4$，则得

$$U_o=\frac{1}{2}E\frac{\Delta R}{R} \tag{3-41}$$

$$S_u=\frac{E}{2} \tag{3-42}$$

由式（3-41）、(3-42）可知，U_o 与 $\Delta R/R$ 成严格的线性关系，无非线性误差，而且电桥灵敏度（Bridge sensitivity）比单臂时提高了一倍，同时还具有温度补偿的特性(Temperature compensation characteristics)，因为处于同一温度环境下引起电阻的变化相同，因此在相邻桥臂上可以抵消误差。

若将电桥四臂接入四片应变片，如图 3.2-6 所示，将两片应变片阻值符号变化相同的接入相对桥臂，符号变化相反的接入相邻桥臂，两个受拉，两个受压，则构成全桥四臂差动电路，若满足 $\Delta R_1=\Delta R_2=\Delta R_3=\Delta R_4$，则输出的电压为

$$U_o=E\frac{\Delta R}{R} \tag{3-43}$$

$$S_u=E \tag{3-44}$$

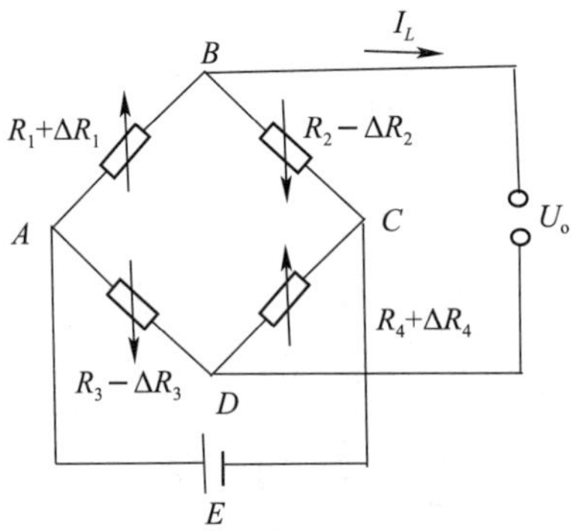

图 3.2-6　半桥差动电路（四个应变片）

由式（3-33）、(3-41)、（3-43）可知，对于输出电压 U_o，全桥四臂差动电路比用单片半桥电路提高了四倍，比半桥差动电路提高了一倍，同样具有温度补偿的特性。

②采用恒流源（Constant current source）电桥。

产生非线性的原因之一是在工作过程中，应变片的电阻值产生 ΔR 的变化，使通过桥臂的电流不恒定，若用恒流源供电，如图 3.2-7 所示。

供电电流为 I，通过各桥臂的电流为 I_1，I_2，$\Delta R_1=0$ 时

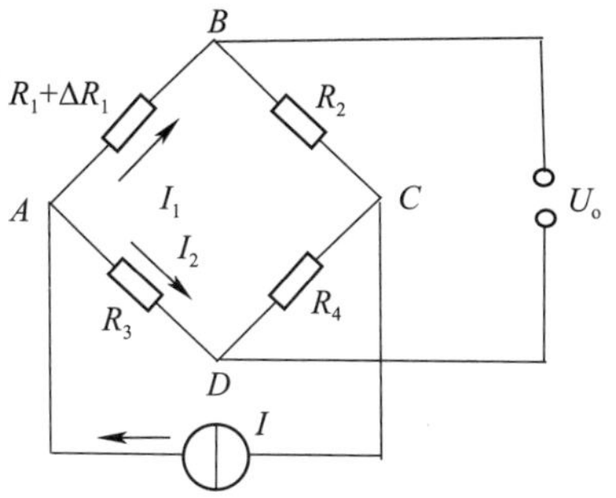

图 3.2-7　恒流源电桥

$$I_1=\frac{R_3+R_4}{R_1+R_2+R_3+R_4}I \tag{3-45}$$

$$I_2=\frac{R_1+R_2}{R_1+R_2+R_3+R_4}I \tag{3-46}$$

$$U_o=I_1R_1-I_2R_3=\frac{R_1R_4-R_2R_3}{R_1+R_2+R_3+R_4}I \tag{3-47}$$

若电桥初始处于平衡状态，而且 $R_1=R_2=R_3=R_4=R$，当第一臂电阻 R_1 变为 $R+\Delta R$ 时，输出电压为

$$U_o=\frac{R\cdot\Delta R}{4R+\Delta R}I=\frac{1}{4}I\frac{\Delta R}{1+[\Delta R/(4R)]} \tag{3-48}$$

由式 3-46 恒流源可知，对比式 3-47 恒压源相比，分母中的 ΔR 被 $4R$ 除，而式（3-48）恒压源中分母中的 ΔR 被 $2R$ 除，所以非线性误差减小一半，对于非线性误差较大的半导体而言，应变电桥一般采用恒流源供电。

（四）电阻式传感器的应用

圆柱式力（Cylindrical force）传感器的弹性元件可分实心和空心两种，以实心柱为例，应变片粘贴在弹性体外壁应力均匀的中间部分，并均匀对称地粘贴多片，因为弹性元件的高度对传感器的精度和动态特性有影响。根据材料力学分析和试验研究的结果，对于实心圆柱，一般取 $H\geqslant 2D+l$，而空心圆柱（Hollow cylinder）一般取 $H\geqslant D-d+l$，其中 H 为圆柱体高度，D 为圆柱外径，d 为空心圆柱内径，l 为应变片基长。贴片在圆柱面上的展开位置及其在桥路中的连接，如图 3.2-8、3.2-9 所示，其特点是 R_1，R_3 串联，R_2，R_4 串联，并置于相对位置的臂上，以减少弯矩的影响，横向贴片当温度补偿用。

圆柱式力传感器的结构简单，可以测量大的拉压力，最大可达 10^7 N，在测量 10^3～10^5 N 时，为了提高变换灵敏度和抗横向干扰，一般采用空心圆柱式结构。

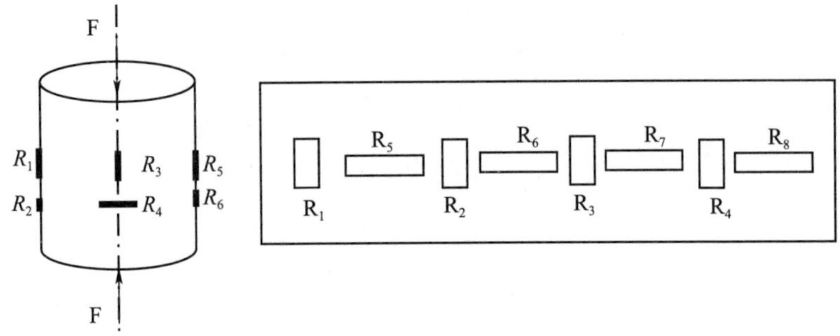

图 3. 2-8　圆柱式力传感器及柱面展开图

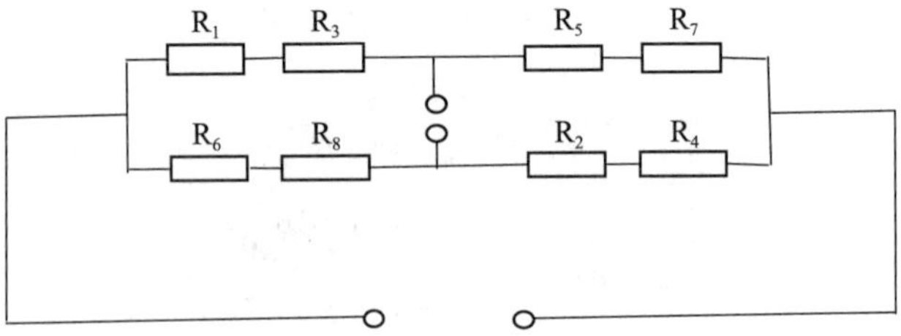

图 3. 2-9　圆柱式力传感器电桥

3. 2. 2　电感传感器（Inductive sensor）的原理及应用

电感传感器是利用电磁感应原理将被测非电量的变化转换为线圈自感系数 L 和互感系数 M 的变化装置，其核心部分是可变的自感或可变的互感。利用电感传感器可以把连续变化的线位移或角位移转换为线圈的自感或互感的连续变化，经过一定的转换电路再转变成电压、电流或频率信号输出。电感传感器处理可以测量直线位移或者角位移，还可以通过一定的感受机构对一些能够转换成位移量的其他非电量，如震动、压力、应变、流量等进行测量。

电感传感器具有以下特点：

①结构简单，传感器无活动电触点，因此工作可靠，寿命长。

②灵敏度和分辨率高，能测出 0. 1 μm 的位移变化。传感器的输出信号强，电压灵敏度一般每毫米的位移可达数百毫伏的输出。

③线性度和重复性都比较好，在一定位移范围，比如几十微米至数毫米内，传感器的非线性误差可以达到 0. 05% ~0. 1%，并且稳定性较好。但是这种传感器的缺点是频率响应比较低，不宜快速动态测量。

因为电感传感器主要是把检测的电流转化成电感量的改变，故按照电感的种类有所不同，可分成自感式传感器和互感式传感器两种。

（一）自感式（Self-sensing）传感器

当匝数为 N 的线圈通以电流 I 时，产生的磁链为 Ψ。磁链与线圈电流值的比称为线圈的电感量，简称自感系数 L。如图 3.2-10 所示。

$$L=\frac{\Psi}{I}=\frac{N\Phi}{I} \tag{3-49}$$

式中，Φ 为穿过每匝线圈的磁通。

$$\Phi=\frac{NI}{R_m} \tag{3-50}$$

根据磁路的欧姆定律，式中，R_m 为磁路的总磁阻，NI 为磁路的磁通势。

将式（3-50）代入式（3-49）得到

$$L=\frac{N^2}{R_m} \tag{3-51}$$

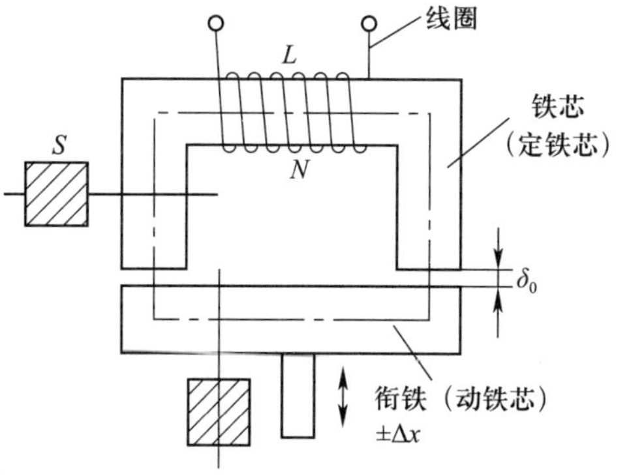

图 3.2-10　自感式传感器原理图

如图 3.2-10 所示，气隙厚度 δ_0 为一小段空气隙，也是磁路的组成部分。因为厚度 δ_0 较小，可以认为气隙磁场也是均匀的，若忽略磁路的铁损，由铁芯磁阻和气隙磁阻组成的总磁阻为 R_m。

$$R_m=\sum l_i/\mu_i s_i+2\delta_0/\mu_0 S \tag{3-52}$$

式中，l_i 为第 i 段铁芯磁路的导磁体长度，单位为 cm；μ_i 为第 i 段导磁体的磁导率，单位为 H/cm；s_i 为第 i 段铁芯磁路的截面积，单位为 cm^2；δ_0 为空气隙的厚度，单位为 cm；μ_0 为真空磁导率（Magnetic permitivity），$\mu_0=4\pi\times10^{-7}$H/cm；S 为空气隙截面积。

将式（3-52）代入式（3-51）可得

$$L=N^2/\left(\sum l_i/\mu_i s_i+2\delta_0/\mu_0 S\right) \tag{3-53}$$

在核心结构（Core structure）和材料确定之后，分母的第一项为常数，此时自感 L 是气隙厚度 δ_0 和气隙截面面积 S 的函数，即 $L=f$（δ_0，S）。如果保持 S 不变，则自感线圈 L 为 δ_0 的单值函数，这样可构成变气隙型传感器，如图 3.2-11（a）所示；如果保持 δ_0 不变，使 S 随位移而变，则可构成变截面型传感器，如图 3.2-11（b）所示；当线圈中放入圆柱形衔铁，也是一个可变自感，当衔铁上下移动时，自感量将发生变化，这就构成了螺管型传感器，如图 3.2-11（c）所示。

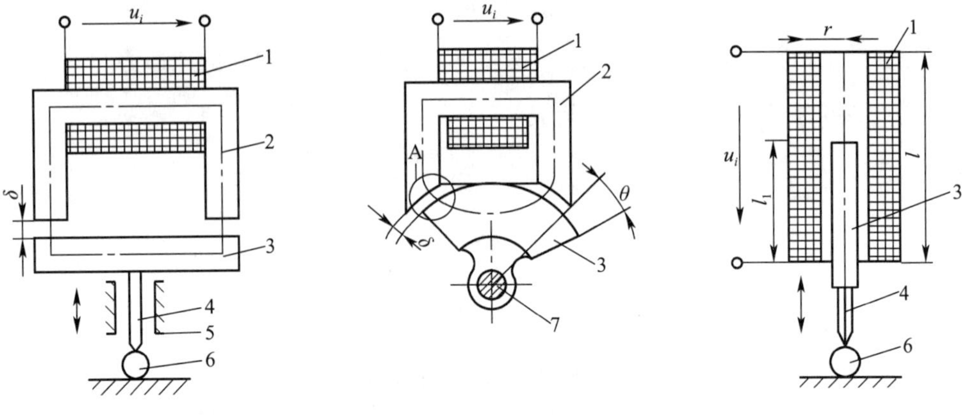

（a）变气隙型　（b）变截面型　（c）螺管型

1—线圈；2—铁芯；3—衔铁；4—测杆；5—导轨；6—工件；7—转轴

图 3.2-11　自感式传感器分类图

当铁芯工作在非饱和状态（Unsaturated state）时，式（3-53）中分母第一项可忽略不计。由磁路的基本知识可知，线圈匝数为 N 时，线圈的电感量 L 为

$$L=N^2\mu_0 S/2\delta_0 \tag{3-54}$$

由此可知，电感 L 与气隙 δ_0 的大小成反比，与气隙的截面面积 S 成正比。气隙 δ_0 变化时，电感 L 变化，将电感 L 的变化转化为阻抗 Z 的变化，通过测量电路再转换为电压、电流的变化。如果 S 不变，改变 δ_0，传感器的灵敏度为

$$k_L=\frac{dL}{d\delta_0}=-\frac{N^2\mu_0 S}{2\delta_0^2} \tag{3-55}$$

由于灵敏度 k_L 不是常数，故会出现非线性误差，为了减小非线性误差，在实际应用中，一般规定传感器在较小间隙的变化范围内工作，即测量小位移，或者采用差动连接（Differential connection），如图 3.2-12（a）所示。

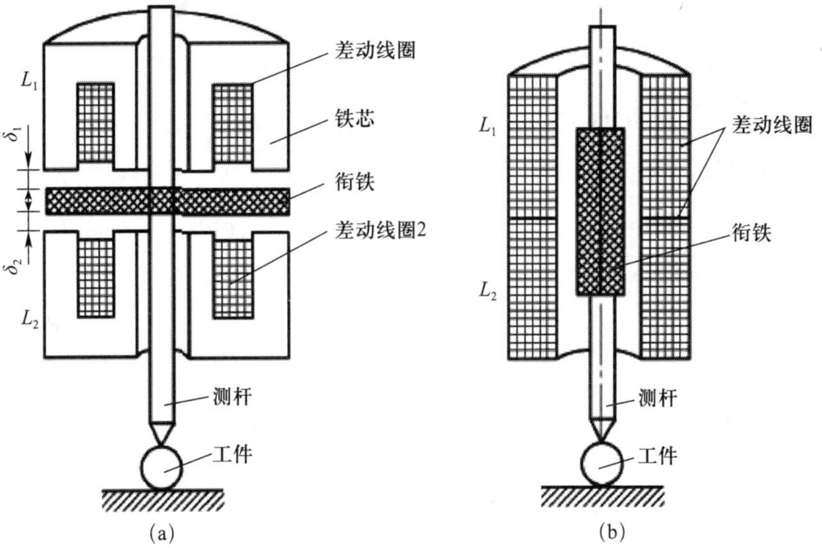

图 3.2-12　差动工作方式下的变气隙厚度自感式传感器

由图 3.2-12（a）可知，由两个传感器构成差动工作方式，衔铁最初时居中，两侧初始电感为 L_0，当衔铁有位移时，两个线圈的间隙一个增加，一个减少，假设所测工件直径增加时，δ_1 减小，δ_2 增加，线圈自感量与气隙厚度成反比，则 L_1 增加，L_2 减小，把两个线圈接入电桥的相邻桥臂，输出的灵敏度比半桥单臂（A half bridge arm）提高一倍，并且可以降低非线性误差，消除外界干扰。

δ_0 不变，改变 S 时为变截面型自感式传感器，它具有较好的线性，自由行程比较大，制造装配比较方便，但灵敏度较低。

在图 3.2-11（c）中螺管自感式传感器在螺管线圈中插入一个活动衔铁，活动衔铁在线圈中运动时，磁阻发生变化，从而使自感 L 发生变化。螺管自感式传感器（Screw tube self-induction sensor）结构简单，制造装配容易，空气隙大，磁路的磁阻高，灵敏度低，线性范围大；此外还具有自由行程可任意安排、制造方便等优点，在批量生产中的互换性较好，给测量仪器的调试、装配、使用带来了很大的方便，尤其在使用多个测微仪（Micrometer）组合来测量物体形状的时候。在实际应用中通常也采用差动的结构，如图 3.2-12（b）所示。图 3.2-12（b）中将铁芯置于两个线圈中间，当铁芯移动时，两个线圈的电感量产生相反方向的增减，然后利用电桥将两个电感接入电桥的相邻桥臂，以获得比半桥单臂工作方式更好的线性度和更高的灵敏度。

（二）互感式（Mutual inductance）传感器

互感式传感器是将被测量的变化转换为变压器的互感系数的变化。当一次线圈接入激励电压（Excitation voltage）后，二次线圈将产生感应电压输出，互感系数变化时，输出电压将做相应的变化。通常这种变压器的二次线圈接成差动的形式，故又称为差动变压器式传感器（Differential transformer type sensor）。

差动变压器结构形式较多，但其工作原理基本一样，现以螺管型差动变压器（Screw type differential transformer）为例来介绍。螺管型差动变压器可以测量 1～100 mm 的机械位移，具有测量精度高、灵敏度高、结构简单、性能可靠等优点，所以应用广泛。

螺管型差动变压器结构如图 3. 2-13 所示，它由初级线圈 P、两个次级线圈 S_1 和 S_2 和插入线圈中央的圆柱形铁芯 b 组成。差动变压器线圈（Differential transformer coil）连接如图 3. 2-14 所示，次级线圈反极性串联。当初级线圈加上某一频率的正弦交流电压 U_i 后，次级线圈产生感应电压为 U_1 和 U_2，它们的大小与铁芯在线圈内的位置有关。U_1 和 U_2 反极性连接便得到输出电压 U_o，$U_o=U_1-U_2$。

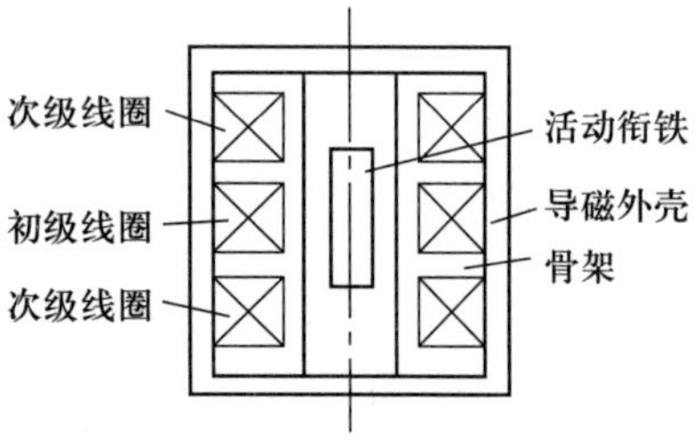

图 3. 2-13　螺管型差动变压器结构

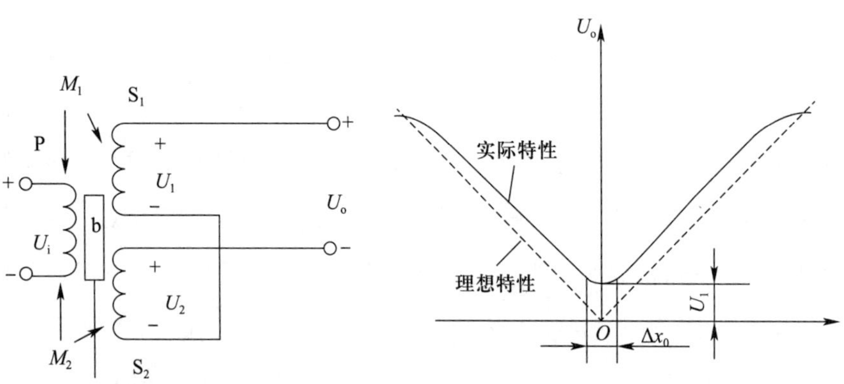

(a) 螺管型差动变压器电路原理图　　(b) 差动变压器输出电压的特性

图 3. 2-14　差动变压器电路原理及输出电压特性

当铁芯位于线圈中心位置时，$U_1=U_2$，$U_o=0$；

当铁芯向上移动时，$U_1>U_2$，$|U_o|>0$，M_1 大，M_2 小；

当铁芯向下移动时，$U_2>U_1$，$|U_o|>0$，M_1 小，M_2 大。

铁芯偏离中心位置时，输出电压随铁芯偏离中心位置，U_1 或 U_2 逐渐加大，但相位相差 180°，如图 3.2-14 所示，实际上，铁芯位于中心位置，零电位并不是输出电压 U_o，而是 U_1，U_1 被称为零点残余电压。虚线为理想特性曲线（Ideal characteristic curve），实线为实际特性曲线（Actual characteristic curve）。U_1 产生的原因很多，比如变压器制作工艺和导磁体安装等问题，U_1 一般在几十毫伏以下。在实际使用时，必须设法减小 U_1，否则会影响传感器的测量结果。

（三）电感传感器的应用

1. 变气隙式差动电感（Variable air gap differential inductor）压力传感器

图 3.2-15 为变气隙式差动电感压力传感器，这是一种气体压力传感器的结构原理图，被测压力 P 变化时，弹簧管的自由端产生位移，带动衔铁移动，使衔铁与其中一个铁芯之间的气隙减小，另一个增加，则其中一个自感系数 L 增加，另一个自感系数减小。初始位置可由调节机械零点螺钉来调节，也就是调整机械零点（Adjusting mechanical zero point），使输出为零。

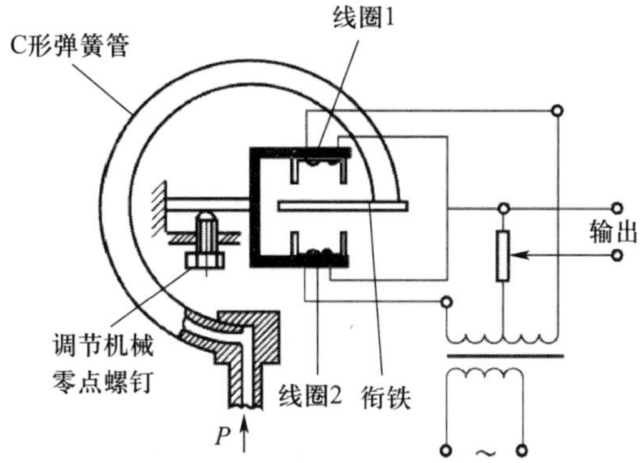

图 3.2-15　变气隙式差动电感压力传感器

2. 电感式微压力传感器（Inductive micro-pressure sensor）

将差动变压器和弹性敏感元件（膜片、膜盒和弹簧管等）相结合，可以组成各种形式的压力传感器，图 3.2-16 是电感式微压力传感器。在被测压力为零时，膜盒在初始状态，此时固接在膜盒中心的衔铁位于差动变压器线圈的中间位置，两个次级线圈的互感系数相等，因而输出为零。当被测压力由接头传入膜盒时，其自由端产生一个正比于被测压力的位移，并带动衔铁在差动变压器线圈中移动，从而使差动变压器输出电压。经相敏检波（Phase sensitive wave detection）、滤波后，其输出电压可反

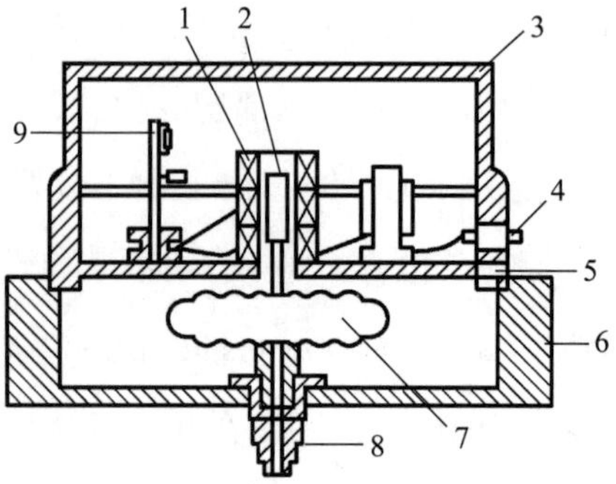

1—差动变压器；2—衔铁；3—罩壳；4—插头；5—通孔；6—底座；7—膜盒；8—接头；9—线路板

图 3.2-16　电感式微压力传感器

映被测压力的数值。

3. 互感式加速度传感器（Mutual inductive acceleration sensor）

如图 3.2-17 所示，衔铁受振动和加速度的作用，使弹性支撑弹簧受力变形，与弹簧连接的衔铁的位移大小反映了振动的幅度和频率以及加速度的大小，初始时加速度为零，差动变压器线圈的中间位置，两个次级线圈的互感系数相等，因而输出电压为零，当有加速度时，衔铁在差动变压器线圈中移动，从而使差动变压器输出电压。经相敏检波、滤波后，其输出电压可反映被测压力的数值。

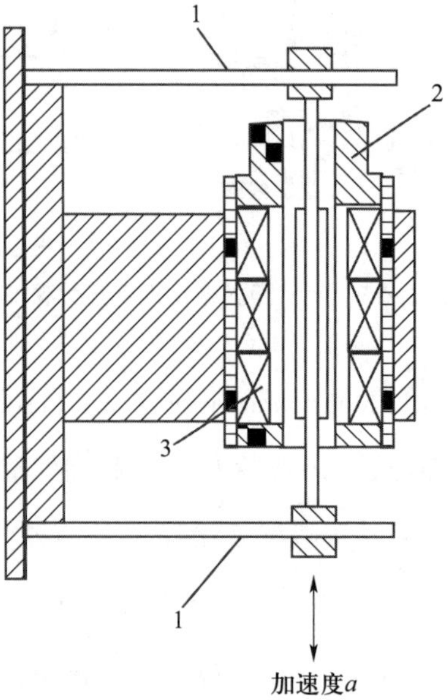

1—弹性支撑；2—差动变压器；3—线圈

图 3.2-17　互感式加速度传感器

3.2.3　电涡流式传感器（Eddy current sensor）的原理及应用

（一）工作原理

根据法拉第电磁感应原理，电涡流式传感器示意图如图3.2-18所示。将块状的金属导体置于变化的磁场 H_1 当中或者在磁场中做切割磁感线运动时，导体内将会产生旋涡的感应电流 I_1，这种电流叫电涡流，这种现象称为涡流效应（Eddy current effect），电涡流式传感器就是在这种涡流效应的基础上建立起来的。要形成这种涡流必须具备两个条件：一是存在交变的磁场；二是导体处于交变的磁场当中。因此，电涡流式传感器主要由产生交变磁场的通电线圈和置于线圈附近而处于交变磁场中的金属导体两部分组成。金属导体可以作为被测对象本身。因为涡流渗透的深度与传感器线圈的激励信号频率有关，故传感器可分为高频反射（High frequency reflection）型和低频透射（Low frequency transmission）型两类电涡流式传感器。

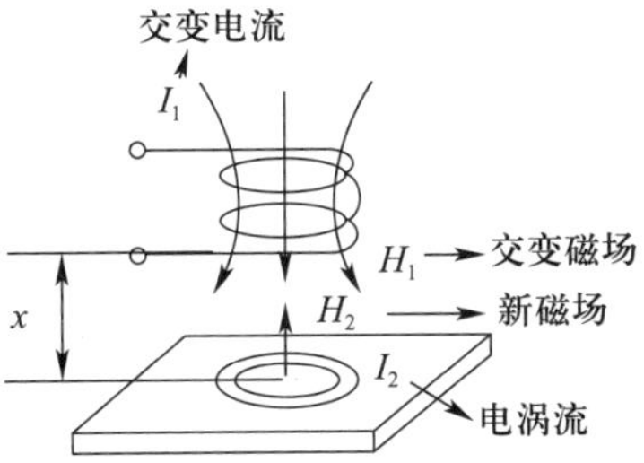

I_1—激励电流；H_1—由 I_1 激励产生的交变磁场；I_2—电涡流；

H_2—由 I_2 产生的交变磁场；x—线圈与导体之间的距离

图3.2-18　电涡流式传感器示意图

1. 高频反射型电涡流式传感器

（1）工作原理

如图3.2-18所示，如果把一个扁平线圈置于金属导体附近，当线圈中通以正弦交流电流 I_1 时，线圈的周围就产生了正弦交变磁场 H_1，处于此交变磁场中的金属导体内就产生涡流 I_2，此涡流也将产生一个交变磁场 H_2，H_2 的方向与 H_1 的方向相反，由于磁场 H_2 的作用，涡流要消耗掉一部分能量，从而使产生磁场的线圈阻抗发生变化。

（2）等效电路（Equivalent circuit）

从图3.2-18可以看出，线圈与金属导体之间存在磁的联系。若把金属导体看成一个短路的线圈，其间的关系用图3.2-19所示的等效电路来表示。线圈与金属导体之间可以定义一个互感系数 M，它将随着线圈与导体之间的距离 x 的减少而增大。根据基尔霍夫定律可以列出两个 KVL 方程

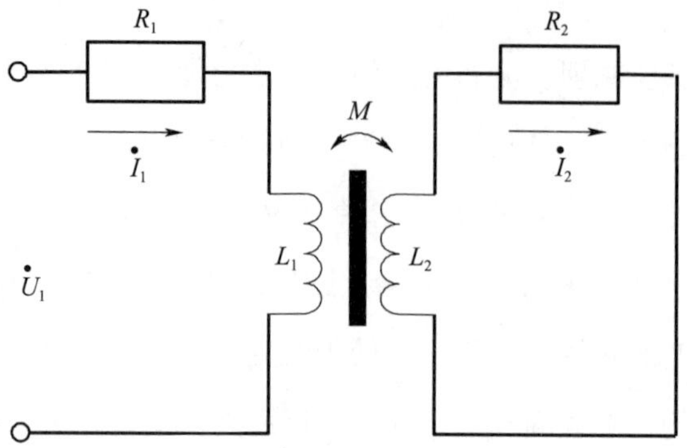

R_1、L_1—线圈的电阻和电感；R_2、L_2—金属导体的电阻和电感；

$\dot{U}_1$，$\dot{I}_1$—激励电压、电流；$\dot{I}_2$—电涡流

图 3.2-19　电涡流传感器等效电路图

$$\begin{cases} R_2\dot{I}_2+j\omega L_2\dot{I}_2-j\omega M\dot{I}_1=0 \\ R_1\dot{I}_1+j\omega L_1\dot{I}_1-j\omega M\dot{I}_2=\dot{U}_1 \end{cases} \tag{3-56}$$

解得：

$$\dot{I}_1=\frac{\dot{U}_1}{Z}=\frac{\dot{U}_1}{\left[R_1+\frac{\omega^2M^2}{R_2^2+(\omega L_2)^2}R_2\right]+j\left[\omega L_1-\frac{\omega^2M^2}{R_2^2+(\omega L_2)^2}\omega L_2\right]} \tag{3-57}$$

由表达式（3-57）可知，线圈在受到金属导体影响后的等效阻抗为

$$Z=\frac{\dot{U}_1}{\dot{I}_1}=\left[R_1+\frac{\omega^2M^2}{R_2^2+(\omega L_2)^2}R_2\right]+j\left[\omega L_1-\frac{\omega^2M^2}{R_2^2+(\omega L_2)^2}\omega L_2\right] \tag{3-58}$$

等效电阻和电感分别为

$$R=R_1+\frac{\omega^2M^2R_2}{R_2^2+(\omega L_2)^2} \tag{3-59}$$

$$L=L_1-\frac{\omega^2M^2L_2}{R_2^2+(\omega L_2)^2} \tag{3-60}$$

式（3-60）等效电感（Equivalent inductance）中第一项为 L_1，其与磁效应（Magnetic effect）有关，若金属导体为非磁性材料，那么 L_1 就是空心线圈的电感；当金属导

体是磁性材料时，L_1 将增大，而且随着 x 的变化而变化。第二项与涡流效应有关，涡流引起的反磁场 H_2 将使电感减小，x 越小，电感减小的程度就越大。

等效电阻 R 常常通过与原来的阻值 R_1 不断比较并取较大值来得到，这是因为涡流损耗、磁滞损耗等会使其实际取值变大。金属导体材质的导电性能（Electrical conductivity）以及线圈与导体的距离大小，均会影响取值。从式（3-59）、（3-60）中可得出线圈的品质因素 Q 为

$$Q=\frac{\omega L}{R}=\frac{\omega\left[L_1-\dfrac{\omega^2M^2L_2}{R_2^2+(\omega L_2)^2}\right]}{R_1+\dfrac{\omega^2M^2R_2}{R_2^2+(\omega L_2)^2}}=Q_1\left(\frac{1-\dfrac{\omega^2M^2L_2}{L_1Z_2^2}}{1+\dfrac{\omega^2M^2R_2}{R_1Z_2^2}}\right) \tag{3-61}$$

式中，Q_1 为无涡流影响时线圈的品质因素，$Q_1=\omega L_1/R_1$；Z_2 为金属导体中产生电涡流部分的阻抗，$Z_2=\sqrt{R_2^2+(\omega L_2)^2}$。

由以上可知，被测参数变化，既能引起线圈阻抗 Z 的变化，也能引起线圈电感 L 和线圈 Q 值变化。所以涡流传感器所用的转换电路可以选用 Z，L，Q 中的任一参数，并将其转换成电量，达到测量的目的。这样，金属导体的电阻率 ρ、磁导率 μ、线圈与金属导体的距离 x 以及线圈激励电流的角频率 ω 等参数，都将通过涡流效应和磁效应与线圈阻抗发生联系，即线圈阻抗 Z 是这些参数的函数，可以写成

$$Z=f(\rho,\ \mu,\ x,\ \omega) \tag{3-62}$$

由式（3-62）可知，控制其中大部分参数恒定不变，只改变其中的一个参数，则阻抗就是这个参数的单值函数。因此，测量电路的任务就是把这些参数的变化变换为电压或者频率的变化。

高频反射型电涡流式传感器具有以下特点：结构简单、体积小、灵敏度高、测量线性范围大（频率响应宽）、抗干扰能力强、不受油污等介质的影响，并且可以进行无接触测量等。电涡流式传感器可用于测量位移、厚度（Thickness）、速度、表面温度（Surface temperature）、电解质浓度（Electrolyte concentration）、应力（Stress）、材料损伤等。因涡流的渗透深度与传感器线圈的激励信号频率有关，故电涡流传感器可分为高频反射型和低频透射型两种。

（3）高频反射型电涡流式传感器的结构

高频反射型电涡流式传感器由探测器外壳和放置于探测器外壳内部的线圈构成，目前使用较为广泛的是扁平线圈，如图 3.2-20 所示。线圈的导线通常应选择电阻率较低

的金属材质，并使用高强度漆包线。导线外壳需要使用热损耗较低、电性能高、热膨胀系数较低的材质，通常使用聚四氟乙烯（Poly tetra fluoroethylene）、高频塑料（High frequency plastic）、环氧玻璃钢等。当接收线圈的壳体端面采用胶接的方式时，通常也可使用粘贴应变片所用的胶水。

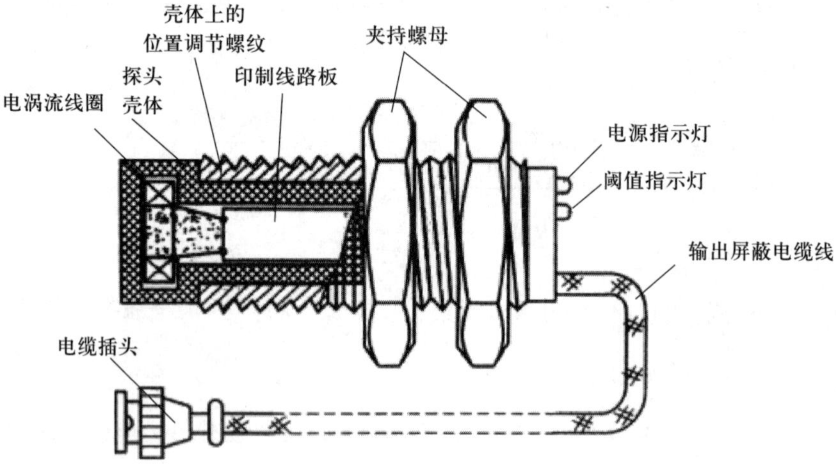

图 3.2-20　高频反射型电涡流式传感器结构

2. 低频透射型电涡流式传感器

上述讨论的电涡流效应中，金属导线内的涡流所形成的反磁及涡流要消耗掉部分能量，均将被上述效应“反射”回去，并影响了原激励输入线圈的阻抗。为使反射型效应效果更佳，激发频率要高，穿越深度也要小，在实践中此类型的涡流传感器应用较多。此外，如果将激发频率降低，则涡流的穿越深度也增加了，可作为低频透射型传感器，原理图如图 3.2-21 所示。

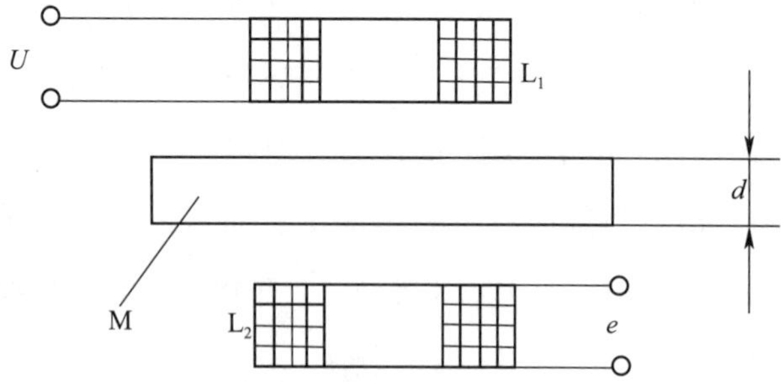

L_1—发射线圈；L_2—接收线圈；U—激励电压；i—激励电流；

e—响应电动势；d—M 金属的厚度

图 3.2-21　低频透射型涡流传感器原理图

图3.2-21为音频（频率较低）涡流测厚仪的工作原理图，发射线圈L_1和接收线圈L_2绕在绝缘框架上，分别安放在被测材料M的上下方。低频电压U加到L_1上，线圈中的电流i将产生一个交变磁场，若线圈之间不存在被测材料M，L_1产生的磁场将直接贯穿L_2，感生出交变电动势e，其大小与U的幅值、频率f以及L_1、L_2线圈的匝数、结构以及两者的相对位置有关。如果这些参数是确定的，那么e就是一个确定的值。

在L_1、L_2之间放置金属材料M后，L_1所产生的磁力线就必然通过金属M，并在其中形成涡流，而涡流又损耗了部分磁能，使到L_2的磁力线逐渐下降，从而引起感应电动势e减小。M的材质厚度d越大，涡流愈大，而涡流所产生的热损耗就愈大，e也愈小，据此得知，e的多少反映了材质厚度d的变化规律。

实际上，材料中涡流的大小还与材料的电阻率ρ以及其化学成分、物理状态（特别是温度）有关。这些将成为误差因素，并限制了测厚的应用范围，实际中应考虑补偿。

涡流式传感器的特点是结构简单，易于进行非接触的连续测量，灵敏度较高，适用性强，因此得到了广泛的应用，它的变换量可以是位移x，也可以是被测材料的性质（电阻率ρ或磁导率μ），其应用大致有以下几方面：

①利用位移x作为变换量，可以是被测量位移、厚度、振幅（Amplitude）、振摆（Shimmy）、转速等传感器，也可以做成接近开关、计数器等；

②利用材料的电阻率ρ作为变换量，可以做成测量温度、材质判别等传感器；

③利用磁导率μ作为变化量，可以做成测量应力、硬度等的传感器；

④利用变换量（Converted quantity）x，ρ，μ等的综合影响，可以做成探伤装置等。

（二）电涡流式传感器的测量电路

用于电涡流式传感器的测量电路主要有调频式电路、调幅式电路两种。

1. 调频式测量电路

图3.2-22为调频式测量电路的原理图，传感器线圈接入LC振荡回路，当传感器与被测导体距离$x_0 \pm \Delta x$改变时，在涡流的影响下，传感器的电感变化将导致振荡频率的变化，该变化的频率是距离x的函数$f=L(x)$，该频率由数字频率计直接测量，或者通过f-U变换，用数字电压表测量对应的电压。

2. 调幅式测量电路

传感器线圈L与电容器C并联组成谐振回路，石英晶体组成石英晶体（Quartz crystal）振荡电路，如图3.2-23所示。石英晶体振荡器起一个恒流源的作用，给谐振

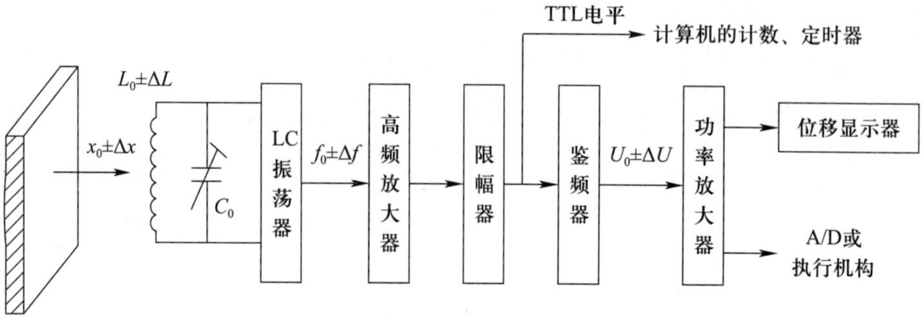

图 3.2-22　调频式测量电路原理图

回路提供一个稳定频率（f_0）、激励电流 i_0，LC 回路输出电压为

$$U_0 = i_0 f(Z) \tag{3-63}$$

式中，Z 为 LC 回路的阻抗。

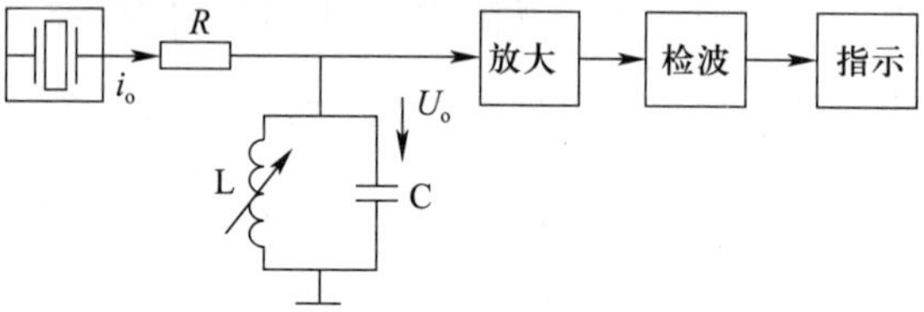

图 3.2-23　调幅式测量电路

当金属导体远离或被去掉时，LC 并联谐振回路谐振频率即为石英晶体振荡频率 f_0，回路呈现的阻抗最大，谐振回路上的输出电压也最大；当金属导体靠近传感器线圈时，线圈的等效电感 L 发生变化，导致回路失谐，从而使输出电压降低，L 的数值随距离 x 的变化而变化，因此输出电压也随 x 而变化。输出电压经过放大、检波后，由指示仪表直接显示出 x 的大小。

（三）电涡流式传感器的应用

1. 位移测量

由电涡流传感器的工作原理可知，电涡流式传感器的等效阻抗 Z 与被测材料的电阻率 ρ、磁导率 μ、励磁频率（Excitation frequency）f 及线圈与被测件间的距离 x 有关。当 ρ，μ，f 确定后，Z 只与 x 有关，通过适当的测量电路，可得到输出电压与距离 x 的关系。如图 3.2-24 所示，输出电压与位移在中部呈线性关系，一般线性范围为扁平线圈外径的 1/5~1/3，线性误差为 3%~4%。

依据该关系，电涡流式传感器可以测量位移（如汽轮机主轴的轴向窜动，见图

3.2-25）、金属材料的热膨胀系数（Coefficient of thermal expansion）、钢水液位等。量程范围可以从 0~1 mm 到 0~30 mm，一般分辨率为满量程的 0.1%。

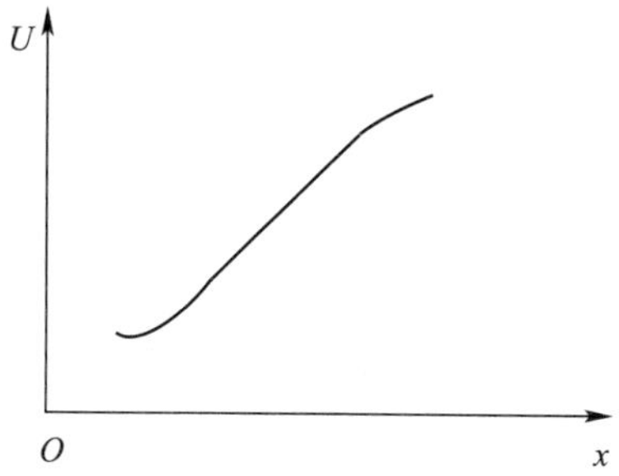

图 3.2-24　电压-位移关系曲线

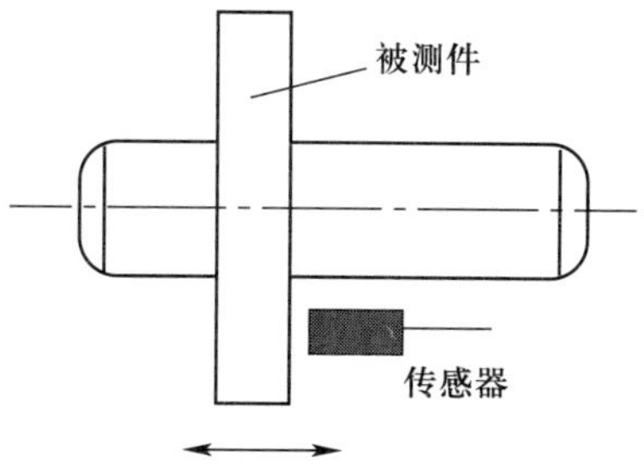

图 3.2-25　汽轮机主轴的轴向窜动测量

2. 转速测量

一个旋转金属体上有一个 N 个齿的齿轮，旁边安装电涡流式传感器，如图 3.2-26 所示，当旋转体转动时，齿轮的轮齿与传感器的距离变小，电感量变小；距离变大，电感量变大，经电路处理后，周期性地输出信号，该输出信号频率（Output signal frequency）f 可用频率计测出，然后转换成转速

$$n=\frac{f}{N}\times 60 \tag{3-64}$$

式中，N 为齿数；f 为频率；n 为被测转速，n 的单位为 r/min。

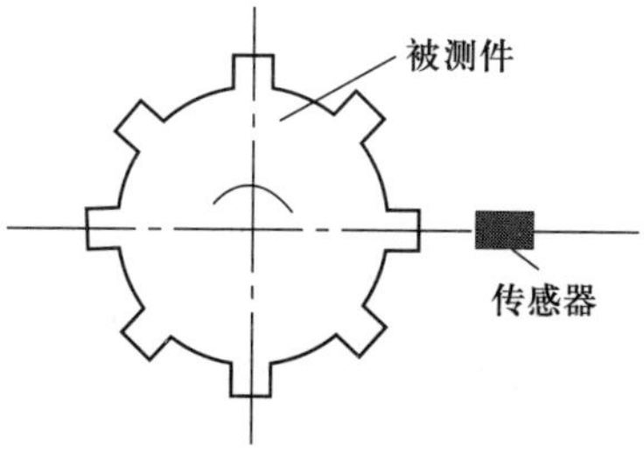

图 3.2-26　转速的测量

3. 涡流膜厚测量

利用电涡流式传感器能够检测金属表面的氧化膜（Oxide film）、漆膜（Paint film）和电镀膜等一种的厚度；但是金属材料的性质不同，膜厚检测的方式也有很大的不同。下面介绍一种金属表面氧化层厚度的测量方法，它是各种厚度测量方法中较为有效的方法。

图 3. 2-27 为氧化物层膜材料厚度计算方式，假设在某金属材料表层上有氧化物层，则电感传感器与金属材料表层之间的距离为 x；金属材料表层电涡流对感应器线圈中磁场具有反效应，从而使传感器的电感量发生变化，设此时的电感量为 $L_0-\Delta L$；若金属材料表层无氧化物层，感应器与其表层间距为 x_0，则相应的电感量为 L_0，所以，若该金属材料表层的氧化物层厚度为 x_0-x，该材料厚度也就可根据电感量的变化规律而测出。

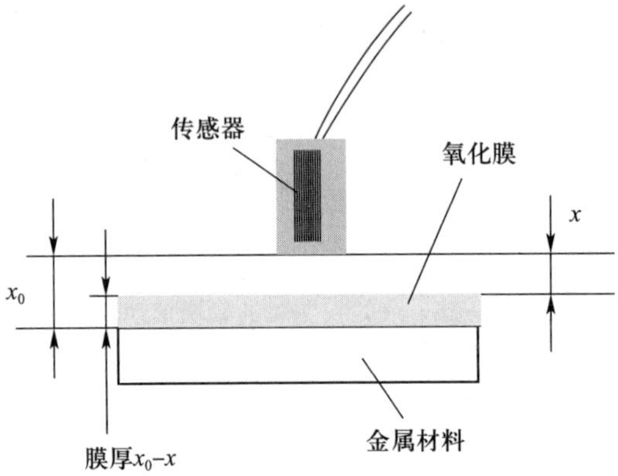

图 3. 2-27　测量薄膜厚度

3. 2. 4　电容式传感器（Capactive sensor）的原理及应用

电容式传感器是将被测非电量的变化转换为电容量变化的一种装置，实际上是一个具有可变参数的电容器。

电容式传感器具有结构简单、体积小、动态响应快、易于实现非接触测量、温度稳定性好等优点，随着电子技术的发展，它易受干扰和分布电容影响等缺点不断得到克服。电容式传感器广泛应用于压力、位移、加速度、液位、成分含量等测量之中。

（一）工作原理

电容式传感器的基本原理可以用图 3. 2-28 所示的平板电容器来说明，当忽略边缘效应时，其电容 C 为

$$C=\frac{\varepsilon S}{d}=\frac{\varepsilon_r\varepsilon_0 S}{d} \tag{3-65}$$

式中，S 为两极板相对覆盖面积，单位为 m^2；d 为极板间距离，单位为 m；ε 为电容极板间介质的介电常数，单位为 F/m；ε_0 为真空介电常数，$\varepsilon_0=8.85\times10^{-12}$ F/m；ε_r 为相对介电常数，单位为 F/m。

式（3-65）中 d，S 和 ε_r 中的某一项或者几项有变化时，就会改变电容 C。d，S 的变化可以反映线位移或角位移的变化，也可以间接反映压力、加速度的变化；ε_r 的变化可以反映液面高度、材料厚度等的变化。d，S，ε_r 三个变量中任意两个为常数而只改变其中一个参数时，电容就会发生变化，所以电容式传感器可分为三种类型：变极距（变间隙 d）型、变面积（S）型、变介质型（ε）型。

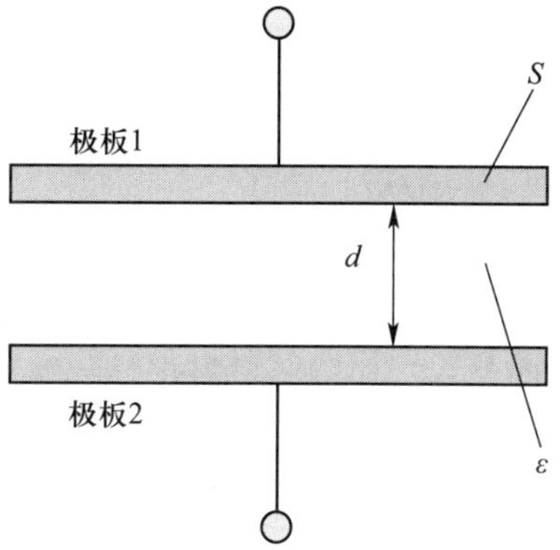

图 3.2-28　平板电容器

（二）类型

1. 变极距型电容式传感器（Variable pole distance capacitive sensor）

当二极板体积和介电常数均为常数时，通过改变平板电容之间的极间隙而改变电容的电容式传感器为变极距型电容式传感器，如图 3.2-29（a）所示。电容量 C 和极板间距离 d 并非线性关系，而是双曲线关系，如图 3.2-29（b）所示。

若电容器极板距离由初始值 d_0 缩小 Δd，极板间的距离由 d_0 变为 $d_0-\Delta d$，其电容量分别为 C_0 和 C_1，即

$$C_0=\frac{\varepsilon S}{d_0} \tag{3-66}$$

$$C_1=\frac{\varepsilon S}{d_0-\Delta d}=\frac{\varepsilon S}{d_0\left(1-\frac{\Delta d}{d_0}\right)}=\frac{\varepsilon S\left(1+\frac{\Delta d}{d_0}\right)}{d_0\left(1-\frac{\Delta d^2}{{d_0}^2}\right)} \tag{3-67}$$

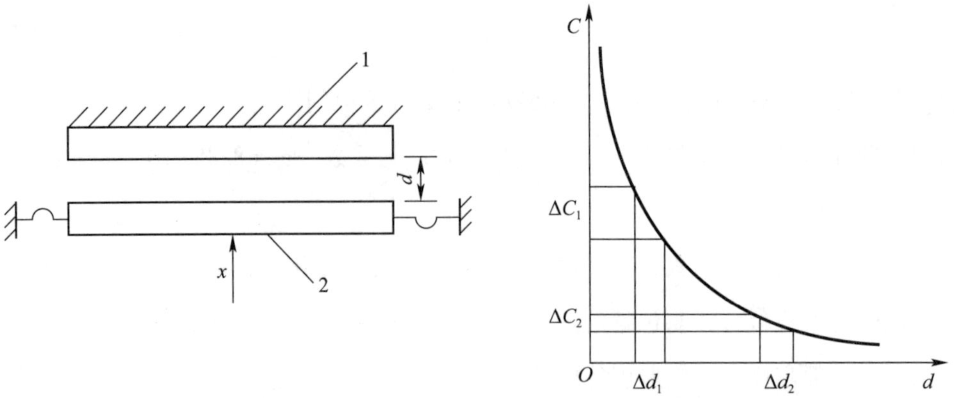

(a) 结构示意图　　(b) 电容量与极板距离的关系

图 3. 2–29　变极距型电容式传感器结构原理图

当 $\Delta d << d_0$ 时，$1-\dfrac{\Delta d^2}{d_0^2} \approx 1$，则式（3–67）可以简化为

$$C_1=\frac{\varepsilon S\left(1+\dfrac{\Delta d}{d_0}\right)}{d_0}=C_0+C_0\,\frac{\Delta d}{d_0} \tag{3-68}$$

这时 C_1 与 Δd 近似线性关系，所以改变极板距离的电容式传感器往往设计成 Δd 在极小的范围内变化。

电容式传感器的灵敏度定义为电容变化与所引起该变化的可动部件的机械位移变化之比。平板式变极距线位移传感器（Plate type variable pole distance line displacement sensor）的灵敏度为

$$\frac{d_{C_0}}{d_{d_0}}=-\frac{\varepsilon S}{{d_0}^2} \tag{3-69}$$

由式（3–69）可知，改变极距的传感器能够用减少极距 d_0 来增加灵敏度，但实际上 d_0 受电极表面粗糙度和极距非常小时的击穿电压所限制，因此极距不能无穷小。

由于变极距型电容式传感器存在原理上的非线性误差，在实际应用中，为了提高传感器的灵敏度和克服某些外界因素（如电源电压和环境温度等）对测量的影响，常常把传感器做成差动的形式，即为变极距差动型电容式传感器，其结构如图 3. 2–30 所示。当动极板移动后，C_1 和 C_2 做差动变化，即其中一个电容量增大，而另一个电容量减小，假设动极板向上移动，则 d_1 减小，d_2 增加，使得 C_1 增加，C_2 减小，这样可以消除外界因素所造成的测量误差和减小非线性误差。

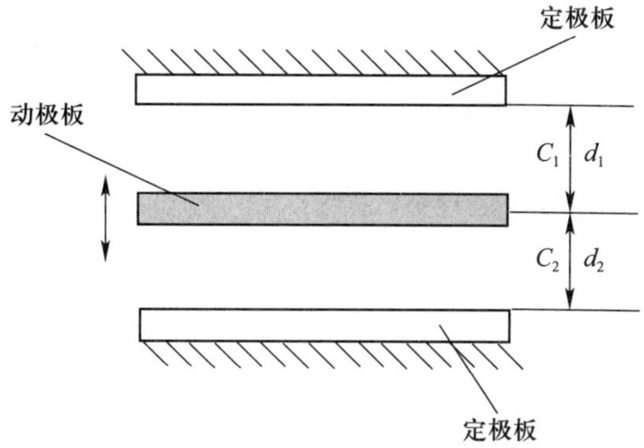

图 3.2-30　变极距差动型电容式传感器结构原理

2. 变面积型电容式传感器（Variable area capacitive sensor）

极板间距（Plate spacing）和介电常数为常数，平板电容器的面积为变量的传感器称为变面积型电容式传感器。变面积型电容式传感器有线位移型和角位移型两种，线位移型电容式传感器又分为平面线位移型和圆柱线位移型，如图 3.2-31 所示。

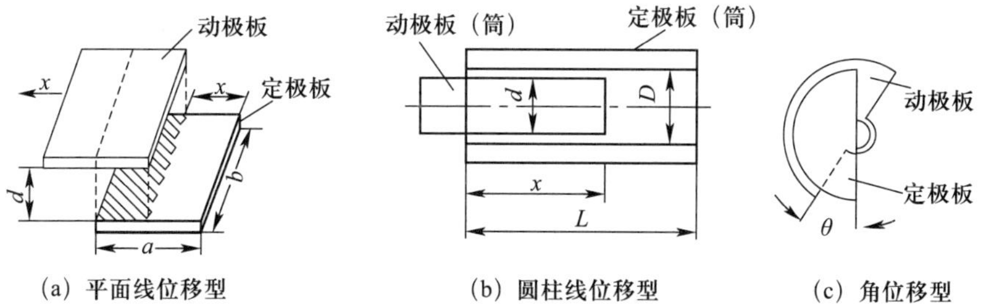

图 3.2-31　变面积型电容式传感器

图 3.2-31（a）为平面线位移型电容式传感器，电容量为

$$C=\frac{\varepsilon_0\varepsilon_r(a-x)b}{d} \tag{3-70}$$

灵敏度为

$$k=\frac{dC}{dx}=-\frac{\varepsilon_0\varepsilon_r b}{d} \tag{3-71}$$

可以看出灵敏度为常数。

图 3.2-31（b）为圆柱线位移型电容式传感器，电容量为

$$C=\frac{2\pi\varepsilon_0\varepsilon_r x}{\ln(D/d)} \tag{3-72}$$

灵敏度为

$$k=\frac{\mathrm{d}C}{\mathrm{d}x}=\frac{2\pi\varepsilon_0\varepsilon_r}{\ln(D/d)} \tag{3-73}$$

可以看出灵敏度也是常数。

图 3.2-31（c）为角位移型电容式传感器，$\theta=0$ 时的电容量为

$$C=\frac{\varepsilon_0\varepsilon_r S_0}{d} \tag{3-74}$$

式中，S_0 为两极板的相对面积，d 为两极板间的极距。

当 $\theta\neq 0$ 时，电容量为

$$C_\theta=\frac{\varepsilon_0\varepsilon_r S_0\left(1-\dfrac{\theta}{\pi}\right)}{d}=C_0\left(1-\frac{\theta}{\pi}\right) \tag{3-75}$$

灵敏度为

$$k=\frac{\mathrm{d}C}{\mathrm{d}\theta}=-\frac{C_0}{\pi} \tag{3-76}$$

可以看出灵敏度也是常数。由以上分析可知，变面积型电容式传感器的输入、输出成线性关系，但灵敏度比变极距型低，适用于较大线位移和角位移的测量。变面积型电容式传感器通常也采用差动形式，传感器输出的灵敏度可提高一倍。

3. 变介质型电容式传感器

极板面积（Plate area）和极板间距为常数，而平板电容器的介电常数为变量时称为变介质型电容式传感器。图 3.2-32 为变介质型电容式传感器，在固定两极板之间加入空气以外的其他被测固体介质，当介质变化时，电容量也随之变化。忽略边界效应，假设空气相对介电常数为 ε，固体介质相对介电常数为 ε'，极板面积为 S，极板间距为 d，ε_0 为真空介电常数，则电容量为

$$C=\frac{\varepsilon_0 S}{d_1/\varepsilon+d_2/\varepsilon'} \tag{3-77}$$

由两极板间距离为 d，得 $d_1=d-d_2$，则电容量为

$$C=\frac{\varepsilon_0 S}{(d-d_2)/\varepsilon+d_2/\varepsilon'}=\frac{\varepsilon_0 S}{d/\varepsilon+d_2(1/\varepsilon'-1/\varepsilon)} \tag{3-78}$$

由式（3-78）可知，当极板面积 S 和极板间距 d 一定时，电容量大小与被测固体材料的厚度 d_2 和被测固体材料的介电常数有关。如果已知材料的介电常数，可以制成测厚仪，而已知材料的厚度，可以制成介电常数的测量仪（Measuring instrument）。

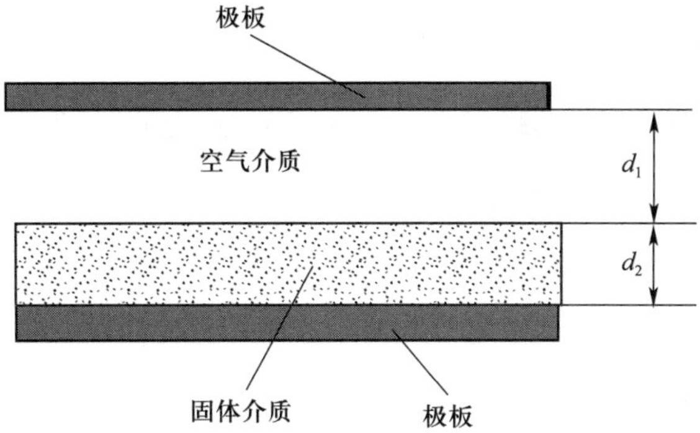

图 3.2-32 变介质型电容式传感器

（三）测量转换电路

电容式传感器的检测元件将被测非电量转换为电容的变化量后，由于电容值非常小，不能直接用现有的显示仪表显示，难以传输，因此，需要用测量电路把电容量的变化转换成与其成正比的电压（电流或频率）等电信号，以便显示、记录或传输。与电容式传感器配用的测量电路有很多，常用的有调频振荡（Frequency modulation oscillation）电路、运算放大器式（Operational amplifier）电路和桥式电路等。

1. 调频振荡电路

这种传感器是把电容式传感器作为振荡电路的一部分，当被测量变化使电容量发生变化时，能使振荡频率发生相应的变化。由于振荡器的频率受电容式传感器的电容调制，故称为调频电路。图 3.2-33 为调频振荡电路的原理框图。

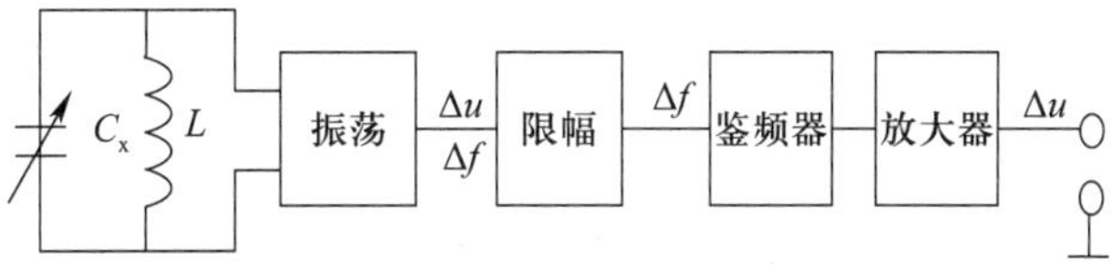

图 3.2-33 调频振荡电路原理框图

图 3.2-33 中电容式传感器的传感元件 C_x 被接在 LC 振荡回路中，或作为晶体振荡器中石英晶体的负载电容。当传感器的电容值发生变化（ΔC）时，其振荡频率改变，从而实现了由电容到频率的转换。

设初始时（被测量 $x=0$，$\Delta C=0$）振荡器的频率 f_0 为

$$f_0=\frac{1}{2\pi\sqrt{LC_0}} \tag{3-79}$$

而当 $\Delta C\neq0$ 时，振荡频率 f 随 ΔC 而改变，其值为

$$f = f_0 \pm \Delta f = \frac{1}{2\pi\sqrt{LC}} \tag{3-80}$$

其中，C 包括传感器电容 $C_x(C_x = C_0 \pm \Delta C)$、振荡回路中的微调电容 C_1 和传感器电缆分布电容 C_2，即 $C = C_1 + C_2 + (C_0 \pm \Delta C)$。

由于温度传感器实际输出主要变化量为频率 Δf 和幅值 Δu 两种，为控制信号幅值的改变，常在其后增加限幅放大器，使幅值变成定值，以便使实际输出的主要变化量只是 Δf，以用于确定被测量的值。又因为测试控制系统是非线性的，且不方便用测试仪表表示，因此宜在限幅器的后部增加鉴频器（Discriminator），用来补偿系统各部分的非线性变化，使整个测试控制系统线性化，并把频率信息转化为电压或电流等的模拟量传递至信号处理放大器，加以放大。若想获得数字量，则再加以模数转换等处理，使信息转换成数字信号，以便于数字显示及数字控制等。

调频测量电流的特点是灵敏度高，可以测量 0.01 pF 甚至更小的电容变化量。另外，其抗干扰能力强，能获得高电平（High level）的直流信号，也可获得数字信号输出。其缺点是振荡频率受温度变化和电缆分布电容影响较大。

2. 运算放大器式电路

由于运算放大器的放大倍数 K 非常大，而且输入阻抗 Z_i 很高，运算放大器的这一特点可以作为电容式传感器的比较理想的测量电路，如图 3.2-34 所示，C_x 为电容式传感器。图中 a 点为虚地点，因为 Z_i 很高，所以 $\dot{I} \approx 0$，根据基尔霍夫定律，可列出以下方程

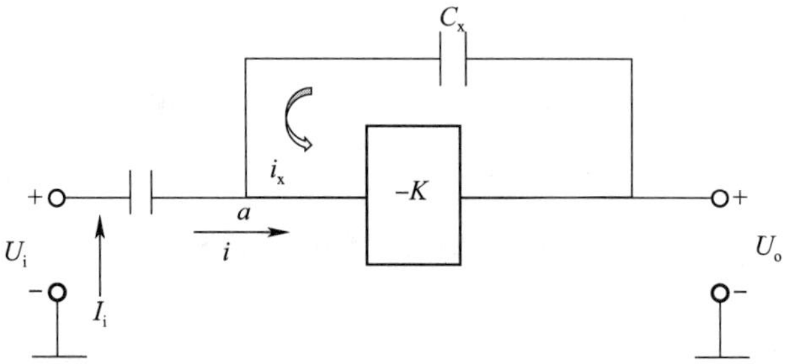

图 3.2-34　运算放大器式电路

$$\dot{U}_i = \frac{\dot{I}_i}{j\omega C_i} \tag{3-81}$$

$$\dot{U}_o = \frac{\dot{I}_x}{j\omega C_x} \tag{3-82}$$

$$\dot{I}_i = -\dot{I}_x \tag{3-83}$$

由式（3-81）、（3-82）、（3-83）得

$$\dot{U}_o = -\dot{U}_i \frac{C_i}{C_x} \tag{3-84}$$

如果传感器是一只平板电容，则

$$C_x = \frac{\varepsilon_0 S}{d} \tag{3-85}$$

将式（3-85）代入式（3-84）得

$$\dot{U}_o = -\dot{U}_i \frac{C_i}{\varepsilon_0 S} d \tag{3-86}$$

由式（3-86）可知，运算放大器的输出电压与动极板机械位移 d（极板距离）成线性关系，运算放大器式电路解决了单个变极距型电容式传感器的非线性问题。式（3-86）是在 $K\to\infty$，$Z_i\to\infty$ 的前提下得到的。由于实际使用的运算放大器的放大倍数 K 和输入阻抗 Z_i 总是一个有限值，所以，该测量电路仍然存在一定的非线性误差；当 K，Z_i 足够大时，这种误差是相当小的，可以使测量误差控制在要求范围内，因此，这种电路仍然有其优点。

3. 桥式电路

桥式电路是将电容式传感器接入交流电桥作为电桥的一个臂（另一个臂为固定电容），或者两个相邻臂都接入电容，另两个臂可以是电阻或电容或电感，也可以是变压器的两个二次绕组。另两个臂是紧耦合电感臂的电桥具有较高的灵敏度和稳定性，且寄生电容影响极小，大大简化了电桥的屏蔽和接地，适合在高频电源下工作，而变压器式电桥（Transforner bridge）使用元件最少，桥路内阻最小，因此目前较多采用。

图3.2-35是电感-电容电桥，以交流变压器的两个二次绕组 L_1、L_2 和差动容量传感器上的两个电容 C_1、C_2 为电桥的四个桥臂，由高频稳幅的交流电源给电桥供电。电桥的输出功率通常是一个调幅值，然后经过放大、相敏检波、滤波等处理后，可以得到与所测电压值相对应的数据，最后将数据显示在仪表中。

电容电桥的主要特点有：①高频交流正弦波供电；②电桥输出调幅波，要求电源电压波动极小，需要采用稳幅（Fixed amplitude）、稳频（Frequency stabilization）等措施；③通常处于不平衡工作状态，所以传感器必须工作在平衡位置附近，否则电桥非线性增大，且在要求精度高的场合应采用自动平衡电桥；④输出阻抗很高（一般达到几兆欧至

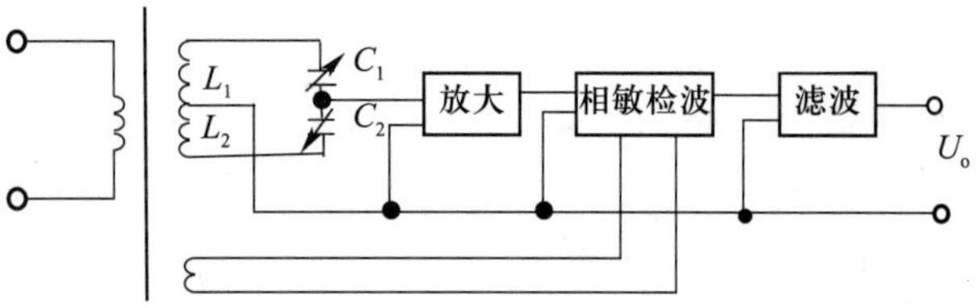

图 3.2-35 电感-电容电桥

几十兆欧)，输出电压低，必须后接高输入阻抗，用高放大倍数处理电路。

(四) 电容式传感器的应用

电容式传感器的应用广泛，它不仅可应用在厚度、位移、速度、浓度、物位等物理量测量中，而且可用于测量力、差价、流量、成分等参数。下面举几个例子说明电容式传感器的应用情况。

1. 电容式压力传感器

差动型电容式压力传感器（Differential capacitive pressure transducer）如图 3.2-36 所示，其主体由金属材料弹力薄膜和镀金凹式玻璃圆片构成。当被测量的压力 P 经由滤网进入室腔时，受到金属材料弹力薄膜两端的电压差影响，使弹力薄膜凸向一侧，从而产生位移，该位移改变了两个镀金凹陷玻璃圆片和金属材料弹力薄膜之间的电容量。因此该类感应器的精度和分辨率均很高。其敏感度一般由初始间距 d_0 决定，d_0 越小，敏感度就越高。实验证明，该传感器能够检测 0~0.75 Pa 的细微差压变化。其移动响应速度大部分是依靠弹性薄膜的固定时间。

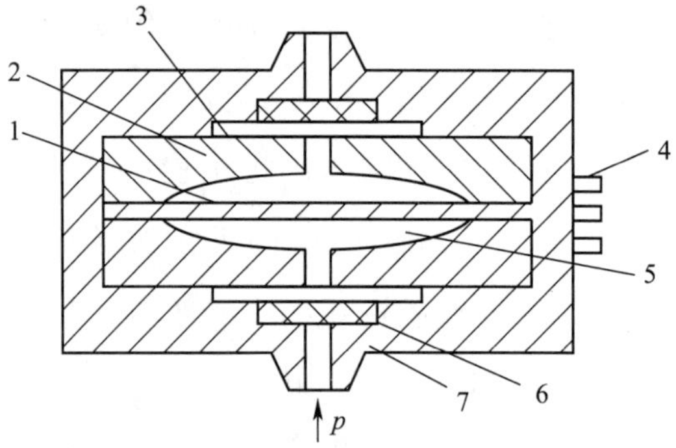

1—弹性膜片；2—凹玻璃圆片；3—金属涂层；4—输出端子；

5—空腔；6—过滤器；7—壳体

图 3.2-36 差动型电容式压力传感器

2. 电容式测厚仪（Capacitive thickness gauge）

如图 3.2-37 所示，被测金属带材与两侧电容极板构成两个电容 C_1 和 C_2，把两电容极板连接起来，它们和带材间的电容为 $C_x = C_1 + C_2 = 2C_0$。当带材厚度发生变化时，会导致两个电容器 C_1、C_2 的极距发生变化，从而使电容值也发生变化，比如当带材厚度增加时，电容极距变小，则 C_1、C_2 增加，轧辊压力增加；反之，当带材厚度变薄时，电容极距变大，C_1、C_2 较小，则使轧辊压力减小。把变化的电容送到转换电路，最后由仪表显示出金属带材变化的厚度。

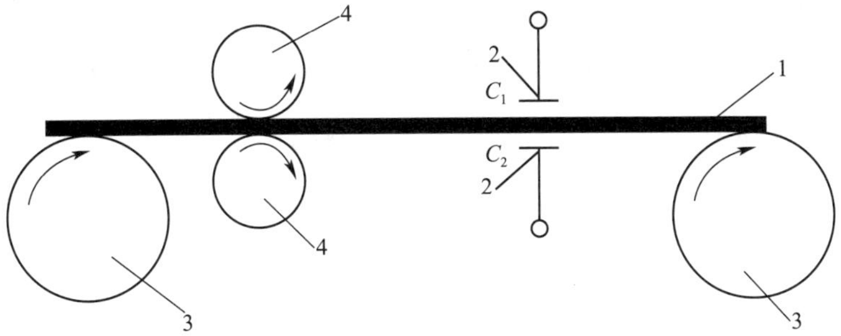

1—金属带材；2—电容极板；3—传动轮；4—轧辊

图 3.2-37　电容式测厚仪结构示意图

3. 电容式加速度传感器（Capacitive acceleration sensor）

图 3.2-38 是电容式加速度传感器的示意图。质量块 4 用两根簧片 3 支撑，并放在含有气体的壳体 2 内。在测定垂直于运动方向上的直线加速度时，将感应器壳体紧固在被测振荡体上，由振荡体的振荡引起壳体相比于质量块移动，从而使壳体 2 上连在一起的两个固定极板 1，5 相比于质量块 4 移动，使得由上固定极板 5 与质量块 4 的 A 面（磨平抛光）构成的电容值 C_{x1} 及下固定极板 1 与产品质量块 4 的 B 面（磨平抛光）构成的电容值 C_{x2} 相应变化，一组增加，一组减少，它们的平均值正比于所测加速度。因为使用了气体阻尼，对空气黏性的温度系数较液体低得多，所以这个空气加速度感应器的准确性很好、频响覆盖范围很广、量程较宽，也能进行很好的加速度数值的检测。

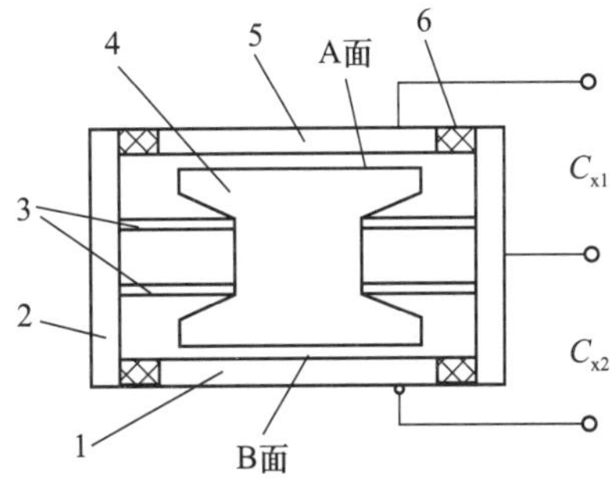

1，5—固定极板；2—壳体；3—簧片；4—质量块；6—绝缘体

图 3.2-38　电容式加速度传感器

3.2.5 压电传感器（Piezoelectric sensor）的原理及应用

某些电介质，在沿某个方向上遭受外力的影响而形成变化后，其内部结构会出现极化过程，并在它的两侧或相邻表面上形成正负方向对立的电荷。当外力消除后，它就会退回到不带电的位置，而这个情况为正压电效应（Positive piezoelectric effect）。当作用力的传播方向发生变化时，电荷的极化就会相应发生变化。反之，如果在电导体的极化方向上施以电荷，这些电导体就会发生变化，当电荷消除时，电导体的变化相应减弱，这个过程就叫作逆压电效应。而根据电介质压电效应原理制作的感应器就叫作压电传感器。

压电传感器具有工作频率宽、灵敏度高、结构简单、体积小、质量轻、工作可靠等特点，主要应用在各种动态力、机械冲击、振动测量、生物医学（Biomedical）、超声、通信、宇航等领域。

（一）压电效应（Piezoelectric effect）

1. 正压电效应

压电体受到外界一定方向的机械力作用发生形变时，内部就会产生电极化，并导致压电体两端表面内出现符号相反的束缚电荷（Bound charge），其电荷密度与外机械力成正比。当施加的机械力作用消失后，压电体又恢复到不带电状态；当作用力的方向发生改变时，内部的极性也随之改变，这种现象称为正压电效应，如图 3.2-39 所示。

压电传感器大多利用正压电效应制成。由于外力的作用，在压电元件上产生的电荷只有在无泄漏的情况下才能完好地保存，即需要测量的转换电路具有无限大的输入阻抗（Input impedance），在实际应用中实现比较困难，所以压电式传感器一般不用于静态力的测量。压电元件在交变力的作用下，电荷可以不断补充，可以供给测量转换电路一定的电流，因此，压电式传感器多用于动态测量。

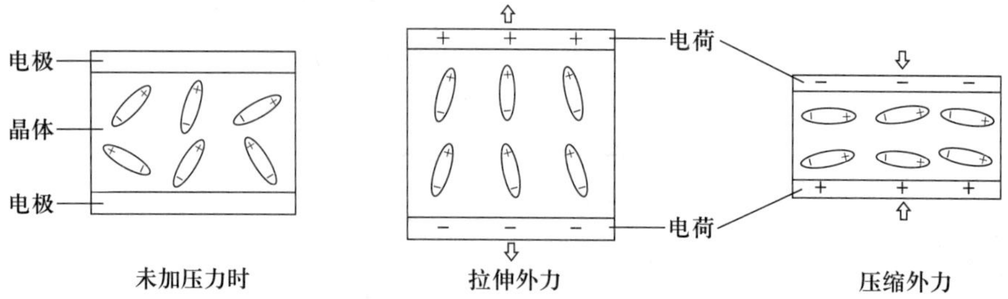

图 3.2-39　正压电效应

2. 逆压电效应（Inverse piezoelectric effect）

逆压电效应又称为电致伸缩效应。压电体在其极化方向受到外电场作用时，就会产生机械形变或机械压力，这种应变大小与电场平方成正比，与电场方向无关。当施加的电场撤去时，这些机械形变或机械压力也随之消失，这种现象称为逆压电效应，如图3.2-40所示。具有正压电效应的固体，也必定具有逆压电效应，反之亦然。正压电效应和逆压电效应总称为压电效应。

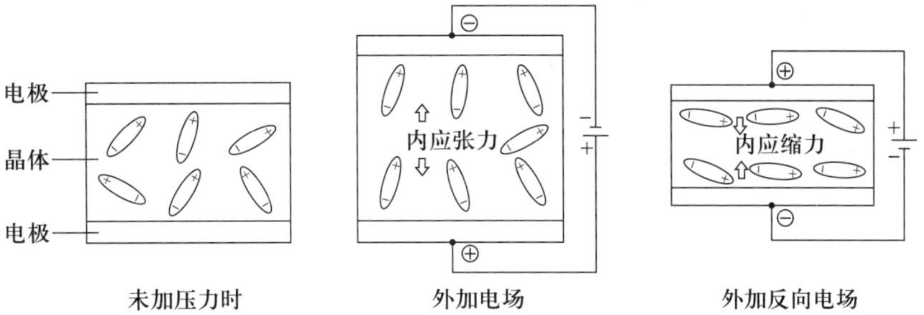

图3.2-40　逆压电效应

（二）压电材料（Piezoelectric material）

压电材料就是有压电效应的晶体材料，它可分为无机压电材料、有机压电材料和复合压电材料三类。

无机压电材料分为压电晶体（Crystal）和压电陶瓷（Ceramic），压电晶体一般是指压电单晶体；压电陶瓷则泛指压电多晶体。压电陶瓷是指用必要成分的原料进行混合、成型、高温烧结，由粉粒之间的固相反应和烧结过程而获得的微细晶粒无规则集合而成的多晶体。

高分子压电涂层又名高分子压电材料（Polymer piezoelectric material），如聚偏氟乙烯（PVDF）（薄膜）及以它为表征的一些高分子压电（涂层）材料。这一类物体性能柔韧，以低密度、低电阻系数和高压电电压常量（g）等特性为世人所知，且开发十分迅速，在水声超声测量、气压感应、引燃引爆等领域得到普遍应用。缺点是压电反应常数（d）较低，使其开发制作有源换能器受到了较大的制约。

复合压电传感器材料，是在以有机高分子（Polymer）材料为基础的复合材料中镶嵌片状、棒状、杆形甚至粉末状压电传感器材料组成的，具有无机和有机压电传感器材料的特性，并能形成两种材料都没有的特点。能够按照要求，综合两种材料的优势，做出优异特性的换能器和传感器。在其他的超声换能器材料和传感器方面，压电复合材料也具有很大优越性。目前已经在水声、电声、超音波、生物医学等领域中获得了普遍的使用。假如将它做成水声换能器，则其不但拥有超高的静水压响应速度（Speed of response），而且耐冲击、不易损坏，并且还可以用于不同的测量深度。复合压电材料比普通压电陶瓷更适合用于制造水声换能器。

压电材料可以因机械变形产生电场，也可以因电场作用产生机械变形，这种固有的机电耦合效应（Electromechanical coupling）使得压电材料在工程中得到了广泛的应用。例如，压电材料已被用来制作智能结构，此类结构除具有自承载能力外，还具有自诊断性、自适应性和自修复性等功能，在未来的飞行器设计中占有重要的地位。

（三）压电式传感器的结构与工作原理

压电效应的根本原理在于，只要对压电物质施加压力，它们之间就能形成电位差（叫作正压电效应），反之施以电压，则形成机械应力（叫作逆压电效应）。假设压力为一个高频振动，那么实际发生的只是高频电流（High frequency current）。当高频电信号加到压电瓷器上时，即形成了高频声信号（机械振动），也正是人们平时所说的超声波标志。也就是说，压电陶瓷具备机械能和电能之间相互的正转化和逆转变的特性。

3.2.6 超声波传感器（Ultrasonic sensor）的原理及应用

（一）声波的本质和分类

声波是一种机械波，主要分为以下三类：

①可闻声波（Audible sound wave）：振动频率在 20 Hz～20 kHz 的范围内，可被人耳感觉。

②次声波（Infrasonic wave）：振动频率在 20 Hz 以内，一般人耳无法感觉到，但不少哺乳动物可以感觉到。例如，地震爆发前的次声波会导致一些哺乳动物的异常反应。

③超声波（Ultrasonic）：振动频率高于 20 kHz 的机械振动波。

（二）超声波的特点

①超声波的传播波形主要分为纵波、横波、表面波等几种。

②超声波具有指向性好、能量集中、穿透本领大的特点，在遇到两种介质的分界面（例如钢板与空气的交界面）时，能产生明显的反射和折射现象，这一现象类似于光波。

③超声波的特性与频率的关系：频率越高，其声场指向性越好，与光波的反射、折射特性就越接近。

（三）超声波传感器的工作原理

超声波是指频率高于20 kHz的机械波。为了以超声波作为检测手段，必须产生超声波和接收超声波。超声波传感器是一种可逆换能器，利用晶体的压电效应和电致伸缩效应，将机械能与电能相互转换，实现对各种参量的测量。

目前常用的是压电式超声波发生器，它是利用压电晶体的谐振来工作的，该传感器有两个压电晶片和一个共振板，当其两极外加脉冲信号，且频率等于压电晶片的固有振荡频率时，压电晶片将会发生共振，并带动共振板振动产生超声波。反之，如果两电极间未外加电压，当共振板接收到超声波时，将迫使压电晶片振动，将机械能转换为电信号，这时它就成为超声波接收器（Ultrasonic receiver）。

（四）超声波传感器的应用

超声波传感器具有成本低、安装维护方便、体积小、可实现非接触测量，同时不易受电磁、烟雾、光线、被测对象颜色等影响，能实现在黑暗、有灰尘、烟雾、电磁干扰（Electromagnetic interference）和有毒等环境下工作，因此在工业领域得到广泛的应用。

1. 超声波传感器在测井仪中的应用

煤矿立井工程常常通过钻探法建造，在建造过程中应该对成井的半径以及井斜加以测定，进而能够通过测定结果来判断成井洞的倾斜程度和井壁上有没有坍塌、缩径等迹象，从而适时采取保护措施，以提高成井井筒工程质量。对井径、井斜等加以检测，通常有灯光检测方式、重锤打印检测方式（Heavy hammer printing method of measurement）、机械测井仪计量法与超声波测量法（Ultrasonic measurement）等。前两种测量方法的准确度较低，无法连续测定，也不能测量井径，因此目前主要使用后两种测量方法。超声波井径、井斜测量具有精度高、使用方便、检测结果直接等优点，同时也是非接触式的测量方法。和其他方法比较，它不受光线、被测对象颜色等因素的影响，被测物在阴暗、有尘埃、浓烟、电气影响、毒性等条件恶劣的自然环境下呈现较强适应性。

2. 超声波在测量液位中的应用

超声波测量液位的基本原理是：由超声探头发出的超声脉冲信号在液体中传播，遇到空气与液体的界面后被反射，接收到回波信号后根据超声波的往返时间可以推算出距离或液位高度。这种利用超声波进行测量的方法相比其他测量方法有很多优点：不需要任何机械传动部件，无须接触被测液体，不怕电磁干扰，属于非接触式测量（Non-contact measurement）。因此性能稳定，可靠性高，寿命长，响应时间短，可以方便地实现无滞后的实时测量。

超声波液位计原理如图 3. 2-41 所示，从显示屏上测得 $t_0=2$ ms，$t_{h1}=5.6$ ms。已知水底与超声探头的间距为 10 m，反射小板与探头的间距为 0. 34 m，求液位 h。

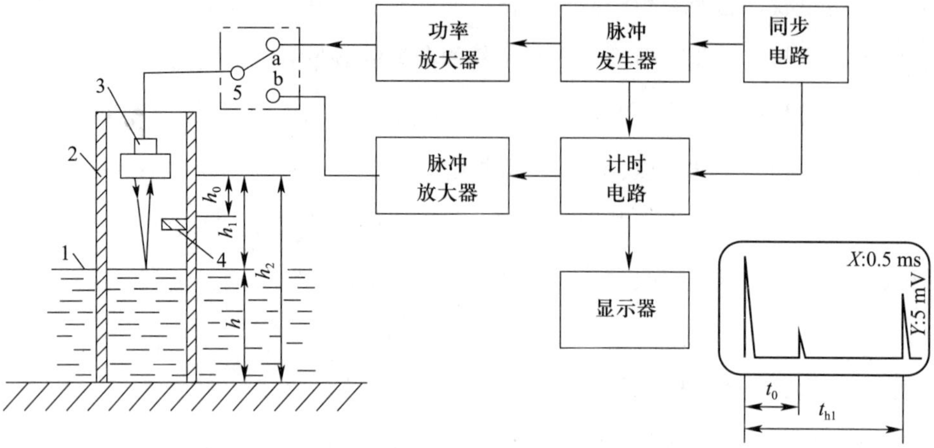

1—液面；2—直管；3—空气超声探头；4—反射小板；5—电子开关

图 3. 2-41　超声波液位计原理图

解：由于

$$\frac{h_0}{t_0}=\frac{h_1}{t_{h1}} \tag{3-87}$$

所以有

$$h_1=\frac{t_{h1}}{t_0}h_0=(5.6\times 0.34/2)\,\text{m}=0.95\ \text{m} \tag{3-88}$$

所以液位 h 为

$$h=h_2-h_1=(10-0.95)\,\text{m}=9.05\ \text{m} \tag{3-89}$$

由于空气中的声速随温度改变会造成温漂，所以在传送路径中还设置了一个反射性良好的小板作为标准参照物，以便计算修正。上述方法除了可以测量液位外，还可以测量粉体和粒状体（Granular body）的物位。

3. 超声防盗报警器（Ultrasonic burglar alarm）

图 3. 2-42 是超声防盗报警器电路原理框图，图中上面是发射部分，下面是接收部分。它们都安装在同一张电路板上。发射器释放出 $f=40$ kHz 左右的连续超声波（空气超声探头，采用 40 kHz 的工作频率，可达到较高灵敏度，并可避免环境噪声影响），一旦人进入信号的有效范围，相对速度将为 v，则由人体反射回接收机的超声波频率会由于多普勒效应（Doppler effect）而发生频率偏移 Δf。

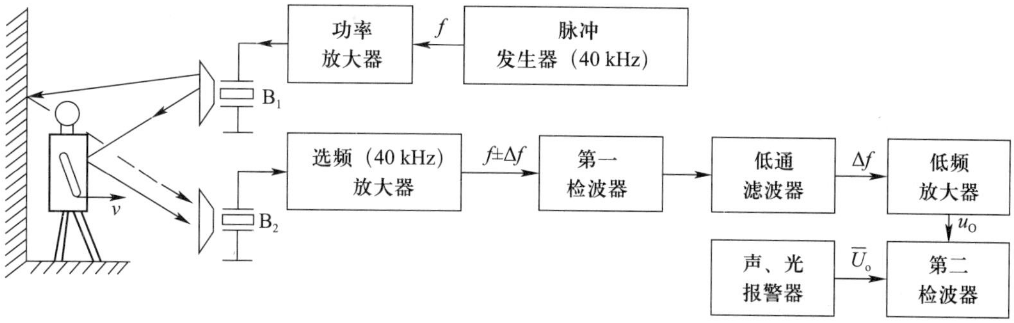

图 3.2-42　超声防盗报警器电路原理框图

多普勒效应：当超声波源与传播介质之间存在相对运动时，接收器接收到的频率与超声波源发射的频率将有所不同。产生的频偏 Δf 与相对速度的大小及方向有关。

举例：当高速行驶的火车向你逼近和经过时，所产生的变调声就是多普勒效应引起的。

接收器的电路原理：压电喇叭收到两个不同频率组成的差拍信号（40 kHz 以及偏移的频率 40 kHz Δf）。这些信号由 40 kHz 选频放大器放大，并经检波器检波后，由低通滤波器滤去 40 kHz 信号，而留下 Δf 的多普勒信号。此信号经低频放大器放大后，由检波器转换为直流电压，去控制报警扬声器（Alarm loudspeaker）或指示器。

利用多普勒原理的好处：可以排除墙壁、家具的影响（它们不会产生 Δf），只对运动的物体起作用。由于振动和气流也会产生多普勒效应，因此该防盗报警器多用于室内。

扩散思维：根据本装置的原理，还能运用多普勒效应去测量运动物体的速度，液体、气体的流速，汽车防碰、防追尾数据等。

4. 超声波自动焊缝跟踪（Ultrasonic automatic weld tracking）

由于超声波传感器具有不受弧光和强电磁干扰、对检测物体表面起伏变化敏感、性价比高、可穿透烟尘等优点，近年来在焊缝跟踪中得到了一定的应用。用超声波传感器跟踪波纹板的一个波纹周期，对输出信号进行快速傅里叶变换和巴特沃兹滤波后，求出波纹板槽面与斜边交接处的折弯位置，实现波纹板折线焊缝自动跟踪。

5. 超声波液体浓度检测（Ultrasonic detection of liquid concentration）

超声波液体浓度检测是基于超声波在液体中传播速度与液体浓度和温度之间存在函数关系进行的。根据声学原理，液体中超声波传播的速度是液体弹性模量和密度的函数，超声波的速度随液体弹性模量或密度而变化，同时也是溶液质量浓度和温度的函数。因此只要在不同温度下测得超声波的传导速度，即可求出液体的质量浓度。

6. 无损探伤（Nondestructive inspection）

（1）无损探伤的基本概念

无损探伤一般有三种含义：无损检测（Nondestructive testing）NDT、无损检查 NDI 和无损评价 NDE。

NDT 仅是检查表面现象；NDI 则以 NDT 结论为诊断依据；NDE 则要求对所检查物体的完整性、可靠性等方面做出全面判断。近年来，无损探伤技术已逐渐由 NDT 向 NDE 转变。

（2）无损检测的方法

对于铁磁材料，可采用磁粉检测法（Magnetic particle detection method）；对于导电材料，可用电涡流法；对于非导电材料，可以用荧光染色渗透法。以上几种方法只能检测材料表面及接近表面的缺陷。

采用放射线（χ 射线、中子、δ 射线）照相检测法可以检测材料内部的缺陷，但对人体有较大的危险，且设备复杂，不利于现场检测。

除此之外，还有红外、激光、声发射（Acoustic emission）、微波、计算机断层成像技术（CT）探伤等。

超声波检测和探伤是目前应用十分广泛的无损探伤手段。其特点是：既可检测材料表面的缺陷，又可检测内部几米深的缺陷，这是 χ 射线探伤所达不到的深度。

（3）超声探伤（Ultrasonic flaw detection）分类

①A 型超声探伤。

A 型超声探伤的结果只能用二维坐标图形态给出。它的横坐标为时间轴，纵坐标为反射波强度。能够在二维坐标图上解析出缺口的深浅、一般宽度等，但比较难确定缺口的性质、种类。

②B 型超声探伤。

B 型超声探伤的原理类似于医学上的 B 超。它将探头的扫描距离作为横坐标，探伤深度作为纵坐标，以屏幕的辉度（亮度）来反映反射波的强度。它可以绘制被测材料的纵截面图形。探头的扫描可以是机械式的，更多的是用计算机来控制一组发射晶片阵列（线阵）来完成与机械式移动探头（Mechanical moving probe）相似的扫描动作，但扫描速度更快，定位更准确。

③C 型超声探伤。

目前发展最快的是 C 型超声探伤，它类似于医学上的 CT 扫描。计算机控制探头中的三维晶片阵列（面阵），使探头在材料的纵、深方向上扫描，绘制出材料内部缺陷的横截面图，这个横截面与扫描声束相垂直。横截面图上各点的反射波强度通过相对应的几十种颜色，在计算机的高分辨率彩色显示器上显示出来。经过复杂的计算，可以得到缺陷的立体图像（Stereoscopic image）和每一个断面的切片图像。

当需要观察缺陷的细节时，还可以对该缺陷图像进行放大（放大倍数可达几十倍），并显示出图像的各项数据，如缺陷的面积、尺寸和性质，并对每一个横断面都可以做出相应的解释和评判其是否超出设定标准。

每一次扫描的原始数据都可记录、存储，可以在以后的任何时刻调用，并打印探伤结果。

（4）纵波探伤（Longitudinal wave flaw detection）的方法

测试前，先将探头插入探伤仪的连接插座上。探伤仪面板上有一个荧光屏，通过荧光屏（Screen）可知工件中是否存在缺陷、缺陷大小及缺陷位置。工作时探头放于被测工件上，并在工件上来回移动进行检测。探头发出的超声波，以一定速度向工件内部传播，如工件中没有缺陷，则超声波传到工件底部便产生反射，反射波到达表面后再次向下反射，周而复始，在荧光屏上出现始脉冲 T 和一系列底脉冲 B_1，B_2，B_3，…，B 波的高度与材料对超声波的衰减有关，可以用于判断试件的材质、内部晶体粗细（Thickness of internal crystal）等微观缺陷。纵波探伤示意图如图 3.2-43 所示。

分析图 3.2-43（b），荧光屏上的水平亮线为扫描线（Scan line）（时间基线），其长度与工件的厚度成正比（可调整）。缺陷面积大，则缺陷脉冲 F 的幅度就高，而 B 脉冲的幅度就低。F 脉冲距离 T 脉冲越近，则缺陷距离表面越近。

3.2.7 光电传感器（Photoelectric Sensor）的原理及应用

（一）光电传感器的基本原理

一些材料的光电效应（Photoelectric effect）是光电传感器实现能量转换的物理基础，从而实现光信号和电信号之间的相互转换。按电子是否逸出材料表面，光电效应可分为外和内两类。其中，外光电效应（External photoelectric effect）是指因光照射作用，电子从被照射物体表面逸出的现象，也称为电光效应（Electro-optic effect）。光电管、光电倍增管等光电元件是基于外光电效应原理设计的。内光电效应（Internal photoelec-

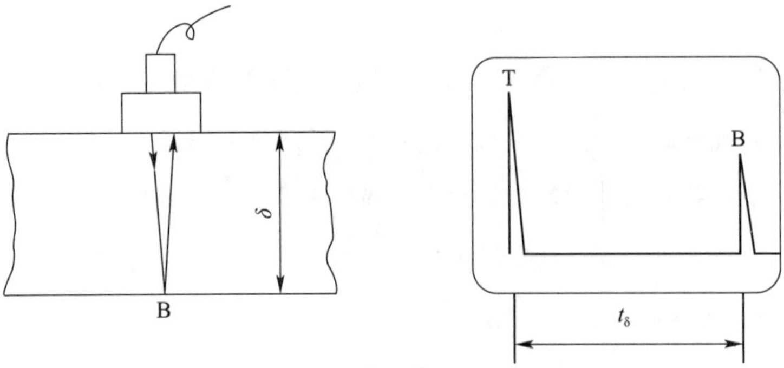

(a)无缺陷时超声波的反射及显示波形

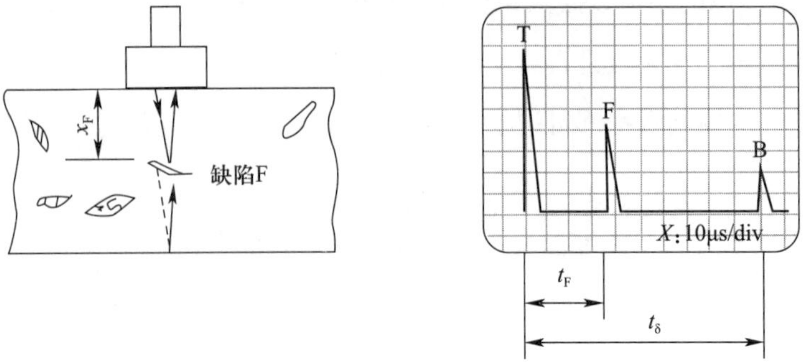

(b)有缺陷时超声波的反射及显示波形

图 3.2-43　纵波探伤示意图

tric effect）是指在光照射作用下，被照射物体内部的原子释放电子，但是这些电子留在物体内部并不逸出物体表面，从而出现物体的电阻率发生变化并产生电动势的现象。光敏电阻、光敏二极管、光电池等光电元件是基于内光电效应原理设计的。

1. 外光电效应

外光电效应的机理为光电材料被光照射，材料表面的电子吸收光照能量，当吸收的能量达到某个阈值时，电子会挣脱束缚逸出材料表面进入外部空间。根据爱因斯坦的光电子效应理论，光子是移动的粒子流，光子能量为 $h\nu$（h 为普朗克常数，$h=6.63\times10^{-34}\text{J}\cdot\text{s}$，$\nu$ 是光波频率）。由该公式可知光子能量和光波频率成正比，假如光子的能量全部转移给电子，那么就会增加电子的能量，一部分能量用于克服正离子的束缚，另一部分能量转换成电子自身能量。由能量守恒定律 $mv^2=h\nu-w$（其中电子质量为 m，电子逸出表面的初速度为 v，逸出功为 w）可知，要使电子逸出光电材料表面，前提是光子能量大于逸出功，材料不同，逸出功也不同，对于每一种光电材料，入射光都有一个阈值频率（Threshold frequency），只有入射光的频率大于此阈值才会有电子逸出材料表面。这个频率阈值为“红限”。

2. 内光电效应

半导体材料（Semiconductor material）的价带与导带之间有一个能量间隔为 E_g 的带隙。半导体材料的导电性与导体相比较差是因为价带中的电子不会自发地跃迁到导带，但如果使用某种方式（如光激励等）提供能量给价带中的电子，就能够将价带中的电子激发到导带中，产生的载流子能增加半导体材料的导电性。以光照激励方式举例说明，当入射的光能量 $h\nu$ 大于 E_g 时，价带中的电子通过吸收入射光子的能量跃迁到导带中，在原来的位置留下一个空穴，形成可以导电的电子-空穴对，即载流子。这一过程中的电子虽然没有逸出材料表面形成光电子，但显然因光照形成了电效应现象（Electric effect phenomenon），这种情况为内光电效应。

（二）常见光电器件及其特性

1. 光敏电阻（Photosensitive resistance）

光敏电阻是采用半导体材料制成的光电器件，又称光电阻、光导管。光敏电阻的工作原理是基于光电效应，当光敏电阻受到一定波长范围的光照射时，它的电导率增大，电阻值急剧变小。光敏电阻有以下特性：

（1）暗电阻：置于室温、全暗条件下测得的稳定电阻值称为暗电阻，通常大于 1 MΩ。光敏电阻受温度影响甚大，温度上升，暗电阻减小，暗电流增大，灵敏度下降，这是光敏电阻的一大缺点。

（2）光电特性（Optical properties）：在光敏电阻两极电压固定不变时，光照度与电阻及电流间的关系称为光电特性。某型号光敏电阻的光电特性如图 3.2-44 所示。

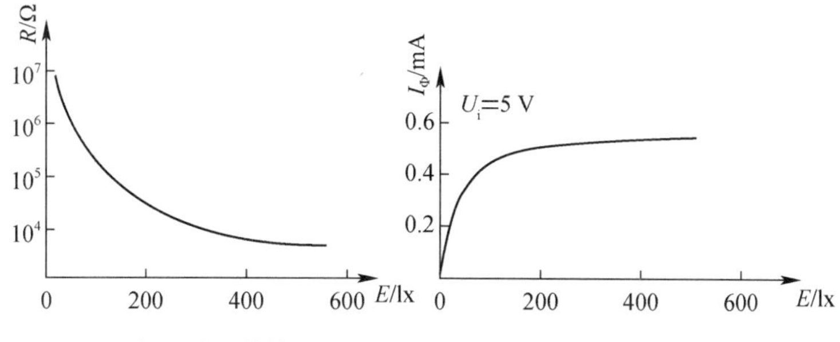

图 3.2-44　某型号光敏电阻的光电特性

（3）响应时间（Response time）：光敏电阻的时延特性，上升响应时间和下降响应时间为 10^{-3}~10^{-2} s。

2. 光敏二极管、光敏三极管

（1）光敏二极管（Photodiode）的结构及工作原理

光敏二极管是一种采用 PN 结单向导电性能的结型光电器件，也叫光电二极管，它是能够将光信号变成电信号的探测器件。通过在 PN 结上加反向电压，可以在光的照射下反向导通。如图 3. 2-45 所示。光敏二极管所用材料一般有硅、锗等。

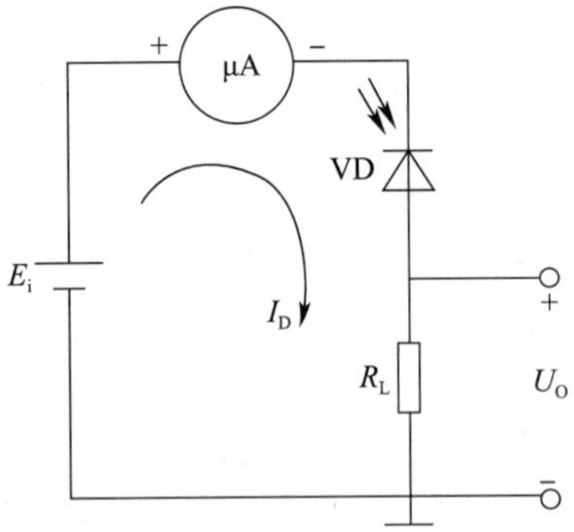

图 3. 2-45　光敏二极管的反向偏置接法

光敏二极管一般有 ZDU 型和 ZCU 型两种。一般常用的是 ZCU 型，它全密封、有金属外壳、顶部有玻璃窗口。光敏二极管具有体积小、重量轻、使用寿命长、灵敏度高等特点。

（2）光敏二极管主要参数

①最高工作电压 U_{max}：在无光照情况下，光敏二极管反向电流不超过 0. 1 μA 时，所加的反向最高电压值。

②光电流 I_L：光敏二极管在受到一定光线照射时，加正常反向工作电压时的电流值。

③暗电流 I_D：在无光照情况下，光敏二极管加有正常工作电压时的反向漏电流。

④响应时间 T_r：光敏二极管把光信号转换为电信号所需的时间。

⑤光电灵敏度：表示光敏二极管对光的敏感程度。

（3）光敏二极管应用

光敏二极管有 PN 结型、PIN 结型、雪崩型以及肖特基结型 4 种，其中应用较多的是用硅材料制成的 PN 结型光敏二极管。光敏二极管主要用于自动控制，如光耦合、光电读出装置、红外线遥控装置（Infrared remote control unit）、红外防盗、路灯的自动控制、过程控制、编码器、译码器等。

（4）光敏三极管（Photosensitive triode）的结构及工作原理

光敏三极管的结构与一般晶体三极管相似，内部有两个 PN 结，发射结与光敏二极管一样具有光敏特性（Photosensitive properties），集电结与普通晶体管一样可以获得电流增益，因此光敏三极管比光敏二极管具有更高的灵敏度。它在把光信号变为电信号的同时，还放大了信号电流，即具有放大作用。光敏三极管所用材料与光敏二极管材料相同，亦有 PNP 与 NPN 两种类型。光敏三极管的电路图符号如图 3. 2-46 所示。

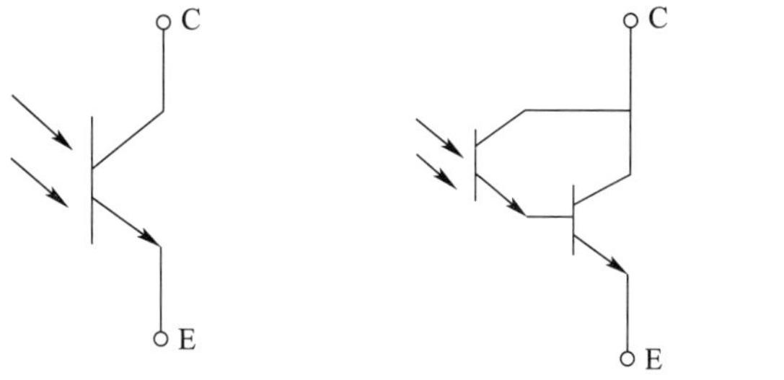

（a）光敏三极管图形符号　　（b）光敏达林顿三极管图形符号

图 3. 2-46　光敏三极管图形符号

（5）光敏三极管主要参数

①光电流 I_L：在规定的光照下，当施加规定的工作电压时，流过光敏三极管的电流。光电流越大，说明光敏三极管的灵敏度越高。

②暗电流 I_D：在无光照的情况下，集电极（Collector）与发射极间（Emission electrode）的电压为规定值时，流过集电极的漏电流。

③温度特性：温度对光敏三极管的暗电流 I_D 和光电流 I_L 都会产生影响。

④伏安特性：在给定光照度下，光敏三极管上的电压与光流 I_L 之间的关系。

⑤最高工作电压 VCE：在无光照情况下，集电极电流 I_C 为规定的允许值时，集电极与发射极之间的电压降。

⑥最大功率 P_M：光敏三极管在规定的条件下，能承受的最大功率。

（6）光敏三极管的应用

由于光敏三极管具有电流放大作用，因此广泛应用于亮度测量、测速、光电开关电路、光电隔离场合，例如光电耦合器（Optical coupler）就是将光敏三极管和发光二极管结合，简称光耦。光电耦合器以光为媒介传输信号，它对输入、输出的电信号有良好的隔离作用。值得注意的是，光敏三极管通常基极不引出，但一些光敏三极管的基极有引出，这种一般用于温度补偿和附加控制等场合。

3. 光电池（Cell）

（1）光电池结构

光电池是在光源照射下，直接把可用光转化为电动势的光学元件，它的作用机理为光生伏特效应，简称光伏效应（Photovoltaic effect）。（光生伏特效应是指光照使不平衡半导体或均匀半导体表面上的光产生离子和空穴，并在空中分散而形成电位差的现象，即将光能转化成电能）有光线作用时的PN结就等于一种电压源。

（2）光电池的主要参数

①开路电压。

若将接在光电池两端的外电路断开，那么被P-N结分开的所有过剩载流子便会积累在P-N结附近，并以最大的可能补偿自建电场，产生最大的光生电动势。

②短路电流。

如果把光电池短路，被P-N结分开的过剩载流子便能通过短路电路流通产生最大的短路电流。P-N结附近不会有过剩载流子积累，光生电动势为零。

③工作电压和工作电流。

若光电池通过负载电阻接通，被P-N结分开的过剩载流子中一部分把自己的能量消耗于降低自建电场，也就是建立工作电压，另一部分载流子流过负载形成工作电流。

④最大输出功率。

最大输出功率为光电池接最佳负载时的输出功率。

⑤转换效率（Conversion efficiency）。

转换效率为光电池在单位面积上取得的最大功率，与太阳垂直照射于光电池单位面积上的功率之比，用百分数表示。

（3）光电池的基本特性

①光谱特性（Spectral characteristic）。

硅光电池（Silicon photocell）的光谱特性是指用单位辐射通量不同波长的光分别照射硅光电池时，所产生饱和电流的大小，用相对灵敏度表示。

②光照特性（Light feature）。

硅光电池在不同的光强照射下有不同的光生电动势和光电流，在不同的照度下，其内阻是不同的，可用不同大小的外接负载近似地满足“短路”条件。不同的负载可以在不同的照度范围内，使光电流和光强保持线性关系。负载电阻越小，线性关系越好，线性范围也较大。

③伏安特性（Volt-ampere characteristic）。

硅光电池的伏安特性是描述连接不同的负载时，电路输出的电压和电流的关系。在不同照度时，伏安特性是多条相似的曲线。光电流随负载不同在很大范围内正比于入射光强，而电动势趋于饱和。

④频率特性。

硅光电池的频率特性是描述光的频率变化和输出电流的关系。硅光电池有很高的频率响应，因此可以用于高速计数等方面，这是硅光电池在所有光电元件中突出的特点之一。

⑤温度特性（Temperature characteristic）。

硅光电池随温度的升高，开路电压下降较大，大约温升 1℃，电压下降 2~3 mV，短路电流随温度的上升变化较小。

（三）光电传感器的组成

光电传感器是将光信号转换成电信号的一种传感器。它通常由光源、光学通路、光电元件和检测电路四部分组成。如图 3.2-47 所示。

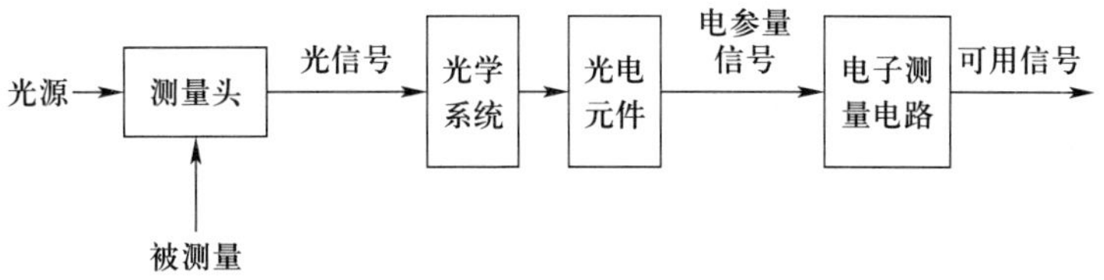

图 3.2-47　光电传感器的组成框图

图 3.2-47 中光源是由发光二极管（LED）、激光二极管及红外发射二极管等半导体器件充当，用来发射光束；光电元件主要是光电二极管、光电三极管、光电池等半导体器件（Semiconductor device），用来接收光信号，并将光信号转换成电参量，后面的检测电路，主要对电参量进行放大、整形、滤波转化为有用的电信号。

（四）光电传感器的应用

1. 光电传感器技术应用现状

（1）技术特点

①分辨率高。能通过高度集成设计使入射光束高效汇聚在小光点，或通过特殊构成的设计灵敏的光学系统，实现高分辨率，从而实现对微小单元的检测和高灵敏位置检测。

②非接触式检测（Non-contact detection）。光电传感器输入信号和媒介均采用光源

进行信息的采集和检测，无须进行机械接触检测，所以不会对检测目标和传感器本身造成损伤，传感器能长期使用。

③响应速度快。光速本身极快，光电传感器本身由电子零件组成，所以不存在机械性（Mechanical）工作时间，响应时间比较短。

④信息容量大。随着快速发展的信息科学技术和高度集成的产品设计，光电传感器能通过本身技术特点实现对待检目标的多方位信息采集检测。

⑤用途广泛。光电传感器技术产业如今已较为成熟，被广泛应用于工业控制、环境检测、医疗检测、军事国防及日常生活等各个领域。

（2）应用现状

近年来，光电传感器已充分融入人们的生活，比如，自动门、光电开关、二维码扫描仪、安检门等；在军事国防方面，水下探测、空气监测（Air monitoring）、空间测量、枪炮武器的瞄准系统（Aiming system）等均涉及光电传感器技术。国外光电传感器技术发展较快，商业化的产品已较为成熟，国内民用领域的光电传感器起步相对较早，已形成“研究—生产—应用”的产业体系，研制出的产品和成果被广泛应用于各个领域，也涌现了一批与国际接轨的优秀研究成果，如非接触类传感检测系统在石油高温、高压等领域的应用。但是，与发达国家的高端产品相比，国内光电传感器产业的技术水平、生产工艺、工程化能力等有较大的差距，其不足表现在不够成熟的货架产品和产业化生产上，国外产品在微型化、集成化、智能化方面已领先国内水平一截，这在一定程度上限制了我国国产企业的发展，我国大多企业走的是低价优势的生存路线，也因此导致研发投入的不足。

2. 应用举例

（1）工业生产方面

①钢铁生产。

钢铁生产“越大越好”的理念一直被工业生产领域延续着，在如此背景下，大功率和大体积的光电传感器变成钢铁生产的主体。大型反射式光电传感器，可以对钢索等设备进行扫描监控，因为其分辨率高、响应速度快，及非接触式等技术特点，能及时发现钢索断裂等设备问题，保证钢铁生产的正常运行。

②传送机。

组合型传送机（Combined transporter）是材料处理的关键设备，通过合理控制机动辊和依靠自身局部逻辑的方式，用户能便捷地通过积木搭建的形式进行传送机构建工作。在工业生产过程中，光电传感器辅助积木式传送机科学地控制半导体芯片的路线轨迹。小型的光电传感器可以局部管控传送机的工作，并通过宽光束的发散作用检测芯片颜色，轨道反射因素由检测范围对其控制，整体来说，传送机系统的小型光电传感器作为核心部件，安装简单、穿孔方便、缆线不长等优点使其在工业生产中应用广泛。

除以上应用之外，光电传感器还能对零部件装配线（Assembly line）上的产品数量、质量、配件完整性等方面进行统计和检测，如瓶盖是否压紧、商标是否漏贴、送料机构是否断料等。

（2）国防领域方面

现代兵器主要讲求的是精确射击能力，故一些枪炮之类的兵器往往要求使用传感器来进行瞄准、测距、检查等，其中，在重量、速度和温度传感器等技术方面，则使用了较多的光电传感器，如大炮的高低角度和方位角测定使用的一般是精密的光栅式角度感应器，而枪械方面的测定也一般使用电光式数字感应器（Photoelectric digital sensor），目标角速度测定则使用精密的电光式数字感应器，火炮反后坐安装运动特点的测定可采用光电式测速仪（Photoelectric velocimeter），而汽车的运动性能测定使用电光式转速传感器（Photoelectric speed sensor），很显然光电传感器在国家军工领域中是不可或缺的。

（3）信息自动检测方面

①位置偏移检测。光电位置偏移传感器（Photoelectric position offset sensor）可对带型材料进行检测，利用这一技术可以对具体加工过程中材料的位置、大小、方向是否符合标准进行检测，从而找到具体的错位信号，有利于电路的控制，这项技术通常应用于检测印染、胶片（Film）等方面的问题。

②高度检测。通常产品的包装对充填高度有明确的要求，以达到外观尺寸的规定标准和美观，光电传感器可对不符合标准填充的产品进行检测筛选。

③色质检测。产品包装物料的过程依据的是光电色质检测的原理。假设规定标准的包装底色为白色，因质量不达标或者其他原因造成物品变色，光电传感器能将颜色出现偏差的物品检测出来。进行光电色质检测时，商品变色部分会产生电压差，光电传感器通过检测这一差异信号对变色物品进行排除。光电传感器除具有信息检测作用外，还具备材质分拣、异常自动报警等功能，此外，生活中常见的传感器应用实例还有：光电隔离器（Photoelectric isolator）、光电探纬器（Photoelectric weft finder）、条码扫描笔（Bar code scanning pen）等。

3.2.8 霍尔传感器（Hall transducer）的原理及应用

（一）工作原理

金属或半导体薄片置于磁感应强度为 B 的磁场中，磁场方向垂直于薄片，当有电流 I 流过薄片时，在垂直于电流和磁场的方向将产生电动势 E_H，这种现象称为霍尔效应（Hall effect），该电动势称为霍尔电动势（Hall electromotive force），上述半导体薄片称为霍尔元件（Hall element）。用霍尔元件做成的传感器称为霍尔传感器。如图 3.2-48 所示。

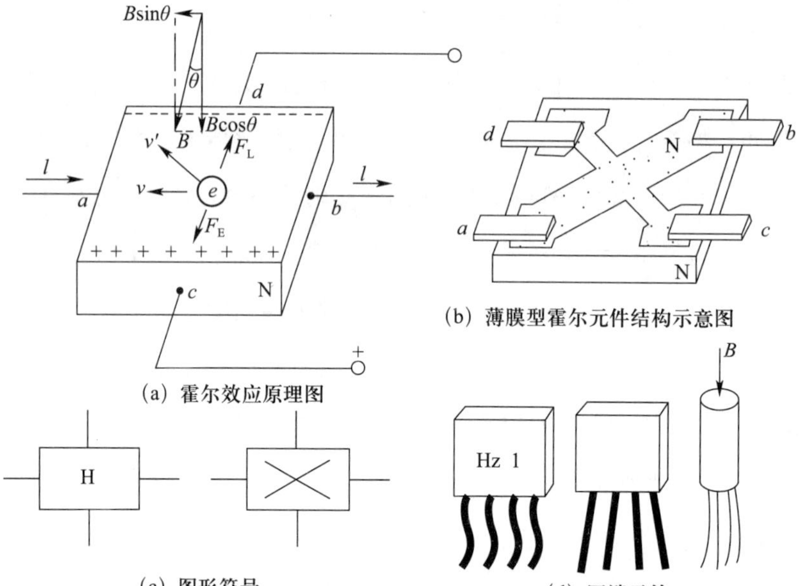

(a) 霍尔效应原理图　(b) 薄膜型霍尔元件结构示意图　(c) 图形符号　(d) 四端元件

图 3.2-48　霍尔元件示意图

图 3.2-48 中 a，b 端称为激励电流端，c，d 端称为霍尔电动势输出端，c，d 端一般处于侧面的中点。

由实验可知，流入激励电流端的电流 I 越大，作用在薄片上的磁场强度 B 越强，霍尔电动势也就越高。霍尔电动势 E_H 可用下式表示

$$E_H = K_H IB \tag{3-90}$$

式中，K_H 为霍尔元件的灵敏度。

若磁感应强度 B 不垂直于霍尔元件，而是与其法线成某一角度 θ 时，实际上作用于霍尔元件上的有效磁感应强度是其法线方向（与薄片垂直的方向）的分量，即 $B\cos\theta$，这时的霍尔电动势为

$$E_H = K_H IB\cos\theta \tag{3-91}$$

从式（3-91）可知，霍尔电动势与输入电流 I、磁感应强度 B 成正比，且当 B 的方向改变时，霍尔电动势的方向也随之改变。如果所施加的磁场为交变磁场，则霍尔电动势为同频率的交变电动势。

目前常用的霍尔元件材料是 N 型硅，霍尔元件的壳体可用塑料、环氧树脂等制造。

（二）主要特性参数

1. 输入电阻 R_i

恒流源作为激励源的原因：霍尔元件两激励电流端的直流电阻称为输入电阻（Input resistance）。它的数值从几十欧到几百欧，视不同型号的元件而定。温度升高，输入电阻变小，从而使输入电流 I_{ab} 变大，最终引起霍尔电动势变大。使用恒流源可以稳定霍尔原件的激励电流。

2. 最大激励电流 I_m

激励电流增大，霍尔元件的功耗增大，元件的温度升高，从而引起霍尔电动势的温漂增大，因此每种型号的元件均规定了相应的最大激励电流，它的数值范围为几毫安至十几毫安。

3. 最大磁感应强度 B_m

磁感应强度超过 B_m 时，霍尔电动势的非线性误差将明显增大，B_m 的数值一般小于零点几特斯拉。

（三）霍尔传感器的应用

1. 霍尔电动势

霍尔电动势是关于 I，B，θ 三个变量的函数，即 $E_H=K_H IB\cos\theta$，这三个变量有多种组合，使其中两个量不变，将第三个量作为变量，或者固定其中一个量、其余两个量作为变量。

①维持 I，θ 不变，则 $E_H=f(B)$。这方面的应用有：测量磁场强度的高斯计、测量转速的霍尔转速表（Hall tachometer）、磁性产品计数器（Magnetic product counter）、霍尔角编码器（Hall angel encoder）以及基于微小位移测量原理的霍尔加速度计、微压力计等。

②维持 I，B 不变，则 $E_H=f(\theta)$，这方面的应用有角位移测量仪等。

③维持 θ 不变，则 $E_H=f(I_B)$，即传感器的输出 E_H 与 I，B 的乘积成正比，这方面的应用有模拟乘法器、霍尔功率计、电能表等。

2. 应用

（1）角位移测量仪（Angular displacement measuring instrument）

角位移传感器是位移传感器的一种型号，采用非接触式专利设计，与同步分析器和电位计等其他传统的角位移测量仪相比，有效地提高了长期可靠性。它的设计独特，在不使用诸如滑环、叶片、接触式游标、电刷等易磨损的活动部件的前提下仍可保证测量精度。

角位移测量仪结构示意图如图 3.2-49 所示。霍尔器件与被测物联动，而霍尔器件又在一个恒定的磁场中转动，于是霍尔电动势 E_H 就反映了转角 θ 的变化。

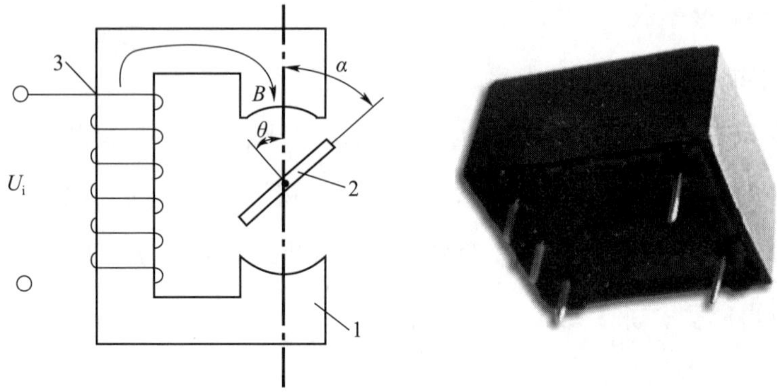

1—极靴；2—霍尔器件；3—励磁线圈

图 3.2-49　角位移测量仪结构示意图

（2）霍尔接近开关（Hall proximity switch）

霍尔接近开关应用示意图如图 3.2-50 所示。在图 3.2-50（b）中，磁极的轴线与霍尔接近开关的轴线在同一直线上。当磁铁随运动部件移动到距霍尔接近开关几毫米时，霍尔接近开关的输出由高电平变为低电平，经驱动电路使继电器吸合或释放，控制运动部件停止移动（否则将撞坏霍尔接近开关），起到限位的作用。

在图 3.2-50（d）中，磁铁和霍尔接近开关保持一定的间隙，均固定不动。软铁制作的分流翼片与运动部件联动。当它移动到磁铁与霍尔接近开关之间时，磁力线被屏蔽（分流），无法到达霍尔接近开关，所以此时霍尔接近开关输出跳变为高电平。改变分流翼片的宽度可以改变霍尔接近开关的高电平与低电平的占空比。

（3）霍尔电流传感器（Hall current sensor）

霍尔电流传感器能够测量直流电流，它将弱电回路与主回路隔离，输出与被测电流波形相同的“跟随电压”，容易与计算机及二次仪表（Secondary instrument）接口，准确度高、线性度好、响应时间快、频带宽，不会产生过电压等。

霍尔电流传感器工作原理：用一个环形（有时也可以是方形）导磁材料做成铁芯，套在被测电流流过的导线（也称电流母线）上，将导线中电流感生的磁场聚集在铁芯中。在铁芯上开一个与霍尔传感器厚度相等的气隙，将霍尔线性集成电路（IC）紧紧

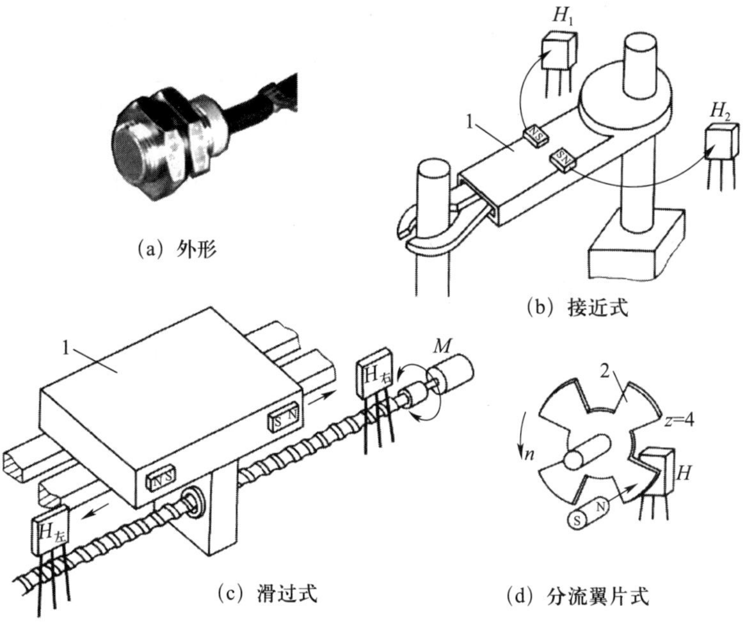

(a) 外形　(b) 接近式　(c) 滑过式　(d) 分流翼片式

1—铁板座；2—翼片

图 3.2-50　霍尔接近开关应用示意图

地夹在气隙中央。电流母线通电后，磁力线就集中通过铁芯中的霍尔 IC，霍尔 IC 输出与被测电流成正比的输出电压或电流。霍尔电流传感器原理及外形如图 3.2-51 所示。

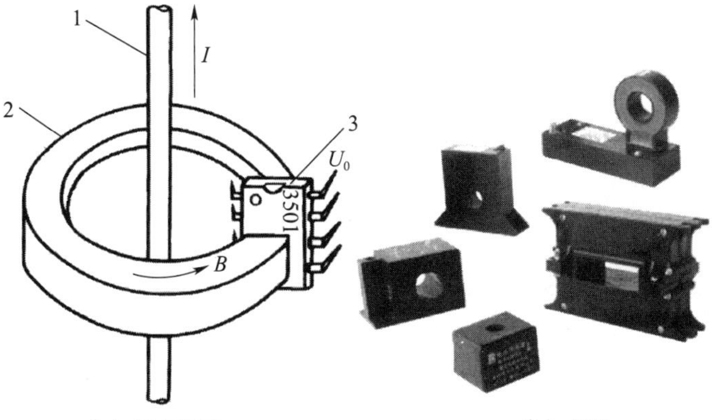

(a) 基本原理　(b) 外形

1—被测电流母线；2—铁芯；3—线性霍尔集成电路

图 3.2-51　霍尔电流传感器原理及外形

3.2.9　热电偶传感器（Thermocouple sensor）的原理及应用

在工业生产过程中，温度是需要测量和控制的重要参数之一。在温度测量中，热电偶传感器的应用极为广泛，它具有结构简单、制造方便、测量范围广、精度高、惯性小和输出信号便于远传等许多优点。热电偶传感器是一种感温元件，是一次仪表，它直接测量温度，并把温度信号转换成热电势信号，再通过电气仪表（二次仪表）转换成被测介质的温度。由于热电偶传感器是一种无源传感器，测量时不需外加电源，使用十分方便，所以常被用作测量炉子（Measuring furnace）、管道内的气体或液体的温度及固体的表面温度。

（一）热电偶传感器的测温原理

热电偶测温（Thermocouple temperature measurement）的基本原理是两种不同成分的均质导体 A 和 B 组成闭合回路（见图 3. 2-52），当两端存在温度梯度时，回路中就会有电流通过，此时两端之间就存在电动势。此电动势的大小除了与材料本身的性质有关以外，还取决于节点处的温差，这种现象称为热电效应或塞贝克效应。两种不同成分的均质导体称为热电极，图 3. 2-52 中两个节点，一个称为工作端，或称热端；另一个称为自由端，或称冷端，自由端通常处于某个恒定的温度下。热电偶就是根据此原理设计制作的将温差转换为电势量的热电式传感器（Thermoelectric sensor）。

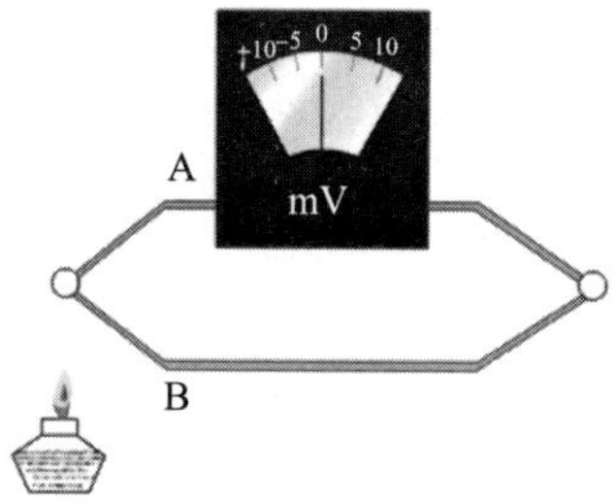

图 3. 2-52　热电偶测温闭合回路

热电效应（Thermoelectric effect）产生的热电势是由接触电动势（Contact electromotive force）和温差电动势（Thermoelectromotive force）两部分组成的。

1. 接触电动势

接触电动势产生原因：如图 3. 2-53 所示，两种不同的金属互相接触时，由于不同金属内自由电子的密度不同，在两金属 A 和 B 的接触点处会发生自由电子的扩散现象。自由电子将从密度大的金属 A 扩散到密度小的金属 B，使 A 失去电子带正电，B 得到电子带负电，从而产生接触电动势。

假设导体 A 和 B 的自由电子密度为 n_A 和 n_B，且有 $n_A>n_B$，电子扩散的结果是使导体 A 失去电子带正电，导体 B 获得电子带负电，在接触面形成电场。这个电场阻碍了电子继续扩散，达到动态平衡时，在接触区形成一个稳定的电位差，即接触电动势，其大小可表示为

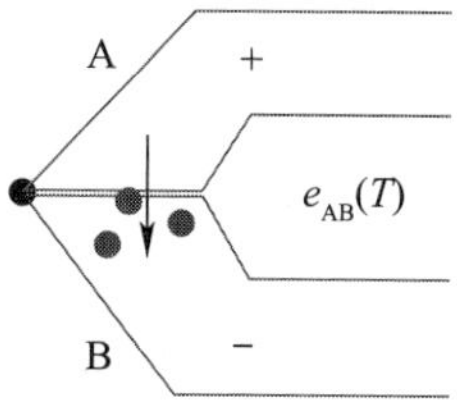

图 3. 2−53　接触电动势

$$e_{AB}(T)=\frac{KT}{e}\ln\frac{n_A}{n_B} \tag{3-92}$$

式中，K 为波尔兹曼常数；e 为单位电荷电量；n_A，n_B 分别表示温度为 T 时，导体 A，B 的自由电子密度。

2. 温差电动势

同一导体的两端温度不同时，高温端的电子能量要比低温端的电子能量大，因而从高温端跑到低温端的电子数比从低温端跑到高温端的多，结果高温端因失去电子而带正电，低温端因获得多余的电子而带负电，形成一个静电场，该静电场阻止电子继续向低温端迁移，最后达到动态平衡。因此，在导体两端便形成温差电动势

$$e_A(T,\ T_0)=\int_{T_0}^{T}\delta_A\mathrm{d}T \tag{3-93}$$

$$e_B(T,\ T_0)=\int_{T_0}^{T}\delta_B\mathrm{d}T \tag{3-94}$$

式中，δ_A，δ_B 为汤姆逊系数，表示导体两端温度为 1 ℃时产生的温差电动势。

3. 热电偶回路的热电势（Thermoelectric potential of the thermocouple circuit）

热电偶回路中总的热电势应是接触电动势与温差电动势之和。如图 3. 2−54 所示。

$$E_{AB}(T,T_0)=e_{AB}(T)+e_B(T,T_0)-e_{AB}(T_0)-e_A(T,T_0) \tag{3-95}$$

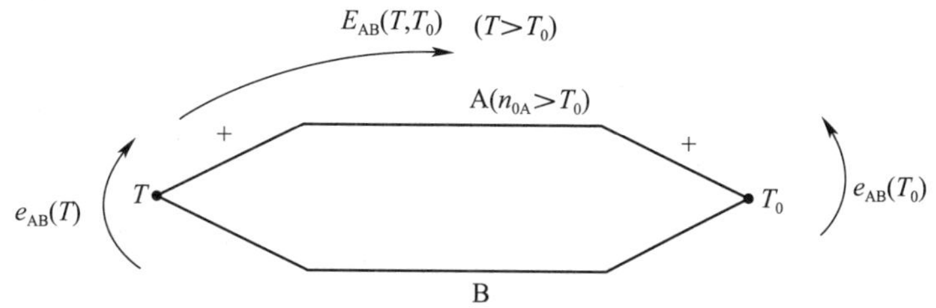

图 3. 2−54　热电偶回路中的热电势

实践证明，在热电偶中起主要作用的是交流感应电动势，而温度电动势仅占了很小的组成部分，可忽视不计。所以，在热电偶中两个节点之间形成的总热电势值等于热端

热电势和冷端热电势值之差，是两节点的总温度差 Δt 的函数，可以表示为

$$E_{AB}(T,T_0)=e_{AB}(T)-e_{AB}(T_0) \tag{3-96}$$

当热电偶两电极材料固定后，热电势便是两节点温度为 T 和 T_0 时的函数差

$$E_{AB}(T,T_0)=f(T)-f(T_0) \tag{3-97}$$

对于已选定的热电偶，当参考端温度 T_0 恒定时，E_{AB}（T_0）为常数 C，则总的热电势就只与温度 T 成单值函数关系，即

$$E_{AB}(T,T_0)=f(T)-C=\varphi(T) \tag{3-98}$$

热电势大致与两个节点的温差 Δt 成正比。实际应用中，热电势与温度之间的关系是通过热电偶分度表来确定的。分度表是在参考端温度为 0 ℃时，通过试验建立起来的热电势与工作端温度之间的数值对应关系。常用热电偶分度号有 S，B，K，E，T，J 等，这些都是标准化热电偶（Standardize thermocouples）。

4. 热电偶应用中常用的几点结论

①热电势的高低只与材料的特性以及两端点的温度相关，而与热电偶的形式、尺寸等没有关系。

②均质导体定律：如果构成热电偶的两个热电极为材料相同的均质导体，则无论两节点温度如何，热电偶回路内的总热电势为零。

③如果热电偶两节点温度相等（$t=t_0$），热电偶回路内的总电势亦为零。

④热电偶 AB 的热电势与 A，B 材料的中间温度无关，只与节点温度有关。

⑤中间导体定律：在热电偶电路中接入第三种导体，只要该导体的两端温度相同，则热电偶的总热电势不变。

（二）热电偶温度传感器概述

热电偶通常用来与显示仪表和计算机配套，直接测量各种生产工程中-200～+1 800 ℃范围内液体、蒸汽和气体介质以及固体表面的温度，由于它结构简单，价格低廉，维修方便，因而广泛用于石油、化工、冶金、电力、机械、食品、塑料、热处理等工业部门，是最简单且可靠的接触式测温传感器（Contact temperature sensor）。

热电偶按测量元件的结构形式，可分为装配式（Prefabricated type）和铠装式（Armor type）两大类。由于装配式产品的内引线抗震性差，元件易受污染，所以损坏率高，稳定性不好，国外已经很少采用，一般只保留用于测量高温的贵金属热电偶；铠装式结构是将热电极或引线、绝缘材料（一般为高纯氧化镁粉）和金属套管三者拉制形成的坚固实体，它具有直径小、可弯曲、耐高压、抗震动、热响应快和可靠性高等优

点，成为国际上广泛采用的先进技术。

（三）热电偶（Thermocouple）的结构特点

各种热电偶的外形通常形式各异，但是它们的基本结构却大致相同，通常由热电极、绝缘管、保护管和接线盒等主要部分构成，其结构尺寸基本按照标准加工制作而成。

1. 热电极（Thermoelement）

热电偶热电极的测量端应牢固地焊接在一起，热电极之间套有耐温瓷管便于保护绝缘。双支式热电偶主要用于工艺过程需要有两个显示仪表来同时测量、指示、记录和调节同一地点温度的情况。所有同类型（分度号相同）热电偶热电极的分度特性都是相同的并且可以互换。

2. 保护管（Protecting tube）

根据热电偶的种类、被测介质状况和测量温度高低的不同应采用不同材料制成的保护管，保护管的材料主要分金属和非金属两大类。金属保护管采用碳钢，各种不同牌号的不锈钢、合金钢等制成；非金属保护管主要采用高铝管、刚玉管或其他材料制成。为了加强非金属保护管的机械性能，非工作部分均装有金属管。

（1）接线盒（Terminal block）

热电偶接线盒用于连接热电偶参考端和显示仪表，接线盒一般用铝合金或不锈钢等不同材料制成，分为隔爆式、防水式和小型防溅式等。

（2）接线端子（Terminal）

热电偶的接线端子一般用陶瓷制成，装在热电偶的接线盒内，是热电偶的输出端，它分为单支式和双支式两种。

（3）安装固定装置（Mounting fixture）

热电偶的安装固定装置供用户安装固定之用，它分为无固定装置、固定螺纹、活动法兰和固定法兰（Fixed flange）等几种形式。

（四）热电偶的技术指标

1. 热响应时间（Thermal response time）

热响应时间也叫热时间常数，是指被测介质从某一温度 t_0 跃变到另一温度 t_x 时，传感器测量端由起始温度 t_0 上升到阶跃温度幅度值 t_n 的某个百分数值所需的时间。热响应时间用 τ 表示，反映热电偶的响应快慢。

任何温度传感器都不可能立刻且非常逼真地响应被测温度的变化，原因是传感器具有一定的质量和容量，它对温度的响应速率与传感器本身的特性和所测对象的物理特性有关。要提高温度测量的真实性，必须设法减小热电偶的时间常数，采用直径细的热电极做成裸露式热电偶的时间常数较小。

2. 热电偶公称压力（Nominal thermocouple pressure）

一般是指在工作温度下保护管所能承受的静态压力。容许工作压力不仅与保护管材料、直径、壁厚有关，还与其结构形式、安装方式、置入深度以及被测介质的流速和种类等有关。

3. 热电偶最小置入深度

应不小于保护管外径的 8~10 倍（特殊产品例外）。

4. 热电偶绝缘电阻（常温）

常温绝缘电阻的试验电压为直流 500 V±50 V。测量常温绝缘电阻的大气条件为温度 15~35 ℃，相对湿度 45%，大气压力 86~106 Pa。

（1）对于长度超过 1m 的热电偶，它的常温绝缘电阻值与长度的乘积应不小于 100，即

$$R_r L \geqslant 100\ \text{M}\Omega,\ mL>1\ \text{m} \tag{3-99}$$

式中，R_r 为热电偶的常温绝缘电阻值，单位为 MΩ；L 为热电偶的长度，单位为 m。

（2）对于长度等于或不足 1 m 的热电偶，它的常温绝缘电阻值应不小于 100 MΩ。

5. 上限温度绝缘电阻（Insulation resistance for upper temperature limit）

热电偶的上限温度绝缘电阻应不小于表 3-1 的规定。

表 3-1 工业热电偶上限绝缘温度

上限温度 t_m/℃	试验温度 t/℃	电阻值/MΩ
$100 \leqslant t_m < 300$	$t = t_m$	10
$300 \leqslant t_m < 500$	$t = t_m$	2
$500 \leqslant t_m < 850$	$t = t_m$	0. 5
$850 \leqslant t_m < 1\,000$	$t = t_m$	0. 08
$1\,000 \leqslant t_m < 1\,300$	$t = t_m$	0. 02
$t_m > 1\,300$	$t = 1\,300$	0. 02

（五）热电偶传感器的应用和发展趋势

1. 热电偶传感器的应用

①钢铁工业：用于连续测量钢水的温度。

②化工行业（热电偶自动检定系统）。

③用于反应堆测温。

④在天然气净化厂中应用。

⑤用于电厂温度的快速测量。

⑥在建筑节能检测中应用。

2. 热电偶传感器的发展趋势

太阳能发电（Solar power generation）是太阳能利用的一个重要方面，目前人们在太阳能发电方面已经做了大量研究，提出了各种不同的太阳能发电方法，现在应用较多的是太阳能光伏电池发电（Solar photovoltaic cells power generation），这里主要研究的是利用热电偶的热电效应发电。将热电偶串并联形成发电组件，其热端采用聚光集热的方法利用太阳能集中加热，冷端由空气自然冷却，由此形成一种新型的太阳能发电方式。

随着现代化仪表的不断推陈出新和更新换代，仪表的自动控制能力大大加强。同时计算机技术的发展和应用更加广泛，使自动化仪表与计算机相连并自动良好运行成为可能，热电偶自动检定系统是基于现代化仪表的自控和计算机应用来设计的，比较适用于部分化工企业中。该系统的核心部分由微机、数字多用表、低电势自动扫描开关（Low potential automatic scanning switch）、高精度温控器、热电偶检定炉（Thermocouple testing furnace）等组成。

近年来，国家对节能减排工作非常重视，建筑节能工作也日趋完善，2001年以来，相继颁布了多个节能标准，如JGJ 134—2010《夏热冬冷地区居住建筑节能设计标准》、GB 50189—2015《公共建筑节能设计标准》、《采暖居住建筑节能检验标准》、JGJ/T261—2011《外墙内保温工程技术规程》及GB 50411—2019《建筑节能工程施工质量验收标准》等。但据统计，全国节能建筑的质量及管理水平仍然参差不齐，建筑用能浪费还相当严重，节能潜力尚未充分发挥。因此，节能工作任重道远。要达到建筑物的节能要求，自然离不开优质的建筑保温材料及其构件。为了确保建筑节能制品保温性能的可靠性，为设计工作者提供确切可靠的建筑材料热物理性能数据（Thermophysical property data），就必须对建筑材料及其制品进行检测。检测方法多样，检测设备也不尽相同。反复使用热流计会导致其变形或翘曲，热流系数（Heat transfer coefficient）会改变，对测量结果的影响非常大。在测量温度时，采用热电偶传感器，其性能稳定，测温准确。

小　结

本章主要介绍了传感器技术的基础、传感器的特性和技术指标、电阻传感器的原理及应用、电感传感器的原理及应用、电涡流传感器的原理及应用等。学习本章内容后应掌握以下知识和能力。

（1）了解传感器分类、传感器的特性和技术指标。

（2）掌握常用电阻传感器、电感传感器、电涡流传感器、电容传感器、压电传感器、超声波传感器、光电传感器、霍尔传感器、热电偶传感器等的原理及应用。

习　题

3-1　电子秤中所使用的应变片应选择________应变片；为提高集成度，测量气体压力应选择________应变片；一次性、几百个应力试验测点应选择________应变片。

A. 廉价的金属丝式　　B. 高准确度的金属箔式

C. 半导体式　　D. NTC 型

3-2　MQN 气敏电阻可测量________的浓度，TiO_2 气敏电阻可测量________的浓度。

A. CO　　B. N_2

C. 气体打火机车间的有害气体　　D. 锅炉烟道中剩余的氧气

3-3　湿敏电阻用交流电作为激励电源是为了________。

A. 提高灵敏度　　B. 防止产生极化、电解作用

C. 减小交流电桥平衡难度

3-4　在使用测谎器时，被测试人由于说谎、紧张而手心出汗，可用________传感器来检测。

A. 应变片　　B. 热敏电阻　　C. 气敏电阻　　D. 湿敏电阻

3-5　欲测量 0. 5 mm 的位移，应选择________自感传感器。希望线性好、灵敏度高、量程为 3 mm 左右、分辨力为 1μm 左右，应选择________自感传感器为宜。

A. 变隙型　　B. 变截面型　　C. 螺管型

3-6　螺管型自感传感器采用差动结构是为了________。

A. 加长线圈的长度，从而增加线性范围　　B. 提高灵敏度，减小温漂

C. 降低成本　　D. 增加线圈对衔铁的吸引力

3-7　希望将信号传送到 1 km 之外，应选用具有________输出的标准变送器。

A. 0~2 V　　B. 1~5 V　　C. 0~10 mA　　D. 4~20 mA

3-8　塑料表面经常镀有一层金属镀层，以增加美观和提高耐磨性。金属镀层越薄，镀层中的电涡流也越小。欲测量金属镀层厚度，电涡流线圈的激励源频率约为________。而用于测量小位移的螺管式自感传感器以及差动变压器绕组的激励源频率通常约为________。

A. 50~100 Hz　　B. 1~10 kHz　　C. 10~50 kHz　　D. 100 kHz~2 MHz

3-9　电涡流接近开关可以利用电涡流原理检测出________的靠近程度。

A. 人体　　B. 水　　C. 金属零件　　D. 塑料零件

3-10　电涡流探头的外壳用________制作较为恰当。

A. 不锈钢　　B. 塑料　　C. 黄铜　　D. 玻璃

3-11　欲探测埋藏在地下的金银财宝，应选择直径为________左右的电涡流探头。欲测量油管表面的细小裂纹，应选择直径为________左右的探头。

A. 0. 1 mm　　B. 10 mm　　C. 5 000 mm　　D. 500 mm

3-12　在两片间隙为 1 mm 的平行电极板的间隙中插入________可获得最大的电容量。

A. 塑料薄膜　　B. 干的纸　　C. 湿的纸　　D. 玻璃薄片

3-13　电子游标卡尺的分辨率可达 0. 01 mm，行程可达 200 mm，它内部采用的是线性的________电容传感器。

A. 变极距式　　B. 变面积式　　C. 变介电常数式

3-14　在电容传感器中，若采用调频法测量转换电路，则电路中________。

A. 电容和电感均为变量　　B. 电容是变量，电感保持不变

C. 电容保持常数，电感为变量　　D. 电容和电感均保持不变

3-15　轿车的保护气囊可用________来控制。

A. 气敏传感器　　B. 荷重传感器

C. 差动变压器　　D. 电容式加速度传感器

3-16　自来水公司到用户家中抄自来水表数据，得到的是________。

A. 瞬时流量，单位为 t/h　　B. 累积流量，单位为 t 或 m

C. 瞬时流量，单位为 kg/s　　D. 累积流量，单位为 kg

3-17 将超声波（机械振动波）转换成电信号是利用压电材料的________；蜂鸣器中发出“嘀……”声的压电片发声原理是利用压电材料的________。

A. 应变效应　　B. 电涡流效应

C. 压电效应　　D. 逆压电效应

3-18 在实验室作为检验标准用的压电仪表应采用________压电材料；能制成薄膜，粘贴在一个微小探头上、用于测量人的脉搏的压电材料应采用________。

A. PTC　　B. PZT　　C. PVDF　　D. SiO_2

3-19 使用压电陶瓷制作的力或压力传感器可测量________。

A. 人的体重　　B. 车刀的压紧力

C. 车刀在切削时感受到的切削力的变化量　　D. 自来水管中水的压力

3-20 在 A 型探伤中，F 波幅度较高，与 T 波的距离较接近，说明________。

A. 缺陷横截面积较大，且较接近探测表面

B. 缺陷横截面积较大，且较接近底面

C. 缺陷横截面积较小，且较接近探测表面

D. 缺陷横截面积较小，且较接近底面

3-21 大面积钢板探伤时，耦合剂应选________为宜；机床床身探伤时，耦合剂应选________为宜；给人体做 B 超时，耦合剂应选________。

A. 自来水　　B. 机油　　C. 液体石蜡　　D. 化学糨糊

3-22 钢板探伤时，超声波的频率多为________；在房间中利用空气探头进行超声防盗时，超声波的频率多为________。

A. 20～20 kHz　　B. 35～45 kHz

C. 1.5～10 MHz　　D. 100～500 MHz

3-23 公式 $E_H = K_H IB\cos\theta$ 中的 θ 是指________。

A. 磁力线与霍尔薄片平面之间的夹角

B. 磁力线与霍尔元件内部电流方向的夹角

C. 磁力线与霍尔薄片的垂线之间的夹角

3-24 OC 门的基极输入为低电平、集电极未接上拉电阻时，集电极的输出为________。

A. 高电平　　B. 低电平　　C. 高阻态　　D. 对地饱和导通

3-25　正常人的体温为 37 ℃，此时的华氏温度约为__________，热力学温度约为________。

A. 68 F，37 K　　B. 99 F，236 K

C. 99 F，310 K　　D. 37 F，310 K

3-26　________的数值越大，热电偶的输出热电势就越大。

A. 热端直径　　B. 热端和冷端的温度

C. 热端和冷端的温差　　D. 热电极的电导率

3-27　光敏二极管属于________，光电池属于________。

A. 外光电效应　　B. 内光电效应

C. 光生伏特效应

3-28　光敏二极管在测光系统中应工作于________偏置状态。

A. 正向　　B. 反向　　C. 零　　D. 均可

3-29　在高速光纤通信中，与出射光纤耦合的光电元件应选用________。

A. 光敏电阻　　B. 光敏二极管

C. 达林顿光敏三极管

3-30　环境温度升高，光敏电阻、光敏二极管、光敏三极管的暗电流________。

A. 上升　　B. 下降　　C. 不变

参考文献

[1] 梁森，黄杭美．自动检测与转换技术［M］．3 版．北京：机械工业出版社，2002.

[2] 金发庆．传感器技术与应用［M］．2 版．北京：机械工业出版社，2004.

[3] 马爱霞，徐音．超声波传感器原理及应用［J］．科技风，2016（01）：109.

[4] 张萍．超声波传感器的原理及应用［J］．考试周刊，2011（62）：157-158.

[5] 张晓霞．谈光电传感器的原理及应用［J］．电子测试，2017（08）：79-80.

[6] 寻艳芳．光电传感器的原理及应用［J］．科技资讯，2012（36）：117.

第 4 章　PLC 技术

PLC 的全称为可编程逻辑控制器（Programmable logic controller）。PLC 技术是指采用一类可编程的存储器，用其内部存储程序，执行逻辑运算、顺序控制、定时、计数与算术操作等面向用户的指令，并通过数字或模拟式输入/输出控制各种类型的机械或生产过程。

4.1　PLC 技术基础知识

目前在很多产业中，特别是在低端原始设备制造（Original equipment manufacturer）行业中，继电器或单片机（Single-chip microcomputer）的使用范围十分广泛。虽然单片机通常作为工控产业或民用产品大批量应用，但由于它需要从基础硬件部分开始，对于一般使用者而言困难很大且开发周期长，无法在实际应用环境中完善软件，也难以在工业环境中应用，因此在一些移动设备增值服务需求相对较高的地方有大量应用。PLC 与嵌入式数字单片机或自主研制的工业操作系统比较，首先在系统软件上多了一种可编程逻辑语句（Programmable logic language），方便将梯形图（Ladder diagram，LD）转换为控制指令（Control command），然后又在硬件上集成了供电回路，从而增加了抗干扰能力，更适应于工业环境应用。

继电器模块虽然具有可靠性高、寿命长等优点，但其存在着不可忽视的缺点：继电器的控制是采用硬件接线实现的，是利用继电器机械触点的串联或并联及延时继电器的滞后动作等组合形成控制逻辑，其连线多且复杂、体积大、功耗大。

4.1.1　PLC 技术的发展

PLC 是一种具有微处理器、用于自动化控制（Automation control）的数字运算控制器（Digital operation controller），可以将控制指令随时载入内存（Internal storage）进行储存（Stockpile）与执行（Execute）。PLC由CPU、指令及数据内存（Data memory）、输入/输出接口（Input/Output interface）、电源、数字模拟转换（Digital to analog conversion）等功能单元组成。

PLC的开发开始于1968年。第一批PLC在1969年应用于工业领域，在20世纪70年代用于发送和接收不同的电压，以允许它们进入模拟世界。通信能力大约在1973年开始出现。20世纪70年代末，日本、欧洲开始制造PLC，经过多年的发展，PLC技术日臻成熟，目前世界上有数百家工厂生产PLC，型号达数百种，应用相当广泛。早期的PLC只有逻辑控制的功能，所以被命名为逻辑控制器，后来随着发展，这些当初功能简单的计算机模块已经有了包括逻辑控制（Logic control）、时序控制（Sequential control）、模拟控制（Analog control）、多机通信（Multi-computer Communication）等各类功能，名称也改为可编程控制器（Programmable controller），但是由于它的简写与个人计算机（Personal computer）的简写相冲突，加上习惯的原因，人们还是经常使用可编程逻辑控制器这一名称，并仍使用PLC这一缩写。

4.1.2　PLC技术的应用

由于PLC采用软件来改变控制过程，并有体积小、组装灵活、编程简单、抗干扰能力强及可靠性高等特点，已被广泛应用于机械制造（Machine manufacturing）、电力（Electric power）、造纸（Papermaking）、化工（Chemical engineering）、冶金（Metallurgy）、矿业（Mining industry）、轻工（Mining industry）等各个领域，大大推进了机电一体化进程，被人们称为现代工业控制三大支柱之一。就功能方面而言，它已经完全超越了最初的逻辑控制、顺序控制的范围，具备模数转换（Analog-digital conversion）、数模转换（Digital-analog conversion）、高速计数（High-speed counting）、速度控制（Speed control）、位置控制（Positioning control）、轴定位控制（Shaft positioning control）、温度控制（Temperature control）、PID控制（Proportion integration differentiation control）、远程通信（Telecommunication）、高级语言（High-level language）编程等功能，因而具有广阔的应用前景。

1. 开关量的逻辑控制

开关量的逻辑控制是PLC最基本、应用最广泛的领域。由于PLC设置了与（AND）、或（OR）、非（NOT）等逻辑指令，在很大程度上取代了传统的继电器控制系统，能实现逻辑控制、顺序控制，既可用于单机控制（Single-machine control），也可用于多机群控（More fleet control）、自动化生产线（Automatic production line）的控制等。如汽车零部件装配线

(Assembly line) 上的物件输送以及各工序的加工与动作、电动机的控制、高炉上料系统 (Blast furnace charging system)、电梯控制 (Elevator control)、港口码头货物运输控制 (Port terminal cargo transport control) 等。它在注塑机、烟草机械 (Tobacco machinery)、印刷机械 (Printing machinery)、组合机床 (Modular machine tool)、包装流水线 (Packing line)、镀锌流水线 (Galvanization assembly line) 等生产和物流控制方面都有广泛的应用。

2. 过程控制 (Process control)

早期的 PLC 只具有简单的逻辑控制功能，现代的 PLC 功能日益强大，大型 PLC 都具有模拟量控制单元和用于过程控制的各种专用模块或子程序（如 PID 控制模块等）。模拟量 (Analog quantity) 过程控制均采用由硬件电路构成的 PID 模拟调节器来实现开、闭环控制 (Open、Closed-loop control)，而现在则选用模拟量控制模块，使得功能由软件实现，精度由位数确定，因而元件不受影响，可靠性高，它容易实现复杂和先进的控制。如，1771-CEM 可组态流量计模块，可用于电力管理 (Electric management)、自动化 (Automation)、食品饮料 (Food and beverage) 和石油与天然气 (Oil & Gas journal) 中各种流量 (Flow) 的测试和控制。此外，还有 1771-QH 力矩控制模块、1771-TCM 温度控制模块等。另外，它也可以同时控制多个控制回路 (Duct pilot) 和多个控制参数 (Parameter)，如：某个公司的 PROLOOP 过程控制器，可执行 PID 控制、比例控制和级联控制，且具有单回路、多回路和自动调试三种方式。

3. 位置控制

目前大都应用拖动步进电机 (Stepping motor) 或伺服电机的单轴或多轴控制模块进行位置控制。此模块功能现已广泛应用于各种机械，如：金属切削机床 (Metal-cutting machine tool)、金属成型机床 (Metal forming Machine tool)、装配机械 (Assembling machine)、机器人 (Robot) 和电梯等。

4. 机器人控制 (Robot control)

随着工厂自动化网络的形成，工业机器人的应用领域越来越广，机器人的控制同样可以通过 PLC 来实现。如某个公司自动生产焊接线上，使用了 29 个机器人。

5. PLC 的网络特性 (Network characteristic)

PLC 网络经过多年的发展，已成为具有 3~4 级子网的多级分布式网络，加上配置强有力的工具软件，成为具有工艺流程显示、动态画面 (Motional picture) 显示、趋势图生成显示、各类报表制作的多功能系统。在制造自动化协议 (Manufacturing automation protocol，MAP) 规约的带动下，可以方便地与其他网络互连。所有这一切使 PLC

网络成为计算机集成制造系统（Computer integrated manufacturing system，CIMS）非常重要的组成部分之一。

随着电子商务的发展，人们的消费习惯有了巨大的改变，推动着物流（Logistics）自动化水平的不断提高，各种自动分拣机（Automatic letter sorting machine）对提高物流自动化水平、物流流通效率起到了重要作用。例如图书分配（Distribution）部门的图书自动分拣系统，物流配送系统（Logistics distribution system）的输送线（Pipeline），分拣中心（Dealer management system）的机械化系统流水线，大量包裹（Parcel）通过输送机在运送过程中通过分拣传感器（Sorting sensor）实现自动分拣（Automatic sorting），大型枢纽机场（Airline hub）行李处理系统，对客户行李进行自动分拣处理，这些应用大大降低了劳动力成本，提高了分拣的准确性和效率。PLC 优良的控制性能使其在自动分拣系统中得到广泛应用。图 4.1-1 是物料自动分拣系统模型（Model）。

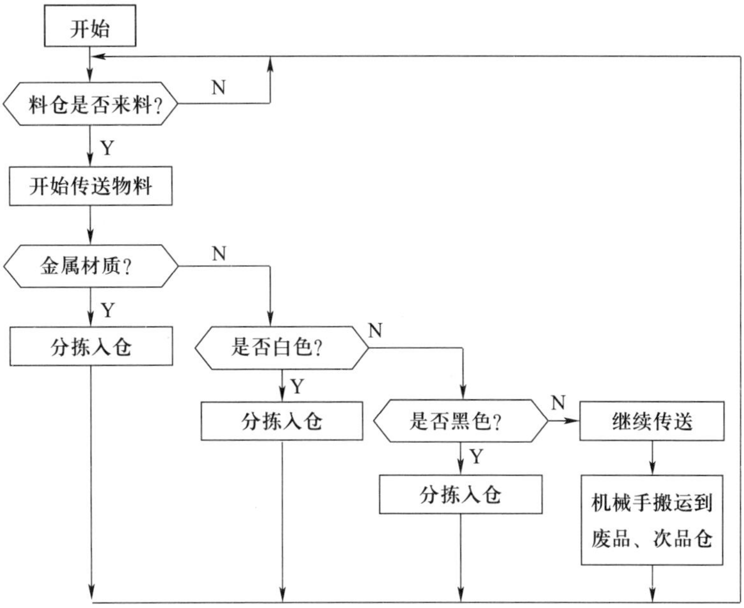

图 4.1-1　物料自动分拣系统模型

4.2　PLC 的结构及原理

4.2.1　PLC 的分类

PLC 一般可从其 I/O 点数、功能和结构形式三个方面进行分类。

（一）根据 PLC 的 I/O 点数分

①小型 PLC：I/O 点数为 256 点以下，I/O 点数<64 点的为超小型。

②中型 PLC：I/O 点数为 256~2 048 点。

③大型 PLC：I/O 点数为 2 048 点以上的，I/O 点数超过 8 192 点的为超大型 PLC。

注：这个分类界限不是固定不变的，它随 PLC 的发展而变化。

（二）按功能分

①低档 PLC：具有逻辑运算、定时、计数、移位等基本功能，主要用于逻辑控制、顺序控制或少量模拟量控制的单机系统。

②中档 PLC：除低档 PLC 功能外，还具有较强的模拟量输入/输出、算术运算、通信联网等功能。有些还增设中断、PID 控制等功能。

③高档 PLC：除中档 PLC 功能外，增加了矩阵运算、平方根运算及其他特殊功能函数运算等。高档 PLC 具有更强的通信联网功能。

（三）按结构形式分

①整体式 PLC，如图 4.2-1 所示。

电源、CPU、I/O 接口等部件都集中装在一个机箱内，具有结构紧凑、体积小、价格低的特点。基本单元和扩展单元之间一般用扁平电缆连接。小型 PLC 一般采用这种整体式结构，如 S7-200 等。

图 4.2-1　整体式 PLC

②模块式 PLC，如图 4.2-2 所示。

各部分用搭积木的方式组成系统，由框架（Frame）和模块（Module）组成，模块装在框架上。大、中型 PLC 一般采用模块式结构，如 S7-300，S7-400 等。

③叠装式（Fold the mounted）PLC。

还有一些 PLC 将整体式和模块式的特点结合起来。CPU、电源、I/O 接口等是各自独立的模块，但它们之间用扁平电缆连接。

图 4.2-2　模块式 PLC

4.2.2　PLC 的硬件结构与作用

PLC 的组成与微机类似，是一种以微处理器为核心的、用于控制的特殊计算机。PLC 主要由中央处理器（CPU）、存储器（Storage）、输入接口（Input interface）、输出接口（Output interface）、通信接口（Communication interface）、电源等组成。

（一）CPU 模块

CPU 模块主要由 CPU 与存储器组成，CPU 有：

①通用微处理器（General purpose microprocessor）（如 8086、80286 等）。

②单片微处理器（Chip microprocessor）（如 8031、8096 等）。

③位片式微处理器（Bit chip microprocessor）（如 AMD29W 等）。

CPU 的功能主要有收集、存储用户程序或资料；检测、确认客户程序，如处理程序中的语言问题；接受、储存从输入/输出端口获得的现场输入及输出信息；在运行用户程序时，把运行结果送到输入/输出端口，并驱动负载；故障诊断（Fault diagnosis）；等等。

存储器的作用：主要用于存放系统程序、用户程序、数据。

存储器分为系统程序存储器、用户程序存储器。

存储器的类型：可读/写操作的随机存储器 RAM；只读存储器 ROM、PROM、EPROM 和 EEPROM。

系统程序：相当于 PC 机的操作系统（Operating system），由厂家设计并已固化在 ROM 中，用户不能更改，包括系统监控程序（Monitor routine）、解释程序（Interpretive program）、程序模块（Programming module）等。

用户程序：用户根据控制对象生产工艺及控制要求而编制的应用程序。

（二）输入/输出模块

输入（Input）/输出（Output）模块，简称 I/O 模块，是 CPU 与工业现场之间连接的通道，是系统的眼、耳、手、脚，是 CPU 与外部联系的桥梁。输入模块用来接收和采集输入信号，输出模块用来输出信号。

1. 开关量输入信号

开关量输入信号有按钮、选择开关（Option switch）、行程开关（Travel switch）、接近开关（Proximity switch）、光电开关（Optoelectronic switch）、主令元件（Command element）、检测元件（Detecting element）等。

2. 模拟量输入信号

模拟量输入信号有电位器（Potentiometer）、热电偶、测速发电机（Tachogenerator）等输入模块。外部控制对象包括驱动执行元件、接触器、电磁阀（Solenoid valve）、调节阀（Control valve）等执行元件，以及指示灯（Indicator light）、数码显示器（Nixie display）、报警装置（Warning device）。输入/输出模块的外部接线方式如图 4.2-3 所示。

汇点式——所有 I/O 点共用一个电源，一个公共点。

分组式——分成若干组，每组有独立的电源及公共点。

分隔式——每个 I/O 点使用单独的电源。

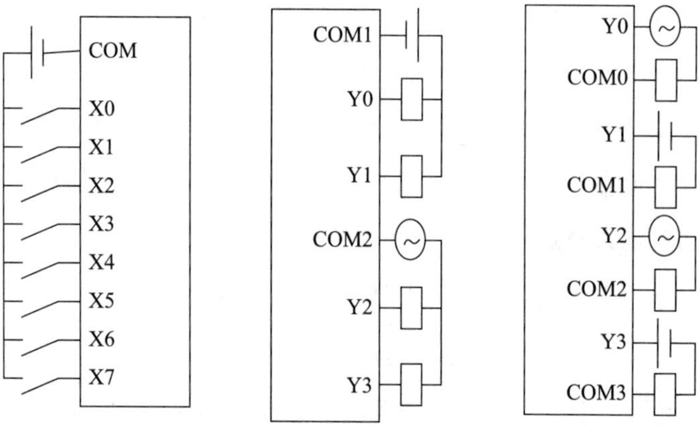

(a) 汇点式　(b) 分组式　(c) 分隔式

图 4.2-3　I/O 模块的外部接线方式

直流输入模块的接线如图 4.2-4 所示。

S 合上，光电耦合器（Photoelectric coupler）亮，输入 PLC 为“1”；S 断开，光电耦合器灭，输入 PLC 为“0”；R_1 为限流电阻，C，R_2 为滤波电路，LED 为状态发光管，电源极性可改变。交流输入模块的接线，如图 4.2-5 所示。

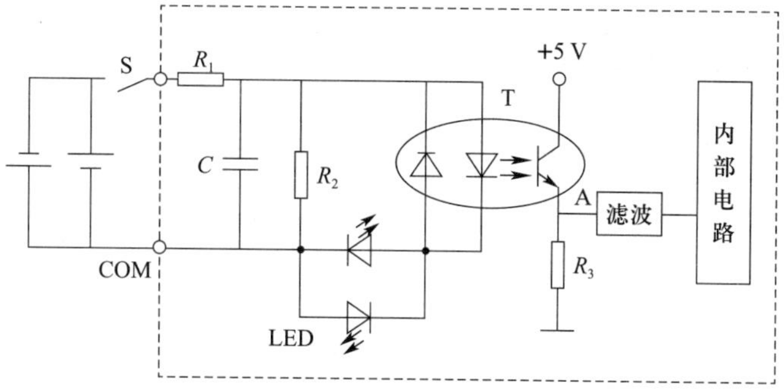

图 4.2-4 直流输入模块线路结构

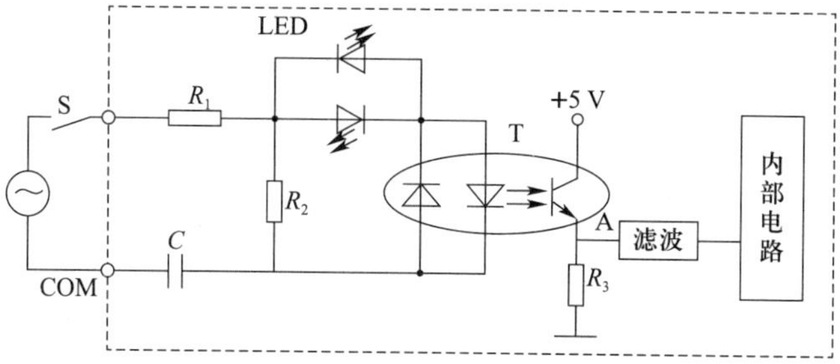

图 4.2-5 交流输入模块线路结构

3. 输出模块的接线

（1）继电器输出型（R）

响应（Response）速度慢，动作频率低，可驱动交流或直流负载。

（2）晶体管输出型（T）

响应速度快，动作频率高，只能用于驱动直流负载。

（3）晶闸管输出型（S）

响应速度快，动作频率高，只能用于驱动交流负载。

输出电流 0.5~2 A，负载电源由外部提供。继电器起隔离、放大作用。

外部可用直流电主电源（Direct-current main）是有触点输出，阻容耦合 RC 压敏电阻（Piezoresistor）用来消除触点动作电弧（Electric arc），如图 4.2-6 所示。

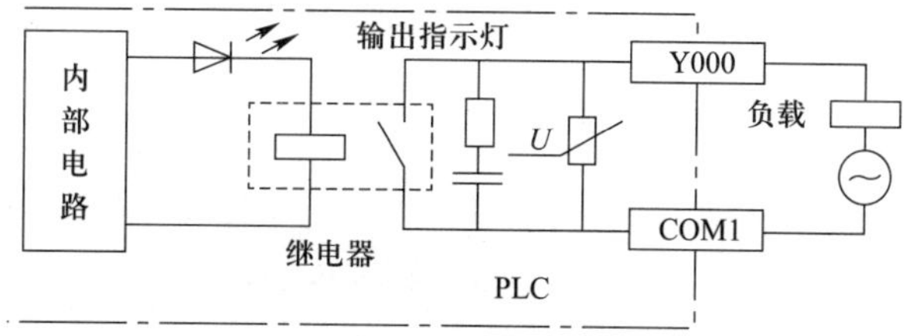

图 4.2-6 继电器输出型

4.2.3 PLC的工作原理

PLC这种特殊形态的计算机控制器，是运用电子计算机对原有的硬件逻辑控制系统“继电器监控”实行“硬件软化”的成果。而在实际操作方法上，PLC的软件逻辑却和常规继电器开关监控的硬件逻辑有着本质的差异。继电器系统的硬件逻辑门采取的是并行工作的方法，即一旦某个继电器输出开关的输入线圈开通或是释放，该继电器输出开关的每个节点（不论是常开或常闭，也不管其处在继电器线路的什么部位）均会马上同步运行；而PLC的软件逻辑门是采用CPU逐行扫描或是完成用户编程来工作的，一旦某个逻辑输入线圈被开通或是断开，该输入线圈的每个节点并不能马上运动，需要等扫描检查到该节点时才会运动。

为减少二者之间因为操作方法差异而产生的差别，PLC在程序运行方法、进入出口控制、特定模块等方面都做了特别的考虑。

（一）PLC的3个工作阶段

PLC系统投入实际管理工作之后，其过程通常分为输入采样、用户程序执行和输出刷新（Output refresh）3个重要阶段。每达到以上3个重要阶段，即成为一个扫描循环。在全部工作阶段，PLC的CPU以特定的扫描检查速度反复经历以上3个阶段。PLC的扫描检查流程框图如图4.2-7所示，它明确地说明了整套PLC扫描检查的流程。

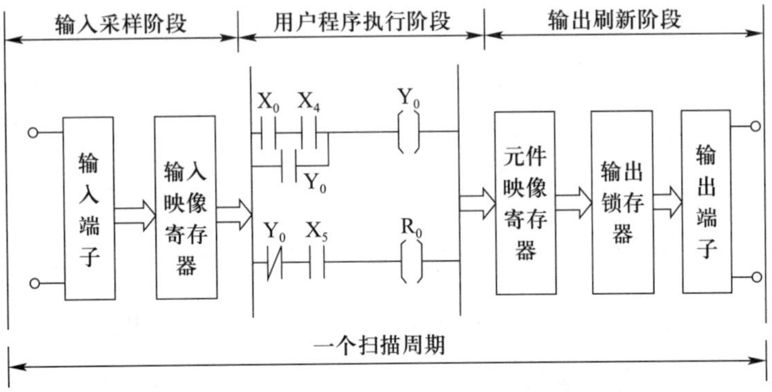

图4.2-7 PLC的扫描检查流程框图

1. 输入采样阶段

PLC在输入采样阶段，要通过各种输入端子并将输入/输出端子状态信息存入对应的输入/输出元件映像寄存器。此时，元件映像寄存器被刷新，然后进入客户程序执行阶段。在整个客户程序执行阶段或输入/输出阶段，由于状态信息进入元件映像寄存器后完全与外界隔绝，所以不管输入端子信息怎么改变，进入元件映像寄存器的信息内容都始终保持恒定，直至下一次扫描周期进入采样阶段，才能把输入端子的最新信息内容再次注入。

2. 用户程序执行阶段

依据 PLC 梯形图显示的要求，PLC 按先左后右、先上后下的步序逐段扫描显示。当指令中存在输入、输出指令时，PLC 从输入映像寄存器中“读入”上一阶段的状态，从输出映像寄存器“读入”对应输出映像寄存器的当前位置。接着，完成一定的运算，运算结果再存入软件映像寄存器中。就软件映像寄存器而言，任何一种器件（输出软继电器）的位置，都随着软件的运行进程而改变。

3. 输出刷新阶段

在所有指令执行完毕后，输出映像寄存器中所有输出继电器的状态（通/断）在输出刷新阶段转存到输出锁存器中，通过一定方式输出驱动外部负载。对于小型 PLC，I/O 点数较少，用户程序较短，用集中采样、集中输出的工作方式，虽然在一定程度上降低了系统的响应速度，但从根本上提高了系统的抗干扰能力，增强了系统的可靠性。对于大、中型 PLC，因 I/O 点数较多，控制功能强，用户程序长，为提高响应速度，可以采用定周期输入采样，输出刷新；也可以采用直接输入采样，直接输出刷新，中断输入/输出和智能化输入/输出接口等方式。

（二）PLC 对输入/输出的处理规则

根据上述工作特点，归纳出 PLC 对输入/输出的处理原则如下：

①输入映像寄存器的数据取决于输入端子板上各输入点在上一个刷新期间的通/断状态。

②程序如何执行取决于用户所编程序和输入/输出映像寄存器的内容及各元件映像寄存器的内容。

③输出映像寄存器的数据，取决于输出指令的执行结果。

④输出锁存器中的数据，由上一次输出刷新期间输出映像寄存器中的数据决定。

⑤输出端子的通/断状态，由输出锁存器决定。

4.3　PLC 的性能及特性

PLC 问世之前，农机、机床、电力、化工、交通运输等行业中，继电器控制系统占主导地位。继电器控制系统以其结构简单、价格低廉、易于操作等优点得到了广泛的应用，对于一些控制复杂的机械设备，采用继电器控制系统时，就会显现出一些不足，如控制装置的体积庞大，接线复杂，可靠性、灵活性较差，出现故障的可能性较高，工作模式固定等。

PLC 控制器用标准接口代替了传统硬件安装接线，用大规模集成电路设计（Large scale integrated circuit design）和可靠元器件的结合代替了线圈和活动部件的搭配。它通过计算机控制方式，不仅大大简化了整个控制器，同时也使控制器的性能更加平稳，功能更加强劲，在可扩展性和抗干扰能力等方面也有了较大改善。

（一）PLC 系统的性能

可编程控制器的基本性能可用如下 8 条予以概括。

1. 工作速度（Work pacing）

工作速度是指 PLC 的 CPU 执行指令的速度以及对急需处理的输入信号的响应速度。工作速度是 PLC 工作的基础。速度快了，才可能通过运行程序实现控制，不断扩大控制规模，发挥 PLC 多种多样的作用。

不同品牌的 PLC，指令的条数也不同。少的几十条，多的几百条。指令不同，执行的时间也不同。但各种 PLC 总有一些基本指令（Basic instruction），而且各种 PLC 都有这些基本指令，因此常以执行一条基本指令的时间来衡量这个速度。这个时间当然越短越好，已从微秒（Microsecond）级缩短到零点微秒级。随着微处理器技术的进步，这个时间还在缩短。执行时间短可加快 PLC 对一般输入信号的响应速度。从讨论 PLC 的工作原理可知，从对 PLC 加入输入信号，到 PLC 产生输出，最理想的情况也要延迟一个 PLC 运行程序的周期。因为 PLC 监测到输入信号，经运行程序后产生输出，才是对输入信号的响应。不理想时，还要多延长一个周期。当输入信号送入 PLC 时，PLC 的输入刷新正好结束，就是这种情况。这时，要多等待一个周期，PLC 的输入映射区才能接收到这个新的输入信号。对一般的输入信号，这个延迟虽然可以接受，但对急需响应的输入信号，就不能接受了。对急需处理的输入信号延迟多长时间 PLC 能予以响应，要另作要求。为了处理急需响应的输入信号，PLC 有多种措施。不同的 PLC 措施也不完全相同，提高响应速度的效果也不同。一般的做法是采用输入中断，然后再输出即时刷新，即中断程序运行后，有关的输出点立即刷新（Refresh），而不等到整个程序运行结束后再刷新。

这个效果可从两个方面来衡量：一是能否对几个输入信号做快速响应；二是快速响应的速度有多快。多数 PLC 都可对一个或多个输入点做出快速响应，快速响应时间仅几毫秒。性能高的、大型的 PLC 响应点数更多。

工作速度关系到 PLC 对输入信号的响应速度，是 PLC 对系统控制能否及时的前提。控制不及时，就不可能准确与可靠，特别是对一些需做快速响应的系统。这就是把工作速度作为 PLC 第一指标的原因。

2. 控制规模（Control scale）

控制规模代表 PLC 控制能力，看其能对多少输入、输出点以及多少路模拟进行控制。

控制规模与速度有关。规模越大，用户程序越长，若执行指令的速度不快，势必延长 PLC 循环（Circulation）的时间，也必然会延长 PLC 对输入信号的响应。为了避免这种情况，PLC 的工作速度就要快。所以，大型 PLC 的工作速度总比小型 PLC 的要快。

控制规模还与内存区的大小有关。规模大，用户程序长，要求有更大的用户存储区（User store）。同时点数多，系统的存储器输入、输出的信号区（Signaling zone）[输入/输出继电器区或称输入、输出映射区（Mapping area）] 也大。这个区大，相应地内部器件就要增多，要求有更大的系统存储区。

控制规模还与输入、输出电路数有关。如控制规模为 1 024 点，那就得有 1 024 条 I/O 电路。这些电路集成于 I/O 模块中，而每个模块有多少路的 I/O 点总是有数的。所以，规模大，所使用的模块也多。控制规模还与 PLC 指令系统有关。规模大的 PLC 指令条数多，指令的功能也强，才能对点数多的系统进行控制。

3. 组成模块（Component module）

PLC 的结构虽有箱体及模块式之分，但从本质上看，箱体也是模块，只是它集成了更多的功能。在此，不妨把 PLC 的模块组成当成所有 PLC 的结构性能。这个性能含义是指某型号 PLC 具有多少种模块，各种模块都有什么规格，并各具什么特点。一般来讲，规模大的 PLC，档次高的 PLC 模块的种类和规格也多，反映它的特点的性能指标也高。但模块的功能单一些。相反，小型 PLC、档次低的 PLC 模块种类少，规格也少，指标也低，但功能更多样，以至于集成为箱体。组成 PLC 的模块是 PLC 的硬件基础，只有弄清所选用的 PLC 都具有哪些模块及其特点，才能正确选用模块，去组成一台完整的 PLC，以满足控制系统对 PLC 的要求。

4. 内存容量（Memory capacity）

PLC 内存有用户及系统两大部分。用户内存主要用以存储用户程序，个别的还将其中的一部分划为系统所用。系统内存是与 CPU 配置在一起的。CPU 既要具备访问这些内存的能力，还应提供相应的存储介质。用户内存大小与可存储的用户程序量有关。内存大，可存储的程序量大，也就可进行更为复杂的控制。从发展趋势看，内存容量总是在不断增大的。系统内存对于用户，主要体现在 PLC 能提供多少内部器件。不同的内部器件占据系统内存的不同区域。物理上并无这些器件，仅仅为 RAM。但通过运行程序使用时，给使用者提供内存的却是这些器件。

内存器件种类越多，数量越多，越便于 PLC 进行种种逻辑量（The logical volume）及模拟控制。它也是代表 PLC 性能的重要指标。

5. 指令系统（Instruction system）

指令系统指 PLC 中有哪些命令，各条命令又有哪些功用。这是人们认识和应用 PLC 操作系统的主要方面。

PLC 的指令繁多，但主要有以下几种类型：

①基本逻辑指令（Logic instruction）：用于处理逻辑关系，以实现逻辑控制。这类指令，不管什么样的 PLC 都有。

②数据处理指令（Processing instructions）：用于处理数据，如译码（Transcode）、编码（Encoding）、传送（Transfer）、移位（Shifting）等。

③数据计算指令（Data operation instruction）：用进数的方式计数，如+、-、*、/等，也可采用沙坪数算法，有的还可用浮点数算法，能够完成逻辑量统计。

④流程控制指令（Flow control instruction）：用于监控程序运行过程。PLC 的用户程序通常从零地址的指令开始进行，然后按次序前进。但遇到过程控制指令，也可做相应修改。同时过程控制指令数量较多，如果使用得好，能使编程更简单，且易于调试和阅读。

⑤状态监视指令（Status monitoring instruction）：主要用于观察和记录 PLC 及控制器的运行状况，对进一步提高 PLC 控制器的运行稳定性大有帮助。并不是所有的 PLC 中都有上述这类命令，也并非所有的 PLC 系统都有以上几种命令，上面只指出了一些实例，并说明要从哪几个方面认识 PLC 命令，由此能大体知道命令的多少以及各种功能将如何直接影响 PLC 的特性。为实现通信，PLC 有一定的协议和通信指示或命令，也体现了 PLC 的特性。

6. 支持软件

为了便于编制 PLC 程序，多数 PLC 厂家都开发有关计算机支持软件。从本质上讲，

PLC 所能识别的只是机器语言。它之所以能使用一些助记符（Mnemonic）语言、梯形图语言、流程图（Flow chart）语言，以至高级（High-level）语言，全靠为使用这些语言而开发的软件。

①助记符语言是最基本也是最简单的 PLC 语言。它类似计算机的汇编语言，PLC 的指令系统就是用这种语言表达的。这种语言仅使用文字符号，所使用的编程工具简单，用简易编程器即可。所以，多数 PLC 都配备这种语言。

②梯形图语言是图形语言，它用类似于继电器电路图（Relay circuit diagram）的符号表达 PLC 实现控制的逻辑关系。这种语言与符号语言有对应关系，很容易互相转换，并便于电气工程师（Electrical engineer）了解与熟悉，因此用得很普遍，几乎所有的 PLC 都开发了这种语言。由于它是用图形表达，小的编程器不适用，得用较大的液晶（Liquid crystal）画面的编程器。多数是在计算机对 PLC 编程时，才使用这种语言。

③流程图语言，虽然它也是图形编程语言，但是使用的字符并不与电气元件字符相同，而是与一般计算机用的流程图字符相同，更易于一般的计算机工作者掌握和熟悉。流程图语言和符号语言之间也有一一对应关系，只不过对应的符号语言和梯形图语言并不相同。掌握计算机技术，但又未曾参加过普通电气设备管理工作的技术人员，更乐于运用这种编程语言对 PLC 程序设计。

梯形图和流程图混合语言：梯形图和流程图二者并用，使得整个 PLC 的编程结构化。它利用工作流程图将整个 PLC 编程过程分割为几个结构块，从而规范块之间的逻辑联络。用梯形图再定义块中各类数之间的逻辑关联。这个混合编程语言有很多种不同的实现方式，且多适用于大规模的程序设计。

④高级语言，PLC 编程也可以使用高级语言，如 BASIC、C 语言等。可以在 DOS，也可在 Windows 平台上运行。关键在于要把用高级语言编写的程序（Procedure）转换成助记符语言，或直接转换成 PLC 所能识别的机器语言。从根本上讲，只要能实现这个转换，什么高级语言都可以。而编写这个转换的软件工作量很大，应由有关厂家开发与提供，当前不少 PLC 厂家已有提供。

支持软件不仅编制 PLC 程序需要，监控 PLC 运行，特别是监视 PLC 所控制的系统的工作状况也需要。所以，多数支持编程的软件，也具有监视 PLC 工作的功能。

此外，也有专用于监控 PLC 工作的软件，它多与 PLC 的监视终端连用。有的 PLC 厂家或第三方厂家还开发了使用 PLC 的组态软件（Configuration software），用以实现计算机对 PLC 控制系统监控（System monitoring），以及与 PLC 交换数据。

PLC 的用户也可基于 DOS 或 Windows 平台开发用于 PLC 控制系统的应用软件，以提高 PLC 系统自动化及智能化水平。这方面的软件已日益受到重视。

总之，为了用好 PLC，它的支持软件越来越丰富，性能越来越好，界面也越来越友好，因此，它的使用情况如何，已成为评判 PLC 性能的指标之一。

7. 可靠控制（Reliable control）

为使 PLC 能可靠工作，在硬件与软件两个方面，PLC 厂家都采取了很多措施，对一些有特殊可靠性要求的 PLC，还有相应的特殊措施，如热备、冗余等。这在介绍 PLC 的特点时已做了叙述。可靠措施的目的是增加 PLC 平均故障间隔时间、平均无故障工作时间（Mean time between failure，MTBF）并减少 PLC 的平均修复时间（Mean time to repair，MTTR），以提高 PLC 的效率 A（Availability）。

$$A=\text{MTBF}/(\text{MTBF}+\text{MTTR})$$

当然，A 值越大越好，它可使 PLC 系统得到充分的利用，是为什么要使用 PLC 的重要指标。由上式可知，MTBF 越大，MTTR 越小，则 A 越大。所以，PLC 的可靠措施都是围绕提高 MTBF 并降低 MTTR 进行的。

鉴于可靠工作是 PLC 的重要特点，故有关提高 MTBF 及降低 MTTR 的措施，以及 PLC 的 MTBF 与 MTTR 的值都成为 PLC 性能的重要指标。

8. 经济指标（Economic indicators）

上述都是 PLC 的技术性能。其实，使用 PLC，还要考虑经济指标。经济是基础，经济上不合算，不能带来经济效益，使用 PLC 也就没有基础。所以，这个指标也是重要的。经济指标最简单的就是看价格。一般讲，同样技术性能的 PLC，价格低的经济指标就好。

（二）PLC 系统的特性

1. 使用灵活、通用性强

PLC 的硬件结构和软件功能都是系列化的，控制功能模块设计种类多，因此能够灵活构成多个规格和特性不同的控制器。由 PLC 构成的控制器只需在 PLC 的端口上接入输入/输出信号线。当要求更改控制器的特性时，可以使用编程机实时或离线修改控制程序，同一个 PLC 装置，可以适用于不同类型的控制目标，只是存在输入/输出模块与应用软件的大小差异。

2. 可靠性高、抗干扰能力强

微机功能强大但抗干扰能力差，工业现场的电磁干扰、主电源波动（Mains fluctuation）、机械振动（Mechanical vibration）、温度和湿度（Temperature and humidity）的变化，都可能导致一般通用微机不能正常工作；传统的继电器-接触器控制系统抗干扰能力强，但由于存在大量的机械触点（易磨损、烧蚀）而寿命短，系统可靠性差。PLC 采用微电子技术，大量的开关动作由无触点的电子存储器件完成，大部分继电器和繁杂连线被软件程序所取代，故寿命长，可靠性大大提高，从实际使用情况来看，PLC 控制系统的平均无故障时间一般可达 4 万~5 万小时。PLC 采取了一系列硬件和软件抗干扰措施，能适应各种有强烈干扰的工业现场，并具有故障自诊断能力。如一般 PLC 能抗 1 000 V、1 ms 脉冲的干扰，其工作环境温度为 0~60 ℃，无须强迫风冷。

3. 接口简单、维护方便

PLC 的端口按工业生产控制系统的特点进行设计，并具有很大的带负荷能力（入口、出口可与交流 220 V、直流 24 V 等电压连接），接口电路通常为模块型，易于维护更新。有的 PLC 干脆还可带电插拔输入/输出模块，不脱机断电就可替换故障模组，极大地压缩了故障恢复时间。

4. 体积小、功耗小、性价比高

以小型 PLC（TSX 21）为例，它具有 128 个 I/O 接口，可相当于 400~800 个继电器组成的系统的控制功能，尺寸仅为 216×127×110 mm^3，重 2. 3 kg，不带接口的空载功耗为 1. 2 W，其成本仅相当于同功能继电器系统的 10%~20%。PLC 的输入/输出系统能够直观地反映现场信号的变化状态，还能通过各种方式直观地反映控制系统的运行状态，如内部工作状态、通信状态、I/O 点状态、异常状态和电源状态等，对此均有醒目的指示，非常有利于运行和维护人员对系统进行监视。

5. 编程简单、容易掌握

PLC 是面向用户的设备，PLC 的设计者充分考虑了现场工程技术人员的技能和习惯。大多数 PLC 的编程均提供了常用的梯形图方式和面向工业控制的简单指令方式。编程语言形象直观，指令少，语法简便，不需要专门的计算机知识和语言，具有一定电工和工艺知识的人员都可在短时间内掌握。利用专用的编程器，可方便查看、编辑、修改用户程序。

6. 设计、施工、调试周期短

用继电器开关-接触器控制系统完成一个控制工程，通常需要事先按工艺规定画出电器基本原理图，接着画出继电器屏（柜）的布局和接地图等，随后开始装配调试过程，后期改造比较麻烦。而 PLC 靠软件系统完成监控，软硬件功能线路极为简单，且为模块化积木式架构，并已产品化，故仅需按特性、存储器容量（输入/输出个数、内存大小）等选择组装方式即可，大部分具体的程序编制管理工作可在 PLC 到货之前完成，从而大大减少了工程设计阶段，使产品的设计与施工可同步完成。同时由于 PLC 用编程方式代替了硬件连线设计来实现控制系统各种功用，从而大大减少了烦琐的装配连线产品设计管理工作和工程建设运行周期。

因为 PLC 利用程序设计语言来完成自动化控制，使用了便于应用的工业程序设计语句，且一般都带有强迫和模拟的管理功能，所以 PLC 编程控制的产品设计、更改和调试过程都非常简单，这样就大大缩短了产品设计时限和投运期。

4.4 PLC 编程原理与方法

4.4.1 PLC 编程原理

（一）可编程逻辑控制器输入采样

在输入采样阶段，可编程逻辑控制器以扫描方式依次读入所有输入状态和数据，并存储在 I/O 映像区的相应单元中后，转入用户程序执行（Household program execution）和输出刷新阶段（Output refresh phase）。在这两个阶段，即使输入状态（Input status）和数据（Data）发生变化，I/O 映像区（I/O image zone）中相应单元的状态和数据也不会改变。因此，如果输入的是脉冲信号（Pulse signal），则该脉冲信号的宽度必须大于一个扫描周期，才能保证在任何情况下该输入均能被读入。

（二）可编程逻辑控制器用户程序执行

在客户程序执行阶段，可编程逻辑控件始终按照从上至下的顺序，随机地扫描客户程序（梯形图）。数字化扫描每一个阶梯图形时，它总是首先数字化扫描阶梯图形左边由各个触点构成的监控电路，并依照前左后右、前上后下的次序，对各触点构成的监控电路完成逻辑运算（Logic operation）；接着依据逻辑运算的结论，刷新该逻辑线圈（Logic coil）在系统 RAM 存储区中相应位置的状况，或是刷新该输入/输出导线在 I/O 映像区中相应位置的状况，甚至决定是不是要运行该阶梯图所要求的特别功能命令，即在用户程序执行过程中，只要输入点（Input point）被执行，与这些输入点相关的梯形图都会起作用；反之，未被执行的输入点，只能在下一次扫描时被执行。

在程序执行的过程中，如果使用立即执行 I/O 指令（I/O directive）则可以直接存取 I/O 点，即使用 I/O 指令，输入过程映像寄存器的值不会被更新，程序直接从 I/O 模块（I/O module）取值，输出过程映像寄存器（Output process image register）会被立即更新（Update now），这跟立即输入（Enter now）有些区别。

（三）可编程逻辑控制器输出刷新

当扫描用户程序结束后，可编程逻辑控制器就进入输出刷新阶段。在此期间，CPU 按照 I/O 映像区内对应的状态和数据刷新所有的输出锁存电路（Output latch circuit），再经输出电路（Output circuit）驱动相应的外设。这时才是可编程逻辑控制器的真正输出。

（四）可编程逻辑控制器小结

根据上述过程的描述，可以对 PLC 工作过程的特点总结如下。

（1）PLC 采用集中采样（Central sampling）、集中输出（Centralized output）的工作方式，这种方式减少了外界干扰（Outside interference）的影响。

（2）PLC 的工作过程是循环扫描（Loop scan）的过程，循环扫描时间的长短取决于指令执行速度（Speed of execution）、用户程序的长度（Length）等因素。

（3）输出对输入的影响有滞后现象（Phenomenon）。PLC 采用集中采样、集中输出的工作方式，当采样阶段（Sampling phase）结束后，输入状态的变化要等到下一个采样周期才能被接收，这个滞后时间（Lag time）的长短主要取决于循环周期的长短。此外，影响滞后时间的因素还有输入滤波时间、输出电路的滞后时间等。

（4）输出映像寄存器（Output image register）的内容取决于用户程序扫描执行的结果。

（5）输出锁存器（Output latch）的内容由上一次输出刷新期间输出映像寄存器中的数据决定。

（6）PLC 当前实际的输出状态（Output status）由输出锁存器的内容决定。

4.4.2　PLC 编程方法

（一）继电器梯形图

PLC 的规划初衷是可以为工厂车间电气技术人员所运用，为了契合继电器操控电路的思维习惯，作为首要在 PLC 中运用的编程语言，梯形图保留了继电器电路图的风格和特性，成为广大电气技术人员最容易接受和运用的语言。

继电器梯形图语言是 PLC 首要选用的编程语言，也是 PLC 最普遍选用的编程语言。梯形图编程语言是从继电器操控体系原理图的基础上演变而来的，与继电器操控体系

(Control system) 梯形图的根本思想是相同的，只是在运用符号和表达方式上有一定差异。

1. 软继电器 (Soft relay)

PLC 梯形图中的某些编程元件沿用了继电器这一称呼，如输入继电器 (Enter relay)、输出继电器 (Output relay)、内部辅助继电器等，可是它们不是实在的物理继电器，而是一些存储单元（软继电器）[Storage unit (soft relay)]，每一个软继电器与 PLC 存储器中映像寄存器的一个存储单元相对应。该存储单元假如为“1”状况，则表明梯形图中对应软继电器的线圈“通电”，其常开触点接通，常闭触点断开，称这种状况是该软继电器的“1”或“ON”状况。假如该存储单元为“0”状况，对应软继电器的线圈和触点的状况与上述相反，称该软继电器为“0”或“OFF”状况。运用中也常将这些“软继电器”称为编程元件。

2. 能流 (Power flow)

有一个设想的“概念电流”或“能流”从左向右活动，这一方向与履行用户程序时逻辑运算的次序是相同的。能流只能从左向右活动，运用能流这一概念，能够协助人们更好地了解和剖析梯形图。

3. 母线 (Bus bar)

梯形图两边的笔直公共线称为母线。在剖析梯形图的逻辑联系时，为了借用继电器电路图的剖析办法，可以幻想左右两边母线（左母线和右母线）之间有一个左正右负 (Left positive and right negative) 的直流电源电压 (DC supply voltage)，母线之间有“能流”从左向右活动。右母线可以不画出。

4. 梯形图的逻辑解算 (Logical solution)

依据梯形图中各触点的状况和逻辑联系 (Logical connection)，求出与图中各线圈对应的编程元件的状况，称为梯形图的逻辑解算。梯形图中逻辑解算是按从左到右、从上到下的次序进行的。解算的结果立刻能够被后边的逻辑解算所运用。逻辑解算是依据输入映像寄存器中的值，而不是依据解算瞬时外部输入触点的状况来进行的。

（二）功能块图 (FBD)

功能块图 (Function block diagram, FBD) 选用相似于数字逻辑门电路的图形符号，逻辑直观，运用方便，它有梯形图编程中的触点和线圈等价的功能，能够处理规模广泛的逻辑问题。

①以功能模块为单位，从控制功能入手，使控制方案的分析和理解变得容易。

②功能模块是用图形化（Graphic）的办法描绘功能，它的直观性大大方便了规划人员的编程和组态（Configuration），有较好的易操作性。

③在控制规模较大、控制关系较复杂的系统中，编程和组态时间可以缩短，调试时间也能减少。

（三）顺序功能图（SFC）

顺序功能图（Sequential function chart，SFC）亦称流程图或状态转移图，是一种图形化的功能性说明语言，专用于描述工业顺序控制程序。使用它可以对具有并发、选择等复杂结构的系统进行编程。

①以功能为主线，条理清楚，便于对程序操作的理解和沟通。

②对于大型的程序，可分工设计，采用较为灵活的程序结构，可节省程序设计时间和调试时间。

③常用于体系规模较大、程序关系较复杂的场合。

④只需执行活动步的命令和操作，对活动步后的变换进行扫描，因而，整个程序的扫描时间较其他程序编制的程序扫描时间要大大缩短。

（四）指令表（IL）

指令表（Instruction list，IL）编程语言类似于计算机中的助记符汇编语言，它是可编程操控器最基础的编程语言，所谓指令表编程，是用一个或几个容易记忆的字符来代表可编程操控器的某种操作功能。

①选用助记符来表示操作功能，具有容易记忆、便于掌握的特点。

②在编程器的键盘上选用助记符标示，具有便于操作的特点，可在无计算机的场合进行编程设计。

③与梯形图有一一对应关系，其特点与梯形图语言基本相同。

（五）结构化文本（ST）

结构化文本（Strutured text，ST）是一种高级的文本语言，能够用来描述功能、功能块（Utility block）和程序（Program）的行为，还能够在顺序功能流程图中描绘步、动作和改变的行为。结构化文本语言（Structured text language）表面上与PASCAL语言相似，但它是一个专门为工业操控运用开发的编程语言，具有很强的编程性能，能用于变量赋值（Assignment）、回调功能（Callback function）和功能块、创建表达式、编写条件句子和迭代程序（Iterative program）等。

①采用高级语言进行编程，可以完成较复杂的控制运算。

②需要有一定的计算机高级程序设计语言的知识和编程技巧，对编程人员的技能要求较高，普通电气人员无法完成。

③直观性和易操作性等性能较差。

④常被用于功能模块等其他语言较难实现的一些控制功能的实施。

注意：不是所有的 PLC 都支撑一切的编程语言（如功能块图、顺序功能图就有许多等级较低，PLC 不支撑），而大型的 PLC 操控体系一般都支撑以上 5 种规范编程语言或相似的编程语言。

还有一些规范以外的编程语言，尽管没有被挑选进规范语言中，但是它们是为了适合某些特别场合的运用而开发的，在某些情况下，它们也许是较好的编程语言。

4.5 S7-1200 PLC 的应用

4.5.1 S7-1200 PLC 的硬件概述

（一）S7-1200 PLC 简介

西门子 S7-1200 PLC 是一套适用于低功率规范的模块化小型控制器，它的功能不仅强大，而且使用灵活，可用于控制不同种类的设备，来满足广大客户的自动化需求。

西门子 S7-1200 PLC 设计紧凑、组态灵活且具有功能强大的指令集，这些特点组合到一起，能使它完美地解决各种控制方案。为了优化和调整自动化方案，它还配备了全面的模块系列。西门子 S7-1200 PLC 的控制器由电源、带有集成式输入和输出端的 CPU、数字和模拟信号的附加输入及输出组件组成，针对特殊任务（例如对步进电机的控制），还可能会用到通信处理器和功能模块。它利用 S7 程序监控并控制机器或流程。S7 程序会通过输入端地址来查询并通过输出端地址来响应输入/输出模块。系统可通过基础版或者专业版的博图（TIA Portal）软件进行编程。

（二）S7-1200 PLC CPU 简介

1. 基本结构

西门子 S7-1200 的 CPU 如图 4.5-1 所示。它将集成电源、微处理器、输入和输出电路、高速运动控制 I/O、板载模拟量输入以及内置 PROFINET 组合到一个设计紧凑的外壳中，变成一个功能强大的控制器。在用户下载程序后，CPU 不仅包含监控应用中的设备所需的逻辑，还根据用户程序逻辑监视输入并更改输出的状态。其中，用户程序可以包含布尔逻辑、计数、定时、复杂数学运算以及与其他智能设备的通信。

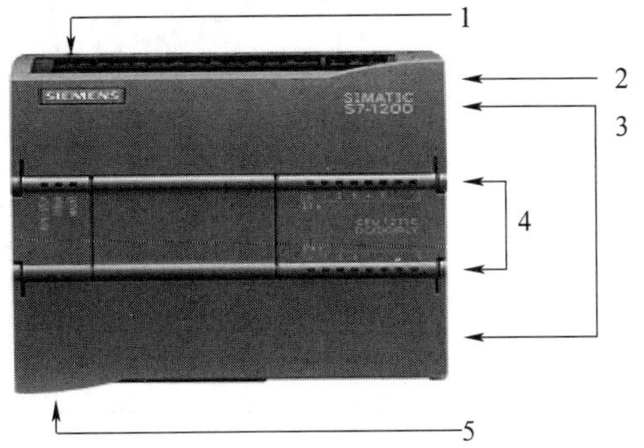

1—电源接口；2—存储卡插槽（上部保护盖下面）；3—可拆卸用户接线连接器（保护盖下面）；4—板载 I/O 的状态 LED；5—PROFINET 连接器（CPU 的底部）

图 4.5-1　S7-1200 PLC CPU 基本结构图

西门子 S7-1200 PLC 的 CPU 提供的 PROFINET 端口，用于通过 PROFINET 网络通信。另外，还可使用附加模块通过 GPRS、PROFIBUS、RS232 或 RS485 网络进行通信。

为了保护 CPU 和控制程序的访问，西门子 S7-1200 PLC 还提供了多种安全功能：

①每个 CPU 都提供“密码保护”功能，用户可以通过该功能组态对 CPU 功能的访问设置权限。

②可以使用“专有技术保护”功能隐藏特定块中的代码。

③可以使用“复制保护”功能将程序绑定到特定存储卡或 CPU 中。

西门子对 S7-1200 提供了多种类型的 CPU，以适应各种应用的要求。不同类型的 CPU 具有不同的参数规格，见表 4-1。

表 4-1　不同类型 CPU 的参数规格

特征		CPU 1211C	CPU 1212C	CPU 1214C	CPU 1215C
物理尺寸/mm		90×100×75	90×100×75	110×100×75	130×100×75
用户存储器/KB	工作	30	50	75	100
	负载	1	1	4	4
	保持性	10	10	10	10
本地板载 I/O	数字量	6 点输入/ 4 点输出	8 点输入/ 6 点输出	14 点输入/ 10 点输出	14 点输入/ 10 点输出
	模拟量	2 路输入	2 路输入	2 路输入	2 路输入/ 2 路输出

续表

特征		CPU 1211C	CPU 1212C	CPU 1214C	CPU 1215C
过程映像大小/B	输入（I）	1 024	1 024	1 024	1 024
	输出（Q）	1 024	1 024	1 024	1 024
位存储器（M）/B		4 096	4 096	8 192	8 192
信号模块（SM）扩展		无	2	8	8
信号板（SB）、电池板（BB）或通信板（CB）		1	1	1	1
通信模块（CM）（左侧扩展）		3	3	3	3
高速计数器	总计	3 个内置 I/O，SB 为 5 个	4 个内置 I/O，SB 为 6 个	SB 为 6 个	SB 为 6 个
	单相	3 个，100 kHz；2 个，30 kHz	3 个，100 kHz；1 个，30 kHzSB；2 个，30 kHz	3 个，100 kHz 3 个，30 kHz	3 个，100 kHz 3 个，30 kHz
	正交相位	3 个，80 kHz；2 个，20 kHz	3 个，80 kHz；1 个，30 kHz；2 个，30 kHz	3 个，80 kHz 3 个，20 kHz	3 个，80 kHz 3 个，20 kHz
脉冲输出		4	4	4	4
存储卡		SIMATIC 存储卡（选件）			
实时时钟保持时间		通常为 20 天，40 ℃时最少为 12 天（免维护超级电容）			
PROFINET		1 个以太网通信端口			2 个以太网通信端口
实数数学运算执行速度		2. 3 μs/指令			
布尔运算执行速度		0. 08 μs/指令			

对于具有继电器输出的 CPU 型号，必须安装数字量信号板（SB）才能使用脉冲输出。

每个型号的 CPU，西门子都提供了直流（24 V）和交流（120～240 V）两种电源。如 CPU 1211C DC/DC/DC 和 CPU 1211C AC/DC/RLY。每个类型都有各自的订货号，可单独订货购买。

①CPU 1211C DC/DC/DC 说明 CPU 直流供电，直流数字量输入，数字量输出点是晶闸管直流电路的类型。

②CPU 1211C AC/AC/RLY 说明 CPU 交流供电，交流数字量输入，数字量输出点是继电器触点的类型。

2. 扩展功能

西门子对不同的 CPU 型号还提供了各种各样的特征和功能，这些特征和功能可帮助用户针对不同的应用创建有效的解决方案。

西门子 S7-1200 PLC 提供了各种信号模块和插入式板，用于通过附加 I/O 或其他通信协议来扩展 CPU 的功能。如图 4.5-2 所示。

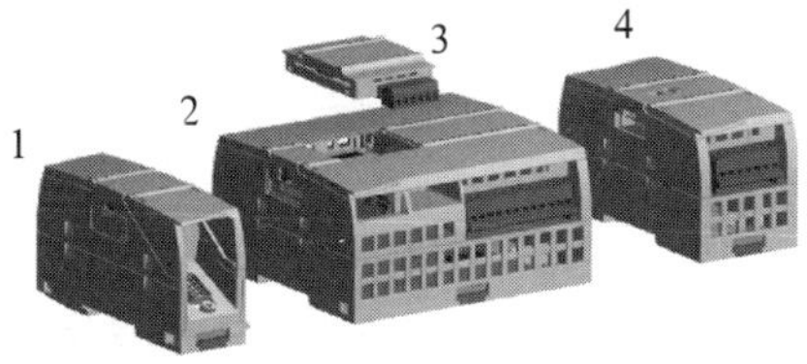

1—通信模块（CM）、通信处理器（CP）或 TS 适配器；2—CPU

3—信号板（SB）、通信板（CB）或电池板（BB）；4—信号模块（SM）

图 4.5-2　西门子 S7-1200 PLC

（1）数字量信号模块和信号板（见表 4-2）

表 4-2　数字量信号模板和信号板参数

类型	仅输入	仅输出	输入/输出组合
数字量 SB	4×24V DC 输出， 200 kHz 4×5V DC 输入， 200 kHz	4×24V DC 输入， 200 kHz 4×5V DC 输出， 200 kHz	4×24V DC 输入/4×24V DC 输出 4×24V DC 输入/4×24V DC 输出， 200 kHz 4×5V DC 输入 4×5V DC 输出， 200 kHz
数字量 SM	8×24V DC 输入	8×24V DC 输出 8×继电器输出 8×继电器输出（切换）	8×24V DC 输入/8×24V DC 输出 8×24V DC 输入/8×继电器输出 8×120/230V AC 输入/8×继电器输出
	16×24V DC 输入	16×24V DC 输出 16×继电器输出	16×24V DC 输入/16×24V DC 输出 16×24V DC 输入/16×继电器输出

（2）模拟量信号模块和信号板（见表 4-3）

表 4-3　模拟量信号模块和信号板参数

类型	仅输入	仅输出	输入/输出组合
模拟量 SB	1×12 位模拟量输入 1×16 位 RTD 1×16 位热电偶	1×模拟量输出	—

续表

类型	仅输入	仅输出	输入/输出组合
模拟量 SM	4×模拟量输入 4×模拟量输入×16位 8×模拟量输入 热电偶： -4×16位 TC -8×16位 TC RTD： -4×16位 RTD -8×16位 RTD	2×模拟量输出 4×模拟量输出	4×模拟量输入/2×模拟量输出

（3）通信接口（见表 4-4）

表 4-4　通信接口参数

模块	类型	说明
通信模块（CM）	RS232	全双工
	RS422/485	全双工（RS422） 半双工（RS485）
	PROFIBUS 主站	DPV1
	PROFIBUS 从站	DPV1
	AS-i 主站（CM1242-2）	AS-Interface 接口
通信处理器（CP）	调制解调器连接性	GPRS
通信板（CB）	RS485	半双工
远程服务（TeleService）	TS Adapter IE Basicl	连接到 CPU
	TS Adapter GSM	GSM/GPRS
	TS Adapter Modem	调制解调器
	TS Adapter IE-ISDN	ISDN
	TS Adapter RS232	RS232

TeleService 适配器允许用户将各种通信接口连接到 CPU 的 ROFINET 端口。将 TeleService 适配器安装在 CPU 的左侧，适配器模块（最多 3 个）接入 TeleService 适配器。

（4）其他板（见表 4-5）

表 4-5　其他板

模块	说明
电池板	从 CPU 前端的扩展板接口插入。提供长期的实时时钟备份

3. CPU 的工作模式

CPU 有三种工作模式，分别为 RUN 模式、STOP 模式和 STARTUP 模式。CPU 面板上的状态 LED 灯会指示出当前工作的模式。

①RUN 模式下，CPU 重复执行扫描周期，在程序循环阶段的任何时刻都可能发生和处理中断事件，并且在这种模式下，用户不能下载任何项目。只有在 CPU 处于 STOP 模式时，才能下载项目。

②STOP 模式下，CPU 不执行任何程序，但是用户可以下载项目。

③STARTUP 模式下，CPU 会执行任何启动逻辑（如果存在），但不会处理任何中断事件。

（三）S7-1200PLC 其他模块系列简介

西门子 S7-1200 是一套模块化的自动化系统，可提供以下几个模块系列。

（1）带输入端（120/230 V AC，50 Hz/60 Hz，1.2 A/0.7 A）及输出端（24 V DC/2.5 A）的电源模块 PM。如图 4.5-3 所示。

图 4.5-3　带输入端及输出端的电源模块 PM

（2）可添加模拟或数字输入/输出端的信号板 SB（添加后 CPU 框架尺寸维持不变），信号板适用于型号为 1211C/1212C 和 1214C 的 CPU。如图 4.5-4 所示。

（3）适用于数字和模拟输入/输出端的信号模块 SM（1212C 型 CPU 最多 2 个 SM，1214C 型 CPU 最多 8 个 SM）。如图 4.5-5 所示。

（4）适用于串行通信 RS232/RS485 的通信模块 CM（1211C/1212C 和 1214C 型号的 CPU 最多可使用 3 个通信模块）。如图 4.5-6 所示。

（5）带有 4 个 10/100 MBit/s RJ45 插孔的紧凑型开关模块 CSM。如图 4.5-7 所示。

图 4.5-4　可添加模拟或数字输入/输出端的信号板 SB

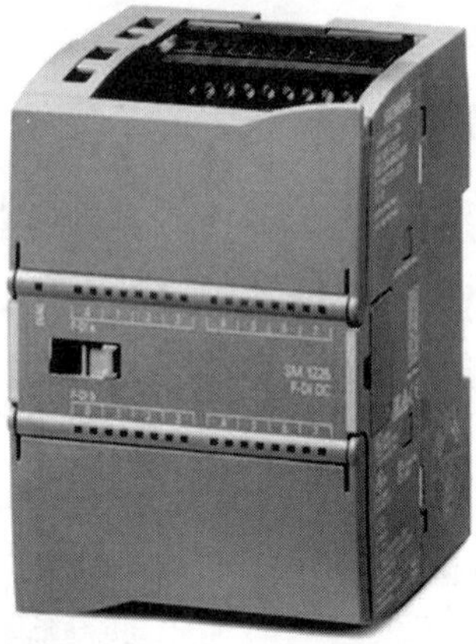

图 4.5-5　适用于数字和模拟输入/输出端的信号模块 SM

图 4.5-6　适用于串行通信 RS232/RS485 的通信模块 CM

图 4.5-7　带有 4 个 10/100 MBit/s RJ45 插孔的紧凑型开关模块 CSM

（6）2~32 MB SIMATIC 存储卡，用于存储程序、数据、系统数据、文件和项目。如图 4.5-8 所示。它的作用：一个程序可在多个 CPU 之间传输；CPU、信号模块 SM 和通信模块 CM 的固件更新；便于更换 CPU。

图 4.5-8　2~32 MB SIMATIC 存储卡

4.5.2　S7-1200 PLC 的软件概述

（一）安装要求

S7-1200 PLC 系统的编程软件是 TIA 博图软件。它的安装要求如表 4-6 所示。

表 4-6　博图软件安装要求

硬件/软件	要求
处理器类型	Pantium4 1.7 GHz 或类似
RAM	Windows XP：1 GB Windows Vista：2 GB
可用硬盘空间	2 GB
操作系统	Windows XP（Home SP3、Professional SP3） Windows Vista（Home Premium SP1、Business SP1、Ultimate SP1）
显卡	32 MB RAM、32 位颜色深度
屏幕分辨率	1 024×768

续表

硬件/软件	要求
网络	10 M 以太网或更快
光驱	DVD-ROM

（二）安装 TIA 博图软件

打开安装文件包，双击“Start”图标 Start，在弹出的对话框中，选择安装程序的界面语言，默认使用中文，单击“下一步”。继续选择安装软件的用户界面语言，默认为英文和中文，单击“下一步”。在选择安装路径对话框中，设置安装路径，单击“下一步”。在安装概览和授权协议对话框中，勾选“我接受全部所列的授权协议”，点击安装。安装完成后，点击“关闭”，完成软件的安装。

（三）设置中文界面

双击桌面上的“”图标，在弹出来的界面上，单击左下角的“Project view”，切换到项目视图。单击菜单栏中的“Options”，选择“Settings”命令，在工作区中选择“General”选项，在“User Interface Language”选项中，选择“Chinese”，编程界面设置中文结束。

（四）TIA 软件新建工程

第 1 步，打开编程软件。双击桌面上的“”图标。

第 2 步，新建项目。打开 TIA 软件后，弹出如图 4.5-9 对话框。在对话框中单击“创建新项目”，然后在“创建新项目”界面中，根据用户的需求修改项目的名称，还可以通过“路径”选项，修改程序在计算机硬盘中的存储位置，并记录作者、注释等信息，如图 4.5-10 所示。

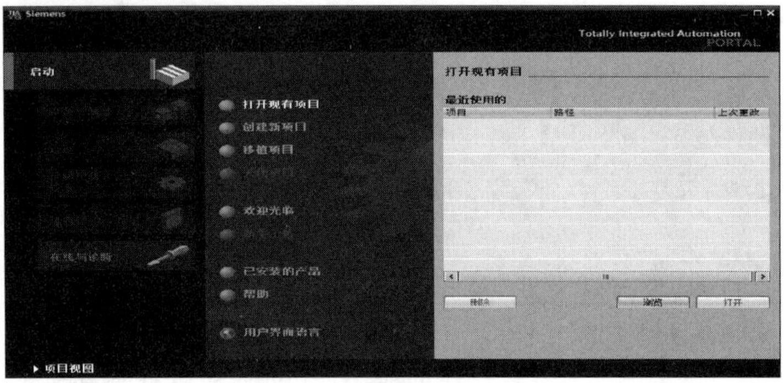

图 4.5-9　启动项目界面

第 3 步，项目名称、作者、注释等信息编写完成以后，单击“创建”按钮，创建项目，如图 4.5-11 所示。

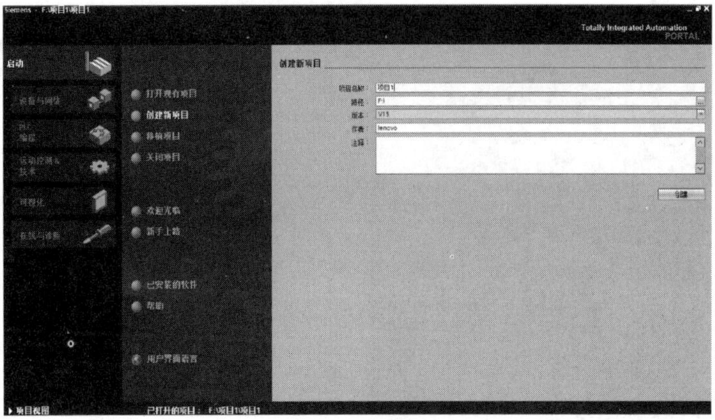

图 4. 5-10　创建新项目界面

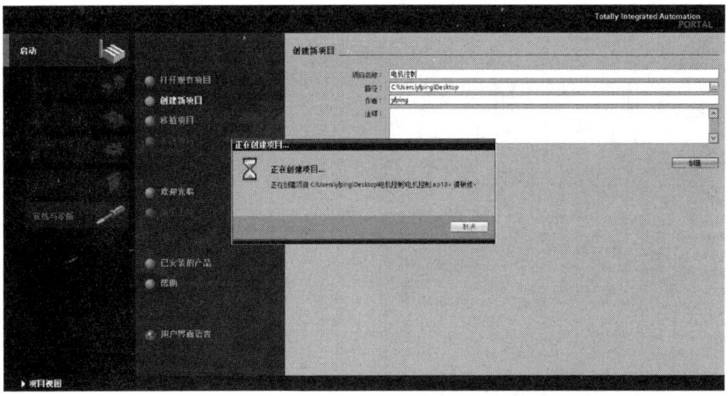

图 4. 5-11　创建新项目图

第 4 步，组态硬件设备。组态的顺序一般是先组态硬件设备，然后再创建程序。在“新手上路”界面，如图 4. 5-12 所示，单击“组态设备”按钮，进入“设备与网络”界面，进行设备组态，如图 4. 5-13 所示。

第 5 步，在“设备与网络”界面中单击“添加新设备”按钮，选择“控制器”图标，双击“SIMATIC S7-1200”（或单击“SIMATIC S7-1200”）前面的“▸”，然后点开“CPU”前面的“▸”，按照实物 PLC 的外部硬件和订货号选择相应的 CPU 型号，这里以主机 CPU 1214C DC/DC/DC、订货号 6ES7 214-1AG40-0XB0 为例。选择相应订货号后，选择右侧对应的版本号 V4. 0，然后单击右下方“添加”按钮或双击订货号完成硬件组态。如图 4. 5-14 所示。

第 6 步：添加 PLC 的 I/O 扩展块。添加新设备后，进入项目视图界面，如图 4. 5-15 所示。在项目视图界面中找到“硬件目录”窗口，如图 4. 5-16 所示，根据扩展模块类型

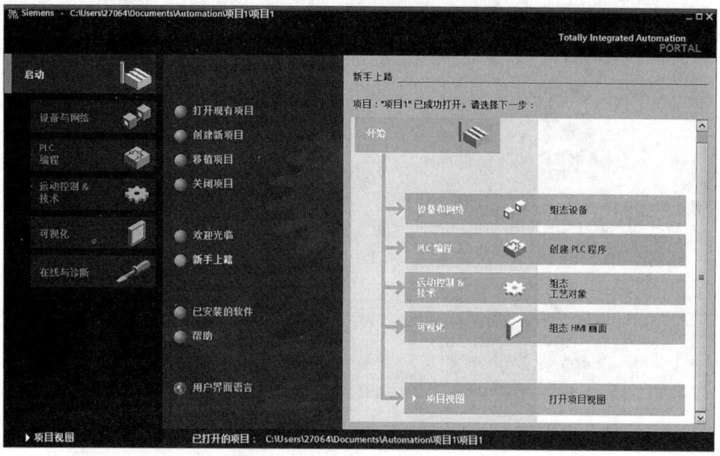

图 4.5-12 “新手上路”界面

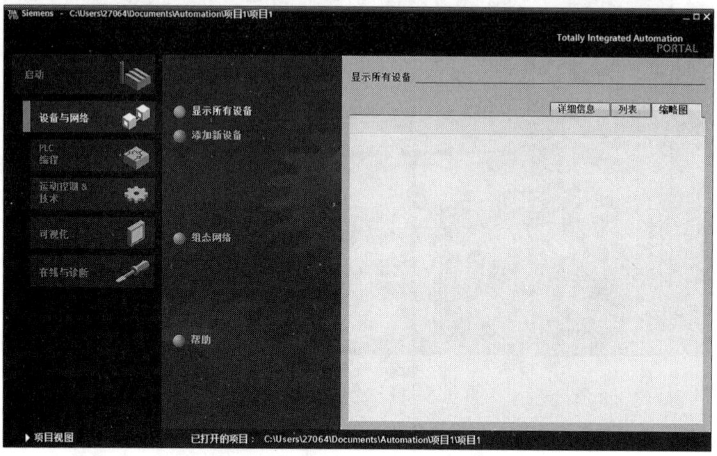

图 4.5-13 “设备与网络”界面

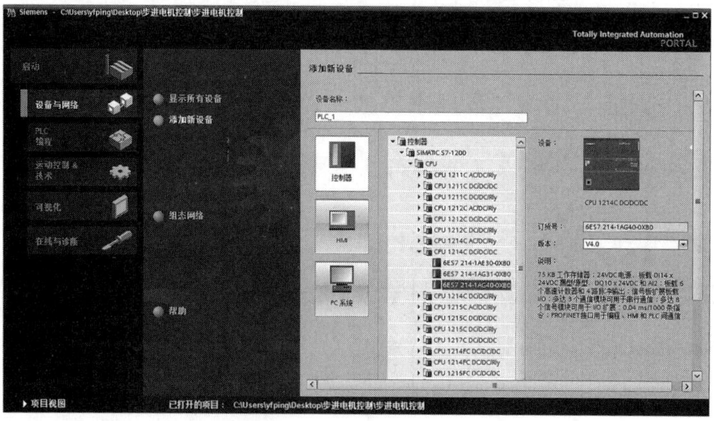

图 4.5-14 添加 CPU 设备界面

及订货号，添加扩展模块。本项目中添加的扩展模块名称为 SM1223DI8x24VDC/DQ8xRelay，订货号为 6ES7 223-1PH32-0XB0。在“硬件目录”中找到该订货号的设备，然后左键单击拖拽设备图标“6ES7 223-1PH32-0XB0”到 PLC 设备视图 2 号槽位置，如图 4.5-17 所示。

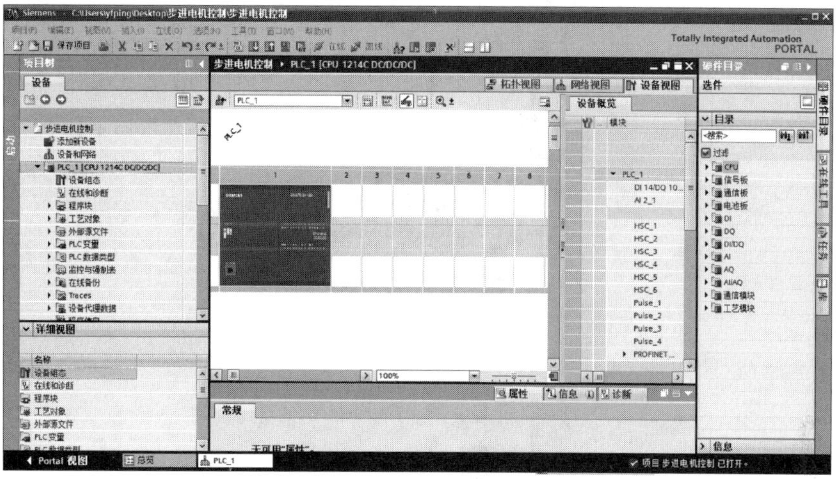

图 4.5-15　新项目视图界面

第 7 步：打开主程序块。在“项目树”中找到“程序块”下的“Main（OB1）”，双击“Main（OB1）”图标，如图 4.5-18 所示。进入程序块 OB1 的程序编写界面，默认的编程模式是梯形图。“Main（OB1）”视图如图 4.5-19 所示。

第 8 步：编写 PLC 程序。在编辑阶段只是完成了基本编辑语法的输入验证，如果要完成程序的可行性还必须执行“编译”命令。程序编写完成后进行编译，如图 4.5-20 所示。

第 9 步：完全编写好程序后，选中“PLC_1 [CPU 1214C DC/DC/DC]”，点击“在线”，再点击“下载到设备(L)　Ctrl+L”，如图 4.5-21 所示，将硬件组态和程序下载至 PLC 控制器。

由于 S7-1200 PLC 采用常规以太网 RJ45 接口，因此必须了解并掌握程序下载前需要准备的步骤：第一，需要准备或制作一根网线；第二，需要在计算机和 PLC 端设置相同频段的 IP 地址。

在 IP 地址下载到 CPU 之前，必须先确保计算机的 IP 地址与 PLC 的 IP 地址相匹配。在计算机的本地连接属性窗口中，选择常规选项“Internet 协议（TCP/IP）”，将

图 4.5-16　“硬件目录”窗口

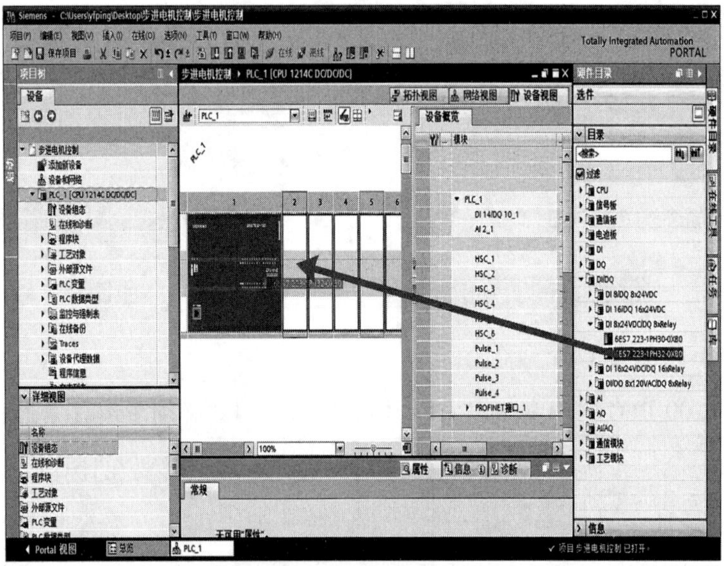

图 4.5-17　扩展模块添加界面

图 4.5-18　在“项目树”中打开 OB1 程序块

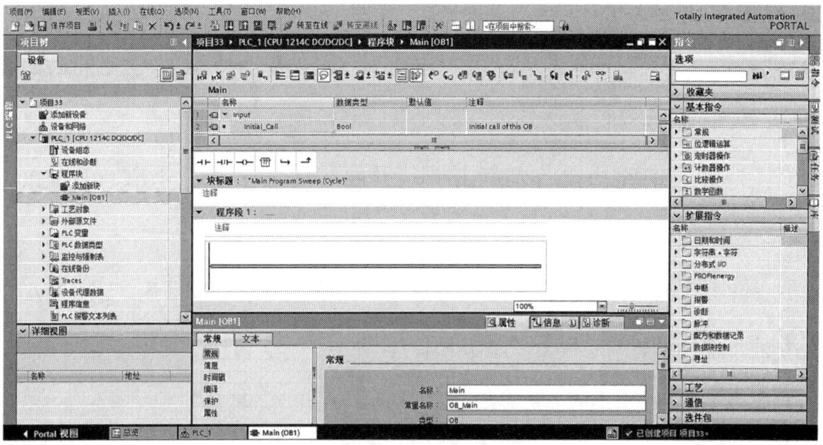

图 4.5-19　OB1 程序块视图

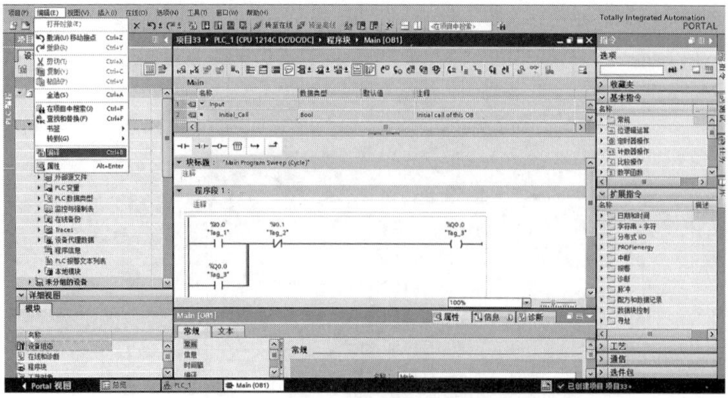

图 4.5-20　程序编号完成后进行编译

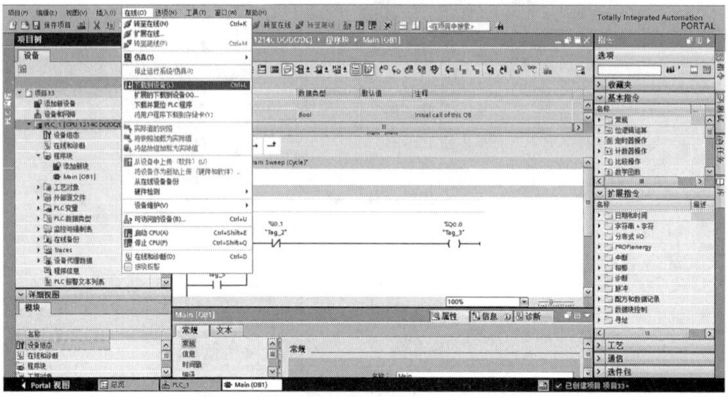

图 4.5-21　下载到 PLC 控制器

协议地址从自动获取 IP 地址改为手动设置 IP 地址，设为 192.168.0.1。

第 10 步：设备 PLC 通信接口。PG/PC 接口的类型：选择“PN/IE”；PG/PC 接口：选择相应的网卡；在选择框中选择“显示所有兼容的设备”挑勾选中。如果“目标子网中的兼容设备”中没有任何显示，可单击“刷新”重新搜索兼容设备。如图 4.5-22 所示。

第 11 步：选择可访问的设备，点击下载开始程序的下载。下载程序之前，软件自动进行下载之前的编译组态，如图 4.5-23 所示。

第 12 步：下载检查完成后，点击“下载”，开始下载，如图 4.5-24 所示。

第 13 步：下载完成后，点击“完成”，如图 4.5-25 所示。

（五）TIA 软件项目下载

第 1 步：在“项目树”中选中需要下载的项目文件夹，然后点击菜单命令“在线”—“下载到设备”或直接点击工具栏上的图标“下载到设备”，如图 4.5-26 所示。

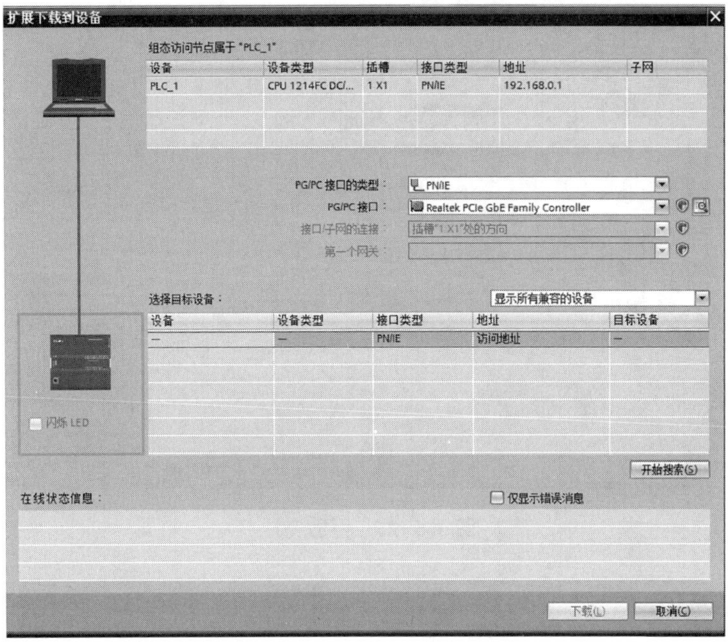

图 4.5-22　PLC 通信连接

图 4.5-23　自动编译对话框

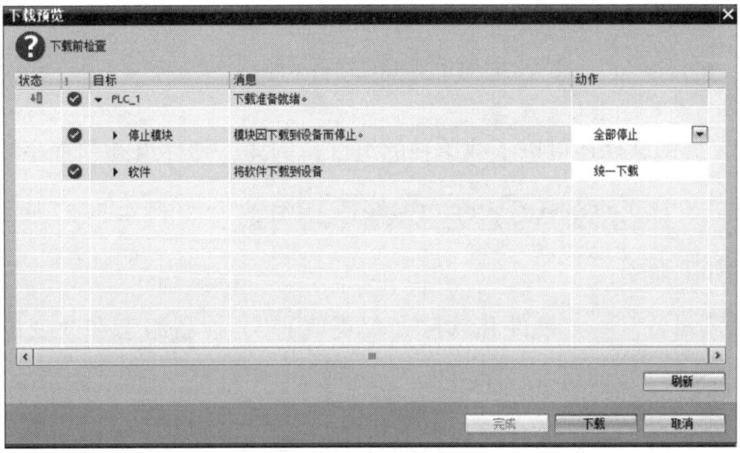

图 4.5-24　下载预览

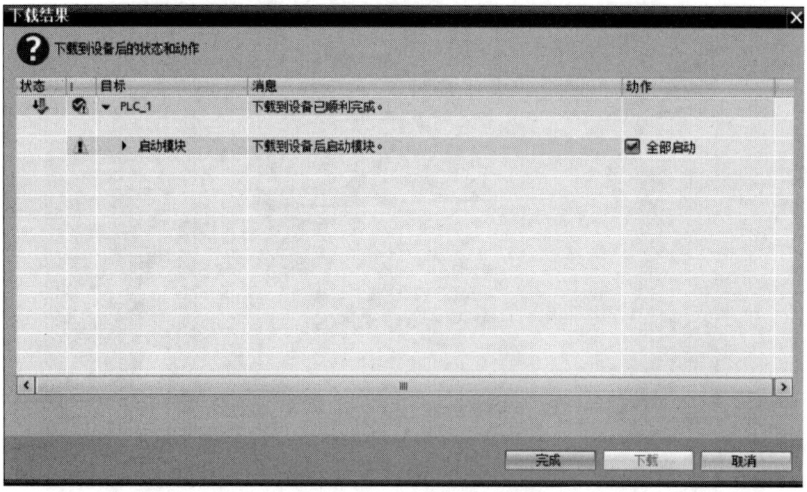

图 4.5-25　下载完成

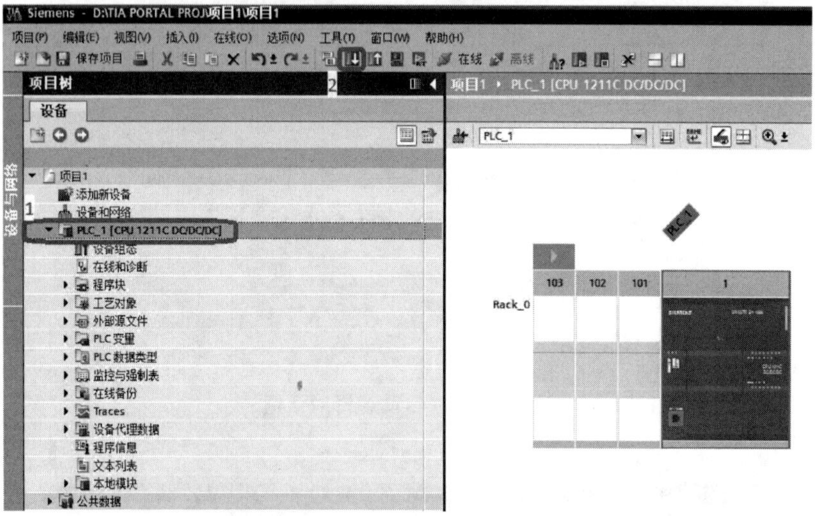

图 4.5-26　项目下载

此外，TIA 博图软件还可以下载单独的组件，例如，硬件组态和程序块。在“项目树”中右键点击“PLC_1 [CPU 1214C DC/DC/DC]”，如图 4.5-27 所示，在弹出的菜单中会提供如下命令：

①“下载到设备”—“硬件和软件（仅更改）”，设备组态和改变的程序下载到 CPU 中。

②“下载到设备”—“硬件配置”，只有硬件组态下载到 CPU 中。

③“下载到设备”—“软件（仅更改）”，只有改变的程序块下载到 CPU 中。

④“下载到设备”—“软件（全部下载）”，程序块全部下载到 CPU 中。

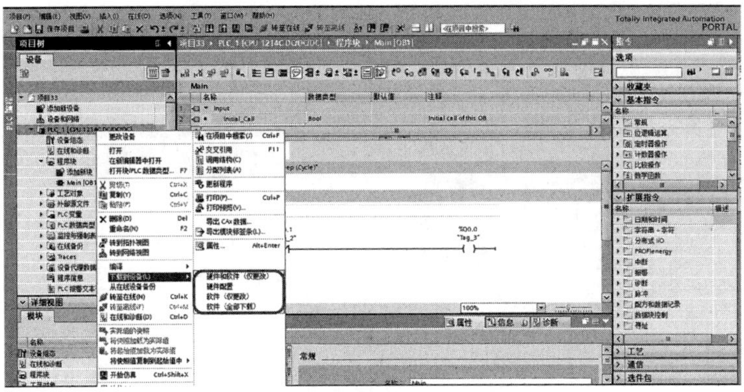

图 4.5-27 单独组件下载

第 2 步：在弹出的“扩展的下载到设备”对话框中，设置 PG/PC 接口类型，其“PG/PC 接口”下拉选项中选择编程设备的网卡，勾选“显示所有兼容的设备”复选框，点击“开始搜索”，如图 4.5-28 所示。

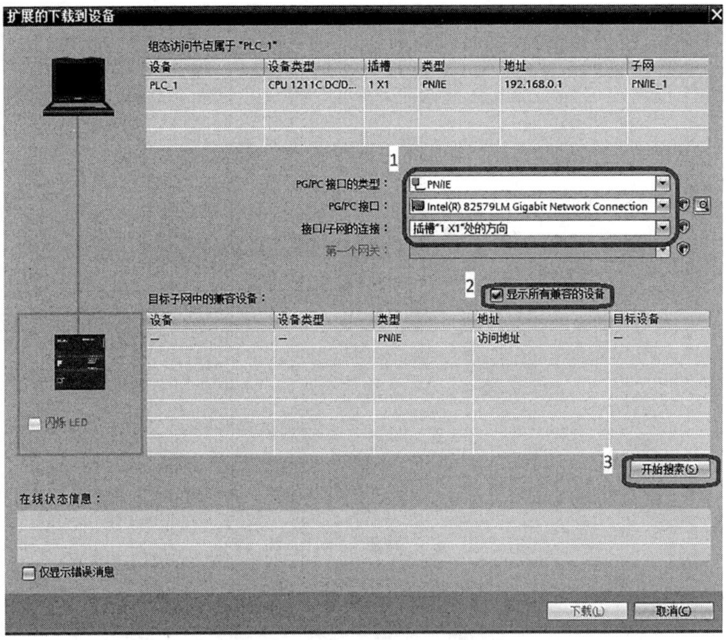

图 4.5-28 搜索设备

第 3 步：搜索到可访问的设备后，选择要下载的 PLC。当网络上有多个 S7-1200 PLC 时，可以通过“闪烁 LED”来确认下载对象，点击“下载”按钮，如图 4.5-29 所示。

第 4 步：如果编程设备的 IP 地址和组态的 PLC 不在一个网段，需要给编程设备添加一个与 PLC 同网段的 IP。在弹出的对话框中分别点击“是”和“确定”，如图 4.5-30 和图 4.5-31 所示。

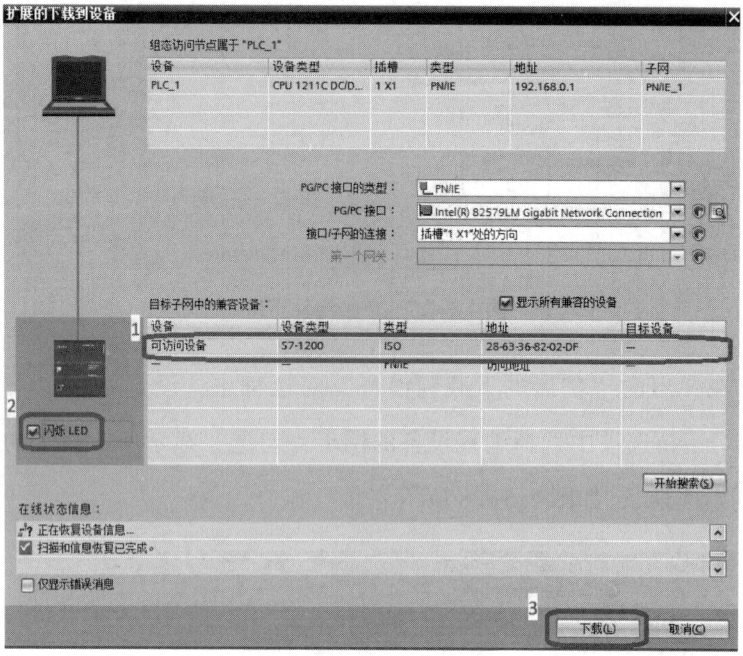

图 4.5-29　选择下载对象

图 4.5-30　添加同网段 IP 确认

图 4.5-31　添加 IP 完成

第 5 步：项目数据必须一致。如果用户没有对项目进行编译，下载前则会自动编译。“下载预览”对话框中会显示要执行的下载信息和动作要求，如图 4.5-32 所示。

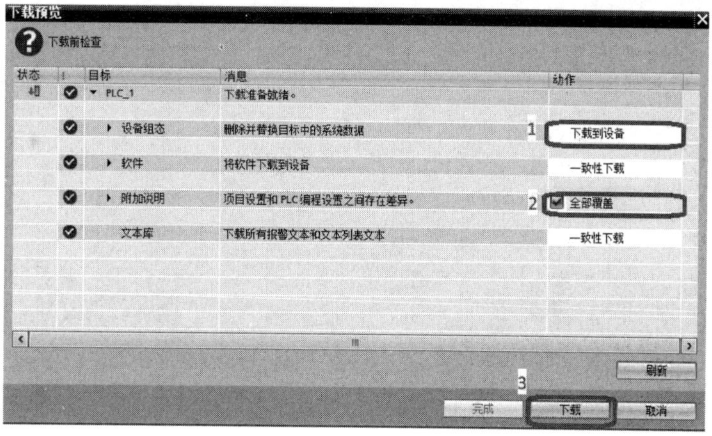

图 4.5-32　下载预览窗口

如果需要重新下载修改过的硬件组态，并且 CPU 处于 RUN 模式时，需要把 CPU 转为停止模式，如图 4.5-33 所示。

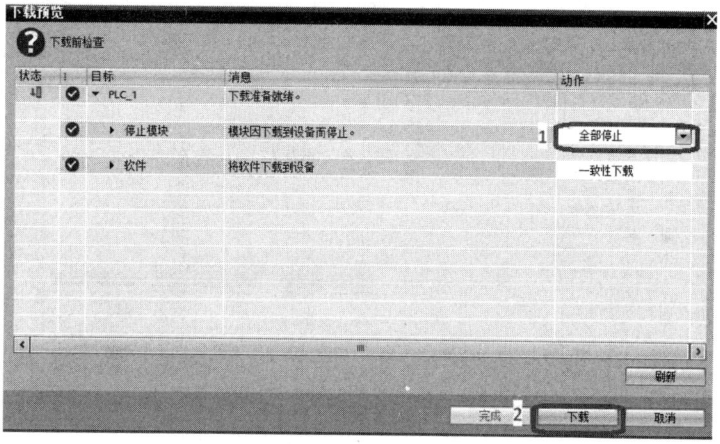

图 4.5-33　CPU 运行模式要求

第 6 步：下载后启动 CPU，如图 4.5-34 所示。

（六）TIA 软件项目上传

用户使用 TIA 软件上传项目时，首先要满足两个条件：一是软件版本要求在 TIA Portal V14 及以上；二是固件要求在 V4.0 及以上。两者都满足后，就可以使用“将设备作为新站上传（硬件和软件）”功能从在线连接的设备上将硬件配置与软件一起上传，并在项目中使用这些数据创建一个新站。

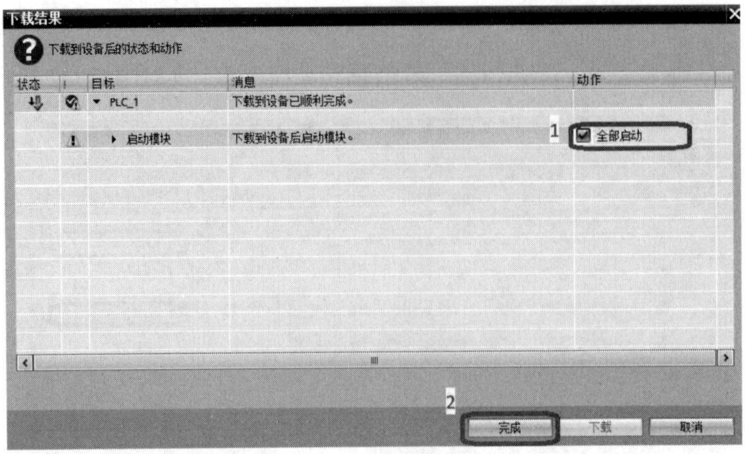

图 4.5-34　启动 CPU

第 1 步：在“项目树”中选择项目名称。如图 4.5-35 所示，在“在线”（Online）菜单中，选择“将设备作为新站上传（硬件和软件）”。打开“将设备上传至 PG/PC”对话框。

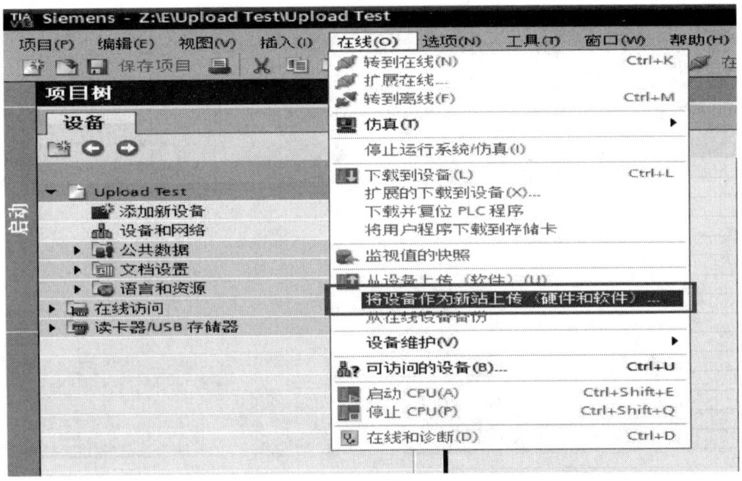

图 4.5-35　将设备作为新站上传（硬件和软件）

第 2 步：在“PG/PC 接口的类型”下拉列表中，选择装载操作所需的接口类型，从“PG/PC 接口”（PG/PC interface）下拉列表中，选择要使用的接口。然后单击“PG/PC 接口”下拉列表右侧的“组态接口”（Configure interface）按钮，从而修改选定接口的设置。通过选择相应的选项并单击“开始搜索”（Start search）命令来显示所有兼容的设备。在可访问的设备表中，选择要上传项目数据的设备，单击“从设备上传”按钮。如图 4.5-36 所示。

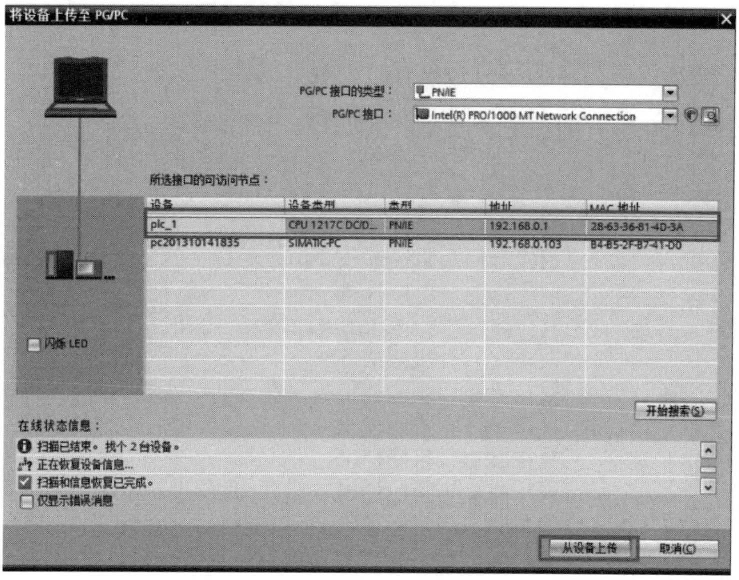

图 4. 5-36　将设备上传至 PG/PC

第 3 步：上传成功后，就获取了 CPU 完整的硬件配置和软件，如图 4. 5-37 所示。

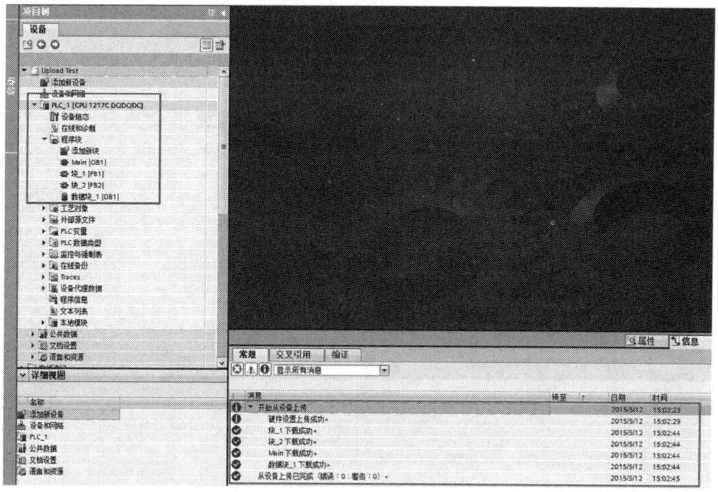

图 4. 5-37　上传成功

4. 5. 3　S7-1200 PLC 编程应用

（一）逻辑指令的应用

1. 项目要求

按下按钮 SB1，指示灯 HL1 亮并保持，按下按钮 SB2，指示灯 HL1 灭。

2. 相关知识提示

使用 PLC 基本逻辑指令前应对指令有所了解，具体可参照 S7-1200 的使用说明书。

西门子 S7-1200 所有的位逻辑运算指令如图 4.5-38 所示。

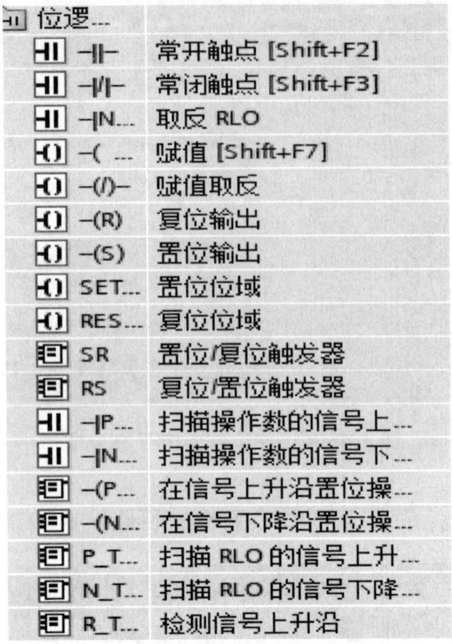

图 4.5-38　西门子 S7-1200 位逻辑运算指令图

3. 实训步骤

(1) 根据控制要求列出 I/O 分配表，见表 4-7。

表 4-7　实训 1 I/O 分配表

序号	PLC 地址	符号	功能
1	I0.0	SB1	按钮 1
2	I0.1	SB2	按钮 2
3	Q0.0	HL1	灯 1

(2) 根据控制要求编写 PLC 控制程序

首先，根据 I/O 分配表制作 PLC 变量表，如图 4.5-39 所示。

其次，编写程序。如图 4.5-40 所示。

(3) 编译及下载。如图 4.5-41 所示。

(4) 设备调试

在 PLC 的程序与配置下载成功后，就可以将 PLC 切换到运行状态。但是，很多时候用户需要了解 PLC 的实际运行情况，并对程序进行调试，这就要进入“PLC 在线与

图 4.5-39　实训 1 PLC 变量表

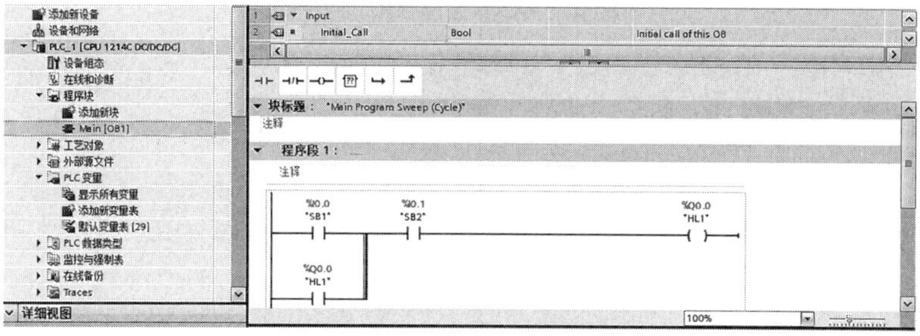

图 4.5-40　实训 1 PLC 程序

图 4.5-41　编译及下载

程序调试”阶段。选择“在线”下拉菜单“转到在线”命令，这时项目树就会显示黄色图符。选择程序块的在线仿真，点击图符，即可进入监控阶段，实线表示接通，虚线表示断开，如图 4.5-42 所示。

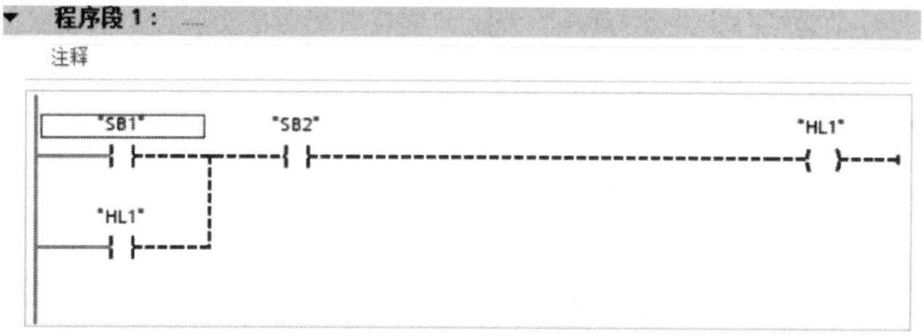

图 4.5-42　监控阶段

按下按钮 SB1，观察指示灯 HL1 状态，按下按钮 SB2，观察指示灯 HL1 状态。如图 4.5-43 所示。

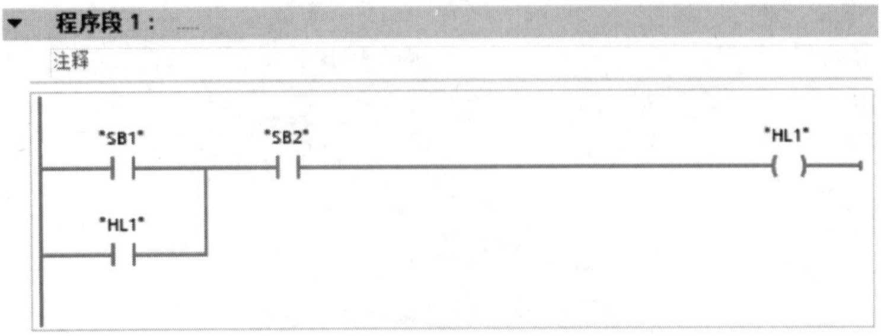

图 4.5-43　设备调试阶段

(二) 定时指令的应用

1. 项目要求

按下按钮 SB1，3 秒后，指示灯 HL1 亮并保持，按下按钮 SB2，指示灯 HL1 灭。

2. 相关知识提示

使用 PLC 定时指令前应对指令有所了解，具体可参照 S7-1200 的使用说明书。

西门子 S7-1200 所有的定时器指令如图 4.5-44 所示。

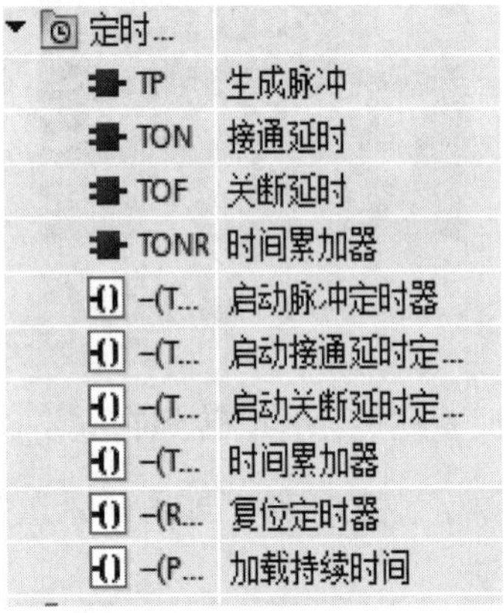

图 4.5-44　定时器指令

3. 实训步骤

(1) 根据控制要求列出 I/O 分配表，见表 4-8。

表 4-8　实训 2 I/O 分配表

序号	PLC 地址	符号	功能
1	I0.0	SB1	按钮 1

续表

序号	PLC 地址	符号	功能
2	I0. 1	SB2	按钮 2
3	Q0. 0	HL1	灯 1

（2）根据控制要求编写 PLC 控制程序

首先，根据 I/O 分配表制作 PLC 变量表，如图 4. 5-45 所示。

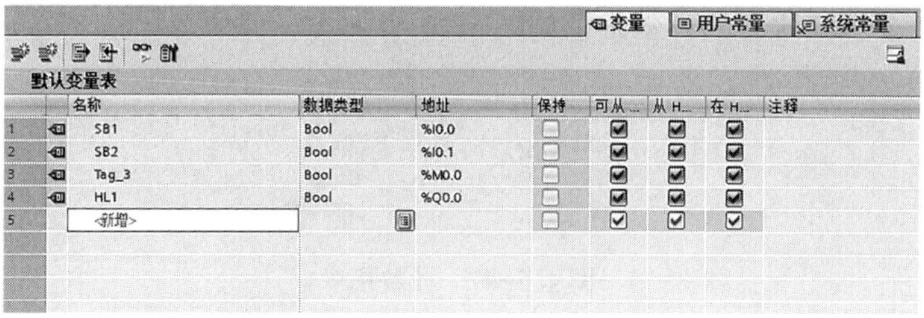

	名称	数据类型	地址	保持	可从 ...	从 H...	在 H...	注释
1	SB1	Bool	%I0.0		☑	☑	☑	
2	SB2	Bool	%I0.1		☑	☑	☑	
3	Tag_3	Bool	%M0.0		☑	☑	☑	
4	HL1	Bool	%Q0.0		☑	☑	☑	
5	<新增>				☑	☑	☑	

图 4. 5-45　实训 2 PLC 变量表

其次，编写程序。如图 4. 5-46 所示。

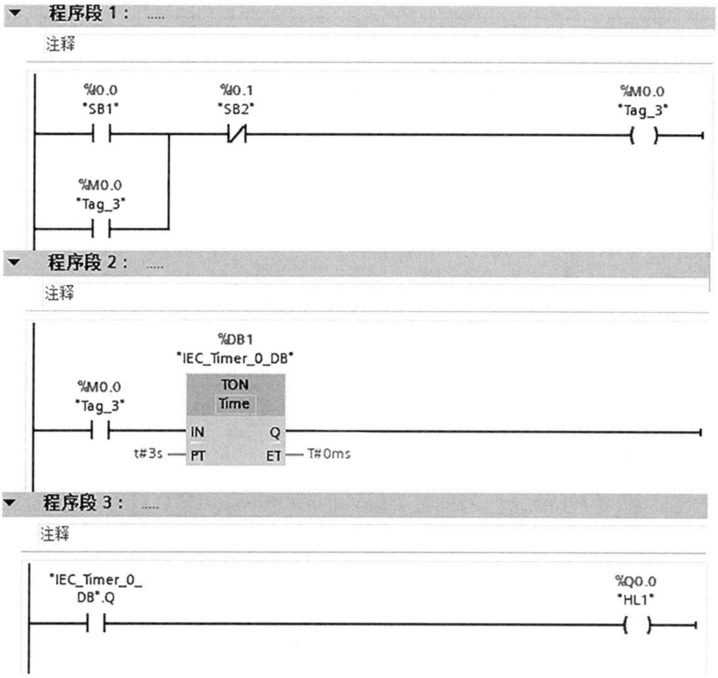

图 4. 5-46　实训 2 编写 PLC 程序

（3）编译及下载程序。

（4）设备调试。

按下按钮 SB1，观察指示灯 HL1 的状态。

(三) 计数指令的应用

1. 项目要求

第 3 次按下按钮 SB1，指示灯 HL1 亮并保持，按下按钮 SB2，指示灯 HL1 灭。

2. 相关知识提示

使用 PLC 计数指令前应对指令有所了解，具体可参照 S7-1200 的使用说明书。西门子 S7-1200 所有的计数指令如图 4. 5-47 所示。

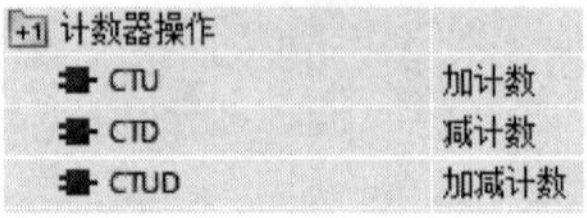

图 4. 5-47　计数指令

3. 实训步骤

(1) 根据控制要求列出 I/O 分配表，见表 4-9。

表 4-9　实训 3 I/O 分配表

序号	PLC 地址	符号	功能
1	I0. 0	SB1	按钮 1
2	I0. 1	SB2	按钮 2
3	Q0. 0	HL1	灯 1

(2) 根据控制要求编写 PLC 控制程序

首先，根据 I/O 分配表制作 PLC 变量表，如图 4. 5-48 所示。

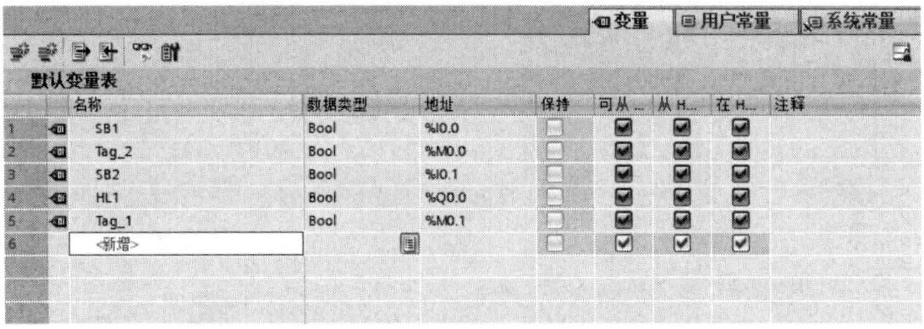

图 4. 5-48　实训 3 PLC 变量表

其次，编写程序。如图 4. 5-49 所示。

(3) 编译及下载程序。

(4) 设备调试。

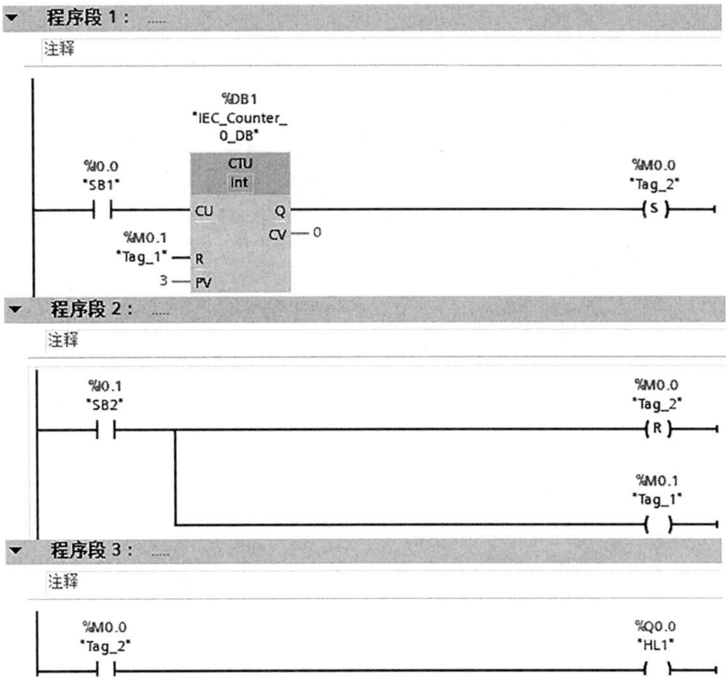

图 4.5-49　实训 3 编写 PLC 程序

按下按钮 SB1，观察指示灯 HL1 的状态，当第 3 次按下按钮 SB1 时，指示灯 HL1 常亮，按下按钮 SB2，观察指示灯 HL1 的状态。

（四）步进电机的控制应用

1. 项目要求

通过运动控制指令控制“轴”工艺对象。

2. 相关知识提示

（1）S7-1200 CPU 通过脉冲输出和方向输出进行组态来控制驱动器。

（2）“轴”工艺对象用于组态机械驱动器的数据、驱动器的接口、动态参数以及其他驱动器属性。

（3）S7-1200 提供四组高速脉冲输出发生器：Q0.0 和 Q0.1、Q0.2 和 Q0.3、Q0.4 和 Q0.5、Q0.6 和 Q0.7，所以一台 S7-1200 PLC 最多能控制 4 台伺服电机或步进电机，其中前两组脉冲输出发生器的最大脉冲频率对应 CPU 的数字量输出 100 kHz，后两组最大为 30 kHz。

（4）程序使用运动控制指令来启用控制轴并启动运行任务。

（5）仅当 CPU 从 STOP 切换为 RUN 模式时，RUN 模式下对运动控制配置和下载的更改才会生效。

（6）西门子 S7-1200 所有的运动控制指令如图 4. 5-50 所示。

图 4. 5-50　西门子 S7-1200 运动控制指令

3. 实训步骤

（1）对步进电机驱动器的设置：工作电流、步数/转。

（2）组态“轴”工艺对象

①在“项目树”中展开节点“工艺对象”，双击新增对象，选择“运动控制”—“轴”（To_ PositioningAxis），对象名称改为“步进”，编号“自动”，单击“确定”，新增并打开添加的工艺对象。如图 4. 5-51 所示。

②对“轴”工艺对象进行组态。

a. “基本参数”—“常规”组态如图 4. 5-52 所示。

b. “基本参数”—“驱动器”组态如图 4. 5-53 所示。

c. “扩展参数”—“机械”组态。电机每转的脉冲数与驱动器细分对应，实例为 1 000。电机每转的负载位移＝电机转一圈的角度 360°/传动比（减速比）1，设置为 360 mm，“所允许的方向”选择“双向”。如图 4. 5-54 所示。

d. “扩展参数”—“位置限制”组态如图 4. 5-55 所示。

e. “动态”—“常规”组态如图 4. 5-56 所示。

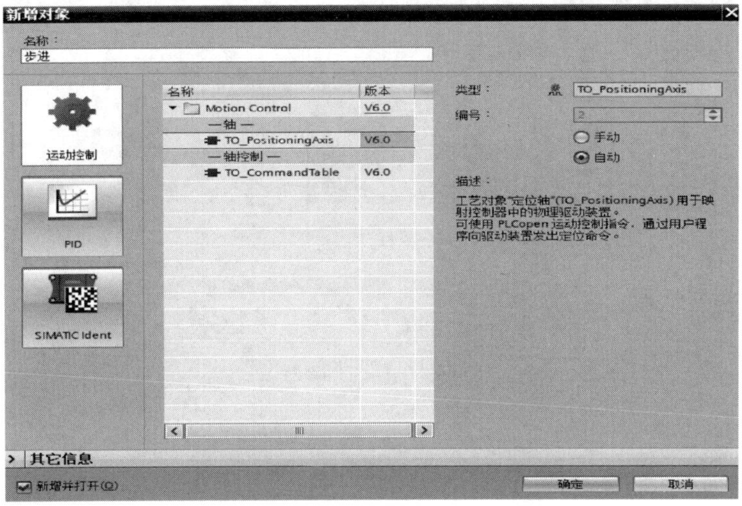

图 4.5-51　新增“轴”工艺对象

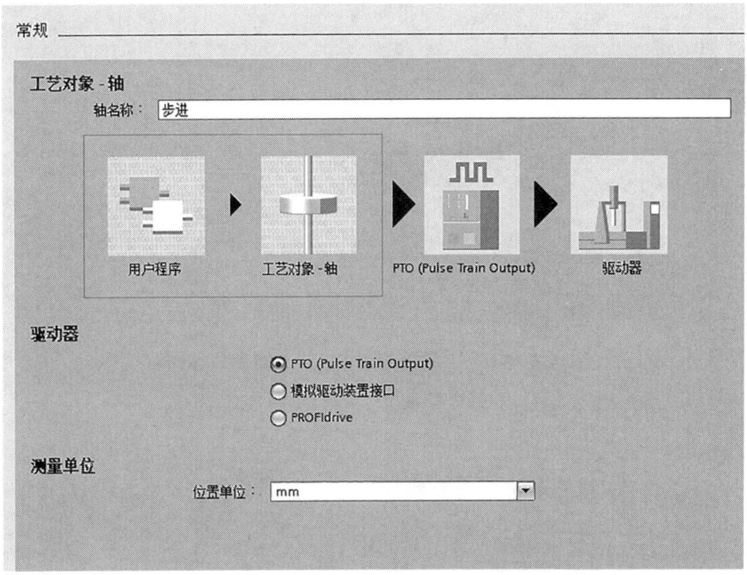

图 4.5-52　“基本参数”—“常规”组态

f. “动态”—“急停”组态如图 4.5-57 所示。

g. “回原点”—“主动”组态如图 4.5-58 所示。

h. 组态参数设置完毕后，编译保存项目，下载到 PLC 中，下载完成后，断电重启设备。

③根据控制要求列出 I/O 分配表，见表 4-10

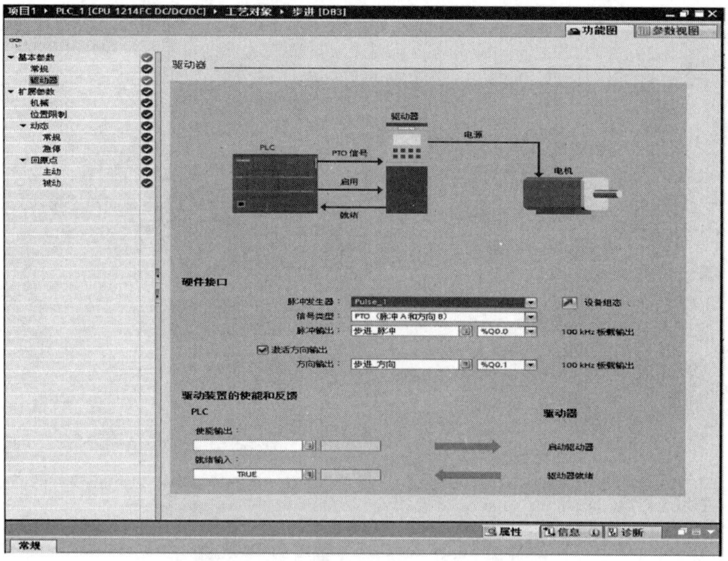

图 4.5-53 “基本参数”—“驱动器”组态

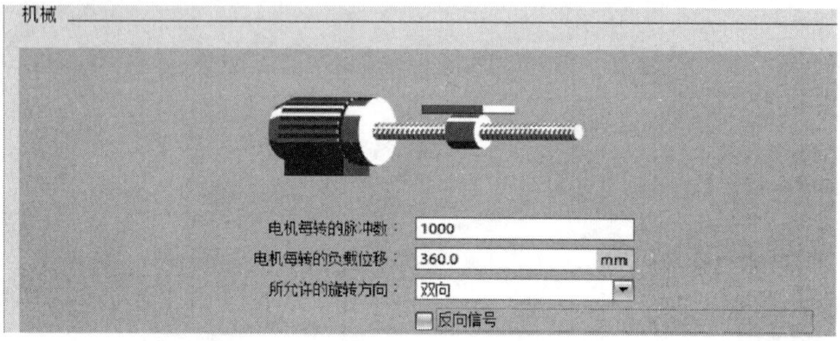

图 4.5-54 “扩展参数”—“机械”组态

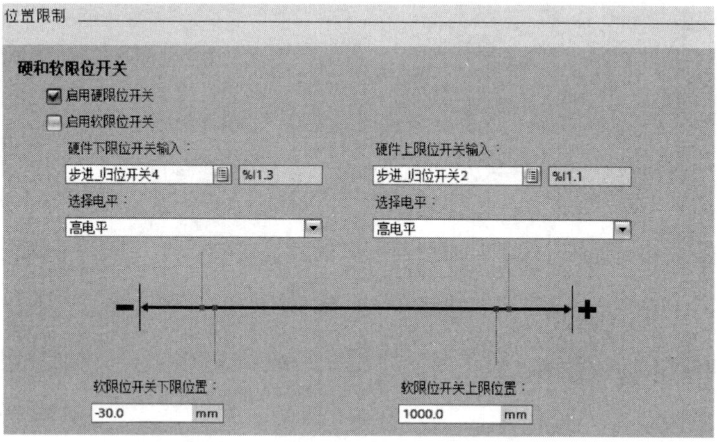

图 4.5-55 “扩展参数”—“位置限制”组态

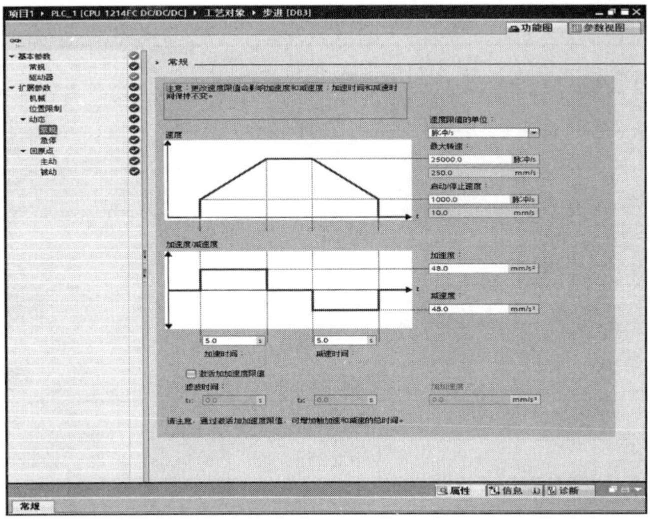

图 4. 5-56 “动态”—“常规”组态

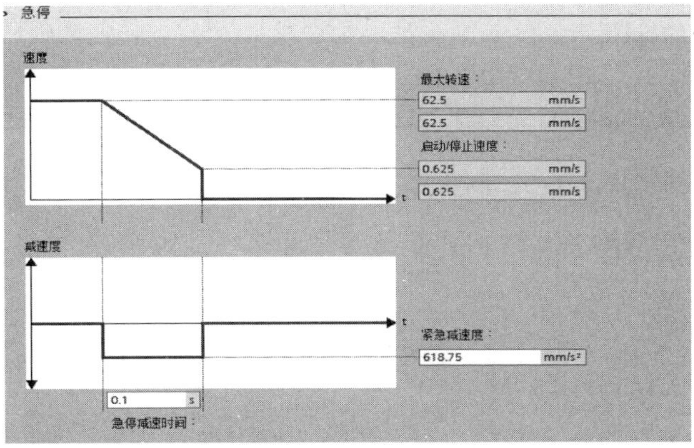

图 4. 5-57 “动态”—“急停”组态

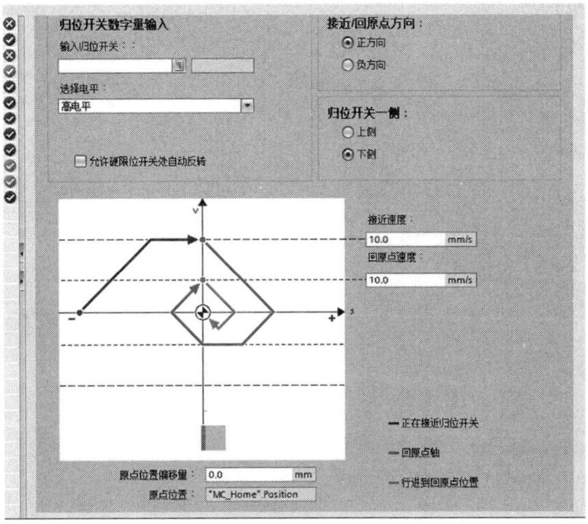

图 4. 5-58 “回原点”—“主动”组态

表 4-10　实训 4 I/O 分配表

序号	PLC 地址	功能
1	M250.0	启动轴
2	M250.1	复位轴
3	M250.2	回原点
4	M250.3	停止轴
5	M250.4	绝对位置启动
6	M250.5	相对位置启动
7	M250.6	匀速启动
8	M250.7	点动正转
9	M251.0	点动反转
10	MD252	读取当前轴位置
11	MD256	读取当前轴速度
12	I1.1	步进归位位置 2
13	I1.2	步进归位位置 3
14	I1.3	步进归位位置 4
15	Q0.0	步进脉冲
16	Q0.1	步进方向

④根据控制要求编写 PLC 控制程序。

首先，根据 I/O 分配表制作 PLC 变量表，如图 4.5-59 所示。

默认变量表

	名称	数据类型	地址	保持	可从 ...	从 H...	在 H...
29	启用轴	Bool	%M250.0	☐	☑	☑	☑
30	复位轴	Bool	%M250.1	☐	☑	☑	☑
31	回原点	Bool	%M250.2	☐	☑	☑	☑
32	停止轴	Bool	%M250.3	☐	☑	☑	☑
33	绝对位置启动	Bool	%M250.4	☐	☑	☑	☑
34	相对位置启动	Bool	%M250.5	☐	☑	☑	☑
35	匀速启动	Bool	%M250.6	☐	☑	☑	☑
36	点动正转	Bool	%M250.7	☐	☑	☑	☑
37	点动反转	Bool	%M251.0	☐	☑	☑	☑
38	读取当前轴位置	Real	%MD252	☐	☑	☑	☑
39	读取当前轴速度	Real	%MD256	☐	☑	☑	☑
40	步进_脉冲	Bool	%Q0.0	☐	☑	☑	☑
41	步进_方向	Bool	%Q0.1	☐	☑	☑	☑
42	步进_归位开关2	Bool	%I1.1	☐	☑	☑	☑
43	步进_归位开关3	Bool	%I1.2	☐	☑	☑	☑
44	步进_归位开关4	Bool	%I1.3	☐	☑	☑	☑
45	<新增>			☐	☑	☑	☑

图 4.5-59　实训 4 PLC 变量表

其次，编写程序。如图 4.5-60 所示。

⑤编译及下载程序。

⑥设备调试。

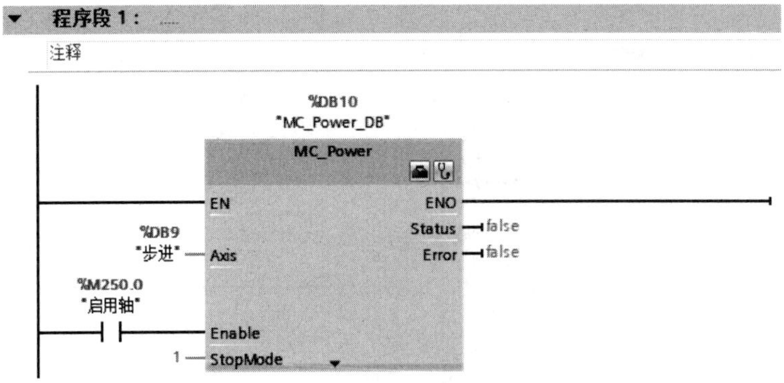

程序段 1：
注释
%DB10
"MC_Power_DB"
MC_Power
EN
ENO
Status
false
Error
false
%DB9
"步进"
Axis
%M250.0
"启用轴"
Enable
1
StopMode

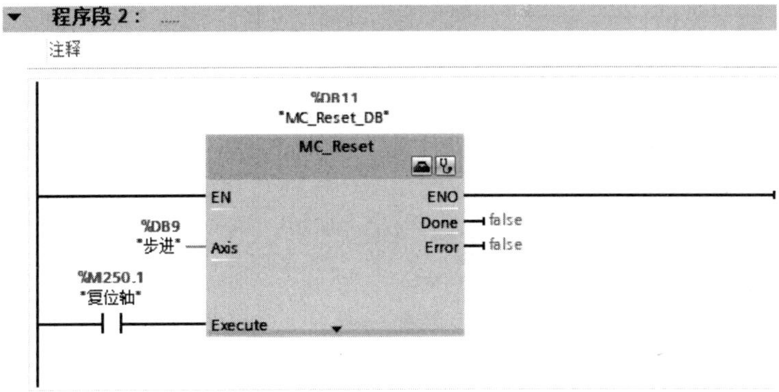

程序段 2：
注释
%DB11
"MC_Reset_DB"
MC_Reset
EN
ENO
Done
false
Error
false
%DB9
"步进"
Axis
%M250.1
"复位轴"
Execute

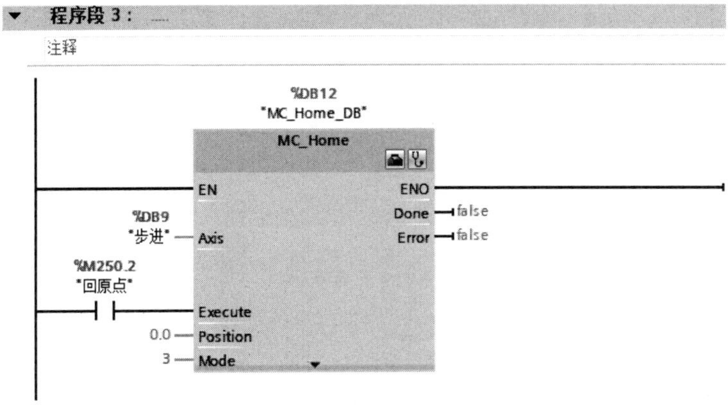

程序段 3：
注释
%DB12
"MC_Home_DB"
MC_Home
EN
ENO
Done
false
Error
false
%DB9
"步进"
Axis
%M250.2
"回原点"
Execute
0.0
Position
3
Mode

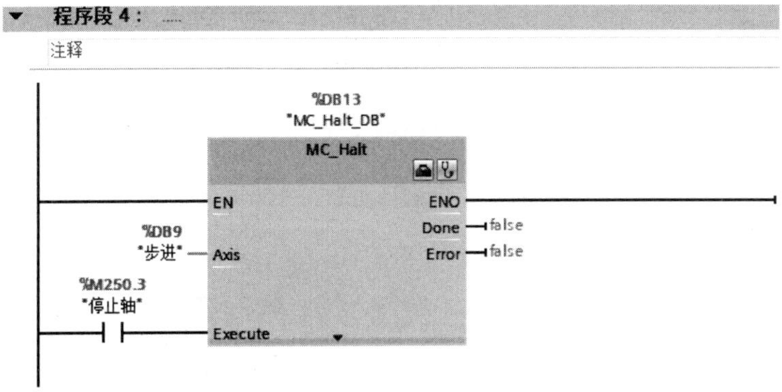

程序段 4：
注释
%DB13
"MC_Halt_DB"
MC_Halt
EN
ENO
Done
false
Error
false
%DB9
"步进"
Axis
%M250.3
"停止轴"
Execute

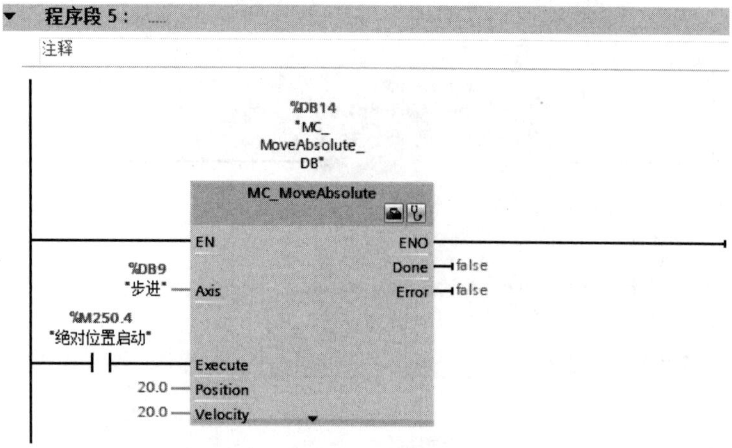
程序段 5： ......
注释
%DB14
"MC_
MoveAbsolute_
DB"
MC_MoveAbsolute
EN
ENO
Done
false
%DB9
"步进"
Axis
Error
false
%M250.4
"绝对位置启动"
Execute
20.0
Position
20.0
Velocity

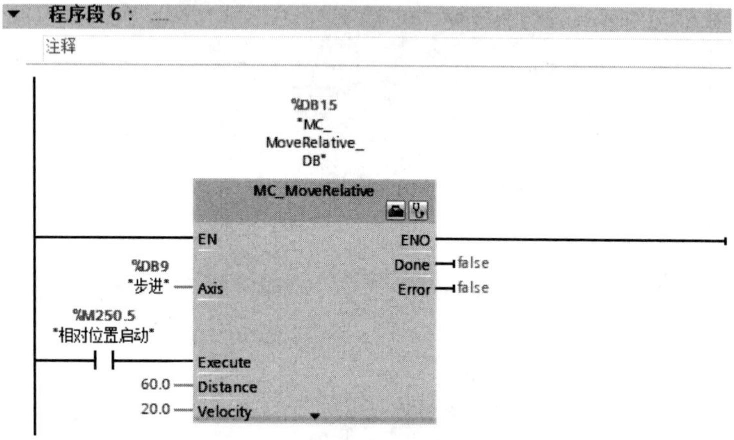
程序段 6： ......
注释
%DB15
"MC_
MoveRelative_
DB"
MC_MoveRelative
EN
ENO
Done
false
%DB9
"步进"
Axis
Error
false
%M250.5
"相对位置启动"
Execute
60.0
Distance
20.0
Velocity

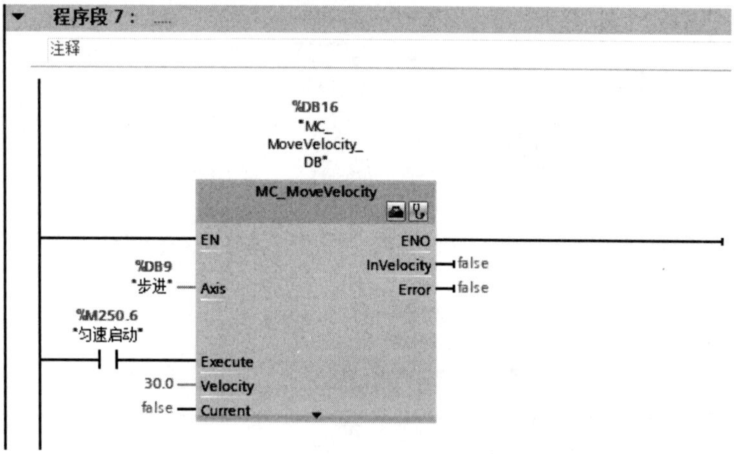
程序段 7： ......
注释
%DB16
"MC_
MoveVelocity_
DB"
MC_MoveVelocity
EN
ENO
InVelocity
false
%DB9
"步进"
Axis
Error
false
%M250.6
"匀速启动"
Execute
30.0
Velocity
false
Current

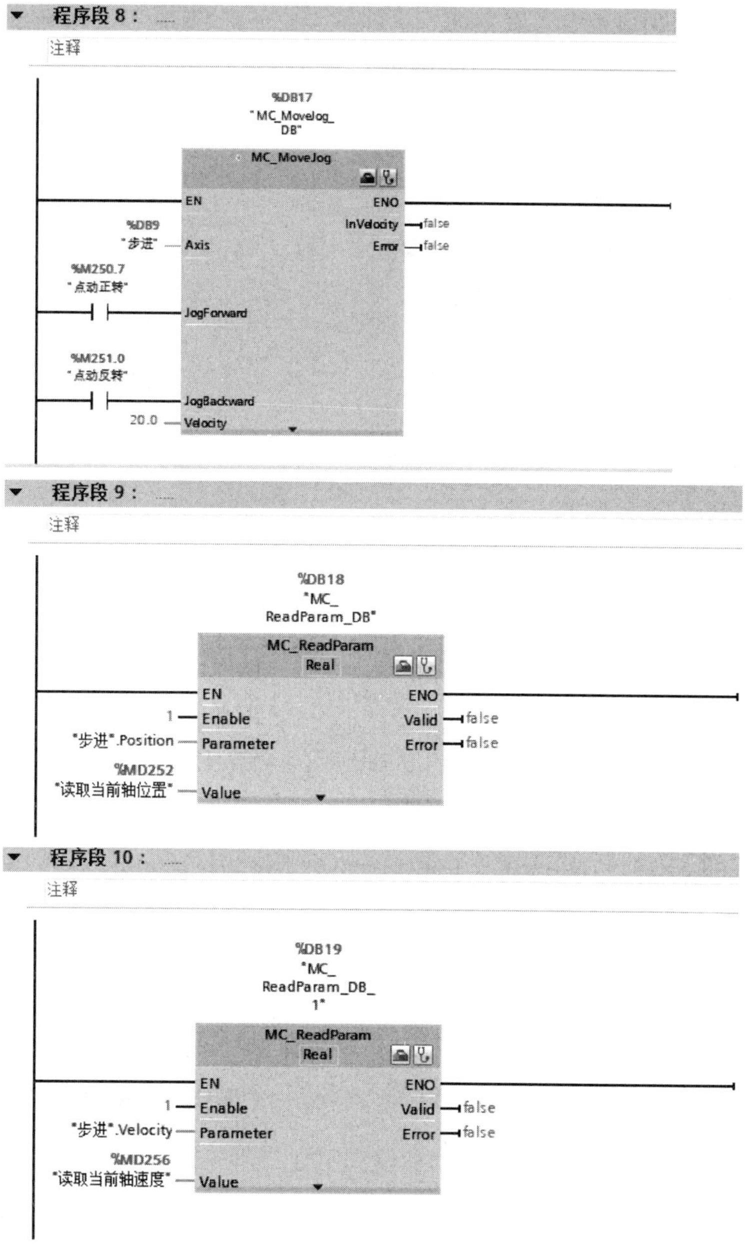

图 4.5-60　实训 4 编写 PLC 程序

4.6　FX3U PLC 的应用

4.6.1　FX3U PLC 的硬件概述

本小节介绍三菱 FX3U 系列的 PLC，现在大部分设备采用的都是 FX3U 的 PLC，因为 FX3U 是 FX2N 的升级产品，在性能和运算速率上都比 FX2N 优越很多，故为大家介绍一下 FX3U 系列 PLC 硬件和源型/漏型输入/输出接线。如图 4.6-1 所示。

图 4.6-1　FX3U PLC

（一）正面面板

如图 4.6-2 所示，上盖板：存储器盒安装在这个盖板的下方，使用 FX3U-7DM（显示模块）时，将这个盖板换成 FX3U-7DM 附带的盖板；电池盖板：电池（标配）保存在这个盖板的下方，更换电池时需要打开这个盖板；连接特殊适配器用的卡扣（2 处）：连接特殊适配器时，使用这个卡扣进行固定；功能扩展板部分的空盖板：拆下这个空盖板，安装功能扩展板；RUN/STOP 开关：写入（成批）顺控程序以及停止运算时，置为 STOP（开关拨动到下方），执行运算处理（机械运行）时，设置在 RUN（开关拨动到上方）；连接外围设备用的连接口：连接编程工具执行顺控程序；安装 DIN 导轨用的卡扣：可以在 DIN 46277（宽度 35 mm）的 DIN 导轨上安装基本单元；型号显示（简称）：显示基本单元的型号名称；显示输入用的 LED（红）：输入（X000~）接通时灯亮；端子排盖板：接线时，可以将这个盖板打开到 90°后进行操作，运行（通电）时，关上这个盖板；连接扩展设备用的连接器盖板：将输入/输出扩展单元/模块以及特殊功能单元/模块的扩展电缆连接到这个盖板下面的接口上，可连接 FX3U 系列扩展设备、FX2N 系列扩展设备、FX0N 系列扩展设备；显示运行状态的 LED：根据 RUN/STOP 的模式分别亮起对应的指示灯；显示输出用的 LED（红）：输出（Y000~）接通时灯亮。如图 4.6-3 所示。

（二）侧面

FX3U PLC 侧面如图 4.6-4 所示。

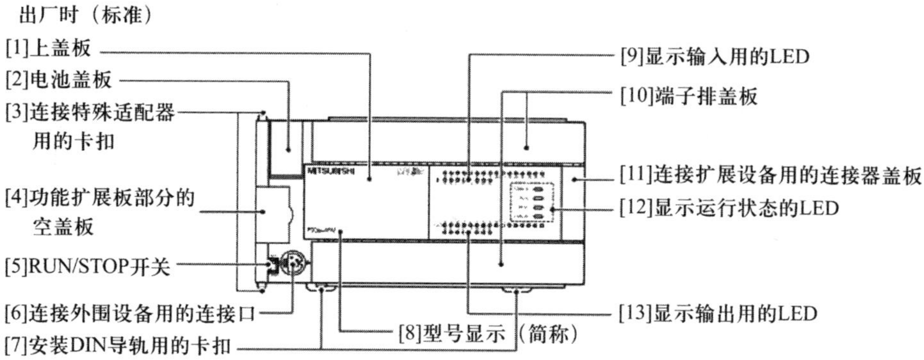

图 4.6-2　FX3U PLC 正面面板

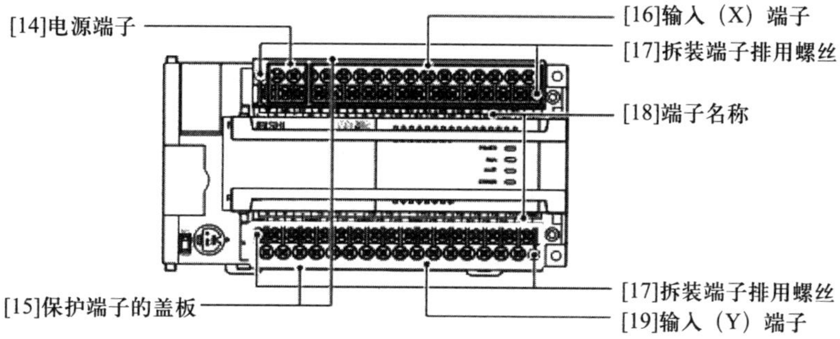

图 4.6-3　端子排盖板打开后形态

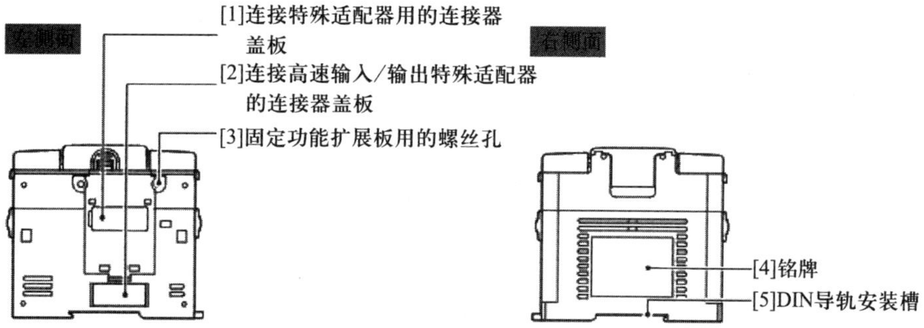

图 4.6-4　侧面

①连接特殊适配器用的连接器盖板：拆下这个盖板，将第 1 台特殊适配器连接到连接口上：(安装功能扩展板连接器盖板时)。未安装功能扩展板时，没有连接口。

②连接高速输入/输出特殊适配器的连接口盖板：拆下这个盖板后，将第 1 台高速输入特殊适配器（FX3U-4HSX-ADP），或是高速输出特殊适配器（FX3U-2HSY-ADP）连接到连接口上。不能用于连接通信/模拟量/CF 卡特殊适配器。

③固定功能扩展板用的螺丝孔（2 处）：使用螺丝（功能扩展板产品中附带）固定功能扩展板所需的孔。由于出厂时，安装了功能扩展板的空盖板，所以需拆下盖板后进行安装。

④铭牌：记载了产品型号名称、管理号、电源规格等。

⑤DIN 导轨安装槽：可以安装在 DIN 46277（宽度 35 mm）的 DIN 导轨上。

（三）FX3U 系列基本单元介绍

FX3U-16MR/ES-A 基本单元，内置 8 入/8 出（继电器），AC 电源。

FX3U-32MR/ES-A 基本单元，内置 16 入/16 出（继电器），AC 电源。

FX3U-48MR/ES-A 基本单元，内置 24 入/24 出（继电器），AC 电源。

FX3U-64MR/ES-A 基本单元，内置 32 入/32 出（继电器），AC 电源。

FX3U-80MR/ES-A 基本单元，内置 40 入/40 出（继电器），AC 电源。

FX3U-128MR/ES-A 基本单元，内置 64 入/64 出（继电器），AC 电源。

FX3U-16MT/ES-A 基本单元，内置 8 入/8 出（晶体管漏型），AC 电源。

FX3U-32MT/ES-A 基本单元，内置 16 入/16 出（晶体管漏型），AC 电源。

FX3U-48MT/ES-A 基本单元，内置 24 入/24 出（晶体管漏型），AC 电源。

FX3U-64MT/ES-A 基本单元，内置 32 入/32 出（晶体管漏型），AC 电源。

FX3U-80MT/ES-A 基本单元，内置 40 入/40 出（晶体管漏型），AC 电源。

FX3U-128MT/ES-A 基本单元，内置 64 入/64 出（晶体管漏型），AC 电源。

（四）端子排

FX3U PLC 端子排如图 4.6-5 所示。

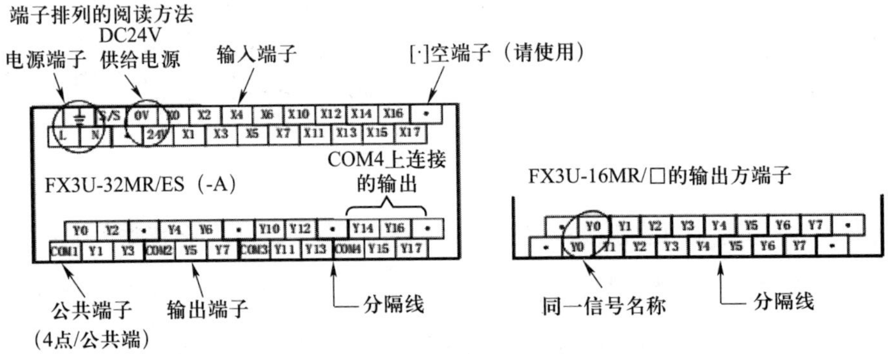

图 4.6-5　FX3U PLC 端子排

电源端子的 AC 电源型为［L］、［N］端子。关于外部接线，需参考电源接线的说明。

DC24 V 供给电源的电源型为［0 V］、［24 V］端子。DC 电源型中没有供给电源，因此端子显示为［（0 V）］、［（24 V）］。请勿将［（0 V）］、［（24 V）］两个端子直接相连。关于外部接线，需参考电源接线的说明。

输入端子的显示：AC 电源型、DC 电源型的输入端子显示相同，但输入的外部接线不同。关于外部接线，需参考输入接线的说明。

连接在公共端上（COM 口）的输出的显示：输出是由 1 点、4 点、8 点中的某一个单位共用 1 个公共端构成的。公共端上连接的输出编号（Y）就是“分隔线”用粗线框出的范围。晶体管输出（源型）型的「COM 口」端子即「+V 口」端子。

FX3U-16MR/口的输出端子：输出是以 1 个公共端连接继电器输出触点的两端，以同一信号名称记载。关于外部接线，需参考输出接线的说明。如图 4.6-6 所示。

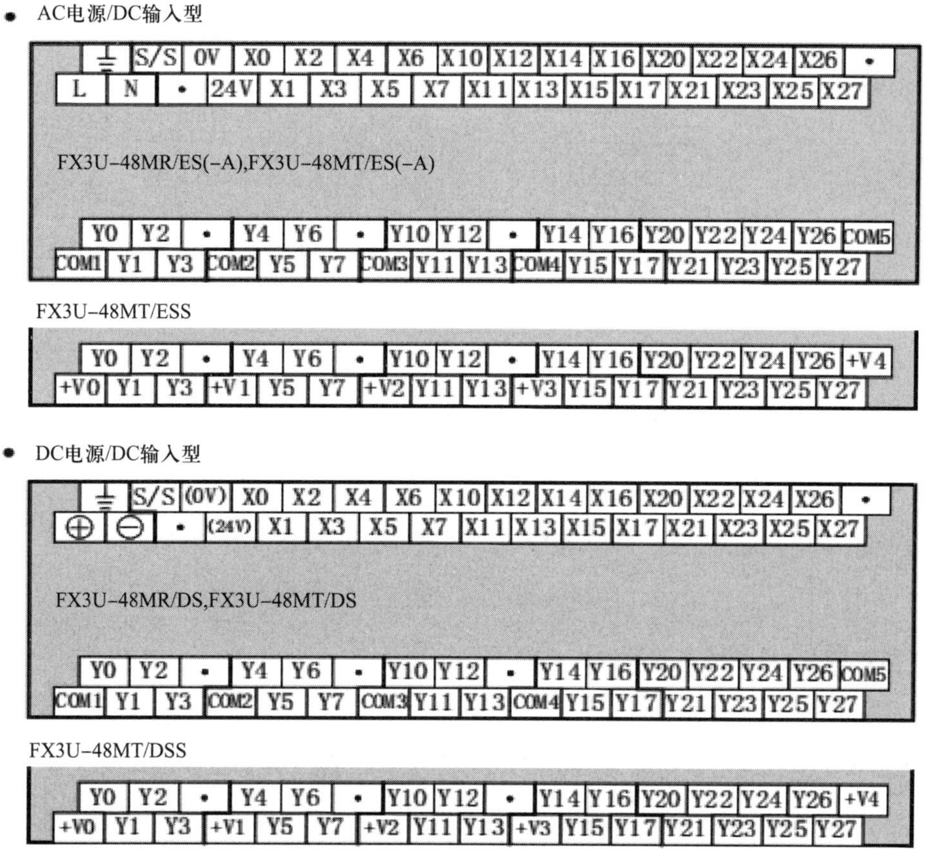

图 4.6-6　端子排介绍

（五）连接基本单元和扩展单元方法（见图 4.6-7）

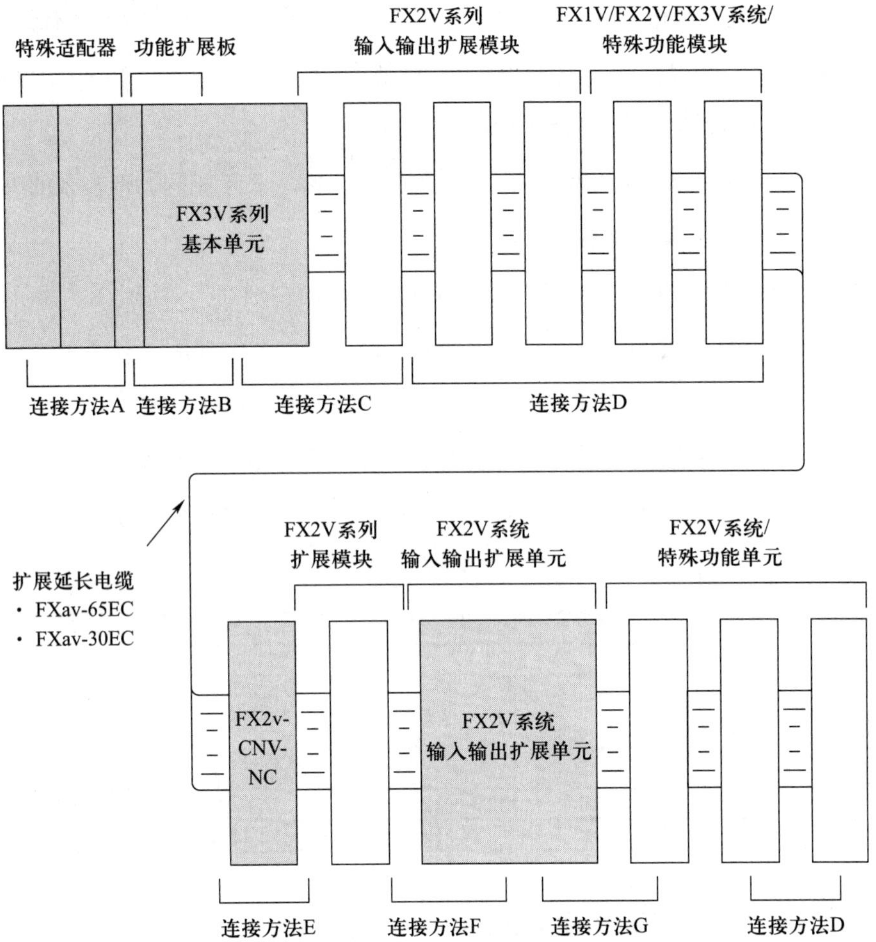

图 4.6-7　连接基本单元和扩展单元方法

（六）接线方式（漏型/源型）

扩展电源单元外部接线（漏型输入【-公共端】）如图 4.6-8 所示。

扩展电源单元外部接线（源型输入【+公共端】）如图 4.6-9 所示。

（七）漏型/源型输入介绍

1. 漏型输入【-公共端】

如图 4.6-10 所示。当 DC 输入信号是从输入（X）端子流出电流进行输入时，称为漏型输入。连接晶体管输出型的传感器时，可以使用 NPN 集电极开路型晶体管输出。

2. 源型输入【+公共端】

如图 4.6-11 所示。当 DC 输入信号是电流流向到输入（X）端子的输入时，称为源型输入。连接晶体管输出型的传感器时，可以使用 PNP 集电极开路型晶体管输出。

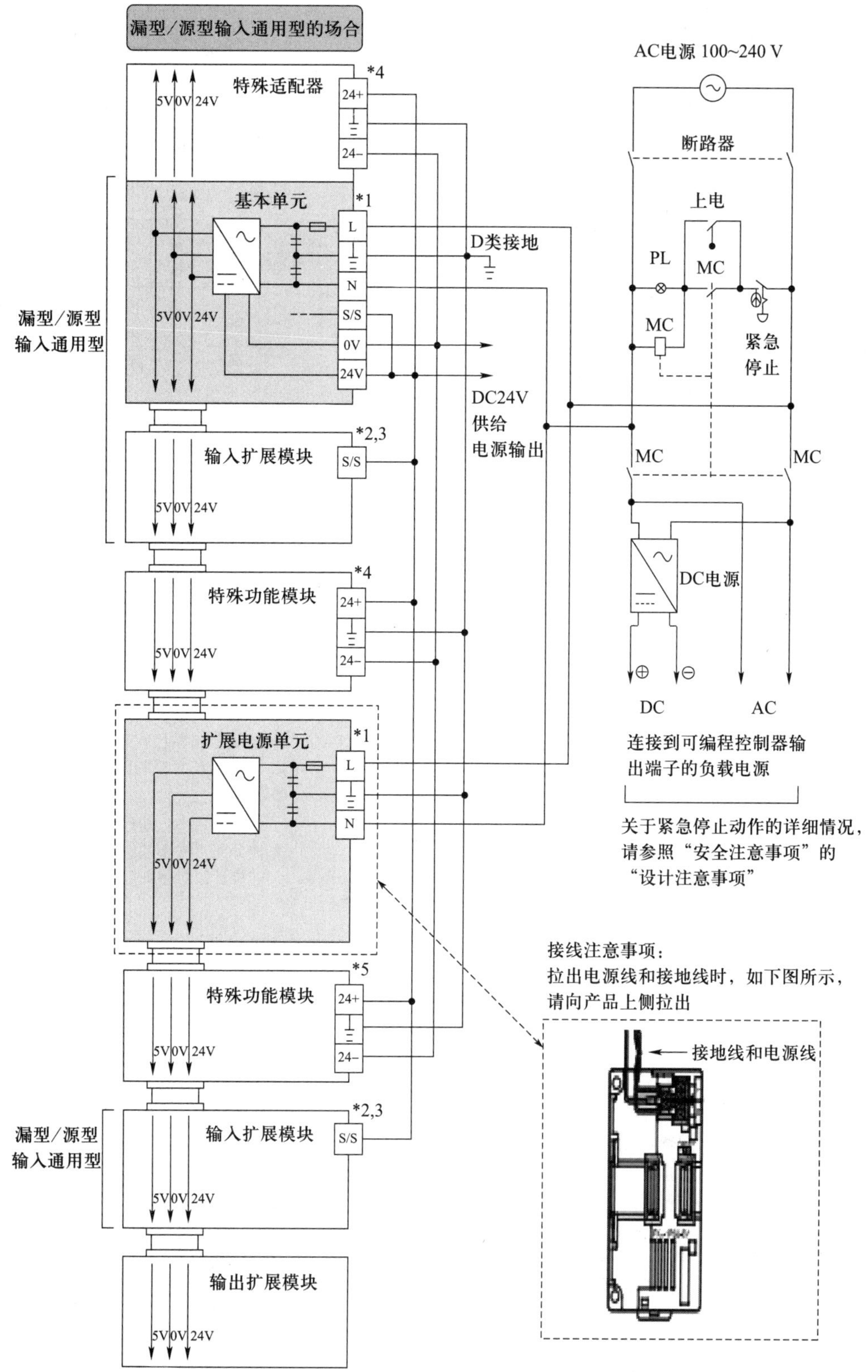

图 4.6-8　扩展电源单元外部接线（漏型输入【-公共端】）

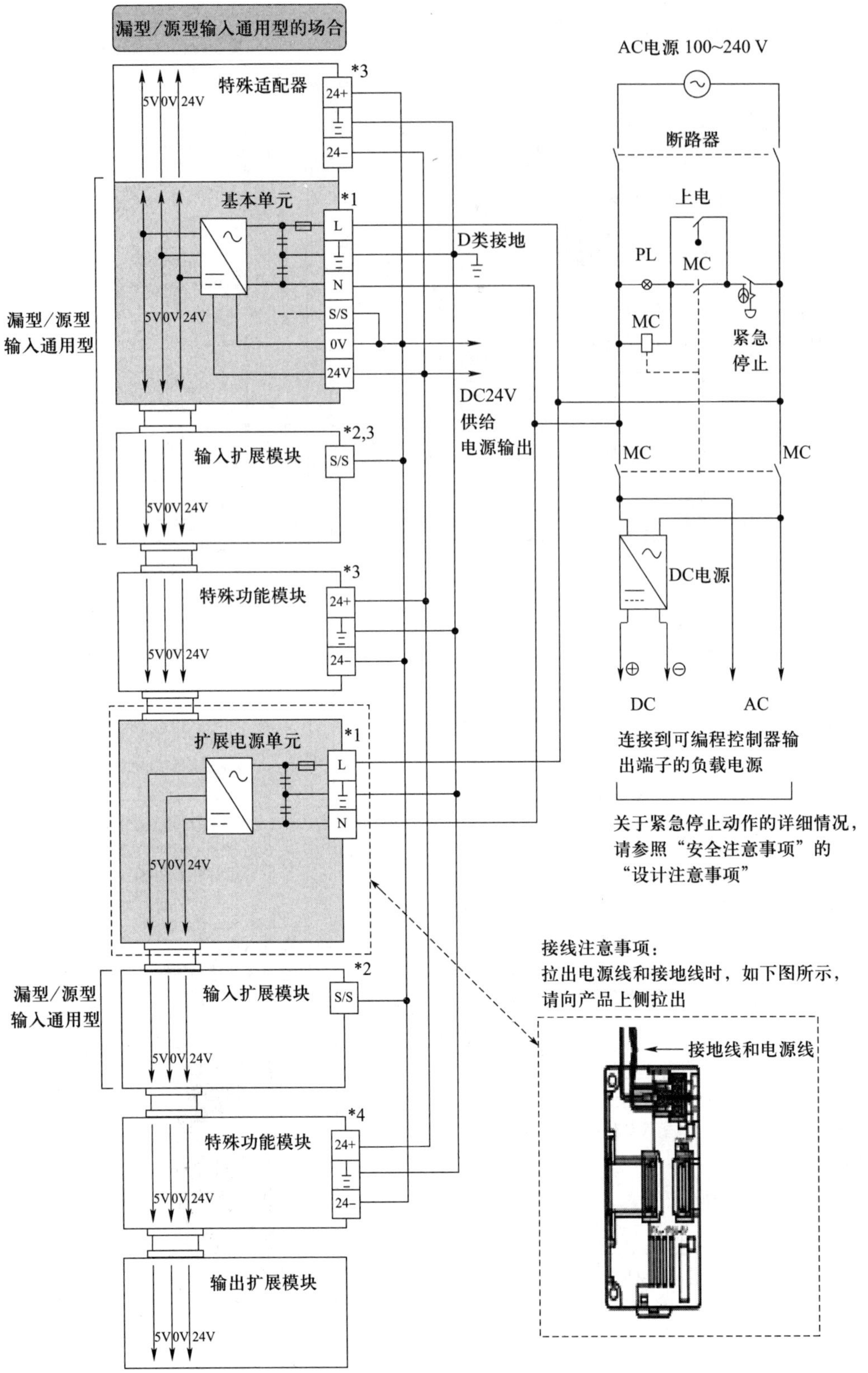

图 4.6-9　扩展电源单元外部接线（源型输入【+公共端】）

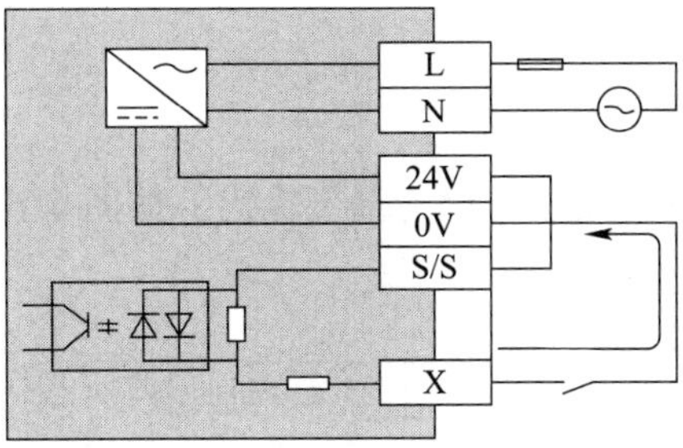

图 4.6-10　漏型输入【-公共端】

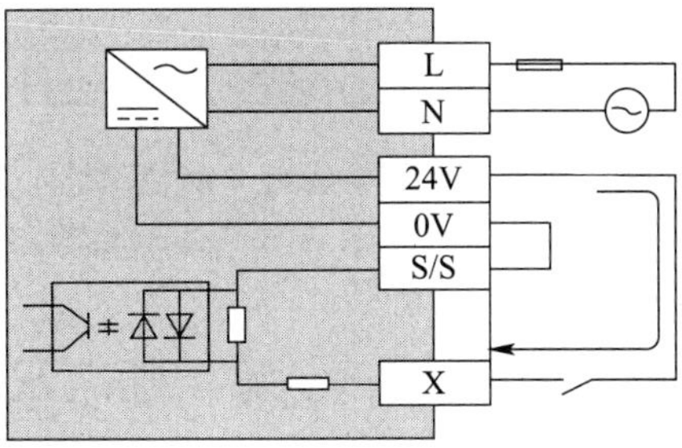

图 4.6-11　源型输入【+公共端】

AC 电源型和 DC 电源型接线如图 4.6-12 所示。

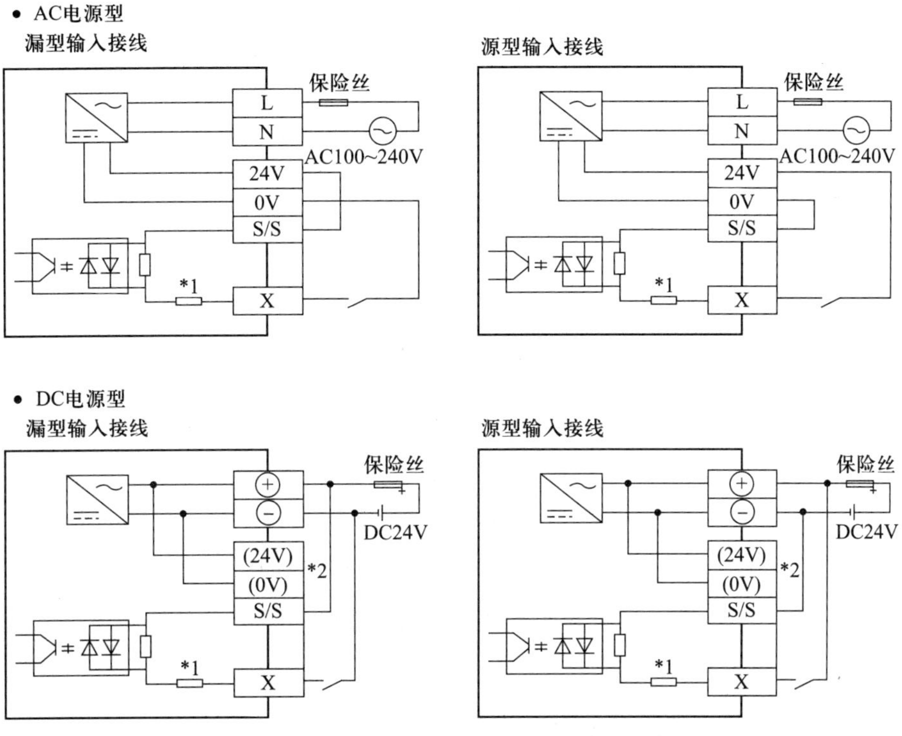

图 4.6-12　AC 电源型和 DC 电源型接线图

（八）漏型/源型输出介绍

1. 漏型输出【-公共端】

负载电流流入输出（Y）端子，称为漏型输出，如图 4.6-13 所示。

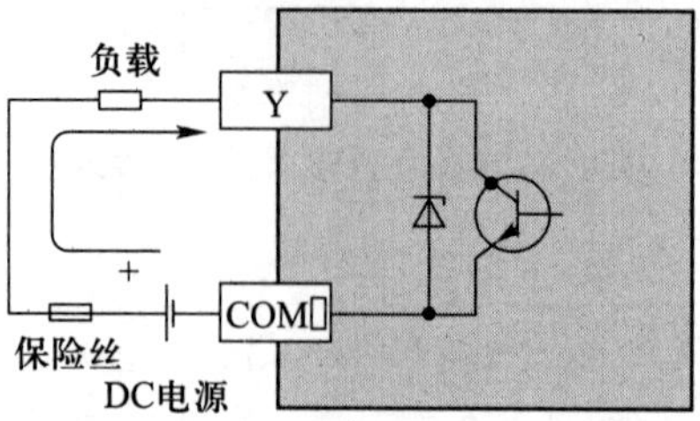

图 4.6-13　漏型输出【-公共端】

2. 源型输出【+公共端】

如图 4.6-14 所示。负载电流从输出（Y）端子流出，称为源型输出。

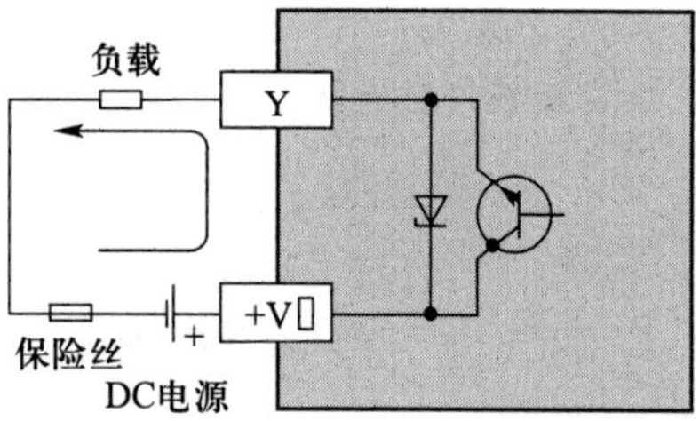

图 4.6-14　源型输出【+公共端】

3. （基本单元）继电器输出型（见图 4.6-15）

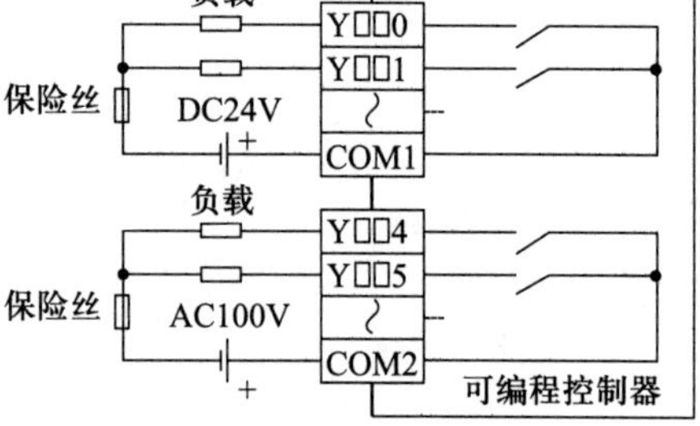

图 4.6-15　继电器输出型

4. 继电器外部输出接线（见图 4.6-16）

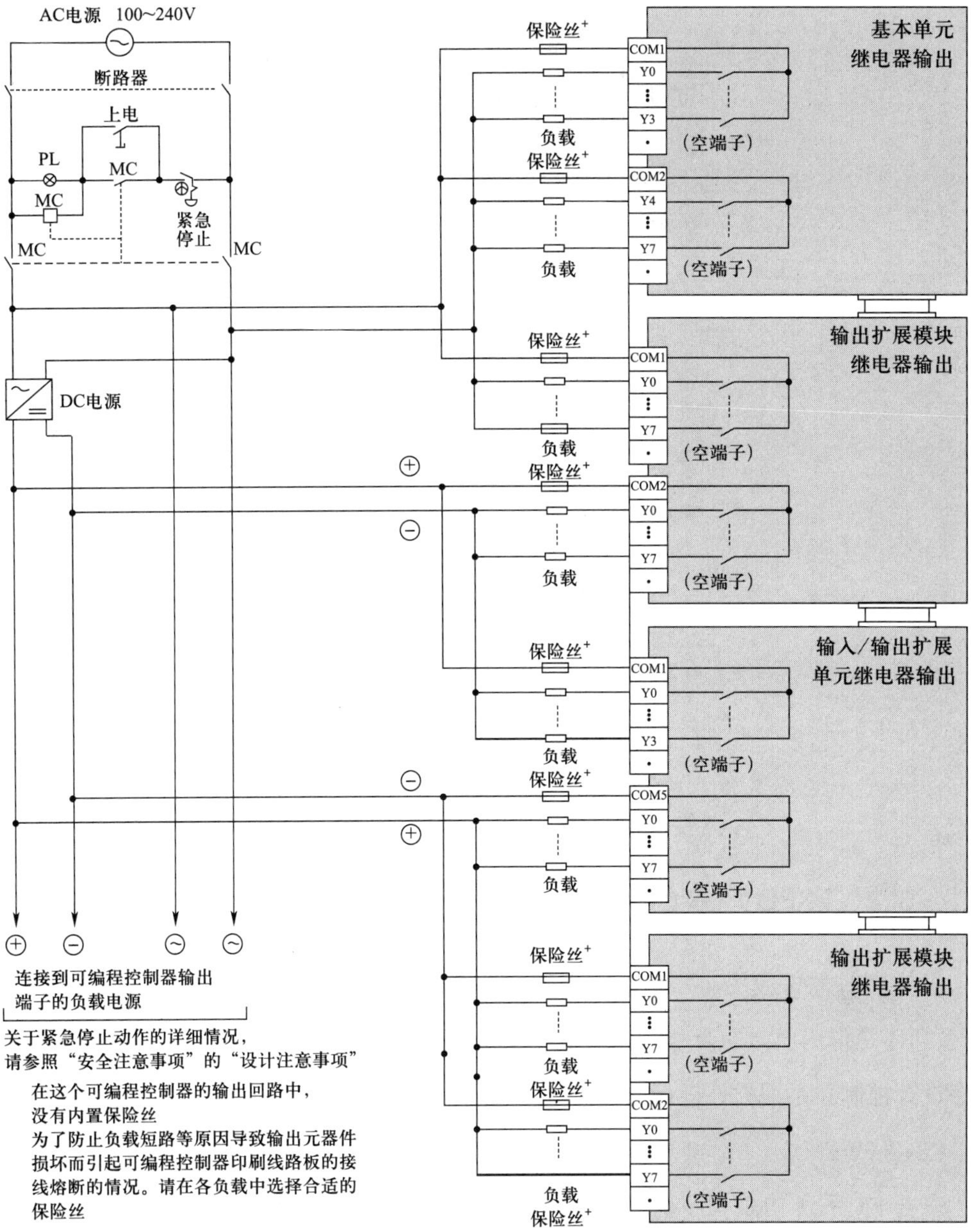

图 4.6-16　继电器外部输出接线图

5. 漏型输出型

负载电流流入输出（Y）端子，如图 4.6-17 所示。

6. 源型输出型

负载电流从输出（Y）端子中流出，如图 4.6-18 所示。

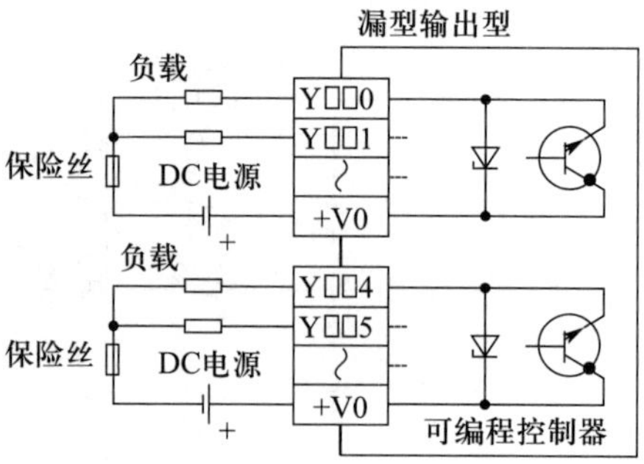

图 4.6-17　漏型输出型

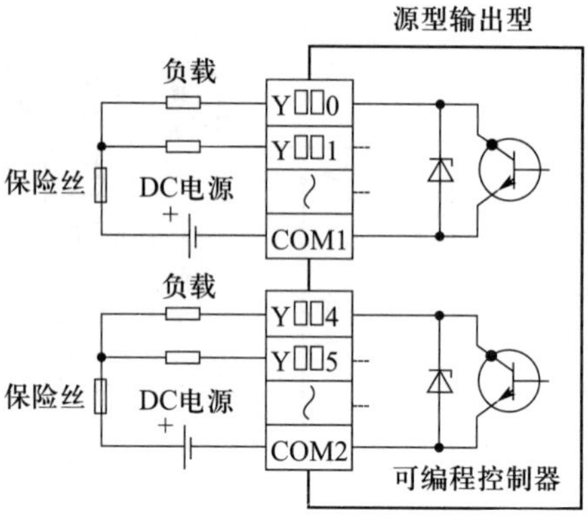

图 4.6-18　源型输出型

4.6.2　FX3U PLC 的软件概述

三菱 PLC 软件应用非常广泛，比如 AD/DA/SC 等，不过这些都只能用于 Q 系列，FX 系列还是得用原来的指令，比如 DA/AD，只能使用 FROM 和 TO 指令。以下对三菱程序设计控制器系列软件进行介绍。

FXGP-WIN-C：

三菱 FX 系列 PLC 程序设计软件（不含 FX3U），支持梯形图、指令表、SFC 语言程序设计，可进行程序的线上更改、监控及调试，具有异地读写 PLC 程序功能。

GX Developer：

三菱全系列 PLC 程序设计软件，支持梯形图、指令表、SFC、ST 及 FB、Label 语言程序设计，网络参数设定，可进行程序的线上更改、监控及调试，结构化程序的编写（分部程序设计），可制作成标准化程序，在其他同类系统中使用。

GX Simulator：

三菱 PLC 的仿真调试软件，支持三菱所有型号 PLC（FX，AnU，QnA 和 Q 系列），模拟外部 I/O 信号，设定软件状态与数值。

GX Explorer：

三菱全系列 PLC 维护工具，提供 PLC 维护必要的功能。类似 Windows 操作，通过拖动进行程序的上传/下载，可以同时打开几个窗口监控多个 CPU 系统的资料，配合 GX RemoteService-I 使用网际网络维护功能。

GX RemoteService I：

三菱全系列 PLC 远程访问工具，安装在服务器上，通过网际网络/局域网连接 PLC 和客户。将 PLC 的状态发 EMAIL 给手机或计算机，可以通过网际网络浏览器对软组件进行监控/测试。在客户机上，可使用 GX Explorer 软件通过网际网络/局域网进入 PLC。

GX Configurator-CC：

A 系列专用，CC-Link 单元的设定，监控工具。用于 A 系列 CC-Link 主站模块的网络参数设定，无须编制顺控程序，而是在软件图形输入屏幕中简单设定。可以监控、测试和诊断 CC-Link 站的状态（主站/其他站），可以设置 AJ65BT-R2 的缓存寄存器。

GX Configurator-AD：

Q 系列专用，A/D 转换单元的设定，监控工具。用于设置 Q64AD、Q68ADV 和 Q68ADI 模数转换模块的初始化和自动刷新数据，不用编制顺控程序即可实现 A/D 模块的初始化功能。

GX Configurator-DA：

Q 系列专用，D/A 转换单元的设定，监控工具。用于设置 Q62DA、Q64DA、Q68DAV 和 Q68DAI 数模转换模块的初始化及自动刷新数据。不用编制顺控程序即可实现 D/A 模块的初始化功能。

GX Configurator-SC：

Q 系列专用，串行通信单元的设定，监控工具。用于设置串行通信模块 QJ71C24（N）、QJ71C24（N）-R2（R4）等模块。不用顺控程序即可实现传送控制、MC 协议通信、无协议通信、交互协议通信、PLC 监视功能、调制解调器参数设定。

GX Configurator-CT：

Q 系列专用，高速计数器单元的设定，监控工具。用于设置 QD62、QD62E 或 QD62D 高速计数模块的初始化和自动刷新数据，不用编制顺控程序即可实现初始化功能。

GX Configurator-PT：

Q 系列专用，QD70 单元的设定，监控工具。用来设定 QD70P4 或 QD70P8 定位模块的初始化数据。省去了用于初始化资料设定的顺控程序，便于检查设置状态和运行状态。

GX Configurator-QP：

Q 系列专用，QD75P/DM 用的定位单元的设定，监控工具。可以对 QD75□□进行各种参数、定位资料的设置，监视控制状态并执行运行测试。进行（离线）预设定位时，会在资料基础上进行调试，并实现维护监视功能，即以时序图形式表示定位模块 I/O 信号、外部 I/O 信号和缓冲存储器状态进行采样监视。

GX Configurator-TI：

Q 系列专用，温度输入器单元的设定，监控工具。用于设置 Q64TD 或 Q64RD 温度输入模块的初始化和自动刷新数据，不用编制顺控程序即可实现初始化功能。

GX Configurator-TC：

Q 系列专用，温度调节器单元的设定，监控工具。用于设置 Q64TCTT、Q64TCTTBW、Q64TCRT 或 Q64TCRTBW 温度控制模块的初始化和自动刷新数据。

GX Configurator-AS：

Q 系列专用，AS-I 主控单元的设定，监控工具。用于设置 AS-i 主模块 QJ71AS92 自动读出/写入的通信资料、CPU 软组件存储的自动刷新设置、配置资料的注册/EEP-ROM 保存等。

GX Configurator-DP：

MELSEC-PLC 系列专用，Profibus-DP 模块的设定，监控工具。用于设置 Profibus-DP 主站模块 QJ71PB92D 和 A（1S）J71PB92D 网络参数（包括主站参数设定、总线参数设定、从站设定等）。使用 QJ71PB92D 时可以实现自动刷新功能，通过网络线上远程登录模块。

GX Converter：

GX Converter 软件包用于将 GX Developer 的资料转换成 Word 或 Excel 资料，使文件的创建简单化，即把 Excel 资料（CSV 格式）或文本资料（TXT 文件）用于 GPPW，把 GPPW 程序表和软组件注释转换为 Excel 资料（CSV 格式）或文本资料（TXT 文件）。

MX Component：

MX Component 支持个人计算机与可程序设计控制器之间的所有通信路径，支持 VisualC++、Visual Basic 和 Access Excel 的 VBA、VBScript。不用考虑各种通信协议的不同，只要经过简单处理即可实现通信。不用连接 PLC，和 GX Simulator 同时使用，实现仿真调试。

MX Sheet：

MX Sheet 是一种软件包，它使用 Excel，不用程序设计，只要进行简单设置即可运行可程序设计控制器系统的监视/记录/警报信息的采集/设置值的更改操作，将可程序设计控制器的软组件资料存储在 Excel 上，能够容易地收集和分析现场的品质、温度、试验结果等资料。Excel 上显示可程序设计控制器内的软组件实时状态。它将可程序设计控制器内的位信息作为警报信息存储在 Excel 上，保存故障发生的历史记录；自动保存指定时刻或可程序设计控制器发出触发条件时 Excel 上显示出来的资料，可用来实现日报和试验结果表的制作和存储的自动化。

4.6.3　FX3U PLC 编程应用

（一）闪烁电路

两个定时器组成，又称为多谐振荡器，如图 4.6-19 所示。

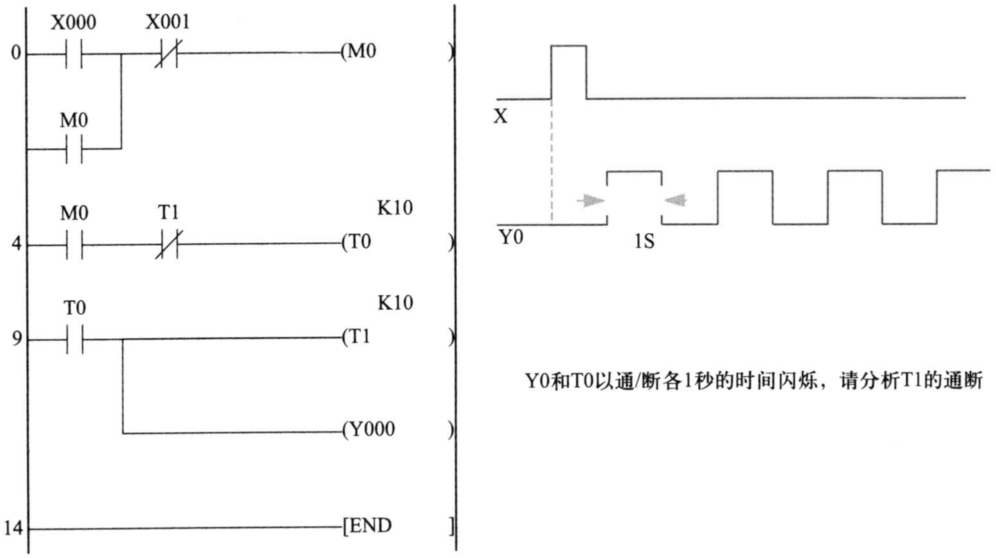

图 4.6-19　多谐振荡器

（二）延时断开（见图 4.6-20）

（三）分频电路由定时器、计数器组成（见图 4.6-21）

（四）液压滑台控制

要求：实现单周和连续循环工作，连续循环间隔时间为 10 秒。

接线及程序如图 4.6-22 所示。图中：

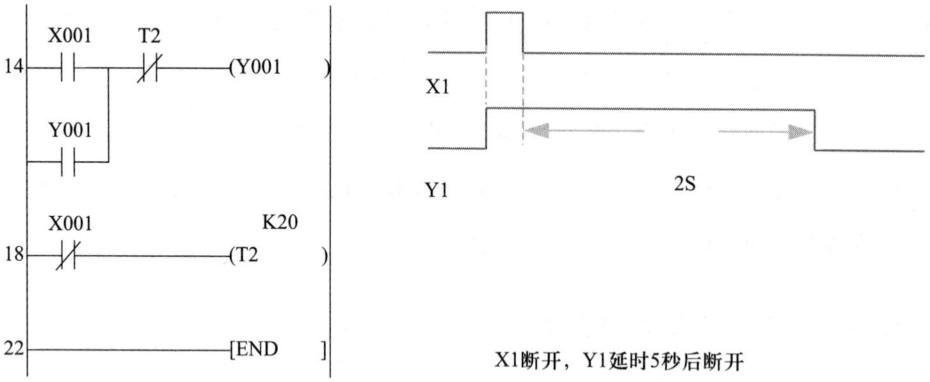

图 4. 6-20　延时断开

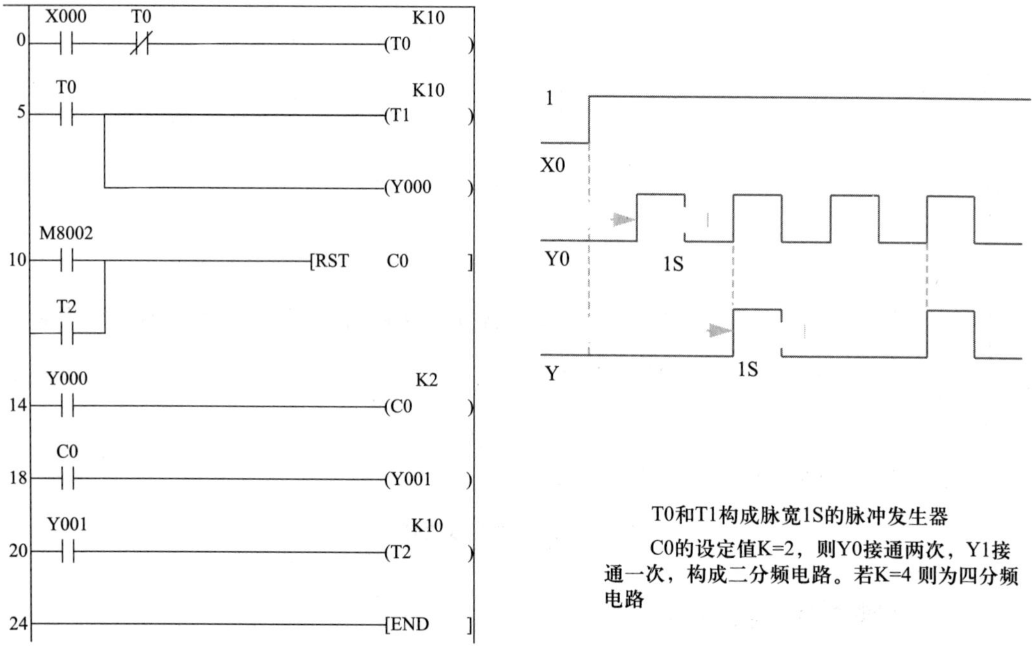

图 4. 6-21　分频电路由定时器、计数器组成

SQ1——原位；SQ2——工进；SQ3——快退；SB——停止；SB2——启动；HL——原位指示。

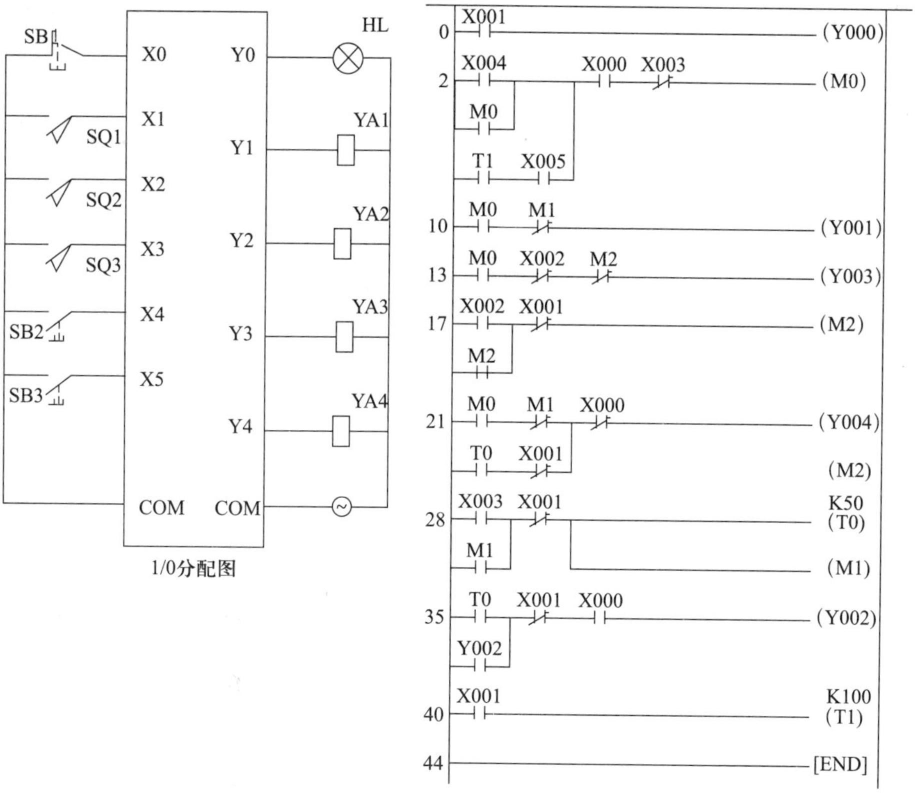

图 4.6-22　液压滑台控制接线及程序

（五）顺序启动

四台电机 M1、M2、M3、M4 按图 4.6-23 方式运行。

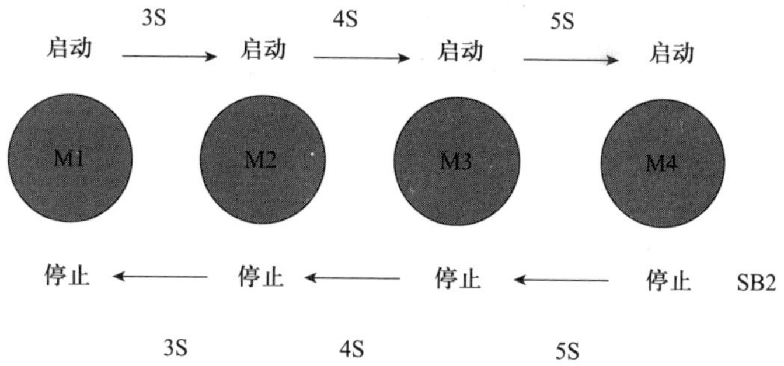

图 4.6-23　电机运行图

四台电机 M1、M2、M3、M4 可实现单独启停，程序如图 4.6-24 所示。

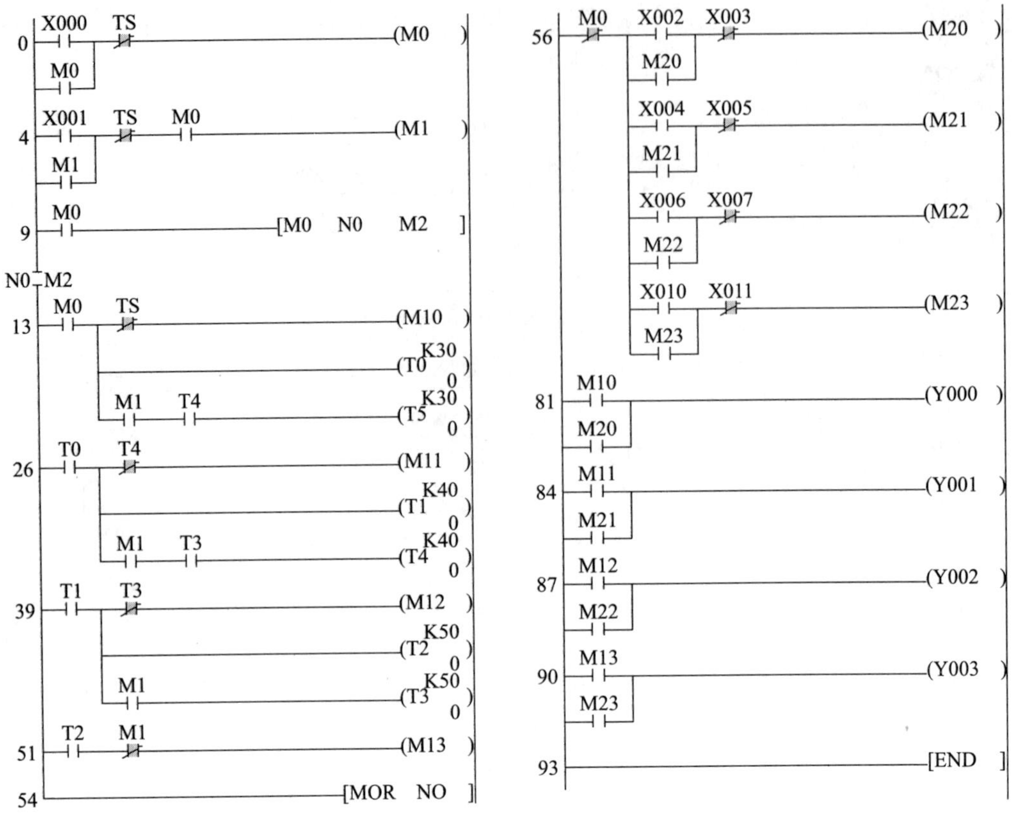

图 4.6-24　四台电机单独启停程序

小　结

本章主要介绍了 PLC 的基础知识、PLC 的结构与原理、PLC 的性能及应用以及西门子 S7-1200PLC 和三菱 FX3U 的具体应用。学习本章内容后应掌握以下知识：PLC 的基本知识、结构与工作原理，了解 PLC 的性能以及应用范围，掌握 PLC 基本指令和常用高级指令功能及使用方法，能根据控制要求进行控制程序的设计与调试。

习　题

4-1　继电器________（Ladder diagram）语言是 PLC 首要选用的编程语言，也是 PLC 最普遍选用的编程语言。

4-2　梯形图两边的笔直公共线称为________（Bus bar）。

4-3　依据梯形图中各触点的状况和逻辑联系（Logical connection），求出与图中各线圈对应的编程元件的状况，称为________。

4-4 指令表（Instruction list）编程语言相似于计算机中的________，它是可编程控制器最基础的编程语言，所谓指令表编程，是用一个或几个简略的字符来代表________的某种操作功能。

4-5 PLC采取了一系列________和________抗干扰措施，能适应有各种强烈干扰的工业现场，并具有________能力。

4-6 由于用________取代了硬接线实现控制功能，大大减轻了繁重的安装接线工作，缩短了施工周期。

4-7 梯形图语言是________语言，它用类似于________电路图（Relay circuit diagram）的符号表达PLC实现控制的逻辑关系。

4-8 当PLC投入运行后，其工作过程一般分为________、________和________三个阶段。

4-9 开关量输入信号：________（Button）、________（Option switch）、________（Travel switch）、________（Proximity switch）、________（Optoelectronic switch），________（The command element），________（Detecting element）等。

4-10 模拟量输入信号：________（Potentiometer）、________（Thermocouple）、________（Tachogenerator）等输入模块。外部控制对象包括驱动执行元件、________（Contactor）、________（Solenoid valve）、________（Control valve）等执行元件。

4-11 PLC具有________、________、________的特点。

4-12 低档PLC特点：具有________、________、________、________等基本功能，主要用于________、________或________的单机系统。

4-13 可编程控制器由________、________（Data memory）、________（Input/Output interface）、________（Power supply）、________（Digital to analog conversion）等功能单元组成。

4-14 可编程逻辑控制器（________，PLC），是一种具有________的用于________（Automation control）的数字运算控制器。

4-15 PLC采用________来改变控制过程，并有________、________、________、________及________等特点。

4-16 PLC被广泛应用于________（Machine manufacturing）、________（Electric power）、________（Papermaking）、________（Chemical engineering）、________（Metallurgy)、________(Mining industry)、________(Mining industry)等各个领域。

4-17 PLC 设置了________、________、________等逻辑指令，在很大程度上取代了传统的继电器控制系统，能实现逻辑控制、顺序控制。

4-18 请回答 PLC 常用的指令类型，各类指令的特点。

4-19 PLC 的性能指标有哪些?

4-20 请思考：支持 PLC 编程的软件属于系统软件还是应用软件？有什么特点?

4-21 请回答 PLC 对输入/输出的处理原则。

4-22 PLC 的 CPU 的作用是什么?

4-23 绘制出用 PLC 实现点动控制线路的外部接线图。

4-24 PLC 硬件结构包括哪些?

4-25 PLC 是如何分类的?

4-26 思考一下 PLC 和 PC 的区别在哪些方面?

4-27 PLC 在哪些方面有应用?

4-28 PLC 网络的特性有哪些?

4-29 在自动控制领域，PLC 都有哪些应用?

4-30 试设计三台电机顺序启动、逆序停止的程序。

4-31 PLC 的编程语言都有哪些？各有何特点及应用?

4-32 PLC 工作的三个过程是什么？各步骤有什么作用和特点?

4-33 试说明分频电路定时器、计数器程序如何实现。

4-34 PLC 的系统特性有哪些?

4-35 利用 TON 指令编程，要求产生连续方波信号，周期为 4 秒，占空比为 1∶1；使用其他的定时指令，产生连续方波信号的输出。

4-36 如何进行程序的写入、读出、删除、插入、监控和测试?

4-37 “启动—保持—停止”电路中，启动、停止按钮与 PLC 的输入接口是接按钮的常开触点还是常闭触点?

4-38 如果控制按钮均采用常开按钮，应当如何进行编程?

4-39 用一个按钮 SB1 控制两盏灯（HL1、HL2），按钮 SB1 按两下 HL1 灯亮，再按两下 HL2 灯亮，再按一下（HL1、HL2）全灭。如此反复。

参考文献

[1] 劳动和社会保障部教材办公室.PLC 原理与应用 [M]. 北京：中国劳动社会保障出版社，2006.

[2] 谢京军. 电力拖动控制线路与技能训练 [M]. 北京：中国劳动社会保障出版社，2021.

[3] 徐巍，袁凤.《PLC 技术》一体化课改研究 [J]. 亚太教育，2016，6 (56)：245.

[4] 丰波. 基于西门子 PLC1200 交通灯系统设计 [J]. 信息系统工程，2019 (12)：87-88.

[5] 吴顺华. 基于西门子 S7-1200 交通灯的 PLC 控制与仿真 [J]. 智慧工厂，2019 (4)：40-42.

[6] 杜丹，陈德豪，杨靖. 基于西门子 PLC 的交通灯控制系统设计 [J]. 计算机时代，2018 (10)：35-38.

[7] 刘祖其. 电气控制与可编程控制器应用技术 [M]. 北京：机械工业出版社，2009.

第5章 触摸屏技术

触摸屏（Touch screen）又称为“触控屏”“触控面板”，是随着计算机技术的发展，为满足非专业计算机用户操作计算机的需要而逐渐发展与成熟起来的一种可接收触头等输入信号的感应式液晶显示装置（Induction liquid-crystal display device）。从本质上来说它是传感器，是为满足非专业计算机用户操作计算机的需要而逐渐成熟和发展起来的，是当前最简单、方便和自然的一种人机交互方式（Man-machine interaction mode），具有操作简单、使用灵活的特点，可以提高用户的使用积极性。“人机接口”（Human Machine Interface，HMI），也叫人机界面。

5.1 触摸屏技术的发展

5.1.1 触摸屏的技术特性

（一）透明性能（Transparent performance）

触摸屏由多层复合薄膜组成，其透明性能对触摸屏的分辨率（Distinguishability）起决定性作用，直接关系到触摸屏的视觉功效（Visual effect）。触摸屏的透明性能主要从其视觉效果来衡量，其他还应该包括透明度（Transparence）、色彩失真度（Color distortion）、反光性（Reflection）和清晰度（Definition）4个特性。

（二）坐标可定位性能（Coordinate locatable performance）

触摸屏技术需要通过定位进行操控。一方面，触摸屏技术当前定位坐标和前一次定位坐标不存在关联性，每一次触摸都是独立存在的坐标定位系统，其触摸数据都通过调整直接转化为触摸屏坐标，保证触摸屏中同一位置输出的信息都是稳定的，即不能保证绝对坐标定位，这就是所谓的漂移问题。另一方面，无论是何种形式的触摸屏，其定位都基于内部的传感器进行检测触摸和定位，所以不同的触摸屏在敏捷性、准确性、稳定性和使用寿命上都存在差别。

（三）多样性

各种形式的触摸屏，都是依靠各自的传感器来检测触摸并定位的，也有的触摸屏本身就是一套传感器。不同的定位原理及不同的传感器决定了触摸屏不同的反应速度、可靠性、稳定性和寿命。

5.1.2 触摸屏发展趋势

目前，触摸屏普遍采用相对独立的外挂式结构。这种结构的显示模块和触控模块是两个相对独立的器件，然后通过后端贴合工艺将两个器件整合，但是这种相对独立的外挂式结构会影响产品的厚度，不符合触控显示类产品日益轻薄化的发展趋势。由此产生了内嵌式触摸屏的概念。

（一）内嵌式触摸屏结构（Built-in touch screen construction）

内嵌式结构将触控模块嵌入显示模块内，使两个模块合为一体。相比于传统的外挂式结构，内嵌式结构的优点在于：仅需 2 层铟锡氧化物（Indium tin oxides，以下简称 ITO）玻璃、材料成本降低、透光度提高、轻薄；不需要触摸屏模组与薄膜晶体管（TFT）模组的后端贴合，良品率提高；触摸屏组与 TFT 模组同时生产减少模组的运输费用。内嵌式触摸屏又可分为两种：In-cell 技术和 On-cell 技术。In-cell 是指将触摸面板功能嵌入液晶像素中的技术。On-cell 是指将触摸面板功能嵌入彩色滤光片板（Color filter plate）和偏光板（Polarizer）之间的技术。

两种技术的定义略有差别，但都是将触摸屏内嵌于液晶模组之中。In-cell 技术把触摸屏整合在彩色滤光片下方，由于是将触摸传感器置于液晶面板内部，占据了一部分显示区域，所以牺牲了部分显示效果，而且还使工艺变得复杂，高良品率难以实现。On-cell 技术是在彩色滤光片上整合触摸屏，只需在彩色滤光片板与偏光板之间形成简单的透明电极（Transparent electrode）即可，降低了技术难度。On-cell 的主要挑战是显示器耦合到感测层的噪声（Noise）数量，触控屏幕元件必须运用精密的演算法来处理这种噪声。On-cell 技术提供将触摸屏整合到显示器的所有好处。例如，触控面板更加轻薄与成本大幅降低等优点，但整体系统成本降低的幅度仍然远远不及 In-cell 技术。内嵌式的概念最先由 TMD 在 2003 年提出，随后夏普、三星、AUO、LG 等公司相继提出此概念，并相继公布了一些研究成果，但是由于技术问题，都没有能够实现商业化。内嵌式触摸屏已经有十余年的发展时间，但目前距实现商业化仍有一定的距离。

（二）多点触控技术（Multi-touch technology）

2007年，苹果公司通过投射式电容技术实现了多点触控功能。目前多点触控技术已经从开始的仅可以实现两指缩放、三指滚动以及四指拨移，发展到能够支持五点以上的触控识别和多重输入方式等，今后多点触控技术将向更细致的屏幕物件操控和更具自由度的方向发展。

（三）混合式触控技术（Hybrid touch technology）

虽然触控技术类型众多，各有利弊，但没有一种技术是完美的。近年来有人开始提出混合式触控技术的概念。即在一块触控面上采用两种或者两种以上的触控识别技术，达到多种触控技术之间优劣互补的目的。目前已经研发出基于电容式和电阻式的混合式触摸屏，可以通过手写笔（Handwritten pen）和手指操作（Finger touch）、支持多点触控（Multi-touch）等措施来显著提高触摸屏的识别效率。所以，混合式触控技术必定替代单一的触控技术成为未来触控技术的重要发展方向之一。

（四）触觉反馈技术（Haptic feedback technique）

触控显示技术在给人们带来便捷的操作体验和良好的视觉效果的同时，忽略了触摸操作时用户的触觉反馈。目前，针对触觉反馈技术的研究不多。

美国的Immersion公司推出名叫“Force feedback”的触觉反馈技术。它是利用机械马达产生振动或者运动来模拟跳动、物体掉落和阻尼运动等触觉效果。该技术已经成为目前使用较多的触觉反馈技术之一。Senseg公司的“E-sense”技术是利用生物电场原理产生触觉反馈。由于增加反馈技术可以给用户带来新的更加逼真的触控体验，触觉反馈技术也已经成为今后触控技术发展的一个重要方向。

5.1.3 触摸屏技术的应用

随着社会的进步和科学技术的飞速发展，触摸屏已经成为应用最为广泛、操作最简单的输入设备，具有丰富的人性化色彩，在企业生产和个人应用中发挥着不可替代的作用。

根据触摸屏的尺寸大小，其应用主要包括：

（一）中小尺寸手持终端

1. 手机、平板电脑（Mobile phone、tablet PC）

主要为电阻及电容式技术，受益于半导体、触控、指纹识别、摄像头等技术的不断进步，智能手机逐渐成为人们日常生活的刚需。平板电脑一般采用10英寸（1英寸约合2.54厘米）左右的液晶屏幕，并且都是带有触摸识别的液晶屏，可以用电磁感应笔手写输入。平板式电脑集移动商务、移动通信和移动娱乐为一体，具有手写识别和无线网络通信功能，被称为笔记本电脑的终结者。

2. 车载触摸屏（On-board touch screen）

汽车车载屏幕所显示的内容来源十分广泛，既有来自车内的，又有来自车外的。而且，现在有许多更新型的应用需要触控屏幕面板进行操作，它将车用显示器的角色从简单的视觉信息呈现转变为实实在在的人机界面。伴随着显示数据量的增加，这一转变正在推动显示器的设计需求日趋走向易于察看型设计，其中融合了更大的尺寸、非矩形或曲面形状以及更高的分辨率。

（二）大尺寸触摸屏（Large touch screen）

1. 传统的行业应用和专业设备领域

包括自助服务设备、零售终端/POS机、教育培训、游戏机、工业控制、金融/ATM机、医疗设备等。未来五年，传统应用市场仍将是触摸屏企业生存发展的基础。POS机、ATM机、公共自助设备等大尺寸触摸屏的主要市场的增长潜力巨大。

2. 新兴触控电脑设备领域

包括触控笔记本、触控平板电脑、触控一体化电脑和触控桌面显示器。未来的新兴触控电脑设备拥有高穿透率、低功耗、多点触控与手势识别触控技术，将会在同类产品中居于领先地位。

3. 其他应用领域

特种领域，如飞机航控设备、电视台使用的直播室大屏幕显示器、军事作战指挥系统、城市应急管理系统等。

教育培训领域对交互式电子白板的强劲需求，将带动触摸屏需求快速增长。

触摸屏目前主要集中在小尺寸的应用上，未来将是一个触控和遥控的时代，所以，大尺寸触摸屏代表了目前触摸屏发展的趋势。

随着信息社会的发展，触摸屏技术成为一种极有发展前途的交互式输入技术，方便了人们对计算机的操作使用。新型触摸屏技术不断涌现并逐步完善，以触摸屏技术为交互窗口的公共信息传输系统将运用文字、图像等媒介进行广泛的信息交互。随着触摸屏技术的迅速发展，触摸屏的应用领域将会越来越广，性能将会越来越好。

5.2 触摸屏的性能与工作原理

5.2.1 触摸屏技术性能分析

(一) 电阻式触摸屏 (Resistive touch screen)

电阻式触摸屏的屏体部分是一块与显示器表面相匹配的多层复合薄膜，由一层玻璃或有机玻璃作为基层，表面涂有一层透明的导电层，上面再盖一层外表面硬化处理、光滑防刮的塑料层，它的内表面也涂有一层透明导电层，在两层导电层之间有许多细小的透明隔离点把它们隔开，以达到绝缘的目的。

电阻式触摸屏技术将其区域物理位置转换为平面坐标电压，具有完全的隔绝性能，能够阻挡外界的污渍、粉尘、水汽，而且任何介质都可以触摸操控。需注意的是，电阻式触摸屏复合薄膜外层使用的材料为塑料，若用力过猛或者使用利器，易造成触摸屏损伤。此外，在定位过程中，部分 A/D 转换器无温度补偿，相关参数会随温度变化发生漂移。在这种情况下需要重新定位，同时，为保障设计在整个工作温度范围内均可正常工作，需对高低温情况下触摸屏的使用情况进行测试。

1. 模拟电阻式触摸屏 (Analog resistive touch screen)

模拟电阻式触摸屏就是人们通常所说的“电阻屏”，它是利用压力感应进行拉制的一种触摸屏。它的主要部分是一块与显示器表面非常配合的一种多层的复合电阻薄膜，由一层玻璃或有机玻璃作为基层，表面涂有一层 ITO 的透明导电层，上面再盖一层外表面硬化处理、光滑防刮的塑料层，它的内表面也涂有一层导电层 [二氧化锡 (Stannic oxide，以下简称 TO) 或镍金]，在两层导电层之间有许多细小 (小于千分之一英寸) 的透明隔离点把它们隔开绝缘。当用指尖或笔尖压按屏幕时，压力将使膜内凹变形，两层导电层接触导电，再通过侦测 X 轴、Y 轴的电压变化可换算出对应的压力点。如图 5.2-1 所示，来完成整个屏幕的触压处理机制。

目前，模拟电阻式触摸屏有 4 线、5 线、6 线与 8 线等多种类型。线数越多，代表可侦测的精密度越高，但成本也会越高。模拟电阻式触摸屏的缺点是不支持多点触控、功耗大、寿命较短，同时长期使用会带来检测点漂移并需要校准。但其优点是结构简单、成本较低。在电容式触摸屏成熟之前，模拟电阻式触摸屏一度占据大部分触摸屏市场。

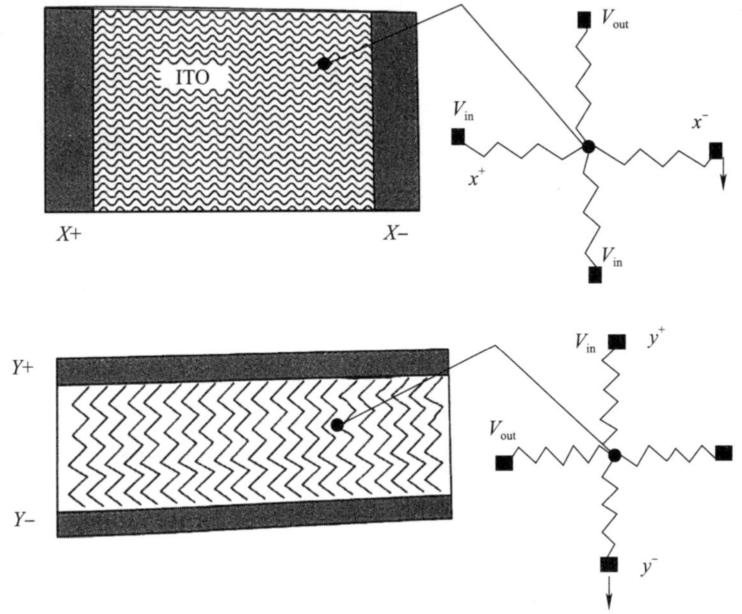

图 5.2-1　模拟电阻式触摸屏工作时的导体层（*X*、*Y* 分别代表水平和垂直方向的电位）

2. 数字式电阻触摸屏（Digital resistive touch screen）

基本原理与模拟式的相似。与后者不同的是，数字式电阻触摸屏是利用带有 ITO 条纹的基板，其中上下基板的 ITO 条纹相互垂直。数字式电阻触摸屏更像一个简单的开关。因此，它通常被当作一个薄膜开关来使用。数字式电阻触摸屏可以实现多点触控。

（二）电容式触摸屏（Capacitive touch screen）

由于分辨率较高，透光率也不错，可以很好地满足各方面的要求，因此，在公共场所主流应用的是电容式触摸屏。不过这种电容式触摸屏是把人体当作电容器的一个电极使用，当有导体靠近并与夹层工作面之间耦合出足够大的电容时，电流就会引起电容式触摸屏的误动作；另外电容触摸屏实际上是一套精密的漏电传感器，戴手套的手不能触摸，这是因为增加了更为绝缘的介质。电容式触摸屏使用寿命长、透光率高，但是不支持多点触控。目前，主要应用为大尺寸户外触摸屏，如公共信息平台（POI）及公共服务（销售）平台（POS）等。

1. 表面电容式触摸屏（Surface capacitive touch screen）

表面电容式触摸屏是通过电场感应方式感测屏幕表面的触摸行为。由一个模拟感应器（Analog inductor）和一个双向智能控制器（Bidirectional intelligent controller）组成。模拟感应器是一块四层复合玻璃屏，玻璃屏的内表面和夹层各涂有一层 ITO 导电涂层，最外层是只有 0.0015 mm 厚的矽土玻璃，形成坚实耐用的保护层。夹层 ITO 涂层作为工作面，四个角上各引出一个电极，内层 ITO 作为屏蔽层用以保证良好的工作环境。

触摸屏工作时，感应器边缘的电极产生分布的电压场，由于人体电场的存在，触摸屏幕时，手指和触摸屏的工作面之间就会形成一个耦合电容。因为工作面上接有高频信号，于是手指吸收走一个很小的电流，分别从触摸屏四个角上的电极中流出。从理论上讲，流经这四个电极的电流与手指到四角的距离成比例，控制器通过对这四个电流比例的精密计算，从而可以得出触摸点的位置。最后，控制器将数字化的触摸位置数据传送给主机，以实现人机交互。

2. 投射电容式触摸屏（Projection capacitive touch screen）

投射电容式触摸屏利用的是触摸屏电极发射出的静电场线进行感应，投射电容式触摸屏结构如图 5.2-2 所示。投射电容传感技术可分为两种：自我电容（Self-capacitance）和交互电容（Mutual capacitance）。自我电容又称绝对电容，它把被感应的物体作为电容的另一个极板，该物体在传感电极和被传感电极之间感应出电荷，通过检测该耦合电容的变化来确定位置。但是如果是单点触摸，通过电容变化，在 *X* 轴和 *Y* 轴方向所确定的坐标只有一组，组合出的坐标也是唯一的；如果在触摸屏上有两点触摸并且这两点不在同一 *X* 方向或者同一 *Y* 方向，在 *X* 和 *Y* 方向分别有两个坐标投影，则组合出 4 个坐标。显然，只有两个坐标是真实的，另外两个就是俗称的“鬼点”。因此，自我电容屏无法实现真正的多点触摸。交互电容又叫跨越电容，它是通过相邻电极的耦合产生的电容，当被感觉物体靠近从一个电极到另一个电极的电场线时，交互电容的改变会被感应到，当横向的电极依次发出激励信号时，纵向的所有电极便同时接收信号，这样可以得到所有横向和纵向电极交会点的电容值大小，即整个触摸屏的二维平面的电容大小。当人体手指接近时，会导致局部电容量减少，根据触摸屏二维电容变化量数据，可以计算出每一个触摸点的坐标。因此，屏上即使有多个触摸点，也能计算出每个触摸点的真实坐标。在上述两种类型的投射电容式传感器中，传感电容可以按照一定方法进行设计，以便在任何给定时间内都可以探测到手指的触摸。2007 年以来苹果公司的 iPhone、iPad 系列产品取得了巨大成功，投射式电容屏开始了井喷式的发展，迅速取代电阻式触摸屏，成为现在市场的主流触控设备。

（三）红外线式触摸屏（Infrared touch screen）

目前，市场上的计算机中有些加入了红外传输设备。这在笔记本电脑中更常见，在有的台式机上也可以见到一个小红外线收发接口。红外线式触摸屏是利用 *X*，*Y* 方向上密布的红外线矩阵来检测并定位用户的触摸。红外线式触摸屏在显示器的前面安装一个

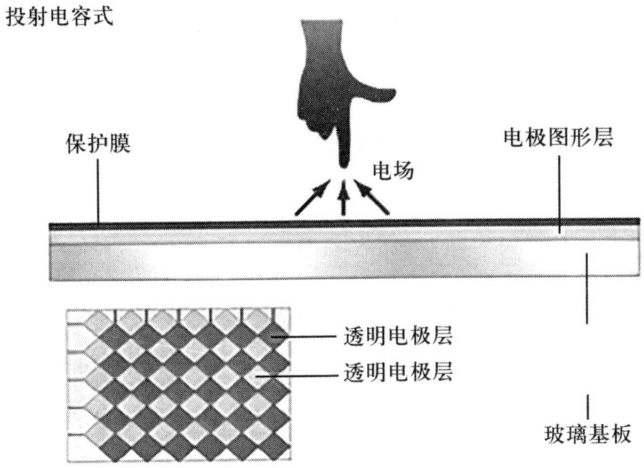

图 5.2-2　投射电容式触摸屏结构

电路板外框，电路板在屏幕四边排布红外线发射管和红外接收管，一一对应成横竖交叉的红外矩阵，如图 5.2-3 所示。用户在触摸屏幕时，手指就会挡住经过该位置的横竖两条红外线，据此可以判断出触摸点在屏幕的位置。红外线式触摸屏具有透光率高，不受电流、电压和静电的干扰，触控稳定性高等优点。但是红外线式触摸屏会受环境光线的变化，遥控器、高温物体、白炽灯等红外源的影响，而降低它的准确度。早期的红外线式触摸屏出现于 1992 年，分辨率只有 32×32 像素，易受环境干扰而误动作，而且要求在一定的遮光环境中使用。经过 20 年的发展，目前先进的红外线式触摸屏在正常工作环境下寿命大于 7 年，在跟踪手指移动轨迹的时候，精度、平滑度和跟踪速度都可以满足要求，用户的书写可以十分流畅地转换成图像轨迹，完全支持手写识别输入。红外线式触摸屏主要应用于无红外线和强光干扰的各类公共场所、办公室以及要求不是非常精密的工业控制场所。

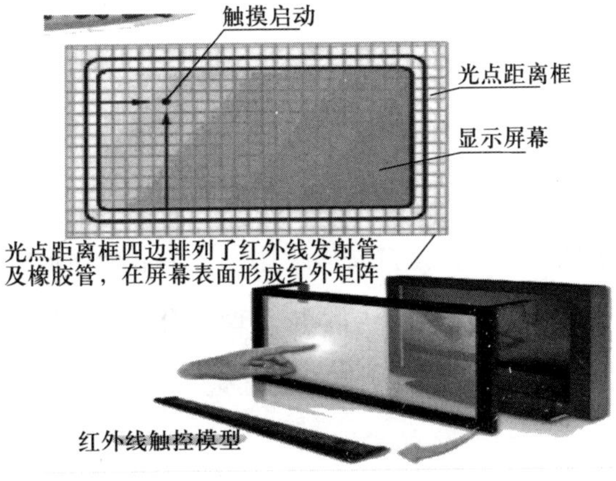

图 5.2-3　红外线式触摸屏

（四）声波式触摸屏（Sonic touch screen）

1. 表面声波式触摸屏（Surface acoustic wave touch screen）

表面声波式触摸屏的触摸屏部分可以是一块平面、球面或是柱面的玻璃平板，安装在阴极射线管（CRT）、发光二极管（LED）、液晶显示器（LCD）或是等离子显示器屏幕的前面。这块玻璃平板只是一块纯粹的强化玻璃，区别于其他类触摸屏技术，没有任何贴膜和覆盖层。玻璃屏的左上角和右下角各固定了竖直和水平方向的超声波发射换能器，右上角则固定了两个相应的超声波接收换能器。玻璃屏的四个周边则刻有由疏到密非常精密的与水平线夹角为45°的反射条纹，如图 5.2-4 所示。

工作原理以右下角的超声波发射换能器为例：发射换能器把控制器通过触摸屏电缆送来的电信号转化为声波能量向左方表面传递，然后由玻璃板下边的一组精密反射条纹把声波能量反射成向上的均匀面传递，声波能量经过屏体表面，再由上边的反射条纹聚成向右的线传播给 X 轴的接收换能器，接收换能器将返回的表面声波能量变为电信号。

当发射换能器发射一个窄脉冲后，声波能量历经不同途径到达接收换能器，走最右边的最早到达，走最左边的最晚到达，早到达的和晚到达的声波能量叠加成一个较宽的波形信号，不难看出，接收信号集合了所有在 X 轴方向历经长短不同路径回归的声波能量，它们在 Y 轴走过的路程是相同的，但在 X 轴上，最远的比最近的多走了两倍 X 轴最大距离。因此，这个波形信号的时间轴反映各原始波形叠加前的位置，也就是 X 轴坐标。发射信号与接收信号波形在没有触摸的时候，接收信号的波形与参照波形完全一样。当手指或其他能够吸收或阻挡声波能量的物体触摸屏幕时，X 轴途经手指部位向上走的声波能量被部分吸收，反映在接收波形上即某一时刻位置上波形有一个衰减缺口。接收波形对应手指挡住部位，信号衰减了一个缺口，计算缺口位置，即得触摸坐标控制器分析到接收信号的衰减，并由缺口的位置判定 X 坐标。之后 Y 轴同样的过程判定出触摸点的 Y 坐标。除了一般触摸屏都能响应的 X、Y 坐标外，表面声波触摸屏还响应第三轴 Z 轴坐标，也就是能感知用户触摸压力大小值。其原理是由接收信号衰减处的衰减量计算得到。三轴一旦确定，控制器就把它们传给主机。

表面声波式触摸屏的一个特点是抗暴力使用，因为表面声波式触摸屏的工作面是一层看不见、打不坏的声波能量，触摸屏的基层玻璃没有任何夹层和结构应力（表面声波触摸屏可以发展到直接做在 CRT 表面从而没有任何“屏幕”），因此非常抗暴力使用，适合公共场所。

表面声波式触摸屏的第二个特点是反应速度快，是所有触摸屏中反应速度最快的，使用时感觉很顺畅。

表面声波式触摸屏的第三个特点是性能稳定，因为表面声波技术原理稳定，而表面声波式触摸屏的控制器靠测量衰减时刻在时间轴上的位置来计算触摸位置，所以表面声波触摸屏非常稳定，精度也非常高，目前表面声波技术触摸屏的精度通常是 4 096×4 096×256 级力度。

表面声波式触摸屏的第四个特点是控制卡能知道什么是尘土和水滴，什么是手指，有多少在触摸。因为手指触摸在 4 096×4 096×256 级力度的精度下，每秒 48 次的触摸数据不可能是纹丝不变的，而尘土或水滴就一点都不变，控制器发现一个“触摸”出现后纹丝不变超过三秒钟即自动识别为干扰物。

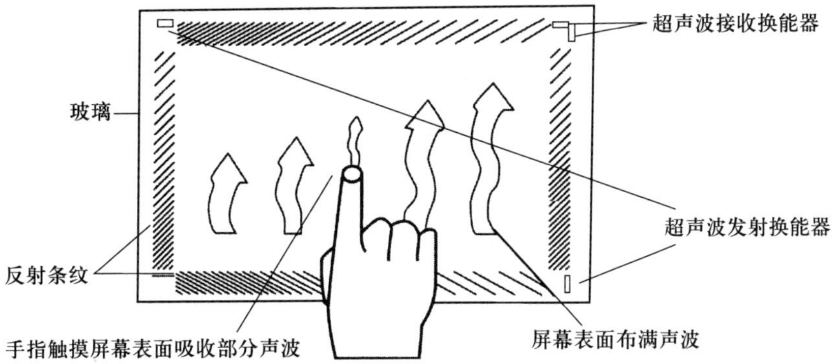

图 5.2-4　表面声波式触摸屏工作原理图

2. 弯曲声波式触摸屏（Curved acoustic wave touch screen）

弯曲声波式触摸屏基于声音脉冲识别技术。当物体触碰到触摸屏表面时，传感器将会探测声波的频率，通过将该频率与预先存储在芯片内的标准频率对比，确定触摸点的位置，通过这种方式可以避免衣物、行李、灰尘和昆虫等环境因素引起的错误识别。表面式触摸屏的声波沿着基板表面传播，而弯曲式的声波在基板内部传播。所以，弯曲式的抗环境干扰性能优于表面式。目前弯曲式触摸屏一般用于 5 寸以上的信息亭、金融设备和售卖机等。

（五）光学成像式触摸屏（Optical imaging touch screen）

光学成像式触摸屏是一种利用光来定位的触控技术，如图 5.2-5 所示。在屏幕的四角分别设置发光源和光线捕捉感应器，当物体触碰到触摸屏表面，光线发生变化，触控 IC 模块分析光线感应器的变化确定触控的位置。光学成像式触摸屏耐久性高，适合在复杂的环境下使用，并且支持多点触控，但是容易受到环境光线、灰尘、昆虫等的影响发生误识别。目前该技术只应用在 10 寸以上的桌面监视器、教育、培训等方面。

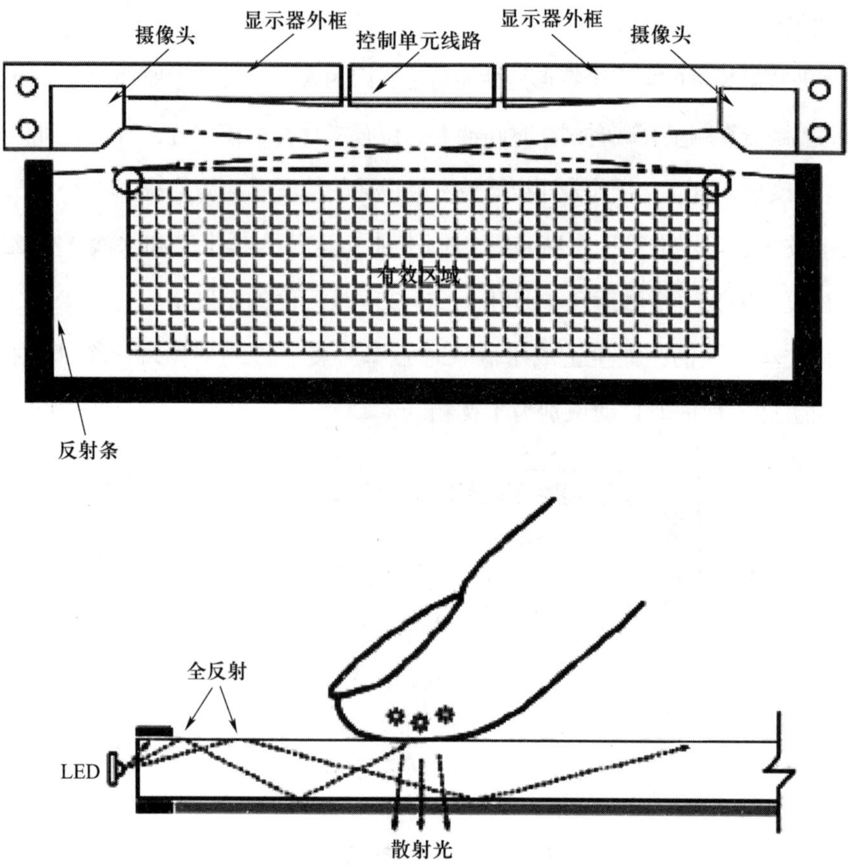

图 5.2-5　光学成像式触摸屏

（六）电磁感应式触摸屏（Electromagnetic induction touch screen）

电磁感应式触摸屏的感应器设置在显示屏之后，感应器在显示器表面产生一个电磁区域，电子笔触碰到显示器表面时，感应器可以通过计算电磁的改变来确定触控点的位置。相比于其他触摸屏技术，电磁感应式触摸屏的精确度和分辨率是最高的，耗电量低，更加轻薄，特别适合在战争环境和建筑环境下使用。

（七）其他触摸屏技术

目前市场上除了上述触控技术外，还有压力感应式（Pressure induction）、数字声波导向式（Digital sonic guide）、振荡指针式（Oscillatory pointer）等多种触控技术，一般用于特殊用途。

5.2.2　几种触摸屏的技术比较

技术方面的选择主要取决于以下几个因素。

性能：性能包括诸如速度、灵敏度、精确度、分辨率、拖动、Z 轴、双/多触摸方式、视差角度和校准的稳定性。

输入灵活性：输入灵活性参数影响着人机交互的方式，诸如手套、手套材料、指甲、触笔、手写识别和获取签名。

环境：环境因素为温度、湿度、耐化学性、耐划伤、防飞溅/液滴、高度、车内安装、冲击、震动、断裂性和防打破的安全性。

电气和机械性能：电气和机械性能需要涵盖功率、浮动接地、静电放电（ESD）、电磁干扰（EMI）、尺寸大小、曲率等。

光学：影响技术选择的光学特性包括透光率、清晰度、色彩纯度和反射。

表 5-1 列举了几种常见触摸屏的重要技术参数比较。

表 5-1 几种触摸屏的技术比较

特性种类	电阻式	表面电容式	投射电容式	声波式	红外式	光学式
清晰度	较好	差	好	很好	一般	较好
透光率	72% ~ 85%	≥85%	≥85%	≥92%	93% ~ 100%	≥92%
分辨率	4 096×4 096（0. 03 mm）	1 024×1 024	1 024×1 024	4 096×4 096（0. 03 mm）	40×32（1. 5 mm）	40×32（1. 5 mm）
响应速度	≤10 ms	15~24 ms	≤15 ms	≤10 ms	50~300 ms	50~300 ms
触摸方式	手指或笔施加压力	手指不施加压力	手指不施加压力	手指等不施加压力	任何方式不施加压力	任何方式不施加压力
多点触摸	不可	不可	可	可/有限制	可/有限制	可/有限制
漂移	无	有	有	无	无	无
防刮擦	3H 硬度，局部刮擦损害仍能使用	怕敲击	怕敲击	不怕刮擦	不怕刮擦	不怕刮擦
触摸寿命	≥3 500 万次	≥5 000 万次	≥5 000 万次	≥5 000 万次	红外管寿命	光源寿命
工作环境	不受任何影响	不受任何影响	受水汽干扰	受灰尘、油污和水干扰	受灰尘干扰	受灰尘、油污和水干扰
适合尺寸	1″~19″	8. 4″~21″	1″~42″	15″~29″	10. 4″~150″	23″~65″

5. 2. 3 接口能力

大多数情况下，触摸屏只能通过标准的串行通信口（RS232、RS422/RS485）与其他设备相连接。但随着计算机和数字电路技术的发展，人机界面产品的接口能力越来越强，除了传统的串行通信接口外，有些人机界面产品已具有以太网、并口、USB、Profibus-DP 等数据接口，可与具有以太网、并口、USB 口、Profibus-DP 等接口的工业控制设备相连接，来实现设备的人机交互。

通用的触摸屏产品都提供了大量的、可供选择的常用设备通信驱动程序。一般情况下，只要在人机界面的画面组态软件中选择与连接设备相对应的通信驱动程序，就可以完成 HMI 和设备的通信连接。如果所选 HMI 产品的组态软件中没有要连接设备的通信驱动程序，用户则可以把要连接设备的通信接口类型和协议内容告知 HMI 产品的生产商，请 HMI 厂商代为编制该设备的通信驱动程序。

5.2.4 产品的基本功能及选型指标

（一）产品基本功能

①设备工作状态显示，如指示灯、按钮、文字、图形、曲线等，可以显示直线、圆和长方形等简单图形，还可以显示数字和英文、日文、中文等。位图也可以作为预定义画面组件导入和显示。显示连接可编程序控制器（PLC）中字元件设定值和当前值，可以以数字或棒图的形式显示，供监视用。图形组件的指定区域可以根据 PLC 中位元件的开/关状态反转显示。

②数据、文字输入操作，打印输出，监视并改变数值数据，可以监视和改变每个元件的开/关状态和 PLC 中每个定时器、计数器的设定值和当前值，以及数据寄存器的值。

③生产配方存储，设备生产数据记录，可以将报警（位元件 ON）存储为报警历史，每个元件的报警频率可以作为历史数据存储。使用画面创建软件可通过个人计算机读出报警历史信息，并将信息传入打印机。

④简单的逻辑和数值运算，如与、或、非、加、减等。

⑤可连接多种工业控制设备组网，配置各种接口，例如，RS232（串口），RS422、RS485 接口，MPI，Profibus-DP，USB，可选以太网接口。可远程下载/上传组态和硬件升级产品。

（二）产品分类

①薄膜键输入的 HMI，显示尺寸小于 5.7 英寸，画面组态软件免费，属初级产品。如 POP-HM 小型人机界面。

②触摸屏输入的 HMI，显示屏尺寸为 5.7～12.1 英寸，画面组态软件免费，属中级产品，如三菱 F940、F970。

③基于平板 PC 计算机的、多种通信接口的高性能 HMI，显示尺寸大于 10.4 英寸，画面组态软件收费，属高端产品，如研华平板 IPC、西门子平板 PC PPC154T。价格较低的有 MCGS 的产品，送组态软件。

（三）国内触摸屏市场

国内触摸屏市场中，三菱、PRO-FACE、SIEMENS、OMRON、ABB、EVEW、WEINVIEW、松下、台达的市场占有率较高。PRO-FACE 在全球市场占有率比较高，在我国的占有率也比较高。三菱、SIEMENS 等公司多以触摸屏与其他产品配套来占领市场，而且价格昂贵，针对自己的产品性能较佳，于是以品牌和配套共同分享了一部分客户。国产的 EVEW、WEINVIEW 等触摸屏多以价格来赢得客户，所以备受一些小型企业或个人的青睐。

（四）典型国内人机界面产品

（1）OMRON 新一代触摸屏 NS10 可编程终端

如图 5.2-6 所示。

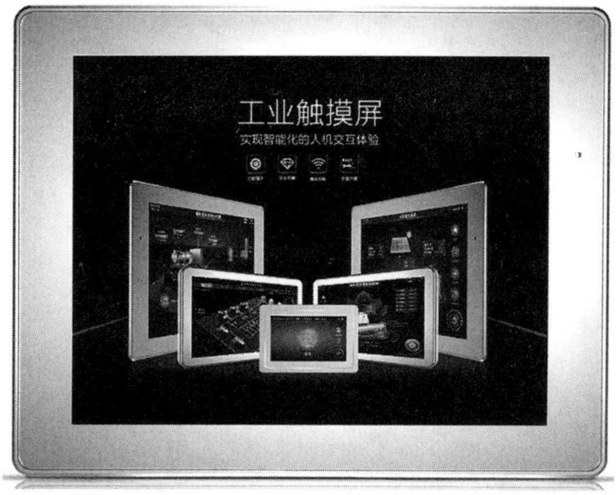

图 5.2-6 NS10 可编程终端

①有效显示区域尺寸：10.4 英寸。

②显示材料：TFT。

③像素：640×480。

④显示色彩：256 色。

⑤画面数据容量：60 MB。

⑥支持存储卡，PLC 梯形图监控（仅 CJ1 和 CS1），支持 4 路视频输入，能接入 Controller Link 网络。

（2）研华嵌入式触摸平板电脑（TPC 系列）

如图 5.2-7 所示。超薄、超轻、无风扇和抗振设计。TPC 系列为大多数自动化应用提供了一个完美的 HMI 平台。TPC 产品的显示器尺寸可为：5.7、6.4、12.1 和 15 英寸。TPC 产品的 TPC 使用低功耗的 ARM 和 Transmeta Crusoe 处理器，因此不需要风扇，这使得其适合于工业环境。此外，此产品外壳用镁合金制造，因而重量较轻，防腐蚀和散热性能良好。

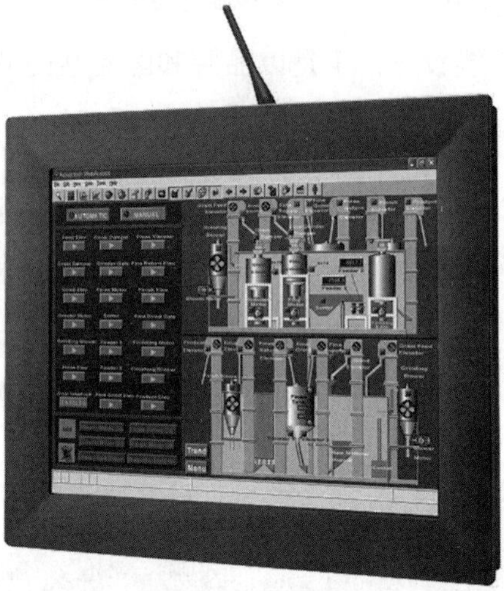

图 5.2-7　研华嵌入式触摸平板电脑（TPC 系列）

（3）SIMATIC 操作员面板

如图 5.2-8 所示。

图 5.2-8　SIMATIC 操作员面板

除标准功能外，OP 系列还提供如参量管理、线性转换、可变限值变量、在线语言选择等功能，并具有下列优点：

①基于 Windows CE，不需要硬盘驱动器和冷却扇。

②具有较高的电磁兼容性（EMC）和抗振性能。

③在组态计算机上进行组态模拟，不需要 PLC 和触摸屏。

④可显示曲线及棒图。

⑤结构紧凑，易于安装。

（4）Proface 的 GP3000 系列

如图 5.2-9 所示。有 5.7~15 英寸多达 14 种机型，全新引入“制造现场指挥中心”的概念。标准配置一个 USB 接口和两个高速 COM 接口，支持新一代画面编辑软件 GP-Pro EX，不仅监视设备和控制器，同时还可以采集、测量、显示和管理生产过程中的数据。

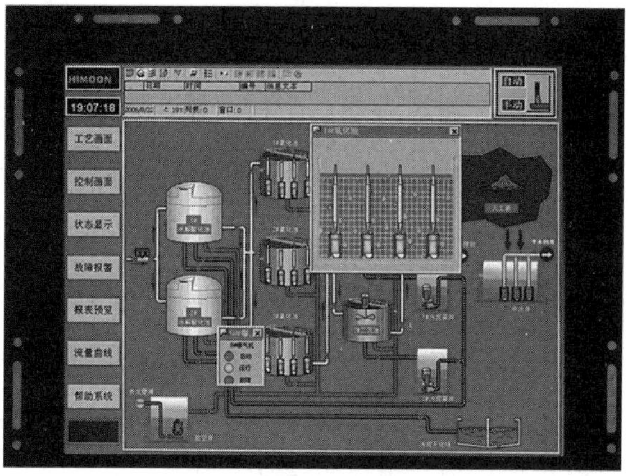

图 5.2-9　GP3000 触摸屏

（5）EVIEW 触摸屏 ET100 系列

如图 5.2-10 所示。

图 5.2-10　ET100 触摸屏

①分辨率 1 024×600 像素。

②高速 CPU，通信速度快，画面运行流畅。

③开窗面膜确保触控手感。

④系统参数、固件更新、触控校准设置方便，不需要频繁打开电气柜调节编码开关来设置工作模式。

（五）选型指标

①显示屏尺寸及色彩、分辨率。

②HMI 的处理器速度性能。

③输入方式：触摸屏或薄膜键盘。

④画面存储容量，注意厂商标注的容量单位是字节（Byte），还是位（Bit）。

⑤通信口种类及数量，是否支持打印功能。

⑥触摸屏漂移。传统的鼠标是一种相对定位系统，只和前一次鼠标的位置坐标有关。而触摸屏则是一种绝对坐标系统，要选哪儿就直接点哪儿，与相对定位系统有着本质的区别。绝对坐标系统的特点是每一次定位坐标与上一次定位坐标没有关系，每次触摸的数据通过校准转为屏幕上的坐标，不管在什么情况下，触摸屏这套坐标在同一点的输出数据是稳定的。不过由于技术原理的原因，并不能保证同一点触摸每一次采样数据是相同的，不能保证每一次都是绝对坐标定位，点不准，这就是触摸屏最怕的问题：漂移。对于性能质量好的触摸屏来说，漂移的情况出现得并不是很严重。

（六）人机界面的一般使用方法

①明确监控任务要求，选择适合的 HMI 产品。

②在 PC 机上用画面组态软件编辑工程文件。

③测试并保存已编辑好的工程文件。

④PC 机连接 HMI 硬件，下载工程文件到 HMI 中。

⑤连接 HMI 和工业控制器（如 PLC、仪表等），实现人机交互。

5.3 触摸屏组态原理与使用方法

5.3.1 触摸屏组态原理（Touch screen configuration principle）

（一）HMI 定义（HMI definition）

HMI 是 Human Machine Interface 的缩写，“人机接口”，也叫人机界面。人机界面

(又称用户界面或使用者界面)是系统和用户之间进行交互和信息交换的媒介，它实现信息的内部形式与人类可以接收形式之间的转换。HMI 的接口种类很多，有 RS232、RS485、RJ45 网线接口。

HMI 系统必须有几项基本的能力：

①实时的资料趋势显示——把获取的资料立即显示在屏幕上。

②自动记录资料——自动将资料储存至数据库中，以便日后查看。

③历史资料趋势显示——把数据库中的资料进行可视化的呈现。

④报表的产生与打印——能把资料转换成报表的格式，并能够打印出来。

⑤图形接口控制——操作者能够透过图形接口直接控制机台等装置。

⑥警报的产生与记录——使用者可以定义一些警报产生的条件，比如说温度过高或压力超过临界值，在这样的条件下系统会产生警报，通知作业员处理。连接可编程序控制器（PLC）、变频器（Frequency converter）、直流调速器（DC governor）、仪表等工业控制设备，利用显示屏显示，通过输入单元（如触摸屏、键盘、鼠标等）写入工作参数或输入操作命令，实现人与机器信息交互的数字设备，由硬件（Hardware）和软件（Software）两部分组成。

（二）HMI 的基本功能及选型指标（Basic functions and selection indexes of HMI）

1. 基本功能

①显示设备工作状态，如指示灯、按钮、文字、图形、曲线等。

②数据、文字输入操作，打印输出。

③生产配方存储，设备生产数据记录。

④简单的逻辑和数值运算，可连接多种工业控制设备组网。

2. 选型指标

显示屏尺寸及色彩、分辨率。

①HMI 的处理器速度性能。

②输入方式：触摸屏或薄膜键盘。

③画面存储容量，注意厂商标注的容量单位是字节（Byte），还是位（Bit）。

④通信口种类及数量，是否支持打印功能。

（三）触摸屏的使用方法

①明确监控任务要求，选择适合的 HMI 产品。

②在 PC 机上用画面组态软件编辑“工程文件”。

③测试并保存已编辑好的“工程文件”。

④PC 机连接 HMI 硬件，下载“工程文件”到 HMI 中。

⑤连接 HMI 和工业控制器（如 PLC、仪表等），实现人机交互。

（四）组态软件

组态软件是数据采集监控系统 SCADA（Supervisory Control and Data Acquisition）的软件平台工具，是工业应用软件的一个组成部分。它具有丰富的设置项目，使用方式灵活，功能强大。组态软件由早先单一的触摸屏向数据处理机方向发展，管理的数据量越来越大。随着组态软件自身以及控制系统的发展，监控组态软件部分地与硬件发生分离，为自动化软件的发展提供了充分发挥作用的舞台。OPC（OLE for Process Control）的出现，以及现场总线尤其是工业以太网的快速发展，大大简化了异种设备间互连的流程，降低了开发 I/O 设备驱动软件的工作量。I/O 驱动软件也逐渐向标准化的方向发展。

TIA 博图是全集成自动化软件 TIA Portal 的简称，是西门子工业自动化集团发布的一款全新的全集成自动化软件。它是业内首个采用统一的工程组态和软件项目环境的自动化软件，几乎适用于所有自动化任务。借助该全新的工程技术软件平台，用户能够快速、直观地开发和调试自动化系统。

西门子 PLC 在工业控制领域有着广泛的应用，其中新一代的西门子 PLC S7-1200 系列和西门子 PLC S7-1500 系列的出现，为用户提供了更多的便利。对于新一代的西门子 PLC，用户需要使用博图软件 TIA Portal 对其进行程序的逻辑设计，通过博图软件 TIA Portal 来对控制系统进行界面的设计和组态。博图软件是一个系统，里面包含有多种软件，可以满足用户在不同自动化控制系统中的各种需求。

西门子博图软件 STEP7、Wincc 等为用户提供了强大的功能，用户可以根据项目中的实际需求进行选择。西门子博图软件系列为用户提供了很好的支持，使得用户的程序设计变得简单有效，并可以将整套自动化控制系统集成在一起进行操作和控制，极大地提高了工程效率，降低了维护成本。

本书采用博图（TIA Portal）V15 软件，该软件融合了 Step7 和 Wincc。

5.3.2 HMI 软件的使用

TIA Portal 博图软件作为一切未来软件工程组态包的基础，可对西门子全集成自动化中涉及的所有自动化和驱动产品进行组态、编程和调试。

其中 TIA Wincc 是一个很容易掌握的编辑软件，用户可以通过上位机方便地进行触摸屏界面的设计和修改，并下载到指定的触摸屏上进行现场数据的采集与监测、前端数据的处理与控制。在 TIA Wincc 中可以创建画面，以便于操作员控制和监视设备，创建画面时，包含对象模板将在显示过程、创建设备图像和定义过程值方面为用户提供支持。下面将分几个步骤介绍使用 TIA Wincc 进行项目创建和调试。

（一）HMI 画面的创建

进入程序后，可以选择项目类型，在此用户可以对项目设备的类型进行选择。本文采用 TIA Portal V15 软件来新建一个全新的项目。

单击桌面上的图标，打开 TIA Portal V15 软件进入“启动”选择页面，如图 5.3-1 所示。在“启动”栏中，有“打开现有项目”“创建新项目”“移植项目”等。在此选择“创建新项目”。用户可以为项目命名、指定项目存储路径，选择 TIA 版本、作者名称以及项目注释等。完成这些设置后，点击按钮“创建”即可创建一个新项目。弹出新手引导对话框如图 5.3-2 所示。

图 5.3-1　创建新项目

通常 TIA Wincc 项目总是和 PLC 项目在一起的，很少情况下才会有单独的 TIA Wincc 项目。用户可以在“设备和网络”选项中单击“添加新设备”，如图 5.3-3 所示。会弹出设备选项卡，如图 5.3-4 所示。

在弹出窗口中点击选项卡“控制器”，我们会看到所有可用的 PLC 系列及型号。在图 5.3-4 通过点击 PLC 系列前面的黑色箭头或是在 PLC 系列上双击逐级展开，选择目标 PLC 并点击按钮“确定”插入一个 PLC 站点，如图 5.3-5 所示。单击“添加”按钮，进入图 5.3-6 的项目视图，完成这一步后用户在“项目树”下“设备”中看到的内容如图 5.3-7 所示。

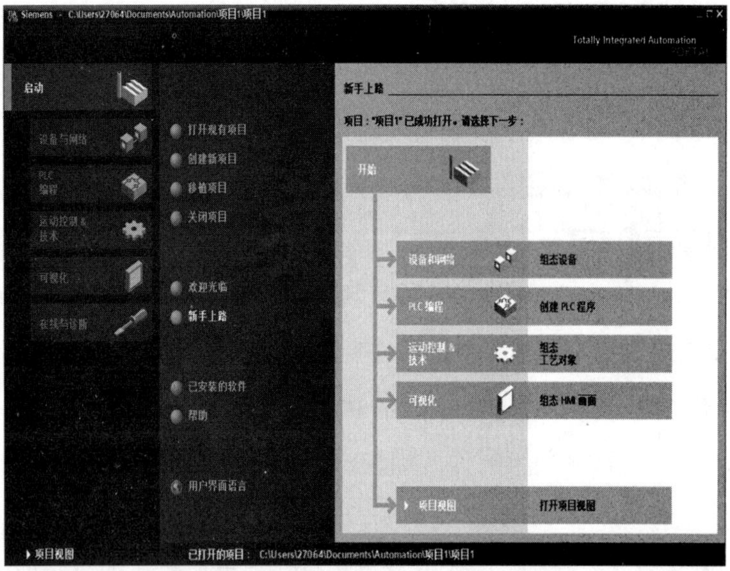

图 5.3-2　TIA 视图新手引导对话框

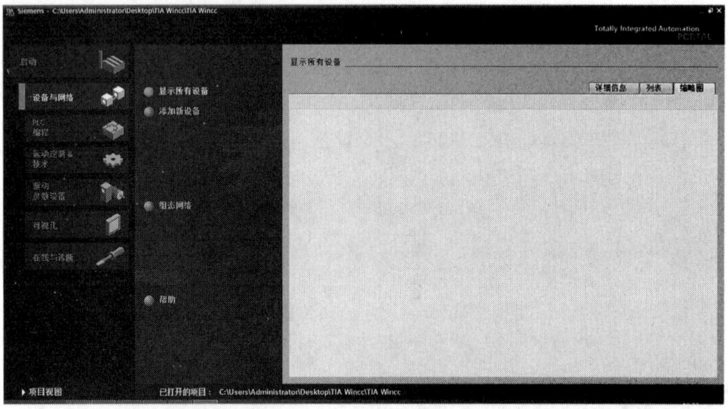

图 5.3-3　设备与网络选项对话框

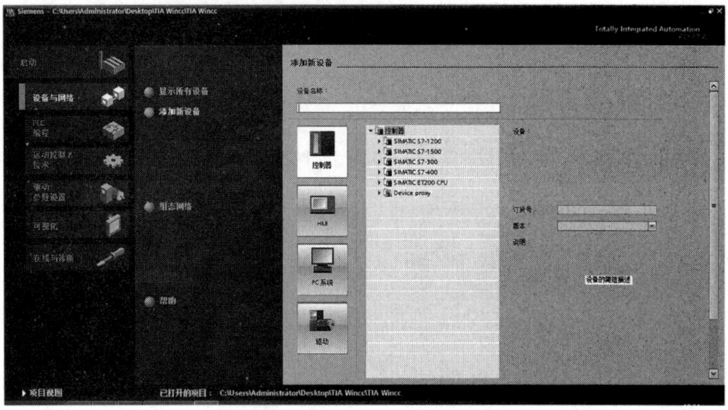

图 5.3-4　添加设备选项卡

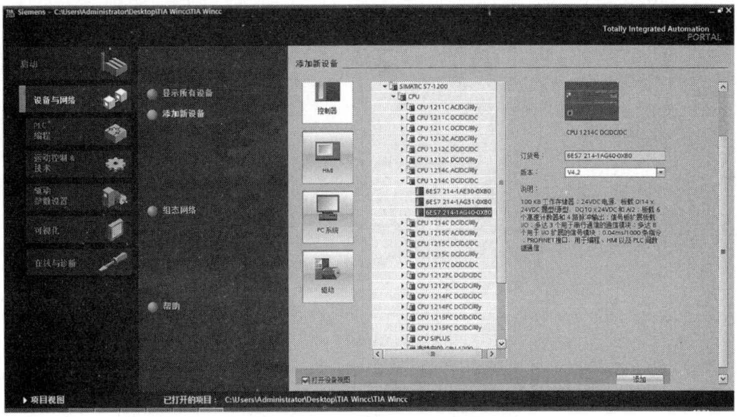

图 5.3-5　插入 CPU1200 站点

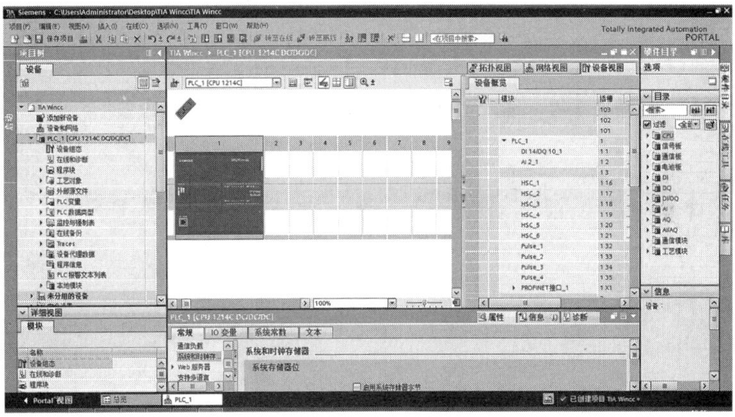

图 5.3-6　项目视图

现在再为项目插入一个 Wincc 站点。双击图 5.3-6 中左边“项目树”下“设备”中的“添加新设备”按钮。在弹出窗口中点击选项卡“添加新设备”，单击 HMI，如图 5.3-8 所示，用户会看到所有可用的 HMI 系列及型号。

在图 5.3-8 中单击 HMI 设备，设备自动生成“HMI_ 1”设备名称。在 HMI 中可以选择各种类型的 HMI 设备，所选 HMI 设备支持多种分辨率，则用户可以从列表中选择相应的设置，选择控制器的类型。选择“HMI”—“SIMATIC 精简系列面板”—“7″显示屏”—“KTP700 Basic”，订单号为“6AV2 123 - 2GB03 - 0AX0”。版本选择“15.1.0.0”。后单击“确定”按钮。弹出“HMI 设备向导”对话框，如图 5.3-9 所示。在“HMI 设备向导”对话框中，用户可以对 PLC 连接，对画面布局、报警、画面、系统画面、按钮进行设置。在图 5.3-9“PLC 连接”选项中，用户可以设置连接的 PLC、通信驱动程序和通信接口。可以选择连接 PLC，单击右侧的“▼”，如图 5.3-10 所示。

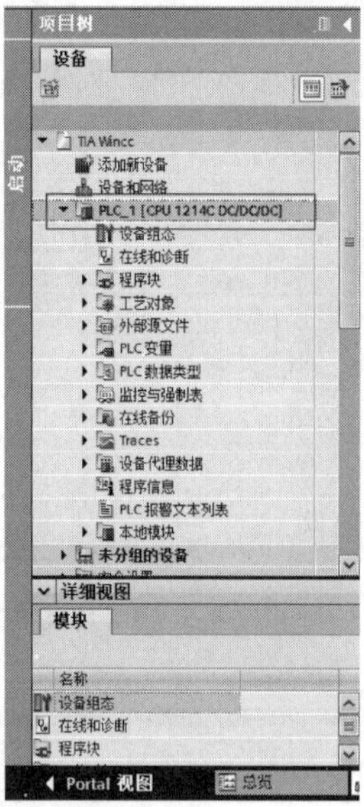

图 5.3-7　插入 PLC 站点后的“项目树”下“设备”

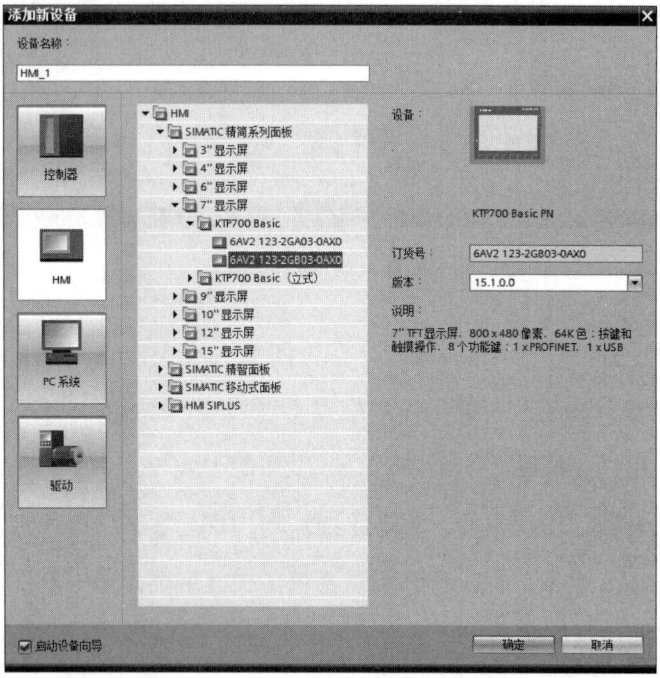

图 5.3-8　添加 HMI

选择之前添加的 CPU 1214C DC/DC/DC 的 S7-1200PLC。单击“√”可以选择 HMI 设备与控制器之间的连接类型，如图 5.3-11 所示。“通信驱动程序”和“接口”自动生成。

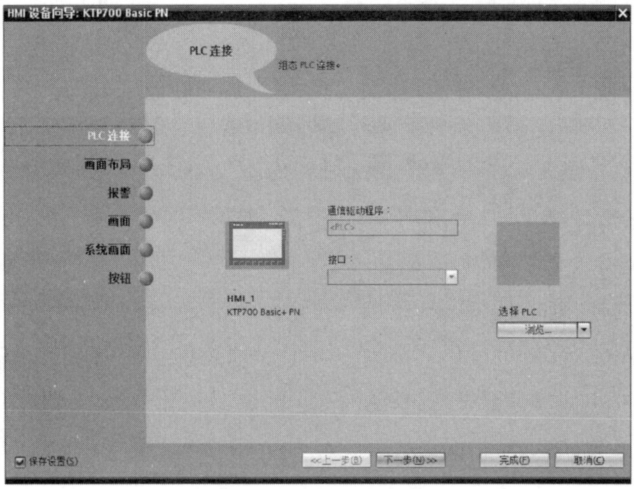

图 5.3-9　HMI 设备向导

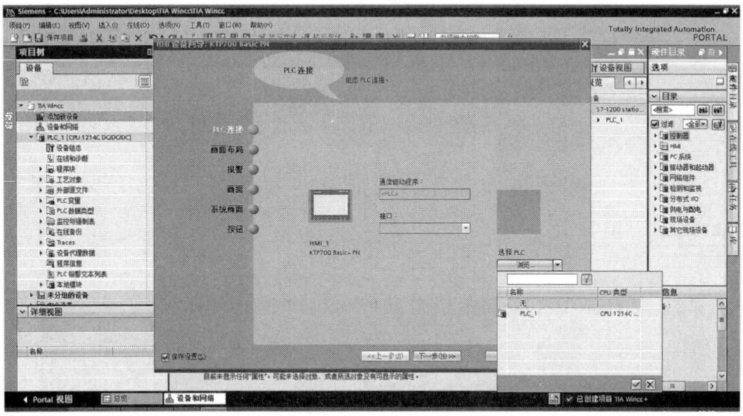

图 5.3-10　选择连接的 PLC

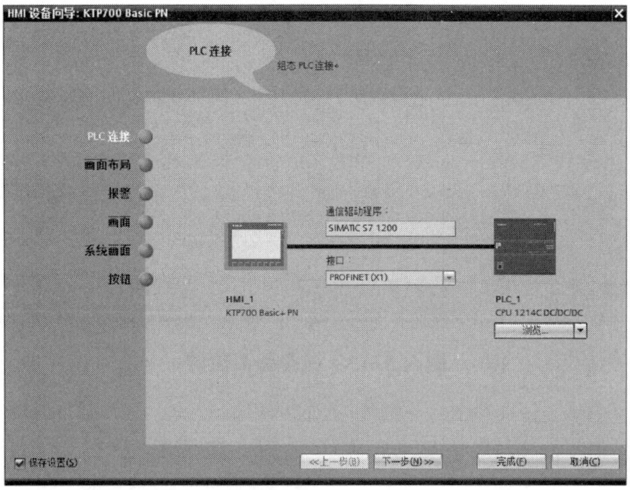

图 5.3-11　HMI 与 PLC 之间建立连接

单击“下一步”按钮进入“画面布局”设置，如图 5. 3-12 所示，在此用户可以设置画面的分辨率、背景色、页眉、日期、时间和 Logo。

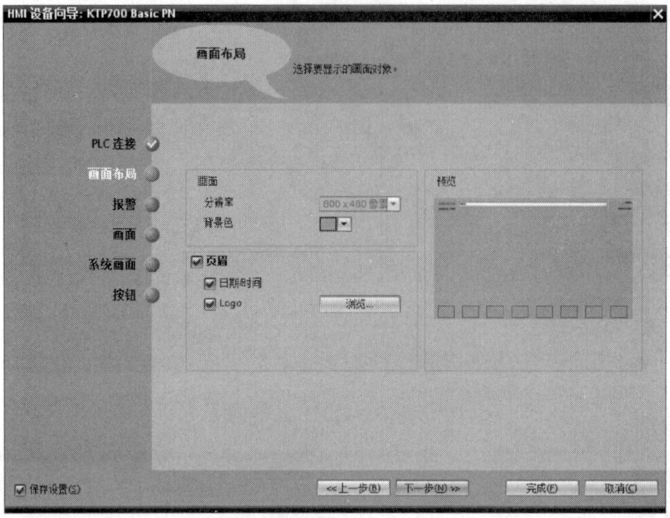

图 5. 3-12　画面布局设置

继续单击“下一步”按钮进入“报警”设置，如图 5. 3-13 所示，在此用户可以设置“未确认的报警”“未决报警”“未决的系统事件”。

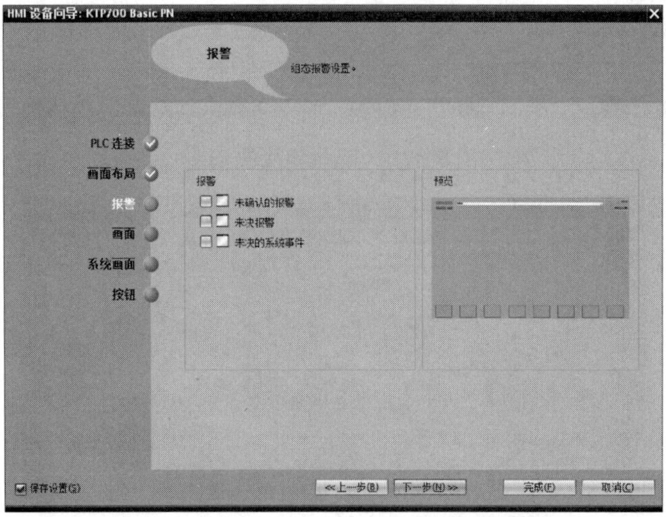

图 5. 3-13　报警画面设置

继续单击“下一步”按钮进入“画面”设置，如图 5. 3-14 所示，在此用户可以设置根画面、画面 0、画面 1 等。

继续单击“下一步”按钮进入“系统画面”设置，如图 5. 3-15 所示，用户可以根据自己需要建立一个根画面，或将所有的画面直接显示在组成画面级中。可以单击“全选”来选择所有的系统画面，也可以选择单个的系统画面及其对象。

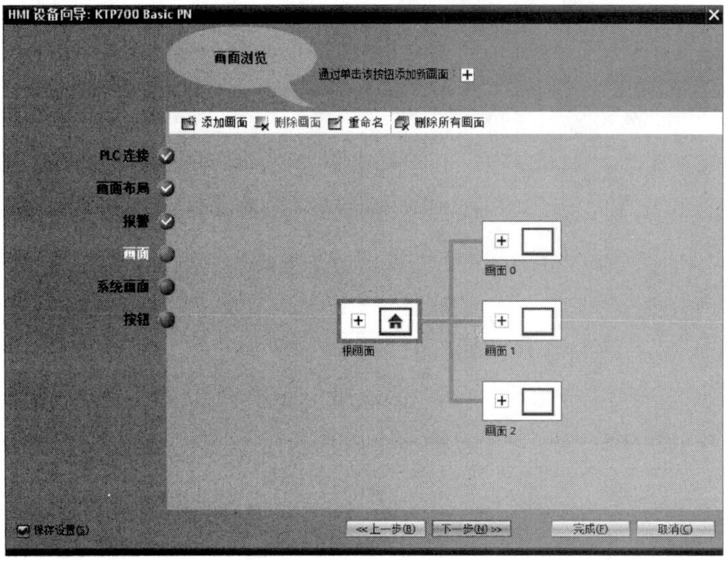

图 5.3-14　画面设置

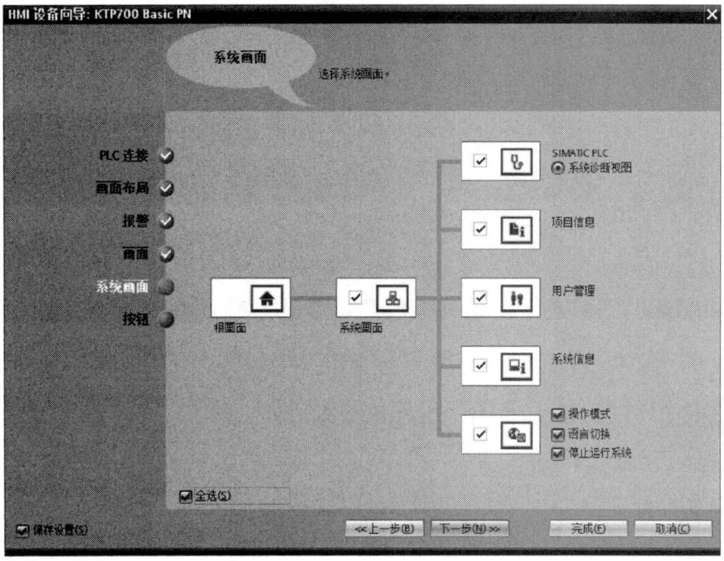

图 5.3-15　系统画面设置

继续单击“下一步”按钮进入“按钮”设置，如图 5.3-16 所示，用户可以选择按钮的摆放区域左、下、右，也可以选择起始画面、登录、语言、退出按键的摆放个数和位置。最后单击“完成”按钮，即可生成带设置的项目，如图 5.3-17 所示的 HMI 项目视图。完成这一步后，用户在“项目树”下“设备”中看到的界面，如图 5.3-18 所示。

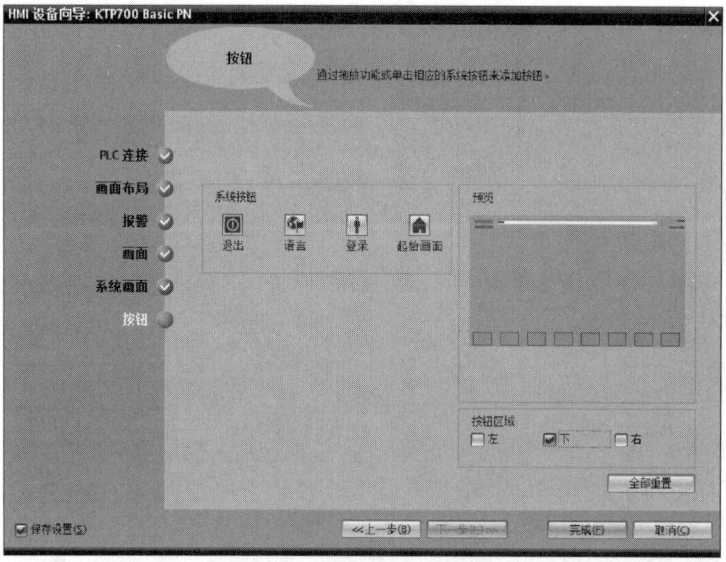

图 5. 3-16　按钮设置

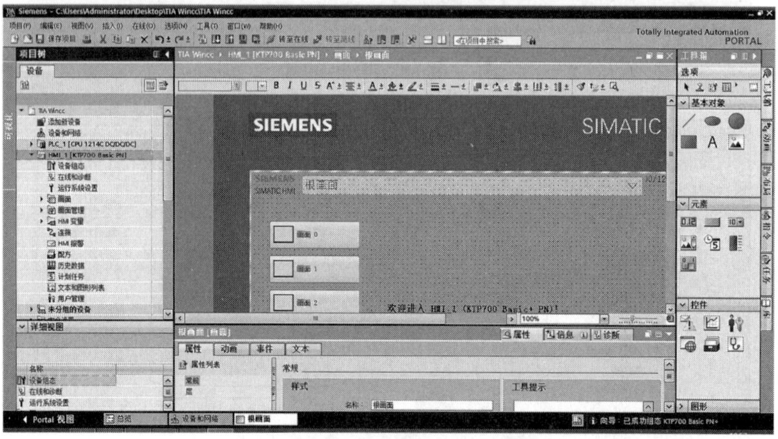

图 5. 3-17　HMI 项目视图

（二）配置通信（Configuration communication）

双击项目视图左侧的“项目树”下“设备”中的“HMI_ 1［KTP700 Basic PN］”下的“设备组态”，进入设备组态对话框，在“HMI_ 1”属性对话框中，单击“常规”项中的“PROFINET 接口”下的“以太网地址”，配置接口和 IP 协议，IP 地址配置为 192. 168. 0. 2，子网掩码配置为 255. 255. 255. 0，如图 5. 3-19 所示。

配置好 HMI 的 IP 协议，再回到 PLC 站点。双击 PLC 站点下面的“设备组态”打开 PLC 站点的“设备视图”，用户看到的应该和图 5. 3-20 一样。双击图 5. 3-19 中 PLC 左下角的网卡图标，在其属性栏中配置子网和 IP 地址，如图 5. 3-20 所示的配置 PLC 接口和 IP 协议。

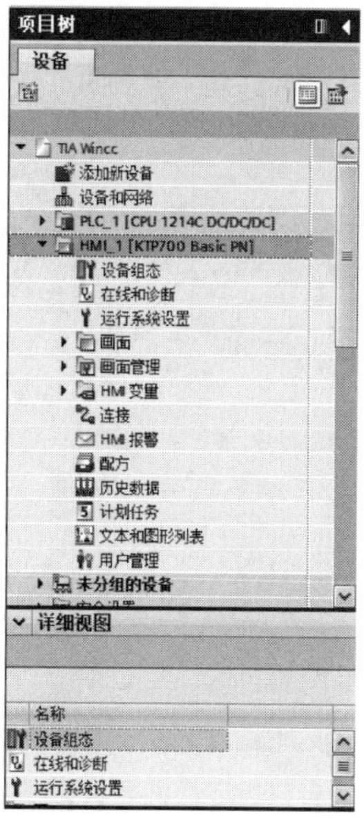

图 5.3-18　插入 HMI 站点后的“项目树”下“设备”对话框

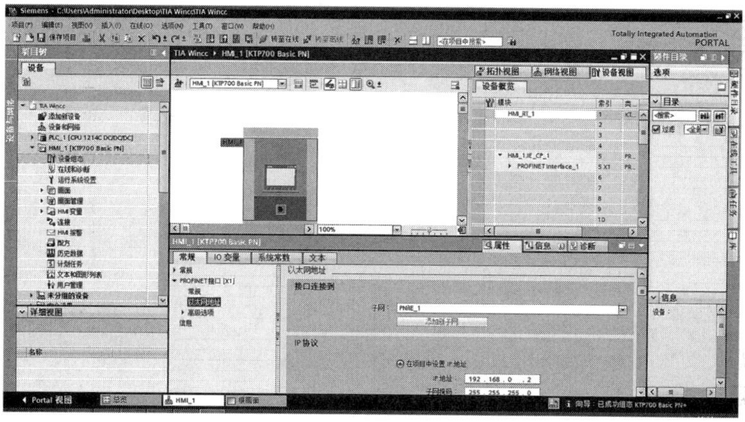

图 5.3-19　配置 HMI 接口和 IP 协议

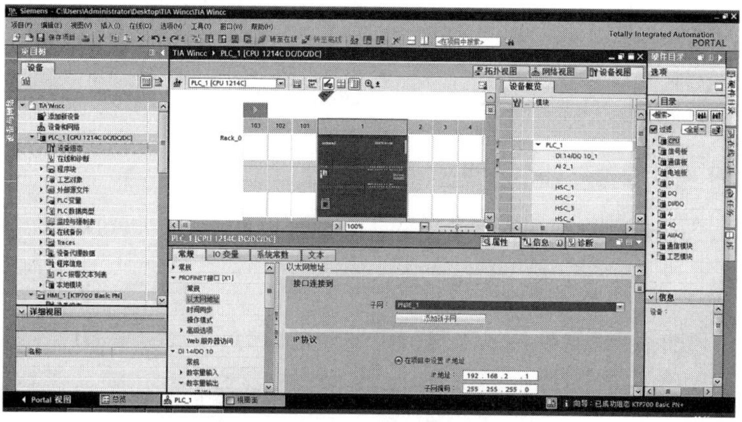

图 5.3-20　配置 PLC 接口和 IP 协议

配置了 PLC 和 PC 的网络属性后，双击项目名称下面的“设备和网络”打开网络视图，能够看到如图 5.3-21 所示网络连接。

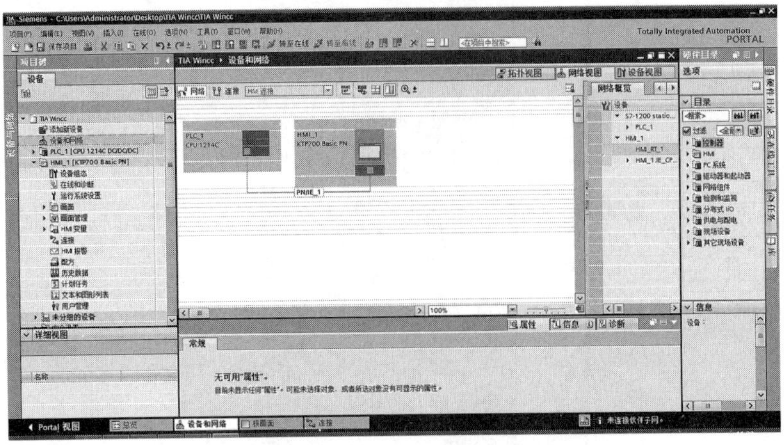

图 5.3-21　HMI 与 PLC 的网络连接

双击项目名称下面的“HMI_ 1［KTP700 Basic PN］”下“连接”，能够看到如图 5.3-22 所示的设备连接状态、参数等信息。

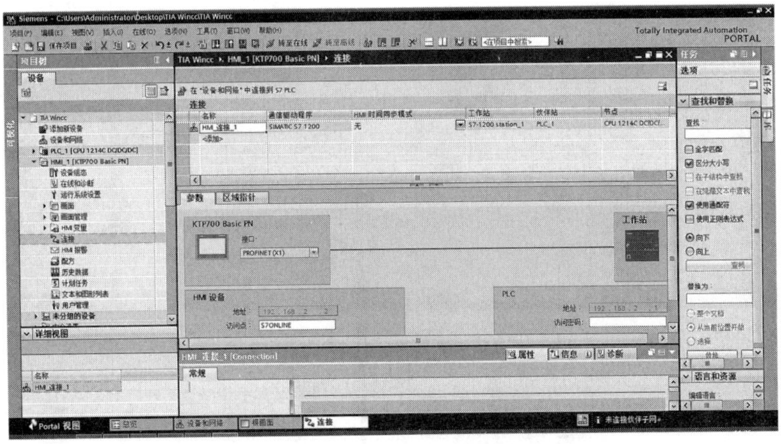

图 5.3-22　设备连接状态

（三）HMI 项目编辑（HMI project editing）

TIA Wincc 为用户提供很多编辑菜单和各种函数以便于用户进行编辑，用户可以在画面上添加文本框、输入/输出域、按钮、指示灯和开关等。通过点击前面的“▶”或者双击项目名称展开之前创建的 Wincc 项目，再展开里面的文件夹“HMI_ 1［KTP700 Basic PN］”，当然这个名字是可以修改的，现在这里是默认名称。如图 5.3-23 所示的 Wincc 项目中的“画面”文件夹。

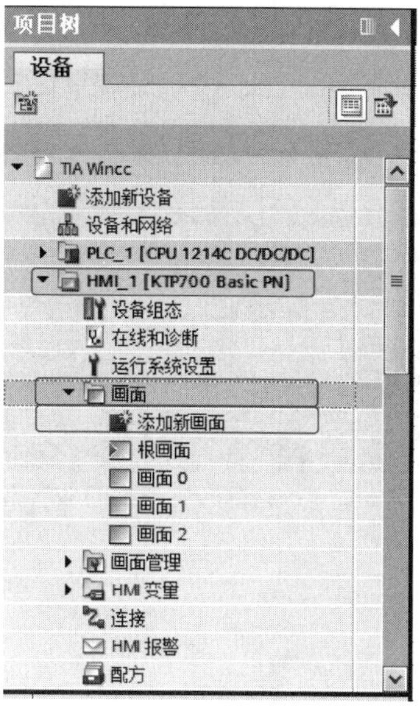

图 5.3-23　Wincc 项目中的“画面”文件夹

在“画面”文件夹里面已经有根画面、画面 0、画面 1 和画面 2 四个画面了，这是之前根据 HMI 向导创建 HMI 项目，双击“画面”文件夹里面的“添加新画面”即可创建一个 Wincc 画面，即“画面_ 1”。根画面名称图上有一个绿色三角图标，这个图标表示该画面是启动画面，也就是 Wincc 在运行时首先加载这个画面。通常用户会对画面重新命名。这里将启动画面名称修改为“START”。修改方法是连续两次在画面名称上单击（间隔时间比双击略长），或者右击画面名称，在快捷菜单中选择“重命名”，如图 5.3-24 所示。

图 5.3-24　修改画面名称

修改了画面名称后，双击画面名称打开画面，在属性选项卡中选中“常规”，如图5.3-25所示，这里可以为画面设置背景色，比如把背景色修改为“0，0，225”。

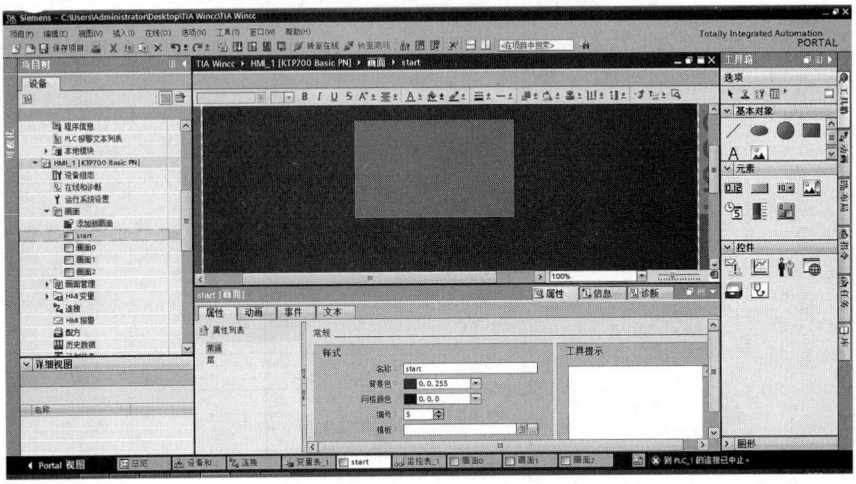

图 5.3-25　画面中属性设置

画面创建完成后，用户需要根据工艺图为它添加一些图形元素及控件，这样才能方便操作员通过画面对现场设备监视与控制。在右边“工具箱”中可以看到TIA Wincc提供的很多基本对象、元素和控件等。接下来从简单的“基本对象”开始一步步介绍它们的使用，如图5.3-26。首先选中右边“工具箱”里的矩形图标，然后在画面上使用鼠标画出一个一定大小的矩形图形，或者直接用鼠标将“工具箱”中的矩形图标拖到画面上也可以。完成后的画面如图5.3-27所示。

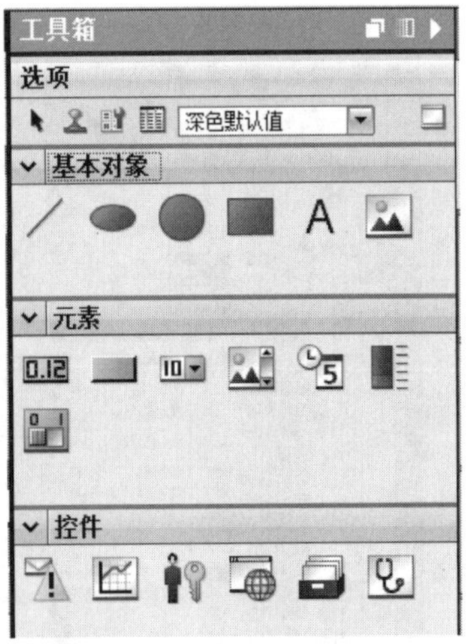

图 5.3-26　工具箱中绘图元素

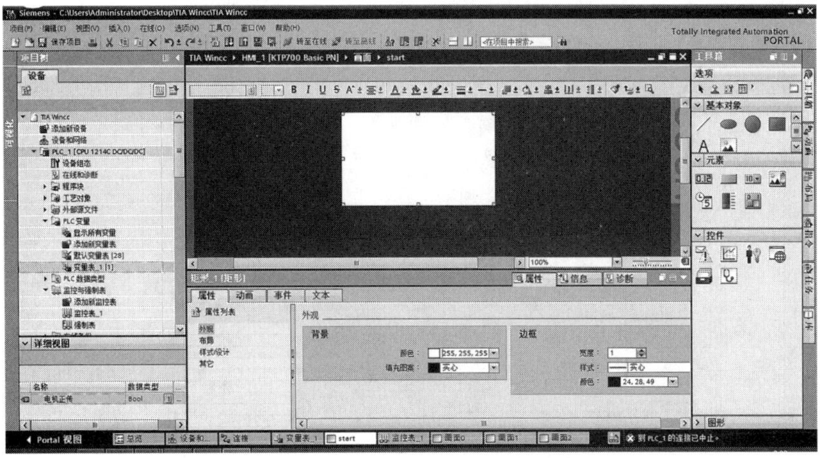

图 5.3-27　为画面添加矩形图形

用户可以通过属性选项卡调整该矩形的相关属性，比如背景色、边框颜色等。这里将该矩形的背景色调整为灰色，如图 5.3-28 所示。

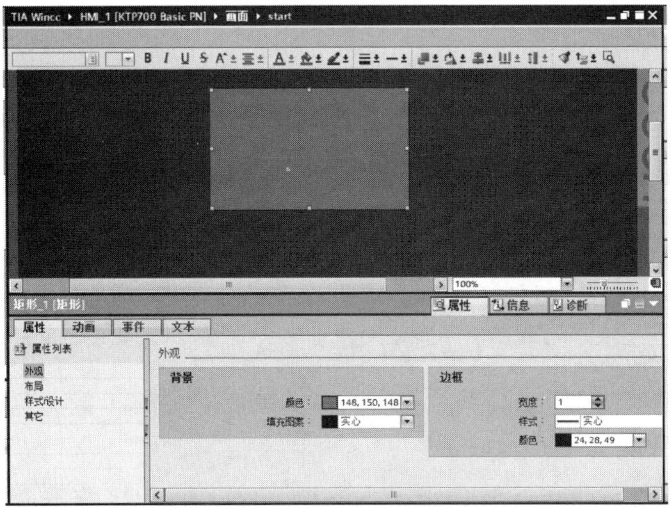

图 5.3-28　调整矩形图形背景色

这里的矩形调整属于静态的，在实际项目中如果用户需要这个矩形图形背景色根据现场设备的状态来自动改变颜色，那么用户就需要为它设置动态属性。首先用户到 PLC 中添加一个 Bool 型变量，这个变量表示某个设备的状态，比如是电机正传。双击“项目树”下“设备”下的“PLC_ 1［CPU 1214C DC/DC/DC］”，再双击“PLC 变量”，出现变量表，双击“添加新变量表”，增加了“变量表_ 1”，双击它，在右侧添加一个名称为“电机正传”、数据类型为“Bool”、地址为“%M1.0”的变量，如图 5.3-29 所示。

回到 HMI 画面，选择矩形图形，单击“属性”选项卡中的“动画”选项卡，展开显示菜单，如图 5.3-30 所示。双击“显示”下的“添加新动画”—“外观”，单击

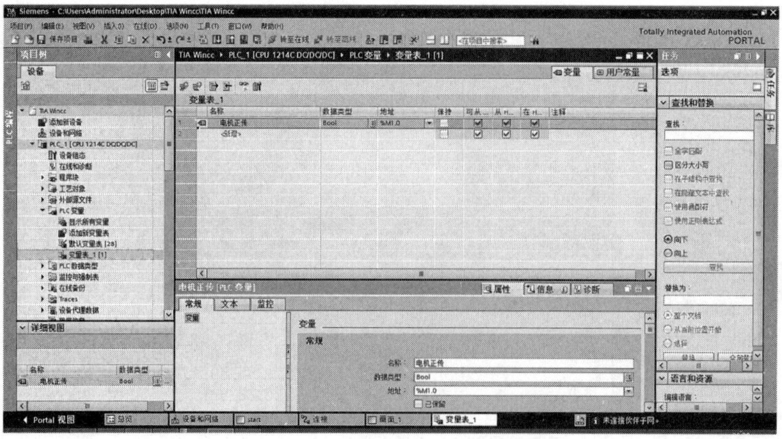

图 5.3-29　在 PLC 中添加变量

“确定”按钮，弹出外观属性，如图 5.3-31 所示。通过外观属性可以实现矩形图形的背景色、闪烁等的动态化，通过可控性属性可以实现矩形图形的动态化，通过可见性属性可以动态化控制此矩形在运行时是否可见。

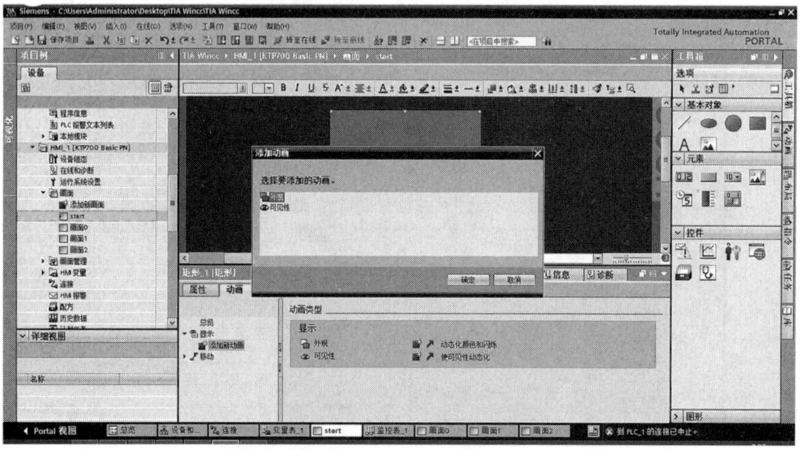

图 5.3-30　添加新动画

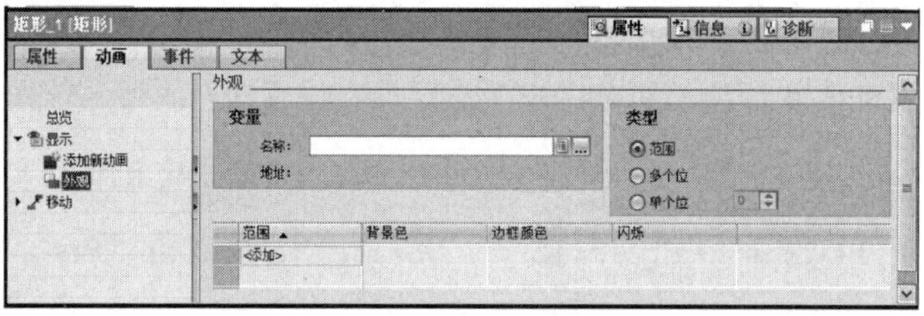

图 5.3-31　外观属性

图 5.3-31 外观属性中的“变量”“名称”选择之前在 PLC 变量中创建的“电机正传”变量，在“范围”中双击图中的“添加”，为这个变量添加 0 和 1 两个值，因为变

量“电机正传”是 Bool 型，所以只能添加这两个值。并设置值为 1 的背景色为绿色，完成后参见图 5. 3-32。

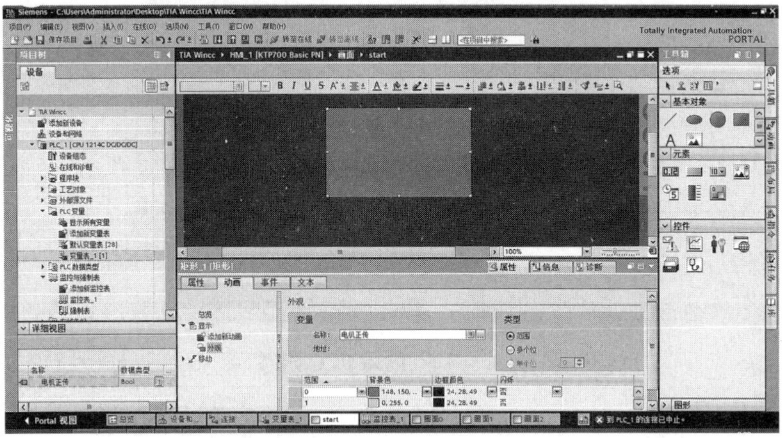

图 5. 3-32　动态化背景色

（四）项目的编译与保存（Compiling and saving of the project）

将 HMI 绘制好的画面进行编译，先单击左侧“项目树”—“设备”下的“HMI_ 1 [KTP700 Basic PN]”，后再依次单击菜单栏中的“编辑”—“编译”或点击快捷工具栏中按钮或快捷键 Ctrl+B，开始编译组态，如图 5. 3-33 所示。在图的下方编译信息栏中，会出现编译过程。如果用户在绘制画面、参数设置、变量连接等有错误，会在此编译信息栏中显示错误信息和具体位置，方便用户解决、排除错误。同样的方法编译 PLC 项目，如图 5. 3-34 所示。

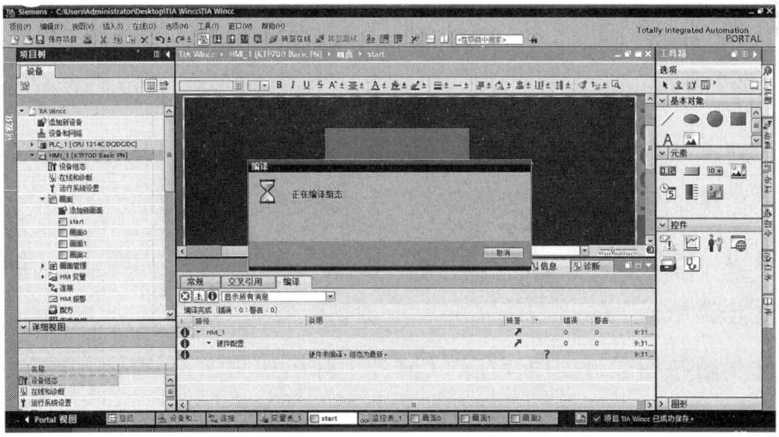

图 5. 3-33　编译 HMI 组态

将编译好的项目进行保存，依次单击菜单栏中“项目”—“保存”或者单击快捷工具栏中的保存项目按钮。保存当前项目后，保存项目会变成灰色，如图 5. 3-35 所示。

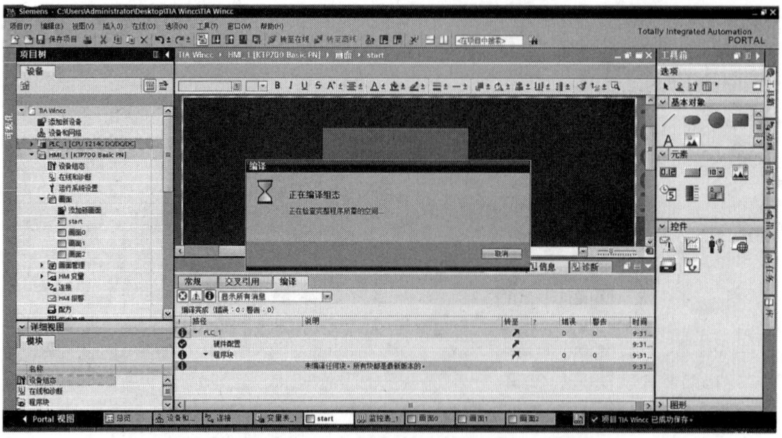

图 5.3-34　编译 PLC 组态

图 5.3-35　保存项目

(五) HMI 下载与硬件链接

1. HMI 下载到设备

HMI KTP700 Basic 触摸屏设备接入 24 V 电源，在接通 HMI 设备后，LED 灯和屏幕都将点亮。启动期间会显示进度条，注意 24 V 电源不能接反。一旦操作系统启动，装载程序即将打开。如果 HMI 设备上没有装载任何项目，则 HMI 设备在启动时将会自动切换到传送模式。将出现如图 5.3-36 所示的装载程序对话框和图 5.3-37 所示传送对话框。

单击 TIA Wincc 项目视图中“项目树”—“设备”下的“HMI_ 1 [KTP700 Basic PN] ”，后单击菜单栏中的“在线”—“下载到设备”，如图 5.3-38 所示，或者点击快捷工具栏中的按钮或者使用快捷键 Ctrl+L。弹出如图 5.3-39 所示的“扩展下载到设备”对话框。在此对话框中，“PG/PC 接口的类型”选择“PN/IE”，“PG/PC 接口”选择当前电脑的网卡，“接口/子网的连接”选择之前添加的新子网 PN/IE_ 1。单击“开始搜索”按钮，开始搜索硬件 PLC 设备，搜索到后单击“下载”按键，开始下载设备配置信息。同样的方法下载 PLC 项目，如图 5.3-40 所示。

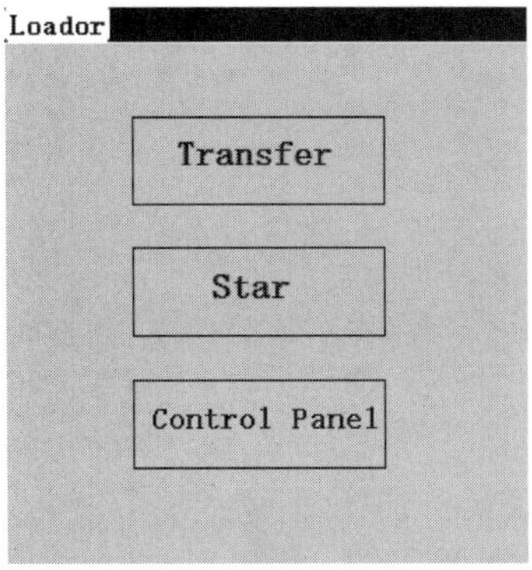

图 5.3-36　装载程序对话框

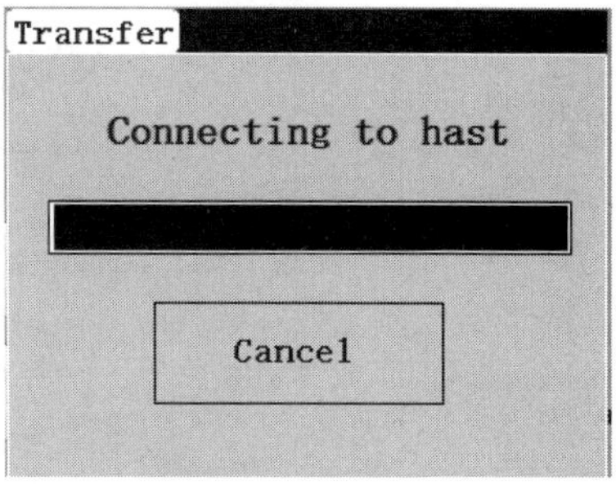

图 5.3-37　传送对话框

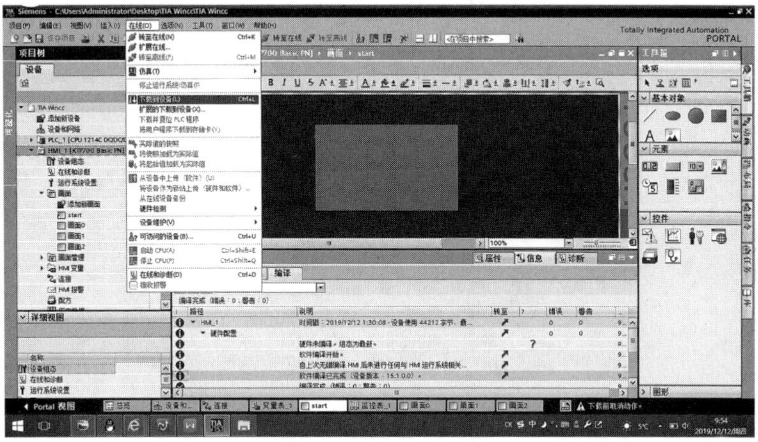

图 5.3-38　项目下载

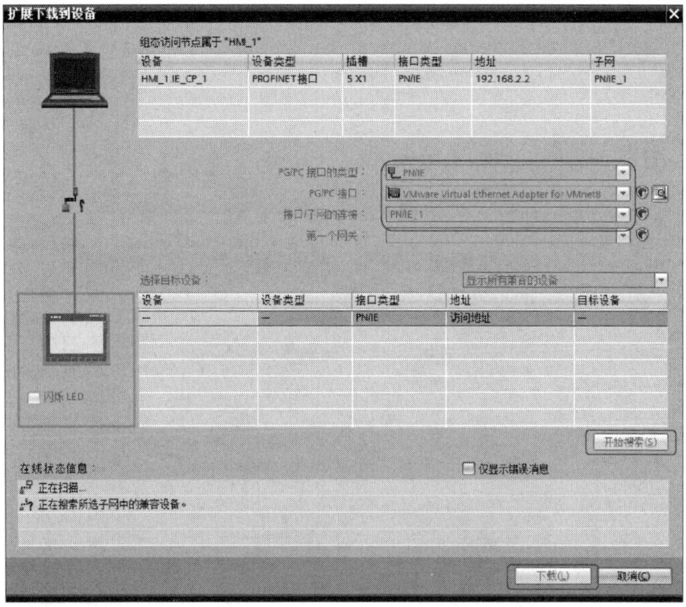

图 5.3-39　HMI 下载对话框

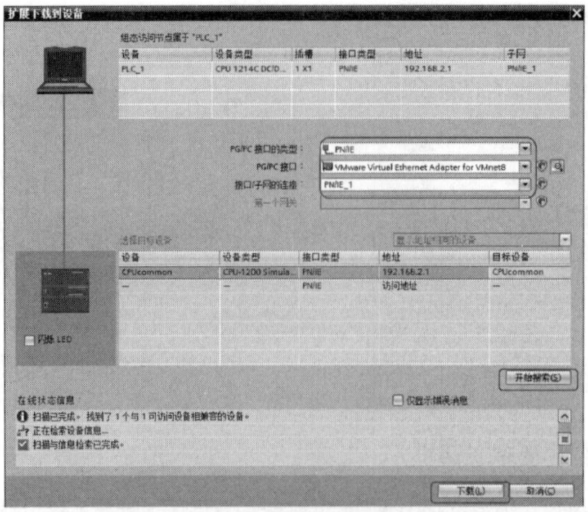

(a)

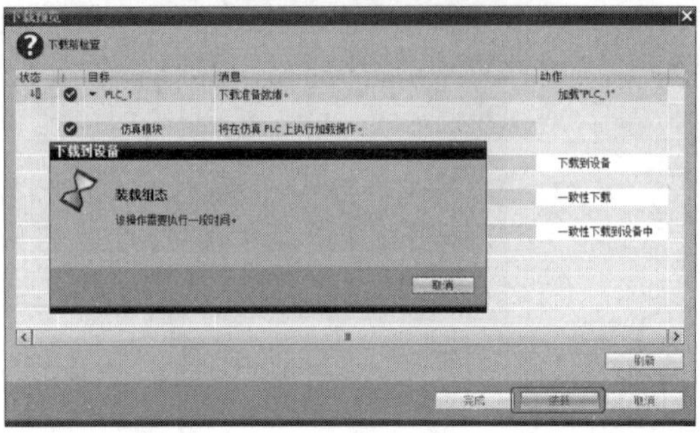

(b)

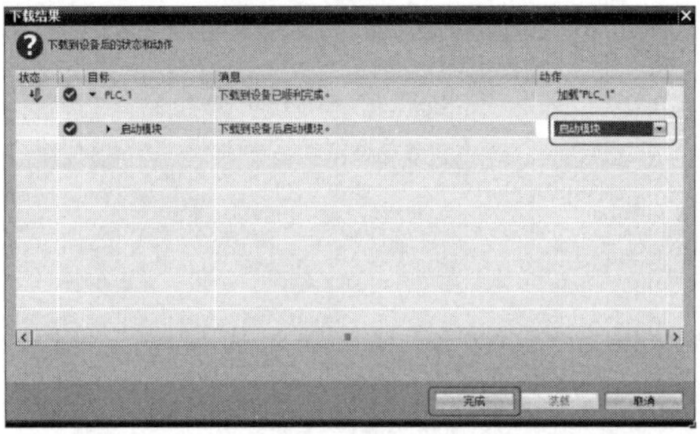

(c)

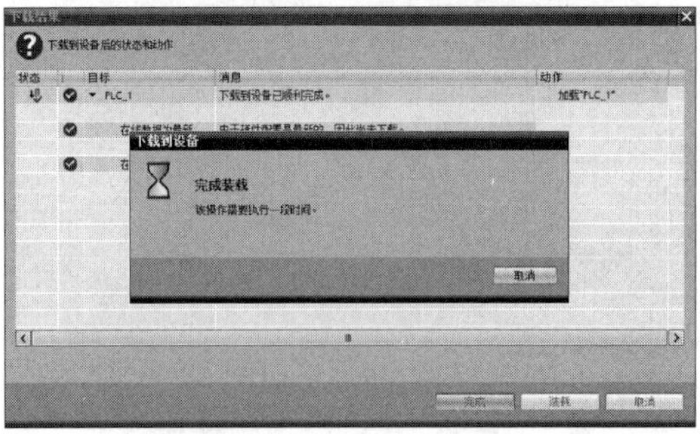

(d)

图 5.3-40　下载 PLC 项目到设备对话框

2. 软件仿真下载与调试

可以通过仿真来检验上面 HMI 中矩形框的效果，首先选中 PLC 项目，点击工具栏中的按钮，来启动 PLC 仿真器，如图 5.3-41 所示。后点击下载，首先会弹出一个“扩展下载到设备”对话框，在“接口/子网的连接”栏中选择在上一节中创建的子网“PN/IE_ 1”，然后点击“开始搜索”按钮找到仿真器，如图 5.3-42 所示，再点击下载即可。

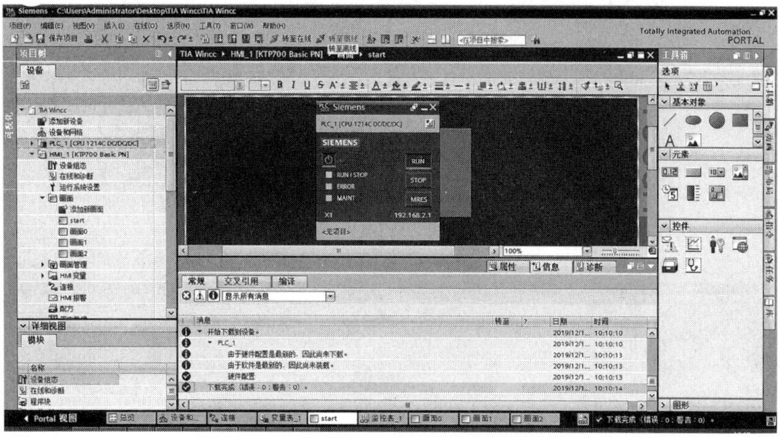

图 5.3-41　启动 PLC 仿真器

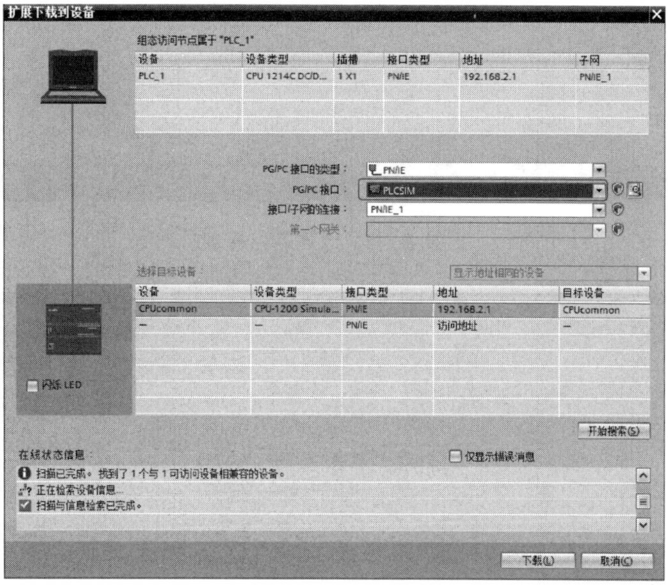

图 5.3-42　仿真器下载到设备

TIA Wincc 仿真启动后，画面如图 5.3-43 所示。Wincc 运行后，用户还需要通过 PLC 仿真器模拟变量“电机正传”的值来验证矩形图形会不会跟随变量值来变化。双击 PLC 项目中的“添加新监控表”来创建一个监控表，如图 5. 3-44 所示。保存并点击按钮“全部监视”，然后用户看到的监控表是图 5. 3-45 这样的。

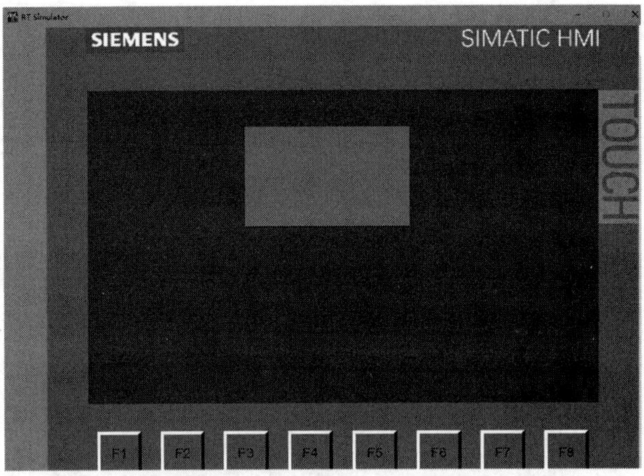

图 5. 3-43　Wincc 启动画面

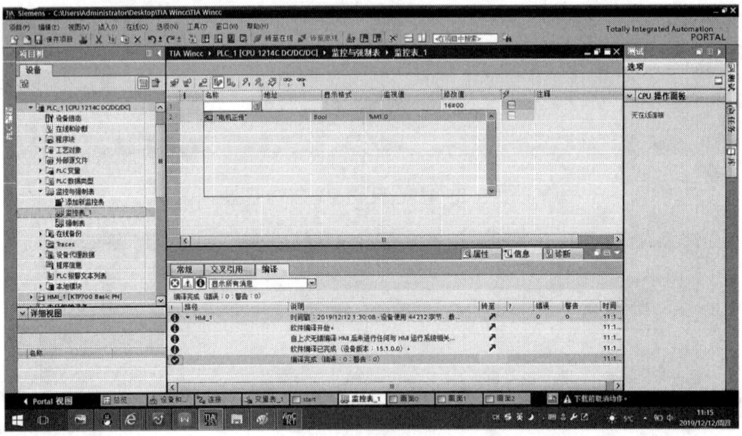

图 5. 3-44　添加新监控表

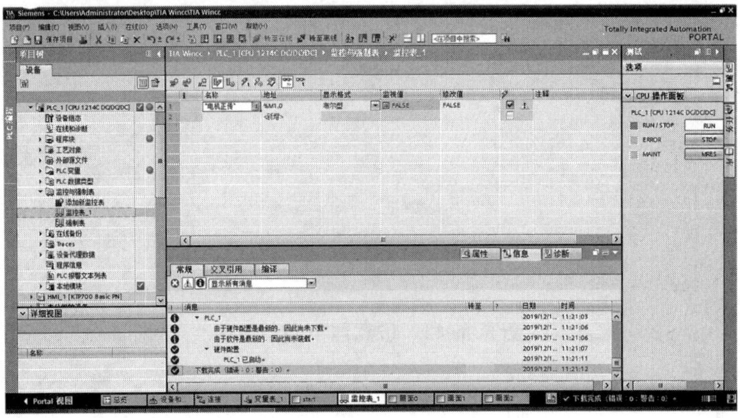

图 5. 3-45　开启监控

在“修改值”一栏中右击，选择“修改/修改为 1”将此变量置位，如图 5.3-46 所示。可以看到 Wincc 中的矩形图形变为绿色，如图 5.3-47 所示。采用同样的方法，如果将变量“电机正传”修改为 0，矩形图形就会又变回为灰色。

图 5.3-46 修改变量值

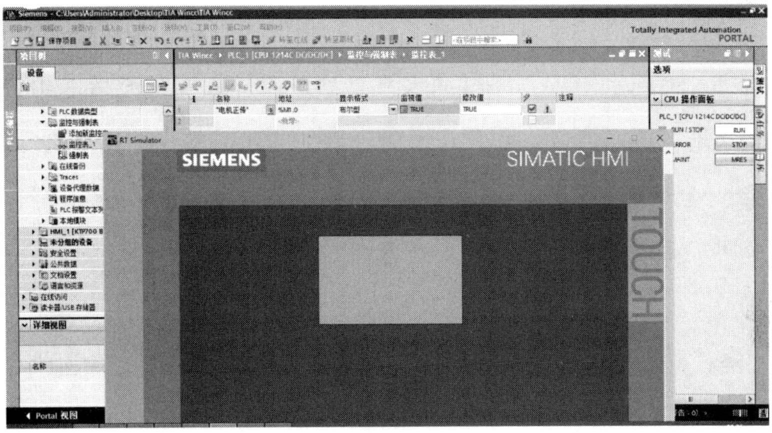

图 5.3-47 Wincc 画面中的矩形变为绿色

5.4 HMI 组态的使用技巧应用（Application of HMI configuration skills）

水务处理系统分为生活废水处理系统和工业废水处理系统，本小节将以工业废水处理系统为例，对原废水进行处理。通过水务处理技术除去废水中的钾、镁、锌等离子，得到高纯净水。HMI 组态主要用于快速构造和生成上位机监控系统的组态软件系统，完成现场数据的采集与监测、前端数据的处理与控制。

5.4.1 用HMI与PLC组成工业废水处理系统的工作流程

工业废水处理系统的核心设备为SIMATIC S7-1200PLC，通过对PLC的控制实现相关的动作流程。工业废水处理系统工作流程如图5.4-1所示。

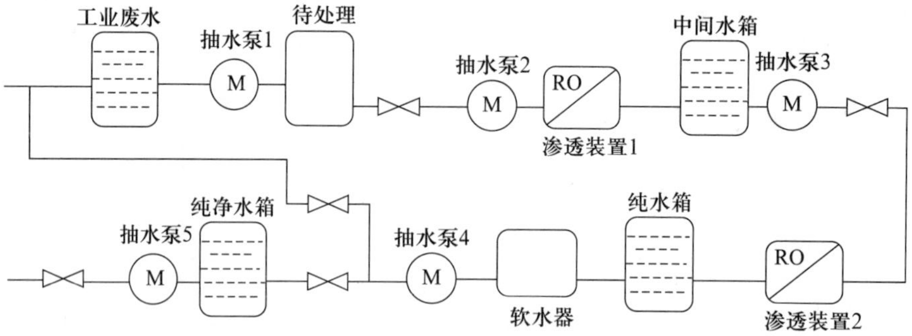

图5.4-1 工业废水处理系统工作流程

工业废水进入水箱中，通过抽水泵1加压抽水，送到待处理设备进行预处理，过滤掉水中较大的颗粒杂质。经过待处理环节后，再经抽水泵2加压进入渗透装置1中制水，一级水进入中间水箱后，经过抽水泵3加压后进入渗透装置2中进行水处理，处理后进入纯水箱，再经过软水器软化，处理后的纯水若符合使用要求，则经纯水阀进入纯净水箱，经纯净水箱加压处理供生产使用。若处理后的纯水不符合使用要求，则经反水阀返回工业废水箱，进行重新处理。

1. 待处理

工业废水经石英砂机械过滤器、活性炭过滤器及软化水装置，除去水中的有机物，大的颗粒物，钙、镁等离子。石英砂主要除去水中的悬浮物。活性炭主要用于吸附水中的游离氯。软化水装置去除水中钙、镁等离子，降低废水硬度。

2. 渗透装置（Osmotic device）

渗透装置主要用反渗透技术原理，在高于溶液渗透压力的作用下，将不能透过半透膜的物质和水分离开来。半透膜的膜孔径非常小，因此能有效去除水中的溶解盐、微生物、有机物等。

5.4.2 PLC的选择、I/O分配表的配置及PLC的外部接线图

1. PLC的选择

为了实现在现场和控制室能对PLC实行相应的控制，选择触摸屏对以PLC为核心

的系统进行控制。该系统的 PLC 输入量有工业废水箱中无水，中间水箱无水，纯水箱无水，纯净水箱无水，抽水泵 2 低压保护、抽水泵 2 高压保护等 11 个输入点。该系统的 PLC 输出量有抽水泵 1、抽水泵 2、抽水泵 3、抽水泵 4、抽水泵 5、进水阀、反水阀等 10 个输出点。

为此，PLC 的型号选择西门子公司生产的 CPU 1214C，DC/DC/DC 的 SIMATIC s7-1200 PLC，如图 5.4-2 所示。该 CPU 1214C 是一套模块化的自动化系统，硬件由控制器（CPU）、输入/输出信号的信号模块（SM）、通信模块（CM）以及其他特殊模块组成。信号模块和现场设备负责将应进行自动化和可视化的过程的输入/输出数据与自动化系统连接起来。通过硬件配置可将自动化和可视化解决方案加载到自动化系统中，或者也可以实现控制器对所连接信号模块的访问。该 CPU 仅需要配备一个集成电源（24V 接口）以及集成输入/输出端，不需要其他组件，立即可用。CPU 通过集成 TCP/IP 接口可与编程设备进行通信，由此 CPU 便可通过以太网网络与 HMI 设备或其他 CPU 进行通信。

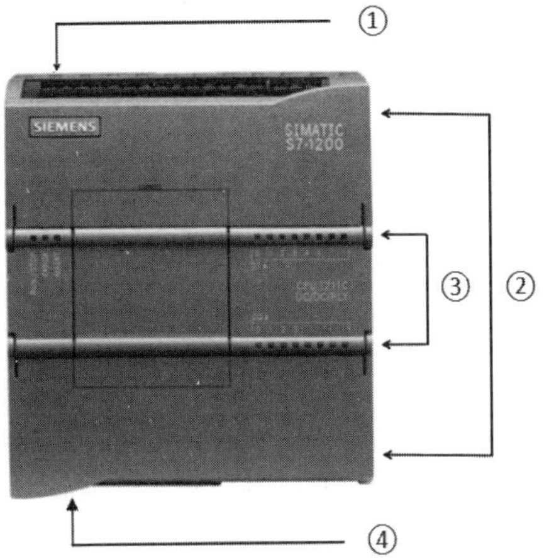

①—24 V 接口；②—由用户布线的可插拔端子块；③—状态 LED 指示灯，用来显示集成输入/输出的状态及显示 CPU 的运行状态；④—TCP/IP 接口（在 CPU 下方）

图 5.4-2 SIMATIC s7-1200PLC 实物图

该 CPU 并不具备可用于更改运行状态的物理性开关。需要利用基本版 STEP7 软件操作面板上的按钮来改变运行状态（STOP 或 RUN）。除此以外操作面板上还有一个 MRES（复位）按钮，用于执行清零和显示 CPU 状态的任务。

该项目的编程软件采用 STEP7Basic V15（TIA Portal V15）进行组态、编程和调试等。该软件是适用于自动化系统的编程工具，可以完成硬件的配置和参数赋值；确定通信方式；编程；借助运行/诊断功能来执行测试、调试和维修；文档整理；利用集成的 Wincc Basic 来为 SIMATIC 精简面板创建可视化界面；可通过详细的在线技术支持获取关于全部功能的支持信息。

2. I/O 分配表的配置（Configuration of I/O allocation table）

PLC 的输入/输出配置表见表 5-2。

表 5-2 PLC 的输入/输出配置表

输入			输出		
符号	名称	PLC 地址	符号	名称	PLC 地址
SB	复位	I0. 0	KM1	抽水泵 1	Q0. 0
\	待处理	I0. 1	YV1	进水阀	Q0. 1
SP1	抽水泵 2 低压	I0. 2	KM2	抽水泵 2	Q0. 2
SP2	抽水泵 2 高压	I0. 3	YV2	反洗	Q0. 3
SP3	抽水泵 3 低压	I0. 4	KM3	抽水泵 3	Q0. 4
符号	名称	PLC 地址	符号	名称	PLC 地址
SP3	抽水泵 3 高压	I0. 5	YV3	反水阀	Q0. 5
SL1	工业废水箱无水	I0. 6	YV4	纯水阀	Q0. 6
SL2	纯水箱低液位	I0. 7	KM4	抽水泵 4	Q0. 7
SL3	纯水箱无水	I1. 0	KM5	抽水泵 5	Q1. 0
SL4	纯净水箱低液位	I1. 1	HA	故障报警	Q1. 1
SL5	纯净水箱无水	I1. 2			

3. PLC 的外部接线图

按照表 5-2 的 PLC 输入/输出的分布，PLC 的外部接线图如图 5. 4-3 所示。输入电路采用双向光电耦合器 24 V 直流，极性任选，1M 为公共端。数字输入量由 I0. 0~I0. 7、I1. 0~I1. 2 等输入点组成。每一个外部输入的开关信号由输入接线端子接出，经一个直流电源接到 L+上。数字输出量由输出端子 Q0. 0 ~ Q0. 7、Q1. 0 ~ Q1. 1 等输出点组成。3M 为输出端子公共端，各个继电器需要连接直流 24V 电压。

4. 工业废水处理系统的主电路

工业废水处理系统的主电路图如图 5. 4-4 所示。图中 QS 为电路的三相电源控制开关，QS0 为系统的照明指示灯，QS1 ~ QS5 为抽水泵 1、抽水泵 2、抽水泵 3、抽水泵 4、抽水泵 5 的三相电源控制开关。KM1 ~ KM5 为抽水泵工频电源工作时的接触器。

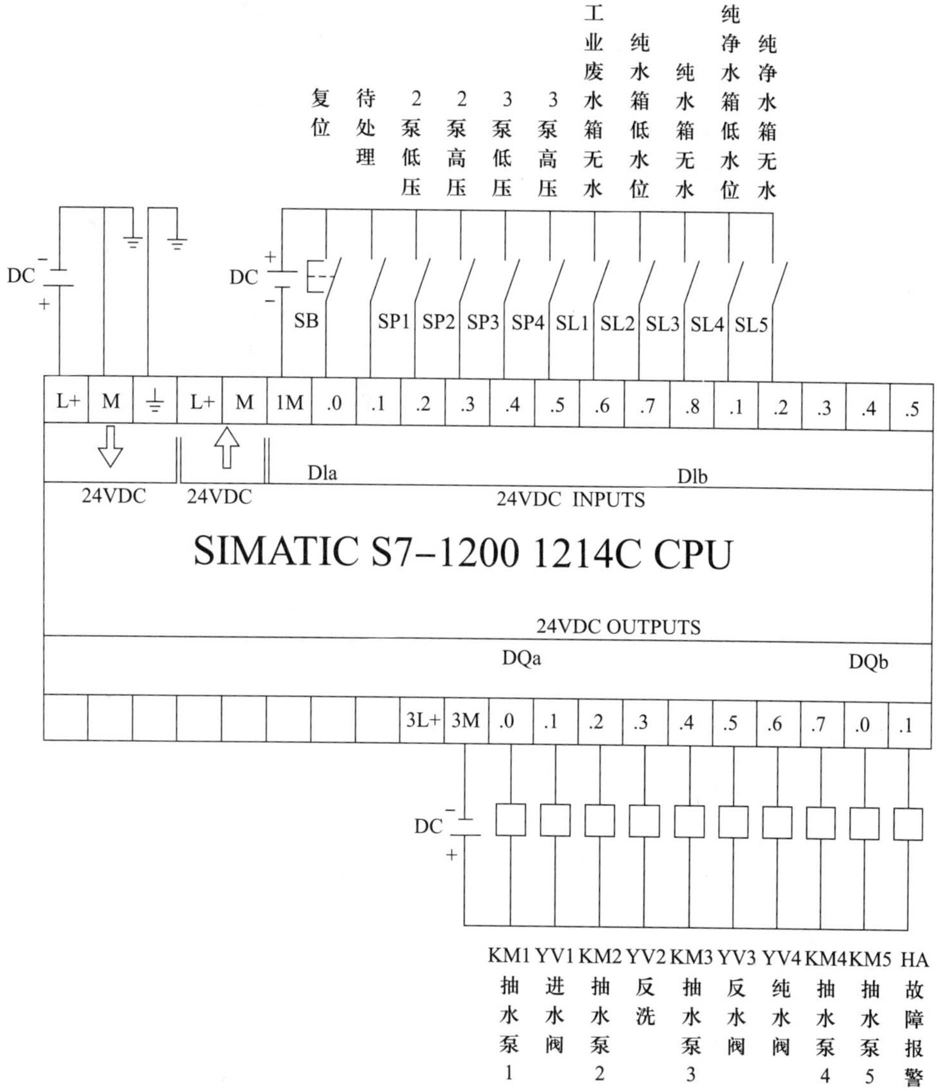

图 5.4-3　PLC 的外部接线图

5.4.3　创建项目与项目管理

1. 进入 TIA Portal V15 首页

双击 Windows 桌面上的图标，进入博图软件的默认 Portal 视图画面，如图 5.4-5 所示。Portal 视图提供以任务为导向的工具视图，以便对项目进行处理。

在 Portal 视图画面中单击“创建新项目”，如图 5.4-6 所示，在右侧“项目名称”中输入“工业废水处理系统”。“路径”可以默认其选择，也可以另行选择。“版本”选择 V15.1。点击“创建”按钮，创建该项目。

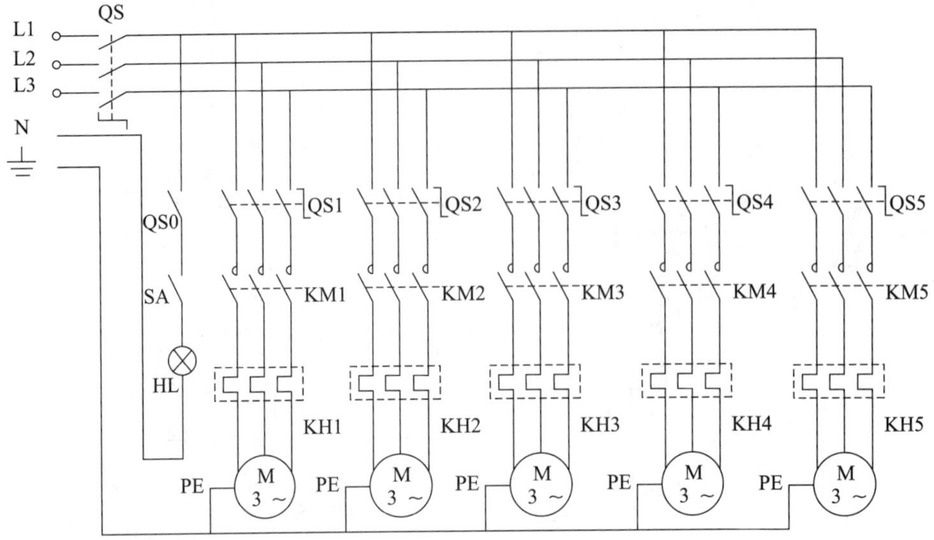

图 5.4-4　工业废水处理系统的主电路图

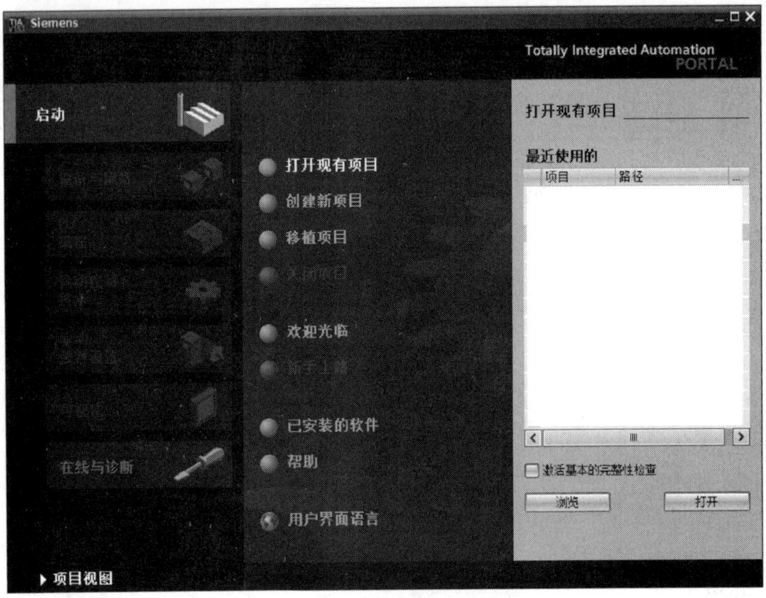

图 5.4-5　Portal 视图画面

2. 添加组态设备（Add configuration device）

在创建该项目后，出现如图 5.4-7 所示的对话框，进入“新手上路”引导 Portal 视图画面，在该画面中，用户可以单击右侧的“设备和网络”—“组态设备”，或者单击图中左侧的项目树中“设备与网络”进入“显示所有设备”视图画面，如图 5.4-8 所示。单击“添加新设备”选项，出现如图 5.4-9 所示的“添加新设备”对话框，该对话框的右侧有“控制器”“HMI”“PC 系统”“驱动”四个硬件设备选项。单击“控制

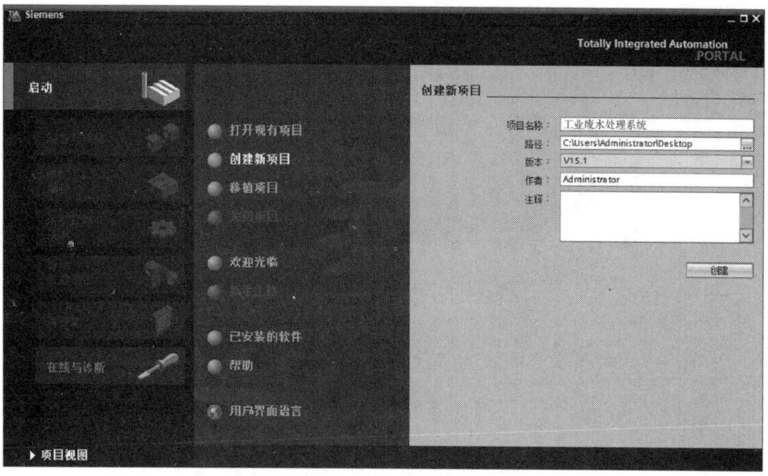

图 5.4-6　项目创建窗口

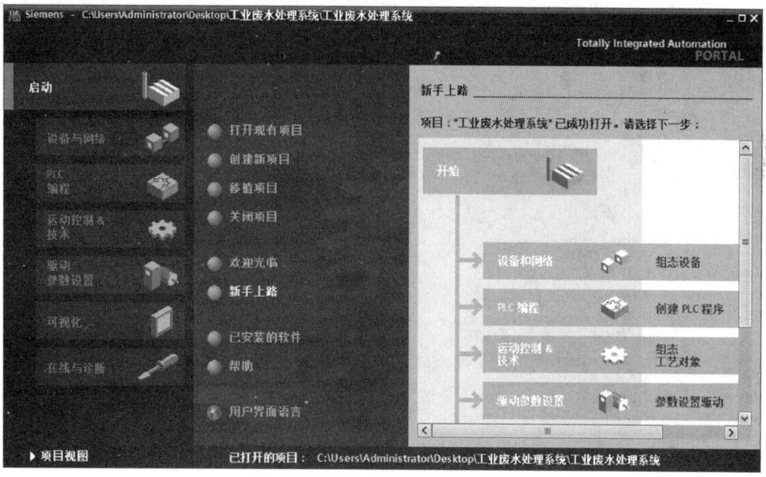

图 5.4-7　“新手上路”引导 Portal 视图画面

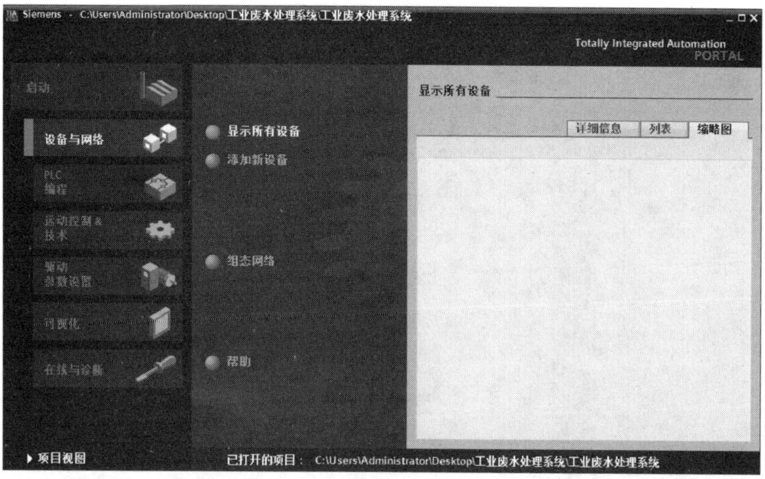

图 5.4-8　“显示所有设备”视图画面

器”选项，如图 5.4-10（a）所示，再单击右侧“控制器”下拉菜单，双击 SIMATIC S7-1200，如图 5.4-10（b）所示。进入图 5.4-10（c）中 CPU 型号选择列项，双击 CPU 进入 12 系列选择列项。双击 CPU 1214C DC/DC/DC 选项，如图 5.4-10（d）所示，选择订单号为“6ES7 214-1AG40-0XB0”的 CPU，并选择最高版本号为 4.2 的版本，如图 5.4-10（e）所示。单击“添加”按钮，添加 SIMATIC S7-1200 1214C CPU。进入 SIMATIC S7-1200CPU 项目视图画面，如图 5.4-11 所示。通常上部是带有工具栏的菜单栏，左侧是包含项目全部组成部分的项目导航器，右侧是所谓的“任务卡”，附有指令和数据库等内容。若在项目导航器里选择了一个元素，则会将它显示在中间并可以开始编辑处理。

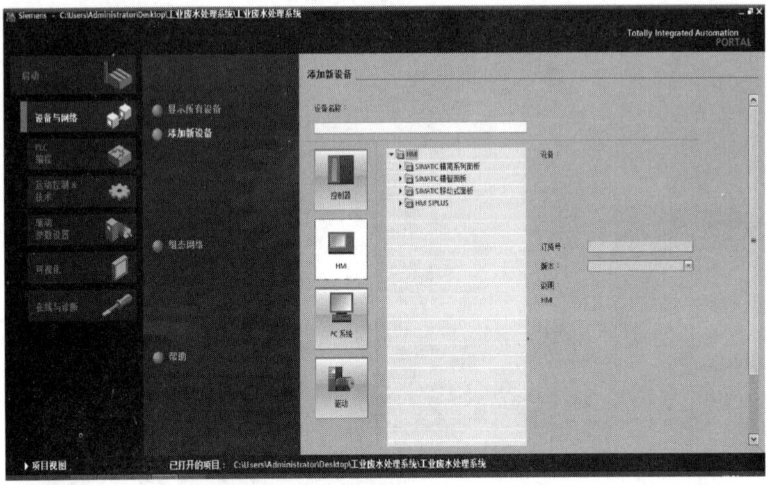

图 5.4-9　添加新设备对话框

(a)

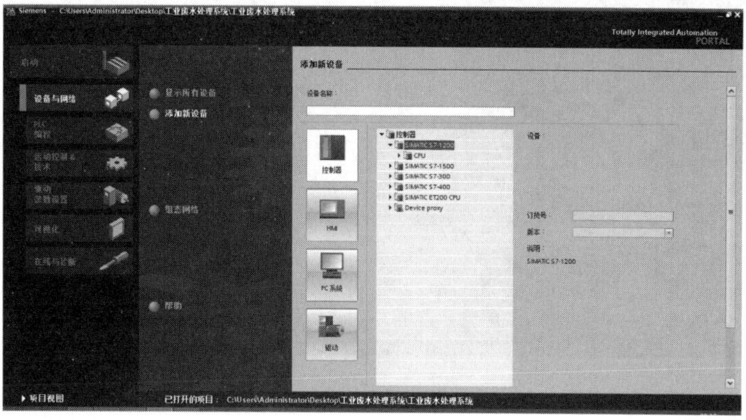
Totally Integrated Automation
PORTAL
添加新设备
启动
设备与网络
显示所有设备
添加新设备
组态网络
帮助
控制器
HMI
PC 系统
驱动
SIMATIC S7-1200
SIMATIC S7-1500
SIMATIC S7-300
SIMATIC S7-400
Device proxy
项目视图

(b)

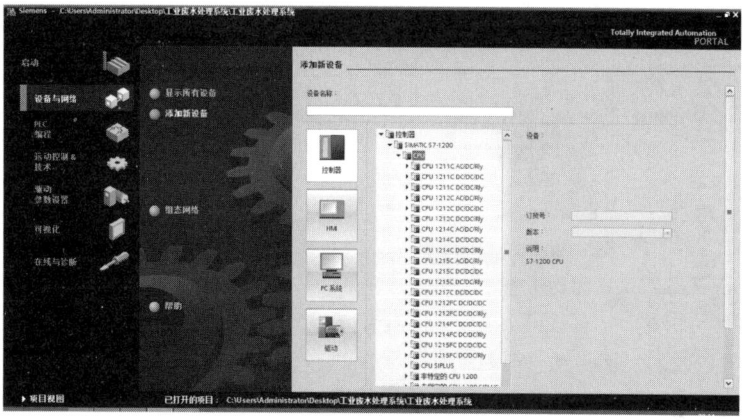
Totally Integrated Automation
PORTAL
添加新设备
启动
设备与网络
显示所有设备
添加新设备
组态网络
帮助
控制器
HMI
PC 系统
驱动
SIMATIC S7-1200
S7-1200 CPU
项目视图

(c)

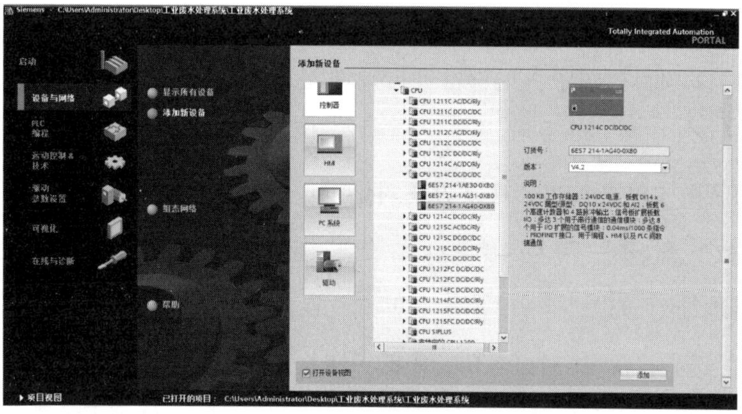
Totally Integrated Automation
PORTAL
添加新设备
启动
设备与网络
显示所有设备
添加新设备
组态网络
帮助
控制器
HMI
PC 系统
驱动
CPU 1214C DC/DC/DC
项目视图

(d)

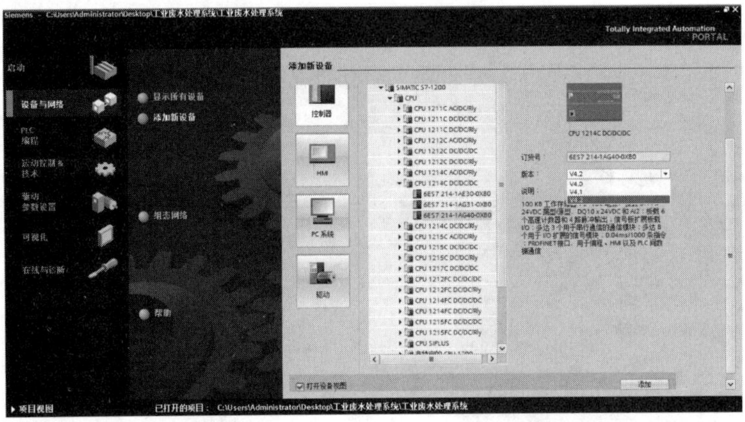

(e)

图 5.4-10　选择 SIMATIC S7-1200CPU

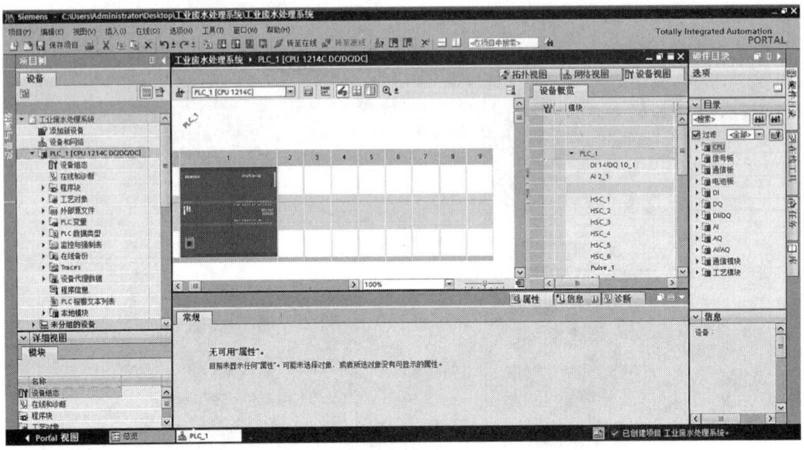

图 5.4-11　SIMATIC S7-1200CPU 项目视图

3. 分配地址

在图 5.4-11 项目视图中，用户可进行硬件配置、编程、创建可视化方案及其他多种任务。

在此项目视图中单击 CPU，在下方的对话框中单击“属性”，出现“常规”“IO 变量”“系统常数”“文本”四个选项，在“常规”选项中选择“PROFINET 接口［X1］”下的“以太网地址”，如图 5.4-12 所示。单击“以太网地址”中“接口连接到”下面的“添加新子网”选项，新建一个 PN/IE_ 1 的子网。在 IP 协议中设置 IP 地址和子网掩码，IP 设为 192.168.2.1，子网掩码设为 255.255.255.0，如图 5.4-13 所示。

4. 组态编译（Configuration compilation）

对设备配置好的信息组态进行编译，在菜单栏中选择“编辑”下的“编译”选项，

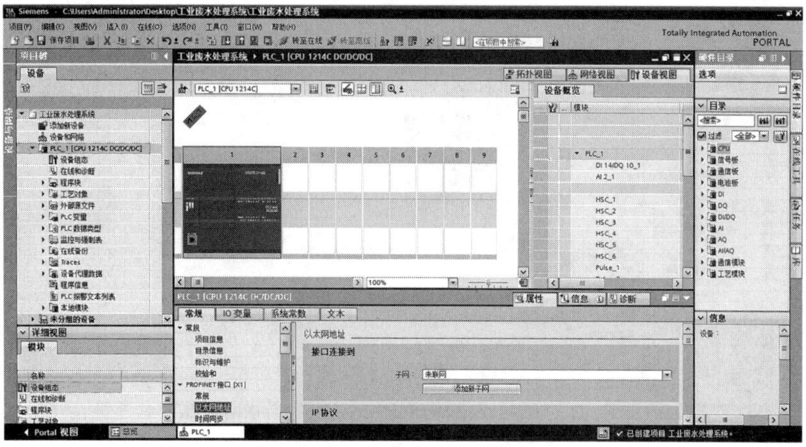

图 5.4-12　PROFINET 接口图示

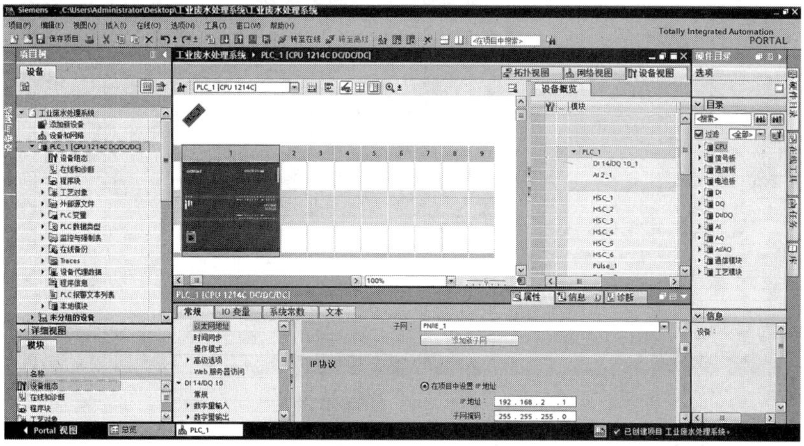

图 5.4-13　IP 地址和子网掩码的设置

出现如图 5.4-14 的“编译”选项。或者单击快捷工具栏中的“编译”图标，会出现“正在编译组态”对话框，如图 5.4-15 所示。在 S7-1200CPU 项目视图下方会出现编译的信息如硬件配置、程序块等，如图 5.4-16 所示。

5. 下载到设备

在菜单栏中选择“在线”下的“下载到设备”选项，出现如图 5.4-17 所示的项目下载选项。或者单击快捷工具栏中的“下载到设备”图标，会出现“扩展下载到设备”对话框，如图 5.4-18 所示。在“扩展下载到设备”对话框中，“PG/PC 接口的类型”选择“PN/IE”，“PG/PC 接口”选择当前电脑的显卡，“接口/子网的连接”选择之前添加新子网的 PN/IE_ 1。单击“开始搜索”按键，开始搜索硬件 PLC 设备，搜索到后选中该设备，并单击“下载”按键，开始下载设备配置信息。

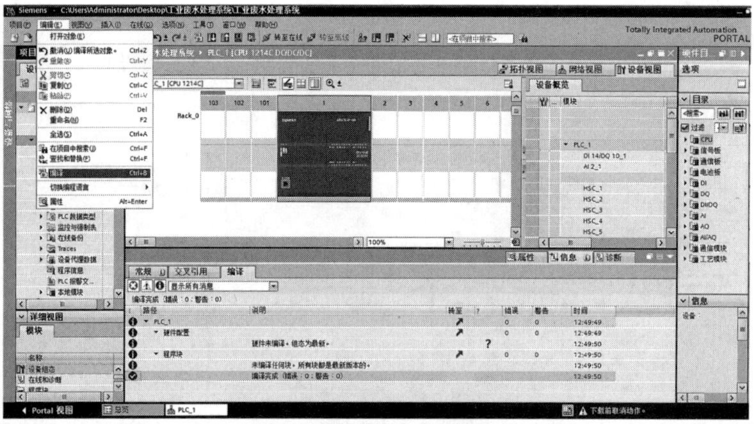

图 5.4-14 “编译”选项

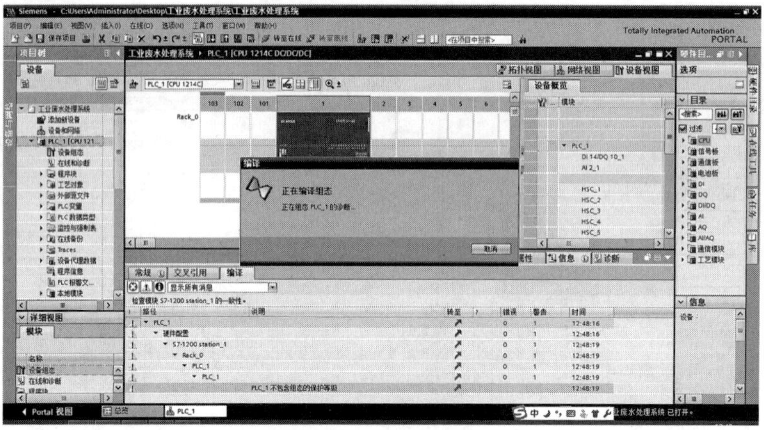

图 5.4-15 编译组态

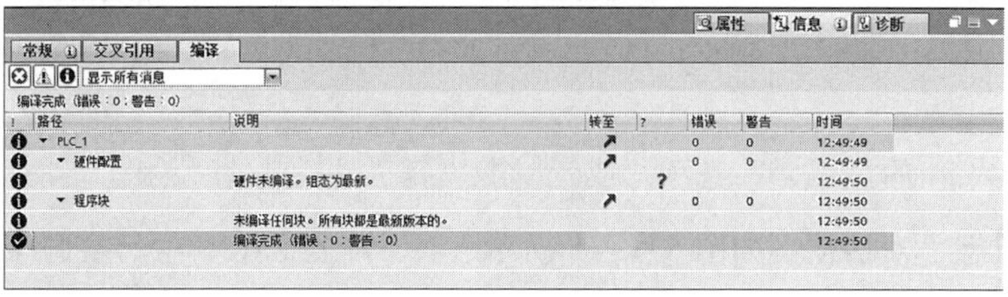

图 5.4-16 编译配置信息

5.4.4 创建 HMI 组态（Create HMI configuration）

1. HMI 画面设计（HMI screen design）

（1）所需画面

根据系统的设计要求，HMI 触摸屏需要设置如下画面。

①开机显示的起始画面。

②主画面。

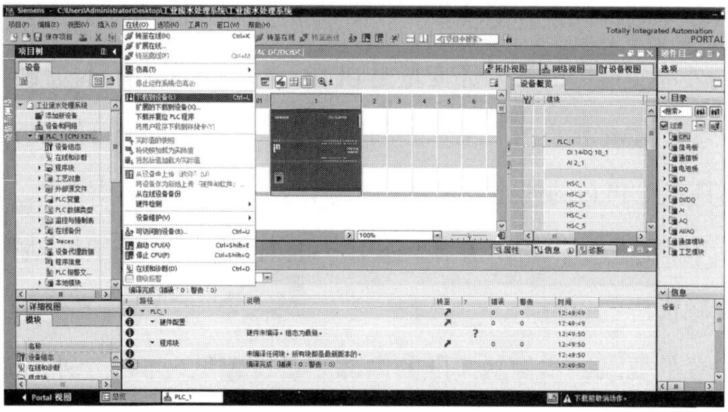

图 5.4-17　项目下载选项

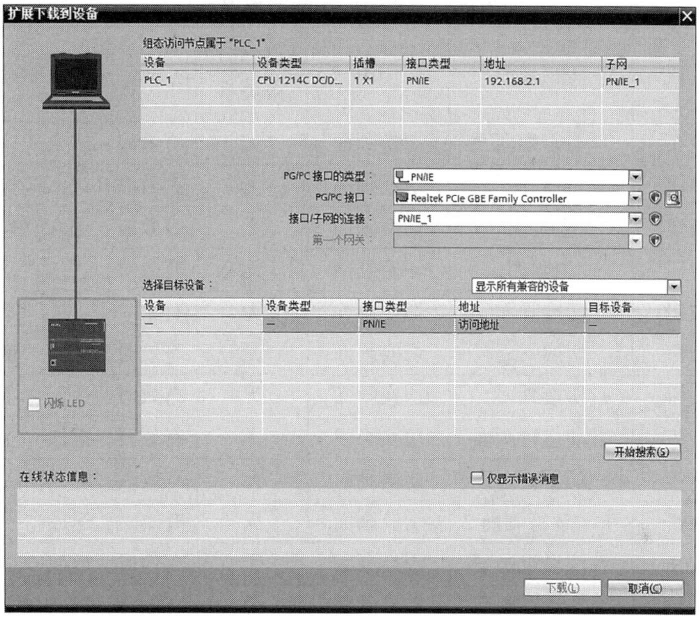

图 5.4-18　“扩展下载到设备”对话框

③自动运行画面。

④手动运行画面。

⑤系统设定画面。

⑥系统状态画面。

（2）定义变量

HMI 触摸屏与 PLC 需要遵循一定的约定，需要在 HMI 编程时定义相应的变量，与 PLC 相关的输入、输出对应。变量分为外部变量和内部变量。

①触摸屏的外部变量和内部变量

外部变量：自动化过程的组件之间（如 HMI 设备与 PLC 之间）进行数据交换的桥

梁，是在PLC中定义的存储位置的映像，其值随PLC程序的执行而改变。可以在HMI设备和PLC中访问外部变量。由于外部变量是在PLC中定义的储存位置映像，因此所采用的数据类型取决于与HMI相连的PLC。外部变量的基本数据类型可用于所有的组态。

内部变量不具有与PLC的连接，内部变量储存在HMI设备的内存中。因此，只有这台HMI设备能够对内部变量进行读/写访问。如用户可以创建内部变量用于执行本地计算。

②本例变量触摸屏的设置

根据画面设置的要求，本例触摸屏的内部变量设置见表5-3，外部变量（与PLC相联系的变量）设置见表5-4。

表5-3 触摸屏内部变量设置

元件符号	性质	所在画面	作用	与PLC连接关系	备注
进入	按钮	初始画面	切换画面	无	有效时，进入“主画面”
自动运行	按钮	主画面	切换画面	无	有效时，进入“操作画面（1）”
手动运行	按钮	主画面	切换画面	无	有效时，进入“操作画面（2）”
系统状态	按钮	主画面	切换画面	无	有效时，进入“系统状态画面”
系统设定	按钮	切换画面	切换画面	无	有效时，进入“系统设定画面”
操作说明	按钮	切换画面	切换画面	无	有效时，进入“说明画面（1）”
初始画面	按钮	切换画面	切换画面	无	有效时，返回“主画面”
主画面	按钮	自动运行画面	切换画面	无	有效时，返回“主画面”
主画面	按钮	手动运行画面1	切换画面	无	有效时，返回“主画面”
主画面	按钮	手动运行画面2	切换画面	无	有效时，返回“主画面”
主画面	按钮	系统设定画面	切换画面	无	有效时，返回“主画面”
主画面	按钮	系统状态画面	切换画面	无	有效时，返回“主画面”

表图5-4 触摸屏外部变量设置

地 址	名 称	数据类型
Q0.0	抽水泵1	Bool
Q0.1	进水阀	Bool
Q0.2	抽水泵2	Bool
Q0.3	反洗	Bool
Q0.4	抽水泵3	Bool
Q0.5	反水阀	Bool
Q0.6	纯水阀	Bool
Q0.7	抽水泵4	Bool
Q1.0	抽水泵5	Bool

续表

地 址	名 称	数据类型
Q1.1	故障报警	Bool
M0.0	工业废水箱无水自保	Bool
M0.1	抽水泵 2 低压保护	Bool
M0.2	抽水泵 2 高压保护	Bool
M0.3	抽水泵 3 低压保护	Bool
M0.4	抽水泵 3 高压保护	Bool
M0.5	纯水箱无水自保	Bool
M0.6	纯净水箱无水自保	Bool
M0.7	秒时基	Bool
M1.0	小时时基	Bool
M1.1	自动启动	Bool
M1.2	纯水箱高低瞬态	Bool
M1.3	抽水泵 1 停止	Bool
M1.4	抽水泵 2 停止	Bool
M1.5	抽水泵 3 停止	Bool
M1.6	抽水泵 4 停止	Bool
M2.0	抽水泵 1 手动	Bool
M2.1	抽水泵 2 手动	Bool
M2.2	抽水泵 3 手动	Bool
M2.3	抽水泵 4 手动	Bool
M2.4	抽水泵 5 手动	Bool
M2.5	渗透反洗 1 手动	Bool
M2.6	手动标志	Bool
M2.7	进水阀手动	Bool
M3.0	纯水阀手动	Bool
M3.1	反水阀手动	Bool
M3.2	抽水泵 5 停止	Bool
M3.3	渗透反洗 1 停止	Bool
M3.4	进水阀关闭	Bool
M3.5	纯水阀关闭	Bool
M3.6	反水阀关闭	Bool
VW4	反洗隔间	Word
VW8	反洗时间	Word

（3）触摸屏画面设计

通过 KTP-700 型触摸屏来实现系统控制，可以进行系统的自动启动运行和停止，也可以手动设置各个水泵的运行和停止。

①初始画面

初始画面如图 5. 4-19 所示。打开触摸屏，完成程序下载后即可进入初始画面。画面上显示本系统的名称“工业废水处理系统”。单击“进入”按钮即可进入系统的“主画面”。

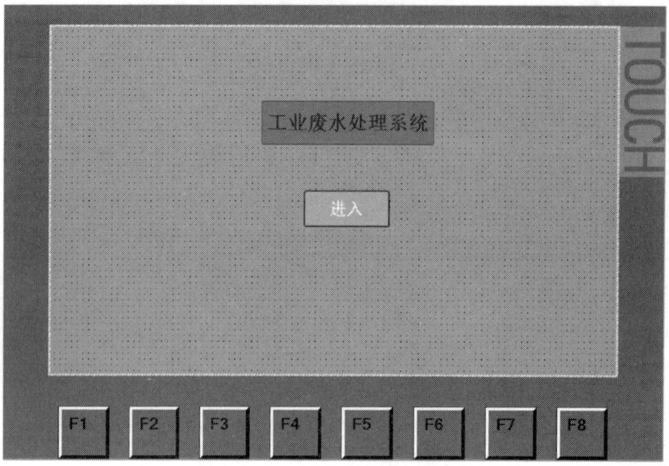

图 5. 4-19　初始画面

②主画面

主画面如图 5. 4-20 所示。在此画面中显示了“初始画面”“手动运行”“自动运行”“系统状态”“系统设置”5 个操作按钮。

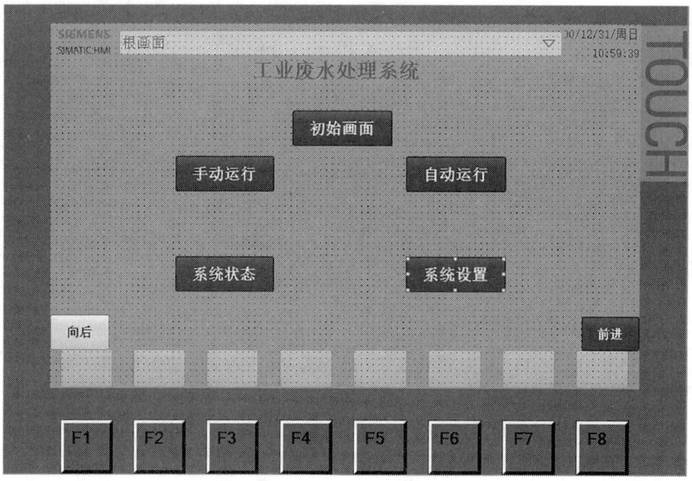

图 5. 4-20　主画面

单击“初始画面”按钮，用户可以返回初始画面。单击“手动运行”按钮，画面将切换到手动运行画面，用户可以自由选择想要启动或停止的设备，进行启动和停止。单击“自动运行”按钮，画面将自动切换到自动运行画面，系统将自动运行。单击“系统状态”按钮，画面将切换到系统状态画面，便于用户查看相应的系统状态。单击“系统设置”按钮，画面将切换到系统设定画面，用户可以在此设定系统的相关参数。

③手动运行画面

手动运行画面见图 5. 4−21、图 5. 4−22。用户可以在此手动启动系统的各个设备。

在图 5. 4−21 中，用户可以通过“停止”按钮操作抽水泵 1、抽水泵 2、抽水泵 3、抽水泵 4、抽水泵 5。设备运行时，“启动”按钮旁边的数字显示为“1”，“停止”按钮旁边的数字显示为“0”。设备停止时，“启动”按钮旁边的数字显示为“0”，“停止”按钮旁边的数字显示为“1”。

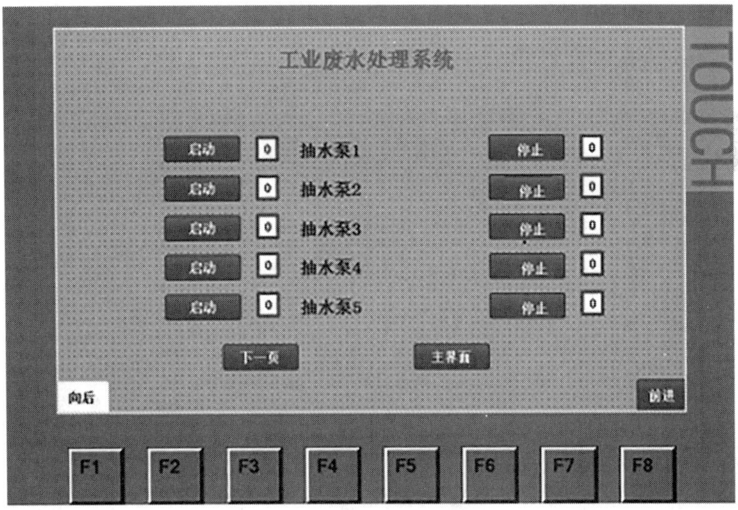

图 5. 4−21　手动运行画面 1

单击“下一页”按钮，进入下一个手动运行画面，如图 5. 4−22 所示。在此图中，用户可以通过“启动（打开)”和“停止（关闭)”按钮操作渗透装置 1 反洗、进水阀、纯水阀、反水阀的运行状态。设备运行时，“启动”按钮旁边的数字显示为“1”，“停止”按钮旁边的数字显示为“0”。设备停止时，“启动”按钮旁边的数字显示为“0”，“停止”按钮旁边的数字显示为“1”。单击“上一页”按钮，进入上一个手动运行画面。

单击“主画面”，返回主画面。

④自动运行画面

自动运行画面如图 5. 4−23 所示。单击“自动启动”按钮即可启动系统，单击“停止”按钮即可停止系统。画面上显示了抽水泵 1、抽水泵 2、抽水泵 3、抽水泵 4、抽水

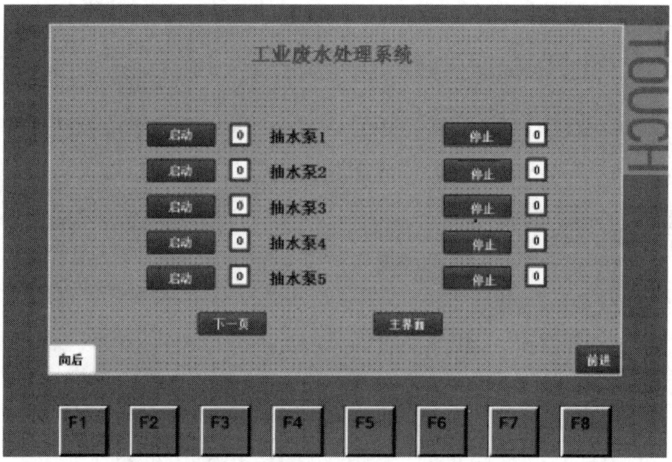

图 5.4-22　手动运行画面 2

泵 5 的运行状态，“1”为有效，即设备运行，“0”为无效，即设备不工作。用户可以从设备框图清晰直观地查看设备的运行状态。

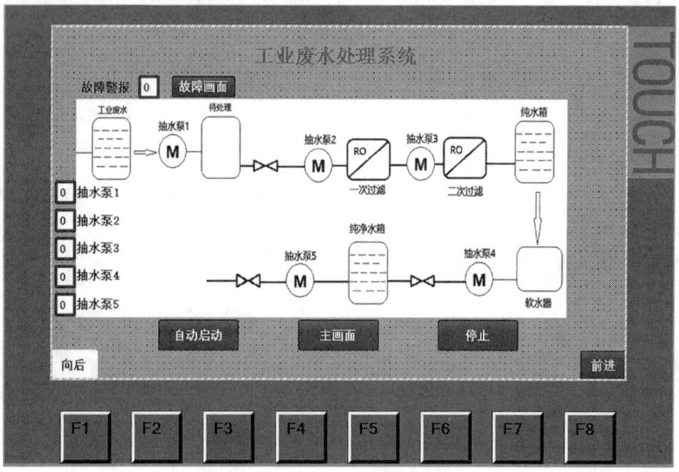

图 5.4-23　自动运行画面

此页面可以查看系统是否有故障，存在故障时，故障警报显示“1”，正常工作时显示“0”。如有故障，用户可以单击“故障画面”按钮进入“系统状态”画面，以进行相关的查找故障和解决故障的操作。

单击“主画面”按钮，可以返回到主画面。

⑤系统状态画面

系统状态画面如图 5.4-24 所示。在画面中，用户可以查询系统的状态。图 5.4-24 中列出系统主要设备的状态查询，分别为工业废水无水保护、抽水泵 2 低压保护、抽水泵 2 高压保护、抽水泵 3 低压保护、抽水泵 3 高压保护、纯水箱无水保护及纯净水箱无水保护。如果状态显示框中的数字为“1”，则说明相应的设备存在故障；如果显示“0”，则说明该设备正常工作。

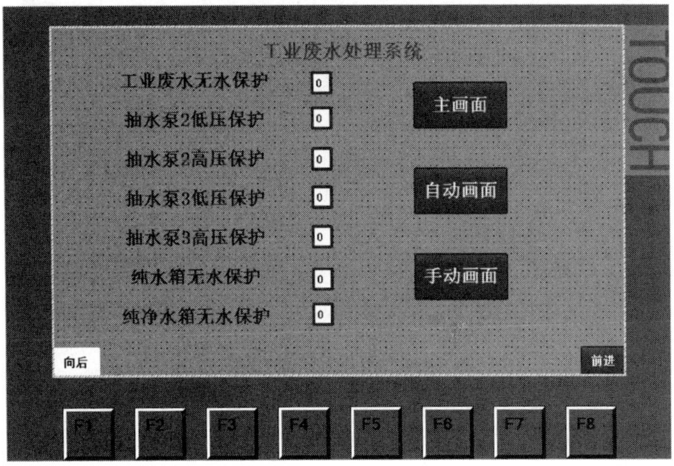

图 5.4-24　系统状态画面

单击“自动画面”，进入自动运行画面，进行相关操作。

单击“手动画面”，进入手动运行画面，进行相关操作。

⑥系统设置画面

系统设置画面如图 5.4-25 所示。用户可以设定系统的相关参数，如渗透反洗间隔和渗透反洗时间。单击数字框，输入 0~999 的任意数字即可完成设定。

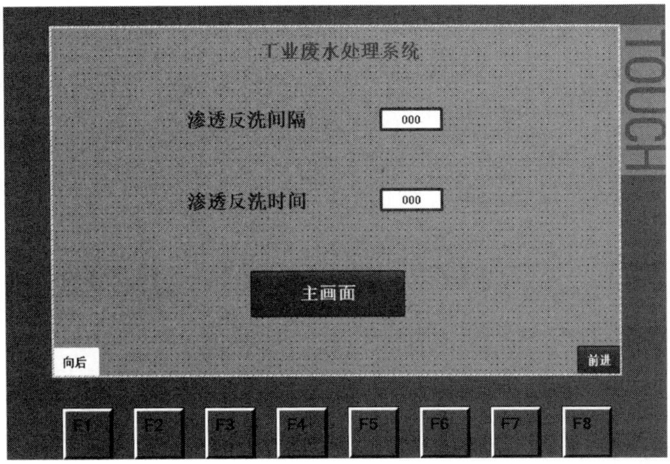

图 5.4-25　系统设置画面

⑦操作说明画面

操作说明画面如图 5.4-26 所示。图中详细说明了系统的相关操作方法；单击“主画面”按钮，返回主画面；

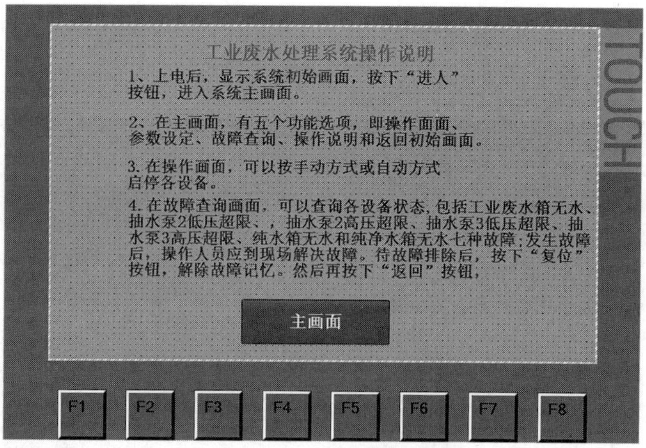

图 5.4-26　操作说明画面

2. 添加 HMI 设备

在 Portal 视图中单击“设备与网络”—“添加新设备”，如图 5.4-27 所示。或者在项目视图中左侧的“项目树”中双击“添加新设备”，如图 5.4-28 所示。出现“添加新设备”对话框，在该对话框中选择“HMI”，再选择“HMI”下拉菜单下的“7″显示屏”下的“KTP700 Basic”下的订单号为“6AV2 123-2GB03-0AX0”的触摸屏，如图 5.4-29 所示，“版本”选择最新版本 15.1.0.0。同时该设备有详细的说明：7″TFT 显示屏，800×480 像素，64K 色；按键和触摸操作，8 个功能键；1×PROFINET，1×USB。单击“确定”创建 HMI 组态，出现 HMI 设备向导 KTP700 Basic PN 对话框，如图 5.4-30 所示，在该向导对话框中 PLC 连接到之前建的 CPU 1214C（DC/DC/DC/）PLC，如图 5.4-31 所示，建立 HMI 与 PLC 的通信驱动程序和接口连接。在 HMI 设备向导 KTP700 Basic PN 对话框中还有“画布布局”“报警”“画面”“系统画面”“按钮”等选项，用户可根据需要进行选用和设置。最后单击“完成”按键，完成 HMI 的创建，进入 HMI 视图画面，如图 5.4-32 所示。双击“项目树”中的“设备和网络”，出现如图 5.4-33 所示的 PLC 与 HMI 组态网络连接对话框，可检查设备的组态是否良好。

3. 创建触摸屏画面

（1）打开已建项目

打开 Portal V15 软件，将鼠标指向“打开现有项目”，如图 5.4-34 所示，弹出最近编辑过的项目菜单，单击“工业废水处理系统”，再单击“打开”按钮即可打开已建项目“工业废水处理系统”的画面，进入 Portal 视图画面，如图 5.4-35 所示。单击“项目视图”，自动生成“根画面、画面 0、画面 1、画面 2”。

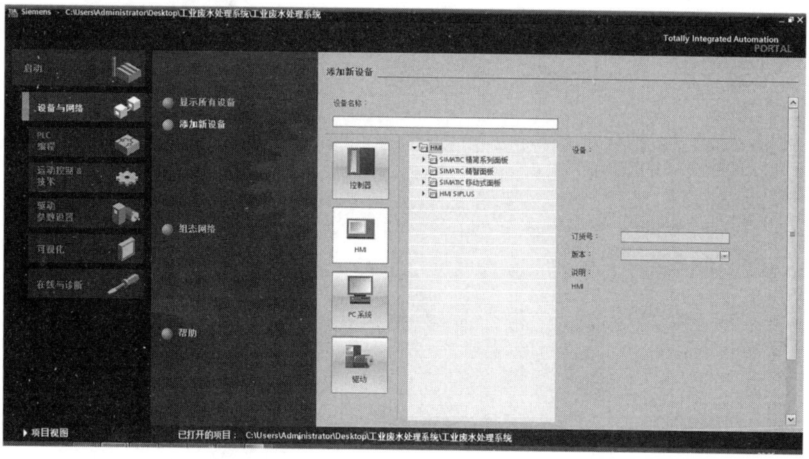

图 5.4-27 Portal 视图中添加新设备

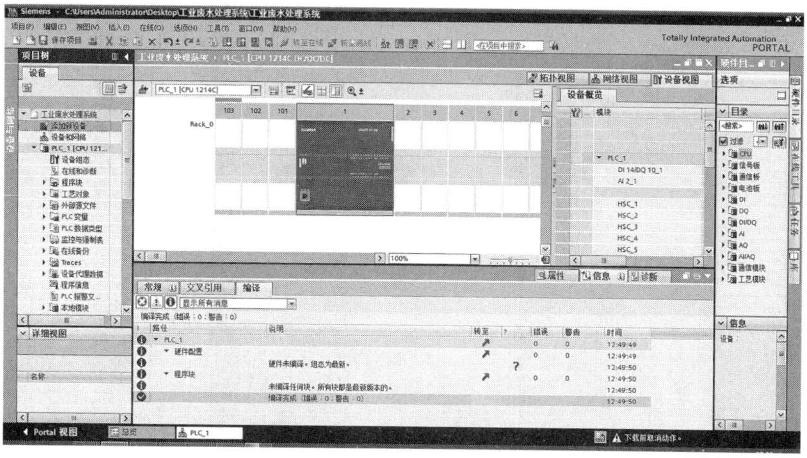

图 5.4-28 在项目视图中添加新设备

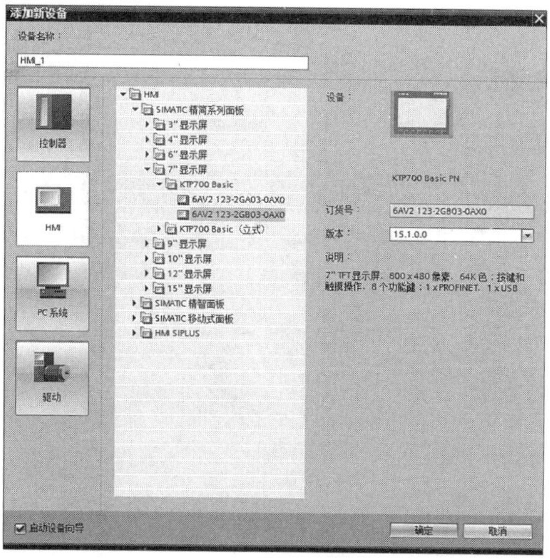

图 5.4-29 7″显示屏选择对话框

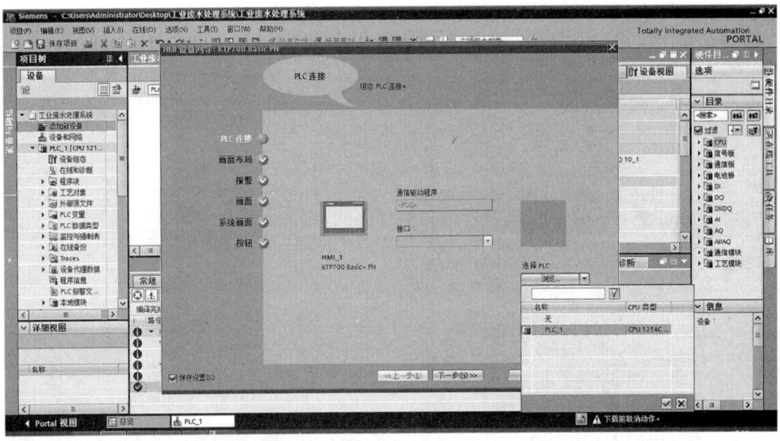

图 5.4-30　HMI 设备向导 KTP700 Basic PN 对话框

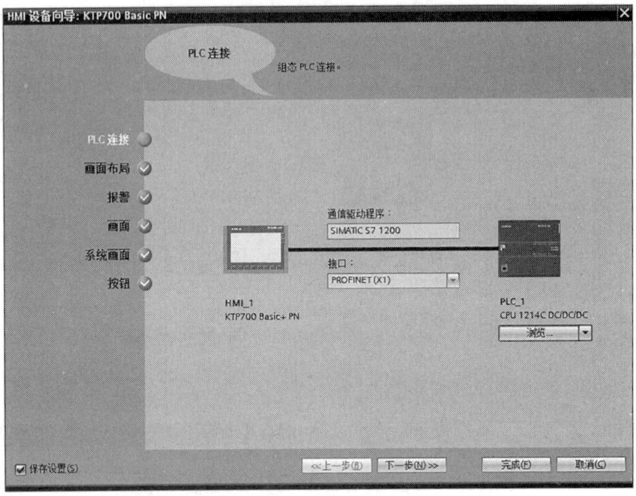

图 5.4-31　建立 HMI 与 PLC 连接

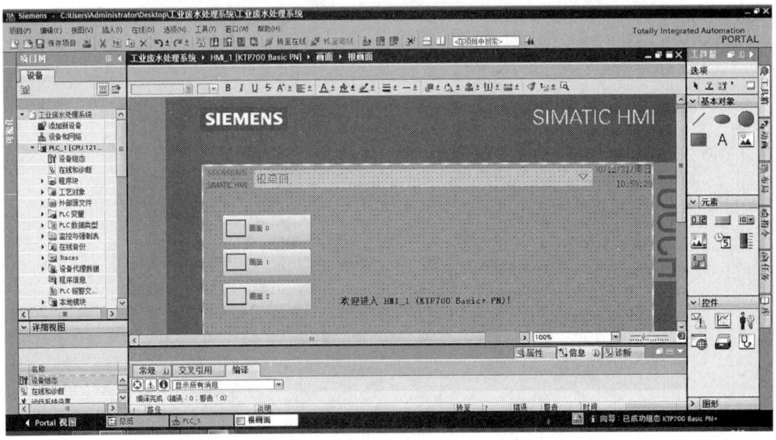

图 5.4-32　HMI 视图画面

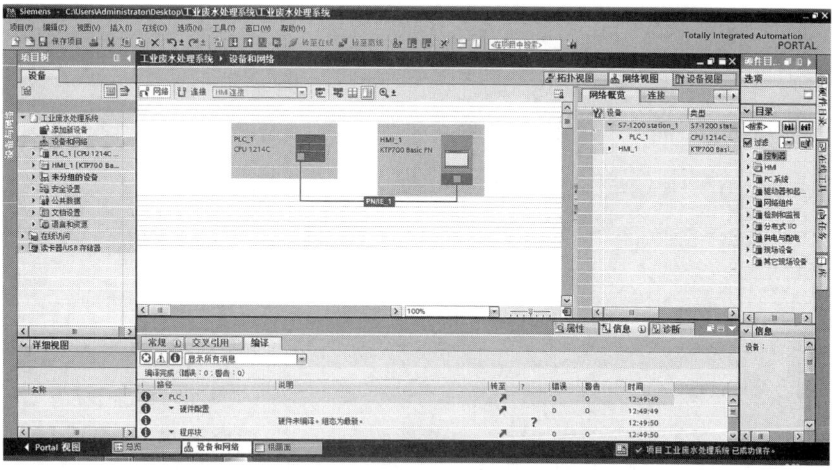

图 5.4–33 PLC 与 HMI 组态网络连接

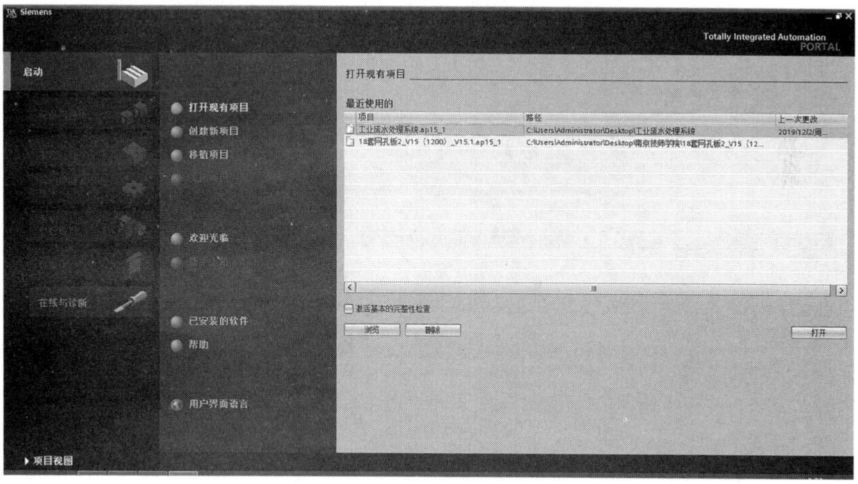

图 5.4–34 打开现有项目

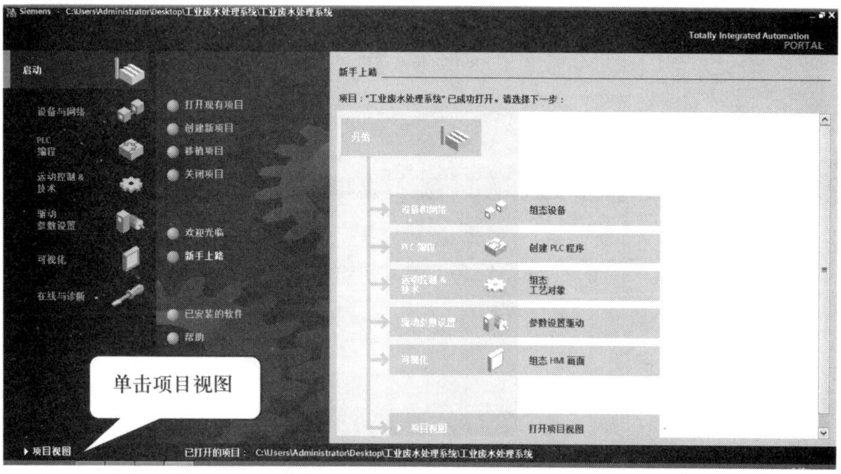

图 5.4–35 进入 Portal 视图画面

（2）创建初始画面

在创建项目并选择设备后，自动生成“根画面、画面 0、画面 1”，如图 5.4-36（a）所示。进行重新命名，将“根画面”改成“初始画面”，如图 5.4-36（b）所示。

在“项目视图”中，如图 5.4-36（a）所示，右击图标“根画面”，在弹出的菜单中，单击“重命名”选项，进入如图 5.4-36（b）所示的重命名画面，在图标“画面”中将“根画面”改成“初始画面”。单击工具栏中的保存按钮，保存重命名的画面名。

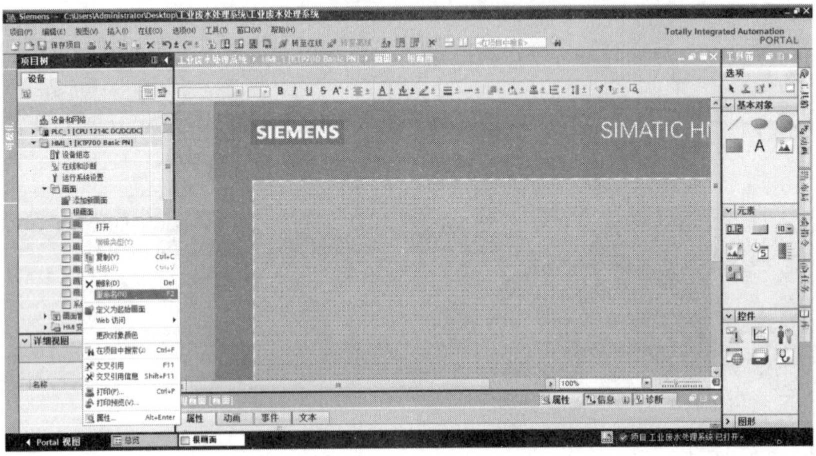

（a）

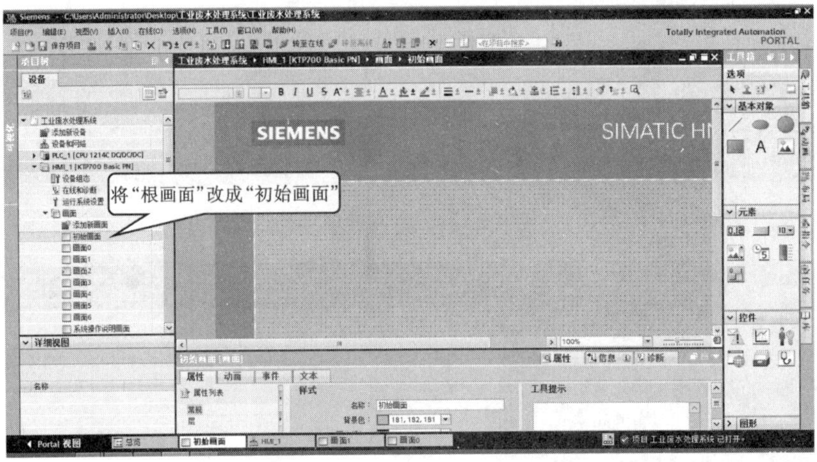

（b）

图 5.4-36　创建初始画面

（3）创建主画面和其他画面

在“项目视图”中，如图 5.4-37（a）所示，单击图标“添加新画面”，创建“画面_ 1”。再右击图标“画面_ 1”，如图 5.4-37（b）所示，在弹出的菜单中，单击“重命名”选项，进入如图 5.4-37（c）所示的重命名画面。将“画面_ 1”改成“主画面”。

单击工具栏中的保存按钮保存重命名的画面名。

创建其他画面与创建初始画面的方法相同，此处不再赘述。

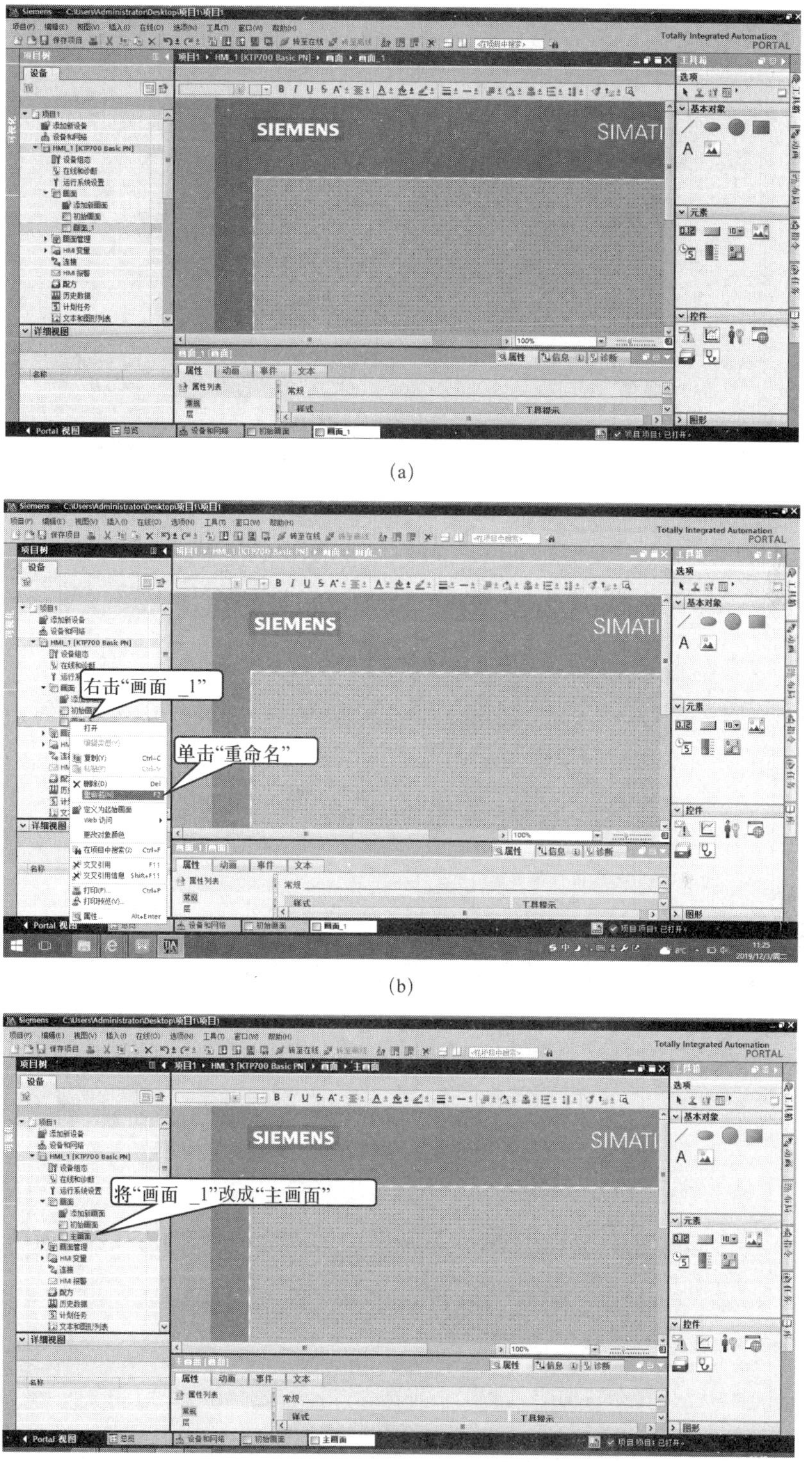

(a)　(b)　(c)

图 5.4-37　创建主画面

4. 触摸屏画面组态（Touch screen configuration）

（1）初始画面组态

①生成文本符合“工业废水处理系统”，如图 5.4-38 所示。

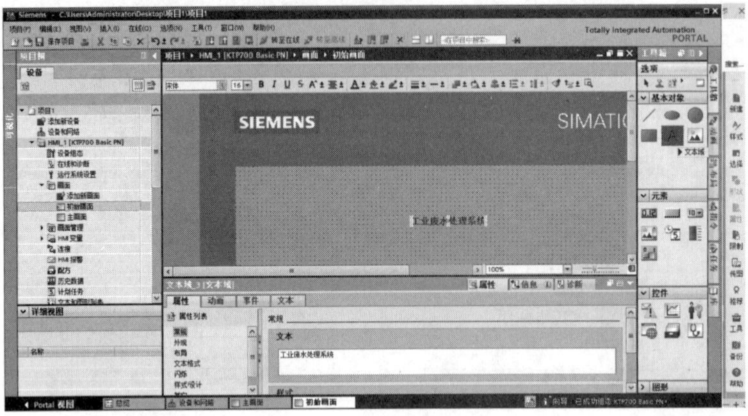

(a)

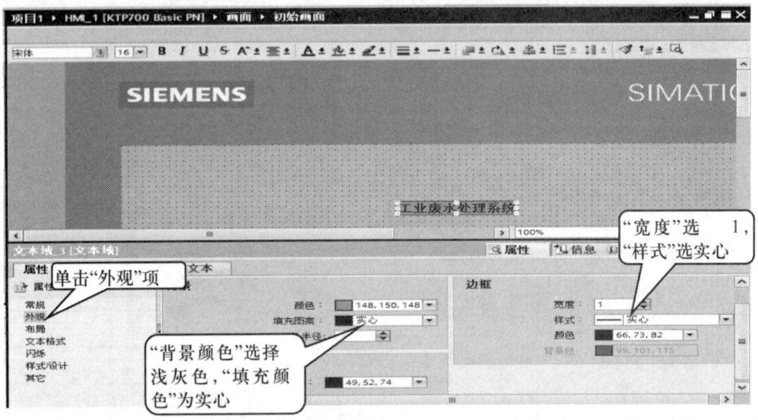

(b)

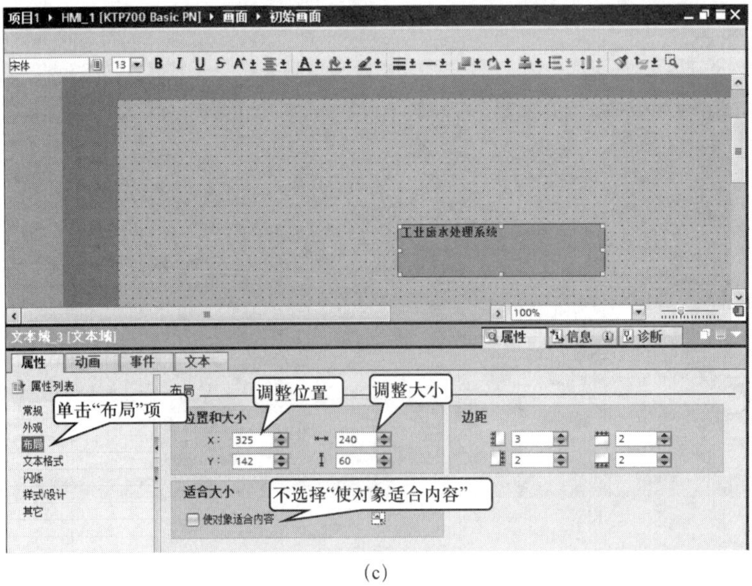

(c)

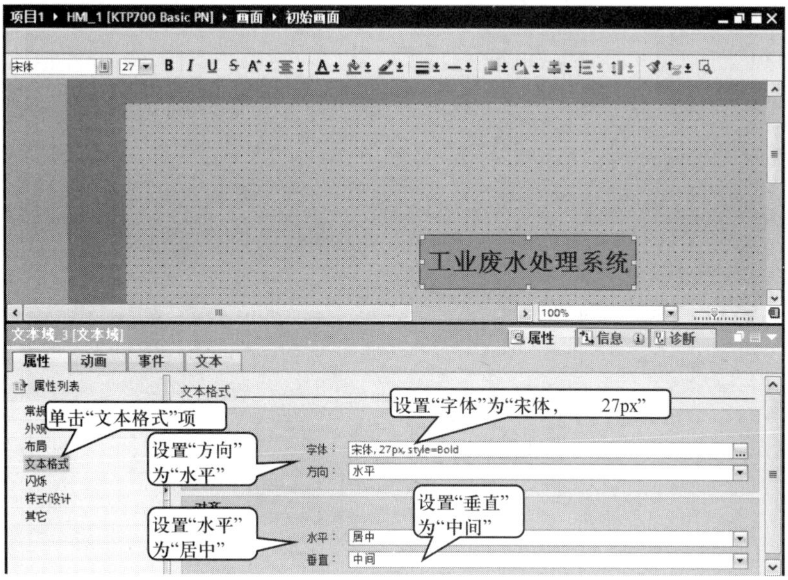

(d)

图 5.4-38　生成文本符合“工业废水处理系统”

单击“基本对象”中的图标，如图 5.4-38（a）所示，然后拖拽鼠标，当拖拽到初始画面的适当位置时，放开鼠标，在初始画面中出现由 8 个小方框围起来的符号“Text”，同时在下面的文本域属性视图中“文本”内也出现符号“Text”。再将“文本”中的内容改为“工业废水处理系统”，用鼠标单击画面的任意地方，初始画面中的符号“Text”也同时自动改为“工业废水处理系统”。

文本符号“工业废水处理系统”外观的布局和文本格式的设置，如图 5.4-38（b）、（c）、（d）所示。

单击如图 5.4-38（d）所示的初始画面中出现的由 8 个小方框围起来的文本符号“工业废水处理系统”，8 个小方框消失，如图 5.4-39 所示。

②生成画面切换按钮“进入”。

按钮是操作单元画面上的虚拟键，可以给其分配一个或几个功能。

找到初始画面右侧“工具箱”栏中的“元素”按钮，单击“按钮”图标将其放至画面的指定位置处，如图 5.4-40（a）所示。然后在属性窗口右侧栏中可填写静态文本，如“进入”。

设置按钮“属性”，可以设计按钮的外观、填充样式、文本格式等，如图 5.4-40（b）、（c）、（d）所示。

按钮功能设置，可根据实际需要设置，如设置为激活屏幕，即切换画面。

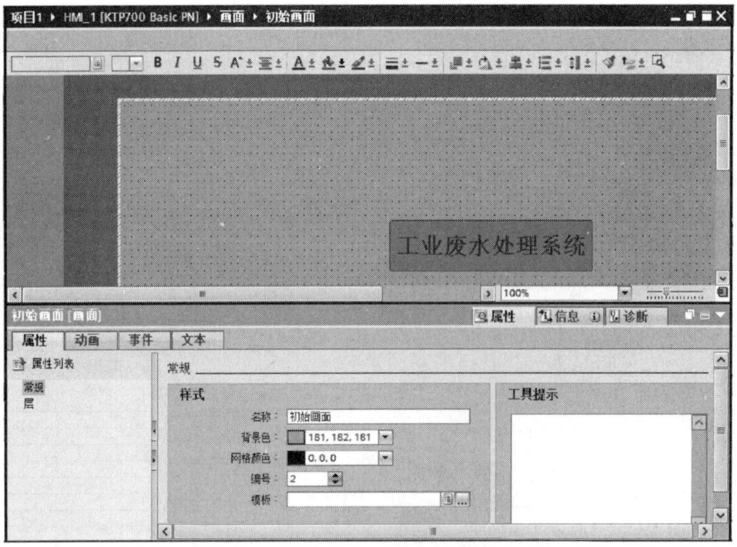

图 5.4-39 经属性设置后的文本符号

单击“事件”，如图 5.4-41（a）所示，单击下拉菜单。在下拉菜单中，单击“单击”选项，再单击“添加函数”右边的“▼”图标，弹出如图 5.4-41（b）所示画面，依次单击“系统函数”—“画面”—“激活屏幕”。双击第 2 行“画面名称”右侧的“<无值>”栏，激活“[...]”图标（以前是隐藏的），弹出如图 5.4-41（c）所示画面，单击“主画面”，并在右下角单击“√”项确认，则得到如图 5.4-41（d）所示画面。至此，该按钮功能设置完毕。

（2）主画面组态

主画面有 6 个功能选项：手动运行即操作方式 1、自动运行即操作方式 2、系统状态、系统设计、操作说明和初始画面。因此，主画面设有 6 个画面切换按钮，按下相应的画面切换按钮就能进入对应的画面。

按钮是操作单元画面上的虚拟键，可以给其分配一个或几个功能。在使用触摸操作设备时，用鼠标单击相应的操作按钮，或用手指操作按钮，即可实现相应的操作。

①“自动运行”按钮的生成与组态

在主画面右侧的“工具箱”中，用鼠标单击按钮图标并放至主画面的指定位置，如图 5.4-42（a）所示，并在属性视图右侧的文本栏中填写静态文本“自动运行”。利用“属性”中的按钮，可以设计按钮的外观、填充样式、布局、文本格式等，如图 5.4-42（b）、（c）、（d）、（e）所示。

工业废水处理系统
进入

(a)

项目1 ▸ HMI_1 [KTP700 Basic PN] ▸ 画面 ▸ 初始画面
工业废水处理系统
进入
单击“外观”项
“宽度” 选择2
“样式” 选择实心

(b)

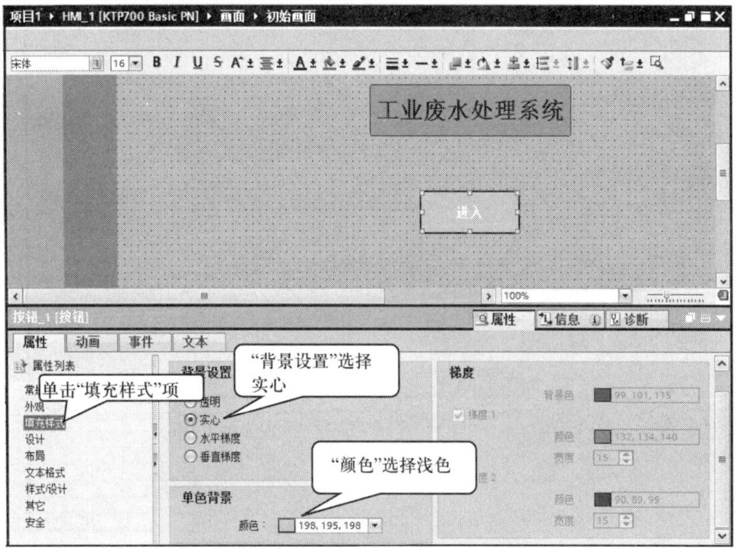
项目1 ▸ HMI_1 [KTP700 Basic PN] ▸ 画面 ▸ 初始画面
工业废水处理系统
进入
单击“填充样式”项
“背景设置”选择
实心
“颜色”选择浅色

(c)

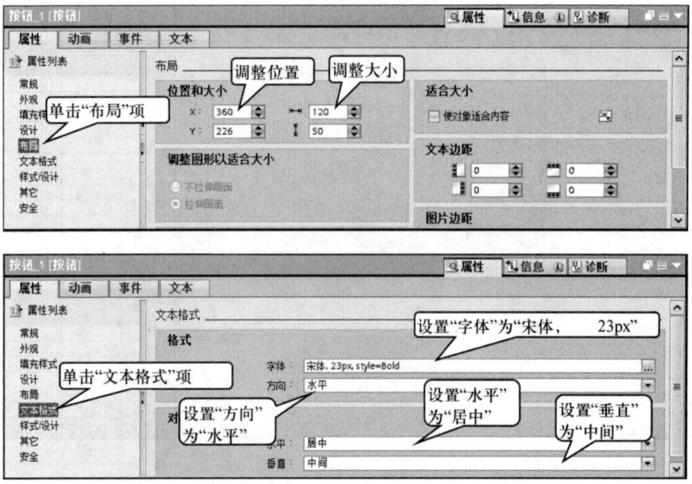

(d)

图 5.4-40 生成画面切换按钮

(a)

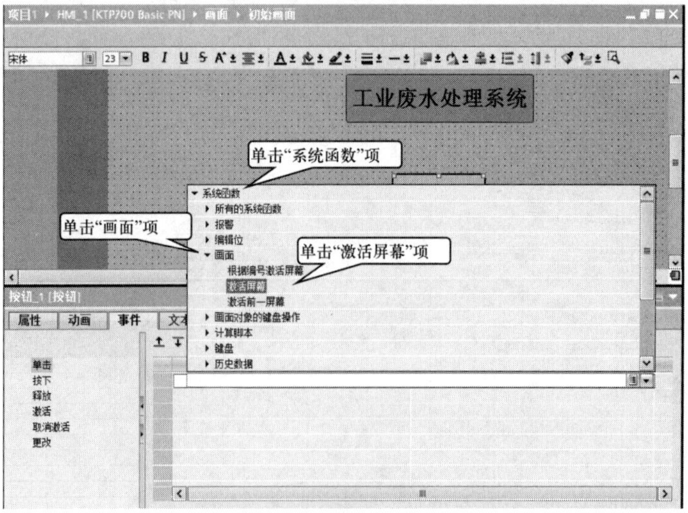

(b)

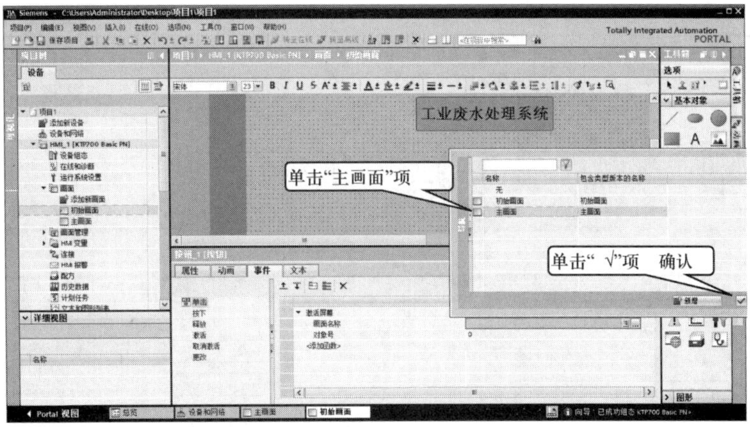

(c)

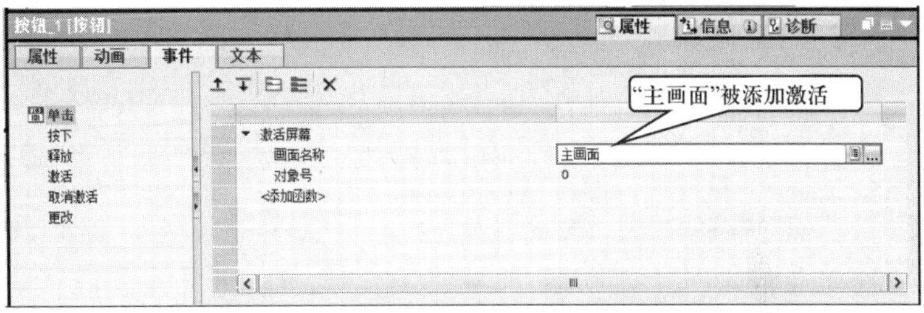

(d)

图 5.4-41　设置按钮“属性”

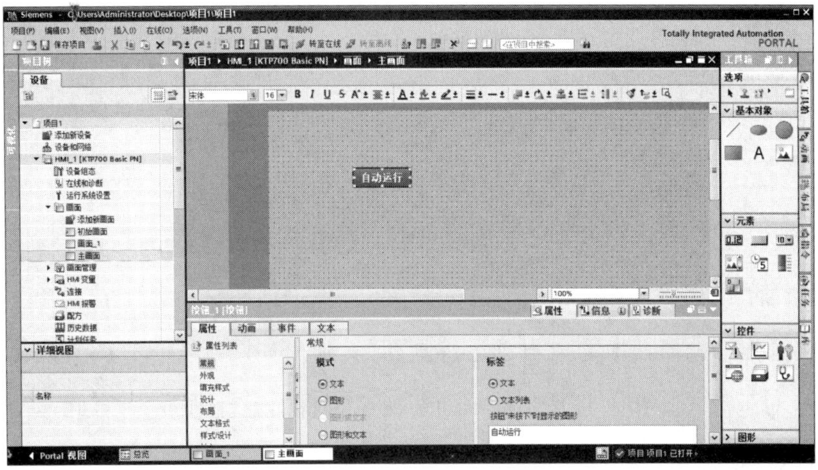

(a)

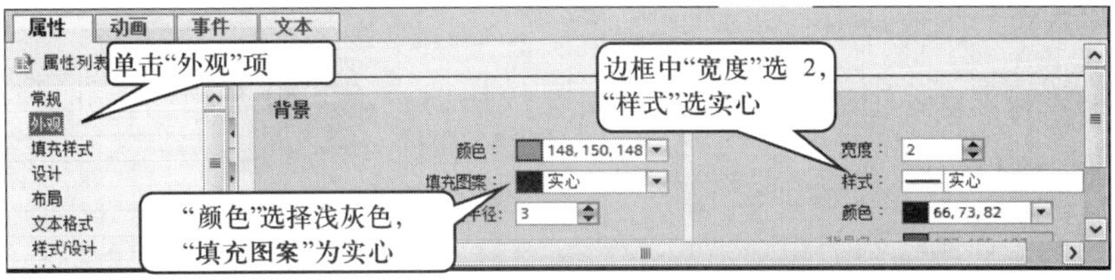

(b)

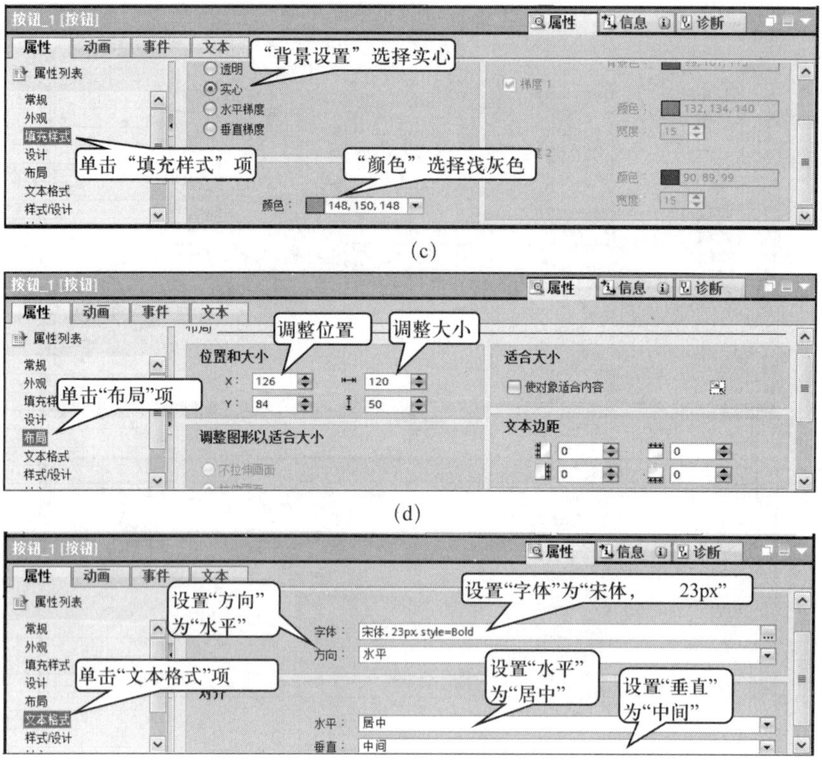

(c)

(d)

(e)

图 5.4-42　“自动运行”按钮的添加

②按钮功能设置。依次单击“事件”—“单击”项，如图 5.4-43（a）所示，再单击“添加函数”右边的“▼”图标，弹出如图 5.4-43（b）所示画面，依次单击“系统函数”—“画面”—“激活屏幕”，出现如图 5.4-43（c）所示画面，单击“√”项确认。在图 5.4-43（d）所示画面中，双击第 2 行“画面名称”右侧的“<无值>”栏，激活“”图标（以前是隐藏的），点击该图标，其下拉菜单中列出多种可供选择的画面，选择其中的“自动运行画面”，弹出如图 5.4-43（e）所示画面，若单击此“自动运行”按钮，将从当前画面切换至“自动运行画面”。至此，“自动运行”按钮组态设置完成。

③其他按钮的生成与组态

其他按钮的生成与组态和“自动运行”按钮的生成与组态相同，此处不再赘述。结果如图 5.4-44 所示。

（3）自动画面的绘制与组态

①工艺流程图的绘制

首先进入 Windows 自带的画图工具。在 Windows 桌面，单击“开始”，如图 5.4-45（a）

所示，再依次单击“所有程序”—“Windows 附件”—“画图”程序项，弹出如图 5.4-45（b）所示画面，在该画面上，用自带的画图工具画出工艺图。选中编辑好的工艺图，将其复制到自动运行画面，如图 5.4-45（c）所示。

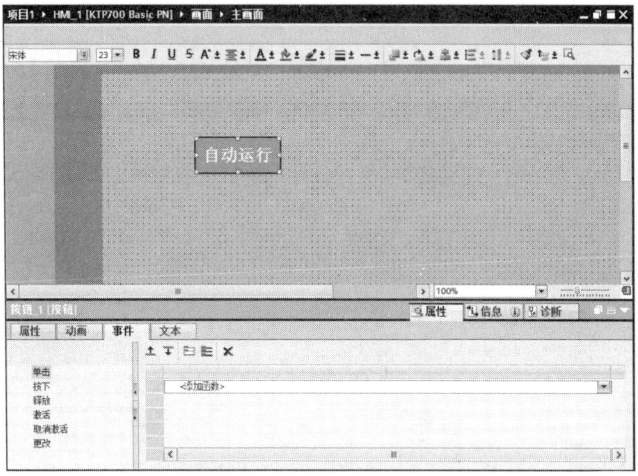

（a）

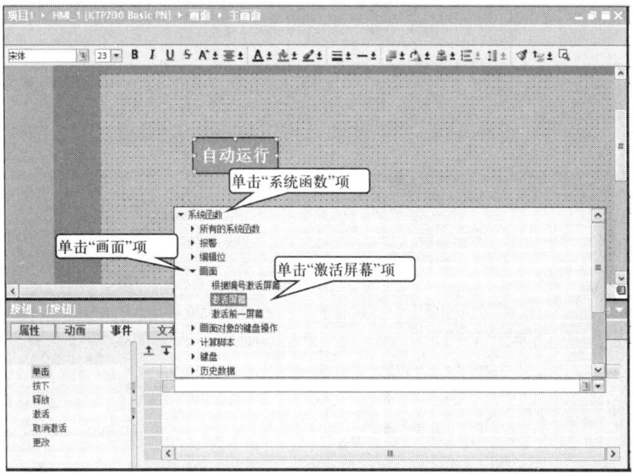

（b）

（c）

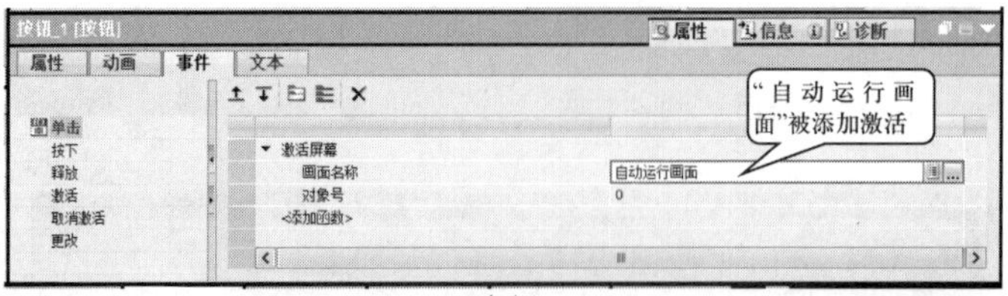

(d)

(e)

图 5.4-43　"自动运行"按钮功能设置

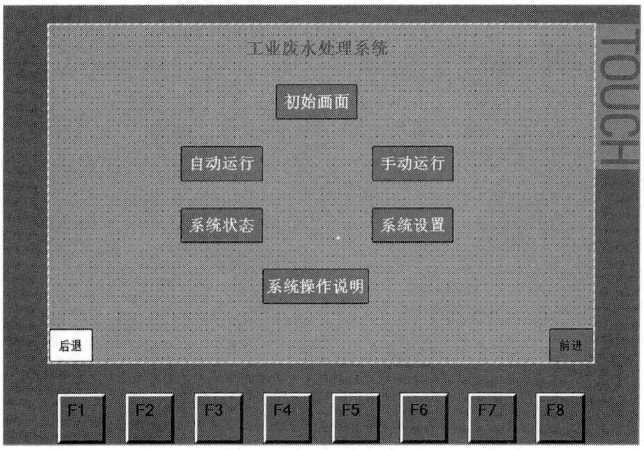

图 5.4-44　其他按钮的生成与组态

②文本符号"故障报警"及其输出域的设置。按初始画面中生成文本符号"工业废水处理系统"的方法生成文本符号"故障报警"。

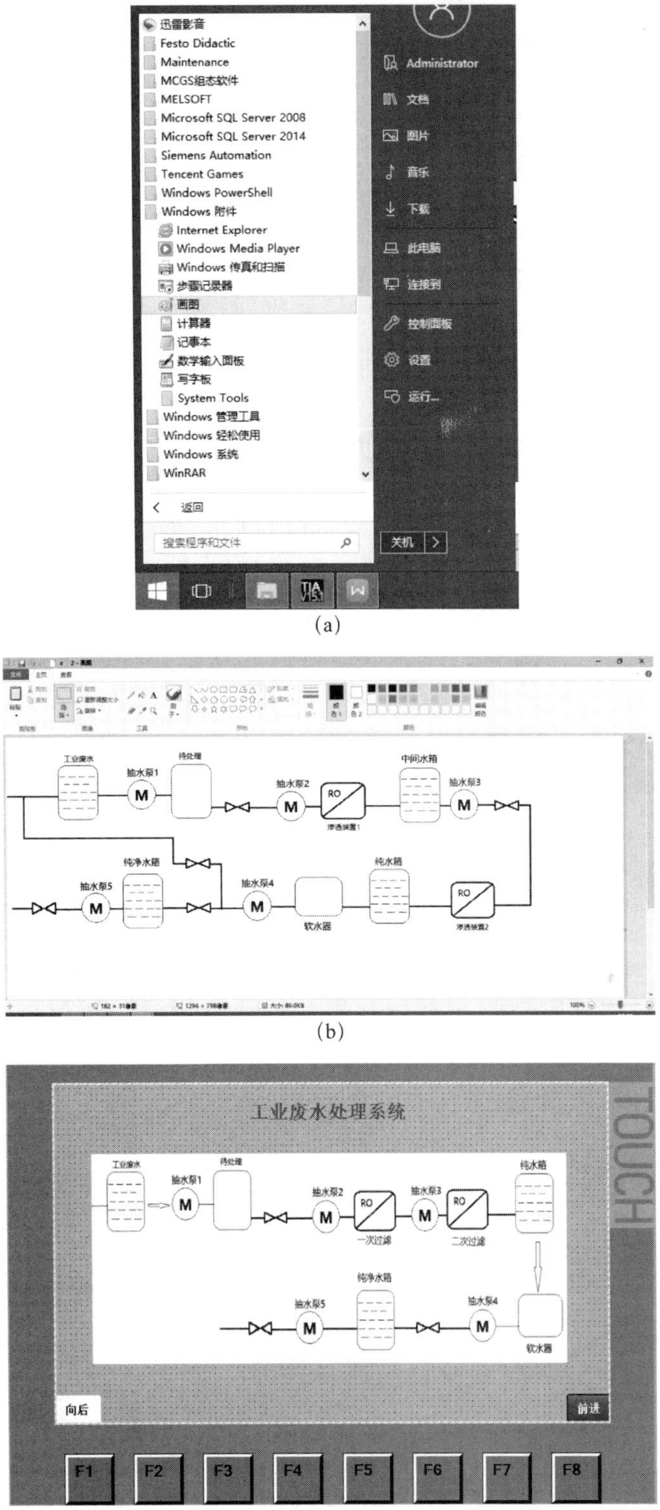

(a)

(b)

(c)

图 5.4-45　工艺流程图的绘制

在项目视图模式下，单击右侧“工具箱”选项下的“元素”中的 I/O 域，在自动运行画面的指定位置处新建 I/O 域，如图 5.4-46（a）所示。

单击“自动运行画面”下边的 I/O 域的“属性”对话框中的“常规”选项，将“常规”中的“类型”项选为“输出”；“格式”中的“显示格式”应设置为“二进制”；“格式样式”选为“1”；“过程”项中选择“变量”，单击“变量”右侧“指定变量▤…”，弹出变量列表。若与该输出域连接的变量已经存在于所显示的变量列表中，则只需选择其中一个即可（可编辑修改）。若为新增变量，则单击“新建”按钮，会弹出如图 5.4-46（b）所示画面。

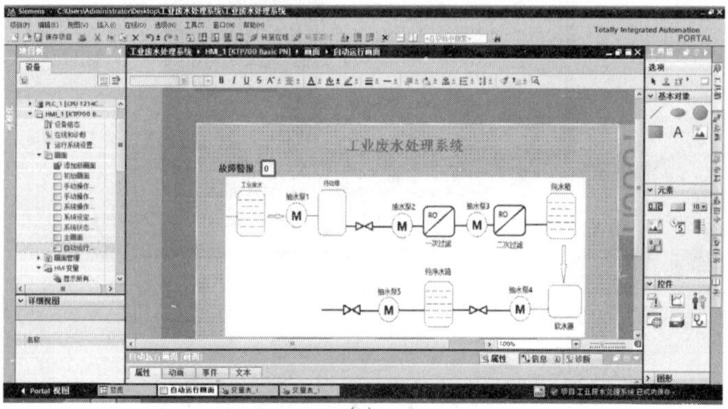

(a)

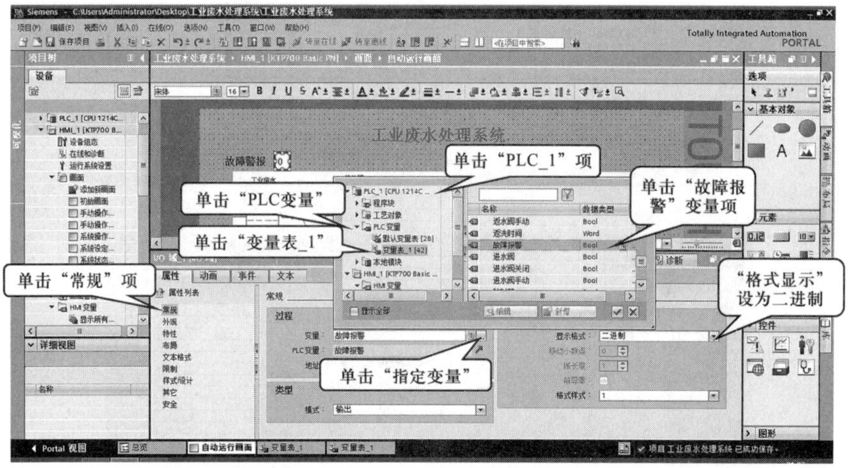

(b)

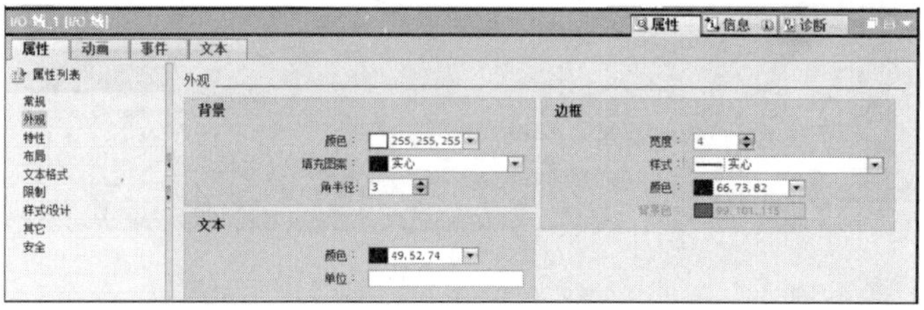

(c)

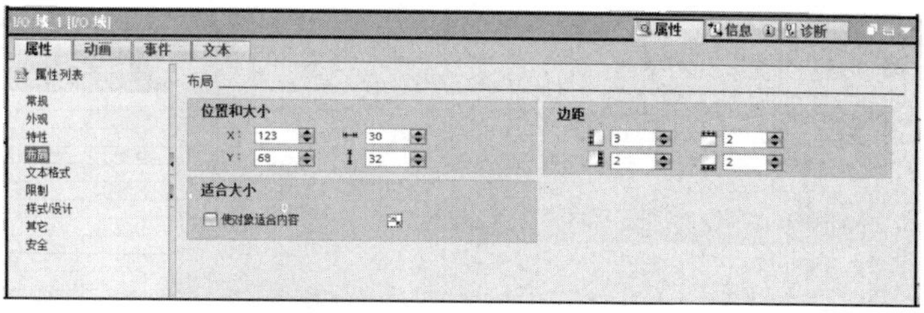

(d)

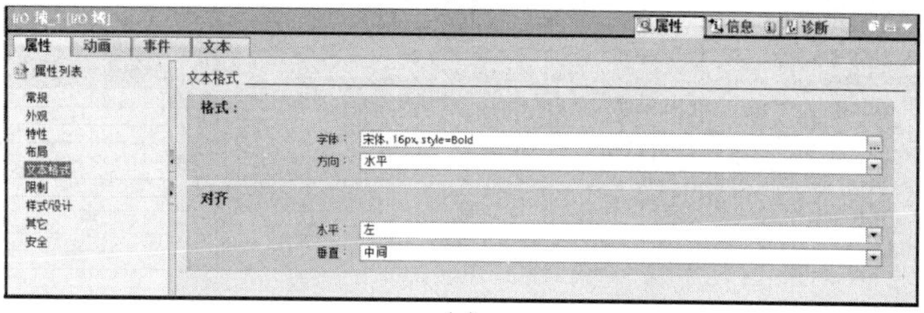

(e)

图 5.4-46　I/O 域的输出设置

如图 5.4.46（b）所示中，选择左侧的对话框左侧 PLC 项目下的“PLC 变量”中之前新建的“变量表_ 1”内“故障报警”变量（该变量已经被分配了数据类型为 Bool，Q1.1 的地址），单击“√”确认。依次单击“属性”—“外观”，如图 5.4-46（c）所示，在“背景”栏中，“颜色”选为“白色”，“填充图案”选为“实心”。在“边框”栏中，“宽度”选为“4”，“样式”选为“实心”，“颜色”默认，这样可以使输出域更醒目。依次单击“属性”—“布局”，如图 5.4-46（d）所示，不选择“使对象适合内容”复选框，以便人为调整输出域的“位置”和“大小”。再依次单击“属性”—“文本格式”，如图 5.4-46（e）所示，文字的位置“水平”选为“左”，“垂直”选为“中间”。至此，该输出域属性设置基本完毕。

③“故障画面”的生成与按钮组态。

用鼠标单击“画面”右侧“工具箱”栏下“元素”中的“按钮”图标并放至指定位置，如图 5.4-47 所示，并在“属性”视图“常规”的“标签”文本栏中的“按钮‘未按下’时显示的图形”下填入文本“故障画面”。

利用按钮“属性”中的“外观”“布局”“文本格式”项，可以设计按钮的外形、背景色、文本格式等。

按钮功能设置。依次单击“事件”—“单击”项，弹出如图 5.4-48（a）所示画面，单击“添加函数”右侧的“▼”图标，弹出如图 5.4-48（b）所示画面。在图 5.4-48（b）中，单击“系统函数”—“画面”—“激活屏幕”，弹出如图 5.4-48

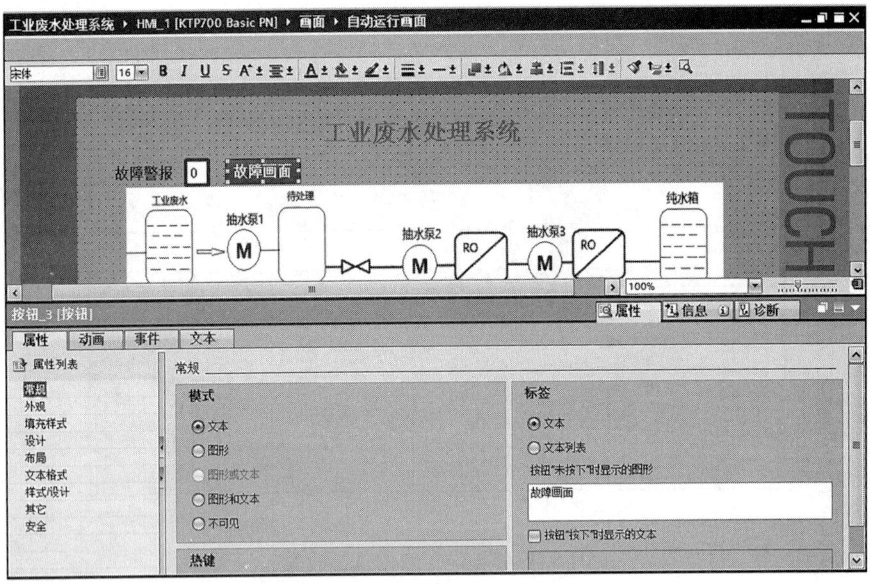

图 5.4-47　“故障画面”按钮设置

(c) 所示画面。在图 5.4-48 (c) 中，双击第 2 行“画面名称”右侧的“<无值>”栏，激活“ ”图标 (以前是隐藏的)，弹出如图 5.4-48 (d) 所示画面，下拉菜单中列出了多种可供选择的画面，选择其中的“系统状态画面”，弹出如图 5.4-48 (e) 所示画面，单击“故障画面”按钮，将从当前画面切换至“系统状态画面”。至此，“故障画面" 按钮组态完成。

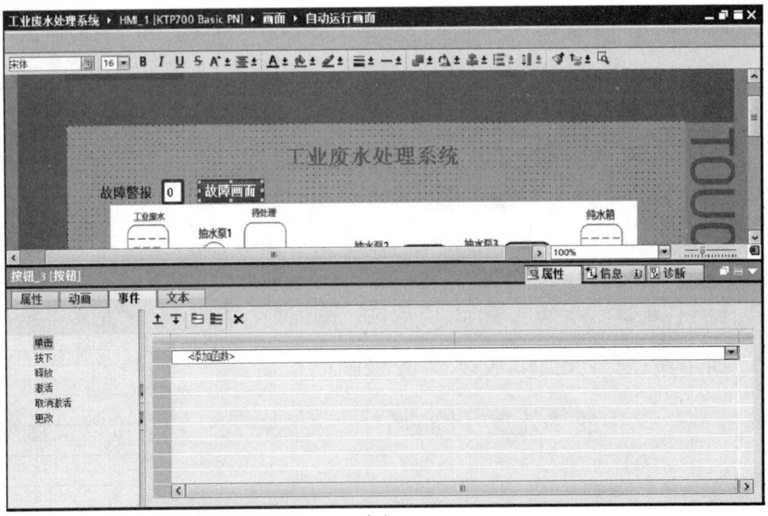

(a)

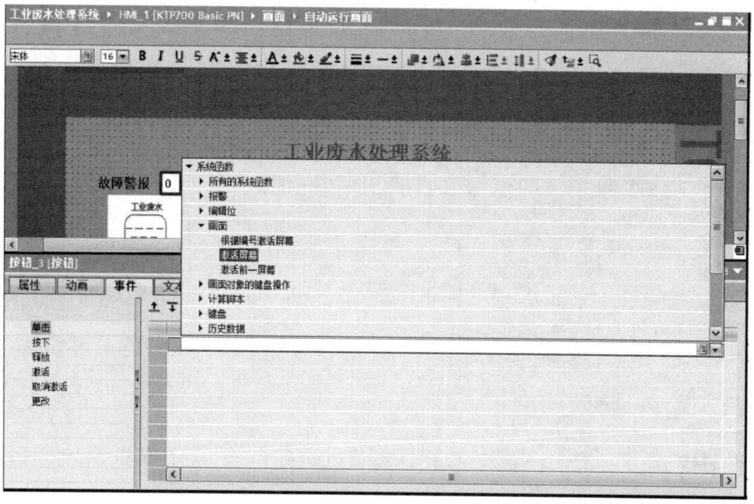

(b)

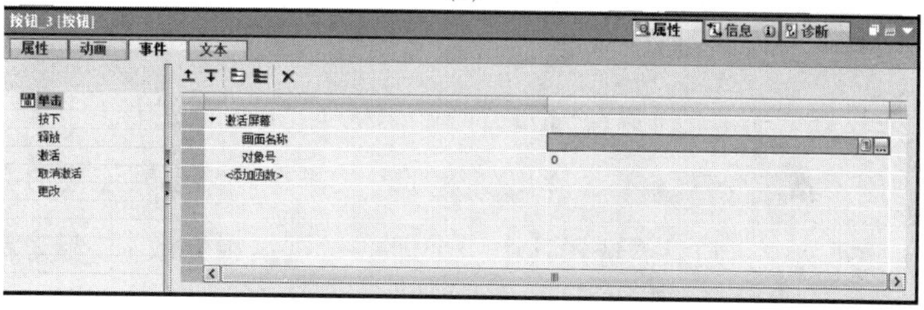

(c)

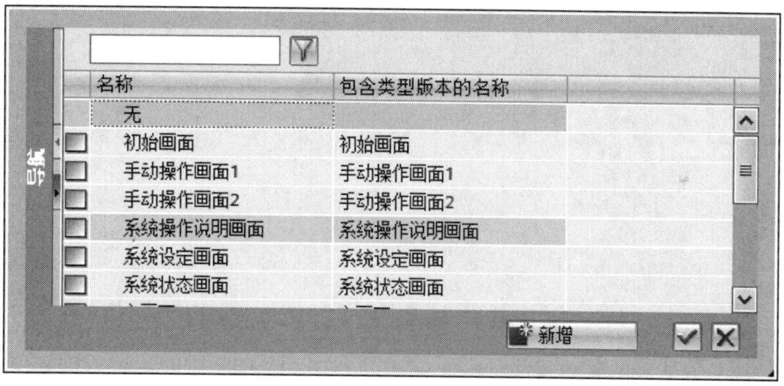

(d)

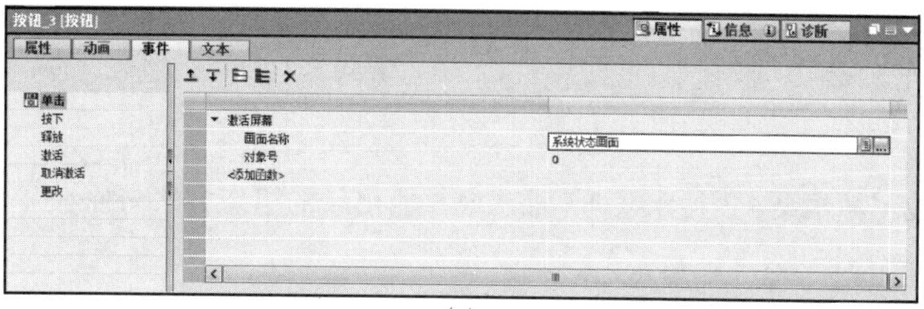

(e)

图 5.4-48　“故障画面”按钮组态

④文本符号“0——停止”“1——运行”的生成与组态。

文本符号“0——停止”“1——运行”的生成与组态与初始画面中生成文本符号“工业废水处理系统”的组态方法相同，此处不再赘述。

⑤文本符号“抽水泵 1、抽水泵 2、抽水泵 3、抽水泵 4、抽水泵 5”及其输出域的生成与组态。

文本符号“抽水泵 1、抽水泵 2、抽水泵 3、抽水泵 4、抽水泵 5”的组态与初始画面中生成文本符号“工业废水处理系统”的组态方法相同，此处不再赘述。

“抽水泵 1”输出域的组态：

在项目视图模式下，单击右侧“工具箱”选项下的“元素”中的 I/O 域，在自动运行画面的指定位置处新建 I/O 域。单击“自动运行画面”下边的 I/O 域的“属性”对话框中的“常规”选项，将“常规”中的“类型”项选为“输出”；“格式”中的“显示格式”应设置为“二进制”；“格式样式”选为“1”；“过程”选择“变量”，单击“变量”右侧“指定变量”，弹出变量列表。若与该输出域连接的变量已经存在于所显示的变量列表中，则只需选择其中一个即可（可编辑修改）。若为新增变量，则单击“新建”按钮，会弹出如图 5. 4-49（a）所示画面。

在如图 5. 4-49（a）所示中，选择左侧的对话框左侧 PLC 项目下的“PLC 变量”中之前新建的“变量表_ 1”内“抽水泵 1”变量（该变量已经被分配了数据类型为 Bool，Q0. 0 的地址），单击“√”确认，结果如图 5. 4-49（b）所示。依次单击“属性”—“外观”，如图 5. 4-49（c）所示，在“背景”栏中，“颜色”选为“白色”，“填充图案”选为“实心”。在“边框”栏中，“宽度”选为“4”，“样式”选为“实心”，“颜色”默认，这样可以使输出域更醒目。依次单击“属性”—“布局”，如图 5. 4-49（d）所示，不选择“使对象适合内容”复选框，以便人为调整输出域的“位置”和“大小”。再依次单击“属性”—“文本格式”，如图 5. 4-49（e）所示，文字的位置“水平”选为“左”，“垂直”选为“中间”。至此，该输出域属性设置基本完毕。

抽水泵 2、抽水泵 3、抽水泵 4、抽水泵 5 输出域的组态方法与抽水泵 1 输出域的组态方法相同，此处不再一一赘述。

⑥自动启动按钮的生成与组态。

依次单击右侧“工具箱”栏下的“元素”项中的“按钮”选项，在当前画面中的指定位置处单击新建“自动启动”按钮，如图 5. 4-50 所示。

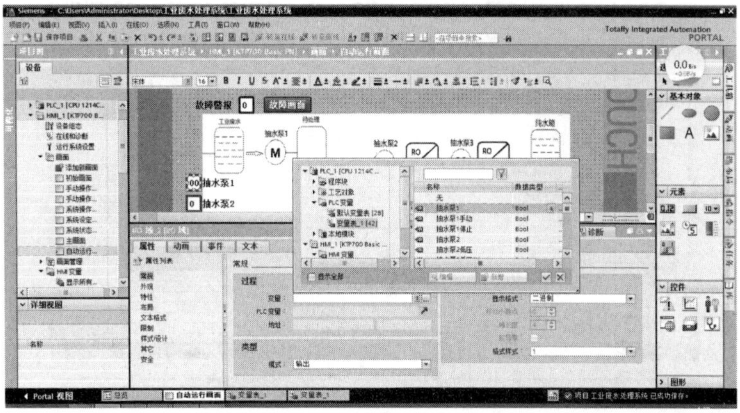

(a)

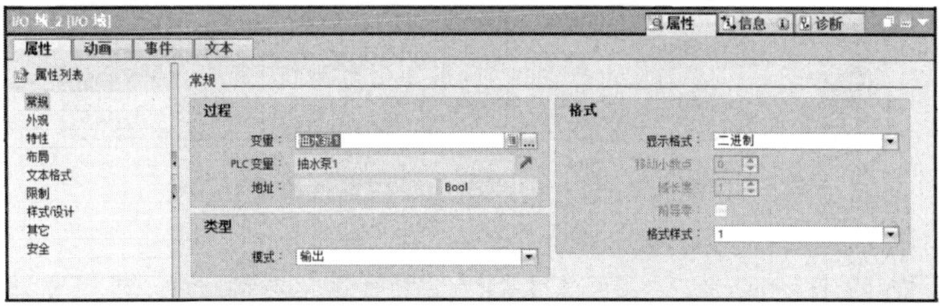

(b)

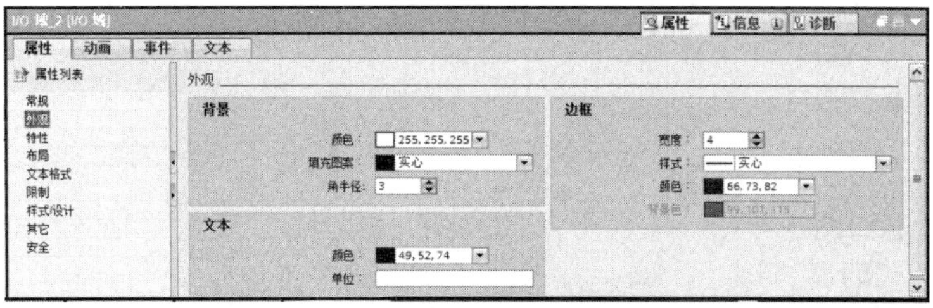

(c)

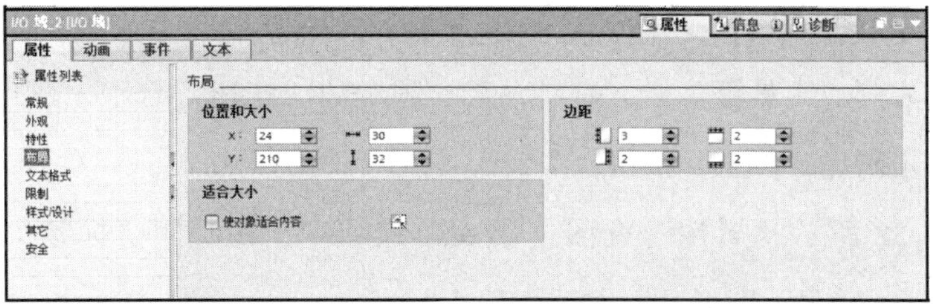

(d)

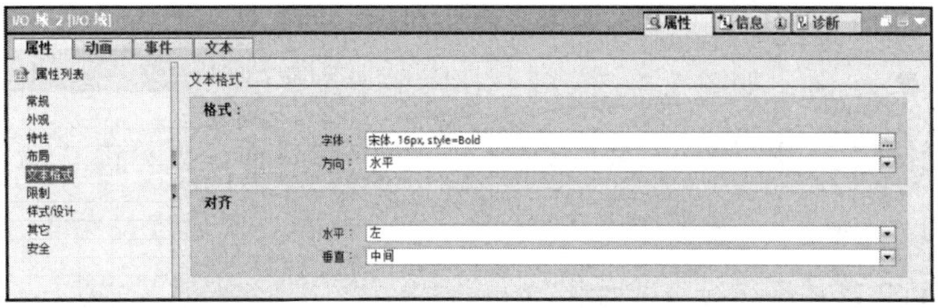

(e)

图 5.4-49　“抽水泵 1”输出域的组态

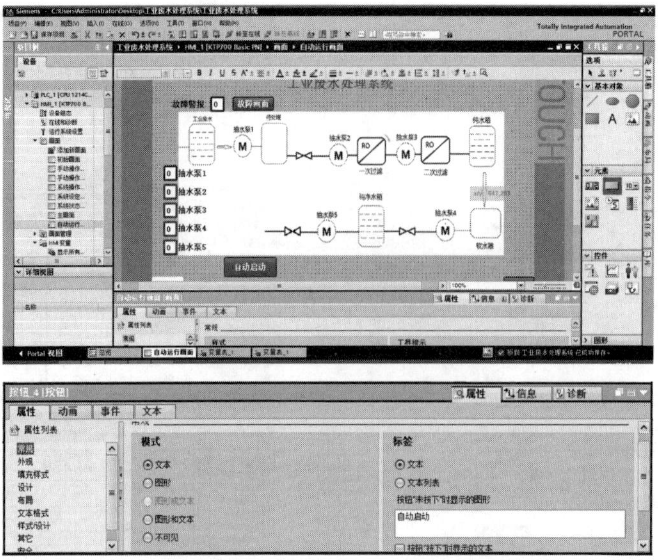

图 5.4-50　自动启动按钮属性设置

在图 5.4-50 所示“属性”视图“常规”选项中，右侧“标签”文本栏下的“按钮‘未按下’时显示图形”下输入“自动启动”。

在图 5.4-51（a）中，依次单击“事件”—“按下”项，再单击“添加函数”右侧的“▼”图标，在如图 5.4-51（b）所示的下拉菜单中，选择“系统函数”—“编辑位”—“置位位”，弹出如图 5.4-51（c）所示的界面，再单击“变量（输入/输出）”右侧的“ ”，弹出如图 5.4-51（d）所示的变量选择菜单，选择名称为“自动启动”的变量。

⑦停止按钮的生成与组态。

依次单击右侧“工具箱”栏下的“元素”项中的“按钮”选项，在当前画面中的指定位置处单击新建“停止”按钮，如图 5.4-52 所示。

在图 5.4-52 所示“属性”视图“常规”选项中，在右侧“标签”文本栏下的“按钮‘未按下’时显示图形”下输入“停止”。

在图 5.4-53（a）在中，依次单击“事件”—“按下”项，再单击“添加函数”右侧的图标“▼”，弹出如图 5.4-53（b）所示的下拉菜单，选择“系统函数”—“编辑位”—“复位位”，弹出如图 5.4-53（c）所示的界面，再单击“变量（输入/输出）”右侧的“ ”，弹出如图 5.4-53（d）所示的变量选择菜单，选择名称为“自动启动”的变量。最终设置成如图 5.4-53（e）。至此完成“自动启动”按钮的组态设置。如果用户需要对按钮的外观、形状、背景色等进行设置，可以在按钮“属性”下的选项中进行设置，如图 5.4-54 所示。

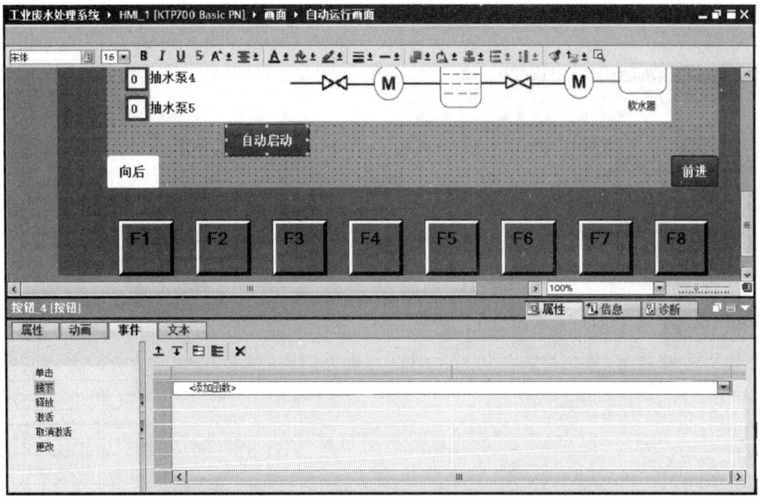

(a)

(b)

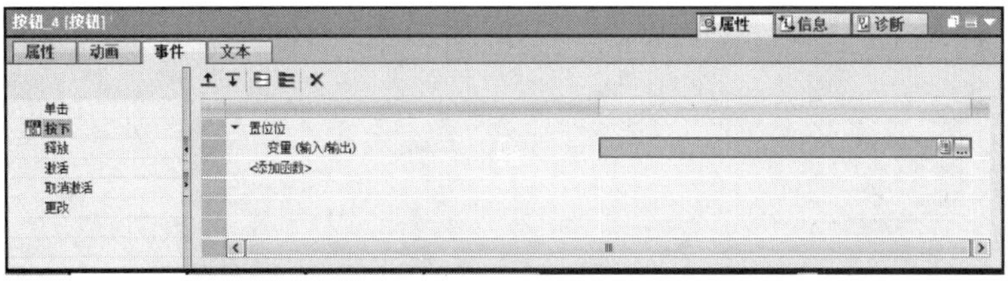

(c)

(d)

图 5.4-51 自动启动按钮组态设置

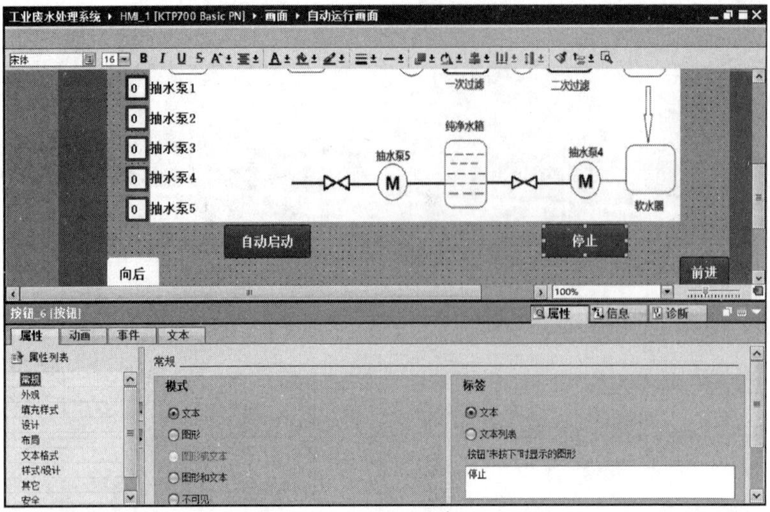

图 5.4-52　停止按钮属性设置

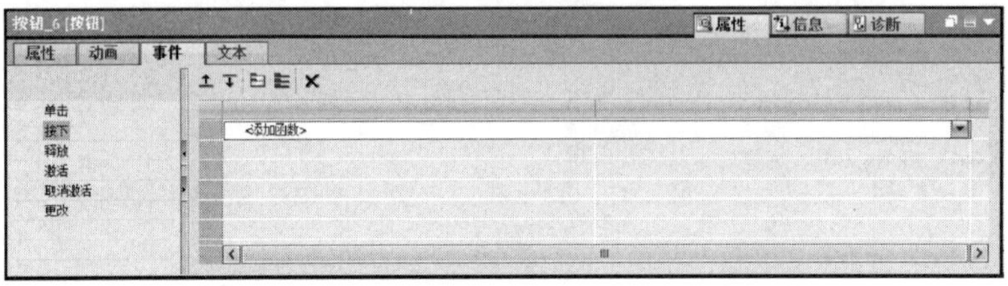

(a)

(b)

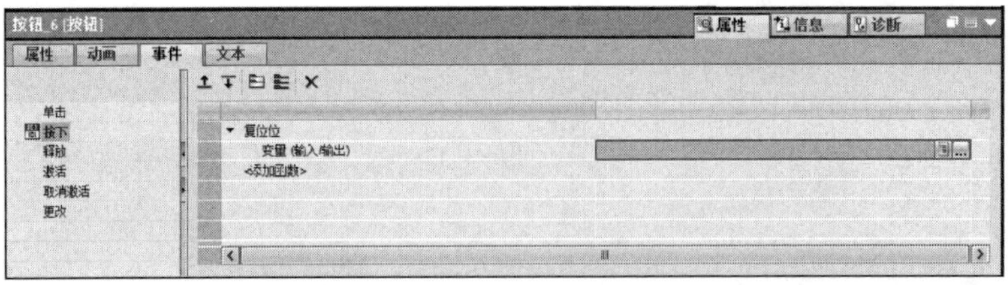

(c)

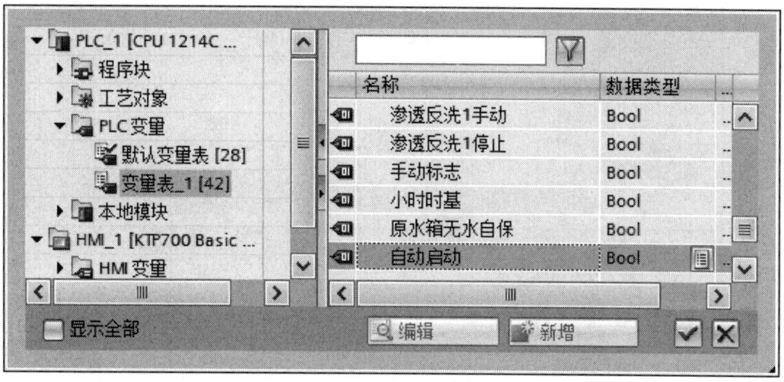

(d)

(e)

图 5.4-53　停止按钮的组态

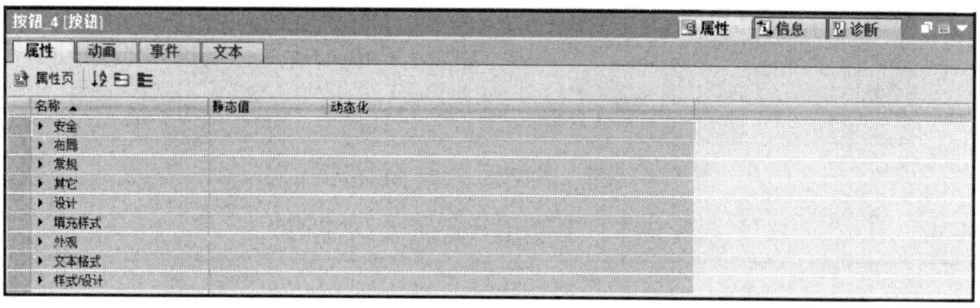

图 5.4-54　按钮属性设置

⑧切换按钮“主画面”的组态

“主画面”按钮的设置步骤与主画面中的“自动运行”按钮的设置步骤相同，不同之处在于“主画面”按钮激活屏幕的功能时返回主画面。如图 5.4-55 所示。

至此，“自动运行画面”中的图标组态全部结束，其组态的结果如图 5.4-56 所示。

（4）手动运行画面 1 的组态

手动运行画面 1 的组态见表 5-5 所示。

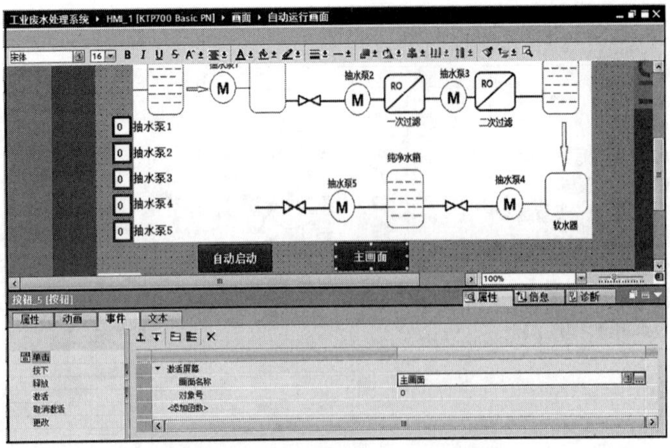

图 5.4-55 主画面按钮的组态

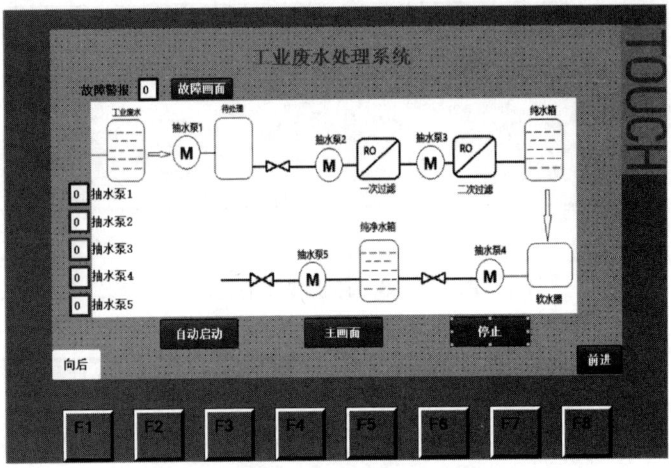

图 5.4-56 自动运行画面组态画面

表 5-5 手动运行画面 1 的组态

名称	画面	功能	地址	组态工具
抽水泵 1、抽水泵 2、抽水泵 3、抽水泵 4、抽水泵 5、	抽水泵 1、抽水泵 2、抽水泵 3、抽水泵 4、抽水泵 5	说明	无	文本域 A
	启动	按钮与 PLC 变量连接	M2. 0-M2. 4	按钮
	0	显示来自 PLC	Q0. 0、Q0. 2、Q0. 4、Q0. 7、Q1. 0	I/O 域 0.12
	停止	按钮与 PLC 变量连接	M1. 3-M1. 6 M3. 2	按钮
	0	显示来自 PLC	Q0. 0、Q0. 2、Q0. 4、Q0. 7、Q1. 0	I/O 域 0.12

续表

名称	画面	功能	地址	组态工具
下一页	下一页	画面切换	无	按钮
主画面	主画面	画面切换	无	按钮

(5) 手动运行画面 2 的组态

手动运行画面 2 的组态见表 5-6 所示。

表 5-6　手动运行画面 2 的组态

名称	画面	功能	地址	组态工具
渗透装置反洗	反洗	说明	无	文本域 A
	启动	按钮与 PLC 变量连接	M2. 5	按钮
	0	显示来自 PLC	M5. 0	I/O 域 0.12
	停止	按钮与 PLC 变量连接	M3. 3	按钮
	0	显示来自 PLC	Q0. 3	I/O 域 0.12
下一页	下一页	画面切换	无	按钮
进水阀、纯水阀、反水阀	进水阀、纯水阀、反水阀	说明	无	文本域 A
	打开	按钮与 PLC 变量连接	M2. 7、M3. 0、M3. 1	按钮
	0	显示来自 PLC	M3. 4-M3. 6	I/O 域 0.12
	停止	按钮与 PLC 变量连接	Q0. 1、Q0. 5、Q0. 6	按钮
	0	显示来自 PLC	M5. 1-M5. 3	I/O 域 0.12
主画面	主画面	画面切换	M3. 2	按钮

(6) 操作页面组态

操作页面组态见表 5-7 所示。

表 5-7　操作页面的组态

名称	画面	功能	地址	组态工具
工业废水无水保护、抽水泵 2 低压保护、抽水泵 2 高压保护、抽水泵 3 低压保护、抽水泵 3 高压保护、纯净水箱无水保护	各种保护	说明	无	文本域 A
	0	显示来自 PLC	M0. 0-M0. 6	I/O 域 0.12
主画面	主画面	按钮（画面切换）	无	按钮

续表

名称	画面	功能	地址	组态工具
自动画面	自动画面	按钮（画面切换）	无	按钮
手动画面	手动画面	按钮（画面切换）	无	按钮

（7）系统状态组态

系统状态组态见表 5-8 所示。

其中 I/O 域[0]组态如图 5.4-57 所示。在 I/O 域属性列表下的“常规”选项中的“类型模式”选择输入模式，“显示格式”选择十进制，“格式样式”选择“99”式。单击过程“变量”右侧的指定变量，弹出变量选择对话框，在 PLC 变量中的“变量表_ 1”右侧选择“反洗间隔”变量。

表 5-8　系统状态的组态

名称	画面	功能	地址	组态工具
反洗间隔	反洗间隔	说明	无	文本域 A
	0	输入	MW4	I/O 域 0.12
反洗时间	反洗时间	说明	无	文本域 A
	0	输入	MW8	I/O 域 0.12
主画面	主画面	按钮（画面切换）	无	按钮

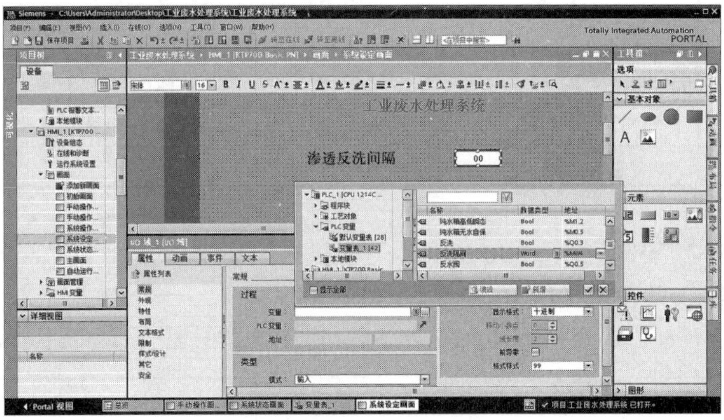

图 5.4-57　I/O 域[0]组态

5. 触摸屏项目文件的下载（Download of touch screen project file）

（1）项目编译

触摸屏画面组态完成后，即可进行执行菜单栏“编辑”—“编译”，如图 5.4-58 所示。

（2）触摸屏项目下载

单击“项目树”“设备”中的“HMI_ 1［KTP700 Basic PN］”，如图 5.4-59 所示。

执行菜单栏“在线”—“下载到设备”，弹出“扩展下载到设备”对话框，如图 5.4-60 所示。在对话框中“PG/PC 接口的类型”选择“PN/PE”，“PG/PC 接口”选择当前电脑的显卡类型，“接口/子网的连接”选择“PN/PE_ 1”，单击“开始搜索”，开始网络节点查找。如设备硬件连接没有问题，在“选择目标设备”中会出现“HMI_ 1 设备”，选择它，单击“下载”按钮进行下载。紧接着会弹出一个预览图框。确认控制窗口，选择“全面覆盖”，然后开始“加载”（在加载预览图中应该在每一行内都能看到符号，消息栏中可看到更多提示）。点击“完成”结束加载过程前，选择“全部启动”项。在成功完成加载后自动重新打开项目视图，在“概况”下方的信息栏中会出现一条加载报告。若未成功加载，这份报告信息对故障查找及排除将很有帮助。

图 5.4-58　项目编译

图 5.4-59　触摸屏项目下载

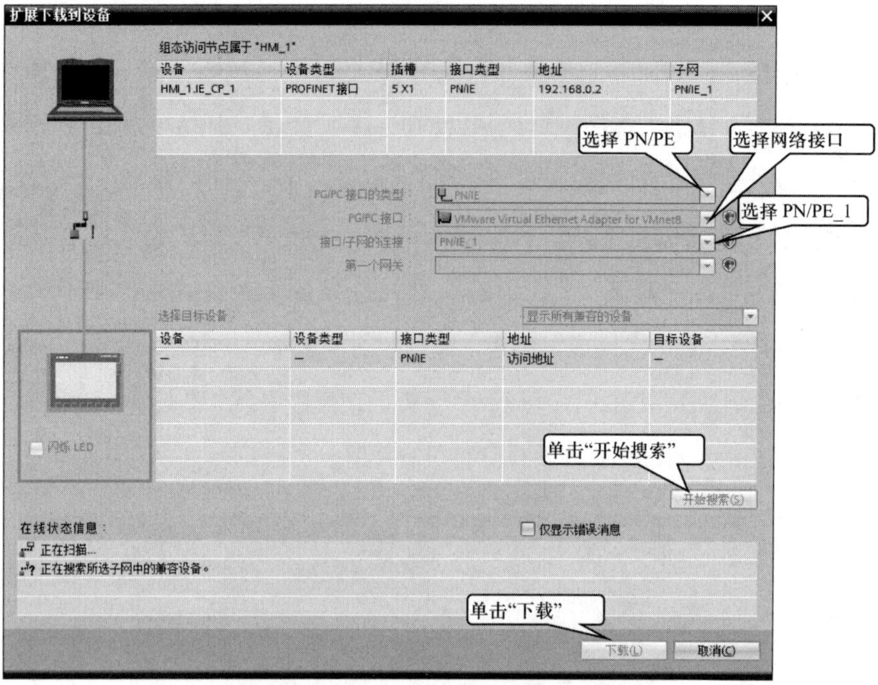

图 5.4-60　扩展下载到设备对话框

小　结

本章简单介绍了触摸屏的发展历程、应用领域，各种触摸屏的多分类及相应的工作原理，学习了西门子触摸屏组态原理与使用方法，包括组态软件的使用、触摸屏与电脑通信连接方式、触摸屏与 PLC 通信连接、软件下载仿真与调试等。最后以工业废水处理系统为例，具体介绍如何用西门子 PLC S7-1200 与触摸屏 KTP-700 实现其功能，除去废水中的钾、镁、锌等离子，得到高纯净水。

习　题

5-1　触摸屏有哪些基本功能？

5-2　在选择触摸屏时需要注意哪些指标？

5-3　在博图软件 V15.1 中怎样添加触摸屏？

5-4　触摸屏画面中怎样画面连接？

5-5　新建一个项目，添加一个 PLC 和一个 HMI 设备，在它们之间建立 HMI 连接。

5-6　HMI 的内部变量和外部变量各有什么特点？

5-7　怎样将 PLC 变量表中的变量转移到 HMI 变量表中？

5-8　生成一个按钮，用鼠标移动它的位置，改变它的大小、背景色、显示的字符和边框。

5-9　生成一个红色的指示灯，用一个变量来控制它的熄灭和点亮。

5-10　生成文本为“温度”的文本域，在它右边生成一个显示 3 位整数和一位小数的温度值的输出域。

5-11　简述 S7-1200 与 HMI 的集成仿真的方法。

5-12　简述硬件 PLC 与 HMI 的运行系统仿真的方法。

5-13　简述硬件 PLC 与硬件 HMI 通信需要做的工作。

5-14　在项目“电机控制”的初始画面中，生成显示电动机“正转”“反转”的两个指示灯。

5-15　在项目“电机控制”的指示灯的下面，生成显示它们的名称的文本域。

5-16　在项目“电机控制”的初始画面中、生成控制电动机的三个按钮。

5-17　在项目“电机控制”的初始画面中，生成显示转速测量值的输出域和用于设置转速预设值的输入/输出域，以及对应的文本域。

5-18　用 PLC、变频器和触摸屏设计一个工业洗衣机的综合控制系统，其控制要求如下：

（1）PLC 一上电，系统进入初始状态，准备启动。

（2）按启动按钮则开始进水，当水位到达高水位时，停止进水，并开始正转洗涤。

（3）当水位下降到低水位时，开始脱水并继续排水，脱水时间为 10 s，10 s 时间到，即完成一次大循环，完成三次大循环，报警指示，洗衣机洗涤完成，报警 10 s 后，洗衣机停机。

（4）洗衣机“正转洗涤 15 s”和“反转洗涤 15 s”过程，要求使用变频器驱动电动机，且实现 3 段速运行，即先以 30 Hz 速度运行 5 s，接着转为 45 Hz 速度运行 5 s，最后 5 s 以 25 Hz 速度运行。正转洗涤与反转洗涤间隔时间 3 s，反复洗涤三次小循环，后进行排水，当水位低于低水位时，停止排水，并开始脱水。10 s 后进入大循环洗涤。

（5）脱水时变频器的输出频率为 50 Hz，设定其加速、减速时间均为 2 s。

（6）通过触摸屏设定启动按键、停止按键，显示正反转运行时间、循环次数等参数。

参考文献

[1] 刘华波，马艳，何文雪，等．西门子 S7-1200PLC 编程与应用［M］．2 版．北京：机械工业出版社，2020.

[2] 侍寿永．西门子 S7-1200PLC 编程及应用教程［M］．北京：机械工业出版社，2018.

[3] 姜建芳．西门子 Wincc 组态软件工程应用技术［M］．北京：机械工业出版社，2018.

[4] 向晓汉．西门子 WinCC V7 从入门到提高［M］．北京：机械工业出版社，2012.

[5] 万英．三菱变频器与 PLC 综合应用入门［M］．北京：中国电力出版社，2017.

[6] 周斐，张会娜．变频器技术与应用［M］．2 版．南京：南京大学出版社，2016.

[7] 陈志红．变频器技术及应用［M］．北京：电子工业出版社，2015.

第 6 章 过程控制技术

自动控制技术（Automatic control technology）在工农业生产、国防、科研等领域有着十分重要的作用。自动化技术的进步极大地推动了社会的发展，随着生产规模越来越大、生产内容越来越复杂，各种类型的自动控制系统应运而生，保证了生产的安全、优质、高效、环保。近年来，自动控制技术的分支——人工智能（Artificial intelligence，AI）技术快速发展，自动驾驶、机器视觉、机器学习等技术越来越深刻地改变了人们的生活。

自动控制专业（Major in automatic control）是以系统科学、控制科学、信息科学等新兴学科为理论基础，以电工技术、电子技术、传感技术、计算机技术、网络技术等先进技术为主要技术手段，以实现各类运动体的运动控制、各类生产过程的过程控制、各类系统的最优控制为目的的一门综合性专业。自动控制专业主要包括运动控制、过程控制、嵌入式系统与机器人、人工智能这四个研究方向。本章主要介绍过程控制技术的基本概念，如过程控制的组成、过渡过程及品质指标、控制规律、控制系统投运等知识。

过程控制是指采用模拟量或数字量控制生产过程中的某些关键物理量的一种自动控制方式。过程控制系统（Process control system）可以分为常规仪表过程控制系统与计算机过程控制系统两大类。随着工业生产走向规模化、复杂化、精细化，常规仪表过程控制系统已很难满足规模化生产和精细化管理的要求，近几十年逐渐发展出以计算机为核心的计算机过程控制系统。

6.1 过程变量控制技术概述

6.1.1 过程变量控制技术发展简况

过程控制技术（Process control technology）是以保证生产过程的参量为被控制量，

使之接近给定值或保持在给定范围内的自动控制技术。这里的“过程”是指在生产装置或设备中进行的物质和能量的相互作用和转换过程。表征过程的主要参量有温度、压力、流量、液位、成分、浓度等。对过程参量的控制，可使生产过程中产品的产量增加、质量提高、能耗减少。一般的过程控制系统通常采用反馈控制的形式，这是过程控制的主要方式。在过程控制技术的发展进程中，生产过程的需求、控制理论的发展、控制技术工具和手段的进步三者相互影响、相互促进，推动了过程控制技术不断地向前发展。从20世纪中叶至今，大致经历了以下几个阶段。

（一）经典控制理论（Classical control theory）阶段

自动控制理论（Automatic control theory）是与人类社会发展密切联系的一门学科，是自动控制学科的核心。自从19世纪麦克斯韦（Maxwell）为解决离心式飞摆控速器控制精度和稳定性之间的矛盾，对具有调速器的蒸汽发动机系统进行线性常微分方程描述及稳定性分析以来，经过20世纪初奈奎斯特（Nyquist）、劳斯（Routh）、赫尔维茨（Hurwitz）、维纳（Wienner）等人的杰出贡献，终于形成了经典反馈控制理论基础，并于20世纪50年代趋于成熟。其标志性应用成果是PID控制原理。PID控制原理简单易于实现，具有一定的自适应性与鲁棒性，对于低延迟的单回路控制系统很有效，目前在工业过程控制中仍然被广泛应用。

（二）现代控制理论（Modern control theory）阶段

计算机的出现及其应用领域的不断扩展，促进了自动控制理论朝着更为复杂、严密的方向发展，在20世纪五六十年代开始出现了以时域内的状态空间分析为基础的现代控制理论。现代控制理论从理论上解决了系统的可控性、可观测性、稳定性以及许多复杂系统的控制问题。现代控制理论的提出，促进了非线性控制、预测控制、自适应控制、鲁棒性控制、智能控制等分支学科的发展。

（三）后现代控制理论（Postmodern control theory）阶段

后现代控制理论主要分两部分：大系统理论（Large scale system theory）和智能控制理论（Intelligent control theory）。大系统理论是研究规模庞大、结构复杂、目标多样、因素众多、功能综合的工程与非工程大系统的自动化和有效控制的理论。大系统在结构和维度上都比较复杂，它具有多目标、多属性、多层次、多变量等特点。智能控制理论是最新的控制理论。主要包括模糊控制（Fuzzy control）、神经网络控制（Neural networks control）、基因控制即遗传算法（Genetic aigorithms）、混沌控制（Chaotic control）、小波理论（Wavelets theory）、分层递阶控制、拟人化智能控制等。在复杂的工业过程控制、机器人与机械手控制、航天航空控制、交通运输控制中应用广泛，智能机器人是其最典型的应用。

6.1.2　过程控制系统的特点

过程控制系统与其他自动控制系统相比，有如下四个特点。

（1）控制的目的在于稳定过程变量，也叫稳定关键工艺参数（Key process parameters）

过程控制系统的生产过程是和生化反应、物理反应、相变过程、能量转换过程、传热传质过程等复杂的反应或过程相伴随的。这些过程或反应的进行，必须满足一定的内部和外部条件。满足这些条件，并且使这些条件保持稳定，生产过程就能正常、稳定地进行，产品的产量和质量就能得到保证。所以，过程控制主要是对关键的工艺参数进行控制，从而保证整个生产过程的正常进行。过程变量控制中最常见的关键参数就是压力、温度、流量、液位或料位、成分等。人们把压力、温度、流量、液位这四个参数称为四大参数或四大变量。

（2）生产过程连续、复杂

过程控制的生产过程是指从原料到成品，从上游工段到下游工段连续的、不间断的生产过程，其生产系统是一个复杂的系统。生产过程中，设备多样化，工作原理各不相同，因而被控制对象形式复杂多变，具有惯性大、延时长、非线性、多变量相互耦合等特点，很难构建精确的数学模型。而且连续生产过程中设备多、工艺流程长，所以干扰因素较多、干扰的形式较复杂，这就要求过程控制系统具有较强的抗干扰能力。

（3）控制方案多样

由于生产过程中设备多、工艺流程长、要求各不相同，过程控制系统多、控制方案多样，各控制系统间既独立又相互影响。

（4）安全要求高

生产条件和环境往往比较特殊，如高温高压、低温真空，原材料或产品易燃易爆、有毒、存在放射性等。过程变量控制系统必须保证在正常生产、非正常工况、事故工况下，都能确保人员、设备以及环境的安全。

6.1.3　过程变量控制系统的组成

（一）过程控制系统实例

图 6.1-1 为一个贮气罐液位控制系统，通过改变执行器开度改变进气量大小，从而

控制贮罐液位为定值。

图 6. 1-2 为泵的出口流量控制系统，通过改变执行器的开度来改变流量的大小，从而控制泵的出口流量为定值。

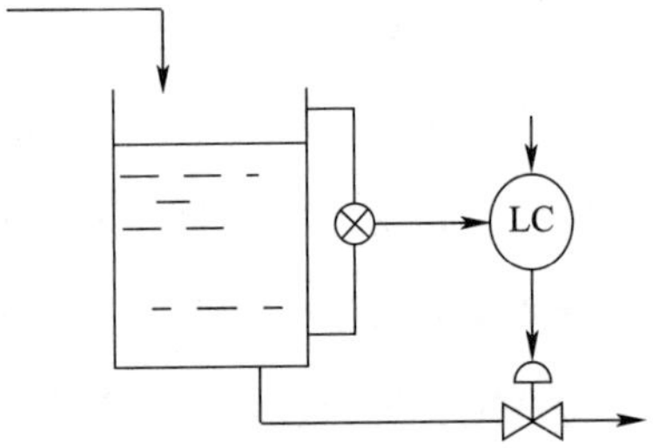

LC：液位控制器

图 6. 1-1　液位控制系统

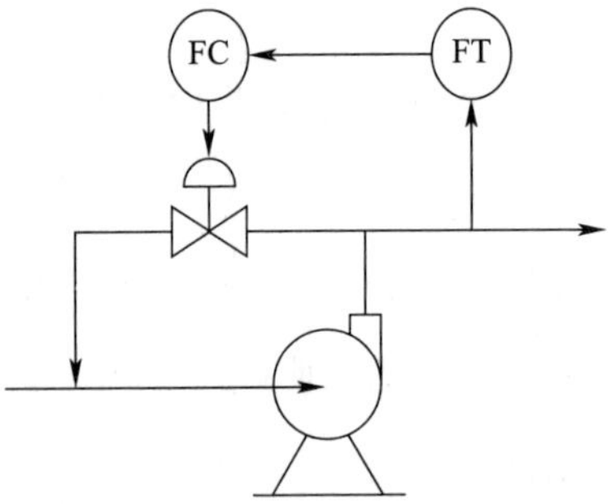

FC：流量控制器；FT：流量变送器

图 6. 1-2　流量控制系统

由上述不同的自动控制系统可以得出，自动控制系统在组成上有共同的特点。过程控制系统由四个基本部分——被控对象、测量变送器、控制器和执行器组成。

（二）方框图（Block diagram）

用细实线方框来表示自动控制系统的四个组成环节，用细实线表示信号传递路径，用箭头表示信号传递方向。按照控制系统工作流程可以把图 6. 1-1 和图 6. 1-2 所示的自动控制系统抽象表示成图 6. 1-3。

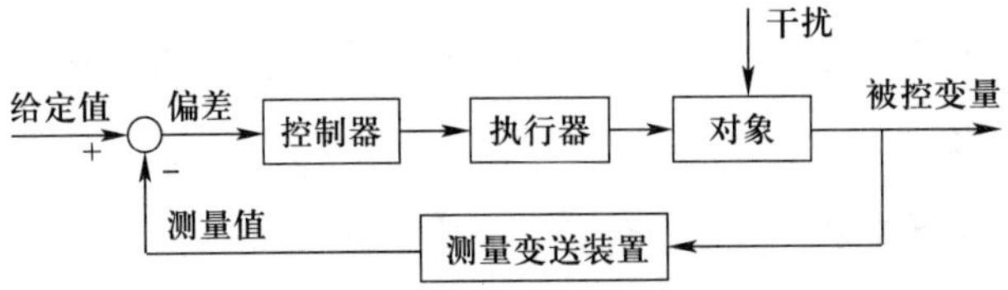

图 6. 1-3　简单过程控制系统方框图

图 6. 1-3 表示简单过程控制系统的基本组成，图中的每个方框称为一个环节。流向方框的箭头表示环节的输入信号。从方框流出的箭头表示环节的输出信号。每个环节都有一个输出信号，至少有一个输入信号，如被控对象有一个输出信号——被控变量，有两种输入信号——控制作用和扰动作用。控制作用只有一个，而扰动作用可以不止一个。常常把环节的输出信号随着输入信号变化的规律称为这个环节的特性。

（三）常用术语（Common terms）

①被控对象（Controlled object）：需要被控制的工艺管道、设备或生产过程等都称

为被控对象。在图 6.1-1 所示的液位控制系统中，贮罐就是被控对象。在图 6.1-2 所示的流量控制系统中，水泵就是被控对象。

②被控变量（Controlled variable）：为满足生产要求，被控对象需要保持恒定或者按照一定规律变化。在图 6.1-1 所示的液位控制系统中，贮罐液位就是被控变量。在图 6.1-2 所示的流量控制系统中，水泵出口流量就是被控变量。

③设定值（Set value）：生产过程中生产工艺要求被控变量保持的数值称为设定值。在图 6.1-1 所示的液位控制系统中，若贮罐液位要求保持在 0.5 米，设定值就是 0.5 米。

④测量值（Measured value）：测量元件、变送器实际测得的被控变量的数值称为测量值。在图 6.1-1 所示的液位控制系统中，若某一时刻测得贮罐压力为 0.6 米，测量值就是 0.6 米。

⑤偏差（Deviation）：测量值与设定值之间的差值称为偏差。它有大小、方向和变化速率三个基本要素。

⑥扰动作用（Disturbance effect）：在生产过程中，改变生产过程平衡状态，引起被控变量偏离设定值的各种作用，都叫扰动作用。在图 6.1-1 所示的液位控制系统中，进料压力的变化、出料流量的变化，都会改变生产的平衡状态，引起贮罐内液位的变化。所以它们都是扰动作用。

⑦控制作用（Control effect）：被控对象受到扰动作用以后，被控变量偏离设定值，自动控制系统就对被控对象施加影响，使被控变量回到设定值上来。自动控制系统使被控变量回到设定值而对被控对象施加的影响作用叫控制作用。被自动控制系统用来施加控制作用的变量叫操纵变量。被自动控制系统用来施加控制作用的介质称为控制介质。在图 6.1-1 所示的液位控制系统中，进料就是控制介质，进料流量就是操纵变量，进料流量的改变对贮罐液位的作用就是控制作用。

扰动作用与控制作用是一对矛盾体，扰动作用使被控变量偏离设定值，控制作用使被控变量回到设定值。扰动作用是控制作用的起因，控制作用是扰动作用的补偿，控制作用对扰动作用的补偿越好，自动控制系统的控制质量就越高。

6.1.4　过程控制系统的分类

过程控制系统按照不同的划分依据，可以有不同的分类方法。按照被控变量来划分，常把过程控制系统分为压力控制系统、流量控制系统、液位控制系统、温度控制系统等。按照过程控制系统的结构来划分，常把过程控制系统分为闭环控制系统和开环控制系统，或简单控制系统和复杂控制系统。按照设定值的形式来划分，又可分为定值控制系统、随动控制系统、程序控制系统。下面对过程控制系统的结构和设定值的形式两种划分标准进行进一步介绍。

（一）闭环控制系统（Closed loop control system）

在图 6.1–1 的贮罐流量控制系统中，输出信号是贮罐液位信号，经测量变送器的测量和变送后，又送回到过程控制系统的输入端和设定值进行比较，生成偏差信号，控制器对偏差信号进行 PID 运算，输出控制作用到执行器，执行器通过改变开度来改变控制变量，从而把控制作用施加给被控对象，最终影响被控变量变化。信号传递路径形成了一个封闭的回路。这种具有被控变量信号负反馈，使信号传递路径形成闭合回路的过程控制系统称为闭环控制系统。

（二）开环控制系统（Open loop control system）

图 6.1–4 为一个液位控制系统，它采用控制物料流入量等于流出量的措施，保持液位稳定。自动控制系统并不对液位进行测量，被控对象的输出信号——液位的变化也不能反馈到自动控制系统的输入端，信号传递路径不能形成闭合的回路。这种没有被控变量信号负反馈，信号传递路径不能形成闭合回路的自动控制系统叫开环控制系统。

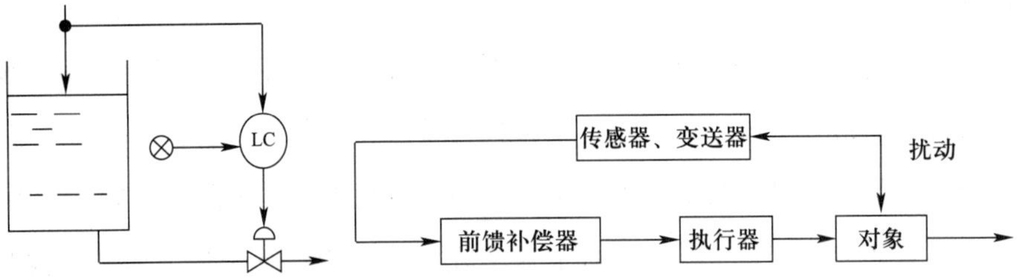

图 6.1–4　开环控制系统

（三）定值控制系统（Constant value control system）

过程控制系统的设定值是一个恒定不变的数值，也就是说，生产工艺要求被控变量保持在一个恒定值的过程控制系统称为定值控制系统，如图 6.1–1 所示的贮罐液位控制系统。工业中常见的过程控制系统绝大多数是定值控制系统。

（四）随动控制系统（Servo control system）

过程控制系统的设定值是一个不能确定的，随着另外一个有关变量的变化而变化的控制系统称为随动控制系统。如图 6.1–5 所示的合成氨生产中合成塔进料氮气和氢气的比值控制系统，它控制氮气的流量以近似 1∶3 的比例随氢气流量值变化，即控制器的设定信号是随着氢气流量的变化而变化的。显然，随动控制系统的设定信号，是外部的专用装置把另一有关变量的信号转换而来的。

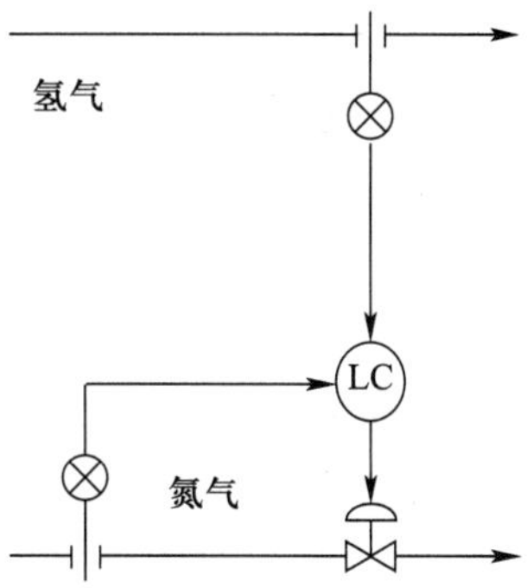

图 6.1–5　随动控制系统

（五）程序控制系统（Program control system）

自动控制系统的设定值根据事先设置好的规律变化的过程控制系统称为程序控制系统。

如锦纶生产中，长丝定形锅熟化罐温度控制系统就是一个程序控制系统，系统的被控变量——熟化罐内温度按事先设定好的规律变化。程序控制系统的设定信号是由控制器外部的专用装置发送的。

6.1.5　过程变量控制系统的过渡过程及性能指标

（一）过程控制系统的稳态（Steady-state）与动态（Dynamic-state）

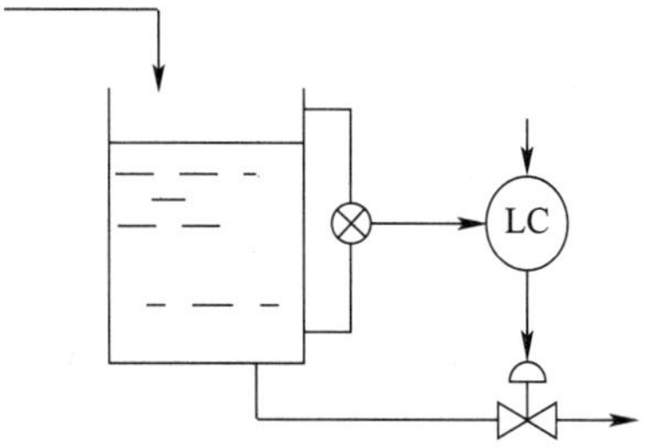

图 6.1–6　液位控制系统

图 6.1–6 为液位控制系统，若该自动控制系统没有受到扰动作用且当出料量 $q_{出}$ 等于进料量 $q_{入}$ 时，液位稳定在某一数值上，不随时间而变化。这种被控变量不随时间而变化的状态为过程控制系统的稳态或静态。过程控制系统的稳态是一种平衡状态而不是系统停止状态。

若某一时刻，干扰作用于被控对象，比如进料量有一个阶跃增加 $\Delta q_{入}$，进料量大于出料量，被控变量（液位）开始变化，随着时间积累液位逐渐升高。过程控制系统通过改变执行器的开度，使得出料量增大，来调节液位。直到出料量的增加 $\Delta q_{出}$ 等于进料量的增加 $\Delta q_{入}$ 时，贮罐液位又稳定在新的数值上。被控变量随时间变化的状态为过程控制系统的动态。

分析上面过程控制系统的工作过程，液位自动控制系统经历了：稳态—动态—新稳态的过程，人们把过程控制系统受到扰动作用以后，由原来的稳定状态过渡到新的稳定状态的变化过程称为过渡过程。

（二）过渡过程（Transient process）的基本形式

在实际工程中，对图 6. 1-7 所示的液位控制系统进行分析，当进料量有一个阶跃增加时，必须考虑贮罐液位是怎样变化的，液位变化的极值是多少，液位的最终稳定值是多少，液位稳定需要多长时间等因素。

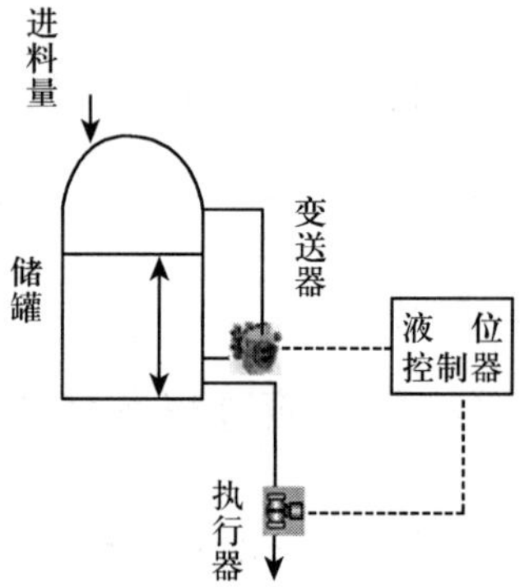

图 6. 1-7　液位控制系统

在阶跃扰动信号的作用下，自动控制系统的过渡过程有如图 6. 1-8 所示的五种基本形式：

①单调发散过程（Monotone divergent process）：过程控制系统受到扰动作用以后，被控变量越来越偏离设定值。

②非周期衰减过程（Aperiodic decay process）：过程控制系统受到扰动作用以后，被控变量在偏离设定值以后，又逐渐趋向新的稳定值，但不一定等于原来的设定值。

③衰减振荡过程（Decaying oscillation process）：过程控制系统受到扰动作用以后，被控变量偏离设定值并发生振荡，但振荡幅度逐渐减小，最后稳定在新的稳态值上。

④等幅振荡过程（Constant amplitude oscillation process）：被控变量总是在某一数值

上下等幅波动的过程。

⑤发散振荡过程（Divergent oscillation process）：被控变量总是在某一数值的上下波动，并且波动的幅度越来越大。

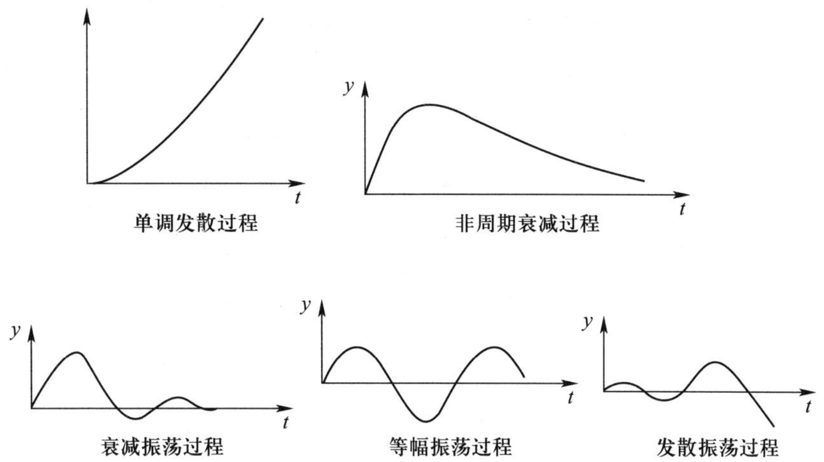

图 6.1-8　五种基本过渡过程

在上述五种过渡过程形式中，只有非周期衰减过程和衰减振荡过程的被控变量，最终能够稳定在某一个新的稳态值上，所以称其为稳定的过渡过程。其他三种过渡过程都是不稳定的过渡过程，不稳定的过渡过程对工业生产是不利的。由于非周期衰减过渡过程相当缓慢，因而只有在生产工艺不允许被控变量发生振荡的情况下才考虑采用。通常都希望自动控制系统具有衰减程度适当的衰减振荡过程。

（三）过渡过程的性能指标（Performance index of transition process）

过程控制系统控制质量的优劣，并没有一个绝对的标准，但一定要满足生产工艺的具体要求。通常都希望在受到扰动作用以后，被控变量偏离设定值的程度要小一些，波动要少一些，达到新的稳定状态所花费的时间要短一些。也就是从过程控制系统过渡过程的准确性、稳定性和快速性三个方面来评价它的控制质量。衰减振荡过程的性能指标有最大偏差、衰减比、过渡时间、余差和振荡周期等几项。

①最大偏差（Maximum deviation）：过渡过程的最大偏差是指被控变量偏离设定值的最大数值，即过渡过程第一个波的峰值与设定值之间的差。最大偏差越大，过渡过程偏离设定值也就越远。过大的最大偏差可能会影响工业生产过程的稳定性，严重的甚至会超过工艺指标的要求引发生产事故。因此常常要限制最大偏差的值。

②衰减比（Attenuation ratio）n：衰减比 n 是指过渡过程的第一个波的振幅 B 与第二个波的振幅 B'的比值，即 $n=B/B'$。如图 6.1-9 所示。显然，衰减比是一个衡量

自动控制系统稳定性的性能指标。当 $n=1$ 时，$B=B'$过渡过程是一个等幅振荡过程。当$n>1$ 时，$B>B'$过渡过程是一个衰减振荡过程。当 $n<1$ 时，$B<B'$，过渡过程是发散振荡过程。

一般在工程实际中，衰减比 n 取值在 4∶1 到 10∶1 的范围内。

③余差（Residual difference）C：余差是指过程控制系统的过渡过程终了时，被控变量的新的稳态值与设定值之间的差值，如图 6. 1–9 所示。余差是反映过程控制系统准确性的性能指标，一般希望它为零（无差控制），或不超过规定的范围。

④过渡时间（Transition time）Ts：过渡时间是指从扰动作用产生开始，直到被控变量从原来的稳态值达到新的稳态值所需要的时间。严格地说，被控变量完全达到新的稳态值需要无限长的时间。通常认为被控变量的变化幅度衰减到足够小（稳态值的±5%或±2%），并保持在这个范围内时，过渡过程就基本结束了。因此，过渡时间是指扰动产生后，被控变量的变化幅度衰减到小于稳态值的±5%或±2%所需要的时间，如图 6. 1–9 所示。

⑤振荡周期（Oscillation period）T：振荡周期指过程控制系统从过渡过程的第一个波峰到第二个波峰之间所经历的时间。振荡周期的倒数称为振荡频率（$f=1/T$）。在衰减比相同的情况下，振荡周期与过渡时间成正比，振荡周期越短，过渡时间越小。它们都是衡量过程控制系统快速性的性能指标。通常希望振荡周期短一些。

需要指出的是，控制系统的性能指标之间是相互制约的，例如，降低最大偏差会导致衰减比减小和过渡时间增大。因此，高标准地要求每一个质量指标是困难的。另外，不同的生产工艺过程和不同的自动控制系统，对各个性能指标的要求重点也不同。有的对最大偏差的要求较高，有的对余差的要求高，也有的对过渡时间或衰减比的要求较高。这就必须根据生产工艺过程的具体要求，分清主次，统筹兼顾地确定具体的质量指标要求。

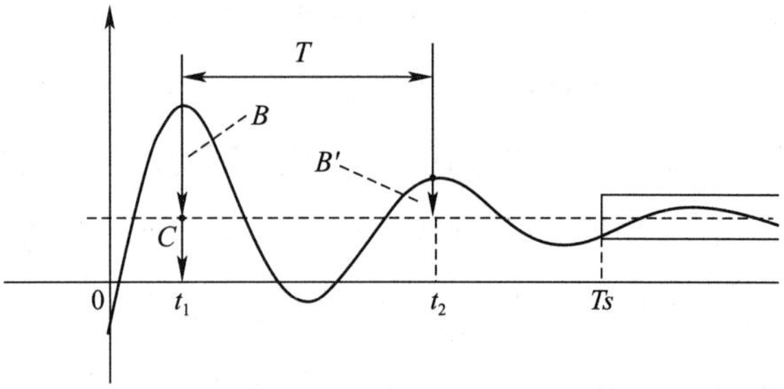

图 6. 1–9　过渡过程的性能指标

6.2　被控对象特性及其对过渡过程的影响

6.2.1　建立对象特性的数学模型的目的与方法

（一）环节特性（Link characteristics）与对象特性（Object properties）的概念

环节（Link）是自动控制系统重要的组成部分，在自动控制系统方框图中，环节以方框的形式存在。典型的自动控制系统方框图如图 6.2-1 所示，它由四个方框以及带箭头的短线组成。四个方框也就是该系统有四个组成部分，即有四个环节。而每个环节都有输入和输出的箭头，每个输入和输出的箭头表示一种信号，也就是环节之间是有信号联系的，通过输入输出信号联系，环节也就构成了系统。每个环节都会有至少一个输入和输出，有的环节甚至有多个信号之间的联系，比如说被控对象和控制器这两个环节，环节输入/输出信号的联系也为研究环节提供了可操作的途径。

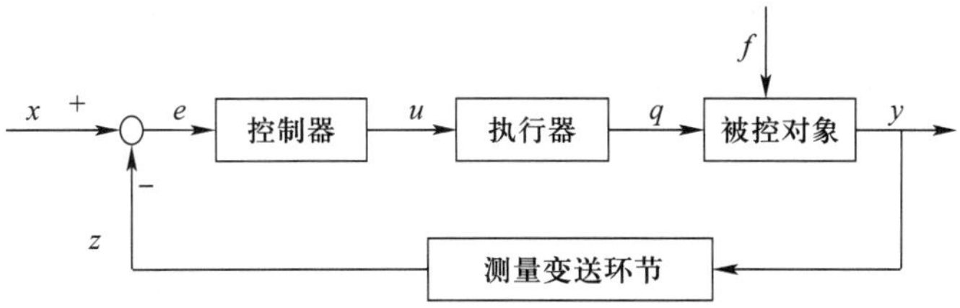

图 6.2-1　典型的自动控制系统方框图

1. 环节特性

环节的内部结构或者工作过程决定了环节的性质，也就是环节特性。而环节在系统中是有输入/输出信号的，环节的输入与输出信号有着怎样的联系，它们之间的联系有没有规律性，可以通过改变环节的输入信号，观察输出信号的变化来进行研究。对于环节来讲，不同的环节内部结构或者工作过程是不一样的，所以即使在输入信号相同的情况下，输出信号也会有千差万别的变化。但是对于结构或者工作过程特定的环节来讲，对于规律性或者特定的输入信号，其输出变化也会呈现出一定的规律性。这种在规律性或者特定信号输入下，环节以特定输出响应的规律，可以用来描述环节特性。

2. 对象特性

被控对象内部结构或者工作过程决定了被控对象的性质，即被控对象特性，简称对象特性。被控对象作为一个环节，有其自己的输入/输出信号联系，这种联系可以用来描述被控对象特性。被控对象的输入/输出关系可以从系统中单独拿出来研究，如图 6. 2-2 所示，它有两个输入一个输出。所以，在研究对象特性的时候，既要找到控制变量（Control variable）q 与被控变量 y 之间的关系，也要找到干扰变量（Disturbance variable）f 与被控变量 y 之间的关系，这样才能完整地表达对象特性。

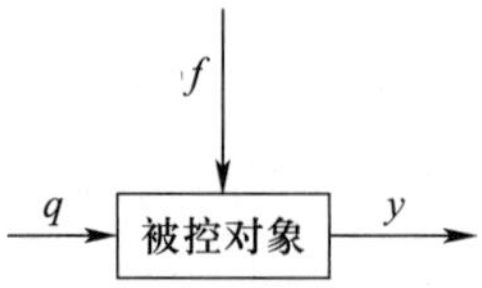

图 6. 2-2　被控对象输入/输出关系图

输入变量与输出变量之间的信号联系，叫通道（Channel）。所以，被控对象有两个通道存在，如图 6. 2-3 所示。人们把控制变量与被控变量之间的信号联系通道称为控制通道（Control channel），把干扰变量与被控变量之间的信号联系通道称为干扰通道（Interfering channel）。由于干扰通道的作用，被控变量偏离设定值，此时控制通道起作用，克服干扰作用，使被控变量回到设定值附近，重新稳定。

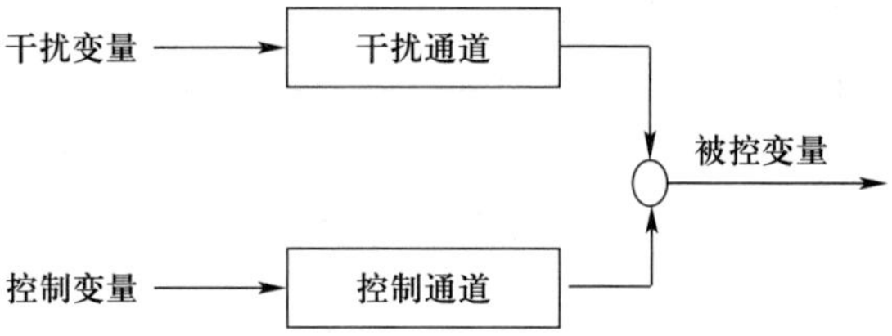

图 6. 2-3　被控对象通道示意图

（二）建立对象特性数学模型（Mathematical model）的目的

1. 对象数学模型的概念

对象特性输入与输出的关系可以是一个数学表达式，也可以是一个图表、图像或者其他形式，不管是数学表达式还是图表、图像等其他形式，人们都把它们叫作对象的数学模型。对象的数学模型在时域分布上分为动态数学模型和稳态数学模型。所谓动态，是指对象的输出变量随时间变化的状态。所谓稳态，是指对象的输出变量不随时间发生改变的状态，稳态又称为静态。由于扰动的随机性和不可预测性，系统大部分时间会处于动态之中，所以动态是对象的常态，而稳态是一种对象输入/输出平衡时的特殊状态。但是，在研究对象特性时，建立动态与稳态数学模型，进行动态分析及稳态分析，对于全面了解对象特性，甚至对于研究系统特性都非常有帮助。

2. 建立对象特性数学模型的目的

（1）对象特性研究与数学模型的关系

现实中的被控对象往往具有结构或生产过程非常复杂、控制要求多种多样的特点，所以不经过科学的分析与计算难以实现稳定、快速、准确的控制。而建立正确有效的对象特性的数学模型，是分析对象特性、实现对对象的深入了解、进行有效控制的重要手段。

（2）自动控制系统设计及建造与对象数学模型的关系

被控对象是最重要的一个环节，是自动控制的根本所在。建立并分析对象数学模型，是打造系统结构，选择被控变量及控制变量，确定控制器、执行器、变送器形式的重要依据。

（3）系统的投运（Operation of the system）及参数整定（Parameter tuning）与对象数学模型的关系

控制规律（Control law）的选择及控制器参数的整定都是对对象特性及其他硬件结构或生产过程特性的补偿。补偿的效果在于人们对这些硬件结构或生产过程的理解程度，数学模型的建立反映了人们对硬件结构或生产过程的认知，也决定了补偿效果的好坏。

（4）其他方面的需求

在确定控制系统的规模、方案、策略等方面，以及建立故障检测和诊断系统，都离不开对数学模型的分析。数学模型为提前做好相关方案，提前规划系统规模及策略，提前预知风险与漏洞，提前做好预案提供了依据。

当然，要想达到以上目的，必须确保模型的有效性与正确性。所以，不管是简单的对象还是较为复杂的对象，不管是什么形式的数学模型，建立一个正确有效的数学模型都是关键。

（三）建立数学模型的方法

对于不同类型的数学模型，建模的方法也不一样。所以先了解数学模型的分类，再了解不同类型的数学模型适合用什么样的方法进行建模。

1. 数学模型的分类

数学模型有参量模型（Parametric model）和非参量模型（Nonparametric model）两种表示形式。

（1）参量模型

参量模型通过数学方程表达式进行描述。常用的表达形式有微分方程、传递函数及频率特性等。大家对时间域上的微分方程比较熟悉，但对传递函数及频率特性，尤其是频率特性，要在学习了自动控制原理类课程之后才能掌握。参量模型的微分方程表达式可以参考式（6-1）。

$$y^{n}(t)+a_{n-1}y^{n-1}(t)+\cdots+a_{1}y^{'}(t)+a_{0}y(t)=b_{m}x^{m}(t)+\cdots+b_{1}x^{'}(t)+b_{0}x(t) \tag{6-1}$$

在式（6-1）中，当 $n=1$ 时表示一阶对象模型，当 $n=2$ 时表示二阶对象模型。

参量模型的特点是理论性较强，能够得到数学上的解析性质，但是参量模型必须要建立数学表达式，要想得到相应表达式，往往需要对对象进行深入分析，有时候这种分析受条件限制难以进行。

（2）非参量模型

非参量模型通过图形、表格或数据的形式进行描述。非参量模型的特点是对表达对象特性非常直观、清晰，它在特定输入下往往产生相关的数据以及曲线等输出。这种非参量模型在特定条件下通过实验的方法即可得到，无须对对象内部结构或工作过程进行深入的分析。但是由于其缺乏必要的数学解析性质，非参量模型在进行系统设计上有些力不从心，因此可以对数据、图形等进行必要的数据处理来得到相应参量模型。

2. 建立数学模型的方法

一般来讲，建立数学模型有以下三种方法。

（1）机理建模（Mechanism modeling）

机理建模即通过分析对象结构或生产过程的内部机理，找到相关平衡方程的建模方法。这种建模方法需要对对象内部结构或生产过程进行深入分析，掌握其物料、动量、能量、化学反应等过程的平衡关系，依据这些平衡关系通过理论推导的方法找到其数学模型。由于其分析的深入性以及数学表达式的清晰性，人们往往把机理建模研究的对象称为“白箱子”。机理建模建立的数学模型一般都有非常明确的物理意义，因为物理理论依据具有通用性，所以机理建模得到的数学模型一般也具有广泛的适用性。但是，由于对象或生产过程往往都非常复杂，物理或化学过程的机理一般不能被完全了解，很难完全掌握对象内部的精确数学关系式，因此机理建模仅适用于部分相对简单的对象或生产过程。

（2）实验建模（Experimental modeling）

采用实验的方法，人为地向对象或生产过程施加特定的输入作用，然后通过特定技术手段记录响应数据或对图像进行分析，找到其规律。使用这种方法建立的数学模型称为实验建模，实验建模的主要特点是不去深入分析对象结构或生产过程，而是把被研究的对象或生产过程看成一个“黑箱子”，不去研究或很少考虑内部原理，完全从外部输入/输出关系上来测试和描述对象或生产过程的特性，所以与机理建模相比，这种方法有强大的可操作性。如果需要进一步分析对象特性，也可对这些数据或图像进行处理，使其转化为描述对象或生产过程特性的数学表达式。

（3）混合建模（Hybrid modeling）

混合建模是一种综合应用机理建模与实验建模进行建模的方法。由于机理建模和实验建模各有特点，为了发挥各自的优点，首先将对象或生产过程进行机理分析，得到有效的数学模型形式，然后对其中某些未知或不确定的因素利用实验建模的方法给予描述。整体来看，这种建模方法既有机理建模的方法，又有实验建模的方法，所以人们把这种方法研究的对象或生产过程称为“灰箱子”。

6.2.2　描述对象特性的参数及其对过渡过程的影响

（一）典型的对象特性（Typical object properties）

对于典型的结构简单的对象，可以通过机理建模的方法找到其数学模型，进而分析它们的特性参数。由于机理建模得到的数学模型具有通用性，因此通过对典型对象特性的分析，可以得到描述对象特性的一些通用的参数，为分析其他对象提供了方便。

1. 具有自平衡（Self balancing）能力的一阶（First order）单容水槽对象

具有自平衡能力的水槽对象在生产当中较为常见，如图 6.2-4 所示。相对于无自平衡能力的对象来讲，具有自平衡能力的对象相对容易控制。

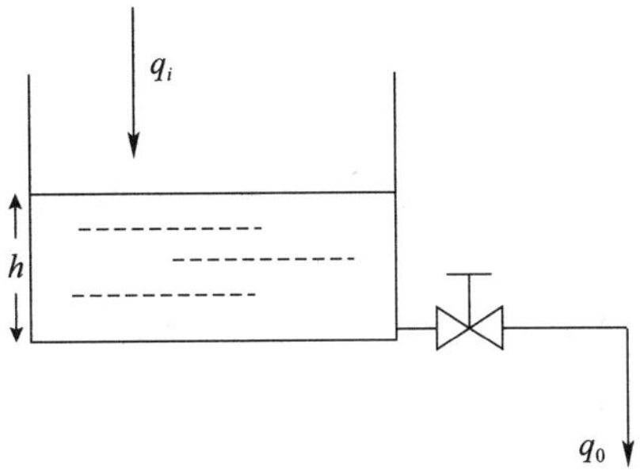

图 6.2-4　具有自平衡能力的水槽对象

该对象在输入等于输出时，水槽液位 h 保持稳定。当输入的量增大到一定值时，输出量也会相应增加，直到液位 h 重新稳定在一个较高的位置上。当输入的量减小时，输出的量也会相应减小，液位 h 会重新稳定在一个较低的位置上。从整个过程来看，该对象是有自我平衡能力的，所以称为自平衡对象。通过分析，可以建立其物料平衡方程，也就是一段时间内水槽容积的变化是输入量与输出量体积之差，或者理解为单位时间内水槽容积的变化是输入瞬时流量与输出瞬时流量之差，由于水槽截面积不变，容积变化与高度变化成正比，所以得到式（6-2）。

$$T\frac{\mathrm{d}\Delta h}{\mathrm{d}t}+\Delta h=K\cdot\Delta q_i \tag{6-2}$$

根据拉氏变换（Laplace transform），得到该对象的传递函数（Transfer function）为：

$$\frac{H(s)}{Q_{\mathrm{i}}(s)}=\frac{K}{T_{\mathrm{s}}+1} \tag{6-3}$$

其在幅值为 A 阶跃（Step signal）输入下的响应为：

$$h(t)=KA(1-\mathrm{e}^{-\frac{t}{T}}) \tag{6-4}$$

其在 A 阶跃输入下的响应（response）曲线如图 6.2-5 所示：

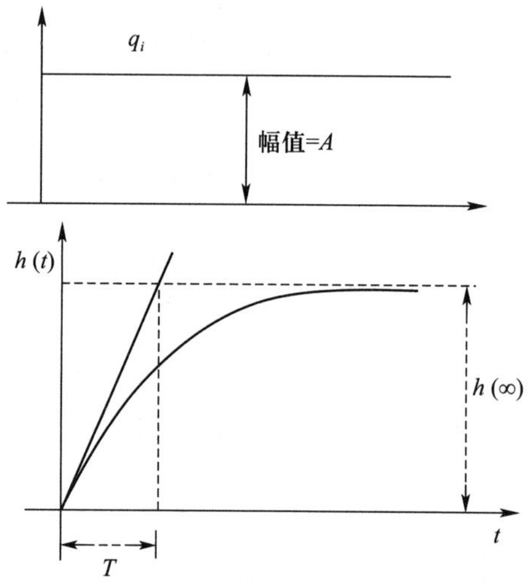

图 6.2-5　幅值为 A 阶跃输入下的响应曲线

在式（6-4）中，当 $t=\infty$ 时，$h(\infty)=KA$，也就是说对象在阶跃输入下进入动态，当重新稳定时，其新的稳态值 $h(\infty)=KA$，而输入阶跃变化量正好是 A，所以稳态时对象输出变化量与输入变化量之比正好是 K。人们把 K 称为放大系数，由于 K 是在稳态时计算得到的参数，又把 K 称为描述对象稳态（静态）特性的参数或静态增益（Static gain）。

在式（6-4）中，当 $t=T$ 时，$h(T)=(1-\mathrm{e}^{-1})KA$，也就是当对象输出变化到新稳态

值的约 0.632 倍时，所经过的时间恰好为 T，T 称为时间常数。时间常数的大小还可以通过其他方法得到，比如可以在对象输出变化曲线的起点作切线，切线与新稳态值有交点，过该交点做横轴的垂线，垂足与输出变化起点的时间差即为时间常数。

2. 一阶单容纯滞后（Pure time-delay）对象

在生产过程中，往往会见到像传送带、过长管道等类似的输送设备，它们在工作时，通常要将物料进行较长距离的传输，在运输过程中物料是无法对下游变量产生影响的，一般在系统中把具有这种特点的设备称为滞后环节。下面分析一个具有纯滞后环节的一阶对象，如图 6.2-6 所示。

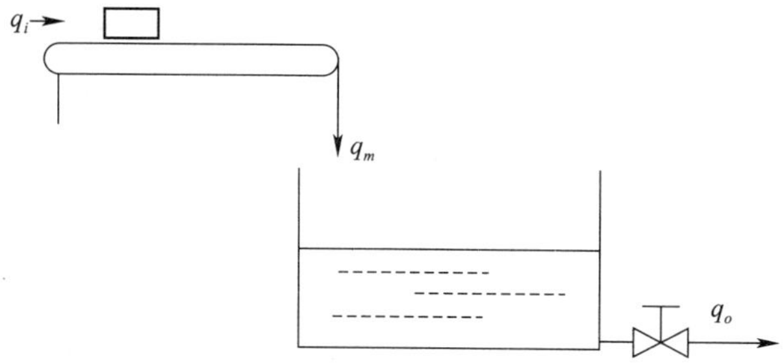

图 6.2-6　一阶单容纯滞后对象

如果物料在传送带传输的时间为 τ，则输出变量液位 h 与输入变量 q_i 之间的关系可以表示为：

$$T\frac{\mathrm{d}h(t)}{\mathrm{d}t}+h(t)=K\cdot q_i(t-\tau) \tag{6-5}$$

其传递函数为：

$$\frac{H(s)}{Q(s)}=\frac{K}{Ts+1}\mathrm{e}^{-\tau s} \tag{6-6}$$

其在幅值为 A 的阶跃输入下的响应为：

$$h(t)=KA\left(1-\mathrm{e}^{-\frac{t-\tau}{T}}\right),\ t\geqslant\tau \tag{6-7}$$

其在阶跃输入下的响应曲线如图 6.2-7 所示：

由式（6-7）得，当 $t=\tau$ 时，$h(\tau)=0$，如图 6.2-7 所示 $0<t\leqslant\tau$ 时，对象没有输出变化量，当 $t>\tau$ 时才有输出变化量。也就是说，在 $0<t\leqslant\tau$ 范围内对象输出并没有跟随输入的变化而变化，这段时间称为纯滞后时间，用 τ 表示。

当 $t=\infty$ 时，$h(\infty)=KA$ 为对象输出新的稳态值，当 $t=T+\tau$ 时，$h(T+\tau)=(1-\mathrm{e}^{-1})KA$，当对象输出变化了 $(1-\mathrm{e}^{-1})KA$ 时，对应的时间为时间常数 T。

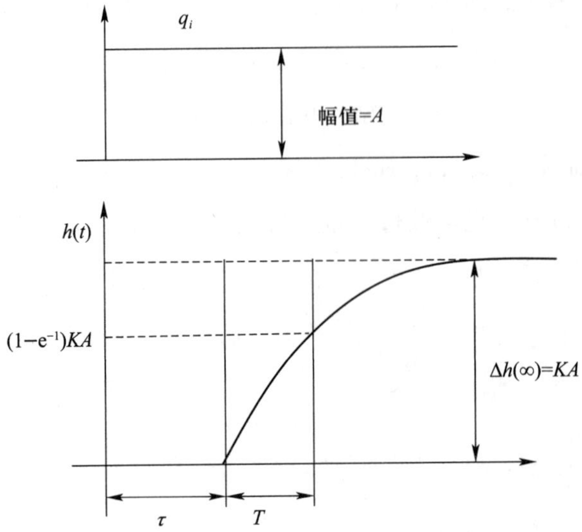

图 6.2-7　一阶纯滞后对象在幅值为 A 的阶跃输入下的响应曲线

在这里需要特别指出的是，在一些二阶（Second order）双容（多容）对象中，如图 6.2-8 所示在对象输出的初始阶段由于输出随时间的变化非常缓慢，通常也将对象输出变化非常缓慢的时间段称为滞后时间，为等效滞后，即图 6.2-8 中 τ_2。等效滞后τ_2与纯滞后 τ_1 的区别在于前者是对象输出随时间缓慢变化，后者是对象输出不随时间变化。通常可以将等效滞后看成纯滞后，图 6.2-8 中总的纯滞后时间 $\tau_3=\tau_1+\tau_2$。

时间常数 T 和滞后时间 τ 都是反映对象输出随时间变化的参数，所以又把它们称为对象的动态特性参数（Dynamic characteristics parameter）。

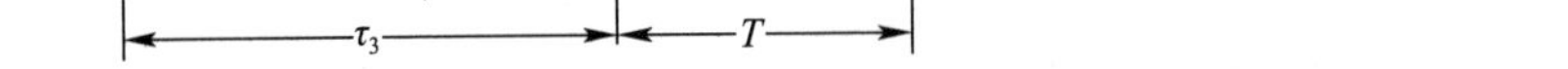

图 6.2-8　二阶多容对象滞后时间

（二）对象特性参数（Object characteristics parameter）对系统过渡过程的影响

1. 被控对象与系统的关系

被控对象是系统的组成环节，被控对象特性发生改变势必影响系统的控制效果，系统在过渡过程中会表现出来受影响的结果，比如系统的振荡情况，被控变量的变化快慢，以及描述系统的各种性能指标都会受到影响。反过来讲，对象特性参数的大小，也反映了该对象是否容易进行控制，也为系统其他环节的设计建造提供了依据和参考。

由之前所述内容可知，描述对象特性的参数有放大系数 K、时间常数 T、滞后时间 τ。其中放大系数 K 是描述对象稳态（静态）特性的参数，时间常数 T 和滞后时间 τ 是描述对象动态特性的参数。这些参数是对典型对象进行机理建模，在模型当中分析得到的，具有一定的通用性。

对被控对象来讲，它有两个通道即控制通道和干扰通道。通道不同，对放大系数、时间常数、滞后时间的要求也不一样。所以，描述不同特性的参数在不同通道中对系统过渡过程的影响是不一样的。下面就对象稳态与动态性能参数在不同通道中对系统的影响情况进行总结。

2. 放大系数（Amplification factor）对系统过渡过程的影响

在图 6.2-9 中，用 Δx 表示控制变量变化量，用 Δf 表示干扰变量变化量，用 Δy 表示被控变量输出变化量。则有：

控制通道放大系数
$$K_0=\frac{\Delta y}{\Delta x} \tag{6-8}$$

干扰通道放大系数
$$K_f=\frac{\Delta y}{\Delta f} \tag{6-9}$$

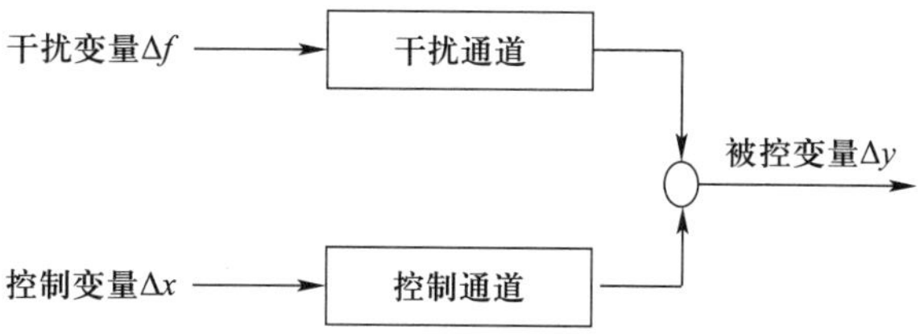

图 6.2-9　通道变量输入/输出关系

一般情况下，K 越大说明输入变化量对输出变化量的影响越大，K 越小说明输入变化量对输出变化量的影响越小。同样，对于相同的输入变化量来讲，K 越大，输出变化量越大，说明对象通道越灵敏，容易振荡，K 越小说明对象通道不够灵敏。所以，希望控制通道中的放大系数 K_0 大一些，控制通道中的放大系数越大，说明控制变量对被控变量的影响越强，控制作用也就越强。但是，控制通道的放大系数 K_0 也不是越大越好，控制通道的放大系数太大则对象太灵敏，容易振荡，不易控制。干扰通道的放大系数 K_f 越小越好，干扰通道的放大系数 K_f 越小，干扰变量对被控变量的影响越小，干扰作用就弱，越有利于控制。

在设计和建造控制系统时，应该使被控对象控制通道放大系数大一些，干扰通道的放大系数小一些。在设计时可以通过选择通道的长度，或者选择包围对象或生产过程的位置来实现。

3. 时间常数对系统过渡过程的影响

在图 6.2-10 中，T_0 表示控制通道的时间常数，T_f 表示干扰通道的时间常数。

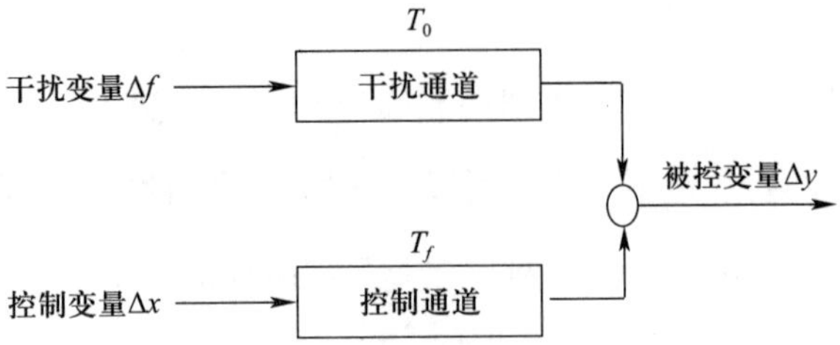

图 6.2-10　通道时间常数关系图

控制变量和干扰变量在施加幅值为 A 的阶跃输入下，对象输出变化到最终稳态变化量的（1-e）倍，约为 63.2%时所需要的时间，即为时间常数 T_0，如图 6.2-11 所示。

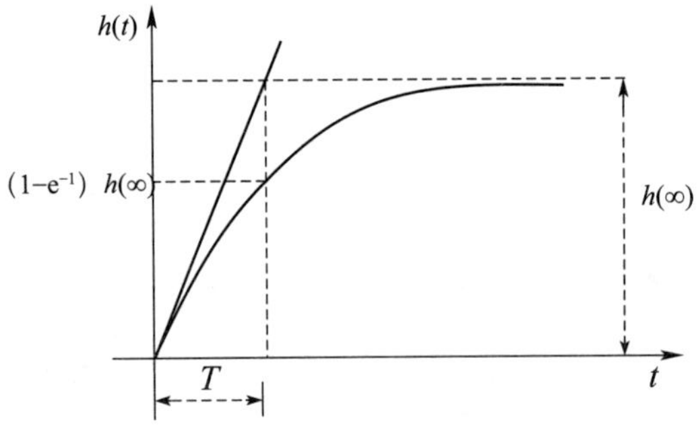

图 6.2-11　时间常数示意图

在阶跃输入（Step input）下，时间常数 T 是反映对象输出即被控变量变化快慢的参数。注意，有些时候也用 T 表示滞后，但是此时反映的是被控变量变化的过程时间，称为容量滞后或者响应滞后。时间常数越大，说明被控变量变化的时间越长，被控变量变化速率越慢，即对象响应慢或容量滞后大，难以控制。时间常数越小说明被控变量变化的时间越短，被控变量变化速率越快，对象容量滞后小反应快，容易控制。

对于控制通道的时间常数 T_0 来讲，T_0 越大，对象输出变化越慢，控制会变得滞后，最大偏差、超调量增加，过渡时间变长，控制质量变差。当控制通道时间常数 T_0 较小时，对象输出变化较快，控制及时，最大偏差、超调量得到有效控制，振荡周期、过渡时间变短，控制质量较好。但是控制通道的时间常数也不是越小越好，当 T_0 过小时，对象输出变化太快，对象太灵敏，容易产生振荡，使系统稳定性降低，增加了控制难度。

对于干扰通道时间常数 T_f 来讲，T_f 越大，对象输出对干扰变量的响应就越慢，干扰作用是滞后的，所以有利于控制。当 T_f 变小时，说明对象输出对干扰响应变快，干扰作用变得及时有效，干扰作用变强，这样就增加了控制难度，不利于系统控制。

所以，希望控制通道的时间常数小一些，但也不能太小。希望干扰通道的时间常数大一些，有利于控制。

4. 纯滞后（Pure lag）对过渡过程的影响

阶跃输入下，对象输出在一段时间 τ 内不随时间变化或者变化非常缓慢，这时时间 τ 称为纯滞后。典型的纯滞后对象前面进行了介绍，比如传送带等，但是在多容对象中，因为阶跃输入下初始响应特别慢，在初始阶段其动态特性也作为等效纯滞后来看待，所以分析纯滞后时一定要包含纯滞后以及等效纯滞后这两个部分，否则忽略等效纯滞后，在控制上往往达不到理想效果。

需要注意的是，由于系统的复杂程度，通常用纯滞后时间 τ 与时间常数 T 的比值来表示对象或生产过程纯滞后的级别，当 $\tau/T<0.3$ 时称为一般纯滞后对象，当 $0.3<\tau/T<1$ 时称为较大纯滞后对象，当 $\tau/T>1$ 时称为大纯滞后对象。对象纯滞后时间直接影响控制质量，纯滞后太大时，常规的 PID 控制系统就会难以满足控制需求。

对控制通道来讲，如果有纯滞后存在，则其控制作用被延迟，最大偏差、超调量变得很大，控制恶化，容易发生事故，如图 6.2-12 中曲线 B 和 C 所示。当控制通道没有纯滞后时，控制及时，偏差得到有效控制，最大偏差、超调量较小，控制效果较好，如图 6.2-12 曲线 A 所示。在设计系统时，应该尽量避免纯滞后包围在控制通道内，同时控制通道应该设计的尽量短，减少不必要的环节，测量点及控制点都应该尽量靠近被控对象，增加响应速度，提高控制效果。

对干扰通道来讲，由于干扰不会起控制作用，干扰通道的纯滞后对系统控制作用的影响有限。

6.2.3　对象特性实验测试方法

前面介绍了描述对象特性的参数及其对过渡过程的影响，从中可以看出，描述对象特性的参数是具有一定通用性的。凡是符合相应机理模型的对象，都可以用相应的数学

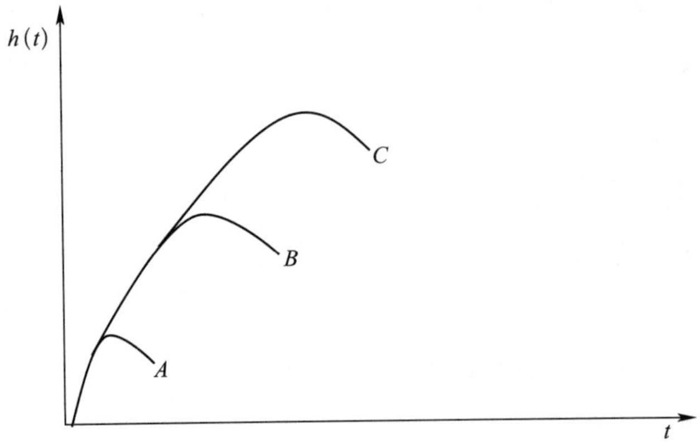

图 6.2-12　纯滞后对控制通道的影响

表达式进行描述，所以参数是可以通用的，可以通过这些参数对不同对象进行分析。这就是机理建模的优势所在。

在实际生产中，机理建模的应用会遇到阻碍。首先，实际生产中对象或生产过程都比较复杂，甚至内部的物理、化学变化的机理还不明确，无法建立合理的数学模型，或者产生的模型不具有实际使用意义，难以使用。其次，数学模型的建立，在推导或求解过程中，往往要设置一些特定条件或者进行一些假设，这都影响了机理建模在实际生产中的使用。最后，机理建模对理论知识要求较高，实际生产人员或工程人员主要精力都在生产上，让他们去解决一些数学问题，也是不现实的。所以，在实际生产当中，应用实验的方法进行对象特性测试是很有必要的。

实验测试法（Experimental test method）通常是在实验以及实际的对象或生产过程上进行的。通过对测试对象或者生产过程施加各种典型的输入信号以测取必要的输出数据或曲线，并加以处理来得到对象特性。典型的输入信号有阶跃信号、正弦波信号、方波脉冲信号、矩形波信号等。这种方法适用于特定的对象或生产过程，无法产生通用型的数学模型，但是可以通过测试输入以及结果进行系统辨识来得到特定模型，如图 6.2-13 所示。下面介绍几种常用的实验测试方法。

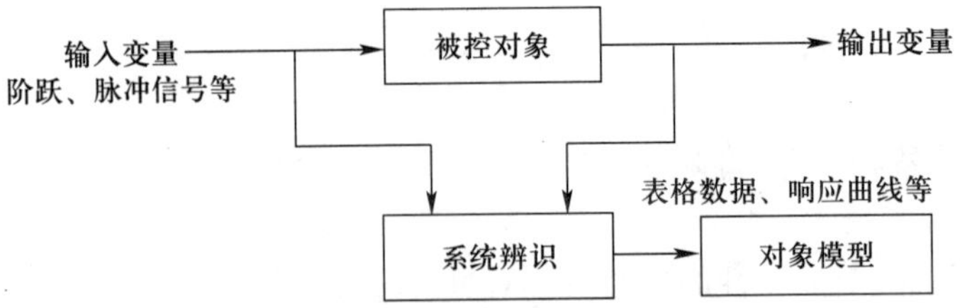

图 6.2-13　实验测试关系图

（一）阶跃测试法（Step test method）

阶跃测试法是给对象施加一个幅值一定的阶跃输入，随即记录输出变量随时间变化的过渡过程，如图 6.2-14 所示。输出变量变化曲线又称为响应曲线（Response curve），所以这种测试方法又称为响应曲线法。

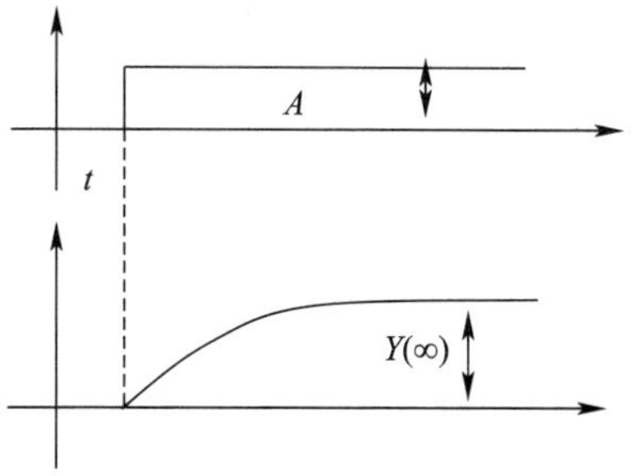

图 6.2-14　阶跃输入下的对象输出曲线

用实验的方法进行阶跃测试可操作性较强，可以通过改变被控变量或者干扰变量的大小，使其进行阶跃变化，通过记录被控变量的数值或者曲线来直接得到对象特性。如果想要得到广义对象的特性，可以通过手动改变阀门开度的方法实现，也可以调节控制器，使控制器输出进行阶跃变化，输出变量的变化过程可以使用无纸记录仪或计算机记录下来，这样得到的就是包括测量部分以及阀在内的广义特性。

在具体应用阶跃测试法时，为了使测试结果具有较高可信度和可靠性，应注意以下几点：

①对象测试应该在工艺允许的条件下进行，测试范围应该在工艺正常工作的范围内进行。施加阶跃的量一般不超过信号满量程的 10%。

②加测试之前，应保证系统处于稳态（静态），否则会造成干扰叠加，从而影响测试结果。

③输入阶跃的变化时刻与输出变量的起始时间应该是相同的，否则对象纯滞后或容量滞后的测量易受影响。

④在测试过程中尽可能排除其他干扰的影响，以提高测量准确性。

⑤在相同条件下重复测试几次，方便数据对比，以求取其共性。

⑥在记录数据或曲线过程中，应使输出变量变化到重新稳定为止，这样是为了求取对象新稳态值，研究其稳态特性。

（二）正弦曲线法（Sinusoidal method）

正弦曲线法是使对象的输入变量进行正弦波变化，则对象的输出变量也呈现周期性的正弦波变化，只不过幅值和频率不同，如图 6. 2-15 所示。在特定正弦函数输入下，测得的输入变量与输出变量的幅值差别及频率差别，即可得到相应的对象特性。

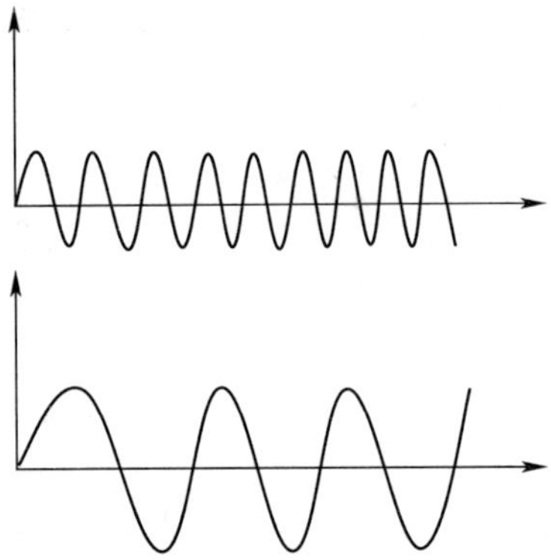

图 6. 2-15　正弦曲线法对象输出曲线

（三）矩形脉冲法（Rectangular pulse method）

矩形脉冲法是指对象输入变量为矩形脉冲波，输出变量曲线如图 6. 2-16 所示的测试方法。矩形脉冲法的阶跃输入从 t_1 时刻开始到 t_2 时刻结束，产生的强度较阶跃输入法要小，所以对象输出变量偏离设定值的程度比阶跃输入法要小，新的稳态值与设定值基本一致，故对生产的影响较小。同时产生矩形脉冲也不需要增加设备，所以矩形脉冲法也是现场常采用的方法，不过处理曲线以及数据的难度较大。

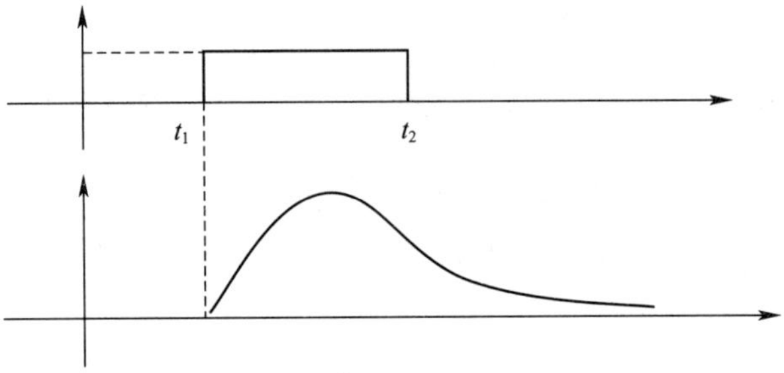

图 6. 2-16　矩形脉冲法对象输出曲线

6. 3　控制规律

6. 3. 1　控制规律概述

控制器作为自动控制系统的一个环节，有其自己的特性。控制器特性是指控制器输出信号与输入信号之间的关系，也称为控制规律。控制器作为对广义对象的补偿，其规律是可以选择的，也就是说针对不同的广义对象，可以采用不同的控制规律进行控制，或者广义对象内部组合发生变化，控制规律也会不同。即使在某些系统当中，采用了相同的控制规律，由于广义对象组合不同，或者结构不同，使用的描述控制规律的参数也不一样。

工业生产中，按照被控变量的不同，被控对象可以分为流量对象、液位对象、温度对象、压力对象等，这些对象有的时间常数小，有的滞后时间长。这些对象的输出被控变量——流量、液位、温度、压力等在自动控制系统中往往需要稳定运行或在一定范围内运行。系统要求这些被控变量在扰动作用时，能够快速、准确、稳定地向工艺要求的设定值或设定范围靠近。基于这些不同的特点与要求，必须要采用合适的控制规律与之相匹配。基本的控制规律有位式控制（Position control）、比例控制 P、积分控制（Integral control）I、微分控制（Differential control）D。在实际应用过程中，并不是所有基本的规律都能够单独使用，而是根据不同的对象特点与要求进行选取与组合，从而形成工业上常用的控制规律，比如位式控制里面的双位控制（On-off control）、纯比例控制 P、比例积分控制 PI、比例微分控制 PD、比例积分微分控制 PID。

在对控制规律进行分析时，要描述清楚控制器输入与输出之间的关系。对于控制器来讲，其输入信号为偏差 e，输出信号为控制输出 u，也就是说控制规律描述的是控制输出 u 与输入信号偏差 e 之间的关系，如图 6.3-1 所示。值得注意的是，在分析单独的控制器时，偏差 e 等于测量值 z 与设定值 x 之差，即 $e=z-x$，但是在分析系统时，偏差为设定值与测量值之差，即为 $e=x-z$。

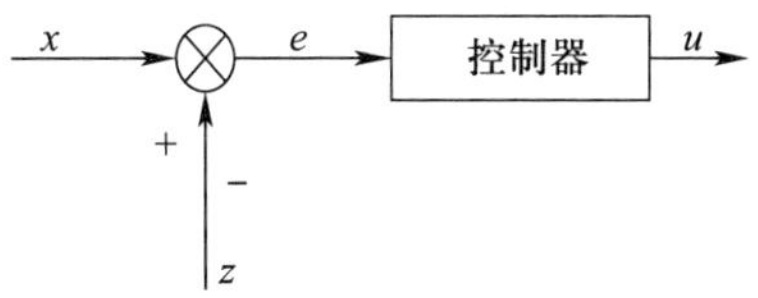

图 6.3-1　控制器输入/输出关系图

6.3.2　双位控制规律（On-off control law）

在位式控制规律中，双位控制是最简单也是最常用的一种控制规律。所谓双位控制是指控制器的输出只有两个状态，在实际工作中，电机的启停控制、灯的开关控制、压力开关控制等都属于双位控制，这两种输出状态表达了所有输入信号的响应。双位控制理想的输入/输出特性如图 6.3-2 所示。

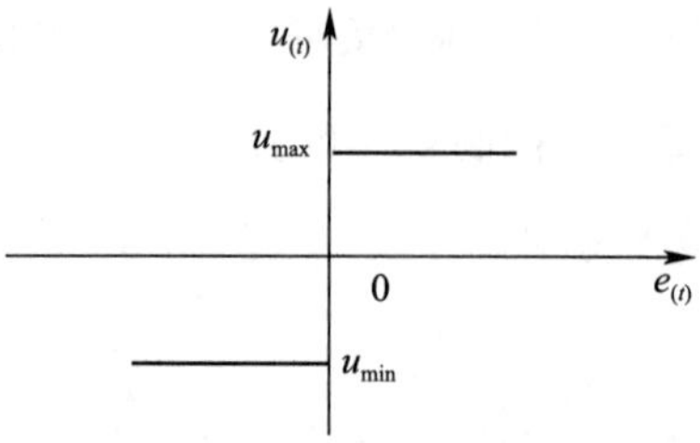

图 6.3-2　双位控制输入/输出特性

根据图 6.3-2，其输入输出表达式为：

$$u_{(t)}=\begin{cases}u_{max},e_{(t)}>0\\ u_{min},e_{(t)}<0\end{cases}\tag{6-10}$$

在图 6.3-2 中，当控制器输入在 0 附近变化时，控制器输出会在 u_{max} 与 u_{min} 之间频繁切换。在实际生产中，这种频繁切换极易损坏执行设备，所以实际的双位控制器是存在状态保持区间的。如图 6.3-3 所示，有一液位双位控制系统，液位开关在罐的中间位置，当液位在 y_{max} 与 y_{min} 之间变化时，控制器输出保持原状态，不变化。这样就减少了执行装置的动作频率，增加了使用寿命。

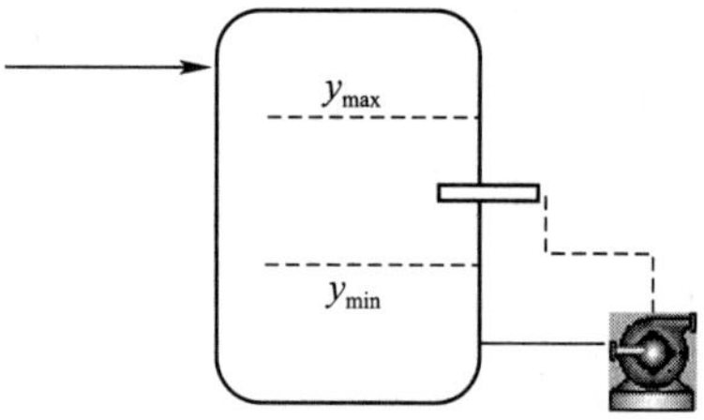

图 6.3-3　液位双位控制系统

所以，实际双位控制的输入/输出特性如图 6.3-4 所示。

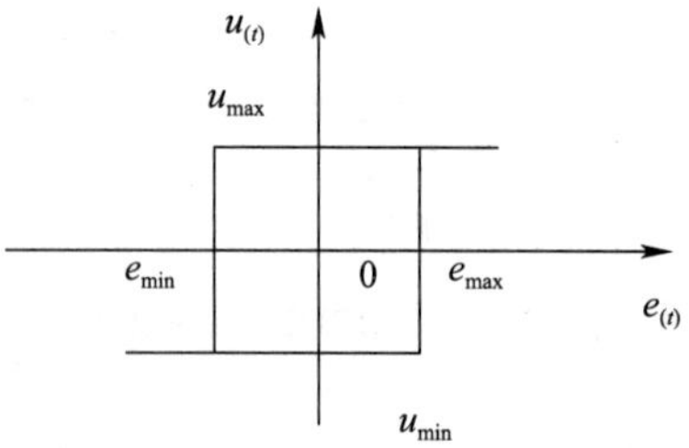

图 6.3-4　实际双位控制输入/输出特性

液位双位控制系统控制器的输出表达式为：

$$u_{(t)}=\begin{cases}u_{max}, e_{(t)} \geq e_{max} \\ \text{状态保持}, e_{min}<e<e_{max} \\ u_{min}, e_{(t)} \leq e_{min}\end{cases} \tag{6-11}$$

在实际双位控制下液位变量过渡过程如图 6. 3-5 所示。

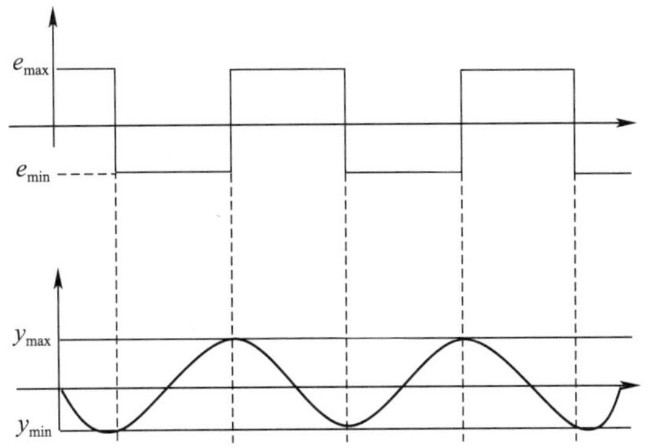

图 6. 3-5　具有状态保持的液位双位控制系统过渡过程

由图 6. 3-5 可以看出，当控制器输出信号处于保持区间时，被控变量液位会保持原状态继续上升或继续下降，在中间位置不发生反转。当状态保持区间设置变长时，被控变量液位变化周期变长，执行装置动作频率变小，寿命增加，但是被控变量液位变化幅度会增加，此时应注意不要超出工艺要求的变化范围。当状态保持区间设置较短时，被控变量液位变化周期变短，频率变快，执行装置动作加快，使用寿命变短，但是被控变量液位变化幅度变小。带状态保持区间的双位控制，其控制的结果也就是被控变量的过渡过程很明显是一个等幅振荡过程。

双位控制系统的结构相对简单，所以建造起来比较容易且成本也低，但是控制精度不高，其控制结果是一个等幅振荡过渡过程。这种控制系统适用于对控制质量要求不是太高、纯滞后较小、时间常数较大或有一定容量滞后、工艺允许有等幅振荡过渡过程的场合。

6. 3. 3　比例控制规律（Proportional control law）

（一）比例控制规律概述

在自动控制系统中，由于大多数系统都是定值控制系统，也就是说被控变量有稳定的要求，而双位控制难以实现。当双位控制器的输出信号由两个位增加到无穷多个位时，其输出就会变成连续变化的直线，也就是成比例变化。人们把控制器输出信号变化量与输入信号变化量成比例变化的规律称为比例控制规律。比例控制规律的表达式：

$$\Delta u = k_p \Delta e \tag{6-12}$$

其中，Δu 是输出变化量，Δe 是偏差变化量，k_p 为比例增益（Proportional gain）。当偏差作幅值为 A 的变化时，其输出 $\Delta u = k_p A$。由图 6.3-6 所示，比例控制器输出是对阶跃输入直接乘以比例增益得出的，具有响应快、没有迟滞的特点，而且只要阶跃输入不停止，比例控制就一直起作用。同时，比例增益越大，相同阶跃输入下得到的输出越大，控制作用越强；比例增益越小，相同阶跃输入下得到的输出也越小，控制作用就会越弱。

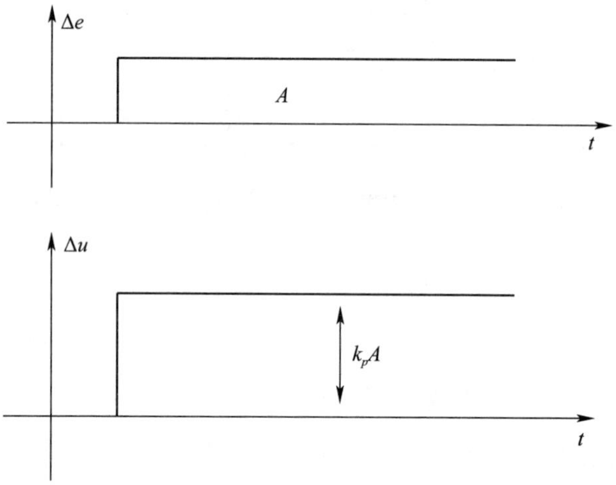

图 6.3-6　阶跃输入下的比例控制输出

虽然比例增益的大小反映的是比例作用（Proportional action）的强弱，但在实际生产中，通常不用比例增益反映比例作用的强弱，而是使用另外一个参数，即比例度（Proportionality）。比例度是指偏差信号的相对变化量占输出信号的相对变化量的百分数，比例度用 δ 表示。

$$\delta = \frac{\Delta e/\ (e_{max} - e_{min})}{\Delta u/\ (u_{max} - u_{min})} \times 100\% \tag{6-13}$$

式（6-13）中，e_{min} 为偏差信号变化下限，e_{max} 为偏差信号变化上限，u_{min} 为输出信号变化下限，u_{max} 为输出信号变化上限，Δe 为偏差变化量，Δu 为输出变化量。

将式 $\Delta u = k_p \Delta e$ 代入比例度公式（6-13）可得：

$$\delta = \frac{1}{k_p} \times \frac{u_{max} - u_{min}}{e_{max} - e_{min}} \times 100\% \tag{6-14}$$

当输入/输出信号都为标准信号时，$e_{max} - e_{min}$ 是常数 1，则可以得到：

$$\delta=\frac{1}{k_p}\times 100\% \tag{6-15}$$

可见，在统一信号标准的前提下，比例度与比例增益是成倒数关系的。也就是比例增益越大，比例度越小，比例作用越强；比例增益越小，比例度越大，比例作用越弱。而实际上，控制系统之所以能够正常通信，就是因为组成系统的各个环节使用了标准统一的信号，目前，常用的标准电流信号为 4~20mA 直流电流信号。

（二）比例度大小对系统过渡过程的影响

单纯的比例控制规律在实际生产中是存在的，比如杠杆控制的液位控制系统，杠杆系统就是一个纯比例控制器。如图 6.3-7 所示。

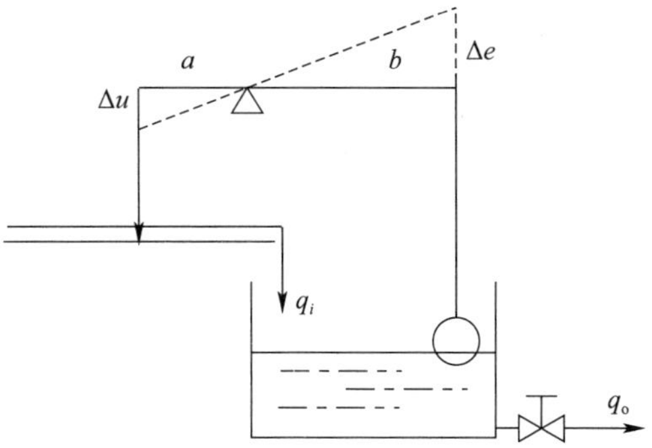

图 6.3-7　纯比例液位控制系统

在该系统中，输入/输出信号的关系为 $\Delta u=\frac{a}{b}\Delta e$，所以该系统是纯比例控制，当杠杆处于平衡位置时，系统稳定，液位不发生变化，输入流量 q_i 与输出流量 q_o 相等。当输出流量 q_o 减小时，被控变量液位上升，杠杆系统失去平衡作逆时针偏转，阀门关小，输入流量减小，当输入流量与输出流量重新相等时，系统重新稳定，此时液位稳定的位置较原位置高。当输出流量增大时，液位降低，系统也会失去平衡，杠杆作顺时针偏转，阀门开大输入流量增加，当输入流量与输出流量重新平衡时，系统重新稳定，此时液位稳定的位置较原位置低。

通过对杠杆控制系统的分析，可以看出纯比例控制系统进行工作时，系统新的稳态值总是高于或者低于原稳态值，这就说明纯比例控制是存在余差的。当系数 a/b 较大时，a 的长度较大，也就是比例作用较强时，调节灵敏有效，较小的偏差变化就会有较大的阀门输出，此时液位调节快速，余差也较小。当系数 a/b 较小时，b 的长度较大，比例作用较弱，一个较大的偏差输入才能引起有效的阀门输出，此时偏差已经较大，调节难以达到快速稳定的效果，余差也较大。由此可见，比例作用的强弱能够影响系统的过渡过程，影响系统调节的好坏，由于人们用比例度的大小反映比例作用的强弱，因此比例度的大小变化是对系统过渡过程有明显影响的，如图 6. 3-8 所示。

比例度小一些，则控制作用变强，最大偏差变小，余差也变小，控制作用变好。当比例度 δ 继续减小时，比例作用会继续增强，此时系统会振荡加剧，甚至会出现等幅振荡或发散振荡，使系统控制作用变坏从而引发事故。当比例度减小到使系统恰好出现等幅振荡时，此时对应的比例度称为临界比例度。当比例度较大时，比例作用较弱，曲线漂浮绕大弯，系统过渡时间长，余差大，难以实现快速稳定的控制。

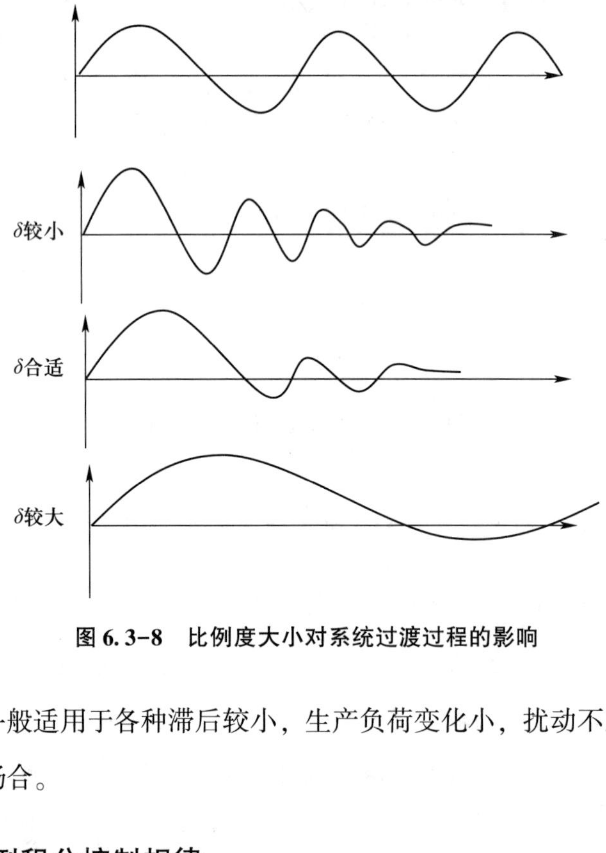

图 6. 3-8　比例度大小对系统过渡过程的影响

纯比例控制一般适用于各种滞后较小，生产负荷变化小，扰动不剧烈，工艺上控制精度要求不高的场合。

6. 3. 4　比例积分控制规律

纯比例控制（Pure proportional control）有反应及时、滞后小的优点，但是也存在不能消除余差、控制精度不高的缺点。在定值控制系统中，被控变量往往要求有较高的精确度，所以单纯的比例控制已经不能满足控制要求，需要引入比例积分控制。

（一）积分控制规律（Integral control law）

所谓的比例积分控制是指控制器输出信号变化量与偏差变化量在时间变量上的积分

成正比的控制规律。其表达式为：

$$\Delta u(t)=\frac{1}{T_i}\int \Delta e(t)d_t \tag{6-16}$$

$\Delta u(t)$ 为控制器输出信号变化量，$\Delta e(t)$ 为偏差输入变化量，T_i 为积分时间。当偏差输入为阶跃信号 A 时，即 $\Delta e(t)=A$，其输出响应为：

$$\Delta u(t)=\frac{1}{T_i}\int Ad_t=\frac{A}{T_i}t \tag{6-17}$$

由式 6-17 所示，在数学上其在阶跃输入下的响应是一条直线，即斜坡函数。当偏差 $A>0$ 时，积分随时间累积，控制器输出逐渐增强，当偏差输入 $A=0$ 时，积分作用停止，$\Delta e(t)=0$，控制器输出变化量不再变化，控制器输出稳定。其响应如图 6.3-9 所示。

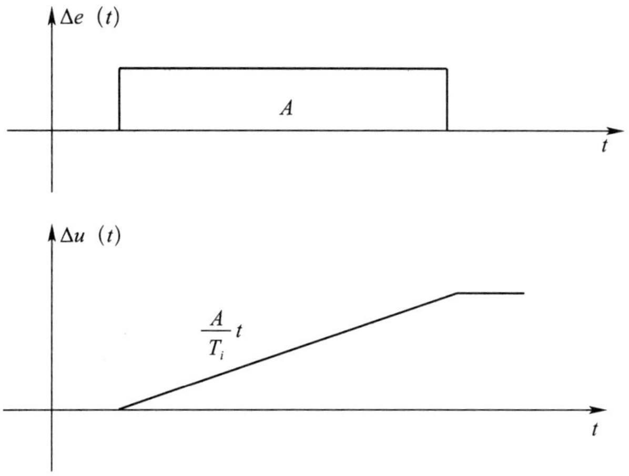

图 6.3-9　比例积分控制规律输入/输出特性

由此可见，积分作用（Integral action）的有无取决于偏差的有无，当存在偏差时积分作用一直输出，直到偏差为 0，积分作用停止，控制器输出不再变化。所以，积分作用是可以消除余差（Residual error）的。

积分作用的强弱取决于积分输出响应的倾斜程度，即斜坡函数斜率 A/T_i 的大小。由于 A 为常数，所以积分时间 T_i 反映了积分作用的强弱；积分时间越大，输出响应斜率越小，相同输入下得到的积分作用越弱，当积分时间趋于无穷时，斜率为零，此时积分作用消失；积分时间越小，控制器输出斜率越大，相同输入下得到的积分作用则越强。

由于积分控制器在阶跃输入下的响应为斜坡函数，在其初始阶段输出很弱，随着时间的增加，积分作用才逐渐增强。所以，积分作用具有很大的滞后性，一般不进行单独使用。

（二）比例积分控制规律（Proportional integral control law）

在实际应用中，单纯的积分规律由于控制滞后较大不能单独使用，往往需要与控制及时的比例作用配合使用。这样既可以发挥积分作用消除余差的优势，也可以利用比例规律弥补其控制滞后的缺点。比例积分控制规律的表达式为

$$\Delta u = k_p\left[\Delta e(t) + \frac{1}{T_i}\int \Delta e(t)\,\mathrm{d}t\right] \tag{6-18}$$

其在幅值为 A 的阶跃输入下的相应表达式为：

$$\Delta u = k_pA + \frac{k_pA}{T_i}t \tag{6-19}$$

由式 6-19 可知，当 $t=0$ 时，没有积分作用，只有比例作用，其输出为 $\Delta u=k_pA$；当 $t=T_i$ 时，$\Delta u=2k_pA$，此时积分作用的变化量恰好等于比例作用的变化量。所以，可以根据比例积分控制器输出的大小标定积分时间的大小，即当比例积分控制器输出变化量达到 $2k_pA$ 时所经过的时间就是积分时间。比例积分控制器输入/输出特性如图 6. 3-10 所示。

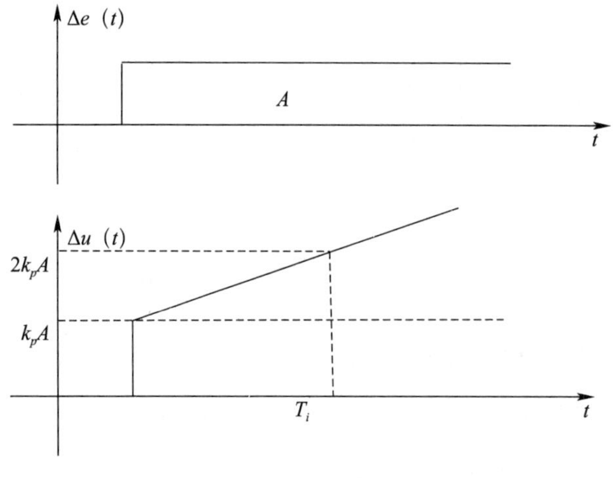

图 6. 3-10　比例积分控制器阶跃下的输入/输出特性

（三）积分时间（Integral time）大小对过渡过程的影响

比例积分控制规律在实际应用中，可以通过改变积分作用的强弱来对系统过渡过程施加影响，从而得到较好的控制。积分作用的强弱可以通过改变积分时间的大小来实现。在比例作用不变的情况下，积分时间的大小变化对系统过渡过程的影响如图 6. 3-11 所示。

由图 6. 3-11 可知，在比例的基础上引入积分，系统振荡会增强，且随着积分时间减小，积分作用增强，系统振荡会继续加剧，这是积分作用的滞后特性造成的。由于引

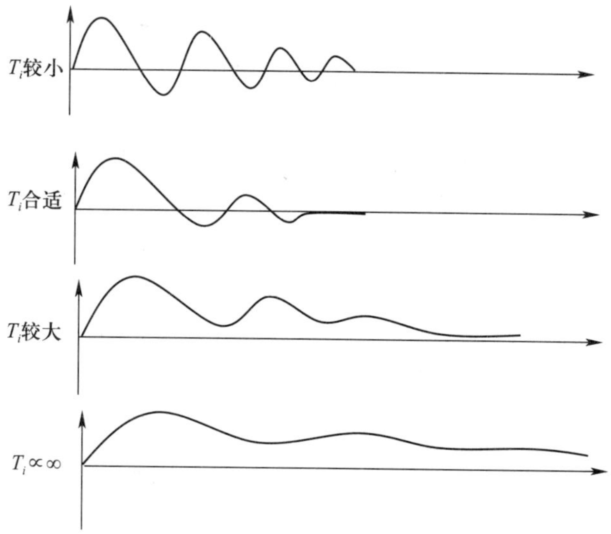

图 6.3-11　积分时间大小对系统过渡过程的影响

入积分作用，控制作用滞后，偏差会继续起作用，由于偏差有正负，被控变量上下偏离设定值的程度增加，系统振荡加剧。

随着积分时间的减小，积分作用增强，系统余差逐步减小，当积分时间合适时，系统新稳态下可以消除余差。积分时间进一步减小，积分作用进一步增强，则系统会发生周期较长的振荡，由于振荡周期较长，振荡幅度相对也较大，这也是积分作用较强引起振荡的特点。当积分时间较大时，积分作用较弱，此时曲线漂浮回复慢，在设定值一侧变化，有时会来回回复多次才能向设定值靠近，控制效果很差。当积分作用趋于无穷时，积分作用停止，在实际应用中，有些控制器的积分时间设置在满位最大值或三千秒以上，即可认为是无穷，积分作用解除。

比例积分控制规律适用于大多数定值控制系统，尤其是控制精度要求较高的场合。但是由于积分作用的滞后性，当被控对象滞后较大，生产负荷变化又比较剧烈时，比例积分控制也难以取得较好的控制效果，此时可以考虑对滞后有较好克服能力的微分控制。

6.3.5　比例微分控制规律（Proportional differential control law）

当系统控制精度要求较高时，可以引入积分作用。但是当对象本身滞后较大、偏差变化幅度较大，控制精度要求又较高时，单纯的引入积分反而会增强滞后作用，使系统难以控制，所以需要引入具有超前控制作用的微分控制。

（一）微分控制规律（Differential control law）

所谓微分控制，即控制器输出信号变化量与偏差的变化速率（Variation rate of

deviation）成正比关系。其表达式：

$$\Delta u(t)=T_d\frac{\mathrm{d}e(t)}{\mathrm{d}t} \tag{6-20}$$

式中 $\mathrm{d}e(t)/\mathrm{d}t$ 是单位时间内偏差输入的变化量，或者称对偏差求导，即偏差的变化速率。T_d 称为微分时间，T_d 越大微分作用越强，T_d 越小微分作用越弱。当偏差为一固定值时，如 $e(t)=A$，则其导数 $\mathrm{d}e(t)/\mathrm{d}t$ 为 0，控制器输出为零，没有微分作用，所以微分作用对固定的偏差不起作用。如果偏差在 t_0 时刻发生阶跃变化，则在 t_0 时刻有无穷的变化速率，微分作用瞬间很强，当偏差稳定不变时，微分作用消失。其在 t_0 时刻阶跃变化输入下的微分响应如图 6. 3-12 所示。

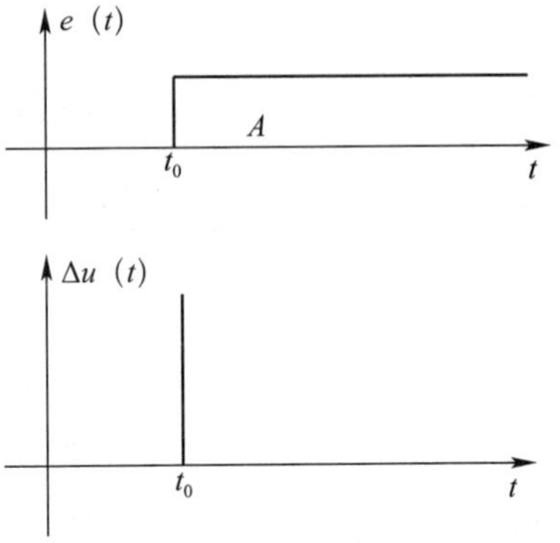

图 6. 3-12　阶跃变化输入下的微分响应

由于微分作用（Differential action）只反映偏差变化速率，不反映偏差大小，即使偏差很小，但只要在变化，微分就要进行控制，所以具有超前控制的特点。在阶跃输入下理论上微分响应在偏差变化的瞬间存在且非常强，而在实际应用中，这种作用难以捕捉，不易控制，实用性差，所以微分作用一般不单独使用，在与比例作用配合使用时也需要进行处理，限制微分作用输出响应的突变，以达到可控、可用的目的。

（二）比例微分控制规律

由于微分控制规律需要与比例规律配合使用，理论上比例微分控制规律表达式为：

$$\Delta u(t)=K_p\left[e(t)+T_d\frac{\mathrm{d}e(t)}{\mathrm{d}t}\right] \tag{6-21}$$

其在阶跃输入下的响应参考图 6. 3-13，由此可知，其响应为瞬间变化，瞬间最大作用，瞬间作用消失，不可控制。为了让输出响应在瞬间产生之后逐渐消失，在一定时间内产生微分作用，达到可控的目的，需要对输出响应由瞬时脉冲调整为衰减输出。所以实际的比例微分控制规律是存在一阶惯性环节（First order inertia link）的，目的是让微分响应呈现一种可控可测的衰减曲线。其阶跃输入为 A 时的响应曲线如图 6.3-13 所示。

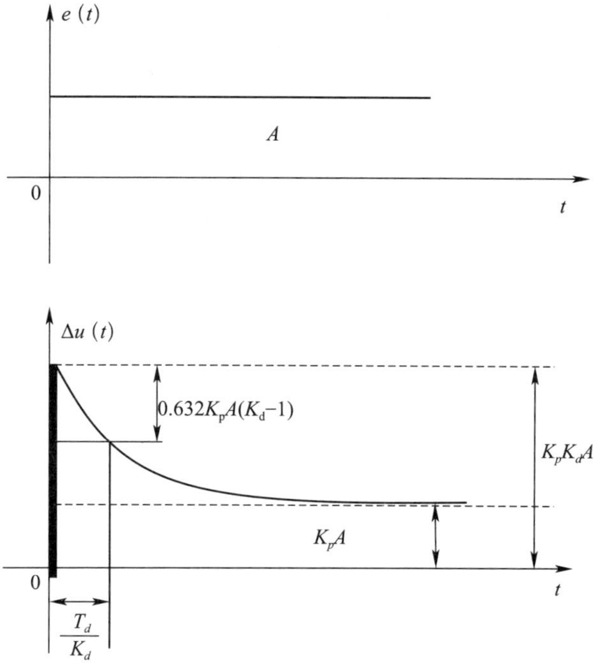

图 6.3-13　实际比例微分在阶跃输入下的响应

（三）微分时间（Differential time）大小对系统过渡过程的影响

微分时间 T_d 的大小对系统过渡过程影响如图 6.3-14 所示。当微分时间 $T_d=0$ 时，微分作用解除，此时为纯比例作用。微分时间适当增大时，微分作用增强，可以有效控制最大偏差的大小，系统稳定性增强，余差、过渡时间均减小，能有效提高控制质量。当微分时间过大时，微分作用太强，则引起系统振荡，振荡的特点是频率快且幅度小，控制质量变坏。整体上看微分作用能够减小余差但是不能消除余差，另外，微分作用只针对变化的偏差，不关注偏差的大小，偏差变化越快则作用越强，但是对固定的偏差不起作用。比如对于滞后较大的温度控制系统，一般会引入微分作用，但是对于大多数系统来讲如果微分使用不慎则会造成振荡，这是微分作用较强的超前控制造成的，容易使系统变得更加灵敏。在一些系统过于灵敏有效的场合，为了降低波动性，可以引入反微分使系统运行平稳。

6.3.6　比例积分微分控制规律

比例积分微分控制规律（Proportional integral differential control law）是指控制器输出变化与输入偏差的比例、积分和微分作用之和成比例关系。在控制上是将比例、积分、微

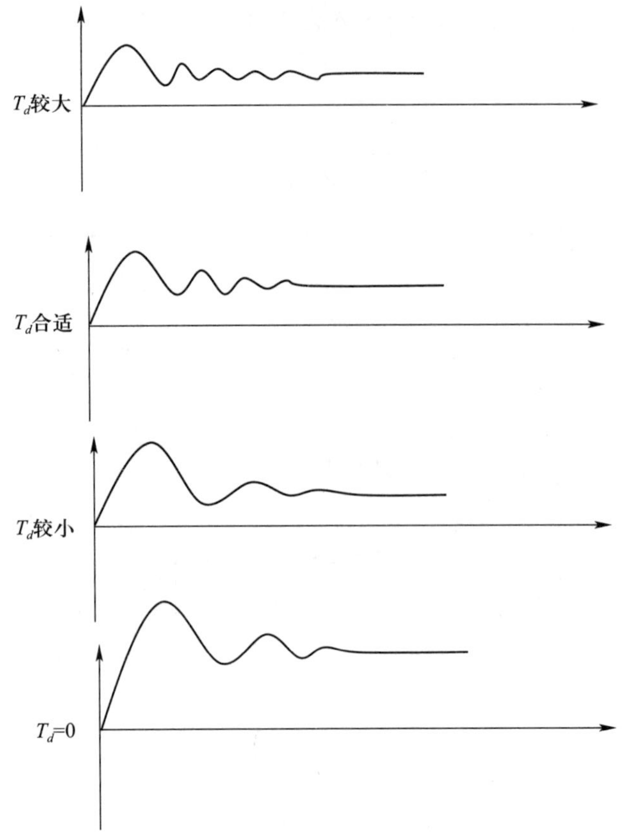

图 6. 3-14　微分时间 T_d 大小对系统过渡过程的影响

分三种控制规律都投入运行，以得到较好控制的效果。理论上其表达式为：

$$\Delta u(t) = K_p\left[e(t) + \frac{1}{T_i}\int e(t)\mathrm{d}t + T_d\frac{\mathrm{d}e(t)}{\mathrm{d}t}\right] \tag{6-22}$$

其传递函数为：

$$G(s)=\frac{U(s)}{E(s)}=K_p\left(1+\frac{1}{T_i s}+T_d s\right) \tag{6-23}$$

而实际的比例积分微分控制规律中，微分部分存在一阶惯性环节，所以其实际 PID（proportional intergal differential 的缩写）控制规律传递函数为：

$$G(s)=\frac{U(s)}{E(s)}=K_p\left(1+\frac{1}{T_i s}+\frac{T_d s+1}{\frac{T_d}{K_d}s+1}\right) \tag{6-24}$$

在阶跃输入下其输出响应如图 6. 3-15 所示。

当偏差有阶跃变化时，比例微分同时起作用，但由于微分作用超前，所以微分会将偏差变化提前限制，使被控变量最大偏差或超调量不至于太大。比例作用是自始至终存

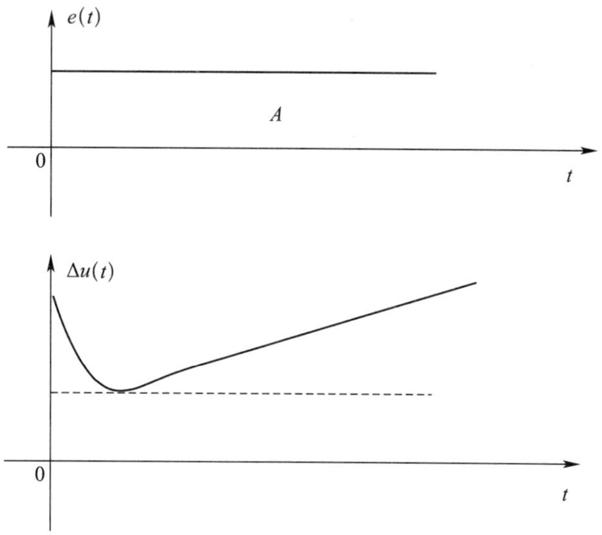

图 6. 3-15　阶跃输入下 PID 控制规律输出响应

在的作用，它会使被控变量变化以合适的过渡过程形态存在。最后积分起作用慢慢消除余差。虽然加入微分能够改善系统稳定性，但是当微分作用过量时，系统输出变化过快，容易产生振荡，反而起不到提高控制品质的效果。

6. 3. 7　过程控制系统的投运和参数整定

一个简单的控制系统是由控制器、执行器、测量变送环节以及被控对象组成，当执行器、测量变送环节以及被控对象确定之后一般就不会改变，所以说系统性能的好坏很大程度上取决于控制器环节。建造的控制系统最终要自动运行，且通过改变控制器的三个参数比例度、积分时间、微分时间来找到最佳的控制效果。

（一）过程控制系统投运

所谓系统投运是指系统由手动到自动的切换过程。对于控制系统来讲，自动控制过程是其常态，但是一个系统不是建造好之后直接就能投入自动运行的，必须达到一些必要条件或者说要做好投运前的准备工作。

1. 投运前的准备工作

①对系统组成的各个部分进行校验检查，确保仪表能正常使用且精度与量程均满足要求。

②检查仪表连接管线及信号线是否正确，检查正负极、高低压室、补偿导线等是否正确，检查隔离措施是否实施完成。

③选择控制器正反作用形式，设置控制器内外给定方式。对于闭环系统来讲，控制器正反作用的选择应以系统构成闭环负反馈为原则。

④使用信号源（Signal source）对系统输入进行模拟，对系统进行联动调试，以检查阀门定位器及阀门能否正常动作，安全状态是否良好，控制器输出是否符合要求。

必要的准备工作完成之后，在配合工艺开车及试车调试过程中，应该完成对检测系统及控制系统的检查调试工作。

2. 检查调试工作

①检测系统的投运与调试，比如差压变送器的投运，温度、压力、流量、液位等检测仪表的投运与调试工作。

②预置控制器参数，使控制系统达到手动稳态，在手动稳态的情况下对系统进行顺次投运，并且要做到无扰动投运。所谓无扰动就是指投运过程中被控变量过渡平稳没有波动。要想做到无扰动投运，需要在投运前通过手动设置，将控制器输入偏差归零。

③按照工艺要求对控制器进行参数整定。

（二）控制器参数整定（Controller parameter tuning）

控制器参数整定是指遵循参数变化对系统过渡过程影响的规律，通过特定的方法求取比例度、积分时间、微分时间的数值，使控制系统的控制质量达到最优的过程。一般实际应用的自动控制系统都有稳定、快速、准确的要求，也适用于自衡非振荡控制器参数整定的原则。

控制器参数整定的方法有理论计算法和工程整定法之分。理论计算法往往需要确定广义对象特性，涉及环节较多且工作繁重，而且还要用到相应计算软件，在生产中实用性较差。而工程整定法从实际运行的控制系统出发，通过实验或经验的方法求取控制器参数。常用的工程整定方法有经验凑试法、衰减曲线法和临界比例度法三种。

1. 经验凑试法（Empirical method）

经验凑试法是在实际生产中应用最为广泛的参数整定方法，可以在系统闭环运行中进行调整，对生产影响较小，通过改变系统设定值使系统进入新的过渡过程，在监控设备上观察记录过渡过程的形态来确定参数是否合适。

经验凑试方法一：可以先用纯比例度进行调试，此时将积分作用和微分作用解除，比例度置较大数值，这个比例度的较大数值可以根据实际对象情况结合已有经验进行设置，也可参考一些已有经验数据进行设置。逐渐增强比例作用，直到得到合适曲线，然后再根据要求引入积分作用，引入积分作用后应将比例度适当放大以减小系统振荡。最后根据需要引入微分，引入微分后可以将比例度和积分时间减小一些，以得到较快的过渡过程和较小的最大偏差。经验凑试时微分时间一般选择范围是0.5~3分钟。

经验凑试方法二：对于需要引入积分、微分的控制系统，依据经验先预置一个比例度，得到一个较为满意的曲线之后计算其振荡周期 T_K，对于需要引入积分的系统可按照 $T_i=(1/2\sim1)T_d$ 进行设置积分时间，对于需要引入微分控制的系统分时间按照 $T_d=(1/4\sim1/3)T_i$ 进行设置。设置好积分和微分之后，然后按照比例度从大到小进行查找，直到合适为止。

值得注意的是，经验凑试的方法是在经验值的基础上进行开展的，如果最后无法得到理想结果，说明最先经验值设置无效，需要重新设置及凑式。因为对象特性多种多样，所以难以有可以固定的参数整定范围，也没有一成不变的控制规律形式。只能说比例度是最基本的不可缺少的控制作用，需要使用；而对于流量、液体压力及组分变量来讲积分作用是比较重要的，气体压力对积分和微分都显得多余；但是对温度来讲，微分作用十分重要，积分也可应用，其他变量基本上可以不用。至于采用经验值的大小，还是根据具体装置及生产情况具体设置为好，要视情况而定。

2. 衰减曲线法（Attenuation curve method）

使用衰减曲线法整定参数时，一般将比例度置100%（或根据对象实际情况置于较大值），积分时间和微分时间解除。在纯比例作用下逐渐增强比例作用，直到出现衰减比为4∶1的衰减曲线（定值系统），或衰减比为10∶1的衰减曲线（随动系统）。记下此时对应的比例度 δ_s，并记下4∶1曲线的振荡周期 T_s，10∶1曲线的上升时间 T_r，然后按照表6-1和6-2计算比例、比例积分或比例积分微分控制器的参数，然后再进一步微调得到最终的整定参数。

表6-1　4∶1衰减曲线计算参考表

控制规律	比例度 δ/%	积分时间T_i/min	微分时间T_d/min
纯比例P	δ_s	—	—
比例积分PI	$1.2\delta_s$	$0.5T_s$	
比例积分微分PID	$0.8\delta_s$	$0.3T_s$	$0.1T_s$

表6-2　10∶1衰减曲线计算参考表

控制规律	比例度 δ/%	积分时间 T_i/min	微分时间 T_d/min
纯比例P	δ_s	—	—

续表

控制规律	比例度 δ/%	积分时间 T_i/min	微分时间 T_d/min
比例积分 PI	$1.2\delta_s$	$2T_r$	—
比例积分微分 PID	$0.8\delta_s$	$1.2T_r$	$0.4T_r$

采用衰减曲线法整定参数时，施加干扰的幅值一般为设定值的 5%，最大不超过 10%，且加干扰之前系统需保持在稳态，否则会造成最大偏差过大或干扰叠加。对于反应较快的系统，或较难测算衰减比的系统，一般认为大约经过两次振荡能基本稳定就为理想衰减过程了。

3. 临界比例度法（Critical scale method）

使用临界比例度法进行参数整定时，一般将比例度设置 100%（或根据对象实际情况置于较大值），积分时间和微分时间解除。在纯比例作用下逐渐增强比例作用直到出现等幅振荡，记下此时的比例度 δ_k 和振荡周期 T_k，根据表 6-3 计算相应控制器的参数，然后再进一步微调得到最终的整定参数。

临界比例度法对于系统要求较高，有些系统工艺上不允许出现等幅振荡则不适合使用本方法，另外本方法得到的参数往往需要在微调时进行放大以增加系统稳定性。

表 6-3　临界比例度计算参考表

控制规律	比例度 δ/%	积分时间 T_i/min	微分时间 T_d/min
纯比例 P	$2\delta_k$	—	—
比例积分 PI	$2.2\delta_k$	$0.85T_k$	—
比例积分微分 PID	$1.7\delta_k$	$0.5T_k$	$0.125T_k$

小　结

本章主要介绍了过程变量控制技术发展、被控对象特性及其对过渡过程的影响、控制规律，学习本章内容后应了解掌握以下内容：

1. 了解过程变量控制技术发展情况，掌握过程变量控制系统的特点、组成、分类、过渡过程及性能指标。

2. 掌握过程变量控制建立对象特性的数学模型的目的与方法、对象特性的参数及其对过渡过程的影响、对象特性实验测试方法。

3. 掌握过程变量控制的双位控制规律、比例控制规律、比例积分控制规律、比例微分控制规律、比例积分微分控制规律。

4. 能够进行过程控制系统的投运和参数整定。

习　题

6-1　简述自动控制系统是怎样替代人工控制的。

6-2　绘制典型控制系统的系统方框图，并说明方框、箭头的含义。标注专业术语的位置，并说明其含义。

6-3　什么是系统稳态？什么是系统静态？说明其在控制系统中的区别。

6-4　什么是系统过渡过程？阶跃输入下，系统的典型过渡过程有哪些？各有什么特点？

6-5　描述系统过渡过程好坏的品质指标有哪些？哪些是稳定性指标？哪些是快速性指标？系统运行的基本要求是什么？

6-6　什么是环节特性？什么是被控对象特性？

6-7　数学建模的方法有哪些？各有什么特点？

6-8　描述对象特性的参数有哪些？它们对过渡过程的影响是怎样的？

6-9　什么是比例控制规律？比例控制的特点是什么？

6-10　什么是积分控制规律？积分控制的特点是什么？

6-11　什么是微分控制规律？微分控制的特点是什么？

6-12　比例积分控制规律在一起使用的优势有哪些？

6-13　有一纯比例压力控制器，传输Ⅲ型标准信号，其压力测量量程为 100 kPa，当压力从 20 kPa 变化到 60 kPa 时，输出信号变化量为 6 mA，求其比例度是多大。

6-14　调整比例度为 100%、积分时间为无穷、微分时间为零。当设定值与测量值相等，即偏差为零时，把手自动切换开关拨到“自动”位置。调整输入信号改变 0.5 V，此时输出电流应变化 2 mA DC。如果把积分时间迅速旋至被校验刻度为 1 min 时，同时启动秒表，调节器输出电流逐渐上升，当电流变化量为多少时，停表记录时间即为实测积分时间？

6-15　系统投运前需要做哪些准备工作？

6-16　什么是无扰动投运？做到无扰动投运的要点是什么？

6-17　参数整定时，工程整定法的优势是什么？有哪些具体方法？

参考文献

[1] 何衍庆，俞金寿，蒋慰孙．工业生产过程控制[M].北京：化学工业出版社，2004.
[2] 张光新，杨丽明，王会芹．化工自动化及仪表（工艺类专业适用）[M]．二版．北京：化学工业出版社，2016.
[3] 历玉鸣．化工仪表及自动化[M].五版．北京：化学工业出版社，2011.
[4] 王树青．工业过程控制工程[M].北京：化学工业出版社，2002.
[5] 王淑红．过程控制工程[M].北京：化学工业出版社，2013.
[6] 胡寿松．自动控制原理[M].五版．北京：科学出版社，2007.
[7] 李京．过程控制与计算机控制系统[M].北京：化学工业出版社，2006.

附录　水处理控制技术专业名词中英文对照表

A：	
A Bridge Circuit	桥式电路
A Half Bridge Arm	半桥单臂
A Series Resistance in an Armature Loop	电枢回路中串联电阻
A Static Differential Speed Regulation System	静差调速系统
Absolute Coordinate	绝对坐标
AC Contactor	交流接触器
Acceleration	加速度
Acoustic Emission	声发射
Active Sensor	有源传感器
Actual Characteristic Curve	实际特性曲线
Add Configuration Device	添加组态设备
Adhesive	黏合剂
Adjusting Mechanical Zero Point	调整机械零点
Agriculture	农业
Aiming System	瞄准系统
Air Gap Flux Density	气隙磁通密度
Air Gap Magnetic Field	气隙磁场
Air Gap	气隙
Air Monitoring	空气监测

续表

Airline Hub	枢纽机场
Alarm Loudspeaker	控制报警扬声器
Allowable Error	允许误差
Alloy	合金
Alternating Voltage	交流电压
Alternator	交流发电机
Aluminum Electrolytic Capacitor	铝电解电容器
Ampere	安培
Amplification	放大
Amplifier	放大器
Amplitude Control	幅值控制
Amplitude Phase Control	幅值-相位控制
Amplitude	振幅
Analog Control	模拟控制
Analog Inductor	模拟感应器
Analog Quantity	模拟量
Analog Resistive Touch Screen	模拟电阻式触摸屏
Analog Sensor	模拟传感器
Analog Signal	模拟信号
Analog-digital Conversion	模数转换
Analytic Formula	解析式
Analytical Sensor	分析用传感器
Angle of Inclusion	磁感线的夹角
Angular Displacement Measuring Instrument	角位移测量仪
Angular Displacement	角位移
Armature DC Servo Motor with Hollow Cup Rotor	空心杯形转子电枢直流伺服电机
Angular Frequency	角频率
Angular Velocity	角速度

续表

Animal Husbandry	畜牧业
Application of Configuration Skills	组态的使用技巧应用
Armature Core	电枢铁芯
Armature Winding Inductance	电枢绕组电感
Armature Winding	电枢绕组
Armor Type	铠装式
Adjustable Speed Regulator	速度调节器
Assembling Machine	装配机械
Assembly Line	装配线
Astatic	无定向的
Atomic Lattice	原子点阵
Audible Sound Wave	可闻声波
Automatic Letter Sorting Machine	自动分拣机
Automatic Production Line	自动化生产线
Automatic Sorting	自动分拣
Automation Control	自动化控制
Automation	自动化
Availability	效率
B:	
Bar Code Scanning Pen	条码扫描笔
Basal	基底
Base Plate	底座
Basic Content of Electrical Control System Design	电气控制系统设计的基本内容
Basic Functions and Selection Indexes of Hmi	Hmi 的基本功能及选型指标
Basic Instruction	基本指令
Basic Principles of Electrical Control System Design	电气控制系统设计的基本原则
Be Measured	被测量
Belt Conveyor	带式输送机

续表

Bidirectional Intelligent Controller	双向智能控制器
Binder	黏结剂
Biomass Sensor	生物量传感器
Biomedical	生物医学
Bipolar	双极
Bit Chip Microprocessor	位片式微处理器
Bit	位
Blast Furnace Charging System	高炉上料系统
Block Iron	挡铁
Blower of Central Air-conditioning	中央空调送风机
Bound Charge	束缚电荷
Brake	制动性
Braking Torque	制动转矩
Break off	分断
Bridge Arm Resistance	桥臂电阻
Bridge Balance Condition	电桥平衡条件
Bridge Nonlinear Error	电桥非线性误差
Bridge Sensitivity	电桥灵敏度
Bridge Voltage Sensitivity	电桥电压灵敏度
Broken Phase	断相
Built-in Touch Screen Construction	内嵌式触摸屏结构
Bus Bar	母线
Button	按钮
Byte	字节
C：	
Cage Guide Bar	笼型导条
Cage Rotor	笼型转子
Cage rotor Two-phase Servo Motor	笼型转子两相伺服电机

续表

Callback Function	回调功用
Capacitance Control	电容控制
Capacitive	电容式
Capacitive Acceleration Sensor	电容式加速度传感器
Capacitive Reactance	容抗
Capacitive Thickness Gauge	电容式测厚仪
Capacitive Touch Screen	电容式触摸屏
Capacity	容量
Car Use	汽车用
Cell	光电池
Central Air Conditioning Cooling Tower	中央空调冷却塔
Central Sampling	集中采样
Central Ventilation System	中央通风系统
Centralized Output	集中输出
Ceramic Capacitor	瓷介电容器
Ceramic Sensor	陶瓷传感器
Ceramic	陶瓷
Chemical Engineering	化工
Chemical Etching	化学腐蚀
Chemical Quantity	化学量
Chip Capacitor	芯片电容
Chip Microprocessor	单片微处理器
Circular Motion	圆周运动
Circulation	循环
Clearance	间隙
Closed Circuit	闭合电路
Coefficient of Self Induction	自感系数
Coefficient of Thermal Expansion	热膨胀系数

续表

Coil	线圈
Coil Plane	线圈平面
Coiler	卷料机
Collector	集电极
Color Distortion	色彩失真度
Color Filter Plate	彩色滤光片板
Column Force	柱式力
Combination Switch	组合开关
Combined Torque	合成转矩
Combined Transporter	组合型传送机
Load Torque Characteristics	负载转矩特性
Communication Interface	通信接口
Commutator	换向器
Compiling and Saving of the Project	项目的编译与保存
Component Layout	元件布置图
Component Module	组成模块
Configuration	编程和组态
Configuration Communication	配置通信
Configuration Compilation	组态编译
Configuration of I / O Allocation Table	I/O 分配表的配置
Configuration Software	组态软件
Connection Terminal	元件接线端子
Constant Current Source Capacitor	恒流源电容器
Constant Flux	恒磁通
Constant Power	恒功率
Constant-power Load	恒功率负载
Constant-torque Load	恒转矩负载
Contact Electromotive Force	接触电动势

续表

Contact Potential	接触电势
Contact System	触点系统
Contact Temperature Sensor	接触式测温传感器
Contactor	接触器
Control Circuit	控制电路
Control Command	控制指令
Control Power Supply	控制电源
Control Scale	控制规模
Control System	操控体系
Control Valve	调节阀
Control Winding Current	控制绕组电流
Control Winding	控制绕组
Controllable DC Power Supply	可控直流电源
Controlled Voltage Source	可控电压源
Controller	控制器
Conversion Efficiency	转换效率
Converted Quantity	变换量
Cooling Tower	冷却塔
Coordinate Axis	直角坐标轴
Core Structure	核心结构
Coulomb	库仑
Counterclockwise	逆时针
Coupling Effect	耦合作用
CPU	中央处理器
Create Hmi Configuration	创建 Hmi 组态
Critical Slip	临界转差率
Critical Torque	临界转矩
Cross Section	横截面

续表

Crystal	压电晶体
Cup Rotor	杯形转子
Current Feedback	电流反馈
Current Intensity	电流强度
Current Limiting Resistor	限流电阻器
Current Loop	电流环
Current Negative Feedback	电流负反馈
Current Vector	电流矢量
Curved Acoustic Wave Touch Screen	弯曲声波式触摸屏
Cutting Machine	切料机
Cyanoacrylate	氰基丙烯酸酯
Cylindrical Force	圆柱式力
D：	
Damping Action	阻尼作用
Data Memory	数据内存
Data Operation Instruction	数据运算指令
Data	数据
DC Bridge	直流电桥
DC Chopper	直流斩波器
DC Governor	直流调速器
DC Motor	直流电动机
DC Servo Motor	直流伺服电动机
DC Supply Voltage	电源电压
Dealer Management System	分拣中心
Debugging	调试
Definition	清晰度
Degree of Stability	稳定程度
Dehydrator	脱水机

续表

Delay Range	延时范围
Design Electrical Control Circuit Diagram	设计电气控制线路图
Design Purpose of Electrical Control System	电气控制系统的设计目的
Detecting Element	检测元件
Detection Input	检测输入量
Dielectric Constant	介电常数
Differential Capacitive Pressure Transducer	差动型电容式压力传感器
Differential Connection	差动连接
Differential Transformer Coil	差动变压器线圈
Differential Transformer Type Sensor	差动变压器式传感器
Differential Transformer	差动变压器
Differentiation	微分
Digital Operation Controller	数字运算控制器
Digital Resistive Touch Screen	数字式电阻触摸屏
Digital Sensor	数字传感器
Digital Signal Processor	数字信号处理器
Digital Sonic Guide	数字声波导向式
Digital to Analog Conversion	数字模拟转换
Direct Current Voltage	直流电压
Direct Current	直流电流
Direct-current Main	直流电主电源
Discharge	放电
Discriminator	鉴频器
Displacement	测量位移
Displacement	位移
Distribution	分配
Disturbance Quantity	扰动量
Disturbance Resistance	抗干扰性能

续表

Doping Concentration	掺杂物浓度
Doppler Effect	多普勒效应
Double Closed Loop Speed Control System	双闭环调速系统
Download of Touch Screen Project File	触摸屏项目文件的下载
Drag Load	拖动负载
Drift	漂移
Drive Circuit	驱动电路
Dryer	干燥机
Dynamic Characteristics	动态特性
Dynamic Error	动态误差
Dynamic Measurement	动态测量
Dynamic Performance	动态性能
Dynamic Tracking	动态跟踪
Dynamo	发电机
E：	
Economic Indicators	经济指标
Eddy Current Effect	涡流效应
Eddy Current Sensor	电涡流传感器
Effective Value	有效值
Efficiency of the Machine	机械的效能
Elastic Element	弹性元件
Elastic Modulus	弹性模量
Elastic Sensing Element	弹性敏感元件
Electric Arc	电弧
Electric Brush	电刷
Electric Circuit	电路
Electric Control Cabinet	电控柜
Electric Drag System	电力拖动系统

续表

Electric Effect Phenomenon	电效应现象
Electric Kettle	电水壶
Electric Machinery	电机
Electric Management	电力管理
Electric Motor	电动机
Electric Pivot Loop	电枢回路
Electric Power	电力
Electrical Appliance	电器
Electrical Conductivity	导电性能
Electrical Control System	电气控制系统
Electrical Control Technology	电气控制技术
Electrical Energy	电能
Electrical Equipment	电工设备
Electrical Plan Diagram	电气平面图
Electrical System Diagram	电气系统图
Electrical Wiring Diagram	电气接线图
Electrical-pneumatic Type	电气式
Electricity	电能
Electrolyte Concentration	电解质浓度
Electrolyte Solution	电解液
Electrolytic Capacitor	电解电容
Electromagnet	电磁铁
Electromagnetic Induction	电磁感应
Electromagnetic Interference	电磁干扰
Electromagnetic System	电磁系统
Electromagnetic Torque	电磁转矩
Electromagnetic	电磁式
Electromechanical Coupling	机电耦合效应

续表

Electromotive Force	电动势
Electro-optic Effect	电光效应
Elevator	电梯
Elliptical Magnetomotive Force	椭圆形磁动势
EMC	电磁兼容性
Encoder	编码器
Energy Consumption Circuit	能耗电路
Equivalent Circuit	等效电路
Equivalent Inductance	等效电感
Excitation Conditions	励磁条件
Excitation Frequency	励磁频率
Excitation Magnetic Field	励磁磁场
Excitation Method	励磁方式
Excitation Power Supply	励磁电源
Excitation Voltage	激励电压
Excitation Winding Current	励磁绕组电流
Excitation Winding	励磁绕组
Execute	执行
External Excitation	外部激励
F:	
Fault Diagnosis	故障诊断
Ferrite	氧体
Ferromagnetic Hollow Rotor	铁磁性空心转子
Fibre-optical	光纤
Field Weakening Control	弱磁调速
Film	胶片
Filtering	滤波
Finger Touch	手指操作

续表

Fixed Amplitude	稳幅
Fixed Capacitance	固定电容
Flow	流量
Flow Chart	流程图
Flow Control Instruction	流程控制指令
Flow Rate	流速
Fold the Mounted	叠装式
Food and Beverage	食品饮料
Food Industry	食品工业
Frame	框架
Frequency	频率
Frequency Band	频带
Frequency Characteristic	频率特性
Frequency Conversion Principle	变频原理
Frequency Conversion Speed Regulation Characteristics	变频调速特性
Frequency Converter	变频器
Frequency Modulation Oscillation Feedback	调频振荡反馈
Frequency Response	频率响应
Frequency Response Characteristics	频率响应特性
Frequency Response Method	频率响应法
Frequency Stabilization	稳频
Full Load	满载
Control Function	操控功用
G:	
Galvanization Assembly Line	镀锌流水线
Grating Type	光栅式
General Purpose Microprocessor	通用微处理器

续表

General Rules for Electrical Diagrams	电气图的一般规则
Geometric Quantity	几何学量
Granular Body	粒状体
Graphic	图形化
Graphical Symbols for Electrical Diagrams	电气图用图形符号
Grating Sensor	栅传感器
GTO	门极关断晶闸管
GTR	电力晶体管
H：	
Half-bridge Differential Circuit	半桥差动电路
Hall Current Sensor	霍尔电流传感器
Hall Effect	霍尔效应
Hall Electromotive Force	霍尔电动势
Hall Angel Encoder	霍尔角编码器
Hall Tachometer	霍尔转速表
Handwritten Pen	手写笔
Haptic Feedback Technique	触觉反馈技术
Hard Feature	硬特性
Hardware	硬件
Heat Sensitive Effect	热敏效应
Heavy Hammer Printing Method of Measurement	重锤打印测量法
High Frequency Bypass	高频旁路
High Frequency Ceramic	高频陶瓷
High Frequency Coupling	高频耦合
High Frequency Current	高频电流
High Frequency Reflection	高频反射
High Frequency Transmission	高频传输
High Level	高电平

续表

High Output Resistance	输出电阻高
High Precision	精度高
High Resistivity	高电阻率
High-level Language	高级语言
High-speed Counting	高速计数
Hollow Cup Rotor	空心杯形转子
Hollow Cylinder	空心圆柱
Hopper	料斗
User Program Execution	用户程序执行
Hybrid Touch Technology	混合式触控技术
Hydraulic Type	液压式
Hysteresis	迟滞现象
I：	
I/O Directive	I/O 指令
I/O Module	I/O 模块
Ideal Motor	理想电机
Ideal No Load Speed	理想空载转速
Illumination	照明
Impulse Function	脉冲函数
Indicator Light	指示灯
Indium Tin Oxides	铟锡氧化物
Induced Current	感应电流
Induced Electromotive Force	感应电动势
Induction Liquid-crystal Display Device	感应式液晶显示装置
Inductive Micro Pressure Sensor	电感式微压力传感器
Inductive Reactance	感抗
Inductive Sensor	电感传感器
Inductive	电感式

续表

Infra-red	红外
Infrared Remote Control Unit	红外线遥控装置
Infrared Touch Screen	红外线式触摸屏
Infrasonic Wave	次声波
Injection Molding Machine	注塑机
Inner Stator	内定子
Inner Ring Regulator	内环调节器
Inner Stator Core	内定子铁芯
Input	输入
Input Command Signal	输入指令信号
Input Impedance	输入阻抗
Input Point	输入点
Input Resistance	输入电阻
Input Signal	输入信号
Input Status	输入状态
Input/Output Interface	输入/输出接口
Instantaneous Power	瞬时功率
Instantaneous Value	瞬时值
Instruction System	指令系统
Insulation Resistance for Upper Temperature Limit	上限温度绝缘电阻
Insulation Resistance	绝缘电阻
Insulator	绝缘体
Intermediate Frequency Width	中频宽
Internal Excitation	自励
Internal Photoelectric Effect	内光电效应
Internal Resistance	内阻
Internal Storage	内存
Memory Capacity	内存容量

续表

Interpretive Program	解释程序
Inverse Piezoelectric Effect	逆压电效应
Inverter Circuit	逆变电路
Isolated DC	隔直流
Iterative Program	迭代程序
K：	
Kinematic Quantity	运动学量
L：	
Ladder Diagram	梯形图
Lag Time	滞后时间
Large Scale Integrated Circuit	大规模集成电路
Large Touch Screen	大尺寸触摸屏
Law of Electromagnetic Force	电磁力定律
Law of Electromagnetic Induction	电磁感应定律
LED	发光二极管
Left Positive And Right Negative	左正右负
Length	长度
Level	水平
Light Bulb	灯泡
Light Feature	光照特性
Light Load	轻载
Limiting Value	限幅值
Line Voltage	线电压
Linear Curve	线性曲线
Linear Velocity	线速度
Linearity	线性度
Liquid Crystal	液晶
Liquid Level	液位

续表

Load Torque	负载转矩
Locked Rotor Torque	锁定转子转矩
Logic Coil	逻辑线圈
Logic Control	逻辑控制
Logic Instruction	逻辑指令
Logic Operation	逻辑运算
Logical Connection	逻辑联系
Logical Solution	逻辑解算
Logistics	物流
Logistics Distribution System	物流配送系统
Longitudinal Wave Flaw Detection	纵波探伤
Look and Move	观测移动
Loop Scan	循环扫描
Loss	损耗
Low Frequency Bypass	低频旁路
Low Frequency Coupling	低频耦合
Low Frequency Transmission	低频透射
Low Inertia	低惯量
Low Pass Filter	低通滤波
Low Potential Automatic Scanning Switch	低电势自动扫描开关
Low Voltage Circuit Breaker	低压断路器
Low Voltage Control Appliance	低压控制电器
Low Voltage Distributor	低压配电器
Low-pass Element	低通元件
Low-voltage Fuse	低压熔断器
Low-voltage Switch	低压开关
M：	
Magnetic Field	磁场

续表

Magnetic Flux	磁通量
Magnetic Particle Detection Method	磁粉检测法
Magnetic Permitivity	磁导率
Magnetic Pole	磁极
Magnetic Product Counter	磁性产品计数器
Magnetic Quantity	磁学量
Magnetic Effect	磁效应
Main Circuit	主电路
Main Control Circuit	主控电路
Main Function	主要功能
Mains Fluctuation	主电源波动
Man-machine Interaction Mode	人机交互方式
Mapping Area	映射区
Master Appliance	主令电器
Maximum Operating Temperature	最高工作温度
Maximum Overshoot	最大超调量
Maximum Torque	最大转矩
Maximum	最大值
Mean Value	平均值
Measuring Instrument	测量仪
Measuring Range	量程
Measuring Furnace	测量炉子
Mechanical Energy	机械能
Mechanical Inertia	机械惯性
Mechanical Power	机械功率
Mechanical Properties	机械特性
Mechanical Vibration	机械振动
Mechanical Moving Probe	机械式移动探头

续表

Mechanical	机械性
Median Line	中线
Medical Apparatus and Instruments	医疗器械
Medical	医用
Memory Capacity	内存容量
Metal Foil Strain Gage	金属箔式应变片
Metal Resistance Strain Effect	金属电阻应变效应
Metal Resistance Strain Gauge	金属电阻应变片
Metal Sensor	金属传感器
Metal Wire	金属丝式
Metallurgy	冶金
Mica Capacitance	云母电容
Micrometer	测微仪
Microprocessor	微处理器
Military	军用
Mnemonic	助记符
Mnemonic Language	助记符语言
Model	模型
Module	模块
Moment of Inertia	惯量
Monitor Routine	监控程序
Monitoring	监视用
Monolith Capacitance	独石电容
Monolithic Capacitor	独石电容器
Monopole	单极
MOSFET	金属-氧化物半导体场效应晶体管
MOS	金属-氧化物半导体
Motional Picture	动态画面

续表

Mounting Fixture	安装固定装置
Multi-computer Communication	多机通信
Multi-loop System	多环系统
Multipole	多极
Multi-touch Technology	多点触控技术
Multi-touch	多点触控
Mutual Capacitance	交互电容
Mutual Conversion	相互转换
Mutual Inductance	互感式
N：	
Natural Frequency	固有频率
Negative Sequence	负序
Negative Value	负值
Network Characteristic	网络特性
Neutral Point	中性点
Neutral Surface	中性面
Nixie Display	数码显示器
No-load Speed	空载转速
Noise	杂讯
No-load Loss	空载损耗
Nominal Resistance	标称阻值
Nominal Thermocouple Pressure	热电偶公称压力
Nominal Value	标称值
Non Magnetic Conductive Metal Material	非磁性导电金属材料
Non-contact Detection	非接触式检测
Non-contact Measurement	非接触式测量
Nondestructive Flaw Inspection	无损探伤
Nondestructive Testing	无损检测

续表

Nonlinear Error	非线性误差
Nonlinearity	非线性
Nonmagnetic Hollow Rotor	非磁性空心转子
Noodle Making Machine	制面机
Normally Closed Contact	常闭触头
Number of Slope Surfaces	斜坡面数
O:	
Ohm'S Law	欧姆定律
Ohm'S Law of Partial Circuits	部分电路的欧姆定律
Oil & Gas Journal	石油与天然气杂志
Open Loop Speed Control System	开环调速系统
Open、Closed-loop Control	开、闭环控制
Operating System	操作系统
Operational Amplifier	运算放大器
Optical Coupler	光耦合器
Optical Fiber Push	光导纤维传感器
Optical Imaging Touch Screen	光学成像式触摸屏
Optical Properties	光电特性
Optical Quantity	光学量
Option Switch	选择开关
Optoelectronic Switch	光电开关
Organic Material	有机材料
Organosilicon	有机硅
Oscillation	振荡
Oscillatory Pointer	振荡指针式
Oscilloscope	示波器
Osmotic Device	渗透装置
Out of Step	失步

续表

Outer Ring Regulator	外环调节器
Outer Stator Core	外定子铁芯
Outer Stator	外定子
Outline and Dimensional Drawing	外形尺寸图
Output	输出
Output Circuit	输出电路
Output Frequency	输出频率
Output Image Register	输出映像寄存器
Output Latch	输出锁存器
Output Latch Circuit	输出锁存电路
Output Power	输出功率
Output Process Image Register	输出过程映像寄存器
Output Refresh	输出刷新
Output Refresh Phase	输出刷新阶段
Output Relay	输出继电器
Output Status	输出状态
Output Torque	输出转矩
Outside Interference	外界干扰
Overload	过载
Overloading	超载
Oxide Film	氧化膜
Oxide Layer	氧化层
P：	
Packing Line	包装流水线
Paint Film	漆膜
Paper Capacitor	纸介电容器
Papermaking	造纸
Parallel Circuit	并联电路

续表

Parallel Plate Capacitor	平行板电容器
Parameter	参数
Parameter Setting and Moniforing	参数设置和监测
Parcel	包裹
Partial Circuits	部分电路
Passive Sensor	无源传感器
Paste Technology	粘贴技术
Period	周期
Permanent Magnet DC Motor	永磁直流电机
Permanent Magnet DC Servo Motor	永磁式直流伺服电机
Permanent Magnet Synchronous Motor	永磁式同步电机
Permanent Magnet Type	永磁式
Permanent Magnet	永磁体
Personal Computer	个人电脑
Phase	相位
Phase Control	相位控制
Phase Difference	相位差
Phase Sensitive Wave Detection	相敏检波
Phase Sequence	相序
Phase Voltage	相电压
Phasor Diagram	相量图
Phasor	相量
Phenomenon	现象
Photoelectric Coupler	光电耦合器
Photoelectric Digital Sensor	光电数字传感器
Photoelectric Effect	光电效应
Photoelectric Isolator	光电隔离器
Photoelectric Position Offset Sensor	光电位置偏移传感器

续表

Photoelectric Sensor	光电传感器
Photoelectric Speed Sensor	光电转速传感器
Photoelectric Type	光电式
Photoelectric Velocimeter	光电测速仪
Photoelectric Weft Finder	光电探纬器
Photosensitive Properties	光敏特性
Photosensitive Resistance	光敏电阻
Photosensitive Triode	光敏三极管
Photovoltaic Effect	光伏效应
Physical Quatity	物理量
Regulator	调节器
Piezoelectric Effect	压电效应
Piezoelectric Material	压电材料
Piezoelectric Sensor	压电传感器
Piezoelectric Type	压电式
Piezoresistive Effect	压阻效应
Piezoresistor	压敏电阻
Pipeline	输送线
Piston Rod	活塞杆
Plate Area	极板面积
Plate Rolling Roll Speed Regulation	板材轧制辊调速
Plate Spacing	极板间距
Plate Type Variable Pole Distance Line Displacement Sensor	平板式变极距线位移传感器
PLC	可编程序控制器
Pneumatic	气动式
POI	公共信息平台
Polarity	极性

续表

Polarizer	偏光板
Pole Number	极数
Polymer	高分子
Polymer Materials Sensor	高分子材料传感器
Polymer Piezoelectric Material	高分子压电材料
Port Terminal Cargo Transport Control	港口码头货物运输控制
POS	销售终端
Position Feedback	位置反馈
Position Ring	位置环
Position Servo	位置伺服
Positioning Control	位置控制
Positioning System	定位系统
Positive Piezoelectric Effect	正压电效应
Positive Value	正值
Potential Difference	电位差
Potentiometer	电位器
Potentiometer Type	电位器式
Powder Conveying	粉料输送
Power Consumption	电功
Power Converter	功率变换器
Power Equipment	电设备
Power Factor	功率因数
Power Flow	能流
Power Frequency Alternating Current	工频交流电
Power Frequency	电源频率
Power Supply	电源
Power	功率
Precision	精度

续表

Prefabricate	装配式
Pressure	压力
Pressure Induction	压力感应式
Primary Phase	初相
Primary Winding	原绕组
Principle Control Diagram	控制原理图
Printed Winding	印制绕组
Printing and Dyeing Machine	印染机
Printing Machinery	印刷机械
Procedure	程序
Process Control	过程控制
Processing Instructions	处理指令
Programmable Controller	可编程控制器
Programmable Logic Controller，PLC	可编程逻辑控制器
Programmable Logic Language	可编程逻辑语言
Project Editing	项目编辑
Projection Capacitive Screen	投射式电容屏
Proportion Integration Differentiation，PID	PID 控制算法
Proportional Control	比例控制
Proportional Integral Control	比例积分控制
Proportional Regulator	比例调节器
Protecting Tube	保护管
Protection and Alarm Unit	保护及报警单元
Proximity Switch	接近开关
Pulsating Magnetic Field	脉动磁场
Pulse Signal	脉冲信号
Pure Resistance Circuit	纯电阻电路
Put It Through	接通

续表

Q：	
Quasi-time Optimal Control	准时间最优控制
R：	
Radiation	辐射
Range	量程
Rare Earth Permanent Magnet	稀土永磁
Rated Operation	额定运行
Rated Power	额定功率
Rated Torque	额定转矩
Rated Working State	额定工作状态
Rectifier Circuit	整流电路
Rectifier	整流管
Reference Direction	参考方向
Reference Frequency	基频
Reflection	反光性
Refresh	刷新
Regulated Torque	动转矩
Regulation Characteristics	调节特性
Relay	继电器
Relay Circuit Diagram	继电器电路图
Reliable Control	可靠控制
Reluctance	磁阻
Repetitiveness	重复性
Residual Voltage	残留电压
Resistance Sensor	电阻传感器
Resistance Strain Type	电阻应变式
Resistance Check	阻值检查
Resistant Constant Torque Load	反抗性恒转矩负载

续表

Resistive	电阻式
Resistive Touch Screen	电阻式触摸屏
Resistivity	电阻率
Resolution Ratio	分辨率
Resonance Region	共振区
Response Time	响应时间
Reverse	反转
Robot	机器人
Robot Control	机器人控制
Rotating Magnetic Field	旋转磁场
Rotation Principle	转动原理
Rotor Circuit	转子电路
Rotor Potential	转子电势
Rotor Resistance	转子电阻
Rotor Winding	转子绕组
Rotor	转子
S:	
Sampling Phase	采样阶段
Saturation of Magnetic Flux Density of Tooth	齿部磁通密度饱和
Scan Cycle	扫描周期
Scan Line	扫描线
Scan Speed	扫描速度
Screen Design	画面设计
Screw Tube Self-induction Sensor	螺管自感式传感器
Screw Type Differential Transformer	螺管型差动变压器
Secant Method	割线法
Secondary Instrument Interface	二次仪表接口
Secondary Winding	副绕组

续表

Self-sensing Sensor	自感式传感器
Self-capacitance	自我电容
Self-sensing	自感式
Semiconductor Device	半导体器件
Semiconductor Material	半导体材料
Semiconductor Sensor	半导体传感器
Semiconductor Strain Gauge	半导体应变片
Semiconductor	半导体
Sensitive Element	敏感元件
Sensitive Grid	敏感栅
Sensitive Material	敏感材料
Sensitivity	灵敏度
Sensitivity Coefficient	灵敏度系数
Sensitivity Drift	灵敏度漂移
Sensor Output	传感器输出
Sensor Sensitivity	传感器灵敏度
Sensor	传感器
Sorting Sensor	分拣传感器
Sequential Control	时序控制
Series Circuit	串联电路
Servo Motor	伺服电机
sequential Function Chart，SFC	顺序功能图
Shaft Positioning Control	轴定位控制
Shape	外形
Shielding Processing	屏蔽处理
Shifting	移位
Shimmy	振摆
Short-term Stability	短期稳定性

续表

Signaling Zone	信号区
Silicon	硅
Sine Function Value	正弦函数值
Single Closed Loop Constant Current Regulation System	单闭环恒流调节系统
Single-phase Asynchronous Motor	单相异步电动机
Single-phase Operation Status	单相运行状态
Single-chip microcomputer	单片机
Single-axis System	单轴系统
Single-machine Control	单机控制
Single-phase AC circuit	单相交流电路
Sinusoidal Alternating Current	正弦交流电
Sinusoidal Input	正弦输入信号
Amplitude	幅值
Slope	斜率
Slot Armature DC Servo Motor	槽形电枢直流伺服机
Slotless Armature DC Servo Motor	无槽电枢直流伺服电机
Small Moment of Inertia	转动惯量小
Soft Feature	软特性
Soft Relay	软继电器
Software	软件
Solar Power Generation	太阳能发电
Solenoid Valve	电磁阀
Sonic Touch Screen	声波式触摸屏
Spacecraft Application	宇宙飞船用
Spectral Characteristic	光谱特性
Speed Control	速度控制
Speed Feedback	速度反馈

续表

Speed Loop	速度环
Speed of Execution	执行速度
Speed of Response	响应速率
Speed Overshoot	转速超调
Speed Regulation of Machine Tool Spindle	机床主轴调速
Speed Regulator	转速调节器
Speed Ring	转速环
Speed Servo	速度伺服
Speed	速度
Spring	弹簧
Squirrel Cage	鼠笼式
Squirrel-cage Rotor	鼠笼转子
Stability	稳定性
Standardize Thermocouples	标准化热电偶
Static Accuracy	静态精度
Static Characteristic	静态特性
Static Characteristic Starting Torque	静态特性启动转矩
Static Measurement	静态测量
Static Rate	静差率
Stator	定子
Stator Circuit	定子电路
Status Monitoring Instruction	状态监控指令
Steady Current	稳恒电流
Steady State Speed	稳态转速
Step Function	阶跃函数
Stepping Motor	步进电机
Stereoscopic Image	立体图像
Stockpile	储存

续表

Storage	存储器
Strain	应变
Stress	应力
Structure and Principle	构造与原理
Structured Text Language	结构化文本语言
Strutured Text	结构化文本
Supervisory Control And Data Acquisition，SCADA	数据采集监控系统
Surface Acoustic Wave Touch Screen	表面声波式触摸屏
Surface Capacitive Touch Screen	表面电容式触摸屏
Surface Temperature	表面温度
Symmetry	对称
Synchronous Servo Motor	同步伺服电机
System	系统
System Composition	系统组成
System Monitoring	系统监控
T：	
Theoretical Straight Line Method	理论直线法
Thermal Quantity	热学量
Thermal Response Time	热响应时间
Thermistor	热敏电阻
Thermocouple	热电偶
Thermocouple Sensor	热电偶传感器
Thermocouple Temperature Measurement	热电偶测温
Thermocouple Testing Furnace	热电偶检定炉
Thermoelectric Effect	热电效应
Thermoelectric Potential of the Thermocouple Circuit	热电偶回路的热电势
Thermoelectric Potential	热电势

续表

Thermoelectric Sensor	热电式传感器
Thermoelectric	热电式
Thermoelectromotive Force	温差电动势
Thermoelement	热电极
Thermophysical Property Data	物理性能数据
Thickness of Internal Crystal	内部晶体粗细
Thickness	厚度
Flow Film Thickness	涡流膜厚
Three-phase Asynchronous Motor	三相异步电动机
Three-phase AC Power Supply	三相交流电源
Three-phase Current	三相电流
Three-phase AC Circuit	三相交流电路
Three-phase Five-wire System Power Supply	三相五线制供电
Three-phase Four-wire System	三相四线制
Three-phase Stator Winding	三相定子绕组
Three-phase Symmetric Current	三相对称电流
Threshold Frequency	阈值频率
Time Constant	时间常数
Time Function	时间函数
Tin Oxide	二氧化锡
Torque Characteristic Curve	转矩特性曲线
Torque Characteristics of Load	负载的转矩特性
Torque Fluctuation	力矩波动
Torque	转矩
Touch Screen Configuration Principle	触摸屏组态原理
Touch Screen Configuration	触摸屏画面组态
Touch Screen HMI Definition	触摸屏 HMI 定义
Touch Screen	触摸屏

续表

Transfer	传送
Transfer Rate	转差率
Transformer Bridge	变压器式电桥
Transformer	变压器
Transient Response Method	瞬态响应法
Transistor	晶体管
Transparence	透明度
Transparent Electrode	透明电极
Transparent Performance	透明性能
Trip Switch	行程开关
Tuning	调谐
Two-phase AC Asynchronous Servo Motor	两相交流异步伺服电机
Two-phase Servo Motor With Hollow Cup Rotor	空心杯形转子两相伺服电机
U:	
Ultrasonic	超声波
Ultrasonic Automatic Weld Tracking	超声波自动焊缝跟踪
Ultrasonic Burglar Alarm	超声防盗报警器
Ultrasonic Detection of Liquid Concentration	超声波液体浓度检测
Ultrasonic Flaw Detection	超声探伤
Ultrasonic Measurement	超声波测量法
Ultrasonic Receiver	超声波接收器
Ultrasonic Sensor	超声波传感器
Unsaturated State	非饱和状态
Update Now	立即更新
User Program Execution	用户程序执行
Utility Block	功用块
V:	
Vacuum Blower	真空鼓风机

续表

Variable Air Gap Differential Inductor	变气隙式差动电感
Variable Area Capacitive Sensor	变面积型电容式传感器
Variable Pole Distance Capacitive Sensor	变极距型电容式传感器
Vector	矢量
Vector Control	矢量控制
Ventilator	通风机
Visual Effect	视觉功效
Voltage	电压
Voltage Regulator Tube	稳压管
Voltage Sensitivity	电压灵敏度
Volt-ampere Characteristic	伏安特性
W:	
Warning Device	报警装置
Water Supply Pump	给水泵
Waveform	波形
Waveforms Diagram	波形图
Wear and Tear	磨损
Weariness	疲劳
Wiring Table	接线表
Work Characteristics	工作特性
Work Pacing	工作速度
Working Power Cord	工作电源线
Working Principle	工作原理
Wound Winding	绕线式绕组
Z:	
Zero Drift	零点漂移
Zero Line	零线
Zero Point	零点